CITY AND ENVIRONMENT

도시와 환경

권용우 | 박양호 | 유근배 | 황기연 외 공저

박영사

머 리 말

18세기 이후의 근대사회는 산업혁명과 프랑스 대혁명에 의해 문이 활짝 열린다. 산업화와 민주화로 상징되는 두 사건은 농촌 사람들을 도시로 이끈다. 좁은 도시지역에 많은 사람이 모여 왕성한 활동을 펼치면서 도시에는 새로운 문제가 발생한다. 일자리가 모자라고, 주택이 부족하며, 생활환경이 나빠진다. 이에 도시라는 삶의 공간을 계획적으로 디자인해서 사람과 일자리와 하부구조를 효율적으로 배치해야 할 상황이 대두된다. 도시계획이 필요하게 된 것이다. 이러한 도시문제를 해결하고자 도시 전문가들은 산업화로 생긴 근대도시를 보다 합리적으로 계획하고 디자인해 사람들의 생활수준을 향상시켜 보려는 창조적인 노력을 기울인다. 세월의 흐름에 맞춰 도시는 산업과 교역의 중심지, 정치·경제·사회·문화의 중심지, 이웃 나라 및 세계와의 교류지 역할을 덧붙인다.

그러나 20세기를 맞이하면서 현대도시에는 종래와는 전혀 궤를 달리하는 새로운 양상이 나타난다. 과도한 산업화로 화석연료를 남용하여 환경이 무너지는 현상이 벌어지게 된 것이다. 지나친 토지 남용으로 자연생태계와 녹지가 훼손되고 있다. 탄소가스 과다배출로 기후변화를 일으켜 대기가 오염되고 있다. 수질은 더럽혀지고 하천에 각종 인공구조물을 설치해 물의 자연성은 저감되고 있다. 산업화에 따른 폐기물이 다량 발생하여 폐기물 저장에 따른 토양오염과 수질악화가 일어나고 있다.

바야흐로 20세기 이후에 들어서 환경문제는 도시 관리의 가장 중요한 주제가 되어 있는 형국이다. 도시 전문가뿐만 아니라, 도시의 보통 시민들, 그리고 도시와 관련된 비도시지역 사람들 모두에게, 환경문제는 쾌적한 삶의 질을 위해 반드시 해결해야 할 핵심과제가 된 것이다.

이러한 도시환경의 부정적 측면을 개선해 보려는 문제의식은 도시 관리와 환경과의 조화를 도모하는 실천적 도시개선운동으로 전개되고 있다. 도시개선운동은 구체적으로 전원도시, 생태도시, 저탄소 녹색도시를 만들어 오늘에 이른다. 이 과정에서 환경은 도시 관리의 새로운 중심 패러다임으로 자리 잡는다. 인간과 환경과의 공존을 도모하려는 움직임은 압축도시, 어반 빌리지, 뉴어바니즘, 스마트 성장, 슬로시티 등의 도시 관리 패러다임으로 발전하고 있다.

오늘날 도시 관리와 환경과의 조화로운 공존을 위한 노력은 전 지구적으로 각 나라별로 다양하게 전개되고 있다. 전 세계 전문가들은 선언 형태로 공존의 가이드라인을 제시한다. 아테네 헌장(1933), 마추픽추 헌장(1977), 메가리드 헌장(1994), 뉴어바니즘 헌장(1996), 서울 창조도시 선언(2013) 등에서는 도시 관리에서의 환경적 중요성을 강조하는 선언적 명문들이 채택된다.

전 세계 의사결집체인 유엔의 환경운동은 환경보전을 위한 전 지구적 움직임의 진수를 보여준다. 유엔은 20세기를 맞이하여 인류가 당면한 가장 중요한 문제를 환경문제라고 천명한다. 유엔은 지난 반세기 동안 경제발전만을 추구하던 오류에서 벗어나, 경제발전과 환경보전을 동시에 추구하면서 지속가능한 세계를 지향해야 한다는 점을 분명히 한다. 스톡홀름의 국제연합인간환경회의(UNCHE, 1972)에서, '인류는 현재에 꼭 필요한 만큼만 개발하고 상당 부분은 후세를 위해 남겨두어야 한다'는 지속가능한 개발의 개념을 정립한다. 금세기 도시 관리와 환경을 아우르는 최대 명제인 지속가능의 패러다임은 궁극적으로 환경적으로 건전하고 지속가능한 개발(ESSD; environmentally sound and sustainable development)로 압축된다. 유엔은 스톡홀름회의에 이어, 브라질 리우데자네이루에서의 환경과 개발에 관한 국제연합회의(UNCED, 1992)와 요하네스버그에서의 지속가능발전에 관한 세계정상회의(WSSD, 2002) 등을 열어 도시 관리와 환경과의 공존을 위한 확고한 패러다임으로 지속가능한 개발의 원칙을 확립한다.

2015년 6월 18일에 프란치스코 교황은 기후변화에 대한 전 지구적 대응을 촉구하는 181쪽 분량의 회칙(回勅)을 발표하기에 이른다. 회칙에서는 "화석연료에 기반을 둔 산업사회가 야기한 기후변화로 사람들에게 고통을 주어 큰 사회적 빚을 지고 있다"고 밝힌 후, "향후 화석연료 사용을 자제해 사람들에게 안겨준 생태적 빚을 갚아야 한다"고 제시한다.

우리나라는 1970년대 이후 도시 관리와 환경의 공생을 위한 몇 가지 움직임이 펼쳐진다. 환경개선을 위한 도시정책이 전개되고, 개발제한구역을 설치 운영하여 도시의 환경성을 제고하며, 시민환경단체를 중심으로 활발한 도시개선운동이 전개되고 있다.

이러한 도시 관리와 환경과의 논의를 전제로, 본서에서는 도시 관리와 환경(권용우 성신여대 명예교수), 도시계획과 사회 환경(전상인 서울대 교수), 도시와 환경 재해(박정재 서울대 교수, 유근배 서울대 교수), 기후변화와 도시환경(한화진 한국환경정책·평가연구원 선임연구위원), 도시환경과 환경법(홍준형 서울대 교수), 한국의 도시환경정책(이상문 협성대 교수), 그린벨트와 도시환경(박지희 성신여대 강사, 유환종 명지전문대 교수), 도시 그린인프라와 경제성 분석(김형태 KDI 연구위원), 스마트 도시와 스마트 도시환경(박양호 창원시정연구원 원장), 도시환경과 녹색교통(황기연 홍익대 교수), 저탄소 도시와 건축(김세용 고려대 교수, 이건원 목원대 교수), 공공디자인과 도시환경(김현선 김현선디자인연구소 대표), 도시환경과 건강도시(김영 경상대 교수), 사회주의 도시와 환경(정성진 경상대 교수), 도시 토양오염과 환경갈등(박상열 법률사무소 이제 대표 변호사, 김지희 법률사무소 이제 변호사) 등의 주제를 다루고 있다.

본서의 저작과정에서 권용우 교수, 박양호 원장, 유근배 교수, 황기연 교수, 박지희 박사, 박정재 교수, 유환종 교수 등께서 헌신적으로 편집을 진행해 주었다. 편집위원들께 고마움을 표한다. 그리고 본서의 출간을 흔쾌히 맡아주신 박영사 안종만 회장님께 깊이 감사드린다.

오늘날 도시 관리와 환경의 공존적 패러다임은 지속가능하고, 친환경적이며, 시민과 함께 하면서, 균형발전을 추구하는 방향으로 진행되고 있음을 확인한다.

2015년 8월

저자대표 권용우

차 례

제1부 도시와 환경의 함의

제1장 도시 관리와 환경

제2장 도시계획과 사회 환경

제 3 장 도시와 환경 재해

제6장 한국의 도시환경정책

제7장 그린벨트와 도시환경

제8장 도시 그린인프라와 경제성 분석

제3부 도시환경과 도시계획

제9장 스마트 도시와 스마트 도시환경

제 10 장 도시환경과 녹색교통

제 4 부 도시환경의 부문연구

제 13 장 도시환경과 건강도시

제14장 사회주의 도시와 환경

제15장 도시 토양오염과 환경갈등

제 1 부 도시와 환경의 함의

제 1 장

도시 관리와 환경

제1장 도시 관리와 환경

근대사회는 두 가지 세기적 혁명에 의해 그 문이 활짝 열렸다. 하나는 산업혁명이고 다른 하나는 프랑스 대혁명이다. 산업화와 민주화로 상징되는 두 사건은 18세기 이후의 근대사회를 그 이전의 전근대사회와 확연하게 구획지었다.

1776년 영국의 새번 강가에서 시작된 공장제수공업은 자본을 중시하는 새로운 사회의 선봉 역할을 하였다. 종획운동(enclosure movement)으로 생업인 농업에 더 이상 매달릴 수 없게 된 농민들은 대거 도시로 유입되어 저임금의 근로자로 변모했다. 남자들은 일당 근로자로 일하며 여자와 청소년들은 옛날 자기들이 경작하던 농지에서 공급되는 양털을 손으로 뜯어내어 모직물 원료를 생산하는 일에 내몰렸다. 작업장의 환경은 너무나 열악해 평균수명의 단축현상이 나타났다. 1800년대 중반 영국의 평균수명이 40세 중반인 데 반해, 공업도시 맨체스터의 평균수명은 20대 중반에 머물렀다. 그러나 사람들은 계속해서 도시로 몰려 한 나라의 국토공간은 비좁은 도시공간에 넘쳐나는 양상을 연출했다.

1789년 프랑스의 바스티유 감옥을 공격하면서 전개된 앙시앙 레짐(ancien regime) 파괴운동은 미증유의 시민혁명으로 승화되었다. 권력을 가진 소수의 사람들의 거주공간이었던 도시에는 보통시민들이 대거 유입되었다. 그러나 도시는 유입된 사람들을 효율적으로 수용할 수 있는 공간이 되어 있지 못한 형국이었다. 이런 연유로 주택, 교통, 일자리 부족 등의 도시문제가 발생하고 주거환경의 열악함은 증대되었다.

산업화와 민주화의 두 바퀴는 사람들을 수레에 태워 '도시'로 실어 나르고 농촌의 활력을 떨어뜨리게 만들었다. 한정된 땅에 사람이 대거 몰리면서 도시는 먹고 살기 위한 각종 활동을 펼치기에 버거운 상황에 이르렀다. 이에 도시를 적정하게 관리해야 할 필요성이 대두되고 이른바 '도시의 합리적 관리를 위한 계획적 발상' 곧 도시계획이 등장하게 되었다.

20세기 이후에 들어서 도시는 산업과 교역의 중심지, 정치·경제·사회·문화의 중심지, 이웃 나라 및 세계와의 교류지 역할을 덧붙였다. 이런 과정에서 도시는 지난 세월보다 더 많은 에너지를 소비하고 더 많은 생산 활동에 골몰하면서 환경을 돌볼 여유를 갖지 못했다. 공기는 더러워지고, 물은 탁해지며, 토양은 오염되어 버렸다. 지나친 탄소 배출로 남북극의 빙하가 녹아 해수면이 상승하고, 이상 기후변화로 인해 지구 전체가 몸살을 앓았다. 환경파괴로 인해 동식물의 변종까지 생겨 인류의 앞날을 어둡게 한다는 경고성 메시지도 등장했다.[1] 땅의 수용능력을 훨씬 넘는 과도한 남용으로 땅의 지속가능성은 상실되었다. 환경은 무너져 도시는 물론 지구에서도 살기 어렵다는 미래 예측이 나타나고 있는 형국이 되었다.[2]

바야흐로 환경문제는 21세기에 들어서 도시 관리의 가장 중요한 주제가 되어 버렸다. 도시를 다루는 전문가뿐만 아니라, 도시에 살고 있는 보통 시민들, 그리고 도시와 연계하여 생업을 꾸리는 비도시지역 사람들 모두에게, 환경은 생존과 생활을 위해 더 이상 피할 수 없는 절체절명의 과제가 된 것이다.

이러한 문제의식에 입각하여 본 장에서는 다음의 세 가지 논점에 집중해 도시 관리와 환경과의 함의를 고찰해 보고자 한다. 하나는 환경과 도시 관리의 관계 변화이고, 둘은 환경개선을 위한 전 지구적 움직임이며, 셋은 한국의 도시 관리와 환경개선 노력이다.

제 1 절 환경과 도시 관리의 관계 변화

01 | 전문가가 만든 도시

근대사회의 산업화는 도시를 생산과 교역의 장소로 만들었고, 민주화는 도시를 자유로움을 만끽하는 시민들의 만남의 장소로 변모시켰다. 그러나 좁은 도시지역에 많은 사람이 모여 왕성한 활동을 펼치면서 도시에는 해결해야 할 도시문제가 발생했다. 도시라는 삶의 공간을 계획적으로 디자인해서 사람과 일자리와 하부구조를 효율적으로 배치하는 도시계획이 필요하게 된 것이다. 이러한 상황에 직면하면서 도시 전문가들은 근대도시를 보다 합리적으로 계획하고 건설하여 사람들의 생활수준을 향상시켜 보려는 창조적인 노력을 기울이게 되었다.

도시계획이란 용어는 산업화로 도시문제가 처음 발생했던 영국에서 시작했다. 영국의 도시개혁운동가 에베네저 하워드의 전원도시에서 도시계획의 원형을 찾을 수 있다. 하워드는 도시생활의 편리함과 전원생활의 신선함을 함께 누릴 수 있는 이상적인 전원도시를 구상했다.[3)]

하워드의 패러다임은 영국의 언윈, 파커, 오스본, 프랑스의 세리어, 독일의 메이, 와그너, 미국의 스타인, 헨리 라이트에게 영향을 미쳐 도시에서의 녹지와 오픈 스페이스(open space) 개념을 강조하게 만들었다. 에딘버러대 페트릭 게데스 교수는 지리적 환경, 풍토와 기후학적 사실, 경제순환, 역사적 유산을 중시한 도시계획을 제시했다. 미국인 페리는 1913~1937년까지 뉴욕을 중심으로 활동하면서 근린주구론에 입각한 도시계획이론을 전개했다. 런던대 아버크롬비 교수는 1944년 大런던계획을 발표하면서 환경을 공식화했다.

프랑스에서는 나폴레옹 3세가 등장하면서 탁월한 도시계획가 오스망(Baron Hausmann)에 의해 파리 개조작업이 전개되었다. 오스망은 1853~1869년의 17년간 파리의 도로를 확장하여 직선화하고, 급수와 배수로, 가로 등 대중교통을 위한 도시공학적 설치를 완성했다. 건축가 에너르는 1910년 자동차시대가 도래할 것을 예견하여 파리의 도로망 재건을 역설했다. 포르투갈의 퐁발은 대지진으로 파괴된 리스본을 새로 건설할 때 파리의 도시계획모형을 활용했다.

스페인의 엔지니어 소리아 이 마타는 1822년 고속도로축을 따라 도시를 발전시킨다는 선형도시론을 주장했다. 그의 선형도시는 스페인의 카디즈에서 러시아의 상트페테르부르크까지 총연장 1800마일에 이르는 지역을 대상으로 한 구상이었다. 실제로 마드리드 외곽의 수 킬로미터에 걸쳐 선형도시를 건설한 바 있다. 프랑스인 토니 가르니에는 1917년 공업을 도시계획의 주제로 한 공업도시論을 펼쳤다. 1920년대에 독일의 도시계획가 메이는 가르니에의 구상에 기초하여 프랑크푸르트 주변지

그림 1-1 르코르뷔지에가 건설한 인도의 환경도시 찬디가르

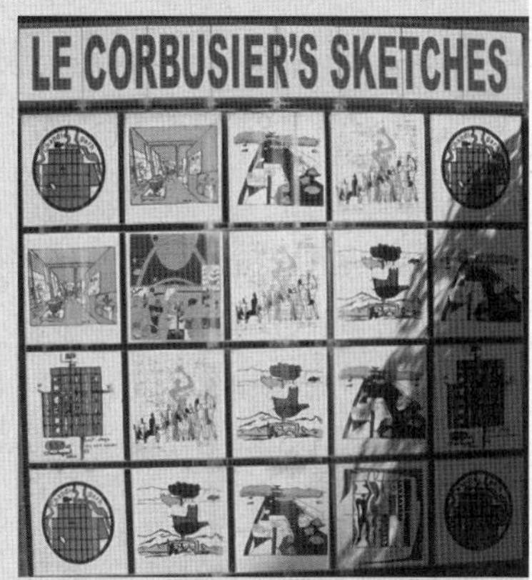

출처: 필자가 현지답사를 통해 직접 촬영.

역에 위성도시를 건설했다. 스위스의 건축가 르코르뷔지에는 프랑크 라이트, 그로피우스, 미스 반 데로와 함께 현대 건축운동을 전개했다. 그는 도시구조를 수직 도시와 근대건축, 입체고속도로, 교차로로 재구조화 하고자 시도했다. 그는 노트르담 성당과 같은 개성이 강한 건축물을 만들고, 1922년 보이잔 계획에서와 같이 도시 중심부를 초고층 건축물로 채우며, 주변은 넓은 공지를 확보하자고 주장했다. 그는 인도의 계획도시 찬디가르를 건설했다(그림 1-1). 찬디가르는 인도의 여타 도시와는 확연히 다르게 풍부한 녹지공간을 확보한 '인도판 환경도시'라고 해석할 수 있다.

미국에서 도시계획운동이 활성화된 것은 1893년 다니엘 번함이 주도한 아름다운 도시 만들기 운동(The City Beautiful Movement)에서 비롯됐다. 번함은 시청사를 건립하고, 공원과 넓은 대로를 건설하며, 통과도로를 만들자고 제안했다. 아름다운 도시를 만들자는 운동은 지구고속도로계획(1896년), 건축물의 고도제한과 지역지구제(1899년), 가로망의 지도화(1900-1906년) 작업으로 이어졌다. 1858년 옴스테드(Frederick Law Olmsted)는 뉴욕의 센트럴 파크를 건설하여 근대 도시공원의 모형을 제시했다. 그는 1791년 랑팡이 설계한 워싱턴계획안을 수정하여 1902년에 새로운 워싱턴 도시계획안을 만들기도 했다.[4]

우리나라에서 전개된 현대적 도시계획은 약 30년을 간격으로 준비기(1876-

1903년), 도로망 위주의 도시계획기(1904-1933년), 종합적 도시계획체제 정비기(1934-1961년), 독자적 도시계획기반 구축기(1962-) 등으로 나눌 수 있다.[5] 우리나라 도시는 대체로 도시계획학, 건축학, 도시공학, 토목학, 지역개발학, 지리학 등을 전공한 전문가들에 의해 디자인되고 만들어져 오고 있다.

그러나 21세기를 맞이하면서 현대도시에는 종래 전문가 중심의 패러다임과는 전혀 궤를 달리하는 새로운 패러다임이 도시 관리의 전면에 등장했다. 과도한 산업화로 화석연료를 남용하여 환경이 무너지는 현상이 나타났기 때문이다. 전문가가 만든 도시에서 경제적 풍요로움을 구가해야 할 보통시민들은 도시 관리를 그냥 전문가에게만 맡겨 놓을 수 없는 상황에 직면하면서 새로운 도시 관리의 주제를 추구해야하는 국면을 맞게 되었다. 나아가 환경문제는 개별 도시나 국가에 국한하지 않고 전 지구 문제로 대두되면서 도시 관리의 새로운 패러다임을 구축하지 않으면 안되는 상황을 만들었다. 환경문제를 해결하고 보통시민의 역할을 강조하는 도시 관리의 새로운 패러다임이 커다란 회오리바람을 일으키며 도시개선의 움직임으로 대두되고 있다.

02 | 환경문제의 대두와 환경개선운동

산업화와 민주화는 대부분의 경우 도시화와 함께 전개된다. 대체로 산업화는 유럽에서 일어나 미국과 아시아의 일부 국가, 호주와 남미의 일부 국가에서 일정한 성과를 거두었다. 산업화가 전개된 국가에서 상당한 민주화가 함께 이루어진 사례가 많다. 그리고 거의 예외 없이 산업화와 민주화가 펼쳐진 지역에서 도시화가 나타났다. 이들 지역은 경제적으로 풍요롭고, 나름대로 자유를 누린다. 그러나 과밀화된 일부 국가의 도시에서는 경제적 풍요로움과 시민적 자유로움이 환경훼손으로 위협을 받고 있다. 이른바 도시환경문제가 도시 관리의 주요한 핵심 주제가 된 것이다.

도시환경문제의 원인은 어떻게 진단할 수 있겠는가? 산업화와 도시화가 진행되는 나라에서는 거의 예외 없이 도시인구가 증가하고, 도시규모가 확대되어 전 국토가 도시지역으로 변모하는 속성을 보인다. 또한 산업기술이 발달하면서 각종 재해요인이 증가한다. 비도시에 살던 사람들이 도시로 몰리면서 집이 모자라고, 일자리가 부족하며, 차량이 넘쳐나는 도시환경문제가 나타난다.

도시환경문제는 구체적으로 몇 가지 특성을 나타낸다. 도시인구가 증가하고, 도시규모가 확대되면서 과도한 토지 남용으로 자연생태계와 녹지가 훼손된다. 교통량이 증가하고 산업화로 인한 탄소가스 과다배출로 기후변화를 일으켜 대기가 오염된다. 하천과 하천주변은 치수(治水) 및 이수(利水) 위주로 개발하여 하천의 생태기능이 상당 부분 상실된다. 쓰레기, 연소재(燃燒滓), 오니(汚泥), 폐유(廢油), 폐산(廢酸), 폐알칼리 및 동물의 사체 등에서 다량 발생한 폐기물을 무분별하게 저장해 토양오염과 수질악화를 가져온다.

그렇다면 이러한 도시환경의 부정적 현상은 어떻게 대처해야 되겠는가? 20세기를 여는 시점으로부터 도시 관리에 관심을 갖는 전문가나 많은 사람들이 도시 관리와 환경과의 조화를 중시하려는 실천적 움직임을 펼치게 된다. 이러한 실천적 환경개선운동은 구체적으로 전원도시(garden city), 생태도시(eco-city), 저탄소 녹색도시(low carbon green city)를 만들어 환경의 질을 높이려는 노력을 경주하면서 오늘에 이른다.

1) 전원도시(garden city)

20세기에 들어서 도시 관리에서 해결해야 할 중심 주제로 환경을 부각시킨 사람은 영국의 도시개혁운동가 에베네저 하워드(Ebenezer Howard)다. 그는 1902년에 재출간한 『내일의 전원도시』(*Garden Cities of Tomorrow*)에서 전원도시의 이론적 틀을 제시했다. 전원도시의 시가지 패턴, 공공시설, 산업시설은 철저하게 도시민을 위한 하부구조로 설계되었다. 전원도시는 영구 녹지대에 의해 중심도시와 분리시킴으로써 쾌적함을 도시의 중심테마로 설정했다. 전원도시는 오웬의 이상도시論으로부터 영향을 받았다. 전원도시는 규모 6,000에이커(약 24.2㎢)로 도시와 농촌이 포함된 공간으로 구상했다. 이중 도시는 1,000에이커(약 4㎢)에 30,000명을 거주하게 하고, 농촌은 5,000에이커(약 20.2㎢)에 2,000명이 살도록 계획했다. 그리고 도시주변을 농촌이 둘러싼 일정한 녹지를 확보토록 구상했다(그림 1-2).

하워드는 1903년부터 런던에서 54km 북쪽에 있는 한적한 시골마을 레치워스(Letchworth)에서 동료 언윈(Raymond Unwin), 파커(Barry Parker)와 전원도시 건설에 착수했다. 하워드는 이상론的 실천가이긴 했으나, 현실의 벽이 너무 높아 그는

그림 1-2 하워드의 전원도시 개념도

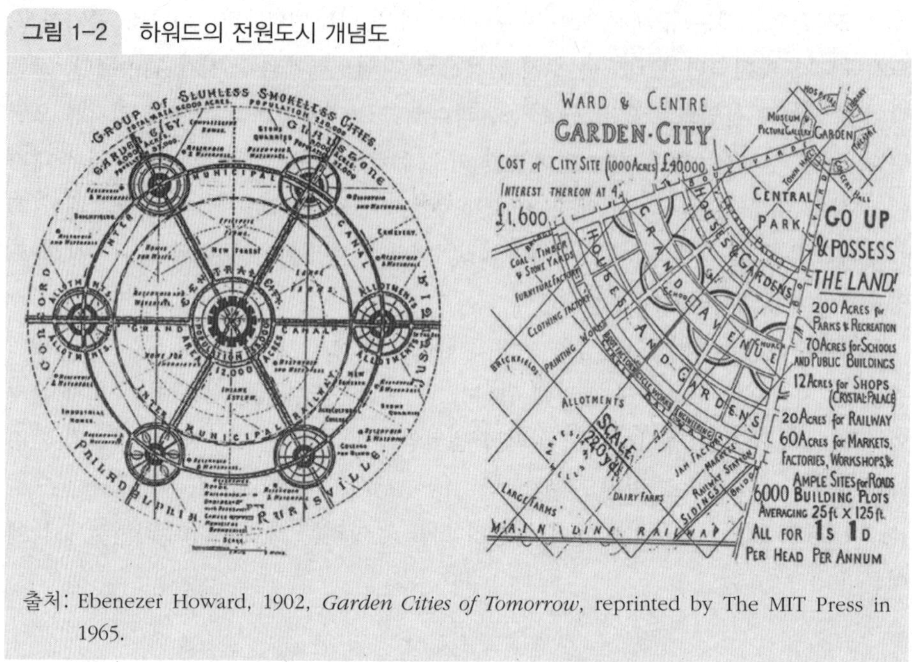

출처: Ebenezer Howard, 1902, *Garden Cities of Tomorrow*, reprinted by The MIT Press in 1965.

꿈을 구체화하지 못했다. 레치워스에서 만족할 만한 성과를 내지 못한 하워드는 두 번째 전원도시 건설을 시도했다. 그는 1919년에 런던에서 32km 북쪽에 위치한 웰

그림 1-3 레치워스와 웰윈

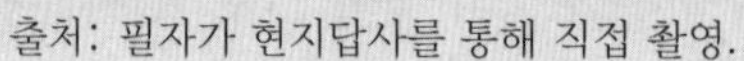
출처: 필자가 현지답사를 통해 직접 촬영.

윈(Welwyn)에서 동료인 루이 드 스와송(Louis de Soissons)과 함께 주식회사 개념을 도입하여 전원도시 웰윈 건설을 도모했다. 웰윈 입주자들에게 건설비용을 거두어 전원도시를 건설한 후, 건설에서 벌어들인 수익금을 입주자들에게 나눠준다는 발상이었다. 웰윈에서의 현실적 어려움도 레치워스와 별반 다르지 않았다. 하워드는 1928년에 웰윈에서 영면했다(그림 1-3).

영국은 산업화가 제일 먼저 일어나 산업화에 따른 도시문제를 가장 심각하게 체험한 나라다. 그렇기에 환경과 조화를 이루면서 쾌적한 도시에서 살아보자는 하워드 같은 도시개혁운동가가 출현했던 것이다.

그림 1-4 아버크롬비의 大런던계획

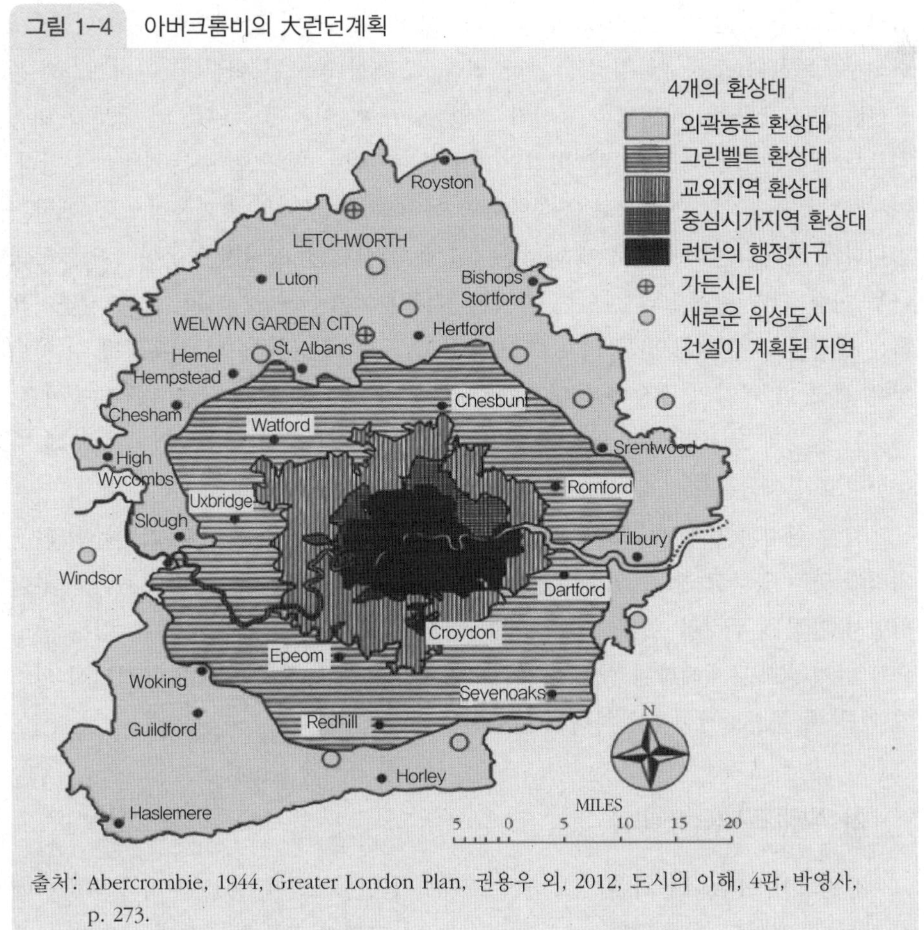

출처: Abercrombie, 1944, Greater London Plan, 권용우 외, 2012, 도시의 이해, 4판, 박영사, p. 273.

1930년대에 이르러 도시전문가, 지식인, 언론인, 공직자 등을 중심으로 '환경과 조화를 이루는 도시 관리'를 목표로 하는 실천운동이 전개되었다. 하워드의 철학과 맥을 같이 하는 움직임이었다. 1944년 런던대학교 도시전문가 아버크롬비(Abercrombie) 교수는 大런던계획(Great London Plan)을 발표하기에 이르렀다. 그는 런던의 중심지로부터 외곽으로 가면서 중심시가지, 교외지역, 그린벨트, 외곽농촌의 4개의 환상대를 설정했다.[6] (그림 1-4) 그린벨트는 하워드의 절대농지를 토대로 도시환경을 지키는 지대로 계획했다. 大런던계획은 도시 관리에서 그린벨트 개념을 도입한 최초의 공식적 조치였다.

한편 독일에서는 또 다른 도시환경 보전 노력이 전개되었다. 1880년대 독일 프랑크푸르트 시장인 아디케스(Erich Adickes)에 의해 초안이 작성된 후, 1902년에 「프랑크푸르트시의 토지구획정리에 관한 법률」로 제정 공포된 이른바 '아디케스법'은 오늘날 토지구획정리사업법의 효시가 되었다. 이 법 이후에 독일은 전 국토를 내용적으로 '써서는 안 되는 땅'과 '허가받아야 쓸 수 있는 땅'으로 구분하여 관리한다. 이것을 토지 관리의 시각으로 분석한다면 독일의 전 국토는 결과론적으로 '개발이 엄격하게 관리되는 그린벨트'에 해당한다고 해석된다. 잘 알려져 있듯이 독일인들의 나무 사랑 의지는 독일의 상당한 지역을 '검푸른 숲(schwarz Wald)'으로 뒤덮이게 하는 결과를 가져왔다. 전 국토가 이러한 환경중시 개선운동에 의해 운영될 수 있는 것은 결코 한 개인의 주장에 의해 이루어질 수는 없다. 그것은 상당수 국민들이 보여주는 환경과 도시의 조화로운 상생 의지를 적절하게 묶어 제도화했기 때문에 가능했다고 인지되는 것이다.

결국 환경과 도시의 조화로운 상생의 논리는 그 땅에 사는 보통 시민들의 환경 의지에 달려 있다고 할 수 있다. 산업화와 도시화에 의해 경제적 풍요로움이 이루어지면서 환경은 무너질 수밖에 없는 것이 현실이다. 이때 그것을 피할 수 없는 현상으로 인지하고 문제해결에 관한 정공법으로 환경문제를 정면 돌파하는 시민적 의지가 있을 때 환경보전이 가능하다고 판단된다.

2) 생태도시(eco-city)

전원도시 이후 개발과 환경보전을 조화시키려는 노력은 1975년 미국 버클리에서 움텄다. 리차드 레지스터(Richard Register)와 그의 동료들은 자연과 균형을 이루는 도시를 만들기 위해 어반 에콜로지(Urban Ecology)라는 비영리단체를 만들었다. 어반 에콜로지는 1996년에 이르러 토지이용의 다양성과 보행자 우선의 교통, 사회적 약자에 대한 배려가 담긴 도시계획, 생태적 관점에 입각한 도시녹화 등 '생태도시 만들기 10대 원칙'을 제시했다.[7)]

생태도시는 '도시를 하나의 유기체로 전제한 후, 도시의 다양한 활동이나 구조가 자연생태계가 지니고 있는 속성인 다양성·자립성·순환성·안정성 등에 가깝도록 계획하고 설계하여, 인간과 환경이 공존할 수 있는 지속가능한 도시'라고 정의될 수 있다. 생태도시는 녹지와 수계를 쾌적하게 하여 다양한 생물이 서식하는 환경을 중시한다. 생태도시는 수질·대기·폐기물 처리에서 무공해에너지 사용을 지향한다. 생태도시는 시민의 편의를 고려하면서 교통과 인구계획이 확립된 지속가능한 발전을 추구한다.[8)]

생태도시 개념은 1970년대에는 생물다양성을 중시하고, 1980년대에는 경관과 네트워크를 강조하며, 1990년대에는 지속가능한 개발을 토대로 자연 순환型 생태도시를 역설했다. 2000년대 이후에 이르러서는 기후 온난화에 따른 열섬 방지, 水순환 고리보전 등 기후생태 중심의 계획 개념으로 발전하고 있다.

생태도시를 만드는 계획방향으로는 ① 생태적 토지이용과 교통 및 정보통신망 구축, ② 자연과의 공생을 위한 풍부한 생태녹지 환경 조성, ③ 맑고 깨끗한 환경조성을 위한 물과 바람의 적절한 활용, ④ 자연보존과 순환을 지향하는 자연에너지 활용, ⑤ 깨끗한 환경을 유지하기 위한 적극적 폐기물 관리, ⑥ 쾌적한 경관창출과 어메니티 문화시설 조성 등이 제시되고 있다.

한편 1980년대 후반 이후 생태도시(eco-city)와는 궤를 달리하면서도, 인간과 환경을 중시하는 다양한 도시 관리 내지 도시 계획의 논리가 등장했다. 그 가운데 몇 가지를 고찰해 보기로 한다.

첫째는 압축도시(compact city)다. 단지크(Dantzig)와 사티(Saaty)는 그들의 저서『컴팩트 시티(*Compact City*, 1973-1974년)』에서 컴팩트 시티란 용어를 처음 사용했다. 이들은 직경 2.66㎢의 8층 건물에 인구 25만 명을 수용하면 이동거리도 짧고 에너지 소비도 최소화할 수 있다는 가상의 도시를 설정했다. 교통과 도시 밀도와의 관계 이론에 기초하여 도시 토지이용의 고밀화, 집중화된 도시 활동 등을 통해 가장 효율적인 도시 형태를 제안한 것이다. 컴팩트 시티는 1970년대 석유파동 이후 환경과 에너지 활용을 고려한 도시계획 이론으로 발전했다. 유럽과 일본 등에서는 기존 도심지역이나 역세권 지역에 주거·상업·업무 기능을 복합해 고밀도로 개발함으로써 보다 많은 사람들이 그 지역으로 집중하게 하는 도시 관리 방법을 택했다.

둘째는 어반 빌리지(urban village)다. 1989년 영국의 찰스 황태자는 『영국건축비평서』(*The Vision of Britain: A Personal View of Architecture*)에서 “지속가능한 도시건축을 위해서는 관련 전문가들의 반성과 변화, 그리고 실천이 필요하다”고 역설했다. 찰스 황태자의 주장에 공감하는 건축가, 도시계획가, 주택개발업자, 교육가들이 1989년 「어반 빌리지 협회」를 조직하고 어반 빌리지의 개념과 계획원리를 구체화 시켰다. 어반 빌리지는 ① 휴먼 스케일의 친근한 전원풍경 창출 ② 건물들의 적절한 크기와 위치 ③ 인간적인 스케일 ④ 녹지와의 조화 ⑤ 담장이 있는 정원과 공공광장 ⑥ 친근한 지역재료의 사용 ⑦ 전통적이고 풍부한 디자인 ⑧ 예술적 감각이 있는 건물 ⑨ 간판과 조명은 경관과 조화되도록 디자인 ⑩ 주민 참여적이고 인간 친화적인 환경 등 10가지를 계획의 10대 원칙으로 설정했다. 이러한 10대 원칙을 살려 건설한 영국의 파운드베리(Poundbury)는 어반 빌리지의 대표적 사례다. 예를 들어 자동차가 속도를 내지 못하게 도로가 이리 저리 어긋나게 만들어져 있다. 찰스 황태자가 계획단계부터 수시로 방문하여 마을의 진행정도를 살핀 일화는 유명하다.

셋째는 뉴 어바니즘(new urbanism)이다. 1980년대 미국과 캐나다를 중심으로 도시의 무분별한 확산으로 파생되는 도시재해에 대한 논리적 반대운동이 전개되었다. 기동성이 증대되면서 사람들이 대거 도시주변지역으로 이주했다. 이에 따른 교통량의 증가, 보행환경 저하, 생태계 훼손, 공동체 의식 약화, 인종과 소득계층의 격리현상이 야기되었다. 1980년대 후반부터 건축가와 도시 계획가들이 이러한 도시문제를 해결하려는 움직임을 전개했다. 이들은 자동차 중심의 전형적인 교외 주거단지 조성에 반대했다. 이들은 교외화 현상이 일어나기 전의 도시 양상, 곧 사람 냄새가 나는 휴먼스케일의 전통적 근린주구 중심의 도시패턴으로 돌아가자고 주장했다. 뉴 어바니즘 운동을 추구하거나 원칙과 논리를 주장하는 사람들은 전통근린개발(TND; Traditional Neighbourhood Development), 대중교통중심개발(TOD; Transit Oriented Development), 복합용도개발(MUD; Mixed Use Development) 등을 실천하려 했다. 뉴 어바니즘은 주거, 상업과 업무시설, 공원, 공공시설 등이 대중교통 역으로부터 보행거리 내에 위치하는 압축적이고 집약적인 개발을 도모했다. 또한 가려고 하는 곳에 이르는 친근한 보행체계를 만들고, 도시의 다양성을 추구하는 도시 밀도와 주거형태를 선호했다. 생태계와 오픈 스페이스를 보전하고, 지역주민의 활동과 건물방향을 고려한 공공장소를 배치했다. 미국 플로리다의 시사이드(Seaside)와 켄틀랜즈(Kentlands) 지역은 전통근린개발 개념에 의해 만들어진 사례다.

넷째는 스마트 성장(smart growth)이다. 미국에서는 1960년대와 1990년대 사이에 도시의 무계획적인 확산과 도시화가 도시온난화에 큰 영향을 주었다. 또한 난개발에 의해 생태계와 산림이 여지없이 파괴되었다. 이러한 도시의 무질서한 확산과 개발에 의한 문제를 치유해 보려는 시도가 스마트 성장으로 발전했다. 스마트 성장은 '매우 신중한 성장을 의미하며, 환경과 커뮤니티에 대한 낭비와 피해를 방지하는 방법을 고려하는 경제적 성장'으로 정의된다. 1990년대부터 미국에서 시작된 스마트 성장 운동은 지속가능한 발전을 목표로 한다. 지방정부 차원에서 운용되던 성장관리프로그램을 확대하고 보다 구체적인 실천수단을 제시함으로써 민간부분을 비롯한 다양한 주체의 개발행위가 지속가능한 발전이념을 실현할 수 있도록 유도하고 있다. 또한 도시와 교외지역의 성장을 재정립하는 노력으로 도시민의 공동체의식을 끌어올리고 도시경제를 강화한다. 자연환경을 보호하기 위해 도시 확산을 부추기는 정책을 줄인다. 스마트 성장의 도시개발 방향은 효율적 주택공급, 에너지 절약, 공공교통 편의, 토지이용 효율화, 자원재활용, 공원증가, 양질의 공공 교육 보급, 도시재개발, 자연자원보존, 자동차 의존도 경감, 걸을 수 있는 지역공동체 장려 등의 정책이 있다.

다섯째는 슬로시티(slow city)다.[9] 1986년 이탈리아 북부 작은 도시 브라(Bra)에서 슬로푸드 운동(slow food)이 시작된 이래, 1989년 프랑스 파리에서 슬로푸드국제연맹을 결성하고, 1998년 슬로시티국제연맹이 만들어지며, 1999년 슬로시티 선언문이 채택되었다. 슬로시티는 대량생산·규격화·산업화·기계화를 통한 패스트푸드(fast food)를 지양했다. 그 대신 국가별·지역별 특성에 맞는 전통적이고 다양한 음식·식생활 문화를 계승·발전시키려는 슬로푸드 운동이 도시 전체의 문화를 바꾸자는 운동으로 확대된 개념이다. 슬로시티는 여유로움 속에 변화를 추구하면서 삶의 질을 향상시키기 위한 운동이다. 과거의 장점을 발견하여 현재와 미래의 발전에 반영하고자 하는 도시문화 운동이다. 슬로시티는 도시구조의 특성을 유지·발전시키며, 도시의 현대화를 위한 개발이나 재개발보다는 지역의 전통과 문화 특성을 고려한 재생을 중요시한다. 따라서 지역 내 전통적이고 친환경적인 방식의 특산품 생산과 소비를 장려하고, 지역에 살고 있는 장인들의 생산방식과 생산품을 존중하여 명맥을 유지할 수 있는 방안을 모색하는 것이 특징이다. 또한 슬로시티는 슬로시티로서 갖는 전통적인 지역성과 정체성에 따른 여유로운 생활 속에서 일상생활의 편안함과 안락함을 제공하고, 지역의 커뮤니티가 슬로시티로서의 의식고양과 자부심을 갖도록 하는 것이 중요하다. 우리나라의 신안군 증도면, 장흥군 유치면, 완도군 청산면, 담양군 창평면이 슬로시티국제연맹으로부터 인증을 받은 슬로시티다.

3) 저탄소 녹색도시(low carbon green city)

저탄소 녹색도시는 2000년대에 이르러 온실가스배출로 지구온난화가 진행되면서 인류생존의 위협이 현실로 다가오면서 본격적으로 대두된 개념이다.

2007년 발표된 IPCC[10] 4차 평가보고서는 1906~2005년의 100년간 전 세계 평균기온은 0.74℃ 상승했으나, 1970년대 중반부터 상승속도가 증가하여 21세기 말인 2100년에는 지구 평균기온이 1.1~6.4℃ 상승할 것이라고 경고했다. 지구의 평균기온이 계속 상승하면 땅이나 바다에 있는 각종 기체가 대기 중으로 많이 흘러들어가 온난화를 더욱 빠르게 진행시킨다. 지구온난화로 빙하가 녹고 해수면이 상승하면 대기 중의 수중기량은 더욱 증가하여 홍수와 폭설, 가뭄과 폭염, 태풍과 허리케인 등 자연재해가 심해지고 생태계에 큰 변화가 일어난다. 만약 기온이 2℃만 상승해도 생물종의 20~30%가 멸종할 것으로 예측하고 있다.

기후변화에 영향을 주는 온실가스는 이산화탄소(CO_2)·메탄(CH_4)·아산화질소(N_2O)·수소불화탄소(HFCs)·과불화탄소(PFCs)·육불화황(SF_6) 등 모두 6종류다. 이중 이산화탄소가 전체 온실가스 배출량의 80% 이상을 차지하고, 다음으로 메탄가스가 15~20% 정도 차지한다. 이산화탄소는 나무·석탄·석유와 같은 화석연료를 태울 때 탄소가 공기 중의 산소와 결합하여 생긴다. 자연계에서 이산화탄소는 식물이 광합성작용을 할 때 사용되고 바다에 흡수되고 남은 양은 대기 중에 쌓이게 된다. 그러므로 녹지를 보존하여 이산화탄소를 흡수토록 해야 한다.[11]

저탄소 녹색도시는 발생되는 탄소를 저감시키고 발생된 탄소를 최대한 흡수하려는 도시를 말한다. 저탄소란 화석연료에 대한 의존도를 낮추고, 청정에너지를 사

그림 1-5 탄소배출을 최소화 할 수 있도록 설계된 베드제드 주택단지

출처: 필자가 현지답사를 통해 직접 촬영.

용하며, 녹색기술의 적용 및 탄소 흡수원 확충 등을 통하여 온실가스를 적정수준 이하로 줄이는 것을 뜻한다. 녹색도시에서는 압축형 도시공간구조, 복합토지이용, 대중교통 중심의 교통체계, 신재생에너지 사용, 물과 자원의 순환구조 활성화를 통해 온실가스 배출을 최소화 하려 한다.[12] 저탄소 녹색도시는 화석연료에 대한 의존도를 낮추고, 청정에너지를 사용하며, 탄소 흡수원 확충을 통해 온실가스를 적정수준 이하로 낮추려는 도시다. 녹색성장이란 에너지와 자원을 효율적으로 사용하여 기후변화 문제와 환경훼손을 줄이면서 녹색기술의 연구개발을 통하여 신성장 동력을 확보하고 새로운 일자리를 창출해 나가는 성장방식을 의미한다.[13]

해외 저탄소 녹색도시로는 스웨덴 함마르뷔(Hammarby) 아랍에미리트(UAE)의 마스다르(Masdar), 캐나다의 닥사이드 그린(Darkside Green), 덴마크의 티스테드(Thisted), 영국의 베드제드(BedZED) 등이 있다.

이 가운데 베드제드는 '베딩톤 제로 에너지 개발(Beddington Zero-fossil Energy Development)'의 약자로 과거 폐기물 매립지에 지은 주거단지다. 사회적 기업인 바이오리저널 디벨로프먼트 그룹(BioRegional Development Group)과 친환경 건축사무소인 빌 던스턴 건축사무소(Bill Dunster Architects)가 공동으로 2000년 착공해 2002년에 완공했다. 탄소발생을 줄이기 위해 직장과 주거가 근거리에 있는 직주근접 방식으로 1만 6500㎡의 단지 내에 일반가정 100가구와 10개의 사무실이 있다. 베드제

그림 1-6 프라이부르크의 헬리오트롭과 녹색 생태 주거단지

출처: 필자가 현지답사를 통해 직접 촬영.

드는 패시브 하우스(passive house) 도입으로 에너지 손실이 최소화하고, 화석에너지를 사용하지 않아 탄소배출을 제로화하며, 탄소배출의 주범인 자동차 사용을 줄이기 위해 태양에너지를 이용해 만들어진 전기로 충전한 전기자동차를 이용한다. 그리고 주민들 사이에 잘 형성된 공동체를 통하여 지속가능한 사회를 지향하고 있다(그림 1-5).

독일의 프라이부르크(Freiburg)와 슈트트가르트(Stuttgart)는 태양광과 바람길을 활용하여 환경도시로서의 위상을 보여준다.

프라이부르크는 1970년대 초 방폐장 설치반대 운동을 계기로 태양광을 활용한 에너지 활용방안을 수립했다. 새로 건물을 짓거나 기존의 건물을 개축할 경우 가급적 태양광을 많이 받을 수 있도록 유리를 사용하고 있다. 프라이부르크 軍 주둔지를 재개발한 보봉(Vauban) 지구는 시민들의 합의를 기초로 다수의 태양열 주택을 건축하고 있다. 보봉 주택지구 건설에 참여한 디쉬(Rolf Disch)는 아예 365일 태양광을 받을 수 있도록 회전축이 있는 집 헬리오트롭(heliotrop)을 지어 산다. 기존의 나무 등 식생을 그대로 살리는 녹색 생태 주거단지를 꾸몄다(그림 1-6).

슈트트가르트는 1800년 중반부터 자동차 생산을 해 온 전형적인 공업도시다. 유명한 벤츠 자동차의 본거지다. 각 공장에서 나오는 매연을 처리하여 시민의 환경을 지키는 일은 슈트트가르트의 주요 시정목표다. 슈트트가르트는 내륙 한복판에

그림 1-7 슈트트가르트의 "그린 U 지대"와 바람길 통로의 방음 나무숲

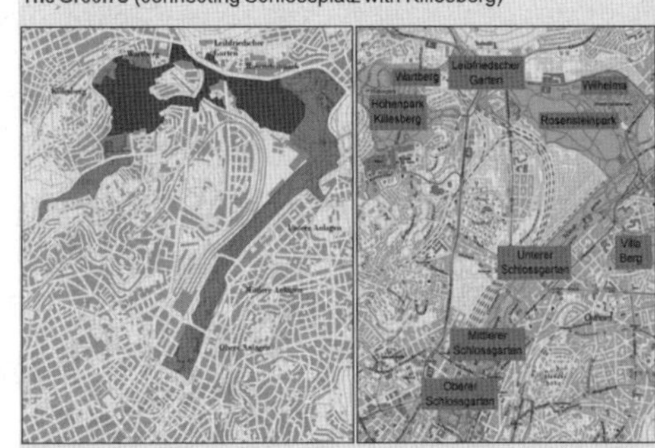

출처: 왼쪽은 슈트트가르트시 바람국의 로이터 박사에게서 제공받은 자료이고, 오른쪽은 필자가 현지답사를 통해 직접 촬영한 것임.

위치해 해안가나 강가의 도시들처럼 자연적인 대기 순환에 의한 매연방출의 방법이 없다. 이에 바람길(wind corridor)을 활용해 대기의 순환통로에는 가급적 공장이나 건물을 세우지 않고 바람이 통하도록 하는 바람길 정책을 택했다(그림 1-7). 아예 '바람길局'을 설치해 이 문제를 전담하도록 했다. 로이터 박사(Räuter)가 초기부터 바람길 통로 정책을 수행해 세계적인 도시환경정책의 수범이 되었다.

제 2 절 환경개선을 위한 전 지구적 움직임

01 | 지속가능한 도시 개념정립과 확대

'지속가능한 개발'이란 용어는 1972년 스웨덴 스톡홀름에서 열린 유엔 인간환경회의에서 바바라 워드여사가 처음 사용하였다. 1974년 멕시코에서 개최된 한 유엔회의에서 채택된 코코욕 선언에서 '지속가능한 개발'이란 용어가 공식적으로 사용되었다. 1980년 유엔이 작성한 세계환경보전전략에서 '지속가능한 개발'이 주요 목

표로 자리 잡았다. 1987년에 환경과 개발위원회가 펴낸 보고서를 통해 이 개념이 전 세계적으로 널리 알려지게 되었다. 특히 1992년 리우환경회의의 주요 의제가 '지속가능한 개발'이 되면서 이 개념은 세계인의 일상용어가 되었다. 1994년 영국에서 열린 한 지방포럼의 주제를 '도시와 지속가능한 개발'로 정함으로써 '지속가능'의 개념은 지구적 차원에서뿐만 아니라 지방적 차원에서의 구체적 행동계획을 논의하는 단계에까지 이르렀다. 현재 세계각국의 도시정부는 '지속가능한 개발'을 도시차원에서 실현하기 위해 행동계획을 만들고 있다.

1972년 이후 정립된 지속가능한 개발(sustainable development)이란 의미는 현재에는 꼭 필요한 만큼만 개발하고 후세를 위해 상당 부분은 남겨두자는 개념이다. 이 개념은 궁극적으로 환경과 조화된 지속가능한 개발(ESSD; environmentally sound and sustainable development)을 지향한다.

지속가능한 도시의 유사 개념은 다양하다. 환경문제에 대한 인식과 이에 대응하는 지속가능한 환경 친화적 도시를 향한 노력은 1902년 하워드(Ebenezer Howard)의 '전원도시(Garden City)'로부터 출발했다고 할 수 있다. 전원도시 이후 아테네 헌장을 위시한 여러 환경보전의 선언 움직임과 지속가능한 개발을 비롯한 전 지구적 움직임이 펼쳐졌다고 진단된다. 앞서 살펴 본 1980년대 후반 이후의 압축도시, 어반 빌리지, 뉴 어바니즘, 스마트성장 등의 패러다임 또한 지속가능한 도시의 연속선상에 있는 유사 개념으로 해석된다. 그리고 녹색도시 헌장 및 계획이론과 더불어 생태마을(eco-village)과 슬로시티와 같은 녹색 삶을 지향하는 철학과 사상이나, 온실가스 규제와 탄소 저감에 적극적으로 부응하는 저탄소 녹색도시로의 변화도 궁극적으로는 지속가능한 도시를 지향한다고 평가된다.

오늘날의 도시에서 나타나는 공통적인 개념에는 지속가능하고, 친환경적이며, 인간 중심적인 도시를 추구해야 한다는 도시 관리의 철학이 내재되어 있다고 할 수 있다. 지속가능하고 친환경적인 도시는 자동차가 중심이 아닌 인간 중심의 도시 스케일, 에너지와 자원의 저감, 지역 커뮤니티의 활성화, 지역의 전통·문화자원을 활용한 어메니티 활성화 등을 목표로 한다.

02 | 유엔과 국제기구의 활동

20세기 이후 환경문제가 단순히 개별도시에서 해결할 수 없는 국면에 이르면서, 환경보전을 위한 전 지구적 움직임이 활발하다.

환경과 도시 관리의 조화를 이루어 보자는 움직임은 전 세계적 전문가들이 모여 선언 형태로 활발히 전개되었다. 아테네 헌장(1933년), 마추픽추 헌장(1977년), 메가리드 헌장(1994년), 뉴 어바니즘 헌장(1996년), 서울 창조도시 선언(2013년) 등에서는 도시 관리의 여러 이론과 이를 도시 관리에 실제 적용하려는 과정에서 환경의 중요성을 강조하려는 선언적 명문들이 채택되었다.

전 지구적 의사결집체인 유엔의 환경보전운동은 환경보전을 위한 전 지구적 움직임의 진수를 보여준다. 유엔은 20세기를 맞이하여 인류가 당면한 가장 중요한 문제를 환경문제로 전제한 후, 지난 반세기 동안 경제발전만을 추구하던 오류에서 벗어나, 경제발전과 환경보전을 동시에 추구하려면 지속가능한 발전을 해야 한다고 천명했다.

지속가능한 발전은 스톡홀름의 국제연합인간환경회의(UNCHE, 1972), 브라질 리우에서의 환경 및 개발에 관한 국제연합회의(UNCED, 1992), 요하네스버그의 지속가능발전 세계정상회의(WSSD, 2002) 등의 국제정상회의를 통해 국제사회 전반에 걸쳐 새로운 패러다임으로 자리 잡았다.[14)]

1972년 6월 스웨덴 스톡홀름에서 열린 국제연합인간환경회의(UNCHE, United Nations Conference on the Human Environment)는 '오직 하나뿐인 지구(Only One Earth)'를 슬로건으로 내건 국제 환경회의로 '지구환경보전'을 처음으로 세계 공동과제로 채택한 중요한 회의다. 이후 1992년 브라질 리우데자네이루에서 개최된 리우회의(UNCED, United Nations Conference on Environment and Development)를 통해 선언적 의미의 '리우 선언'과 '의제 21(Agenda 21)', 지구온난화 방지를 위한 '기후변화협약', 종의 보전을 위한 '생물학적 다양성 보전조약' 등의 지구환경보전 문제를 광범위하게 논의하게 되었다.[15)] 또한 2002년 요하네스버그에서 열린 지속가능발전 세계정상회의(WSSD, World Summit on Sustainable Development)에서는 리우회의 이후 10년간의 노력을 평가하고, 환경 · 빈곤 등 6대 의제별 이행계획을 발표하여 환경과 도시 관리의 조화를 본격화 했다.

그림 1-8 국제사회를 통해 바라본 시대적 패러다임

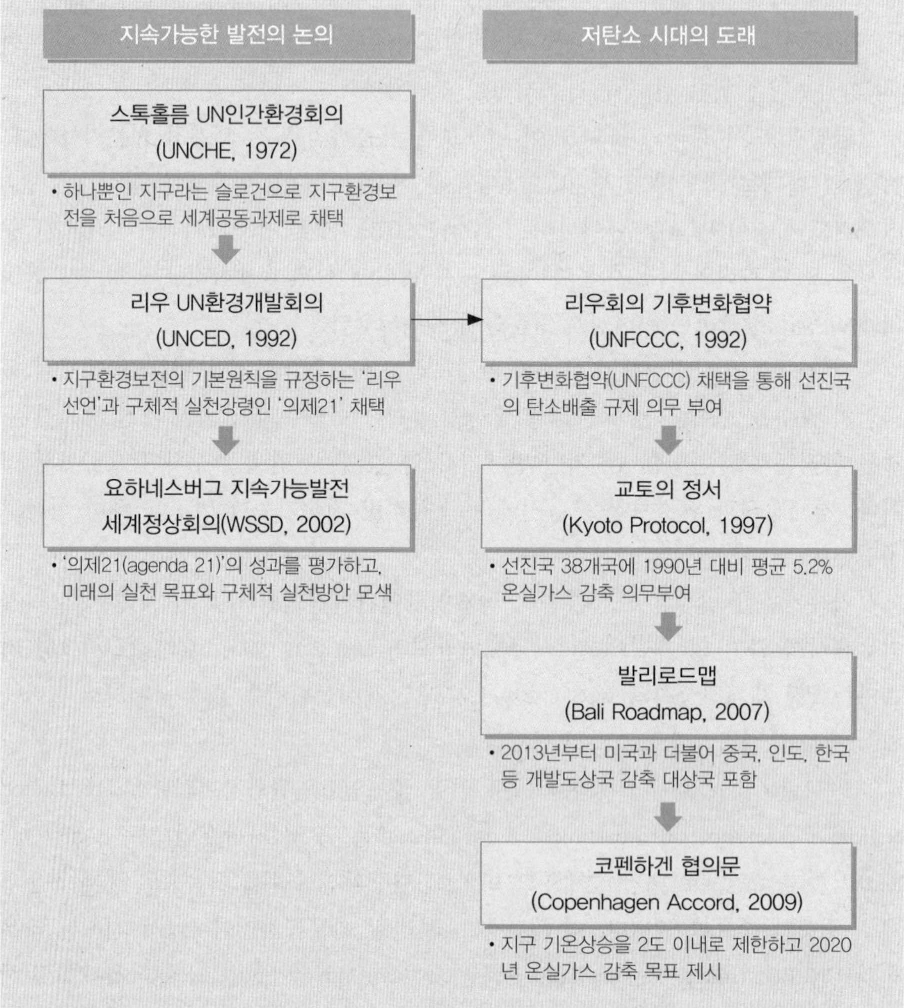

지속가능한 발전의 논의	저탄소 시대의 도래
스톡홀름 UN인간환경회의 (UNCHE, 1972) • 하나뿐인 지구라는 슬로건으로 지구환경보전을 처음으로 세계공동과제로 채택	
리우 UN환경개발회의 (UNCED, 1992) • 지구환경보전의 기본원칙을 규정하는 '리우 선언'과 구체적 실천강령인 '의제21' 채택	**리우회의 기후변화협약 (UNFCCC, 1992)** • 기후변화협약(UNFCCC) 채택을 통해 선진국의 탄소배출 규제 의무 부여
요하네스버그 지속가능발전 세계정상회의(WSSD, 2002) • '의제21(agenda 21)'의 성과를 평가하고, 미래의 실천 목표와 구체적 실천방안 모색	**교토의 정서 (Kyoto Protocol, 1997)** • 선진국 38개국에 1990년 대비 평균 5.2% 온실가스 감축 의무부여
	발리로드맵 (Bali Roadmap, 2007) • 2013년부터 미국과 더불어 중국, 인도, 한국 등 개발도상국 감축 대상국 포함
	코펜하겐 협의문 (Copenhagen Accord, 2009) • 지구 기온상승을 2도 이내로 제한하고 2020년 온실가스 감축 목표 제시

출처: 권용우 외, 2012, 도시의 이해, 4판, 박영사, p. 505.

최근에 이르러서는 기후변화로 인한 다양한 문제발생의 원인인 '온실가스'의 저감 방안을 마련하자는 관심사에 집중하고 있다. 1992년 리우 회의에서의 기후변화협약 채택을 시작으로, 1997년 교토의정서 채택, 2007년 발리로드맵 채택, 2009년 코펜하겐 협정 등의 국제회의를 통해서 저탄소 시대로의 변화를 추구해야 한다고 역설하고 있다.

기후변화협약(UNFCCC; United Nations Framework Convention on Climate Change)은 지구온난화 방지를 위해 프레온가스를 제외한 모든 온실가스의 인위적 방출을 규제하기 위한 것으로, 1992년 6월 브라질 리우 회의에서 협약서가 채택 공개되었다. 교토의정서(Kyoto Protocol)는 지구온난화 규제와 방지를 위해 1997년 12월 일본 교토에서 개최된 기후변화협약 제3차 당사국 총회(COP3)에서 채택되는데, 여기에는 선진국의 온실가스 감축 내용을 담고 있다. 이후 2007년 발리로드맵(Bali Roadmap)에서는 선진국을 비롯한 개발도상국 모두를 온실가스 감축 의무대상에 포함시켰다. 2009년에는 2005년 2월 공식 발효된 교토의정서를 대체할 새로운 구속력 있는 기후협약을 목표로 덴마크 코펜하겐에서 제15차 당사국 총회가 개최되었다(그림 1-8).

03 | 제2차 세계도시 정상회의

현대도시가 그곳에 사는 시민이 중심이 되어야 하고 또 시민이 함께 도시를 만들어 나가야 한다는 명제는 터키의 이스탄불에서 개최된 도시정상회의(The Urban Summit Conference 또는 HABITAT II)에서 적절히 다루어졌다.

1996년 6월 이스탄불에서는 세계 180여 개국 2만 여명의 도시전문가들이 참석한 도시정상회의가 열렸다. 유엔이 주최한 이스탄불 도시정상회의는 리우환경회의(1992년), 코펜하겐 사회개발정상회의(1995년), 북경 세계여성회의(1995년) 등에 이어지는 20세기 마지막 범지구적 국제회의였다.

도시정상회의는 인간 주거의 사회적, 경제적, 환경적 질을 향상시키고자 하는 국제적 노력의 일환이었다. 도시정상회의는 '모든 사람에게 안정적인 주거'를 제공하고, '도시화되어 가는 세계 속에서 지속가능한 개발'을 위해 지구적 차원의 논의와 행동강령을 채택하자는 두 가지 목표에서 출발했다. 1976년 캐나다의 밴쿠버에서 1차 회의가 열렸고, 20년 만인 1996년에 이스탄불에서 2차 회의를 개최했다.

'지속가능한 도시개발'은 급속한 도시화로 열악해져 가는 주거환경을 보장하는 배경적 패러다임이 되었다. 그것은 구체적으로 도시의 지속적 발전 속에서 도

시민들에게 인간적인 주거권과 삶의 질을 보장해 주는 것이어야 한다는 의미를 지닌다.[16)]

이스탄불 도시정상회의는 도시 관리와 주거 환경개선을 위한 노력의 측면에서 세 가지 의미를 지닌다. 첫째로 도시정상회의는 도시개혁운동의 논거를 제공하고 있다. 도시정상회의는 지난 반세기동안 파행적으로 진행되어온 도시화과정에 대한 비판적 성찰에서 출발했다. 지속가능한 인간정주를 위해서는 현재의 도시를 보다 건강하고 살맛 나는 도시로 만들어야 한다는 점을 분명히 하고 있다. 도시정상회의는 평등, 빈곤퇴치, 지속가능한 개발, 적정주거환경, 가족, 시민참여, 정부와 비정부기구를 포함한 모든 기구와의 동반자 관계, 연대, 국제적 협력 등의 아홉 가지를 범지구적 실천계획 원칙과 목적으로 천명했다. 이것은 '지속가능한 개발', '시민들의 권리향상', '건강한 사회발전' 등의 패러다임이 반드시 해결하지 않으면 안 되는 금세기의 중심적인 도시패러다임을 밝힌 것이다. 특히 우리나라의 경우 도시정상회의 참석 이후 도시 관리와 환경문제를 결부시켜 도시를 개선해 보려는 도시개선운동이 등장하게 되었다.[17)] 우리나라 도시개선운동에서는 개발 위주의 도시건설로 도시환경이 무너져 버린다면 머지않아 대부분의 도시가 난개발에 따른 폐해로 걷잡을 수 없게 될 것이라는 점을 강조했다. 도시개선운동에서는 우리의 도시가 지속가능하고, 친환경적이며, 시민이 중심이 되는 건강한 도시여야 한다는 점을 천명한다.

둘째로 국제무대에서 민간기구가 정부기구와 동반자 관계를 이루며 공동의 목표를 위해 노력했다는 점이 돋보인다. 이스탄불 회의는 세계적 문제에 대한 논의를 전적으로 정부기구에 맡겨왔던 종전의 유엔회의들과는 상이한 모습을 보였다. 이는 도시민의 삶의 질 향상을 위해 진력해 오던 시민단체(NGO; Non Governmental Organization)와 주민단체(CBO; Community-Based Organization) 등 비정부기구 대표들이 정부대표와 함께 회의에 참여하고 있는 양상에서 드러났다. 유엔은 비정부기구와 지방자치단체 대표들이 선언 및 의제 등을 심사하는 위원회에 정식으로 참석하여 그들의 의견을 충분히 반영할 수 있도록 조처했다. 이것은 급속한 도시화로 열악해진 주거환경을 정부 혼자서 해결할 수 없다는 발상의 전환인 동시에, 구체적인 도시의 삶의 문제는 그 도시에 살고 있는 보통사람들의 대표가 참여하여 함께 해결해야 한다는 원칙을 국제적으로 선언한 것이다.[18)]

셋째로 주거권 보장의 선언이다. 이스탄불 회의에서 "모든 사람들을 위해 안전하고 건강한 주거를 보장할 것을 지지한다"는 〈이스탄불 선언〉이 참가국 전체의 만장일치로 채택되었다. 그리고 주거를 보장할 수 있는 권리를 세계인권선언 등 국제인권조약에서 정한 기준에 따르기로 하고, 주민들에게 적절한 거처를 마련해 주는 것이 정부의 의무사항임을 명시적으로 밝혔다.[19] 인간은 누구나 인종, 종교, 정치이념, 문화, 경제적 수준을 초월하여 건강하고 쾌적한 환경에서 생활할 권리를 갖는다는 '주거권'의 보장이 세계적으로 공인된 셈이다.[20]

제3절 한국의 도시 관리와 환경개선 노력

우리나라는 1970년대 이후 환경과 도시 관리의 조화를 이루기 위한 실천적 움직임이 전개되며 세 가지 측면이 주목된다. 하나는 환경개선을 위한 도시정책이고, 둘은 개발제한구역의 도입과 운영이고, 셋은 도시개선운동의 대두와 활동이다. 이에 본 절에서는 이 세 가지 측면을 중점적으로 고찰해 보기로 한다.

01 | 환경개선을 위한 도시정책

우리나라의 환경개선을 위한 도시정책의 흐름은 대체로 ① 1990년대 이전의 오염매체 관리에 주력하는 도시 관리정책, ② 1990년대 이후의 생태환경을 중시하는 도시 관리정책, ③ 1990년대 중반 이후에 이르러 환경과 지역경제를 도모하는 지속가능성 도시 관리 정책, 그리고 ④ 2000년대 후반 이후의 기후변화에 대응하는 탄소감축 정책을 중시하면서 도시 관리와 환경문제의 통합적 접근을 시도하는 도시 관리정책으로 정리할 수 있다.

최근에 대두된 도시환경정책 가운데 저탄소 녹색도시 구축의 시동은 주목된다. 2008년 이후 우리나라에서는 환경과 도시 관리 측면에서 저탄소 녹색도시에 관한 패러다임이 대두되었다. 2013년 이후에 이르러 구체적인 녹색도시 구축을 위한 정책적 실천운동은 시동 단계에 있다고 인지된다.

우리나라 국토교통부가 2009년 제정하여 시행하고 있는 '저탄소 녹색도시 조성을 위한 도시계획수립 지침'에 따른 도시계획 수립 원칙에서는 다섯 가지를 제시하고 있다. 첫째, 정부의 저탄소 녹색성장을 위한 정책목표에 부합되도록 하며, 국가기후변화종합기본계획[21] 및 국가에너지기본계획[22] 등 관련 국가계획과 연계되도록 한다. 둘째, 수립권자는 도시계획 수립시 온실가스 저감 등 기후변화에 대응하기 위하여 공간구조, 교통체계, 환경보전과 관리, 에너지 및 공원·녹지 등 도시계획 각 부문을 체계적이고 포괄적으로 접근하여 수립한다. 셋째, 수립권자는 도시계획 수립 시 온실가스 감축과 자원절약형 개발 및 관리를 위하여 한계자원인 토지, 화석 연료 등의 소비를 최소화하고 이들을 효율적으로 이용할 수 있는 방안을 계획한다. 넷째, 수립권자는 도시계획 수립 시 태양력·풍력·조력 등 신재생에너지원을 확보할 수 있는 잠재력을 분석·반영하고, 에너지 절감을 위한 신재생에너지 등 환경 친화적 에너지의 공급 및 사용을 위한 대책을 수립한다. 다섯째, 수립권자는 도시계획 수립 시 기후변화 완화 및 적응을 위하여 지역의 지리적, 사회·경제 여건 등 지역의 특성을 반영하여 수립하며, 지역의 특성에 따라 계획의 수립여부 및 계획의 상세정도를 달리하여 수립할 수 있다.[23]

환경이란 삶의 총체적 조건을 형성하는 것이므로 환경정책도 총체적 접근을 필요로 한다. 환경내부 세부 정책 간의 통합도 필수이지만 도시, 문화, 보건, 경제 등 분야 간의 정책융합도 필요하다. 이런 융·복합 정책은 환경을 건강하게 만드는 것은 물론 시민 삶의 질을 높이며 도시에 활력을 불어넣는 밑거름이다. 이러한 관점에서, 현 단계 우리나라 도시가 직면한 환경문제와 그 해결방향을 감안하여 볼 때, 도시환경정책이 추구해야 하는 과제는 ① 생물 다양성 증진, ② 환경서비스 품질의 제고, ③ 탄소중립도시의 실현, ④ 환경오염의 예방과 관리, 그리고 ⑤ 환경관리 기반의 구축이라고 제시된 바 있다. 이상문은 지속가능성의 3가지 측면인 환경적, 경제적, 사회문화적 지속성으로 구분해 보면, 생물 다양성·탄소중립도시·환경오염은 환경적 지속성에, 환경서비스는 경제 및 사회문화적 지속성에, 그리고 환경관리기반 구축은 사회문화적 지속성에 해당한다고 설명했다.[24]

02 | 개발제한구역의 전개과정

1) 개발제한구역의 도입과 변화

우리나라는 도시의 평면적 확산을 방지하고 도시주변의 자연환경을 보전하는 한편, 안보상의 정책적 실천수단으로 개발제한구역제도를 도입했다. 1971년 도시계획법(都市計劃法)을 개정하여 '개발을 제한하는 구역'을 지정하기에 이르렀다. 개발제한구역은 1971년 7월 서울을 시작으로 하여 1977년 4월 여천지역에 이르기까지 8차에 걸쳐 대도시, 도청소재지, 공업도시와 자연환경 보전이 필요한 도시 등 14개 도시권역에 설정되었다. 개발제한구역 지정 당시 총 면적은 5,397.1㎢로서 전 국토의 5.4%에 해당되며, 행정구역으로는 1개 특별시, 5대 광역시, 36개 시, 21개 군에 걸쳐 지정되었다(표 1-1).

1971년 이후 지속적으로 유지되어 오던 개발제한구역은 1997년 12월 제15대 대통령선거 당시 김대중 대통령 후보자의 선거공약으로 구역 조정방침을 정하면서 커다란 변화를 맞게 되었다. 1999년 7월 수도권 등 7개 대도시권 가운데 구역설정 시 집단취락 관통 설정 등 구역지정 불합리 지역은 우선해제한다는 부분조정정책이 발표됐다. 우선해제 면적은 1,103.1㎢로 구역전체면적 5,397.1㎢의 20.4%다. 해제지역의 경우 총 해제면적의 56.3%를 보전녹지로 지정하고, 개발이 가능한 시가화 예정용지 등은 0.7% 수준으로 설정했다. 그리고 7개 중소 도시권은 전면해제했다. 전면해제한 7개 중소 도시권의 경우, 시가화 예정용지를 해제면적의 0.7%인 7.7㎢로 정했다. 나머지 지역은 보전지역, 자연지역, 생산지역으로 존치시켰다.

우리나라 개발제한구역은 1998년의 1차 해제에 이어 2008년에 이르러 2차 해제가 이루어졌다. 2차 해제는 342.8㎢이다. 개발제한구역 존치지역 내 축사로 위장하여 불법적으로 들어선 물류창고, 공장 등이 난립하여 사회문제화 되고, 동남권에서 산업용지의 필요성을 요구하며, 수도권 주거용지의 공급 필요성이 제기되면서 2차 추가해제가 진행되었다. 2010년을 기준으로 1,483.9㎢가 해제되어 전 국토의 약 4%인 3,913.1㎢가 남아 오늘에 이른다.

지난 40여 년간 변화되어온 우리나라의 개발제한구역은 1970년대에는 개발제한구역 정책을 만든 후 개발제한구역을 지정하고, 1998년 대통령 선거 이전까지 개

표 1-1 개발제한구역 대상지역, 지정일자, 지정면적, 지정목적(1971–1977)

구분		대상지역	지정일자	지정면적	지정목적
7개 대도시권	수도권	서울특별시 인천광역시 경기도	1차:1971. 7.30 2차:1971.12.29 3차:1972. 8.25 4차:1976. 12.4	463.8㎢ 86.8㎢7 768.6㎢ 247.6㎢	서울시의 확산방지 안양 · 수원권 연담화 방지 상수원보호, 도시연담화방지 안산신도시 주변 투기방지
			1566.8㎢		
	부산권	부산광역시 경상남도	1971.12.29	597.1㎢	부산의 시가지 확산방지
	대구권	대구광역시 경상북도	1972. 8.25	536.5㎢	대구의 시가지 확산방지
	광주권	광주광역시 전라남도	1973. 1.17	554.7㎢	광주의 시가지 확산방지
	대전권	대전광역시 충청남 · 북도	1973. 6.27	441.4㎢	대전의 시가지 확산방지
	울산권	경상남도		283.6㎢	공업도시의 시가지 확산방지
	마산창원 진해권	경상남도		314.2㎢	도시 연담화 방지 산업도시주변 보전
7개 중소도시권	제주권	제주도	1973. 3.5	82.6㎢	신제주시의 연담화 방지
	춘천권	강원도	1973. 6.27	294.4㎢	도청소재지 시가지 확산방지
	청주권	충청북도		180.1㎢	도청소재지 시가지 확산방지
	전주권	전라북도		225.4㎢	도청소재지 시가지 확산방지
	진주권	경상남도		203.0㎢	관광도시주변 자연환경보전
	충무권	경상남도		30.0㎢	관광도시주변 자연환경보전
	여수권	전라남도	1977. 4.18	87.6㎢	도시 연담화 방지 산업도시 주변 보전
	계			5,397.1㎢	국토면적의 5.4% 해당

출처: 국토개발연구원, 1997, 국토50년, p. 464를 바탕으로 필자가 재작성한 것임.

발제한구역 정책을 잘 유지해 왔다. 1997년 대통령 선거를 거치면서 개발제한구역 정책이 극심한 변화를 겪었다. 개발제한구역 조정이 어느 정도 이루어진 2003년 이후 우리나라 개발제한구역 정책은 조정 관리의 시대에 있다고 판단된다. 이러한 관점에 입각하여 우리나라의 개발제한구역은 대체로 ① 정책형성기(1971-1979년)

② 정책유지기(1980-1997년) ③ 정책변화기(1998-2002년) ④ 정책조정 관리기(2003-현재) 등의 4단계를 거쳐 변화되어 왔다.

2) 개발제한구역 해제와 환경평가

1998년 김대중 정부에 이르러 구성된 건설교통부 산하의 「개발제한구역제도개선협의회」를 중심으로 개발제한구역 해제의 여러 절차가 진행되었다. 1998년에 만들어진 「그린벨트 살리기 국민행동」이라는 시민환경운동 조직과 개발제한구역 거주민들, 환경부, 언론기관, 기타 개발제한구역과 연관된 조직과 사람들이 여러 의견을 개진했다. 1998년 당시의 국민여론은 대체로 보전론적 측면이 강했다. 1998년 12월 24일 개발제한구역에 관한 갈등문제를 풀기 위한 이른바 '그린벨트 회담'이 열렸다. 전면해제를 집행해야 할 건설교통부·국토연구원 등의 대표와 전면해제를 반대하는 시민환경단체 대표들이 회동하여 4시간에 걸친 마라톤회의를 진행했다.[25] 회담결과 개발제한구역에 관한 대부분의 갈등문제는 합의하나, 핵심쟁점인 전면해제 조항은 이견이 커서 합의하지 못했다.

같은 날인 1998년 12월 24일 헌법재판소는 개발제한구역 헌법불합치 판결을 내렸다. 헌법재판소는 "개발제한구역의 지정이라는 제도 그 자체는 토지재산권에 내재하는 사회적 기속성을 구체화한 것으로서 원칙적으로 합헌적인 규정"이라고 판결했다. 다만 "구역지정으로 말미암아 일부 토지소유자에게 사회적 제약의 범위를 넘는 가혹한 부담이 발생하는 예외적인 경우에도 보상규정을 두지 않는 것은 위헌성이 있다"는 헌법불합치 결정을 선고했다.[26]

그 이후 정부는 환경을 강조하는 국민여론을 중시하여 1998년 10월부터 1999년 6월의 기간 동안 개발제한구역의 환경평가를 실시했다. 개발제한구역 환경평가는 전국 14개 도시권에 걸쳐있는 면적 5,397.1㎢인 전체 개발제한구역과 그 영향권에 속한 도시의 도시계획구역에 대해 실시했다. 평가는 국토연구원이 총괄하고, 농촌경제연구원, 임업연구원, 환경정책평가연구원이 참여했다. 평가항목은 표고, 경사도, 농업적성도, 식물상, 임업적성도, 수질 등으로 설정 평가한 후, 각 항목별로 5개 등급으로 나눴다. 1등급은 환경적 가치가 높고, 5등급은 낮다. 그리고 「상위등급우선원칙」을 적용하여 종합등급도를 작성했다. 이들 기관은 환경평가기준 '1-2등급은

표 1-2 환경평가 1-2 등급지에 관한 내용

분류	내 용
전면 해제	• 춘천, 청주, 전주, 여수, 진주, 통영, 제주 7개 권역 • 환경평가 후 5개 등급지 분류 – 상위 1·2등급지(구역면적의 60%): 보전지역 지정 – 나머지 3~5등급지(구역면적의 40%): 개발가능지 지정
부분 해제	• 수도권, 부산권, 대구권, 광주권, 대전권, 울산권, 마산 · 창원 · 진해권 등 7개 권역 환경평가 후 5개 등급지 분류 – 상위 1 · 2등급지: 보전지역 지정, 하위 4 · 5등급지: 개발가능지 지정 – 3등급지: 광역도시계획에 따라 보전 또는 개발가능지로 지정(25%내외)

출처: 『건교부, 1999.7.22, 개발제한구역제도 개선방안』을 기초로 재작성.

보전지역으로, 4-5등급은 도시용지로, 3등급은 도시여건에 따라 보전 또는 도시용지로 활용할 수 있다'는 의견을 제시했다. 이러한 연구내용은 오늘에 이르기까지 우리나라 개발제한구역 관리의 확고한 정책지침이 되고 있다.

1997년 12월 대통령 선거공약부터 촉발된 개발제한구역 조정 작업은 논의가 시작된 후 1년 8개월의 기간이 흐른 1999년 7월 22일에 개발제한구역 제도에 관한 역사적 개선안인 「개발제한구역 제도개선방안」으로 발표되었다.

「개발제한구역 제도개선방안」은 제도의 실효성이 없다고 판단되는 지역에 대해서는 개발제한구역을 전면해제하고, 개발제한구역을 존치하는 지역 중에서도 보존가치가 낮은 곳에 대해서는 부분적으로 조정하는 등의 구역조정을 담고 있는 대대적인 제도개편방안이었다. 1999년 7월 22일 건설교통부 이건춘 장관은 정부를 대표해서 개발제한구역 조정원칙에 관한 역사적인 대국민담화를 발표했다. 개발제한구역 관리에 관한 일종의 '그린벨트 선언(Greenbelt Charter)'이라고 평가할 만한 내용이었다.

도시의 무질서한 확산과 도시주변 자연환경 훼손의 우려가 적은 7개 도시권은 개발제한구역을 해제하기로 방침을 정해, 춘천권(2001.8), 제주권(2001.8), 청주권(2002.1), 여수권(2002.12), 전주권(2003.6), 진주권(2003.10), 통영권(2003.10)을 순차적으로 해제했다.

시가지 확산압력이 높고 환경관리의 필요성이 큰 7개 대도시 지역인 수도권,

부산권, 대구권, 광주권, 대전권, 울산권, 마산·창원·진해권은 광역도시계획을 세워 부분적으로 조정했다. 수도권, 부산권, 대구권, 광주권, 대전권, 울산권, 마산·창원·진해권 등 7개 권역 또한 환경평가 후 5개 등급지로 분류했다. 상위 1-2등급지는 보전지역으로 지정하고, 하위 4-5등급지는 개발가능지로 지정했다. 3등급지는 광역도시계획에 따라 보전 또는 개발가능지로 지정했다. 3등급지는 구역면적의 25% 내외이다. 대도시권 환경평가 1-2등급지에 관한 평가결과는 [표 1-2]와 같이 정리될 수 있다.

3) 환경평가 1-2등급지역의 보전관리 원칙

1999년 7월 22일 건설교통부가 국민들에게 발표한 개발제한구역 제도개선방안 가운데 환경평가에 관한 핵심내용은 "환경평가결과 1-2등급지역은 묶고, 4-5등급지역은 풀며, 3등급은 광역도시계획에 따라 조정한다"는 대원칙이었다. 그리고 이러한 원칙은 개발제한구역 존속과 함께 변함이 없을 것이라는 점을 분명히 했다.

이러한 선언은 박정희 정부시절 개발제한구역 설치를 천명했을 때와 같은 효력을 발휘했다. "환경평가결과 1-2등급은 묶고, 4-5등급은 풀며, 3등급은 평가하여 조정한다"는 1999년의 대원칙에 입각하여 각급 지방도시계획위원회와 국토교통부 중앙도시계획위원회에서 오늘날까지 개발제한구역 심의가 이루어지고 있다.

개발제한구역을 분석하는 과정에서 주목되는 것은 1971년 이후 40여 년간 유지되어온 개발제한구역에 관한 많은 논의와 정책변화 가운데서도 변하지 않는 몇 가지 원칙이 있다는 점이다.

첫째는 1971년 지정 당시부터 오늘날까지 지속되어온 개발제한구역의 절대적인 존치의 필요성에 관한 원칙이다. 우리나라는 1980년대 이후 국토관리에 있어 환경적 요인이 중요한 변수로 적용되어 온다. 특히 1992년 리우환경회의를 계기로 환경의 중요성이 더욱 인식되고, 종래의 녹색정책에서 한 단계 높아진 푸른 개발제한구역 정책으로의 발전이 필요한 시점이다. 이러한 배경하에서 개발제한구역의 보전의 가치는 더욱 클 것으로 예견된다.

둘째는 해제논의 과정에서 정해진 환경평가 이후 발표된 원칙이다. 1-5등급 중 상위 1-2등급에 해당하는 보전가치가 높은 지역은 보전·생산녹지지역, 공원 등 절대보전지역으로 지정한다는 원칙이다. 여기에 해당하는 면적은 구역면적의 60% 내외다. 그리고 도시권별로 보전지역으로 지정하는 면적은 환경평가 1-2등급 면적의 총량이 유지되도록 하는 것을 포함하고 있다. 여기서 특히 주목되는 점은 환경평가 1-2등급으로 지정된 지역은 해제가 이루어져서는 안 된다는 것을 원칙으로 정했다는 내용이다. 이러한 개발제한구역 보존에 관한 환경적 원칙은 1999년 7월 개발제한구역 제도개선방안 이후 오늘날까지 개발제한구역이 유지·관리되어 오는 버팀목이 되고 있다. 개발제한구역 개선방안이 발표될 때나 그 이후 관련법과 시행령, 그리고 각종 관련 운영기준에서 '환경평가 1-2등급 유지의 원칙'이 준수되어 왔다는 사실은 국민들의 환경의식이 매우 높다는 것을 반증하는 결과이다.

따라서 개발제한구역 조정과정에서 환경평가 1-2등급의 보전가치가 높은 곳은 개발제한구역의 존치 원칙을 지켜야 한다. 도시계획 구역설정 과정에서 환경평가 1-2등급은 기본적으로 개발 대상에서 제척해야 한다. 불가피하게 환경평가 1-2등급을 도시계획 구역 안에 포함시킬 경우 공원·녹지 등의 보전용지로 반드시 지정해야 한다.

1999년 7월 건설교통부가 개발제한구역의 조정을 발표한 이후에는 '환경평가 1-2등급 유지의 원칙'에 관한 특별한 조치가 행해지지 않았다. 이러한 원칙에 따라 '환경평가 1-2등급 지역은 보전지역으로 잘 유지 관리되고 있다. 1999년 7월 이후 환경평가는 1회 실시했으며 현재까지 큰 변화 없이 그대로 유지되고 있는 상태다. 「개발제한구역의 지정 및 관리에 관한 특별조치법」 어디에도 환경평가 1-2등급 지역 해제가능여부에 관한 언급은 없다. 이는 환경평가 1-2등급이 개발제한구역의 보전지역으로서 유지 보전한다는 원칙에 변함이 없음을 반증하는 내용이다.

03 | 도시개선운동의 대두와 활동

1996년 이스탄불에서 진행된 「세계도시정상회의(HABITAT II)」에 다녀온 이후 시민 환경운동가들은 본격적으로 도시와 환경문제를 함께 풀어보려는 보통시민들의 도시개선운동에 착수했다. 우리나라에서 처음으로 도시문제를 시민운동으로 인식하여 도시운동을 시작한 것은 경실련 도시개혁센터다. 경제정의실천시민연합은 삼풍참사 1주년을 맞는 1996년 6월 28일에 도시개혁 시민운동을 선언하고 경실련 도시개혁센터를 만들기 위한 준비과정을 진행시켰다. 성수대교붕괴 2주년을 맞는 1996년 10월 21일 경실련 도시개혁센터 발기대회를 개최했고, 1997년 6월 28일에 도시개혁센터를 창립했다.[27] 그사이 도시개혁센터에서는 도시대학을 여러 차례 운영해 상당한 도시전문가와 도시연구자를 양성했다. 또한 다양한 도시문제를 심도 있게 거론하면서 대안을 제시해 우리사회에 의미 있는 도시 여론을 불러일으켰다. 경실련 도시개혁센터는 도시개혁운동의 원칙과 방향을 다음과 같이 설정했다.

1) 도시개혁운동의 원칙

경실련 도시개혁센터는 지속가능한 도시, 친환경적인 도시, 시민중심의 도시, 균형 특화된 도시, 살기 좋은 도시 등을 도시개혁운동의 원칙으로 제시했다.[28]

첫째는 지속가능하고 친환경적인 도시다. 과거 개발시대의 논리는 환경훼손의 논리였다. 잘 살기 위해서는 개발이 필요하며 이 과정에서 파생된 환경파괴는 감수할 수밖에 없다는 생각이었다. 그러나 경제발전의 성과가 국민의 삶의 질을 위협하는 것은 곤란하다. 과다한 자원남용은 머지않아 자원고갈로 이어질 조짐이다. 우리의 삶이 지속되려면 개발의 논리에서 보전의 논리로 방향전환이 필요하다. 모든 개발행위에는 환경과 생태계 보전에 최우선적인 가치를 두어야 한다. 도시계획을 포함한 모든 정비계획에서 지속가능하고 친환경적인 국토정책이 원칙이 되어야 한다.

둘째는 시민이 참여하는 자율적인 도시다. 정책결정과정과 도시행정에서 시민들의 참여는 필수적이다. 지방자치단체와 시민이 함께 도시문제를 논의하고 책임질 때 도시의 건강성은 이룩된다. 밀실행정을 공개행정으로 전환하고, 편의주의, 보신주의를 타파하며 책임행정을 구현해야 한다. 정책입안 · 결정 · 집행의 전 과정에 시민의 참여를 제도화하고 시민감시구조를 마련해야 한다. 행정절차법과 정보공개법 및 조례가 제정되어 시민들이 쉽게 정보에 접근하는 것이 요망된다. 지방자치단체, 시민사회 및 주민조직이 지역사회의 발전방향을 공동으로 마련하고 집행 평가하는 것이 바람직하다. 이러한 도시개혁은 시민의 참여를 통해서만 가능하다. 이제는 우리의 도시를 성장의 개발논리와 시민배제적인 정책을 펴거나, 재정수입과 개발이익만을 챙기는 지방정부에게 맡겨둘 수만은 없다. 도시개혁을 촉구하는 시민들의 압력이 거스를 수 없을 만큼 드세어질 때만이 정부의 변화도 기대할 수 있다.

셋째는 균형적으로 발전하는 도시다. 다수의 희생으로 소수가 번영하는 거점개발 방식은 지방화·자율화를 지향하는 오늘날의 사회적 흐름과는 맞지 않는다. 새로운 균형개발의 패러다임으로 경쟁력을 강화해야 한다. 극단적 지역이기주의와 특정지역의 경제력 집중은 세계화나 경쟁력 강화에 도움이 못된다. 지역이기주의를 극복하고, 전국적 관점에서 국토공간을 바라다보는 새로운 균형 감각이 절실하다. 오늘날 세계화의 추세는 우리국토의 곳곳이 그 지역의 기능에 맞는 탄력 있는 열린 공간이 될 것을 요구하고 있다. 도시와 농촌 간의 균형발전, 도시 간의 균형발전, 도시 내의 균형발전, 그리고 도시와 주변지역과의 균형발전 등 새로운 균형발전의 논리가 필요하다.

넷째는 도시 시설이 정비된 안전한 도시다. 앞으로 달음질만 치던 성장의 뜀박질은 속도조절이 필요하다. 망가진 국토를 다듬는 정비의 패러다임이 요구된다. 부실과 졸속의 관행은 청산되어야 한다. 시민이 안전하게 살 수 있는 도시환경과 도시 시설이 만들어져야 한다. 고속성장시대의 잣대였던 양적 팽창과 물질 우위의 사고를 지양하고, 시민이 중심이 되는 인간중심의 국토를 만들어야 할 때다. 시민에게 휴식과 인간적 여유로움을 가져다 줄 수 있는 생활공간이 확보되어야 하는 것이다. 그러기 위해선 주택, 건설, 교통, 환경의 모든 부문에서 잘 정비된 안전한 국토정책이 시행되어야 한다.

다섯째는 살맛나는 건강한 도시다. 시민들이 인간답게 살 수 있는 도시환경은 초 과밀한 도시개발과는 거리가 멀다. 환경과 도시 내 녹지공간은 푸른 도시와 직결된다. 시민들에게 깨끗한 공기와 맑은 물을 제공하는 것은 기본이다. 국토는 단순히 잠만 자고 물건 만드는 일터가 아니다. 국토는 삶의 질을 추구하며 풍요롭게 살 수 있는 생태환경이다.

여섯째는 인간적인 시민의 도시다. 도시의 주체는 시민이다. 바람직한 도시는 시민에게 만족을 줄 수 있는 도시이어야 한다. 그러나 고속성장시대의 가치였던 양적 충족과 물질만능의 사고는 시민들을 도시에서 소외시켰다. 사회적 약자가 보호받을 수 있는 공동체가 되었을 때 참다운 도시의 면모가 갖추어진다. 이를 위해 장애인, 노약자 등 사회적 취약자에 대한 편의시설과 복지수준 향상이 요구된다. 나아가 교통, 환경 등 모든 측면에서 사람 우선의 관리체계가 확립되어야 한다.

일곱째는 민생위주의 서민을 위한 도시다. 중앙집권적, 상의하달식 체계에서는 시민에 대한 책임감보다 임명권자에 대한 충성이 만연한다. 따라서 민생보다는 건수 올리기 식의 전시적 도시정책이 주류를 이룬다. 이는 민주화·자율화의 시대적 흐름에는 맞지 않는다. 모든 정책결정이 시민에 대해 책임을 지는 민생위주의 도시행정으로 전환되어야 하다.

2) 도시개혁운동의 방향

경실련 도시개혁센터는 도시개혁운동을 효율적으로 추진하기 위해서 ① 깨끗하고 쾌적한 도시 ② 안전하고 범죄 없는 도시 ③ 보행자 중심의 편리한 도시 ④ 정보체계가 완비된 열려있는 도시 ⑤ 도시 정상 환경이 갖추어진 도시 ⑥ 균형적으로 발전하는 도시 ⑦ 역사가 살아있는 도시 ⑧ 문화가 숨쉬는 도시 등의 보다 구체적인 개혁방향을 제시한다.

3) 경실련 도시개혁센터의 활동 내용

1997년 창립한 이후 2013년까지 경실련 도시개혁센터가 이루어 낸 주요 활동내용은 다음과 같다.[29)]

(1) 개발제한구역 보전과 광역도시권 설정

1997년 12월 대통령 선거에서 김대중 후보는 환경 해제를 공약해서 대통령에 당선되었다. 김대중 대통령은 "환경평가를 통해 묶을 지역은 묶고 풀 지역은 풀겠다"는 조건부 해제론을 제시했다. 그러나 정부 일각에서는 환경 전면해제를 주장하는 일부 국민의 뜻에 동조하려는 움직임이 일어났다. 이에 1998년에 이르러 경실련 도시개혁센터, 환경운동연합, 녹색연합 등 시민 환경단체는 「그린벨트 살리기 국민행동」을 만들어 환경 보전에 앞장섰다. 1998년 12월 24일 정부대표와 시민환경대표와의 이른바 '그린벨트 회담'에서 개발제한구역 전면해제가 유보되었다. 1999년에 영국 도시농촌계획학회(TCPA; Town and Country Planning Association)의 Peter Hall 교수 등은 광역도시권의 개발제한구역은 광역도시계획을 통해 조정하도록 건의했다. 1999년 7월 정부는 춘천 등 7개 중소도시의 개발제한구역은 전면해제하고 수도권 등의 7개 광역 도시권은 광역도시계획을 통해 부분해제하겠다고 천명했다. 광역도시계획의 첫 번째 단계는 광역도시권의 설정이다. 광역도시권은 경실련 도시개혁센터가 주도하는 가운데 국토연구원 등 전국의 국책기관과 협력하여 설정했다.[30] 1998년 이후 국토교통부는 아예 산하 중앙도시계획위원회에 경실련 도시개혁센터에서 추천한 전문가를 참여시켜 개발제한구역을 비롯한 도시관리 정책 심의에 동참하도록 하고 있다.

(2) 기반시설연동제와 국토의 계획 및 이용에 관한 법률

2000년 7월 국토연구원에서 국토의 난개발을 제도적으로 정비하기 위한 국토정비기획단 회의가 열렸다. 본 회의에서 경실련 도시개혁센터는 아파트 등을 건설할 때 도로·상하수도·학교·병원·편익시설 등 기반시설을 의무적으로 짓도록 하는 '기반시설연동제'를 도입해야 한다고 주장했다.[31] 기반시설연동제의 개념은 '先계획 後개발의 원칙'과 함께 경실련 도시개혁센터에서 난개발을 막기 위한 제도적 장치로 공론화된 내용이었다. 이후 기반시설연동제는 여러 논의과정을 거쳐 제도적 틀을 갖추게 되어 「국토의 계획과 이용에 관한 법률」 제정으로 이어졌다.[32] 2003년 1월 1일에 이르러 「국토의 계획 및 이용에 관한 법률」이 발효되어 시행되고 있다.

(3) 수도권 문제해결과 신행정수도 건설

2002년 대통령 선거과정에서 각 후보 진영은 도시문제에 각별한 관심을 표명했다. 특히 노무현 후보 진영은 균형개발에 초점을 맞추면서 여러 가지 대안을 모색했다.[33] 2002년 9월 경실련 도시개혁센터에서는 수도권 문제해결을 위한 해법을 대통령 선거공약으로 채택해 줄 것을 각 후보 진영에게 공식적으로 요청했다. 2002년 9월 30일 노무현 후보는 수도권 문제해결을 위해서는 '충청권에 신행정수도를 건설하겠다'는 공약을 천명했다. 이회창 후보는 '대전을 과학수도로, 부산을 해양수도로 만들겠다'고 발표했다. 정몽준 후보는 대기업의 본사를 비수도권에 옮기겠다고 공약했다. 결과적으로 2002년 대통령선거에서는 수도권 문제해결이 국민적 최대 관심사가 되었다. 선거 결과 '충청권에 신행정수도를 건설하겠다'는 노무현 후보가 대통령에 당선되었다. 2003년에 이르러 신행정수도 건설과 국가균형발전에 관한 논의가 활발히 이루어져 2003년 12월 국회에서 「신행정수도의 건설을 위한 특별조치법」, 「국가균형발전특별법」, 「국가분권특별법」 등 균형관련 3개 법률안이 압도적 다수표를 얻어 통과되었다. 2004년에 이르러 신행정수도 건설과 국가균형발전정책은 구체적인 실행단계에 이르렀다. 그 사이 대통령 탄핵, 두 번의 대통령 선거를 치르면서 우여곡절을 겪었으나, 균형발전의 상징으로 세종시가 건설되어 정부 각 부처가 세종시로 이전했다.

경실련 도시개혁센터는 이러한 활동 외에 ④ 용적률 하향화 운동(2000년) ⑤ 지속가능한 도시대상(2000-2004년) ⑥ 도시재개발과 뉴타운 건설(2004년) ⑦ 청계천 복원과 도시부흥(urban renaissance)(2004년) ⑧ 개발이익 환수제(2004년) ⑨ 다양한 생활도시운동의 전개[34](2008년 이후) 등을 추진했다.

제4절 환경과 함께 하는 도시 관리

산업혁명과 시민혁명을 계기로 도시 시대가 열렸다. 이에 따라 도시로 많은 사람들이 모여들어 왕성한 도시 활동을 전개했다. 도시의 역동적 삶의 공간을 위해 역량 있고 탁월한 도시전문가들은 섬광 같은 지혜를 발휘하여 불멸의 도시문화를 일구어 놓았다. 이들의 뛰어난 예지가 보통 사람들에게 의미 있는 삶의 터전을 제공해 준 것이다.

그러나 오늘날에 이르러서는 상황이 많이 달라졌다. 국민들의 대다수가 도시에서 사는 국가 도시 시대가 도래한 것이다. 실로 전문가의 능력만으로 해결하기에는 도시문제가 너무 크고 복잡하게 되었다. 시대의 흐름은 도시에 사는 모든 사람이 주인이 되어 전문가와 함께 도시의 모든 문제를 함께 풀어 나가도록 요구하고 있다.

특히 20세기에 들어서 나타난 도시환경문제의 해결에서는 더더욱 총체적 해결을 필요로 한다. 도시민 진세뿐만 아니라, 국가와 전 세계적 차원에서 도시 관리와 환경을 다루지 않으면 안되는 시대가 도래한 것이다.

1972년 스웨덴의 인간환경회의, 1992년 브라질 리우의 환경 및 개발에 관한 국제회의, 2002년 요하네스버그의 지속가능발전 세계회의, 1997년 교토의정서 채택, 2007년 발리로드맵 채택, 2009년 코펜하겐 협정 등 국제회의를 통해 모든 도시 관리에서 지속가능하고 친환경적인 논리를 적용해야 함을 선언했다.

진정 21세기에서의 도시 관리와 환경이 함께 공존하기 위해서는 다음과 같은 패러다임을 설정할 수 있다. 첫째는 지속가능성(sustainability)을 담보하는 도시 관리다. 환경은 오늘과 후세들이 지속적으로 활용해야 하는 생태공간의 특성을 지닌다. 이런 관점에서 환경은 도시의 지속가능성을 담보하는 보전공간으로 재정립될 필요가 있다. 도시가 필요로 하는 녹지 총량을 설정하고 도시별 녹지 총량의 허용한도 내에서만 도시녹지를 사용하고 나머지는 남겨두는 방안이 요구된다. 또한 개발사업에 따른 훼손녹지의 보전 및 복원을 위한 대체녹지 지정제도의 도입, 수혜자 부담방식에 의한 환경 관리재원 마련, 보전을 위한 적극적인 토지매수 등을 검토해야 한다.

둘째는 친환경성(pro-environmentalism)을 유지하는 도시 관리다. 세계적 추세로나 우리나라의 도시 관리의 흐름으로나 도시정책에서의 친환경적 패러다임은 가장 핵심적인 철학으로 자리매김했다고 보여 진다. 환경이 도시 쾌적성을 증진시키고 여가기능을 제공하는 공간이 되도록 장기적인 관점에서 엄격한 보전체계의 확립이 요구된다. 광역 및 도시녹지축 등 생태녹지축을 설정하여 이를 철저하게 보전하는 녹지보전 수단이 필요하다. 환경 조정을 최소화하고, 총체적인 도시단위 환경성 평가 결과를 토대로 환경을 조정하는 원칙을 세워야 한다. 이제는 종래의 녹색정책에서 한발 더 나아가 실천 가능한 푸른 환경정책으로 발전할 시점이 되었다고 판단한다.

셋째는 공공적 시민정신(public citizenship)을 공유하는 도시 관리다. 민주화의 핵심은 소통과 합의다. 도시 관리의 궁극적 목적은 시민들의 삶의 질 향상이다. 따라서 도시 관리는 처음부터 끝까지 시민들과 소통하면서 합의를 유도해 나가는 것이 원칙이다. 절대 다수의 국민들은 생태공간인 도시환경의 존속을 희망하고 있다고 판단한다. 그러기 위해선 환경 관리의 필요성에 대한 국민적 공감대 형성이 필요하다. 환경으로 인한 공익목적을 달성하고 장기적인 보전이 가능하도록 사회적 가치와 책임의식 고취 등 국민의식의 전환이 필요하다. 보다 나은 환경과 도시 관리의 공존을 위한 지속적인 사회적 공론화가 요구된다.

넷째는 형평성(equity)을 담보하는 도시 관리다. 국민들은 어디서나 골고루 잘 살아 함께 상생하는 도시와 非도시를 희망한다. 도시인과 非도시인은 역할을 분담

할 수 있다. 도시의 환경보전으로 인해 겪게 되는 非도시인들의 생활공간 부족, 생활환경 악화, 재산권의 제약, 지역사회의 낙후성 등의 불편과 불이익을 감수한 非도시인들을 배려할 필요가 있다. 도시 관리의 환경보전을 위해 지난 세월 동안 여러 규제로 재산권을 행사하지 못한 非도시인들에게 적절한 혜택이 돌아가야 더불어 살아가는 형평의식을 공유할 수가 있다.

도시에서 환경이 함께 공존하기 위해서는 지속가능하고, 친환경적이며, 보통시민의 삶의 질을 추구할 뿐만 아니라, 형평성을 담보하는 도시 관리이어야 한다고 제안한다.

주 | 요 | 개 | 념

개발제한구역(development restriction area, greenbelt)
도시개선운동(urban reform movement)
도시 거버넌스(urban governance)
도시계획가(urban planner)
도시환경정책(urban environment policy)
생태도시(eco–city)
세계도시정상회의(Urban Summit Conference, HABITAT II)
유엔(United Nations)
저탄소 녹색도시(low carbon green city)
전원도시(garden city)
지속가능한 개발(ESSD; environmentally sound and sustainable development)
지속가능한 도시(sustainable city)
환경(environment)
환경개선운동(environment reform movement)
환경문제(environment problem)

미 | 주

1) 2013년에 개봉된 「월드 워 제트」(브래드 피트 주연)에서는 바이러스에 감염된 인간이 좀비로 바뀌어 인간을 공격한다는 줄거리가 펼쳐진다.

2) 2013년에 상영된 「엘리시움」이라는 또 다른 영화는 지구 환경이 파괴되어 우주공간에 인간들의 이상향을 건설하고 그곳에 가기 위해 인간들이 서로 다툰다는 미래 세계를 그리고 있다.

3) Howard, E., 1902, *Garden Cities of Tomorrow*, reprinted by The MIT Press in 1965.

4) 대한국토·도시계획학회 편저, 2004, 서양도시계획사, 보성각.

5) 최병선, 1986, "한국도시계획반세기," 한국도시계획반세기세미나 자료집, 서울대학교 환경대학원.

6) Abercrombie, 1944, Greater London Plan. 권용우 외, 2012, 도시의 이해, 4판, 박영사, p. 273.

7) 생태도시의 일부 내용은 『이재준, 2011, 녹색도시의 꿈, 상상, pp. 36-71』을 기초로 재작성한 것임.

8) 변병설, 2005, "지속가능한 생태도시계획," 지리학연구 39(4) : 491-500, 국토지리학회.

9) 박경문 외, 2008, " 국내 슬로시티 발전방안 연구," 지리학연구 42(2), 국토지리학회.

10) 기후변화에 관한 정부 간 협의체(Intergovernmental Panel on Climate Change).

11) 변병설, 2012, "도시환경과 녹색도시," 권용우 외, 도시의 이해, 4판, 박영사, pp. 47-79.

12) 2009년 국토해양부는 저탄소 녹색도시 조성을 위한 도시계획 수립지침을 제시해 저탄소 녹색도시 건설을 위한 실천적 의지를 표명했다(국토해양부, 2009, 저탄소 녹색도시조성을 위한 도시계획수립 지침. 제1장 제4절).

13) 국토해양부 훈령(2009. 8. 24), 저탄소 녹색도시 조성을 위한 도시계획수립 지침.

14) 이재준, 2012, "도시정책과 도시재생," 권용우 외, 도시의 이해, 4판, 박영사, pp. 491-534.

15) 1992년 리우 회의는 178개국 정부대표 8,000여 명과 167개국의 7,892개 민간단체 대표 1만여 명, 취재기자 6,000여 명, 대통령 및 수상 등 국가정상급 인사 115명 등이 참석한 사상 최대 규모의 국제회의였다.

16) 권용우, 1996.7.15, "지구촌에 울려 퍼진 지속가능한 도시개발과 주거권보장 선언," 교수신문.

17) 우리나라에서 처음으로 도시문제를 시민운동으로 인식하여 도시운동을 시작한 것은 1997년 6월에 창립한 경실련 도시개혁센터다. 한국의 도시환경운동단체 가운데 경실련 도시개혁센터, 환경정의, 환경운동연합 등의 단체들이 도시 관리와 환경문제를 본격적으로 다루고 있다.

18) 한국은 정부, 지방자치단체, 시민단체, 주민단체 등에서 150여 명에 이르는 대표단을 파견하

였다. 이것은 규모 면에서 미국 다음으로 큰 대규모였다. 우리나라의 경우 하성규 교수, 박종렬 목사, 박문수 교수 등을 중심으로 일찍부터 '세계주거회의를 위한 민간위원회'를 만들어 대비해 왔던 점이 비정부기구의 활성화에 큰 버팀목이 되었다. 이스탄불대회에 경제정의실천시민연합의 임원진들이 다수 참여했다.

19) 주거권 보장을 위한 한국대표단의 활동은 매우 진지하고 치열했다. 보름정도 진행된 각종회의에서 도시전문가들과의 발표와 토론을 통해 주거권 확보가 인간정주를 위해 필수적임을 역설하였다. 각국에서 참여한 주거운동가 및 시민운동가와의 연대를 강화하면서, 이들과 함께 이스탄불의 도심광장과 갈라타 다리에서 '주거권 확보를 위한 세계집회'를 가졌다. 세계회의가 열리는 대회장과 각종집회에서는 대형 걸개그림과 함께 '성주풀이', '사물놀이' 등 한국의 풍물 문화행사가 펼쳐져 주거권 확보운동을 문화적 차원으로까지 끌어 올렸다. 이스탄불과 주변지역의 주거환경을 직접 보고 토론하는 현지답사도 행해졌다. 이러한 한국대표단의 활동은 CNN을 위시한 전 세계의 언론기관에서 경쟁적으로 취재하여 보도했다.

20) 하성규, 1996.6.22, "주거권과 삶의 질 개선," 국민복지추진연합 심포지엄 발표논문.

21) 국무총리실 기후변화대책기획단, 2008.12.24., 기후변화대응 종합기본계획.

22) 제3차 국가에너지위원회(국무총리실·기획재정부·교육과학기술부·외교통상부·지식경제부·환경부·국토해양부), 2008.8.27., 제1차 국가에너지기본계획(2008~2030).

23) 국토해양부, 2009, 저탄소 녹색도시조성을 위한 도시계획수립 지침 제1장 제4절, '저탄소 녹색도시 조성을 위한 도시계획 수립의 원칙'.

24) 이상문, 2014.10 "도시환경정책의 방향과 과제," 도시문제 551:27-31, 행정공제회.

25) 1998년의 '그린벨트 회담'은 건설교통부 차관보, 국토연구원 전문가, 경실련 도시개혁센터 대표, 환경정의 사무총장 등 총 14명의 대규모 인원이 참가한 역사적 회의였다.

26) 헌법재판소의 결정요지 주문은 "도시계획법(1971년 1월 19일 법률 제2291호로 제정되어 1972년 12월 30일 법률 제2435호로 개정된 것) 제 21조는 헌법에 합치되지 아니 한다"로 되어 있음(헌법재판소 결정요지, 1998.12.24.).

27) 1997년 당시 경실련 도시개혁센터는 서울대 권태준 교수, 경원대 최병선 교수(전 대한국토·도시계획학회장), 중앙대 하성규 교수(전 한국주택학회장), 한양대 김수삼 교수(전 대한토목학회장), 성신여대 권용우 교수(전 국토지리학회장), 유재현 박사(전 경실련 사무총장), 중앙대 김명호 교수(전 대한건축학회장), 홍철 박사(전 인천대 총장), 중앙대 이경희 교수(전 대한가정학회장) 등이 주도하여 만들었다.

28) 경실련 도시개혁센터 창립취지문, 1997.6.28.

29) 경실련 도시개혁센터의 1997년~2004년까지의 활동은 「권용우, 2004, "도시개혁과 시민참여: 경실련 도시개혁센터를 중심으로," 한국도시지리학회지 7(1):13-27, 韓國도시지리학회」의 내용을 기초로 최근의 자료를 보강하여 재작성한 것임.

30) 경실련 도시개혁센터 대표는 정부로부터 수도권, 부산권, 대구권, 광주권, 대전권, 마산·창원·진해권 등 광역도시권 설정 연구의 총책임자로 위촉받아 1999년 12월부터 2000년 10월까지 각 광역도시권 설정에 참여했다. 울산 광역도시권의 경우 울산 도시기본계획으로 개발제한

구역을 조정하도록 조치되었다. 전국 광역도시권 설정에는 경실련 도시개혁센터와 직·간접적으로 관련된 전문가가 다수 참여했다.

31) 국토의 이용 및 계획에 관한 법률안(II): 입법참고자료집, 2001, 796쪽. 2000년 7월 6일 개최된 국토정비기획단 회의는 자문위원장을 맡은 서울대 김안제 교수가 주관했다.

32) 「국토의 계획 및 이용에 관한 법률」 제정은 그 당시 건설교통부 국토정책국장이 적극 추진했으며 경실련 도시개혁센터의 전문가들이 대거 참여하여 제정과정에서 환경보전의 논리를 제공했다.

33) 2002년 5월 노무현 후보 진영의 중심 인사가 경실련 활동을 같이 하는 도시개혁센터 대표에게 실천 가능하면서 꼭 필요한 선거공약을 제안해 달라고 요청했다. 경실련 도시개혁센터는 수도권 문제 해결이 매우 중요한 문제이니 중앙 행정기능의 산하 기관을 비수도권 지역에 중장기적으로 이전하는 내용을 공약화 하도록 노무현 후보 진영에 권유했다. 그 후 경실련에서는 2002년 대통령 선거 후보 모두에게 유사한 내용을 제안했다.

34) (사)경실련 도시개혁센터, 2007, 시민의 도시를 위한 10년의 발자취: 1997.6~2007.6; 2007~2013년의 활동 내용은 경실련 도시개혁센터 간사가 정리한 것에 기초하여 작성한 것임.

참 고 문 헌

건설교통부, 2001, 국토의 이용 및 계획에 관한 법률안(II): 입법참고자료집.

경실련 도시개혁센터, 1997.6.28, 창립기념토론회 논문집.

경실련 도시개혁센터, 1997, 시민의 도시, 한울.

경실련 도시개혁센터, 2001, 도시계획의 새로운 패러다임, 개정판, 보성각.

경실련 도시개혁센터, 2007, 시민의 도시를 위한 10년의 발자취: 1997.6~2007.6.

경실련 도시개혁센터, 2015, 도시계획의 위기와 새로운 도전, 보성각.

국가에너지위원회, 2008, 제1차 국가에너지기본계획(2008~2030).

국무총리실 기후변화대책기획단, 2008, 기후변화대응 종합기본계획.

국토해양부, 2009, 저탄소 녹색도시조성을 위한 도시계획수립 지침.

권용우, 2004, "도시개혁과 시민참여: 경실련 도시개혁센터를 중심으로," 한국도시지리학회지 7(1).

권용우 외, 2012, 도시의 이해, 4판, 박영사.

권용우 · 변병설 · 이재준 · 박지희, 2013, 그린벨트:개발제한구역 연구, 박영사.

권용우 · 박양호 · 유근배 외, 2014, 우리국토 좋은 국토, 사회평론.

김문환, 1997, 문화경제론, 서울대학교 출판부.

김석철 · 안건혁 · 권용우 · 김경환 · 장대환, 2013, 서울 창조도시선언, 매일경제.

대한국토 · 도시계획학회 편저, 2004, 서양도시계획사, 보성각.

박경문 외, 2008, "국내 슬로시티 발전방안 연구," 지리학연구 42(2), 국토지리학회.

변병설, 2005, "지속가능한 생태도시계획," 지리학연구 39(4), 국토지리학회.

이상문, 2014, "도시환경정책의 방향과 과제," 도시문제 551, 행정공제회.

이인식, 2012, 자연은 위대한 스승이다, 김영사.

이재준, 2011, 녹색도시의 꿈, 상상.

최병선, 1986, "한국도시계획반세기," 한국도시계획반세기세미나 자료집, 서울대학교 환경대학원.

클라이브 폰팅 저, 이진아 · 김정민 역, 2010, 녹색세계사, 그물코.

하성규, 1996, "주거권과 삶의 질 개선," 국민복지추진연합 심포지엄발표논문.

헌법재판소, 1998.12.24, "도시계획법 제 21조에 관한 결정요지 주문".

Howard, E., 1902, *Garden Cities of Tomorrow*, new edition edited by Osborn, F.J., 1946, Faber, London. / reprinted by The MIT Press in 1965.

Walter, B. and Arkin, L., 1992, *Sustainable Cities*, Eco–Home Media.

제 2 장

도시계획과 사회 환경

제2장 도시계획과 사회 환경

제1절 서 론

본 장의 목적은 사회 환경의 관점에서 도시계획을 논의하는 것이다. 도시계획을 공학·기술 분야가 주도해 왔던 우리나라 학계의 오랜 관행은 사회 환경의 의미와 중요성에 대해 각별히 주목하지 않았다. 우리나라에서 도시계획이 공학·기술 분야로 치우치게 된 것은 서구와는 달리 자치도시의 역사적 경험이 없어 도시 영역 고유의 인문사회학적 성찰이 크게 빈약했을 뿐만 아니라, 고도 경제성장 과정에서 도시화가 너무나 급속히 진행된 나머지 물리적 차원의 대처가 선결과제로 대두했기 때문이다. 도시계획이 개발과 토건을 근간으로 진행되었던 만큼 도시 현안이 부동산 문제로 귀착되는 경우가 많았던 점 또한 도시계획의 사회환경적 차원을 등한시하는 데 일조했다.

그러나 도시계획은 본질적으로 물리적 공간만을 대상으로 하는 것이 아니라 사회적 환경을 반드시 포함하는 것이다. 이는 도시가 수많은 사람들이 모여 사는 사회적 공간이기 때문이다. 외형상으로 도시계획은 물리적 환경을 대상으로 하지만 궁극적으로는 나름의 정치·사회적 목적을 내포할 수밖에 없다. 도시계획은 본질적으로 공간계획이면서 동시에 사회계획이다. 전형적으로 근대 도시계획의 탄생으로 알려지는 19세기 중반 파리 대개조사업부터 그러했다.

사회환경은 인간의 거주와 활동에 미치는 외부조건 가운데 하나다. 인간을 둘러싼 환경은 크게 자연환경과 사회환경으로 나누어 볼 수 있다. 자연환경은 기후나

지형처럼 대개의 경우 주어진 조건이다. 이에 비해 사회환경은 제도나 관습, 가치 등 상대적으로 인간에 의해 형성된 것이다. 자연환경과 개념적으로 구분된다는 전제하에서 사회환경은 인간환경이나 생활환경, 문화환경 등 다양한 이름으로 불리기도 한다.

인간과 환경은 지속적으로 상호작용하는 관계다. 이 점에서는 자연환경과 사회환경이 크게 다르지 않다. 사회환경은 자연스럽게 형성되거나 진화하기도 하지만 계획행위를 통해 인위적으로 관리되거나 의도적으로 변화될 수도 있다. 그리고 그것의 결과는 다시 인간들의 삶에 영향을 미친다. 특히 유념할 사실은 사회환경에 관련하여 모든 사회구성원들의 이해가 반드시 동일한 것은 아니라는 점이다. 다시 말해 개인이나 집단에 따라 사회환경의 의미는 다르다. 도시계획과 사회환경의 관계가 중요한 것은 바로 이 때문이다.

사회환경의 범위는 매우 다양하다. 그것은 자연환경 이외 거의 모든 삶의 조건을 포함할 수 있다. 그 가운데 본 장에서는 도시계획과 밀접한 연관을 갖는 두 가지 측면의 사회환경에 집중하고자 한다. 첫째는 도시의 장소기억이다. 도시의 일차적 존재이유는 사회구성원의 집단적 기억을 창조, 보존, 혁신, 전파하는 문화적 공간이라는 점에 있기 때문이다. 둘째는 도시의 사회자본이다. 사람들 사이의 협력을 가능케 하는 구성원들의 공유된 제도, 규범, 네트워크, 신뢰 등은 도시마다 양과 질이 다르다. 의도적이든 결과적이든, 도시계획은 물리적 공간의 변화와 더불어 도시의 장소기억과 사회자본에 영향을 미친다.

제 2 절 도시계획의 사회학

01 | 도시의 발명

도시는 자연 상태로 주어진 것이 아니라 사회적으로 생산된 공간이다. 도시는 신(神)의 작품도 아니고 인류 역사 속에서 우연히 나타난 공간도 아니다. 가령 성경의 창세기를 보면 하느님의 천지창조 사업 항목에 도시는 없었다. 이와 관련하여 18세기 영국의 시인 쿠퍼(William Cooper)는 "신은 시골을 창조하고 인간은 도시를 만들었다"고 말하면서 도시생활이 아닌 전원적 삶을 예찬하기도 했다. 그는 도시의 발전을 인류문명사의 순리로 생각하지 않았다. 도시는 인간이 작위적(作爲的)으로 만든 공간환경이라는 것이다.[1]

46억년에 이르는 지구의 역사나 300만년에 가까운 인류의 역사에 비교하자면 도시의 역사는 고작 6천년 정도로 매우 짧다. 지구의 전체 역사를 1년으로 요약하자면 지구의 탄생은 1월 1일 0시였고, 공룡이 활동한 기간은 12월 11일부터 16일 사이였으며, 인류는 12월 31일 저녁 8시에 겨우 출현했다. 그리고 농업이 시작된 것은 12월 31일 밤 11시 30분이었고 도시가 만들어진 것은 자정을 불과 2초 앞둔 시점이었다. 이처럼 인류 역사의 절대적인 대부분은 도시 없이 진행되어 온 것이다.

그런데 신의 섭리 여부나 자연의 순리 여하와 상관없이 지금은 도시가 대세다. 2007년 5월 23일부로 지구의 도시화 비율은 50%가 넘었고,[2] 2015년 현재 전 세계적으로 천만 명 이상의 거대도시는 28곳, 그리고 백만 명 이상의 대도시는 414개이다. 도시인구가 비(非)도시인구를 처음으로 능가했다는 점에서 21세기를 "최초로 맞는 도시의 세기"(the first urban century)라고 부르기도 한다. 이런 추세라면 언젠가 도시는 "인류 최후의 고향"이 될 것이라는 전망도 설득력이 높다(리더, 2006).

역사적으로 도시는 농업의 발달과 함께 등장했다. 수렵 및 채취사회와 그로부터 각각 진화한 유목사회와 원예사회는 기본적으로 생산력이 낮고 이동성이 높았다. 그러다가 쟁기의 발명과 그로 인한 심경(深耕)의 시작, 우마(牛馬)과 같은 견인용 축력(畜力)의 사용, 그리고 물레의 창안과 이를 통한 토기의 대량생산 등은 일련의 농업혁명을 촉발했고, 그로부터 비롯된 생산력의 획기적 향상은 인류문명을 정착의 시대로 이행시켰다. 여기서 유의할 점은 도시의 탄생이 농업혁명 이후 획기적으로 증대된 경제적 잉여 때문이 아니라는 사실이다.

관건은 쟁기나 가축, 그리고 물레와 같은 새로운 생산수단을 농업혁명 당시 과연 누가 소유하고 있었는가 하는 것이다. 농업혁명은 직접 생산자, 곧 농민들이 아니라 새로운 농업 생산수단을 발명하고 독점했던 지배계급에 의해 주도되었고, 이들이 도시를 탄생시키면서 스스로 도시의 주인이 되었다. 말하자면 농업혁명의 이익은 생산과정에 직접 종사하지 않는 일련의 비(非)생산자들, 곧 정치가, 행정관료,

성직자, 기술자, 장인, 상인 등의 수중에 들어갔다.[3] 그런 만큼 농업혁명 이후 농촌과 농민은 오히려 도시의 지배를 받게 되는 운명에 처했다.

도시발달의 두 번째 획기적 계기인 18세기 후반 산업혁명에서도 사정은 비슷했다. 농업혁명의 주인공이 농민이 아니었듯, 산업혁명의 주역 역시 노동자계급이 아니었다. 산업혁명은 기계나 공장과 같은 새로운 생산수단을 확보한 자본가계급이 기획·주도한 것이고, 대다수 농민이 노동자 신분이 되어 기계와 공장이 있는 공간으로 이동할 수밖에 없던 결과 급속한 도시화가 나타나게 된 것이다. 산업혁명 이후 도시는 농촌을 포함한 주변지역에 대한 기존의 지배력을 더욱 더 강화할 수 있었다.

요컨대 도시의 핵심적 관건은 인구가 아니다. 인구의 규모나 밀도가 도시와 비농촌을 구분하는 절대적 기준은 아닌 것이다. 보다 중요한 것은 도시와 농촌 사이의 공간적 분업 혹은 도시와 주변 사이의 권력관계다. 도시는 식량이나 에너지의 측면에서 농촌이나 주변지역에 절대적으로 의존할 수밖에 없다. 이와 같은 생존조건의 비자족성(非自足性)에도 불구하고 도시가 유지되고 발전하는 것은 정치, 경제, 군사, 문화, 기술, 종교 등의 차원에서 주변지역에 대한 지배적 우위를 차지하기 때문이다. 도시를 먹여주는 농촌이 오히려 도시의 지배를 받는다는 점에서 이를 '도시·농촌의 패러독스'라고 부른다.[4] 도시의 성장과 교통의 발전이 불가분의 관계에 있는 것도 바로 이 때문이다. 도시 중심의 교통망은 사실상 지방에 대한 '명령체제'라 볼 수 있다.[5]

02 | 도시와 근대문명

도시의 탄생과 성장을 지배집단이 선도했다는 역사적 사실이 도시 그 자체의 의미와 가치를 퇴색시키는 것은 아니다. 왜냐하면 인류가 오늘날과 같은 번영을 누리게 된 것에는 도시의 공헌이 절대적이기 때문이다. 지구상의 다른 생명체들과는 달리 인류는 '누적적으로' 발전해 왔다. 10,000년 전의 인류와 5,000년 전의 인류, 1,000년 전의 인류, 100년 전의 인류, 그리고 지금의 인류가 살아가는 방식이 서로 다른 것은 인류의 부단한 진화 능력 때문이다. 가령 호랑이나 독수리가 사는 모습은 영원히 불변고정이다. 이에 비해 인간은 지식이나 기술 등 삶에 필요한 유무형의 노하우를 창조, 기록, 축적, 전파, 혁신할 줄 아는 유일한 생명체다. 바로 이것이 인류

만이 갖고 있는 '문화의 힘'이다. 문화를 통해 인류는 지구상에서 패권을 차지할 수 있게 된 것이다.

그런데 이와 같은 문화의 힘이 집중되어 있는 공간이 바로 도시다. 도시사학자 멈포드(Mumford, 1970)가 도시를 그릇 혹은 용기(容器, container)에 비유한 것은 이런 맥락에서다. 그는 인류가 오늘날과 같은 발전을 이룩한 것은 도시에 시장이나 재판소, 학교, 사원 등과 같은 문화적 요소들이 다양하게 발현하고 증폭했기 때문이라고 주장한다. 인류문명을 비약적으로 발전시킨 공간은 촌락이 아닌 도시였다. 이런 점에서 도시를 인류의 "가장 위대한 발명품"이라고 말하는 것은 결코 과장이 아니다(글레이저, 2011). 도시는 인접성과 복잡성, 친밀성 등 인간들의 협력적 관계로부터 생성되는 위대한 힘의 보고(寶庫)이자 산실인 것이다.

실제 인류 역사에서 도시는 '문화적 도가니'(Cultural Crucible)의 역할을 톡톡히 수행해 왔다(Hall, 1998). 홀에 의하면 인류 문명은 중요한 고비마다 창조와 진화의 원동력을 도시로부터 구했다. 아테네(BC 5-4세기)가 그랬고, 피렌체(14-15세기)가 그러했으며, 런던(1570-1620년)이 그랬고 비엔나(1780-1910년)와 파리(1870-1910년) 또한 그러했다는 것이다. 이처럼 특정한 도시가 인류 역사에 새로운 이정표를 제시한 것도 사실이지만, 도시가 전반적으로 인류 문명을 통째 격상시킨 것은 중세 유럽의 경우가 가장 대표적이다. 16세기 이후 근대적 이행과정에서 서구문명이 동양을 앞서가게 된 힘의 원천은 그곳에서 발달한 도시에 있었다.

원래 중세 유럽은 도시중심이 아니라 전형적인 농촌사회였다. 유럽에서 독특하게 발달한 봉건제는 정치적으로는 상호경쟁적인 분권체제에 입각해 있었고, 경제적으로는 자기충족적인 장원제를 기반으로 삼고 있었다. 도시는 봉건제의 핵심 구성요소가 아니었던 것이다. 하지만 봉건제가 안정화되면서 역설적으로 도시의 출현이 필요한 상황이 되었다. 사치품이나 기호품, 무기 등의 공급은 농촌경제나 자급자족의 틀 안에서 해결할 수 없었기 때문이다. 12세기 무렵부터 중세 유럽에는 봉건제의 예외지대로서 고대 로마시대의 식민지 도시들이 부활하기 시작했고, 상공업을 기반으로 이들은 경제권력의 중심으로 부상했다. 특이한 점은 이들이 '자치도시'였다는 사실이다. 도시의 상인들은 외부의 정치적 간섭을 배제한 가운데 길드라는 동업자 조합을 통해 스스로의 권익을 보호하고 증대시켰다.

중세 유럽의 도시는 이런 식으로 자본주의와 민주주의의 요람으로 성장했다.

부르주아 계급의 탄생이 이루어진 것도 그곳이었고,[6] 정치적 자유가 구가된 것도 바로 그곳이었다. "도시의 공기는 사람을 자유롭게 한다"(Stadtluft macht frei!)라는 말은 농노(農奴)가 도시로 도망와서 1년 1일을 거주할 경우 자유인이 될 수 있었다는 의미다. 자치도시는 중세의 품 안에서 봉건제의 빗장을 열고 근대적 이행을 모색했던 첨병이자 기수였다. 도시의 역동성이 있었기에 유럽은 인류문명의 근대화를 선도하며 수세기 동안 세계사의 주도권을 쟁취할 수 있었다. 중국 중심의 동양문명이 서양에 뒤진 이유 가운데 하나는 도시의 저발전(低發展)에 있었다.[7]

새로운 근대문명을 창출했다는 점에서 역사학자 브로델(1995)은 도시를 '변압기'(electrical transformer)에 비유했다. 그곳에서는 긴장이 증대하고 교환이 가속화되며, 인간의 생명력이 부단히 재충전된다는 이유에서다. 그는 중세 유럽의 도시를 "인류 역사의 결정적인 전환점이자 중요한 분수령"이라 말했다. "도시는 우리가 '역사'라고 부르는 것의 문을 열었다"고 표현할 정도였다. "모든 위대한 시기는 도시의 팽창으로부터 표현"되며 "유럽의 첫 위대한 도시의 세기에 일어난 기적은 도시가 완전한 승리를 거두었다는 것"이라고도 했다. "도시들이야말로 이 작은 대륙 유럽을 위대하게 만든 요인"이라는 것이 브로델의 결론이었다.

03 | 도시계획의 탄생

유럽의 근대적 이행을 촉발한 것은 자치도시였지만 권력의 중심은 점차 새롭게 등장한 '근대국가'(modern state)의 수중에 들어갔다. 군주와 영주, 교회, 그리고 도시 등으로 분권화되어 있던 유럽의 정치질서는 16세기 이후 군주의 권력 질주 및 세력 강화를 경험하게 된다. 군주는 봉건제를 타파하며 새로운 근대국가를 형성하는 주역이었고, 이러한 국가건설 과정에 도시의 부르주아 계급은 적극적으로 동참하고 협력했다. 정치적 측면에서 국가는 도시를 이긴 승자가 분명했다. 하지만 내용적인 측면에서 국가는 도시가 상고 있던 자본주의적 제도와 심성의 계승자였다(브로델, 1995).

근대국가의 형성과 함께 도시는 국가권력의 날개 밑으로 들어갔다. 근대국가 속의 도시는 더 이상 중세에서와 같은 자치도시가 아니었다. 그럼에도 불구하고 도시의 성장이 국가에 의해 억제된 것은 결코 아니다. 근대적 이행 과정에서 도시는 변화와 발전을 위한 새로운 전기를 맞게 되었다. 미셸 푸코(2011:31-88)에 의하면 근대적 의미의 도시계획이 처음 등장한 것은 바로 이와 같은 역사적 맥락에서다. 16세기 이후 근대국가가 형성되고 자본주의의 발전이 가속화되면서 유럽에서는 이른바 '도시문제'가 심각해졌기 때문이다.

우선 급속한 인구집중과 자본축적에 따라 도시의 규모와 밀도가 크게 증가하였다. 이에 따라 기존의 중세식 성벽도시로는 효율적인 도시관리가 이루어질 수 없는 상태가 되었다. 게다가 역사적으로 성벽도시 자체의 유용성이 사라지고 있었다. 이는 대포의 발명과 바퀴의 보급 때문이었다. 방어와 감시, 그리고 징세의 보루로서 성곽이 차지하고 있던 전통적 순기능이 의미를 상실한 것이다. 특히 경제적인 차원에서 성곽은 자본주의의 발전과 확산을 방해하는 구조물이 되었다. 자본가 계급이 원하는 것은 자본과 물자 그리고 인구와 공기의 활발하고도 효율적인 '순환'(circulation)이었기 때문이다.[8] 근대 국민국가는 수도의 탄생을 동반하기도 했다. 수도는 국가권력의 권위와 질서가 표현되는 한 나라의 대표 도시가 되었고, 이를 중심으로 영토 내부의 공간적 위계관계가 형성되었다.

근대 국민국가로 가는 과도기에 등장한 17세기 무렵의 절대왕정은 이른바 '바로크 도시'를 통해 근대적 도시계획의 원형을 보여주었다. 성곽과 불규칙한 도로 대신 도시는 거대하고도 정교한 기하학적 공간체계로 정비되었다(그림 2-1). 근대 철학의 아버지 데카르트(2009)는 수학적 공간 혹은 기하학적 공간의 가치를 역설했다. 그는 공간의 장소적 특성을 배제하면서 "여러 명의 건축가가 시일에 따라 불규칙하게 건설한 도시보다는 한 기사(技士)가 계획하여 만든 기하학 구조의 도시가 조화성이 있다"고 주장하였다. 이제 도시는 있는 그대로 방임하거나 도시민이 스스로 관리하는 공간이 아니라 계몽주의 시각에서 국가가 계획하고 통제하는 대상이 되었다. 이 과정에서 공간은 '사회적 생산'의 대상이 되었는데, 이른바 '절대공간'이 '추상공간'으로 바뀌는 것도 이러한 맥락에서다(르페브르, 2011).

18-19세기 프랑스대혁명과 산업혁명은 국가주도의 도시계획에 가일층 박차를 가하는 계기가 되었다. 근대적 이행의 결정판이라 볼 수 있는 양대 혁명은 인류문명의 획기적 진보를 기약하기도 했지만, 미증유의 사회적 혼란과 위기를 초래하기도 했다. 그것의 핵심은 전통적 사회질서가 붕괴하는 가운데 심화된 새로운 계급불평등이었다. 그리고 이와 같은 사회적 불안과 갈등의 핵심적 무대가 바로 도시였다.

이런 상황에서 한편으로는 보수적 계획사조가 등장했다. 예컨대 벤담은 공리주의(utilitarianism)에 입각하여 '최대다수의 최대행복'을 위한 사회공학적 접근의 필요성을 제기했고, 마르크스는 과학적 사회주의 기획을 통해 근대국가의 타도와 자본주의의 붕괴를 기도했다.

유럽 전역에 만연하던 노동자혁명의 불길은 이른바 '1848년 혁명'에서 절정으로 치달았다. 나폴레옹 체제 붕괴 이후 비엔나 체제에 의한 유럽의 전반적인 보수화 및 그 직전의 경제공황을 배경으로 유럽 각국에서 동시에 발생한 1848년 혁명은 그러나 궁극적으로는 새로운 사회질서를 수립하는 데 실패했다. 1948년을 전기로 하여 노동자들은 사회주의 혁명을 포기하고 자본주의 체제를 인정하는 대신 대의민주주의와 참정권을 얻었다. 1848년 혁명은 자본이나 권력을 가진 지배세력에게도 뼈

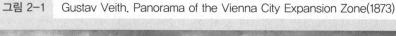

그림 2-1 Gustav Veith. Panorama of the Vienna City Expansion Zone(1873)

출처: http://www.habsburger.net
주: 근대적 도시계획은 도시의 상징이었던 성을 스스로 해체하고, 그 자리를 기하학적 공간 체계로 대신함으로써 시작되었다.

아픈 교훈을 남겼다. 사회주의 혁명의 사전예방과 자본주의 체제의 안정적 재생산을 위해 국가주도의 공공계획이 불가피하다는 인식이었다.

1848년 혁명의 일환으로 프랑스에서도 2월 혁명이 일어났다. 불발로 끝난 2월 혁명 직후 제2제정의 나폴레옹 3세는 오스망을 파리시장으로 임명하고 파리에 대한 근대적 도시계획을 지시했다. 파리 대개조사업의 핵심적인 목적은 도시공간의 대대적 변혁을 통해 한편으로는 자본축적의 효율성을 도모하고 다른 한편으로는 노동자 혁명을 사전에 방지하거나 유사시 진압을 용이하게 만드는 것이었다(하비, 2005). 이를 위해 중세식의 좁은 골목은 일소되는 대신, 대로와 철도, 그리고 지하공간이 개발되었다. 또한 도심 내 공장을 외곽으로 옮기고 노동자계급과 부유층의 거주 지역을 분리시켰다. 1848년을 공공계획의 원년으로 삼는 것은 바로 이 때문이다. 여기서 중요한 점은 공공계획이 도시계획으로부터 출발하였고 이 때 도시계획의 목적은 물리적 공간 그 자체가 아니라 정치·사회적 목적을 다분히 내포하고 있었다는 사실이다. 공간계획과 사회계획은 처음부터 둘이 아니었던 것이다(전상인, 2007).

제3절 근대 도시계획의 전개

01 | 시각주도 도시계획

근대 서양문명은 시각 중심주의(Ocularcentrism)라는 특징이 있다. 도시계획에서 시각 헤게모니가 두드러지는 것도 이 때문이다. 원래 인간에게는 촉각, 미각, 후각, 청각, 시각이라는 다섯 가지 감각이 있다. 그런데 근대 이후 이들 오감 사이에 위계와 서열이 매겨졌고, 그 가운데 시각이 최고의 지위를 차지하게 되었다(맥루한, 1999). 미각에서 촉각으로 갈수록 보다 동물적이고 원초적인 감각이며, 청각에서 시각에 이를수록 보다 이성적이고 근대적인 감각이라는 인식이 생겨난 것이다.

근대 이후 서양에서 시각의 우세화가 진행된 것에는 몇 가지 배경이 있다. 첫째는 선(線)원근법(linear perspective)의 발전이다. 원근법은 3차원의 세계를 2차원의 평면 위에 과학적으로 재현하는 방식으로서 그리는 사람의 눈과 감상하는 사람의 눈을 일치시켰다. 둘째는 광학(光學)의 발전이다. 인간의 시각능력을 보완하고 확대하는 정밀한 광학도구의 발명이 잇따랐는데, 카메라와 망원경, 현미경 등이 가장 대표적이다. 셋째는 구텐베르크에 의한 금속활자의 발명과 인쇄술 혁명이다. 그 이후 '읽기'는 지식과 정보 획득에 있어서 가장 대표적이고 모범적인 방식이 되었다. 끝으로 통계혁명 혹은 계량혁명이 있었다. 그것은 숫자 형태로 측정, 표현, 비교될 수 있는 지식을 가장 합리적이고도 객관적인 것으로 받아들이게 되는 일종의 '지식혁명'이었는데, 그 이후 통계지식은 가장 전형적인 공공지식의 지위를 굳혔다.[9)]

스콧(2010)에 의하면 근대국가의 핵심적 특징 가운데 하나는 지배력 강화와 생산력 증대를 위해 공간과 사람을 '보기' 쉽고 '읽기' 편하게 만들고자 했다는 점이다. 그가 말하는 '국가처럼 보기'(seeing like a state)란 세상의 단순화(simplification)를 통한 가독성(可讀性, legibility) 향상을 의미한다. 사회에 대한 가독성의 증대는 징세와 징병을 용이하게 만들 뿐 아니라 내·외부의 적으로부터 안전을 도모하는 효과를 얻을 수 있기 때문이다. 도시공간 역시 이와 같은 '국가처럼 보기'의 예외가 아니었다. 근대국가가 데카르트의 관점을 이어받아 길은 곧게 뻗어 직각으로 교차하도록 설계하고 건물은 동일한 디자인과 크기로 건축함으로써 도시 전체에 하나의 총체적인 질서를 부여하고자 했던 것은 이런 이유에서였다.

단순화와 가독성을 중시하는 근대 도시계획은 도시의 사회환경과 관련하여 몇 가지 중요한 의미를 내포하고 있다(스콧, 2010). 첫째, 근대적 도시계획은 위에서 내려다보는 절대자의 시각을 반영하는 경우가 많았으며, 이는 도시계획이 권력과 자본의 이익에 종속되는 결과를 초래했다.[10)] 둘째, 대단위 도시계획의 종합적 구성은 거주민이 일상에서 경험하는 생활의 질서와 점차 유리되기 시작했다. 형식적 공간 질서와 사회적 경험 사이의 불일치가 늘어난 것이다.[11)] 셋째, 근대국가의 도시계획은 기하학적 표준화를 통해 공간의 상품화와 시장화를 촉진했다. 말하자면 측량의 기술이나 격자형 계획의 발선은 공간의 생태적 특징과 장소적 속성을 약화시켰던 것이다.

시각중심의 근대적 공간계획에는 공학과 기술이 주도하는 물리적 접근이 주종을 이루었다. 인류문명사 전체를 조감할 경우, 이는 합리성과 효율성, 그리고 위생과 심미성의 측면에서 어느 정도 긍정적인 성과를 이룬 것이 부인할 수 없는 사실이다. 그것이 남긴 폐해와 부작용과 비교하여 근대적 도시계획을 종합적으로 어떻게 평가할지는 앞으로 풀어야 할 과제일 것이다. 하지만 시각적 헤게모니에 입각한 근대 도시계획이 도시 본연의 사회환경에 미친 부정적인 효과는 지금 이 시점에서도 결코 가벼워 보이지 않는다. 근대적 도시계획을 통해 도시는 얻은 것도 많지만 잃어버린 것도 결코 적지 않다.

02 | 보이지 않는 도시

19-20세기를 풍미한 근대적 도시계획을 가장 강력하게 비판한 이 가운데 하나는 도시운동가이자 도시이론가인 제이콥스(2010)였다. 그녀는 결코 도시 자체를 반대하거나 계획 전체를 거부하는 입장이 아니었다. 대신 제이콥스는 공학적이고 물리적인 측면에 치우쳐 있는 당대의 주류 도시계획이 미국 대도시의 사회환경과 사회역량을 망치고 있다고 생각했다. 제이콥스는 도시연구가 자연과학을 모방하고 공학적 접근을 추종하는 경향을 문제 삼았다. 특히 확률과 통계에 입각한 양적 연구방법은 도시에 대한 기계적 사고를 진작시켰을 뿐 아니라 도시문제를 인식하는 데 있어서 개인의 특질이 아닌 사회적 평균에 주목하게 만들었다는 것이다. 도시를 살아있는 유기체로 인식한 제이콥스는 '생명과학으로서의 도시연구'를 역설했다.

제이콥스는 눈에 보이는 도시가 도시의 전부가 아니라는 말을 하고 싶었다. 제이콥스는 '읽기에 좋은 도시' 혹은 '보기에 좋은 도시'가 도시계획의 목적은 아니라고 생각했다(전상인, 2012a 참조). 이는 이른바 '보이지 않는 도시'(invisible cities)의 가치를 역설하는 칼비노(2007)의 입장에 맞닿아 있다. 칼비노는 "도시를 묘사하는 말들과 도시 자체를 혼동해서는 절대 안 된다"고 주장하면서 "도시는 자신의 과거를 '말하지' 않습니다. 도시의 과거는 마치 손에 그어진 손금들처럼 거리 모퉁이에, 창살에, 계단 난간에, 피뢰침 안테나에, 깃대에 '쓰여' 있으며, 그 자체로 긁히고 잘리고 조각나고 소용돌이치는 모든 단편들에 담겨 있습니다"라고 썼다.

노벨문학상 수상작가 파묵(2008)의 자전소설 〈이스탄불〉 역시 도시의 진면목은 오히려 눈에 보이지 않는 것에 있다는 사실을 일깨워준다. 그는 자신이 생각하는 이스탄불을 이렇게 그렸다. "나는 항상 이스탄불의 겨울을 여름보다 더 좋아했다. 어둠이 빨리 깔리는 이른 저녁을, 삭풍에 떠는 잎사귀 없는 나무들을, 가을을 겨울로 연결하는 날에 검은 외투와 재킷을 입고 반쯤 어두운 골목에서 종종걸음으로 귀가하는 사람들을 바라보는 것을 좋아한다. … 겨울날, 어둠이 일찍 깔리고 서둘러 집으로 돌아가는 사람들의 흑백의 색은 내게 내가 이 도시에 속해 있고, 이 사람들과 같은 것을 공유하는 느낌을 준다."

파묵의 소설은 이렇게 이어진다. "이스탄불에서는 과거의 승리와 문명의 역사 그리고 유적들이 아주 가까이에 있는 것이다 … 서양의 대도시들에서와는 달리, 몰락한 대제국이 남긴 이스탄불의 역사적인 기념물은 박물관에 있는 것처럼 보호받고 자랑스럽게 칭찬받고 전시되는 것이 아니다. 이스탄불 사람들은 이것들 사이에 살고 있다. 어떤 도시를 특별하게 만드는 것이 단지 그것의 지정학이나 건물 그리고 우연히 마주친 사람 자신들 특유의 모습이 아니라, 그곳에서, 나처럼, 오십 년 동안, 같은 거리에서 사는 사람들이 축적한 추억들과 문자, 색깔, 이미지가 자기들끼리 다투는 비밀스럽거나 공개된 우연의 농도라고 생각하곤 한다."

제 4 절 도시와 장소기억

01 | 기억의 가치

시각 중심의 근대적 도시계획에 따라 도시가 잃어버린 것 가운데 하나는 장소기억이다. 최근 역사학 분야에서 기억에 대한 관심이 뜨거워진 것은 기억이 집단 정체성의 근간이자 사회적 경계의 기준이 되기 때문이다(전진성, 2005).[12] 기억은 역사와 다르다. 역사란 승리자의 입장에서 만든 공식 기억이며, 문화재 역시 '일종의 전리품'일 뿐이라는 벤야민의 주장은 이런 맥락에서다(벤야민, 2005). 하지만 보이지 않는 도시자산으로 소중한 것은 보통 사람들이 갖고 있는 사적 역사로서의 미시적 기억이다.

자연에 의존하며 살아가는 농촌생활에 비해 도회생활은 살아가는 데 필요한 기억을 훨씬 더 많이 요구한다. 이를 두고 19세기 전반기 미국의 시인 에머슨(Ralph

W. Emerson)이 “도시는 기억으로 살아간다”(The city lives by remembering)라고 말할 정도였다. 그런데 기억의 문제는 개인적 차원에 그치는 것이 아니라 사회적이고 정치적인 영역으로 확장된다. 알박스(Habwachs, 1980)는 세대나 성별, 계층, 직업 등에 따라 서로 기억하는 것이 다르다는 점에서 ‘집단기억’(collective memory)이라는 개념을 제시했다. 기억의 연속과 단절 그리고 일치와 격차는 따라서 사회공동체의 형성과 지속에 관련하여 매우 중요한 함의를 갖는다.

왜 기억인가를 묻는다면 “인간을 만드는 것은 기억”이기 때문이다(김명숙, 2009). 치매(癡呆)가 웅변하듯이 기억의 부재는 내가 없다는 것, 곧 존재의 부정을 의미한다. 말하자면 기억은 부재에 맞서는 투쟁인 것이다. 이때 기억의 정확성과 객관성은 별로 상관이 없다. 역사가 “과학적으로 검증되고 사회적으로 정당성이 부여된 과거”라면, 기억은 “고정된 역사적 순간에 대한 재발견이 아니라, 사건 이후 일상생활을 통해 선택되고, 재해석되고, 왜곡된 결과”이다(권귀숙, 2004). 페렉(1994)이 지적하듯이 기억이란 “객관적인 ‘커다란 역사’에 가려진 자신의 정체성을 상상하고 확인하고 치유하는 과정”으로 이해되어야 한다.

중요한 점은 기억의 원천이 장소라는 사실이다. 기억에 있어서 관건은 시간이 아니라 장소인 것이다. 바슐라르(2003)에 의하면 “시간은 우리에게, 두터운 구체성이 삭제된, 추상적인 시간의 선만을 기억하게 하지만… 우리들이 오랜 머무름에 의해 구체화된, 지속의 아름다운 화석을 발견하는 것은, 공간에 의해서, 공간 가운데서”이다. 여기서 장소(place)와 공간(space)은 개념적으로 뚜렷이 구분된다. 이 푸 투안(1995)에 의하면 공간이 “움직임이며, 개방이며, 자유이며, 위협”이라면, 장소는 “정지이며, 개인들이 부여하는 가치들의 안식처이며, 안전과 애정을 느낄 수 있는 고요한 중심이다.”

요컨대 기억은 본질적으로 ‘장소지향적’(place-oriented)이거나 ‘장소기반적’(place-supported)이다(Casey, 2000). 장소는 기억의 생산 및 재생산에 매우 효과적인 도구인데, ‘장소기억’(place-memory)이란 바로 이와 같은 장소와 기억 사이의 호혜적 관계를 두고 하는 말이다. 장소기억은 시각이 아닌 오감 전체의 산물이다(김미영·전상인, 2014). 그런데 시각위주의 근대 도시계획은 장소기억을 훼손하고 방해하는 경향이 있다. 왜냐하면 시각은 “조사하고 제어하고 수사하는” 데 능숙한 이성적 감각으로서, 장소적 감수성과는 거리가 있기 때문이다(Palssamaa, 2013). 시각의 특징은 대상과 거리를 두면서 그것을 지배하려는 욕구를 갖고 있다는 점이다.

시각, 청각, 후각, 촉각, 미각 가운데 장소의 기억을 환기시키는 데 특히 탁월한 감각은 후각이다. 냄새는 "기억을 이끌어내는 최고의 자극"이다(허즈, 2013:79). 투안(Tuan, 1993)도 "냄새에는 과거를 복원시키는 힘이 있다"고 하면서, 이는 후각의 직접성과 근접성이 시각의 추상적, 구성적 면모와 뚜렷이 대조되기 때문이라고 설명했다. 르페브르(2011) 역시 만약 감각들 가운데 "주체와 객체 사이에 친밀함이 발생한다면, 그곳은 후각의 세계"라고 주장했다. 문제는 시각 중심의 근대성이 이와 같은 후각의 세계를 추방하고 억압해왔다는 사실이다. 바우만에 의하면 "근대성은 냄새를 향한 선전포고"였다. 근대화와 도시화, 세계화에 앞선 곳일수록 그곳 특유의 냄새가 사라지고 장소기억 또한 소멸하게 된 것은 바로 이 때문이다.[13)]

02 | 장소의 매개

장소는 기억의 매개이자 도구이며 거처이자 배경이다. 그렇다면 도시 속에서 보다 구체적인 기억의 장소는 어디인가? 장소기억의 출발은 일단 집이다. 바슐라르(2003)에 의하면 "집은 우리들의 최초의 세계"이자 "하나의 우주"이다. 그는 근대 도시계획 과정에서 르 코르뷔지에가 집을 "주거용 기계"로 전락시킨 사실을 개탄한다. 주지하다시피 르 코르뷔지에는 급속한 산업화와 도시화에 대응하기 위한 주거 전략으로서 아파트 양식을 적극 옹호했다. 하지만 바슐라르는 아파트에 의해 거주와 공간의 관계가 기계적이고도 인위적인 것으로 변화하면서 내밀한 삶이 소멸하는 상황을 개탄했다. "〔아파트가 늘어난 오늘날〕 파리에는 집이 없다"는 말은 이런 맥락에서 나왔다. 그에 의하면 기억과 추억이 상실된 채 뿌리 뽑힌 불완전한 거소(居所)는 "상자나 구멍일 뿐, 집이 아니다."

렐프(2005) 역시 가장 원천적으로 장소감을 제공하는 것은 '우리 집'이라고 했다. "집은 우리 성체성의 토대, 곧 존재의 거주 장소"라는 이유에서다. 투안(1995) 또한 "집은 매일 매일이, 이전의 모든 날들에 의해 증가하는 장소"라고 표현했다. "과거의 매혹적인 이미지는 바라다볼 수 있을 뿐인 전체 건물에 의해 환기되는 것이 아니라 만질 수 있고 냄새 맡을 수 있는 주택의 구성요소와 설비, 예컨대 다락방과 지하실, 난로와 내달은 창, 구석진 모퉁이, 걸상, 금박 입힌 거울, 이 빠진 잔에 의해 환기된다"는 것이 투안의 설명이었다.

집에 이어 중요한 장소기억의 보고는 골목이다. 우선 골목은 집과 세계의 매개 공간이자 가족에서 세상으로 나아가는 점진적이고 순차적 공간이다(윤재흥, 2002). 이승수(2010)는 골목을 "도시문화의 모세혈관"이라고 표현하기도 했다. 특히 대로(大路)가 권력과 자본의 공간이라면 골목은 민중과 서민의 장소다(그림 2-2). 임석재(2006)는 골목이 "아늑한 휴먼 스케일"이라는 점에 주목하면서 그것이 계획의 결과가 아닌 "귀납적 축적의 산물"이라는 점을 강조한다. 골목과 더불어 시장도 장소기억의 원천이다. 주킨(Zukin, 1991)에 의하면 자본주의 이전에는 시장과 장소가 분리되지 않았다. 시장이란 경제적 행위로만 한정된 곳이 아니라 "사회적으로 구성된 공간"이자 "문화적으로 각인된 장소"였기 때문이다. 말하자면 시장은 사회적 관계와 도덕적 연대로 충만한 공간이었다.

그림 2-2 김기찬 '골목안 풍경' 중

출처: 김기찬, 2011, 골목안 풍경 전집, 눈빛.
주: 김기찬은 33년간의 골목 풍경 기록을 통해 골목이 따듯하고 소박한 장소라고 말한다.

어떤 측면에서 보자면 전근대사회에서는 도시전체가 삶의 총체성을 확보하고 있었다. 멈포드(Mumford, 1961)에 따르면 근대 이전의 도시는 결코 단순히 '지나가는(move through)' 곳이 아니라 '살아가는(live in)' 곳이었다. 다시 말해 전근대적 도시는 '사회적 실천'이 가득 찬 곳으로서, '장소와의 인연 맺기'가 필요하기도 하고 가능하기도 했다. 도시에 사는 사람들은 서로 구체적으로 교류하고 접촉하는 가운데, 진정한 삶의 태도란 자신이 이웃이나 타인에게 해야 할 도리나 의무를 수행하는 것이라고 생각했다. 세닛(Sennett, 1992)은 이를 '눈의 양심'(conscience of the eyes)이라 불렀다.

자본주의의 발달과 그것에 부응하는 근대적 도시계획은 바로 이와 같은 눈의 양심을 점차 앗아갔다. 근대 도시에서 '눈의 양심'과 '사회적 실천'을 기대할 수 없는 것은 시각 위주의 도시 계획과 도시 설계가 인간의 육체와 공간을 분리할 뿐 아니라 사람들 사이의 접촉과 교류를 최소화하고 있기 때문이다. 세닛에 의하면 길거리, 카페, 백화점, 버스, 지하철 등 근대적 공간은 '대화의 무대'가 아니라 '시선의 장소'일 뿐이다. 도시에서 장소기억이 사라진다는 것은 도시 고유의 문화적 힘이 실종된다는 뜻이며, 그것은 궁극적으로 인류 문명의 지속가능성과 관련하여 도시의 존재 이유 자체를 위협하는 결과가 된다.

제 5 절 도시와 사회자본

01 | 공간과 사회자본

마르크스에 의하면 자본은 생산수단 가운데 하나로서 물적이고도 양적인 것이다. 그것은 화폐자본의 형태로서 재화와 서비스 등과 같은 경제적 가치 창출에 기여한다. 이에 비해 최근에 주목받기 시작한 사회자본(social capital)은 상대적으로 비물질적이고 비가시적이다. 하지만 어떤 집단이나 조직의 성원으로 하여금 협동적 행위를 하도록 유도하거나 촉진한다는 점에서 사회자본 역시 생산성에 영향을 미치는 자본의 일종이다. 투자이든, 제도이든, 계획이든 똑같은 투입이라도 산출하는 결과가 달라진다면 투입과 산출 사이에 무언가 보이지 않는 사회적 요소가 작용한 것이다.

사회자본론은 인간의 판단과 선택이 반드시 합리적으로 이루어지지는 않는다는 점, 그리고 경쟁으로 대표되는 시장적 상황이 인간생활의 모든 측면은 아니라는 사실에서 출발한다. 사회자본의 개념이 잉태된 것은 19세기 중반 시장경제와 민주주의와 같은 근대적 제도가 자리 잡을 때부터다. 예컨대 지속가능한 민주주의에는 법이나 제도의 힘 못지않게 시민의식이 중요하다는 인식(그림 2-3), 그리고 시장경제가 효율적으로 작동하기 위해서는 사회적 질서나 연대를 담보하는 일련의 규칙이나 절차, 도덕이 작동해야 한다는 생각이 바로 그것이다.

사회자본은 대개 다음 세 가지로 구성된다. 첫째는 구성원들 사이의 신뢰(trust)이다. 이는 공동체적 규범의 범주와 강도를 따지는 문화적 차원이다. 흔히 연고주의나 정실주의는 저(低)신뢰사회의 전형, 그리고 법치주의는 고(高)신뢰사회의 징표로 해석된다(Fukuyama, 1995). 둘째는 개인이나 집단을 형성시키는 관계 패턴

그림 2-3 도쿄 아사쿠사의 산자마츠리

출처: http://www.asakusa.org
주: 일본 특유의 가업정신과 상인들의 높은 조직성은 강한 사회적 자본을 형성하는 뿌리가 된다.

으로서의 연결망(network)이다. 여기서 관건은 연결망의 강약과 개방 정도이다(Bourdieu, 1984). 셋째는 시민참여다. 이는 공통 현안이나 공적 이슈에 대해 사회구성원들이 관심을 갖고 이를 실천에 옮기는 정도에 관련된 것이다(Putnam, 1994).

도시계획과 관련하여 중요한 점은 공간이 사회자본의 크기와 강도에 깊이 개입하고 있다는 사실이다. 우선 공간적 이동이 잦으면 사회자본은 약화되는 경향이 있다. 이는 식물을 자주 옮겨 심으면 뿌리가 약화되는 것과 같은 이치다. 도시화 역시 대체로 사회자본을 감소시키는 측면이 있다. 짐멜(2005)의 주장처럼 이른바 '대도시 심성'(metropolitan mentality)의 특성은 타인에 대한 배려를 줄이고 익명성과 둔감증(鈍感症)을 늘리는 것이다.

공간과 사회자본의 연관성은 민주주의에 대한 전망까지 이어질 수 있다. 도시형태(urban form)란 특정한 정치적 가치의 결과적 징표(symptom)일 수도 있고 의도적 상징(symbol)일 수도 있기 때문이다(Sonne, 2003). 짐멜에 의하면 대칭형 도시형태는 대체로 모든 독재체제에, 자유주의 국가는 비대칭형 도시형태에 가까운 경향이 있다. 아리스토텔레스 역시 성채(acropolis) 중심의 도시는 과두정치나 군주정치에, 평지(plain)에 펼쳐진 도시는 민주주의에, 그리고 일련의 강견(剛堅)한 장소(a number of strong places)들로 구성된 도시는 귀족정치에 적합하다고 주장했다(Aristotle, 1981). 아리스토텔레스가 말한 '강견한 장소'란 요즘 식으로 말하자면 상류층들의 배타적 공간, 곧 '빗장 공동체'(gated community)와 유사한 것이다. 이런 점에서 빗장 공동체가 점점 더 증가하고 견고해지는 한국의 현실은 민주주의의 위협 요소로 인식될 필요가 있다(전상인, 2012b).

02 | 계획과 사회자본

흥미로운 것은 사회자본 개념이 체계적으로 정립되기 전에 도시계획 분야에서는 이와 관련된 논의가 이미 존재했다는 점이다. 대표적으로 1960년 초의 제이콥스(2010)를 들 수 있다. 그녀는 당시 미국의 대도시에서 성행하던 전면적 슬럼 철거 노력을 비판했다. 제이콥스가 볼 때 "도시재건축의 경제원리는 기만적"일 뿐이었다. 한걸음 더 나아가 제이콥스는 근대 도시계획 모델 자체를 실패로 보았다. 도시의 효용성을 기하학적 시각과 심미적 관점에서 이해하기를 거부했던 제이콥스는 공공질서의 미시사회학에 주목했다. 도시를 보통 사람들의 일상적 시선에서 바라보았던 제이콥스는 사회자본에 관련하여 계획보다 무계획이 더 낫다고 보았다.[14)]

제이콥스가 도시의 사회적 자본으로 중시한 것은 다양성에 근거하여 복잡한 질서가 작동하는 네트워크였다. 도시란 예술이 아니라 생활이며, "라인 댄스가 아니라 복합적인 발레"라는 것이 그녀의 생각이었다. 이를 위해 제이콥스는 좋은 도시를 위한 네 가지 조건을 제시했다. 첫째 업무지구과 주거지역의 구분 없이 공간의 기능을 가급적 복합적으로 만들 것, 둘째 블록이 짧아서 모퉁이를 돌 기회와 거리를 최대한 늘릴 것, 셋째 햇수와 상태가 다른 건물들을 서로 가까이 병존시킬 것, 그리고 넷째 인구의 집중과 고밀을 통해 주거환경을 가급적 오밀조밀하게 할 것 등이다.

근대 도시계획이 사회자본을 감소시킨 또 하나의 중요한 요인은 자동차 시대의 도래였다. 근대도시는 자동차 교통의 편리 향상을 위해 대대적으로 변모하였다. 특히 1933년 르 코르뷔지에가 주도한 근대건축국제회의(CIAM; The International Congress of Modern Architecture)는 이른바 아테네 헌장(The Charter of Athens)을 통해 자동차 중심, 도로 위주의 도시설계를 강조하였었다. 하지만 도시와 자동차 문명의 친화성은 사회자본에 대해 부정적인 영향을 끼친다는 것이 정설이다. 출퇴근 운전시간이 10% 늘어나면 지역내 사회자본이 10% 감소한다거나(Putnam, 2000), 미국 내에서 도로포장률 정도가 매우 대조적인 캘리포니아주와 버몬트가 사회자본의 측면에서 격차가 크게 벌어진다는 주장(Kay, 1998)이 바로 그것이다.

그럼에도 불구하고 도시계획이 사회자본을 과도하게 강조하는 것은 금물(禁物)이다. 사회구성원 모두가 하나의 공동체에 속하는 일은 가능하지도, 바람직하지도 않기 때문이다. 바로 이런 맥락에서 좋은 동네란 "필수적인 사생활과 주변과의 교류 및 접촉 사이의 '놀라운 균형'이 있는 곳"이라고 지적한 제이콥스의 혜안이 크게 돋보인다(제이콥스, 2010). 획일화되고 인위적인 계층 간, 인종 간, 혹은 세대 간 사회통합(social mix)이 범할 수 있는 역효과나 부작용은 충분히 경계될 필요가 있다. 플로리다(플로리다, 2002)에 의하면 실제로 사람들은 함께 어울려 살기를 원하기도 하지만 혼자 자율적으로 살기를 바라기도 한다. 곧, 사람들은 '반(半)개방', '반(半)은둔' 형태의 삶을 가장 선호한다는 것이다.[15)]

제6절 도시계획의 새로운 출발

역사적으로 도시는 인공물이자 공공계획의 대상이었다. 이처럼 기왕 도시와 계획 사이에 필연적 관련성이 존재한다면, 문제의 핵심은 어떤 도시계획인가 하는 점이다. 관변(官邊)의 정의에 의하면 도시계획의 목적은 "공공복리의 증진과 국민의 삶의 질 향상"이다.[16] 하지만 현실 속의 도시계획이 반드시 그런 것은 아니다. 그럴 수도 있고 아닐 수도 있는 것이다. 도시계획이 무엇인가를 묻는 질문은 궁극적으로 국가란 무엇인가를 묻는 것과 비슷하다. 사전적이고도 규범적인 설명에 의하면 국가의 존재이유는 국민의 의사에 따라 사회구성원 전체의 이익에 이바지하는 것이다. 그러나 실제로 국가의 목적이 반드시 그런 것은 아니다.

이와 관련하여 에반스와 루시마어어(Evan and Rueschemeyer, 1985)는 자본주의 체제하에서 국가는 다음과 같은 네 가지 상반된 경향성(tendencies)을 가진다. 첫째, 국가는 지배계급의 통치수단이다. 둘째, 국가는 사회적 갈등주체들이 문제를 스스로 해결할 수 있도록 게임의 규칙을 제정하고 관리한다. 셋째, 국가는 국가 엘리트 자신의 집단이익을 극대화하려는 조직이다. 넷째, 국가는 사회구성원 전체의 보편적 이익을 증진한다. 이들 4가지 경향 가운데 어떤 것이 실제의 국가인지는 상황에 따라 가변적이다. 도시계획 역시 마찬가지다. 도시계획은 지배계급의 이익에 봉사하는 수단일 수도 있고, 사회 전체의 보편적 공익을 증진하는 방편일 수도 있다. 그것은 다양한 이익집단들이 공정하고도 합리적으로 경쟁하는 조정의 무대가 되기도 하고, 계획가 자신들의 집단적 이익을 증진하는 사회적 장치로 작동하기도 한다. 요컨대 누구에 의한, 어떤 방식의, 누구를 위한 도시계획인가 하는 질문에 대한 대답은 도시계획의 각 사례마다 달라질 수밖에 없다.

근대적 도시계획이 전반적으로, 작금의 우리나라 도시계획이 특히, 도시의 장소기억과 사회자본을 훼손하고 있다고 생각할 경우, 누가, 왜, 그리고 어떻게 도시계획을 추진하는가 하는 문제는 매우 심각한 주제가 되지 않을 수 없다. 이제 이와 같은 문제의식을 도시계획에 대한 지식사회학적 관점에서 논의하는 것으로 이 글의 결론을 대신하고자 한다. 결론부터 말한다면 현재와 같은 우리나라 도시계획 관련 지식체계로는 사회환경과 같은 보이지 않는 도시의 가치를 제대로 고무하기 어렵다는 것이다.

첫째, 한국의 도시계획은 도시공학이나 건축공학 등 과도하게 공학·기술 중심이다. 서구의 경우 인문·사회과학은 도시계획학의 유력한 배경이자 근간이다. 지리학, 역사학, 사회학, 교육학, 문학, 철학 등의 전통이 도시계획학에 면면히 계승되고 있는 것이다. 이에 반해 우리나라는 압축적 성장과정에서 급속하게 진행된 도시화에 대처하느라 도시연구의 출발 자체가 공학·기술 분야로 경도되었다. 그러다보니 도시계획학 자체를 문과가 아닌 이과 계열 학문으로 착각하는 나라가 되고 말았다. 그것의 단적인 사례는 국토교통부가 도시계획이나 건축의 주무 부서를 당연히 자임하고 있다는 점이다. 이에 반해 프랑스를 비롯한 주요 서구 국가들에서는 도시나 건축이 문화부 소관이다(이상헌, 2013). 한국산업인력공단이 관할하는 도시계획기술사 역시 '토목기술자'로 분류된다.[17)]

둘째, 우리나라 도시계획에는 학계의 리더십이 보이지 않는다. 전국적으로 수많은 도시계획 관련 학과가 대학에 설치되어 있고 유관 학회가 양적으로 크게 늘어나 있는 것은 사실이다. 하지만 이와 같은 연구 및 교육기관의 외형적 성장에도 불구하고 공간에 관련된 아카데미 영역의 주도권과 자율성은 권력이나 시장 앞에서 전반적으로 취약하다. 대학이나 학회 혹은 연구기관들은 정부주도 국책사업에 종속되는 경향이 농후한 실정이다. 도시문제에 관련된 지식의 축적 동기나 유통 구조가 정부용역 체제로부터 자유롭지 않은 만큼 학계는 도시계획의 가치와 목표를 다양하게 논의하는 학문공동체라기보다 프로젝트를 위한 이익집단에 가까울 수밖에 없다(전상인, 2014: 31-32).

셋째, 중앙정부 중심의 획일적 도시계획 관행도 작지 않은 걸림돌로 남아있다. 지방자치의 역사 자체가 일천한 우리나라에서는 지역분권이라든가 자치도시의 DNA가 없다. 가령 봉건제를 경험했던 일본과 유럽의 경우 막부(幕府)나 제후 혹은 길드의 통치가 있었고 연방제를 채택한 미국의 경우에도 연방정부의 권한은 구조적으로 제한되어 있다. 이와 같은 분권적 체제하에서는 보다 다양한 도시계획이 지역현실과 현지 주민에게 밀착할 수 있는 개연성이 높아진다. 이에 반해 지금 우리나라와 같은 '무늬만 지방자치'일 경우 도시계획은 전국적으로 표준화되고 획일화된 공산품(工産品) 도시를 양산하기 십상이다.[18] 두말할 나위도 없이 도시가 공산품이 되면 될수록 장소기억과 사회자본은 원천적으로 기대하기 어렵다.

주 | 요 | 개 | 념

도시계획

보이지 않는 도시(invisible cities)

사회자본

사회환경(social environment)

장소기억

미 | 주

1) 도시가 "하나님의 계획"에 의해 만들어졌다고 주장하는 기독교계의 생각은 이와 다르다. 이와 관련해서는 구자훈, "종말론 관점에서 본 '새하늘과 새땅' 그리고 도시" 참조.

2) Science Daily, 2007.5.25.

3) 고대 도시의 기원에 대해서는 일반적으로 세 가지 학설이 있다(전종한 외, 2008). 잉여농산물의 발생이 도시의 등장을 가능하게 했다는 농업우위론, 비농업 지배계급의 출현이 농촌으로부터 도시를 분화시켰다는 도시발명설, 그리고 도시 간 무역의 성행이 도시를 낳았다는 상업선발론 혹은 흑요석(黑曜石) 이론이 바로 그것이다. 이 글은 상대적으로 두 번째 입장에 가깝다. 농업혁명은 농민 스스로 주도하지 않았을 뿐 아니라 그들에게 반드시 축복도 아니었다. 농업생산량이 두세 배 증가했다고 해서 농민들이 식량 소비를 두세 배 늘이는 것은 결코 아니다. 가끔은 밥을 평소보다 두세 배 먹을 수는 있지만 연간 식량소비가 두세 배 늘지는 않는다.

4) 농촌은 굶어도 도시는 배고프지 않다. 북한이 국가적 기아상태임에도 불구하고 평양은 건재하다는 사실이 그것의 극단적 예다. 서울의 농업생산량은 비록 제주도의 그것보다 약간 많기는 하지만 실질적으로는 서울시민이 하루 먹을 정도에 불과하다. 그러나 서울이 식량 걱정을 전혀 하지 않는 이유는 전 국토에 대한 서울의 패권 내지 지배력 때문이다

5) 고대 로마에서 "모든 길은 로마로 통한다"고 했다. 유럽 대륙을 관통하는 수많은 가도(街道)의 건설을 통해 이태리 반도 중심의 로마제국은 효과적으로 유지될 수 있었다.

6) 부르주아의 어원은 자치도시의 부르크(burg) 곧 성 안에 거주하는 사람이다.

7) 유럽의 도시가 부르주아 중심의 경제도시였다면 중국의 도시는 정치인 혹은 관료 중심의 행정도시였다. 중앙집권적 통치체제하에서 중국의 도시는 자치도시를 구가하지 못했으며, 상공업의 천시에 따라 경제적 거점으로 발전하지도 못했다(브로델, 1995).

8) 공기의 순환 문제는 성곽의 경우 사람의 밀집에 따른 독기의 심화가 병의 확산을 초래하여 노동력 재생산에 불리하다는 의미에서다.

9) 국가(state)와 통계(statistics)가 같은 어원을 갖고 있는 것도 이런 맥락에서다.

10) 푸코(1994)는 근대 감옥의 파놉티콘 원리가 학교나 공장, 군대 등 근대적 제도 전반에 걸쳐 작동한다고 보았으며, 도시계획도 그 연장선 위에 놓았다. 푸코는 '시선은 권력'이라고 주장하면서 보다 적은 비용으로 보다 효과적으로 지배하는 힘의 원천은 다름 아닌 시선의 독점 혹은 비대칭에 있다고 주장했다.

11) 드 세르토(Certeau, 1984)에 의하면 지배자나 계획가의 시각에서 구상된 개념도시(concept de ville)는 공간의 모든 데이터를 수평적으로 평준화하여 도시 내의 많은 실제 주체들을 무력화시킨다.

12) 기억의 선양을 주도한 대표적인 성과는 기억의 진정한 환경이 대중매체나 세계화 등의 영향으

로 파괴되는 현상을 우려하면서 피에르 노라(2010)가 기획한 〈기억의 장소〉 전5권이다. 여기서 '기억의 장소'는 기념비와 같은 물리적인 것, 순례와 같은 상징적인 것, 사전과 같은 기능적인 것을 골고루 포함한다.

13) 근대사회에서는 냄새를 일상생활 바깥으로 배제하려는 기술과 사물, 그리고 매뉴얼이 크게 확산되었는데, 비누의 사용, 샤워 혹은 목욕의 일상화, 수세식 화장실의 보편화, 침 뱉지 않기나 손 씻기와 같은 공중위생 관념의 대두 등이 대표적이다. 영국과 네덜란드 다국적 유지(油脂) 기업인 유니레버(Unilever)가 애용한 광고 카피 가운데 하나는 "비누는 문명이다"였다. 시카고에서 마천루가 최초로 지어진 가장 중요한 이유도 당시 식육 가공업의 발달로 인해 풍기는 악취 때문이었다고 한다(어리, 2012 참조).

14) 도시재개발이 도시빈민들의 삶을 오히려 해치는 모습은 조세희의 소설 〈난장이가 쏘아 올린 작은 공〉의 다음 구절에 잘 드러나 있다. "나는 그들을 증오했다. 그들은 거짓말쟁이였다. 그들은 엉뚱하게도 계획을 내세웠다. 그러나 우리에게 필요한 것은 계획이 아니었다. 많은 사람들이 이미 계획을 내놓았다. 그런데도 달라진 것은 없었다. 설혹 무엇을 이룬다고 해도 그것은 우리와는 상관이 없는 것이었을 것이다. 우리가 필요로 하는 것은 우리의 고통을 알아주고 그 고통을 함께 져줄 사람이었다"(조세희, 1991).

15) 이 점과 관련하여 우리 사회 일각에서 아파트의 비인간적, 반사회적 측면이 일방적으로 부각되는 것은 문제가 있다. 아파트는 많은 이웃과 쉽게 교류할 수 있는 공간이기도 하면서 거의 완벽하게 공간적 프라이버시를 향유할 수 있는 공간이기도 하다. 사회자본과 관련하여 아파트의 최대 매력은 바로 이와 같은 '개폐식 삶'의 선택 가능성이 아닌가 한다(전상인, 2009)

16) 「국토의 계획 및 이용에 관한 법률」 참조.

17) 공학 주도의 도시계획이 가진 위험성을 경고하는 메시지는 시오노 나나미의 〈로마인 이야기〉에도 나온다. "도시를 건설하는 조건은 물이나 기후 같은 자연조건 이외에 민족과 시대에 따라 달라질 수 있을 것이다. 도시 건설에 나타난 사고방식의 차이가 그 이후 그곳에 사는 사람들의 운명을 좌우했다고 생각할 수도 있다…〔따라서〕 공과대학의 도시공학과에 다니는 사람이라면, 무엇보다도 우선 철학이나 역사 같은 인문학을 배우는 것이 좋다. 도시를 어디에 세우느냐에 따라 주민의 장래가 결정될지도 모르기 때문이다"(시오노 나나미, 1995).

18) 이것의 대표적인 예가 2008년에 제정된 "유비쿼터스 도시의 건설 등에 대한 법률"이다. 이는 전국 모든 도시를 U-city로 만들고자 하는 세계 최초, 세계 유일의 발상이다. 이른바 IT 도시의 강점을 결코 외면할 수는 없다. 하지만 문제는 누구의, 그리고 무엇을 위한 IT 도시인가에 대한 인문사회학적 질문이 거의 없는 상황이라는 점이다. IT 도시는 신자유주의 및 신유목사회에 대처하는 새로운 인구관리 내지 인간축적 전략으로 활용될 소지가 없지 않다. 효율성, 합리성, 통제, 감시, 처벌, 질서, 규율, 기록, 계산, 표준화, 예측 등과 같은 '과학기술 유토피아'는 19세기 근대 도시계획으로부터 '감옥도시'의 그림자를 읽은 푸코를 떠올리게 만든다(전상인, 2010). 왜냐하면 공간, 시간, 속도, 용도 등에 대한 완벽한 통제와 관리를 전제로 하기 때문이다. 우리 사회에서 U-City 담론이 부상하게 된 배경은 국가주도의 공학위주 공공계획이 자신의 기득권을 연속하려는 노력으로 보인다. 말하자면 정보화 시대를 맞아 과거 토건국가 및 토건시정이 '신장개업'을 모색하는 모습이라는 의혹을 지우기 어렵다(전상인, 2014).

참고문헌

권기숙, 2004, "세대 간 기억 전수: 4.3의 기억을 중심으로," 한국사회학 38(5).

구자훈, "종말론 관점에서 본 '새하늘과 새땅, 그리고 도시," 미간행논문.

김미영·전상인, 2014, "오감(五感) 도시를 위한 연구방법론으로서의 걷기," 국토계획 49(2).

김명숙, 2009, "기억의 문학적 형상화," 불어불문학연구 80.

윤재흥, 2002, "골목과 이웃의 교육인간학," 교육철학 27골목.

이승수, 2010, "도시문화의 모세혈관, 골목길의 재발견," 고전문학연구 38.

임석재, 2006, 서울 골목길 풍경, 북하우스.

전상인, 2007, "계획이론의 탈근대적 전환에 대한 비판적 성찰," 국토계획 42(6).

전상인, 2009, 아파트에 미치다: 현대한국의 주거사회학, 이숲.

전상인, 2010, "우리 시대 도시담론 비판 - 동네의 소멸과 감옥도시에의 전조," 한국지역개발학회지 22(3).

전상인, 2012a, "보이지 않는 도시를 찾아서," 이인식 외, 인문학자, 과학기술을 탐하다. 고즈윈.

전상인, 2012b, "한국의 도시설계, 민주주의가 위험하다," 한국도시설계학회 추계학술대회 전문가세션 발표문.

전상인, 2013, "사회학자가 생각하는 건축가의 자리," 건축과 사회 23.

전상인, 2014, "행복에 대한 공간사회학적 성찰," 문화와 사회 16.

전진성, 2005, 역사가 기억을 말하다, 휴머니스트.

전종한 외, 2008, 인문지리학의 시선, 논형.

조세희, 1991, 난쟁이가 쏘아 올린 작은 공, 문학과지성사.

이상헌, 2013, 대한민국에 건축은 없다. 효형출판.

가스통 바슐라르, 곽광수 옮김, 2003, 공간의 시학, 동문선.

게오르그 짐멜, 김덕영 · 윤미애 옮김, 2005, 짐멜의 모더니티 읽기, 새물결.

데이비드 하비, 김병화 옮김, 2005, 모더니티의 수도, 파리, 생각의 나무.

시오노 나나미, 김석희 옮김, 1995, 로마인 이야기 1, 한길사.

레이첼 허즈, 장호연 옮김, 2013, 욕망을 부르는 향기: 과학으로 풀어보는 후각의 비밀, 뮤진트리.

르네 데카르트, 고광식 옮김, 2009, 방법서설, 다락원.
리차드 플로리다, 이길태 옮김, 2002, 창조적 변화를 주도하는 사람들, 전자신문사.
마샬 맥루한, 박정규 옮김, 1999, 미디어의 이해, 커뮤니케이션북스.
미셸 푸코, 오생근 옮김, 1994, 감시와 처벌: 감옥의 역사, 나남.
미셸 푸코, 오트르망 옮김, 2011, 안전, 영토, 인구 - 콜레주드프랑스 강의 1977–78년, 난장.
발터 벤야민, 반성완 옮김, 2005, 발터 벤야민의 문예이론, 민음사.
에드워드 글레이저, 이진원 옮김, 2011, 도시의 승리, 해냄.
에드워드 렐프, 김덕현 옮김, 2005, 장소와 장소상실, 논형.
제인 제이콥스, 유강은 옮김, 2010, 미국 대도시의 죽음과 삶, 그린비.
제임스 스콧, 전상인 옮김, 2010, 국가처럼 보기: 왜 국가는 계획에 실패하는가, 에코리브르.
조르주 페렉, 이재룡 옮김, 1994, "W 혹은 유년기 기억 - E에게," 작가세계 22.
존 리더, 김명남 옮김, 2006, 도시, 인류 최후의 고향, 지호.
존 어리, 윤여일 옮김, 2012, 사회를 넘어선 사회학, Humanist.
앙리 르페브르, 양영란 옮김, 2011, 공간의 생산, 에코리브르.
오르한 파묵, 이난아 옮김, 2008, 이스탄불, 민음사.
이탈로 칼비노, 이현경 옮김, 2007, 보이지 않는 도시들, 민음사.
이 푸 투안, 구동회 · 심승희 옮김, 1995, 공간과 장소, 대윤.
Juhani Palssasmaa, 김 훈 옮김, 2013, 건축과 감각, Spacetime.
페르낭 브로델, 주경철 옮김, 1995, 물질문명과 자본주의 1–2: 일상생활의 구조 하, 까치글방.
피에르 노라, 김인중 · 유희수 옮김, 2010, 기억의 장소, 나남.

Aristotle, Sinclair T. A. trans, 1981, *The Politics*, Penguin.
Bourdieu, Pierre, 1984, *Distinction*, Routledge Kegan & Paul.
Casey, Edward S., 2000, *Remembering: A Phenomenological Study*, Indiana Univ. Press.
Certeau, Michel de. 1984, *The Practice of Everyday Life*, Univ. of California Press.
Evan, Peter and Dietrich Rueschemeyer (ed.), 1985, *Bringing the State Back In*, Cambridge Univ. Press.
Fukuyama, Francis, 1995, *Trust*, Free Press.
Halbwachs, Maurice, 1980, *The Collective Memory*, Harper & Row.
Hall, Peter, 1998, *Cities in Civilization*. Pantheon.
Kay, Jane H., 1998, *Asphalt Nation*, Univ. of California Press.

Mumford, Lewis, 1970, *The Culture of Cities*, Harcourt.

Mumford, Lewis, 1961, *The City in History*, Pelican Books.

Putman, Robert D., 1994, *Making Democracy Work*, Princeton Univ. Press.

Putnam, Robert D., 2000, *Bowling Alone: The Collapse and Revival of American Community*, Simon & Schuster.

Sennett, Richard, 1992, *The Conscience of the Eyes: The Design and Social Life of Cities*, W. W. Norton & Co.

Sonne, Wolfgang, 2003, *Representing the State: Capital City Planning in the Early Twentieth Century*, Prestel.

Tuan, Y-F, 1993, "Sight and Pictures," *Geographical Review* 69.

Zukin, Sharon, 1991, *Landscape of Power*, Univ. of California Press.

제 3 장

도시와 환경 재해

제 3 장 도시와 환경 재해[1)]

제 1 절 도시 환경 재해의 성격

01 | 환경 재해

환경 재해는 기상 혹은 지질 요인으로 인한 자연재해와 인간의 잘못된 행위로 인한 인재를 포괄한다. 단순하게 자연의 변화에 의해 인명과 재산상의 피해가 나타나면 자연재해, 인간이 구축한 환경에서 이상이 생겨 피해가 발생하면 인재라고 구분지을 수 있다. 예를 들어 지진, 화산폭발, 산사태, 태풍, 폭우, 폭설, 홍수, 가뭄, 전염병, 산불 등은 자연재해의 범주에 속하며, 차량추돌, 선박침몰, 기차전복, 건물의 화재/폭발/붕괴, 유해물질 방출 등은 인재에 포함된다.

인재는 이론적으로 발생 자체를 방지하는 것이 가능하지만 자연재해는 그렇지 않다. 현재 수준의 과학기술로는 지진이나 화산폭발과 같은 자연재해를 예측하여 원천봉쇄하는 것이 어렵기 때문에 사후 피해를 최소화하는 방안에 신경을 써야 하는 경우가 많다. 따라서 인재와 달리 예측 불가하고 초자연적인 자연재해에 대해 사람들이 갖는 두려움은 일반적으로 더욱 크다고 볼 수 있다. 그러나 최근의 세월호 사건은 치명적인 인재가 미치는 파장도 만만치 않음을 잘 보여준다. 인재는 처음부터 일어나지 않아야 할 사건이 인간의 실수로 발생한 것이므로 우리가 상상하는 그 이상의 충격을 가져오기도 한다.

최근 인간의 개발 행위가 정점에 달하면서 자연재해와 인재의 경계가 점점 모호해지고 있다. 지구상에서 인간의 활동이 미치지 않는 곳은 거의 없으므로 자연적인 원인에 의해 유발된 자연재해라 할지라도 그 결과는 결국 인간의 행위와 직간접적인 관계를 맺는 경우가 대부분이다. 더구나 인위적으로 세워진 도시 내에서 인간의 영향을 배제한 전형적인 자연재해를 논하는 것은 이제는 거의 불가능에 가깝다. 일본 동북지방의 센다이시 인근에서 발생한 쓰나미 재해는 천재와 인재가 결합되어 나타난 재앙의 대표적인 예라고 할 수 있다. 처음 재해를 촉발한 것은 쓰나미로 인한 해일이었지만 보다 큰 피해는 후쿠시마 원자력발전소의 방사능 누출에서 비롯되었다.

본 장에서는 세월호 사건과 같이 전적으로 인간사회의 구조적인 오판과 실수로 유발되는 인재는 그 내용이 무척 복잡하고 민감하므로 다루지 않는다. 주로 자연재해와 인재가 결합되어 나타나는 환경 재해에 집중하여 기술하고자 한다. 재해와 관련된 주요 용어들은 [Box 1]에 정리하였으니 참고하기 바란다.

Box 1 ■ 환경 재해 관련 주요 용어 정의들(Pelling, 2003)

위험(성)(Risk): 특정 해로움에 의해 위협을 받고 있는 상태

재해가능(성)(Hazard): 개인의 생명, 건강, 사유물과 사회 환경 등이 잠재적 위협에 노출되어 있는 상황. 재해가능성은 환경적인 혹은 자연적인 요인에 의해 매일(예: 청결한 식수의 부족) 혹은 일시적으로(예: 화산폭발) 높아질 수 있음

※ 위험성(Risk)과 재해가능성(Hazard)의 차이: 예를 들어, 겨울철 도로에 살얼음이 낀 상태라면 운행 중인 차량은 미끄러져 파손될 재해의 위협에 노출되어 있음. 그러나 여기에 통행금지 및 우회로 유도 푯말을 세운다면 재해가능성은 여전히 상존하지만 위험성은 거의 사라짐.

취약(성)(Vulnerability): 잠재적인 재해를 회피하는 능력이 부족하여 위험에 노출되어 있는 상태.

회복(탄력성)(Resilience): 재해의 위협에 대응하고 회피하는 능력. 회복의 정도는 방재 건물이나 사회의 재해 적응 시스템 등으로부터 가늠해 볼 수 있음.

재해(Disaster): 재해가능성과 취약성이 동시에 높아지면서 나타난 결과. 재해는 개

인의 생리 및 심리, 국지적 사회경제, 도시 인프라, 전지구 정치경제 등 다양한 규모에서 작동하는 시스템의 기능에 문제가 생긴 상황. 실질적으로 발현하여 인간사회에 큰 피해를 입히는 경우를 의미.

※ 참고로 우리 사회에서 통상적으로 사용되는 '재해'라는 단어는 자연현상에 의해서 발생하는 피해를 주로 칭하는 한편, 재해와 비슷한 용어인 '재난'은 국민의 생명과 재산에 피해를 주는 인재를 의미. 그러나 전체적으로 명확한 구분없이 통용되고 있음.

02 | 도시화와 환경 재해

[그림 3-1]에서 보듯이 20세기 중반부터 자연재해로 인한 경제적 비용은 전 세계적으로 급증하고 있다. 많은 전문가들은 지구온난화가 자연재해의 빈도와 강도에 영향을 주고 있다고 믿고 있다. 그러나 이 그래프로부터 우리가 알 수 있는 또 다른 사실은 지난 30년간 지구온난화와는 별 관계없는 지진 피해가 예상 외의 증가율을 보이고 있다는 점이다. 최근의 자연재해는 지구환경의 변화에 의한 것이라기보다는, 재해에 대한 취약성(vulnerability)을 높이는, 지속가능하지 않은 도시화와 밀접한 관련이 있다는 점을 시사한다. 많은 개발도상국에서 전반적인 인구 증가와 이촌향도의 심화로 급속한 도시화가 갖는 다양한 문제들이 나타나고 있다. 불량주택 양산, 과다한 토지이용, 거주 부적합 지역의 개발과 같은 사회적 문제들은 자연재해 피해를 늘리는 일차적인 원인이 된다. 우리나라도 예외는 아니다. 1976년부터 2005년까지 30년 동안의 자연재해로 인한 피해액과 도시화율을 비교한 자료에 따르면, 도시화율과 재해 피해가 동반 상승하고 있다(정주철 외, 2006).

재해 피해가 점증하고 있는 제 3세계의 경제적 후진국과는 달리, 선진국에서는 첨단화된 과학기술, 의학, 통신 등을 발판으로 재해 대응에 많은 노력을 기울이면서 인명 피해의 감소가 가시적인 효과로 나타나고 있다. 개발도상국에서 개발 속도를 유지하면서 환경 재해의 예방(mitigation) 혹은 대비(preparedness) 등과 같은 선제적인 저감 방안을 국가적인 차원에서 수립하는 것은 쉽지 않을 것이다. 그렇지만, 최근의 일본 동북지역 쓰나미 피해와 미국 뉴올리언즈의 허리케인 카트리나 피해 경우에서 보듯이 선진국의 재해 저감 방안들도 향후 발생할 재해에 대한 우려를 잠식시켜 줄 수 있는 수준에는 아직 못 미친 듯하다. 예측불가능한 환경 재해는 부국과 빈국을 막론하고 세계 각국이 앞으로 부딪히게 될 장애들 중 가장 풀기 어려운 난제가 될 가능성이 높다.

많은 사람들은 눈에 보이는 경제적 수치에 현혹되어 우리나라가 조만간 개발도상국의 위치에서 벗어나 선진국으로 도약할 수 있는 수준에 도달할 것으로 기대해 왔다. 그러나 세월호 침몰과 같은 어처구니 없는 사고들은 우리나라가 정치, 문화, 사회적인 부분에서 선진국 반열에 들어서기에는 질적으로 여전히 부족하며 이를 위해서는 예상보다 많은 시간을 필요로 할 것이라는 점을 명확하게 보여주고 있다. 산사태, 홍수와 같은 자연 재해와 세월호 사고와 같은 사회적인 재해는 그 주된 원인만 서로 다를 뿐 전개과정은 거의 엇비슷하다. 자연재해 또한 피해 원인의 상당 부분이 인간의 행위로부터 파생된 경우가 많아서 현 시점에서 자연재해와 인재의 구분은 사실상 무의미해 보인다. 특히 도시에서 발생하는 대다수의 자연재해의 경우

그림 3-1 1970년에서 2013년까지의 자연재해로 인한 재산 피해액 추정치

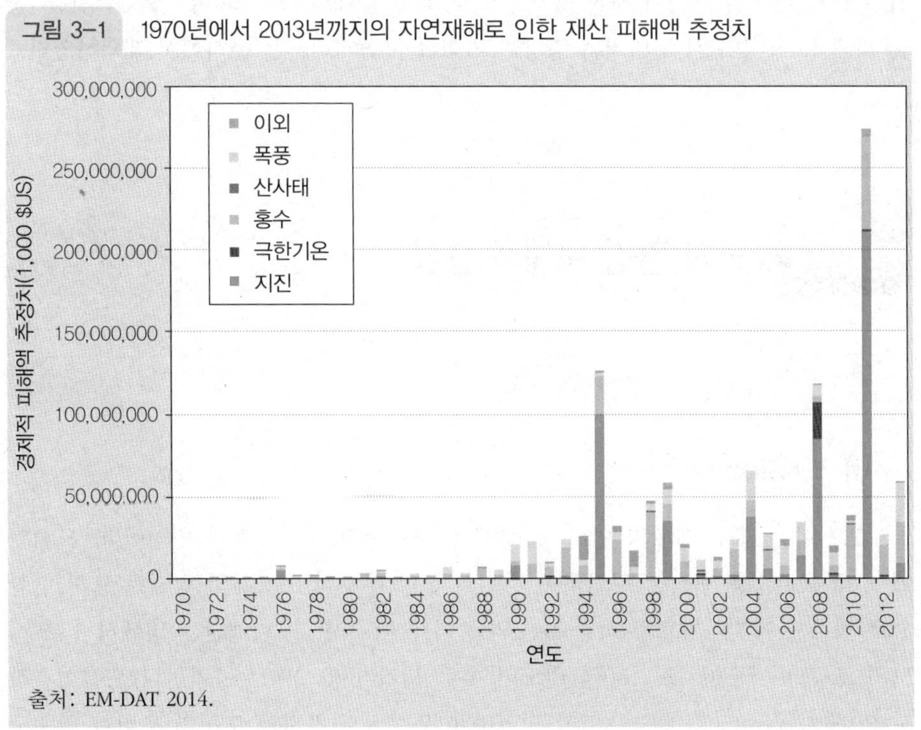

출처: EM-DAT 2014.

근본적인 원인이 결국 인간의 무분별한 개발에 있다는 점은 부인할 수 없는 사실이다. 2011년 서울시 우면동 산사태는 이를 잘 대변해준다.

세월호 사고와 같은 인재가 지속적으로 발생하는 한 우리나라가 선진국으로 도약할 가능성이 요원하다고 볼 때, 재해와 관련된 연구 및 교육은 앞으로 더욱 절실해 질 가능성이 높다. 선진국으로 가는 길목에서 주저앉느냐 아니면 더 나아가서 선진국의 대열에 동참하느냐는 향후 필연적으로 발생할 재해에 대한 대처 과정을 살펴보면 쉽게 파악할 수 있을 것이다. 도시에서 발생할 수 있는 자연재해의 종류와 과거 사례 등을 살펴보고 과거 경험을 토대로 미래의 재해 저감 방안을 구축하려는 노력은 실질적인 국력을 높이고 국격을 갖추게 하는 미래지향적인 행동이다. 도시의 환경 재해에 대한 대비는 우리나라 국민의 대다수가 도시에 거주하고 있다는 사실을 고려할 때 특히 중요한 의미를 갖는다고 할 수 있다.

도시에 영향을 미치는 환경 재해는 매우 다양하다. 다음 절에서 우리나라 도시에 피해를 입힐 가능성이 상대적으로 높은 4가지 재해(홍수, 산사태, 태풍, 폭염)를 위주로 각 재해의 특징과 사례 등을 서술하고자 한다. 지진(쓰나미), 화산, 해일, 산불 재해 등 국내 도시에 미치는 영향이 미미한 자연재해들은 논의에서 제외하였다.

제2절 도시 환경 재해의 종류

01 집중호우 및 홍수 피해

1) 도시화와 수해

도시화는 홍수 재해의 빈도 및 강도를 증가시키는 일차적인 원인이다. 도시화에 의해 불투수층 면적이 증가하면 강수의 상당 부분이 포상류의 형태로 도시 바깥으로 빠르게 빠져나가므로 하천 유량의 증가 폭이 커진다. 미개발 지역에서 30% 정도의 포장만 이루어져도 100년 빈도의 홍수 세기가 약 2배로 증가한다는 분석결과도 있다(Anonymous, 2007). 또한 밋밋하게 포장된 시가지와 도시의 조밀한 하수도 많은 빗물이 보다 빠르게 하천으로 흘러가게 하여 최고 강우 시점와 최고 유량 시점 간의 간격을 좁힌다. 이로 인해 도시 하류 지역에서 홍수에 대처할 수 있는 시간이 감소하여 피해가 확대되는 경우가 많다.

자연하천에 축조된 교량이나 제방 등은 하도의 수용가능 유량을 감소시켜 하천의 잦은 범람을 유발한다. 예를 들어, 지속적인 운하 건설 결과 1837년 이후 미시시피 강의 수용가능 유량이 이전의 3분의 1까지 감소하였는데, 이로 인해 1973년의 홍수가 30년 빈도의 유량에 불과했음에도 불구하고 200년 빈도의 홍수로 기록된 경우도 있다(Belt, 1975). 주지하다시피 도시의 낙후된 배수시설은 도시 내 홍수를 유발하는 가장 핵심적인 원인이다. 오래된 대도시들에서는 대부분 10년 혹은 20년 주기 정도의 홍수에 적합하게 배수시설이 설계되어 있어 저지대 지역은 항구적인 홍수피해에 노출될 수밖에 없는 실정이다. 미국의 경우, 낙후된 배수 시설을 개조하기 위해서는 향후 20년 동안 대략 3000억 달러라는 천문학적인 비용이 들 것으로 예측되고 있다(Smith, 2012).

우리나라의 도시에서 나타나는 홍수피해는 주로 저지대 침수에 의한 재산상 손실이 주를 이루는데, 대부분 무계획적인 도시 확대와 저지대 개발이 초래한 결과로 여겨진다. 최근의 상습수해지구의 피해현황 발생 자료를 보면 내수침수가 원인인 경우가 70%, 외수범람에 의한 침수가 원인인 경우가 30%로, 직접적인 하천범람보다는 과도한 도시화에 따른 하수관거 용량 부족과 불투수층 확대로 저지대에서 배수가 원활하게 이루어지지 않으면서 일어난 재해가 큰 비중을 차지하고 있음을 알 수 있다(심재현·김영복, 2006). 급격한 도시화와 이에 따른 인구 증가는 홍수에 취약하여 거주에 적합하지 않은 지역마저 개발하는 과도한 토지이용으로 이어진다. 도시의 수해는 다양한 요인에 의해 나타난다고 볼 수 있지만 무엇보다도 잘못된 도시계획이 가장 큰 원인이라는 것에는 의심의 여지가 없다.

도시화와 인구증가 그리고 집약적인 토지이용에 의한 홍수 피해는 그 인과관계가 명확하다. 도시화의 속도에 맞춰 새롭게 증축되는 인프라 시설들은 도시의 높은 지가 탓에 재해에 취약한 산사면이나 하천변에 입지할 때가 많다. 예를 들어 급증하는 교통량을 해소하기 위한 추가적인 도로 건설은 일반적으로 (보상 문제로부터 비교적 자유로운) 홍수 위험에 항시 노출되어 있는 하천변에서 많이 이루어지는데, 이는 원활한 하천의 흐름을 방해하여 홍수피해를 심화시키는 문제를 유발한다. 이러한 시설들은 재해에 쉽게 노출됨과 동시에 직간접적으로 재해를 가중시키기 때문에 도시 전체의 재해 취약성을 높이기 마련이다. 또한, 도시 인구밀도의 증가는 거주지의 부족을 불러오고 이를 해소하기 위한 택지개발은 녹지공간의 축소, 불투수층 면적의 증가 등 부정적인 요소들을 수반한다. 전술한 바와 같이 개발 면적의 증가는 유수도달 속도의 증가로 이어져 하류지역의 피해를 가중시킬 가능성이 매우 크다.

2) 국내 및 해외 사례

최근 들어 (주로 지구온난화와 관련이 있을 것으로 추정되는) 기상이변이 우리나라에서 빈번하게 발생하고 있다(그림 3-2). 그 중에서 우리가 확연하게 느낄 수 있는 현상이 한반도의 아열대화에 기인한 국지성 폭우로, 강수일수는 줄어드는 반면 집중호우로 인한 강수량은 늘어나고 있다. 우리나라 초여름의 대표적인 기상현상인 장마의 성격이 많이 변질되어 가고 있는 것은 몇몇 연구결과에서 수치로 이미 제시된 바 있다(이승호·권원태, 2004; Cha et al., 2007). 이제 한반도의 여름철은 마치 열대지역의 스콜과 같은 국지적 폭우 현상이 지배하는 계절이 되어 가고 있는 반면, 일반적인 장마철 강우 형태가 사라지면서 장마 예보가 유명무실해지는 해가 잦아지고 있다. 2014년 여름도 마찬가지로 장마철이 유야무야 지나간 후 8월 중순부터 국지적인 폭우가 남부지방을 중심으로 퍼붓듯이 쏟아져 많은 사람들이 불편을 겪었다.

2011년 7월 서울시 방배동 남부순환로 남쪽 우면산 산사태는 이러한 국지성 호우로 인해 최근에 발생했던 도시 재해의 대표적인 사례이다. 당시 27일 단 하루에 내린 비의 양은 이 지역에서 1년 동안 평균적으로 내리는 강수량의 4분의 1에 달할 만큼 엄청났다. 이 집중 호우는 사면붕괴에 대한 예방조치 부족과 맞물려 많은 인명피해(16명)와 재산상 손실을 가져왔다. 그 전 해(2010년)에도 서울에서는 9월말 추석 연휴에 집중호우로 지하철 운행이 중단되고 주택과 도로가 침수되는 큰 피해가 발생했는데, 9월 27일 하루에 약 260mm의 비가 쏟아져 9월 하순 강수량으로는 역대 최고를 기록하기도 하였다. 서울 하수도의 배수 능력이 당시 순간 강수량을 제어하기에는 역부족이었고 재난 대응 체제 또한 부실하여 침수로 인한 피해가 속출했다. 서울시는 현재 배수체계를 정비하는 작업을 단계적으로 수행 중이다.

그림 3-2 2013년 우리나라 기상이변 발생 현황(기상청, 2014)

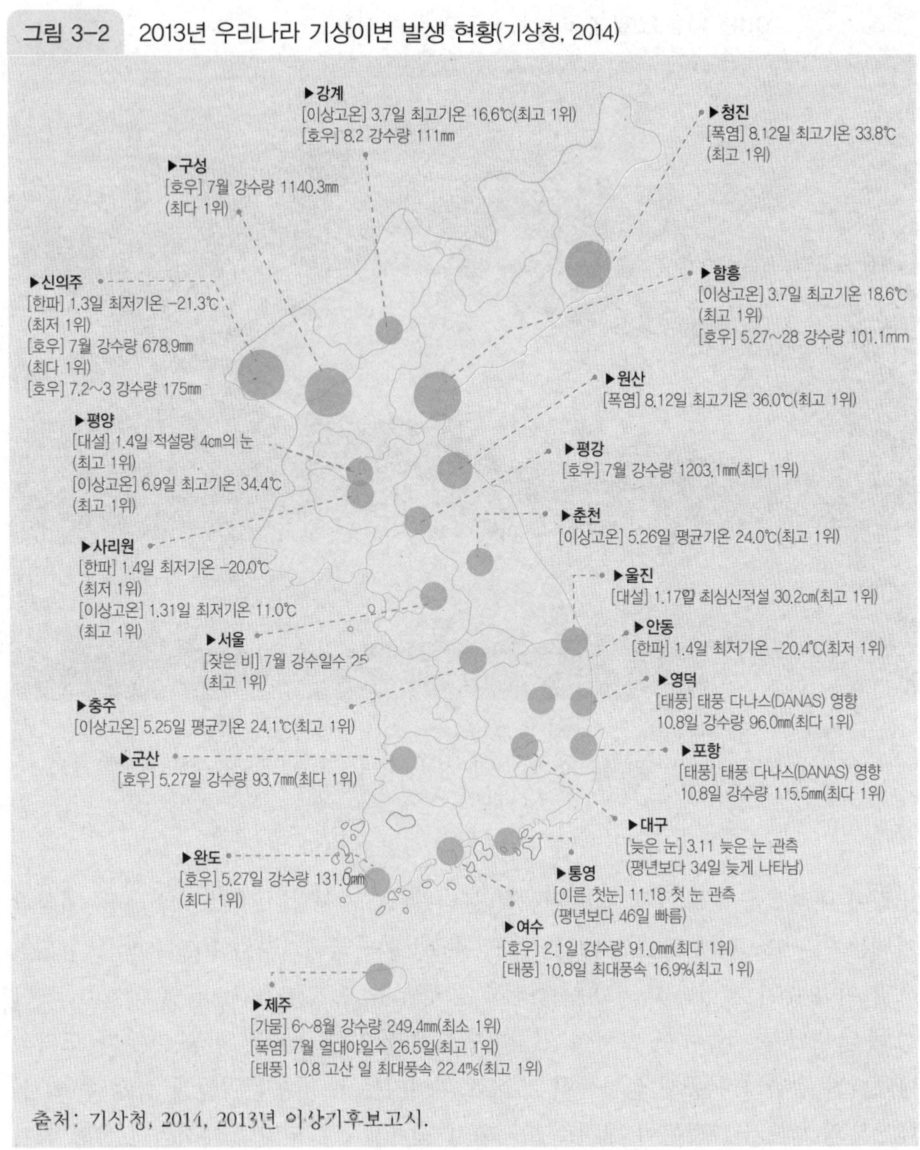

출처: 기상청, 2014, 2013년 이상기후보고시.

홍수로 인한 도시 재해의 최근 해외 사례로는 태국 방콕의 2011년 대홍수를 들 수 있다(그림 3-3). 2011년 7월말부터 석 달동안 지속된 (방콕을 가로지르는) 짜오프라야강과 메콩강 유역에서의 홍수는 방콕에서 1천만 시민 전체에 대한 전면 대피

그림 3-3 2011년 10월 22일 태국 방콕 외곽의 홍수 상황

출처: Defense Video & Imagery Distribution System: Navy Visual News Service, http://commons.wikimedia.org/wiki/File:Helicopter_survey_of_flooding_in_suburban_Greater_Bangkok,_22_October_2011.jpg)

명령이 내려졌을 정도로 막대한 피해를 불러왔다. 총 사망자 수가 약 813명, 재산상 피해는 약 35조 원에 달했고 태국의 대홍수로 쌀의 국제가격이 10%나 오를 정도였으니 이 홍수가 가졌던 파괴력을 충분히 짐작해 볼 수 있다(Komori et al., 2012). 이상의 국내외 사례들에서 보듯이 지구온난화에 기인한 국지적 집중 호우가 도시의 난개발과 결합하여 통제 불가능한 재해로 이어지는 과정을 흔치않게 접할 수 있다. 대부분의 재해가 그렇듯이 대체로 도시화가 급하게 진행되지만 재정적인 상황이 여의치 않아 체계적인 도시계획이 수립되기 힘든 개발도상국의 도시에서 피해가 크게 나타나는데, 특히 인명피해가 심각한 경우가 많다.

02 | 산사태 피해

1) 도시화와 산사태

산사태는 과거 우리나라에서 강원도 등의 산간 지역에서 주로 발생하였으나 최근 들어서는 국지성 집중 호우로 인해 도심의 인구밀집 지역에서도 자주 발생하고 있다. 특히 2011년 우면산 산사태는 우리나라 도시의 산사태 예방정책을 강화하는 계기가 되었다. 도시에서 나타나는 대부분의 산사태는 인간의 행위가 개입되어 나타나는 인재라고 봐도 큰 무리가 없다. 앞에서 홍수 피해를 다룰 때도 언급했지만, 급격하게 진행되는 도시화는 필연적으로 인구증가를 수반하기 때문에 원칙적으로 개발되어서는 안되는 곳(산사면이나 하천변)까지 건드리는 실수를 저지르기 쉽다. 개발도상국의 빠른 경제발전은 빈부의 차를 심화시키며, 경쟁에서 밀린 도시민들은 소위 달동네와 같은 산사태 위험지역 혹은 천변과 같은 홍수 위험지역으로 밀려나가기 십상이다. 산사태 위험지역에서의 거주지 조성은 산림 훼손 등으로 이어져 토양 침식을 심화시키기 때문에 식생의 부재로 인한 산사태의 발생 가능성은 지속적으로 높아진다. 또한 도시에는 절개지와 거주지 간격이 지나치게 좁은 경우가 많은데, 이런 경우 단시간의 집중호우에도 인명피해가 일어날 수 있는 위험성이 상존한다.

산사태의 직접적인 원인은 토양 함수량의 증가, 사면 구성물질의 불안정성, 그리고 지진에 의한 진동 등이다. 지진에서 비교적 자유로운 우리나라의 도시에서는 대부분 하계의 집중호우에 의해 토양함수량이 증가하거나 사면이 불안정해지면서 산사태 위험이 높아지는데, 인간의 외부 간섭으로부터 비롯된 환경변화(도로 건설에 의한 사면의 경사도 증가, 인공물 축조에 의한 사면 상부의 부하 증가 및 식생 교란, 식생 교란에 뒤따르는 배수 불량 및 침식 심화)는 대형 산사태를 촉발하는 주요 요인이라 할 수 있다. 산사태는 기습적으로 발생히므로 사진에 정확히 예측하여 피해를 예방하기란 쉽지 않다. 게다가 우리나라에서는 불법적인 산지전용이 여전히 줄어들지 않고 있어 어려움이 가중되고 있다. 피해를 최소화하기 위해서는 산사태 우려 지역에 대한 정밀한 조사를 바탕으로(그림 3-4), 취약지역에서의 토지이용 규제와 같은 선제적인 방법을 적극 검토해야 한다.

그림 3-4 산림청이 제공하고 있는 산사태정보시스템(서울대 관악캠퍼스 주변)

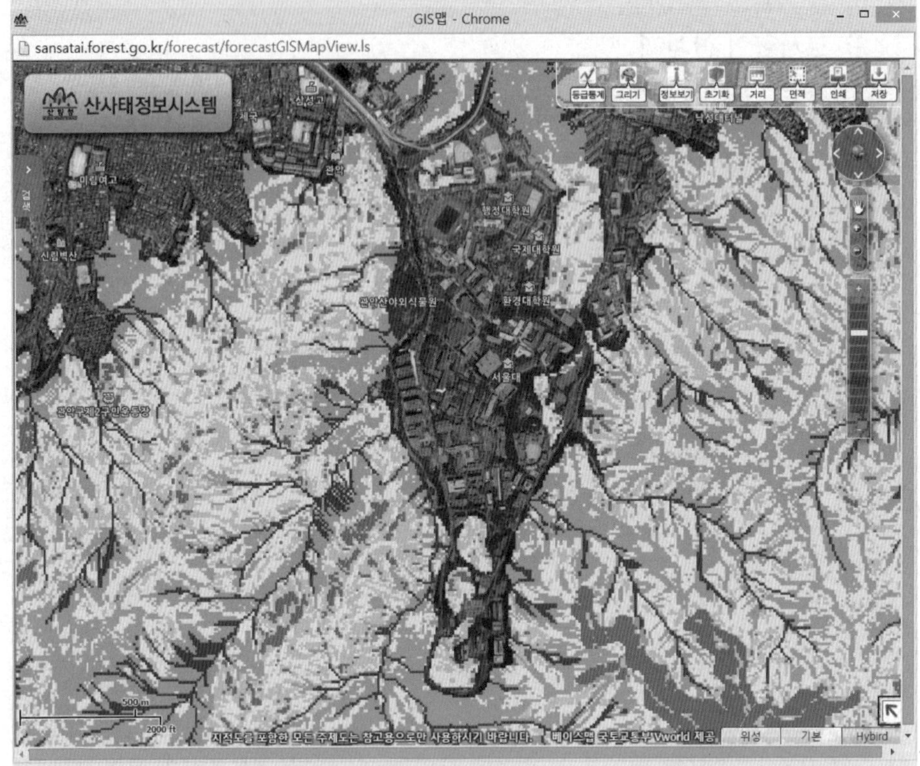

출처: 산림청 산사태정보시스템
http://sansatai.forest.go.kr/forecast/forecastGISMapView.ls 화면 캡처.
주: 위험 경중에 따라 푸른색~붉은색으로 표현되므로 특정 지역의 상대적인 위험성을 쉽게 파악할 수 있다. 산림청에서는 정보시스템의 산사태 예측력을 향상시키기 위한 작업을 지속적으로 수행 중이다.

2) 국내 및 해외 사례

도시에서의 산사태는 거의 100% 집중호우와 결부되어 나타난다. 따라서 최근 집중호우의 빈도가 증가하고 있는 한반도 지역에서의 산사태 위험성은 점차적으로 커지고 있다고 봐야 한다. 2011년 서울 방배동의 우면산 산사태는 도시 지역에서 집중호우에 의한 산사태가 어느 정도의 파괴력을 지니는지 명확하게 보여준 재해 사례이다. 우면산 사고의 일차적인 원인이 엄청난 집중호우에 있었다는 것에 큰 이견은 없을 것이다. 하지만 인간에 의해 만들어진 도시에서 발생한 산사태가 전적으로 예측불가능한 기상이변에 의해서만 유발되었다고 주장하는 것은 설득력이 떨어질 수밖에 없다. 실제로 사고 초기부터 우면산 산사태가 인간의 힘으로 어쩔 수 없었던 전형적인 "천재"라고 주장했던 서울시는 최근 사고원인에 대한 재조사 후 집중호우와 이에 대한 대비가 부족했던 것이 산사태에 어느 정도 영향을 미쳤음을 인정하였다(서울연구원, 2014). 결국 도시에서 발생하는 산사태는 거의 대부분 "인재"에 의한 것임을 자각하게 되는 계기가 된 셈인데, 우리나라에서 산사태 위험은 집중호우 빈도의 증가로 지속적으로 심화될 가능성이 크므로 이전 사례를 거울삼아 산사태로 인한 재해 피해를 저감할 수 있는 대책을 수립할 필요가 있다(Box 2 참고).

Box 2 우면산 산사태

최근 우리나라에서는 세월호 침몰 사건 이후 하인리히 법칙이라는 말이 자주 회자되고 있다. 대형 재해가 일어나기 전에는 소규모의 비슷한 사고들이 발생하는 것이 일반적이므로 그 징후를 사전에 인지할 수 있다는 논리인데, 1931년 미국의 한 보험사에 근무 중이던 허버트 하인리히(Herbert Heinrich)라는 직원이 "산업재해 예방: 과학적 접근"이라는 책에서 처음 주장하였다. 평소 산사태에 취약하다는 우려를 샀던 서울 남부의 우면산에서도 하인리히가 경고한 상황이 예외없이 재현되었다. 2010년 추석에 서울에는 집중호우가 내려 일부 산림에서 경미한 산사태가 발생했다. 우

그림 3-5 우면산 산사태로 매몰된 아파트에서 인명 구조작업을 벌이고 있는 소방대원들

출처: 중앙119구조본부. http://www.rescue.go.kr.

면산 공원도 피해를 입었던 곳들 중 하나로 당시 토사가 산비탈의 약수터와 등산로를 덮치고 일부는 차로까지 흘러내려 교통에 불편을 주기도 하였다. 이후 2010년 10월부터 산사태가 발생한 우면산 주요 계곡에 침사지와 암석스크린 등을 설치하며 재해 예방 조치를 취했지만, 2011년 7월 시간당 80mm가 넘었던 집중호우에 이들은 거의 무용지물이나 다름없었다. 유례없었던 집중호우가 우면산 산사태의 일차적인 원인이었지만, 공군부대 입지, 생태저수지와 무분별한 등산로 조성, 부실한 사방구조물, 산림관리 미흡 등 사람들의 행위들이 더 큰 재해를 불러온 것은 사실이므로 인재라 불러도 크게 틀리지는 않을 것이다. 특히 일련의 산사태 징후가 지속적으로 관찰되었음에도 이후의 대형사고를 막지 못했다는 점은 곱씹어 봐야 할 부분이다.

그림 3-6 2014년 히로시마시 아사미나미구에서 일어난 도시 산사태

출처: Taisyo 촬영,
http://commons.wikimedia.org/wiki/File:Cloudburst_damage_of_Hiroshima_in_2014_Yagi-3.JPG)

2014년 일본의 히로시마에서는 8월 20일의 기록적인 폭우로 대규모의 산사태가 발생하여 사망자 수가 60명에 달하는 대형 참사가 일어났다(그림 3-6). 이는 일본과 같이 재해 대응 체제가 잘 갖춰진 선진국에서도 도시에서의 산사태를 미연에 방지하는 것이 매우 힘들다는 것을 반증한다. 사망자가 예상보다 늘어난 원인으로 일본의 언론은 시 당국의 대피권고가 지연된 것을 들었는데, 담당자가 매뉴얼의 기준에만 집착하다가 즉각적인 대피권고를 내지 못해 피해가 커졌다고 보도했다. 이와 같은 사례는 산사태에 따른 재해 상황이 매우 급박하게 전개되므로 이를 미연에 방지하고 사후 피해를 최소화하는 행위가 결코 쉽지 않다는 점을 시사한다.

03 | 태풍 피해

1) 도시와 태풍

집중 호우 및 산사태와 마찬가지로 태풍 또한 최근 지구온난화에 의해 강도와 빈도가 증가하고 있어 과거에 비해 보다 철저한 대비가 필요하다. 지구의 온도가 상승하면서 대기 중의 수증기와 잠열이 증가함에 따라 태풍에 수반되는 강풍과 폭우의 파괴력은 점진적으로 커지고 있다. 강한 태풍이 내습할 때에는 홍수와 산사태의 위험성이 함께 높아지며 이들 세 요인에 의한 재해가 동시다발적으로 발생한다. 따라서 서로 분리해서 바라보기보다는 태풍에 수반되는 다양한 재해들의 상호 인과관계를 전체적으로 바라보고 예방 정책과 사후 대응 정책을 함께 수립하는 것이 바람직하다. 우리나라에 보통 6월말부터 9월말 사이에 영향을 주는 태풍은 한반도 전역, 특히 해안가에 많은 피해를 입히므로 특별히 도시 지역에 폭우와 강풍 피해가 집중된다고 볼 수는 없다. 그러나 도시에는 태풍의 직접적인 영향 외에 2차 피해를 불러오는 간판이나 현수막과 같은 인공물이 많이 설치되어 있기 때문에 상대적으로 강풍에 의한 위험성은 더 크다고 봐야 한다.

폭우와 강풍을 동반하는 태풍의 경우, 건물에 달린 많은 간판들은 직접적인 흉기가 될 수 있다. 우리나라 도시에는 일반적으로 많은 수의 옥외간판들이 건물 외벽에 어지럽게 붙어 있는데 점검 상태가 미비하고 불법 광고물 또한 많아 통제가 어려운 실정이다. 일례로 2010년 태풍 곤파스 때에 서울에서만 간판이 500개나 떨어졌고, 2012년 태풍 볼라벤이 상륙했을 때에는 옥외광고물로 인한 피해 사례가 총 952건에 달했는데 전체 강풍피해 중 3분의 1을 차지했다. 강풍에 건물 유리가 휘어져 창틀에서 빠져나오거나 깨지는 일이 비일비재하고 거리의 현수막과 입간판들도 행인과 차량에게는 매우 위협적이다. 이에 서울시에서는 최근 들어 하계 강풍에 대비하여 간판 점검 및 보수, 현수막 철거 등 선제적인 안전조치를 취해 피해를 미연에 예방하는 데 관심을 쏟고 있다.

2) 국내 및 해외 사례

2000년 이후 한반도에서 인명 및 재산 피해를 많이 입힌 대표적인 태풍을 꼽자면 2002년의 루사와 2003년의 매미이다. 루사가 강타한 강릉에는 하루에 무려 870 mm의 호우가 쏟아졌고 (우리나라 일강수량으로 역대 최고치) 초속 50m가 넘는 강풍이 동반되어 역대 가장 많은 5조 천억 원의 재산 피해가 발생했다. 2003년 태풍 매미는 루사에 이어 2번째로 많은 재산 피해를 입혔는데, 당시 제주도 고산에서는 초속 60m의 강풍이 불어 가장 강한 바람을 동반한 태풍으로 기록된 바 있다. 2010년 곤파스와 2012년 볼라벤의 경우, 이동경로가 서쪽으로 치우쳐 서해 위로 이동하면서 한반도 전역이 태풍의 위험반원 내에 포함되었고 태풍 피해에 노출된 지역이 광범위했다. 특히, 수도권의 피해는 루사나 매미보다도 곤파스의 내습 때가 더욱 컸다. 태풍은 반시계 방향으로 회전하므로, 진행방향의 오른쪽(위험반원)에서 태풍의 회전방향과 편서풍에 의한 태풍의 진행방향이 중첩되어 태풍의 속도가 상대적으로 빠르게 되며 피해도 커지게 된다. 2012년은 3개의 태풍(14호 덴빈, 15호 볼라벤, 16호 산바)이 한반도에 연이어 상륙했던 최초의 해인 동시에 1962년 이후 50년 만에 4개의 태풍이 내습했던 해로, 태풍 빈도의 증가를 확연하게 느낄 수 있었던 해였다(차은정, 2012).

2013년 필리핀에는 역사상 가장 강력한 태풍으로 알려진 하이옌이 상륙하여 엄청난 피해를 입혔다. 강풍과 폭우를 동반한 이 태풍(최대풍속 314km/h)으로 말미암아 필리핀 제 2의 도시 세부를 포함하는 광대한 지역에서 15만 명의 이재민이 발생하는 재앙이 발생했다. 태풍 매미의 최대풍속이 198 km/h 정도였으니 하이옌의 파괴력은 그야말로 상상을 초월하는 수준이었다. 이 태풍으로 인해 산사태, 홍수, 해

그림 3-7 태풍 하이옌이 휩쓸고 지나간 필리핀 타클로반시의 처참한 거리 모습(2013.11.14.)

출처: Trocaire, Ireland, http://www.flickr.com/photos/trocaire/10882037454/
주: 하이옌에 의해 가장 큰 피해를 입은 지역으로 거의 1주일이 지난 후인데도 전혀 복구 움직임이 없다.

일 등이 동시에 발생하여 해안이나 내륙에 상관없이 전 지역에서 큰 피해를 입었다. 필리핀은 태풍의 영향권하에 있는 동아시아 해안 국가들 가운데에서도 태풍피해가 상대적으로 더 큰 나라로, 매년 태풍으로 인한 피해가 축적되는데다 저개발국가인 관계로 복구속도마저 더뎌 빈곤층의 어려움은 더욱 가중되고 있는 실정이다(그림 3-7).

그러나 선진국이라 해서 태풍이나 허리케인과 같은 강력한 열대성 저기압의 공격을 쉽게 피하는 것은 아니다. 2006년 미국 루이지애나 주 뉴오올리언즈시는 허리케인 카트리나의 내습에 속절없이 무너졌다(그림 3-8). 폰차트레인호의 제방이 무너지면서 시의 80% 이상이 침수되었고 사망 혹은 실종자 수는 최소한 1800여 명에 달했던 것으로 조사되었다(United States Congress, 2006). 선진국인 미국의 대도시에

그림 3-8 허리케인 카트리나로 침수된 루이지애나주 뉴올리언즈 북서부 도로(2005.08.29.)

출처: Kyle Niemi 촬영, AP Photo/U.S. Coast Guard,
http://commons.wikimedia.org/wiki/File:KatrinaNewOrleansFlooded_edit2.jpg

서 예상 밖의 큰 피해가 발생했던 가장 큰 이유는 실질적으로 해수면보다 낮아 해일에 취약할 수밖에 없는 곳에 뉴오올리온즈 시가 위치하고 있기 때문이다. 뉴오올리온즈는 삼각주의 연약지반 위에 건설된 시로 미시시피강 상류에 건설된 댐이나 제방 등으로 인해 퇴적물의 공급이 줄어들면서 점차적으로 고도가 낮아져 왔다 (Blum and Roberts, 2009). 인구 증가에 따른 지하수 과다 사용과 도시화로 인한 불투수층 증가 또한 지하수위를 저하시켜 도시의 고도를 낮추는 한 원인이 되었다. 운하 건설로 인해 해일 피해를 저감해줄 수 있는 자연 습지의 면적이 감소한데다 운하를 통해 바닷물이 역류하면서 태풍 피해가 더욱 가중되었다는 점도 허리케인 카트리나로 인한 피해의 한 원인으로 지목된다(Gagliano et al., 1981).

04 | 폭염 피해

1) 도시와 폭염

국립기상연구소가 1901년부터 2008년 사이의 기상자료들을 조사한 결과에 따르면, 지난 108년간 인명피해를 가장 많이 부른 기상재해는 예상 외로 태풍이나 홍수가 아닌 폭염으로 나타났다. 우리나라에서 1994년 폭염으로 초과사망한 인원은 무려 3384명이나 되며, 미국 또한 1940년부터 2011년까지 연평균 폭염으로 인한 사망자수가 119명에 달해 태풍으로 인한 사망자수 114명보다 많았다. 폭염이 매우 심했던 1994년 하계 서울의 사망자수와 일 최고기온을 조사한 결과, 일 최고기온이 35°C를 넘어서면 노인들의 사망률이 크게 높아지는 것으로 밝혀졌다(김지영 외, 2006; 최광용, 2010). 또한 같은 해 부산에서, 폭염이 오기에는 이른 시기인 7월 상순의 예기치 못한 폭염에 사망자수가 급증했다는 조사 결과는 폭염에 대한 적응 시간의 유무 또한 중요하다는 사실을 시사한다(이대근 외, 2007).

도시내 폭염으로 인한 사망률을 결정하는 요인으로 도시의 쾌적도(충분한 녹지 공간 확보 유무), 폭염 발생 시기, 시민들의 경제적 수준 등이 제시되고 있는데, 일반적으로 녹지가 상대적으로 부족한 도시에서는 폭염 피해가 도시 열섬현상으로 가중되는 경향이 나타난다. 도시 열섬 현상은 도시화 및 도심의 에너지 과용에 기인하며 특히 여름철 열대야의 발생을 부추기는 원인이 된다. 주간에 아스팔트와 빌딩에 흡수된 태양에너지가 야간에 장파복사에너지 형태로 방출되면서 낮의 더위가 밤까지 이어지는데, 여름철 대기 중의 높은 수증기량은 온실 효과를 강화시켜 열대야를 심화시키는 것이다. 도시에는 녹지가 부족하여 증발산에 의한 기온 냉각 효과가 덜하고 복잡하게 얽혀 있는 빌딩숲으로 인해 바람의 이동이 원활하게 이루어지지 않아 대류에 의한 기온하강이 쉽지 않다. 에어컨과 공장 등에서 방출되는 열에너지 또한 도시 열섬 현상을 일으키는 주범 중 하나이다. 전술하였듯이 많은 전문가들은 최근의 지구온난화로 인해 기상이변이 급증하고 있다고 믿고 있다. 폭염은 지구온난화와 직결되는 재해로, 최근 여름철 평균 온도의 증가 추세는 폭염의 강도와 빈도가 증가하는 현 경향을 그대로 반영하고 있다.

2) 국내 및 해외 사례

1994년 여름 서울에서는 새벽 최저기온이 25℃ 이상으로 유지되는 열대야가 7월

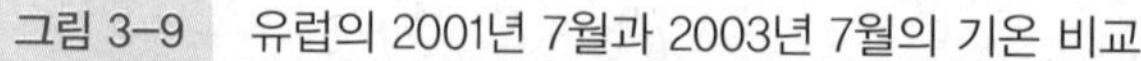

그림 3-9 유럽의 2001년 7월과 2003년 7월의 기온 비교

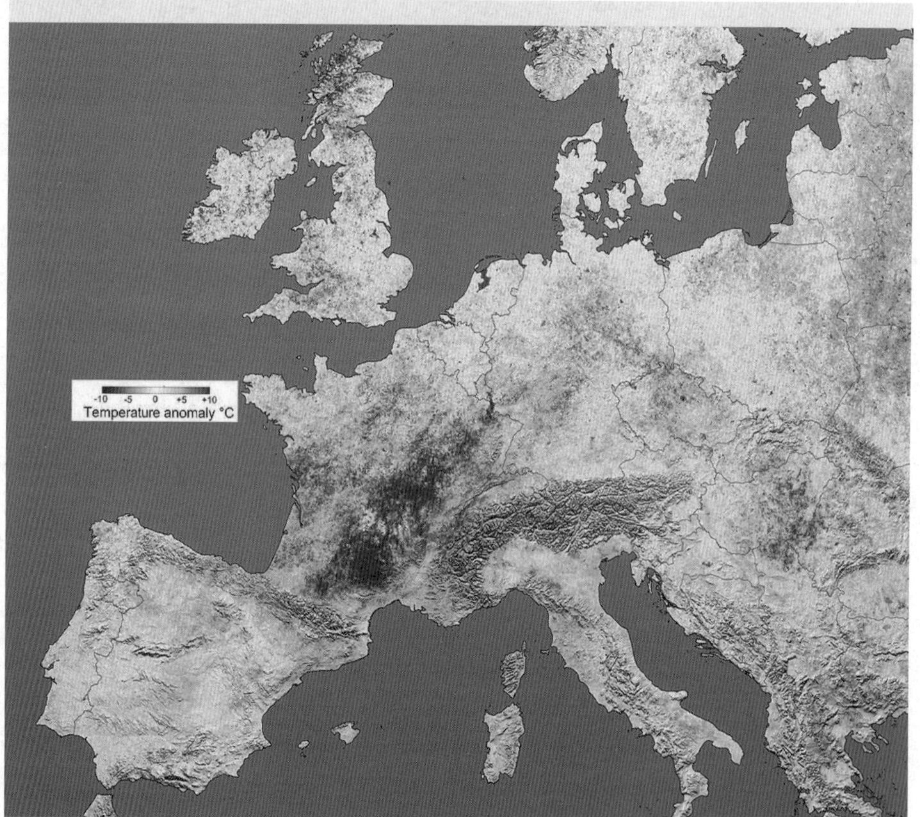

출처: NASA, http://earthobservatory.nasa.gov/IOTD/view.php?id=3714

주: 유럽에서 2001년 7월 기온과 비교할 때 2003년 7월 기온은 매우 높았다. 이 그림은 NASA가 보유한 테라 위성의 MODIS를 이용하여 2001년과 2003년 7월에 수집된 지표 온도의 차이를 색으로 표현한 지도이다.

초순부터 8월 중순까지 이어졌으며, 7월 24일에는 38.4℃, 23일에는 38.2℃까지 기온이 상승했는데 38.4℃는 서울시 역대 최고 기온이다. 같은 해 대구시에서는 39.4℃로 광복이후 우리나라 최고치를 기록했다. 최근에도 2012년과 2013년 두 해 연속으로 여름철 더위가 맹위를 떨쳤다. 2012년 서울의 여름은 1994년 이후로 가장 더웠으며 최고 기온이 36.7℃를 기록했다. 2013년 여름에는 강릉의 최저기온이 30.9℃를 기록하여 우리나라 기상관측사상 처음으로 최저기온이 30℃가 넘는 초열대야 현상이 나타나기도 하였다.

폭염의 해외 사례로는 2003년 유럽 폭염이 대표적이다. 당시 유럽에서 500년 만에 내습한 폭염으로 프랑스인 1만 5천여 명 포함, 총 3만 5천여 명이 초과사망했고 농작물 피해는 총 100억 달러가 넘는 것으로 집계되었다. 폭염은 5월부터 인도와 방글라데시를 먼저 강타했고 6월 들어 유럽의 폭염도 맹위를 떨치기 시작하여 사망자가 급증하였다. 거의 유럽 전체에서 2003년 여름 기온이 예년에 비해 크게 높았는데(그림 3-9), 특히 폭염으로 가장 많은 피해를 입었던 중부 유럽의 기온은 1900년대 후반 여름철 평균 온도보다 4℃ 이상 높았다(UNEP, 2004). 당시 많은 사람들이 이를 지구온난화로 인한 자연재해로 인식하면서 2003년은 과도한 화석연료 사용에 대한 우려가 더욱 커졌던 해로 기억된다.

제3절 도시 환경 재해 저감 방안

01 | 일반적 재해 관리대책

앞에서 살펴보았듯이 도시에서 일어날 수 있는 재해의 종류는 다양하지만 각각에 대한 대처 방안은 대체로 유사하다. 재해 특성에 따라 피해를 경감하기 위한 대응 내용이나 과정에 있어서 약간의 차이는 존재하나 재해 관리의 근본적인 틀은 크게 다르지 않다. 재해 관리는 보통 예방(Mitigation), 대비(Preparedness), 대응(Response), 복구(Restoration) 순의 4단계로 구성된다. 예방은 잠복된 위험(Risk)이

환경 재해로 발현되는 것을 방지하거나 불가피하게 재해가 발생했을 경우 피해를 최소화할 수 있는 조치들을 미리 준비하는 단계이다(박정재, 2008).

예방 단계는 재해를 일으킬 수 있는 위험요소들을 미연에 차단하거나 명확히 확인하는 과정으로 선제적이고 장기적인 노력이 필요하다는 점에서 이후 세 단계와는 차이가 있다. 예방은 크게 제방이나 댐 등의 축조를 통한 구조적 접근방안과 보험이나 친환경적 토지이용계획 등을 활용하는 비구조적 방안으로 나누어지며, 대비, 대응, 복구 조치와 비교해 볼 때 재해피해를 최소화하는 데 있어 비용 대비 효과가 가장 크다. 그러나 장기적인 계획에 따라 진행해야 하기 때문에 이해당사자 간 의견 조율과 합의가 원활하지 않을 때가 많다. 또한 구조적 접근은 자연환경을 교란시켜 재해로 인한 피해를 가중시킬 가능성을 항시 내포하고 있어 최근 들어서는 반대하는 사람들이 늘고 있다.

대비는 재해 발생시 취해야 할 대처 계획들을 수립하는 단계이다. 명령전달 네트워크와 부처 간 협조 체제 구축, 긴급조치 훈련, 경보 체계와 대피 계획 수립, 비상 물품 유지 및 보수 등을 포함한다. 재해 발생 초기에 신속하게 긴급재난센터를 구축하고 지역 주민들의 자발적인 참여를 유도하는 등의 계획을 수립하는 단계라고 볼 수 있다. 그러나 지역 주민들의 행동을 사전에 정확히 예측하는 것은 쉽지 않으므로 이와 관련된 계획을 수립하고자 할 때 상당한 어려움이 뒤따르게 마련이다. 따라서 면밀한 검토없이 형식적인 계획이 수립되는 경우가 많은데, 이러한 대비 계획들은 재해 지역 주변부 거주민들의 피해를 저감하여 피해 확산을 방지하는 데 큰 도움이 될 수 있으므로 충실하게 구축될 필요가 있다.

대응은 재해가 발발했을 때 직접적인 원조가 제공되는 단계이다. 소방관, 경찰관, 의료진, 자원봉사자들, 적십자사와 같은 NGO 회원들이 수색, 인명구조, 구호활동 등을 전개한다. 마지막 단계인 복구의 목적은 재해로 훼손된 지역을 원래의 모습으로 되돌리는 것이다. 재해지역을 복구하면서 부가적으로 얻게 되는 이점은, 주민들을 설득시켜 (일반적으로 주민들의 호응을 이끌기 어려운) 예방 대책의 실행 동력을 확보할 수 있다는 점이다. 주민들은 돌발적인 재해를 몸소 체험하면서 느꼈던 절망과 공포에 대한 트라우마 탓에 복구 후의 예방 정책을 보다 적극적으로 받아들이는 경향을 보인다.

이와 같이 재해관리는 4단계로 이루어지는데, 주민들의 안전을 확실하게 보장하기 위해서는 대응·복구와 같은 사후 관리보다는 예방·대비단계에 더 많은 비중을 두는 것이 바람직하다. 미국이나 일본과 같이 재해관리 선진국들은 재해가 발생하기 이전 단계인 예방과 대비에 물적자원의 투입을 더욱 늘리고 있지만, 우리나라는 여전히 대응과 복구 등 사후 관리 위주의 대책에 머무르고 있다. 이러한 정책 방향은 경제적으로 효율적이지 못한데다가 재해가 발생하는 것을 실질적으로 막지 못하는 근본 문제점을 안고 있다. 전 세계에 충격을 안겼던 미국 뉴올리언즈시의 엄청난 홍수 피해 또한 예방 단계에서 준비가 충분하지 못했기 때문에 발생한 것으로 봐야 한다. 허리케인 카트리나 재앙과 같이 예방을 위한 재정투입에 인색한 사회 분위기에 대해 경종을 울리는 사례는 우리나라에서도 자주 확인된다.

02 | 친환경적 토지이용 계획 수립

전술한 바와 같이 재해에 대한 예방 대책은 구조적 접근과 비구조적 접근으로 나누어지는데, 최근 들어서는 특히 친환경적 토지이용 계획을 활용하는 비구조적 접근방안이 예방 대책으로 선호되고 있는 추세이다(Box 3 참고). 친환경적 토지이용 계획의 수립은 도시에서 발생하는 다양한 수해(홍수, 태풍피해, 산사태)를 방지하는 데 있어 가장 효율적이며 지속가능한 방안으로 꼽힌다. 즉, 자연재해로 인한 피해가 지속적으로 발생하는 지역에서는 인공물을 축조하는 등의 토지 이용을 제한하는 계획을 수립하여, 피해 이후 여전히 재해의 영향권하에 있으면서도 재개발을 강행하는 잘못된 관행을 바로잡는 것이다.

Burton et al.(1993)은 일반적으로 사람들이 취하는 세가지 재해 대처 방식을 제시한 바 있다. 첫째는 "변화의 선택(choose change)"이다. 재해에 상시 노출되어 있는 지역의 경우 상황에 맞게 용도를 전환하고(예: 홍수에 취약한 지역을 매입하여 저류지로 활용) 재해에 취약한 지역에 거주하는 사람들에게는 이주를 장려하는 식으로 장기적으로 지속가능하고 유연한 토지이용을 꾀한다. 둘째는 "손실의 경감(reduce losses)"이다. 여기에는 홍수 경보 시스템의 구축이나 제방이나 댐의 축조와 같은 구조적 접근이 포함된다. 셋째는 "손실의 극복(accept losses)"이다. 대표적인 예로 보험제도를 들 수 있는데, 재해의 상흔이 빠른 시간 내에 회복될 수 있도록 도와주는 재정적 지지대 역할을 수행한다. 일반적으로 인구가 많고 경제활동이 활발

Box 3 길버트 화이트(Gilbert White, 1911~2006)

그림 3-10 길버트 화이트 박사의 생전 인터뷰 모습

출처: 콜로라도 대학 볼더 캠퍼스 도서관 제공, 유튜브 동영상 캡쳐 사진 (http://www.youtube.com/watch?v=PxTiKD2iM5A)

미국의 지리학자 길버트 화이트 박사는 실제 자연재해라는 것이 존재하는가에 대해 처음으로 의구심을 가졌던 학자이다. 범람원 관리의 선구자로 꼽히며 20세기를 선도했던 환경지리학자로 알려져 있다. 그는 시카고에서 어린 시절을 보냈으며 학부와 박사과정도 시카고 대학에서 마쳤다. 시카고 대학 지리학과 교수로 임용된 후 시카고 학파의 자연재해 연구를 이끌었고 1970년대에는 콜로라도 대학으로 옮겨 연구를 지속했다. 그는 퀘이커 교도로서 모든 학술연구는 인간에 도움이 되어야 의미가 있다고 보았으며, 그의 연구 결과가 미국과 중동 지역의 물관리 정책에 반영되도록 많은 노력을 쏟았다.

그는 1) 전 세계 모든 이들에게 안전한 물을 공급하는 방법, 2) 재해로 인한 인명 및 재산 피해를 저감하기 위해 취해야 할 조치, 3) 공동의 물관리를 통해 평화적인 관계를 수립하는 방법, 4) 자연과학과 지리학이 세상에 유용한 학문이 될 수 있는 방법, 5) 인간이 자연과 공존하고 지속가능한 발전을 이루는 방법 등을 제시하여 사회와 학계에 큰 공헌을 하였다(Kates, 2011). 자연재해, 특히 홍수와 관련된 그의 많은 연구업적들은 학문 후속 세대에 큰 영향을 미쳤는데, 그는 예측하기 어려운 홍수를 통제하려고 노력하는 것보다 홍수에 순응하는 것이 바람직하다는 주장을 초지일관 굽히지 않았다. 그의 주장은 당시 매우 큰 반향을 불러와 기존의 공학적인 대응이 아닌 보험이나 토지이용계획 등과 같은 적응대책을 통해 재해 피해를 저감하려는 사회과학적인 시도가 나타나는 계기가 되었다.

한 도시지역에서는 세가지 전략 중 주로 "손실의 경감" 방안을 활용하는 경우가 많다. 그러나 이 방식으로는 위험의 영구적 제거가 이루어질 수 없고 위험을 감소시키는 정도에 그치기 때문에 명백한 한계가 존재한다. 또한 지역 주민들이 이러한 단기적 대처 방안들에 과도하게 의존하면서 잠재적으로 재해에 취약한 지역의 개발이 지속되는 문제가 수반된다(박정재, 2009). 따라서 도시에서 발생하는 환경 재해에 적절히 대처하고자 할 때 구조적이고 기술적인 대책에 치중하기보다는 "변화의 선택" 전략의 일환으로 친환경적 토지이용계획을 수립하는 것이 장기적인 측면에서 보다 효과적이다.

우리나라 도시의 재해 대처 방안은 여전히 공학적 기술에 의존하는 보호 및 방어 전략에 머물러 있다. 그러나 최근 지구온난화가 심화되면서 예측불가한 이상기변 현상의 빈도가 급증하고 있어 단기적이고 구조적인 접근 방법으로는 이를 완전히 통제하는 것이 거의 불가능한 상황에 도달했다. 결국 "관리되는 후퇴(managed retreat)" 전략을 기본으로 하는 토지이용계획을 적절하게 운용하는 것이 필요할 것으로 보인다. 지속가능한 토지이용계획의 수립을 통해 재해를 예방하는 방안들로는 도시 내 빈 공간의 무분별한 개발을 자제하고, 홍수 혹은 산사태 취약지역의 개발을 제한하며 사유지인 경우 매입하여 재해가능성을 원천적으로 차단하고, 제방을 제거하고 하천변 나대지를 천변저류지로 전환하는 등 여러 다양한 방법들이 있을 수 있다. 이는 그간 개발 일변도의 계획으로 지속적으로 훼손될 수밖에 없었던 도심속 자연환경을 다시 복원할 수 있는 방안이기도 하다.

03 | 재해 보험

우리나라의 경우, 환경 재해에 따른 손실을 복구하는 과정에서 정부 혹은 지자체가 무상지원하는 비율이 높아 종종 국가의 재정 부담으로 이어지고 있다. 이는 재해 취약 지구에서의 거수를 스스로 선택한 사람들의 피해를 이들과 관련없는 사람들의 세금으로 보상해준다는 점에서 일면 불합리하다. 정부는 이러한 문제점을 해결하기 위해 풍수해 보험, 농작물 재해 보험, 양식수산물 재해 보험 등의 보험제도를 마련하고 가입 확대를 위한 노력을 지속적으로 기울이고 있다. 앞에서 언급한 "손실의 극복" 전략의 예라고 볼 수 있는데, 현 시점에서 재해 보험이 무리없이 정착하기 위해서는 넘어야 할 장애물이 많아 보인다. 무엇보다도 급증하고 있는 기상이변 탓에 재해에 대한 정확한 예측이 어려워 사업의 위험성이 높고 이로 인해 보험공급이 원활하게 이루어지지 않는 측면이 있다. 이러한 문제점을 해결하기 위해서는 국가가 관련 제도의 지속적인 보완을 통해 사업성이 보전될 수 있도록 조치하고, 사업자 또한 재해 보험의 공공성을 인식하고 제도의 효율성을 높이기 위한 노력을 기울여야 한다(박정재, 2008).

보험정책은 재해 피해 복구 시 사회적 비용을 줄일 수 있는 좋은 방안이지만, 재해 보험의 효과적인 운용은 객관적이면서도 정확한 손해 산정과 보험요율 산정의 기반 위에서만 이루어질 수 있으므로 이와 관련하여 많은 준비가 필요하다. 보험 요율을 결정할 때 객관성을 유지하기 위해서는 재해 관련 자료를 최대한 수집하여 통합하고 이를 GIS 데이터베이스화하는 작업이 중요할 것이다. 이후 공간 분석을 통해 지역별로 재해 취약 정도를 산정하고 이를 보험요율 산출에 활용한다. 손해 사정 시에는 사정 전문 인력을 육성하고 체계적인 통계시스템을 구축하여 전문성과 공정성을 유지해야 한다. 또한, 보험제도는 필연적으로 재해 위험 지역에서의 거주를 조장하는 부작용을 낳는다는 사실을 이해당사자들이 인식하고 있어야 한다(박정재, 2008). 보험은 재해 발생 가능성이 높은 지역에서 거주하면서 느끼는 막연한 불안감을 완화시켜줄 뿐이지 실제 재해로 인한 인명손실과 재산상 피해를 막을 수는 없다(Box 4 참고).

Box 4 재해 보험

재해 보험은 여러 장점을 갖는다. 우선, 정부의 재해 대응을 못미더워하는 사람들의 우려를 해소시켜줄 수 있다. 정부의 재정적인 여력이 부족하여 재해에 대한 피해보상이 제대로 이루어지지 않는 경우 재해 보험의 효용성은 더욱 커진다. 보험제도는 재해에 대한 취약성을 줄이는 순기능도 갖는다. 예를 들어 재해 발생 가능성이 높은 곳에 거주하기를 희망하는 사람들은 자신들의 미래를 위해 보험회사에 높은 보험료를 지속적으로 지불해야 하므로 재해 취약지역에서의 거주민 수가 저렴한 거주 비용을 이유로 마냥 늘어나기만 하지는 않을 것이다. 그러나 특정 지역이 재해에 취약하다는 점을 파악하는 데에는 시간이 걸리기 때문에 단시간 내에 효과를 보기 어려운 문제점 또한 여전히 존재한다. 재해 취약지역에 거주하는 사람들은 보험료를 적게 내기 위해 취약성을 저감하려는 자체적인 노력을 하게 마련이다. 따라서 보험제도는 보험사의 지출로 주민들의 재해 후유증을 최소화하는 직접적인 효과와 함께 주민들이 자발적으로 재해를 저감하기 위한 노력을 기울이도록 하는 간접적인 효과를 가져오기도 한다.

그러나 재해 보험이 갖는 단점 또한 적지 않다. 재해 위험을 느끼더라도 주민들이 자발적으로 보험을 드는 경우는 많지 않다. 또한 위험이 아주 높은 재해 취약 지역의 경우, 고비용을 이유로 보험회사에서 보험 등록을 거부할 가능성이 크며, 피해액의 일부만을 보상해 준다는 단서조항이 달린 보험상품만 제공되기도 한다. 대형재해가 발생했을 때에는 보험가입원이라 해도 원하는 만큼의 보상금을 충분히 받지 못하는 경우도 생긴다. 또 다른 문제는 재해 위험도에 따른 차별적인 보험료 징수가 사실상 어렵다는 점이다. 보험료 징수가 일률적으로 이루어지다 보니 결국 저위험지역의 주민들이 내는 돈으로 고위험지역 주민들의 피해를 보상하는 형평성 문제가 발생하게 된다. 주민들의 도덕적 해이로 보험제도가 기대만큼의 효과를 불러오지 못한다는 비판은 여전하다. 예를 들어 홍수 취약 지역의 주민들은 재산상 피해에 대한 보상을 염두에 두고 의도적으로 가전제품들을 위험한 곳에 계속 방치하는 등의 행동을 취하기도 한다(Smith, 2012).

04 | 교육과 대중매체의 중요성

토지 이용 계획이나 보험 등을 통해 자연재해에 대처하고자 할 때 재해의 물리적 현상만을 분석하는 것은 문제의 한쪽 면만 보는 것에 다름아니다. 이러한 방안들을 구축할 때에는 사람의 행태와 행동양식에 대한 일반적 지식과 지역 주민들의 자체 특징(전통, 지역문화, 인식체계, 사고방식, 재해경험 등)과 같은 인문사회학적 기본 정보를 함께 고려해야 재해 발생시 효율적인 대응이 이루어 질 수 있다. 따라서 재해에 효과적으로 대처하기 위해서는 지역주민을 포함하는 이해당사자 간에 교육이나 공청회 등을 통해 적절한 정보 교환이 이루어지는 것이 매우 중요하다고 볼 수 있다. 평소 주민들에 대한 교육이 잘 시행되어 왔고 이해당사자 간에 불신이 없다면, 재해 발생시 혹은 사후에 재해와 관련하여 의사결정이 필요한 시점에서 주민들은 능동적이면서도 효율적으로 움직이게 된다.

재해에 대한 교육과 개인적인 경험은 사회의 재해 취약성을 경감하는 데 있어 중요한 역할을 한다. 도시 재해에 대한 경험이 많이 축적되고 이에 대한 교육 또한 지자체 등을 통해 적극적으로 이루어지고 있는 것으로 보이지만, 여전히 재해 피해 추이는 과거에 비해 개선된 것으로 비춰지지 않는다. 지자체가 관할 구역이 자연재해에 취약하다는 점을 공표하기 꺼려하는 성향을 띠기 때문일 수도 있다. 이런 경우에는 결국 지역주민들 스스로 과거 기록들을 찾아보고 분석해야 하지만 쉬운 일이 아니다. 최근 기상이변의 빈도가 급증하고 있으므로 재해와 관련된 교육 활동을 이전보다 광범위하면서도 심층적으로 전개할 필요가 있다. 특히 재해 취약 지역에 거주하고 있는 도시민들은 기후변화와 기상이변, 재해의 위험성과 대처 방안 등에 대해 자세하게 숙지하고 있어야 한다. 이를 위해서는 대다수의 주민들이 쉽게 이해할 수 있도록 전문 용어의 사용을 가급적 지양한 관련 정보들이 체계적으로 제공되어야 할 것이다.

기상이변의 빈도가 꾸준히 증가하고 있는 현 상황을 고려할 때 재해 피해를 저감하는 데 있어 대중매체들의 역할은 앞으로 더욱 강조될 것이다. 매체들은 주민들이 향후 발발 가능성이 높은 재해의 위험성에 대해 보다 많은 경각심을 갖도록 사회 분위기를 조성해야 한다. 도시내 환경 재해로 인한 피해 정도는 자연재해 그 자체의 위험성에도 좌우되지만 시민들이 지니고 있는 자연환경과 재해에 대한 인식과 태도에 의해 결정된다고 해도 과언이 아니다. 정보를 제공하고 사회의 여론을 이끌어 가는 대중매체는 주민들의 재해에 대한 행태에 절대적인 영향을 미친다. 따라서 신문 방송매체의 적극적인 노력은 재해 대처에 있어서 필수불가결한데, 기후변화와 기상이변의 불확실성으로 야기되는 오보를 최소화하고 (전문가들의 도움을 토대로) 주민들을 설득시킬 수 있을 정도의 논리를 갖출 수 있느냐가 대중매체들이 향후 고심해야 할 숙제가 될 것이다.

05 | 빈곤층 대책

도시 빈민층은 도시의 지가를 감당하지 못하고 원래 거주에 적합하지 않은 지역(홍수터 혹은 산사태 위험 지역)으로 떠밀려 나가는 경우가 많기 때문에 재해 발생 시 상대적으로 더 큰 피해를 겪게 된다. 이러한 빈민층의 거주 형태는 불투수층 확대와 산림 훼손 등을 유발하여 홍수터와 산사면의 재해 취약성을 더욱 높이기 때문에 위험성은 지속적으로 상승한다. 거주제한 규정과 같은 강제적인 조치만을 통해서는 빈곤층이 재해 취약 지역에서 거주하는 상황을 막기 어렵다. 이를 위해서는 동시에 재해의 위험성에 대한 교육과 관련 정보의 제공이 충실히 이루어져야 한다. 도시의 빈민들 또한, 국가가 재해 관리를 위해 쏟는 노력 정도는 결국 부유층인 지도층 인사들의 불확실한 의지에 달려 있다고 봐야하므로, 자신들의 안전은 스스로 지켜야 한다는 주도적인 자세를 지녀야 한다.

지구온난화로 인해 잦아지고 도시열섬현상으로 강화된 최근의 여름철 폭염은 냉방의 여력이 없는 도시의 저소득층, 특히 빈곤한 노인들에게는 치명적인 위협이 되고 있다. 1995년 미국 시카고 폭염과 2003년 유럽 폭염에서 대부분의 사망자들은 도심에 사는 노인들이었다. 냉방시설을 아예 갖추지 못했거나 갖추었어도 전기료부담으로 사용하지 않은 채 더위를 견뎌내다가 사망한 노인들이 많았다. 노인들은 땀 배출을 통한 체온 조절 기능이 저하되므로 열사병에 대한 저항능력이 낮고 심장이나 뇌혈관 질환을 지니고 있는 경우가 많아 폭염으로 인한 피해에 노출되기 쉽다. 폭염은 부유층에게는 삶을 위협하는 환경 재해라고 보기 힘들지만, 빈곤한 노인들, 특히 주위에 보살펴주는 사람이 없는 독거노인들에게 폭염은 홍수나 산사태 못지않은 재해이다. 많은 독거노인들은 고혈압, 당뇨병, 관절염과 같은 만성질환에 시달리고, 고령으로 인한 장애가 있으며, 경제적으로 열악하여 나쁜 영양 상태와 불결한 주거 상황에 놓여 있기 때문에 여름철의 폭염은 그들에게 보다 위험한 상황을 초래하기 마련이다. 노인들 외에도 도시에는 폭염에 적절한 대처가 힘든 에너지 빈곤층이 많이 살고 있다. 경제적인 기반이 약해 안전한 의식주 생활을 영위하지 못하는 가난한 도심 빈민들은 도시내 환경 재해에 매우 취약할 수밖에 없으며, 기후변화와 기상이변은 이러한 상황을 더욱 악화시키고 있다. 정부와 지자체는 혹서기에 고통받는 에너지 소외계층에 지속적인 관심을 기울이고 최소한의 인간적인 생활을 보장할 수 있는 복지체제의 수립에 신경을 써야 한다.

제4절 환경 재해와 도시의 지속가능성

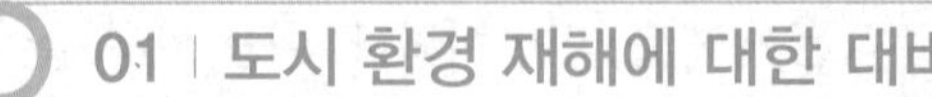

01 | 도시 환경 재해에 대한 대비

도시의 환경 재해가 갖는 위험성을 사전에 숙지하고 이에 대비한다면 도시의 지속가능성은 한층 높아질 것이다. 이 때 정부, 지자체, 주민 등 이해당사자들이 유념해야 할 사항들을 정리하면 다음과 같다. 첫째, 폭우나 태풍과 같은 기상현상에 의해서 발생하는 침수피해를 줄이기 위해서는 가급적 하천변에 제방 축조와 같은 구조적 접근보다는 강변 저류지에 친환경적 수변공원을 조성하여 홍수 피해를 경감하는 동시에 평소 도시민의 여가 공간으로도 활용케 하는 등 토지이용의 전환을 꾀하는 방안이 바람직하다. 둘째, 침수나 산사태와 같은 재해가 지속적으로 일어나는 지역의 경우, 구조적 방안(제방이나 사방구조물)의 강화로는 한계가 있으므로 원천적으로 재해를 회피하는 비구조적인 "후퇴" 방안을 고려해야 한다. 셋째, 조기 경보시스템을 구축한 후 실제 상황에서 정확하게 작동될 수 있도록 지속적인 정비를 실시한다. 후진국에서 흔히 나타나는 자연재해에 의한 대형 참사는 대부분 부실한 경보시스템에 기인하는 경우가 많으므로 실제 인명 및 재산 피해를 감소시킬 수 있는 체계적인 경보시스템을 갖추도록 힘써야 한다. 넷째, 재해 관련 정보 제공 및 교육은 재해 위험지역에 거주하는 도시민들의 재해에 대한 취약성을 감소시킬 수 있다. 그러나 재해 대처 방안들을 주민들에게 일방적으로 강요할 것이 아니라 재해의 위험성과 함께 이러한 방안들의 필요성을 교육을 통해 알려 재해 취약 지역에서의 정책 시행에서 일어날 수 있는 여러 갈등 요소를 사전에 제거하는 것이 바람직하다. 또한 재해에 대한 이전 경험을 떠올리게 함으로써 주민들을 설득시키는 것도 좋은 방법이다. 다섯째, 효과적인 재해 방지를 위해서는 사전재해영향성검토제도나 재해영향평가 등과 같은 기존의 제도적 장치가 갖는 한계점을 보완하고 실효성을 제고하기 위한 노력을 게을리 하지 말아야 한다.

02 | 재해와 지속가능한 도시

도시에서 발생하는 재해는 도시에서 살아가는 사람들 특히 도시빈곤층들에게는 피할 수 없는 숙명과도 같다. 단 그 피해를 어떻게 최소화시켜 도시의 지속가능성을 제고하느냐가 앞으로의 숙제가 될 것이다. 예방, 대비와 같은 선제적인 정책은 복구와 같은 반응적인 정책에 비해 장기적으로 효율성이 크므로 선제적인 정책의 확대에 힘써야 한다. 단, 이러한 정책은 주민 설득의 어려움과 즉각적이지 않은 투자 효과로 추진에 어려움을 겪게 마련이므로 대중 매체를 통해 재해의 위험성을 알리고 정책의 필요성을 강조하는 방안을 함께 기획하는 것이 필요하다. 도시내 재해 취약 지역을 관리하기 위해서는 도심 속 자연의 중요성을 인지하고 개발보다는 보전에 초점을 맞추는 패러다임의 전환이 필요해 보인다. 전 세계적으로 환경파괴를 지양하고 생태복원을 꾀하는 움직임이 활발하다. 그러나 도시는 인구의 사회적 증가에 따른 공간 부족과 개인의 잘살고자 하는 욕구 확대 등으로 인한 과다한 개발과 토지이용의 위험에 항상 노출되어 있어, 무작정 환경보전만을 요구하는 것은 현실적이지 않다. 결국 장기적으로 도시 자연환경의 생태적 기능의 훼손을 최소화하면서 지속가능한 범위 내의 도시개발을 유도할 수 있는 방안을 찾아봐야 한다. 도시의 지속가능한 개발에 있어 후퇴와 같은 방안은 매우 중요한 위치를 차지한다. 재해위험이 존재하는 미개발지는 그대로 두고 재해로 인해 훼손된 기개발지는 복구하지 않는 등 도시 토지이용 계획을 친환경적으로 새로 구성하는 방안이 결국 장기적인 측면에서 유리할 것임은 자명하다. 도시에는 개발로 인한 여파가 자연생태계에 직접적인 해를 미치지 않도록 완충작용을 해줄 수 있는 공간이 필요하다. 하천변과 산사면이 곧 그러한 곳이다. 주민들과 이해당사자들은 도시내 자연환경이 개발에 노출되는 것을 최소화하려는 노력을 기울여야 한다. 이것이 재해의 위험이 급증하고 있는 현 시점에서 도시의 지속가능성을 높이는 길이다.

주요개념

관리되는 후퇴(managed retreat)
기상이변
기후변화
길버트 화이트(Gilbert White)
대비(preparedness)
대응(response)
도시화
복구(restoration)
산사태
예방(mitigation)
인재
재해 관리(hazard management)
재해 보험
지구온난화
지속가능성
취약성(vulnerability)
태풍
토지이용
폭염
하인리히 법칙
환경 재해
홍수

미 | 주

1) 본 장은 동저자의 글(2014, "도시와 환경재해," 도시문제, 551: 17~21)을 수정·확장한 논문임.

참 고 문 헌

기상청, 2014, 2013년 이상기후 보고서.

김지영 · 이대근 · 박일수 · 최병철 · 김정식, 2006, "한반도에서 여름철 폭염이 일 사망률에 미치는 영향," 대기 16: 269–278.

박정재, 2008, "지리학적 관점의 재해 연구의 중요성과 역할," 인문학 연구 14: 261–288.

박정재, 2009, "해수면 상승 및 해일로 인한 자연재해와 대응 방안," 국토지리학회지 43: 435–454.

서울연구원, 2014, 우면산 산사태 원인 추가 · 보완 조사 – 최종보고서, 서울특별시.

심재현 · 김영복, 2006, "상습수해지역 해소대책 방안 연구," 방재연구 8: 131–139.

이대근 · 김지영 · 최병철, 2007, "1994년 7월 부산지역의 폭염으로 인한 일 사망률 특성 연구," 대기 17: 463–470.

이승호 · 권원태, 2004, "한국의 여름철 강수량 변동–순별 강수량을 중심으로–," 대한지리학회지 39: 819–832.

정주철 · 이상범 · 사공희 · 이지현 · 이달별, 2007, 자연친화적인 자연재해완화정책에 관한 연구, KEI 연구보고서, 한국환경정책평가연구원.

차은정, 2012, "2012년 여름을 되돌아 보다 –짧은 장마와 가뭄, 폭염과 열대야, 집중오후와 태풍–," 한국방재학회지 12: 4–9.

최광용, 2010, "지난 100년 동안 서울시에 발생한 강한 열파 패턴과 노인사망자에 미치는 영향," 대한지리학회지 45: 573–591.

Anonymous, 2009, *Flooding in England: A National Assessment of Flood Risk*, Environment Agency, Bristol.

Belt, C.B.J., 1975, "The 1973 flood and man's constriction of the Mississippi river," *Science* 189: 681–684.

Blum, M. D. and Robers, H. H., 2009, "Drowning of the Mississippi Delta due to insufficient sediment supply and global sea–level rise," *Nature Geoscience* 2: 488–491.

Burton, I. R., Kates, W. and White, G. F., 1993, *The Environment as Hazard* (2nd edition), Guilford Press, New York.

Cha, E.J., Kimoto, M., Lee, E.J., and Jhun, J.G., 2007, The recent increase in the heavy rainfall events in August over the Korean peninsula, *Journal of th Korean Earth Science Society* 28: 585–597.

EM–DAT, 2014, EM–DAT: the OFDA/CRED international disaster database.

Galiano, S. M., Meyer–Arendt, K. J. and Wicker, K. M., 1981, "Land loss in the Mississippi river deltaic plain," *Gulf Coast Association of Geological Societies Transactions* 31: 295–300.

Kates, R. W., 2011, Gilbert, F. White, 1911–2006. "*A Biographical Memoir*," National Academy of Science, Washington DC.

Komori, D., Nakamura, S., Kiguchi, M., Nishijima, A., Yamazaki, D., Suzuki, S., Kawasaki, A., Oki, K., and Oki, T., 2012, "Characteristics of the 2011 Chao Phraya River flood in Central Thailand," *Hydrological Research Letters* 6: 41–46.

Pelling, M., 2003, *The vulnerability of cities: natural disasters and social resilience*, Earthscan, London.

Smith, K., 2012, *Environmental hazards* (6th edition), Routledge, London and New York.

United Nations Environmental Programs (UNEP), 2004, "Impacts of summer 2003 heat wave in Europe," *A Series of Early Warning on Emerging Environmental Threats*, 1–3.

United States Congress, 2006, *A Failure of Initiative: Final Report of the Select Bipartisan Committee to Investigate the Preparation for and Response to Hurricane Katrina*, Government Printing Office, Washington DC.

[홈페이지]

http://www.emdat.be. Accessed 1 Sep 2014.

제 4 장

기후변화와 도시환경

제4장 기후변화와 도시환경

제1절 기후변화 현상과 자연재해

01 | 기후변화 현상과 영향

기후변화는 21세기 전 세계 지속가능발전의 핵심 위험요소로서 국제사회의 주요 의제이다. 심화되는 기후변화 현상으로 인해 과거에는 경험할 수 없었던 다양한 영향과 이상기후로 인한 피해들이 속출하고 있다. 기후변화는 자연적인 기후변동성의 범위를 벗어나는 기후체계의 변화로써 자연적 또는 인위적 요인에 의해 발생한다. 자연적 요인으로는 대기·해양·육지의 상호 작용에 의한 변화, 지구공전궤도의 변화, 화산폭발로 인한 태양빛 차단 등이 있으며, 인위적 요인으로는 화석연료 사용으로 인한 온실가스의 증가, 도시화로 인한 산림 파괴 등이 있다. 대표적인 기후변화 현상으로는 지구 평균기온 상승의 지구온난화(global warming), 강수량 변화, 해수면 상승, 그리고 폭염, 호우 등의 극한 이상기후(abnormal climate)가 있다(Box 1 참고).

Box 1 기상(날씨), 기후 그리고 이상기후

기상(날씨, weather)과 기후(climate)는 종종 동의어로 쓰이기도 하지만, 과학적인 정의는 엄연히 다르다. 기상이란 비가 오거나, 바람이 많이 불거나, 햇살이 쨍

쨍한 등의 그날그날의 날씨 상태를 의미한다. 반면 기후는 평균 날씨, 즉 매일의 기상 변화를 장기간에 걸쳐 평균화한 값을 총칭한다. 세계기상기구(WMO, World Meteorological Organization)에서는 30년 단위의 평균 날씨를 기후로 정의하고 10년마다 자료를 갱신할 것을 권고한다. 따라서 '우리나라는 4계절이 뚜렷하고 여름철에는 고온다습하고 겨울철에는 한랭건조하다.'는 표현은 기후를 설명하는 것이며, '오늘은 대기 불안정에 의해 소나기가 내리고 무덥겠다.'는 표현은 기상(날씨)을 설명하는 것이다.

이상기후(abnormal climate)란 날씨가 정상적인 범위를 벗어나 ① 짧은 기간 동안 사회와 인명에 중대한 영향을 끼치거나, ② 1개월 이상에 걸쳐 평년(과거 30년)보다 한쪽으로 매우 치우치거나, ③ 평년값으로부터 약간밖에 치우쳐 있지 않으나, 몇 개월에 걸쳐 지속되는 경우로 정의한다.

유엔의 '기후변화에 관한 정부 간 협의체(IPCC; Intergovernmental Panel on Climate Change)'는 2014년 발표한 제5차 종합보고서를 통해(Box 2 참고) 기후변화 현상이 전례 없는(unprecedented) 수준으로 관측되고 있으며 인간의 활동에서 기인한 것이 명백하다고 밝히고 있다(IPCC, 2014a). 특히 온실가스 배출이 계속됨에 따라 기후변화가 심화되어 되돌릴 수 없는 영향(irreversible impact)을 미치게 될 가능성이 높아지고 있다고 본다. 대기 중 온실가스 배출은 경제성장, 인구증가 및 인간활동에 의한 화석연료의 사용과 토지이용에 따른 산림 파괴의 영향으로 증가하고 있으며, 온실가스 농도는 과거 80만년 동안 전례가 없는 수준으로 상승하고 있다. 연간 온실가스 배출량은 최근 10년간(2000-2010년) 매년 2.2% 증가하였고, 특히 산업화 이후 40%나 증가한 이산화탄소는 온실가스 배출량의 78%를 차지하고 있다.

기후변화로 인해 지난 133년간(1880-2012년) 전 지구 평균기온은 약 0.85℃ 상승하였으며, 평균 해수면의 높이는 110년간(1901-2010년) 19cm 상승하였다. 특히 1901~2010년의 전 지구 해수면 상승률은 연간 1.7mm인 데 반해 1993~2010년의 상승률은 연간 3.2mm로 해수면 상승이 점차 가속화되고 있다. 평균 강수량의 경우 변화는 뚜렷하지는 않으나, 많은 지역에서 극한 강수현상이 나타나고 있으며, 1901년 이후부터는 북반구 중위도 육지에서 강수량이 증가하고 있다(IPCC, 2013).

현재 추세대로 온실가스를 배출한다면, 금세기 말(2081-2100년)의 전 지구 평균기온은 3.7℃, 해수면은 63㎝ 상승할 것으로 전망된다. IPCC는 또한 20세기말 대비 지구 평균기온이 2℃이상 상승할 경우 2030년부터 식량생산량 감소, 육상 및 담수종 상당수의 멸종위험 증가, 연안홍수로 인한 토지유실 등을 포함하여 전 부문과 지역에 위험 수준이 증가할 것으로 전망한다. 이로 인한 세계경제의 총 손실액은 소득의 0.2%~2.0%(1400억~1조4천억 달러)에 달할 수 있다고 밝히고 있다. 특히 한반도를 포함한 아시아 지역의 경우 홍수로 인한 사회기반시설의 파괴, 폭염관련 사망, 가뭄관련 물·식량부족을 미래 주요 기후변화로 인한 위험으로 전망하고 있다(IPCC, 2014b).

Box 2 IPCC(Intergovernmental Panel on Climate Change, 기후변화에 관한 정부 간 협의체)

IPCC는 1988년 세계기상기구(WMO)와 유엔환경계획(UNEP)이 기후변화 문제에 대처하고자 설립한 유엔 회원국 정부 간 기구로서 기후변화 분야의 연구결과를 취합·정리하여 정책결정자에게 전달하는 역할을 수행한다. 현재 195개 국가 및 3000여명의 과학자가 참여하고 있다. 자발적 기여로 모인 연간 7백만 달러의 예산을 집행하며, 우리나라는 2010년 이후 매년 1억5천만 원을 기여하고 있다.

주요 업무로는 1990년 이래 매 5~7년 간격으로 기후변화에 관한 과학적 평가보고서를 발간하고 있는데 1990년 제1차 보고서를 시작으로, 제2차(1995년), 제3차(2001년), 제4차(2007년), 그리고 2014년 제5차 보고서를 발간하였다. 보고서는 3개의 실무그룹보고서와 1개의 종합보고서로 구성된다. 3개의 실무그룹보고서는 WGI(기후변화 과학적 근거), WGII(기후변화 영향·적응 및 취약성), WGIII(기후변화 완화)로 이루어져 있다.

IPCC 보고서는 유엔기후변화협약(UNFCCC) 정부 간 협상의 근거자료로 활용되며, 각국의 국내 기후변화 정책의 기본 틀을 제공한다. 제1차 보고서(1990년)가 유엔 기후변화협약 체결(1992년)에, 제2차 보고서(1995년)가 교토의정서 체결(1997년)에 영향을 미치는 등 유엔기후협상의 성과 및 국내·외적 기후변화 대응에 큰 역할을 하고 있다.

특히 우리나라의 기후변화 현상은 전반적으로 전 세계 평균을 웃돌고 있다. 지난 100년간(1912-2008년) 6대도시(서울, 강릉, 대전, 광주, 부산, 제주)의 평균기온은 1.7℃ 상승하였고 열섬효과 등으로 인해 도시지역은 비도시지역에 비해 높은 상승을 보였다. 강수량은 지난 100년간 6대도시에서 평균 19% 증가하였는데 강우일수는 14% 감소한 반면 강우강도가 18% 증가하여 집중호우 발생일수가 1970년대 대비 2배 이상 증가하였다. 우리나라 근해 해수면은 지난 43년간(1964-2006년) 약 8cm 상승하였고, 해수온도는 41년간(1968-2008년) 평균 1.31℃ 상승하여 세계평균 0.5℃ 상승을 크게 상회한다(관계부처합동, 2010). 현재와 같이 온실가스 배출추세를 유지할 경우, 21세기 후반(2071-2100년) 한반도 기온은 현재(1981-2010년)보다 5.7℃ 상승하여 일부 산간지역을 제외한 남한 대부분의 지역이 아열대 기후대가 될 것으로 전망된다(IPCC, 2014b).

기후변화로 인한 영향은 자연시스템과 인간시스템의 다양한 영역에서 나타나고 있다. 농업생태, 산림생태, 수자원 등 환경적 영향을 비롯하여 식량, 에너지, 건

그림 4-1 기후변화로 인한 영향 부문

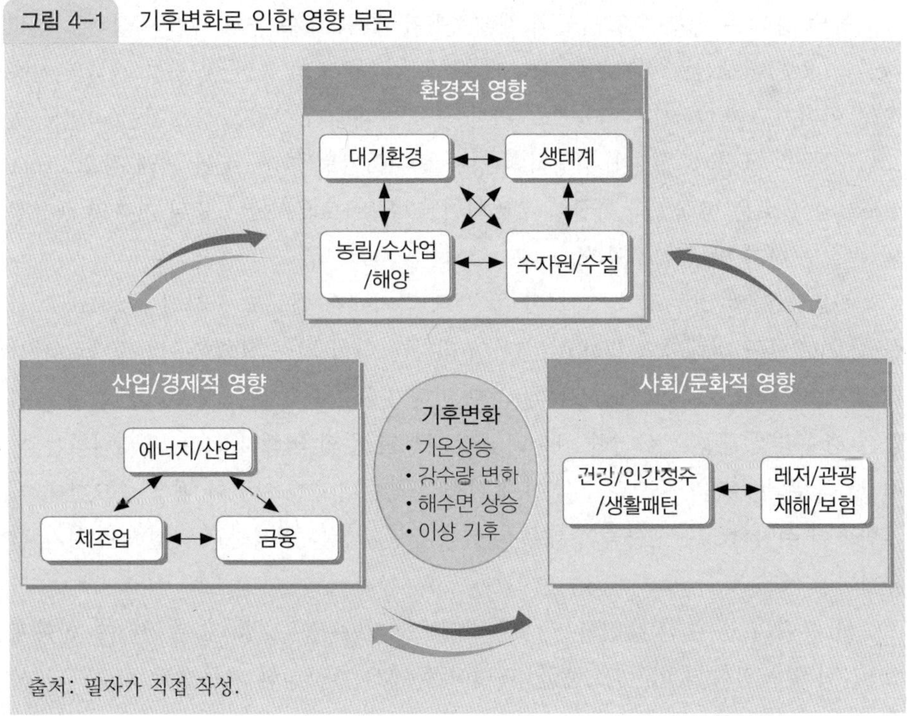

출처: 필자가 직접 작성.

강, 산업 등 경제 및 사회의 다양한 부문에서 실제 관찰되고 있다(그림 4-1).

부문별로 관찰되고 있는 주요 영향을 살펴보면 다음과 같다.

기후변화가 건강에 미치는 영향은 폭염, 한파 등 이상기후에 의한 직접적인 영향과 황사, 알레르기 등으로 인한 피부 및 호흡기 질환 증가와 같은 간접적인 영향으로 나누어 볼 수 있다. 기록적인 폭염과 열대야 현상이 전 세계적으로 증가하면서 사망자를 포함한 건강부문 취약계층의 수가 급증하고 있다. 이러한 상황을 반영하여 세계보건기구는 2008년 세계보건의 날, 기후변화의 영향과 그 결과의 중요성이 매우 심각한 수준임에도 불구하고 많은 부분이 간과되고 있음을 지적하고, 건강영향에 대한 대응 기반 마련이 필요하다고 강조했다. 우리나라의 경우 2012년에 폭염으로 인한 온열질환자(사망자 포함)가 총 350명으로 이는 이전 해 같은 기간의 2.8배에 달한다(조선일보, 2012.08.03). 또한, 2010년 열대야 일수는 그 이전의 10년 동안(2000-2009년)의 평균 일수보다 월등히 많으며, 제주도의 경우 2013년의 폭염과 열대야 일수가 1973년 이후 가장 많은 해로 기록되었다(기상청, 2014). 폭염과 열대야로 인한 열 스트레스가 전국적으로 증가하고 있는 것이다.

농업 분야는 세계 주요 곡물의 재배적지가 가뭄, 홍수 등의 극한 이상기후로 피해를 입으면서 생산량이 감소하고 국제 곡물 수급 구조의 불안 및 곡물 가격의 상승으로 이어지고 있다. 기온 상승으로 인한 작물의 재배지 북상은 긍정적인 측면도 있으나 작물의 생산과 품질에 부정적인 영향을 미치기도 한다. 또한 외래 잡초(exotic weed)와 새로운 병해충의 확산이 우려되며, 고온 스트레스에 노출된 가축의 생산성 및 품질 저하가 발생하고 있다.

산림 분야의 경우 중국, 러시아 등 세계 각지에서 대규모 산사태(landslide), 산불 등으로 산림 피해가 발생하고 있다. 우리나라 역시 최근 집중호우의 증가로 산사태 및 토사재해(sediment disaster)에 의한 피해가 급증하고 있는데 특히 여름철에 집중된 강수량과 태풍으로 인한 산사태와 토사붕괴 등의 피해가 크다. 우리나라는 특히 전 국토의 64%가 숲으로 이루어져 산림의 생물다양성 보전이 매우 중요한데 기후변화에 취약한 고산생물들이 대부분 산림에 존재함을 인식하고 각별한 주의가 필요하다.

물 분야의 경우, 기후변화는 수온상승과 함께 수량, 수질 및 수생태계 변화에 직·간접적인 영향을 미친다. 중국, 러시아 등에서는 극심한 가뭄으로 식수난과 작물 피해가 발생하고, 반대로 대홍수로 인해 사망자와 이재민이 속출하는 사례(중국, 파키스탄 등)도 발생하고 있다.

해양·수산업의 경우, 온도상승으로 북극의 빙하지대가 감소하는 추세를 보이고 해수면 상승으로 투발루, 방글라데시 등 저지대 국가가 침수 위험에 있다. 수산업 관련해서는 주요 어업자원의 남북 분포 한계선이 북상하고, 아열대 수산생물이 빈번하게 출현하고 있다. 난류성 어종의 증가 및 한류성 어종의 감소 현상이 뚜렷해지고, 해수온도 상승으로 인한 유해생물(해파리 등)의 증가와 이에 따른 어업피해 또한 커지고 있다.

생태계 분야에서는 기후변화가 가속화되면서 생물종의 멸종이 나타나고 있다. UNEP와 CBD(생물다양성협약)의 제3차 세계 생물다양성 전망 보고서(2010년)에 따르면, 1970-2006년까지 지난 36년 동안 지구상에 서식하는 생물종의 31%가 멸종되었고 아마존 정글의 30%가 감소하였다. 이러한 현상을 발생시키는 데에 기후변화를 직접적인 원인으로 보고 있다. 기후변화는 또한 식생의 변화를 가져오기도 한다. 온대성 생태계가 아열대성 생태계로 변화하고 있으며, 기온 상승 및 지역적 강수량 차이로 인한 습지 등의 서식지축소, 외래종(exotic species) 유입이 증가하고 있다. 이러한 생태계의 변화는 생물종의 교란 및 생물다양성의 감소로 이어지며, 한 예로 최근 산호초 생태계는 회복 불능의 임계점에 거의 도달한 것으로 추정되고 있다.

궁극적으로 기후변화는 인간이 거주하는 삶의 공간, 즉 '정주(settlement)'에 영향을 미치게 된다. 정주는 공간이 처한 기후변화에의 노출정도와 민감도 그리고 그 영향에 대처할 수 있는 능력의 수준에 따라 취약정도가 달리 나타나는데 특히 도시는 기후변화에 크게 취약하다(보다 자세한 내용은 제2절에서 다루어짐).

02 | 이상기후 현상과 자연재해

자연재해(natural disaster)는 그 명칭에서 알 수 있듯이 자연의 현상으로 인해 발생하는 재해로서 인간의 조절 범위를 넘어선 위험(risk)으로 인식되고 있다. 발생원인에 따라 지진, 화산 등과 같은 지구물리 현상, 태풍, 토네이도 등의 기상 현상, 홍수, 산사태의 수문현상, 폭염, 가뭄, 산불 등의 기후 현상으로 구분할 수 있다. 따라서 최근 전 지구적으로 빈발하고 있는 폭염, 한파, 홍수, 가뭄, 폭설 등의 극

그림 4-2 1950년 이후 대규모 자연재해의 연도별 발생 횟수

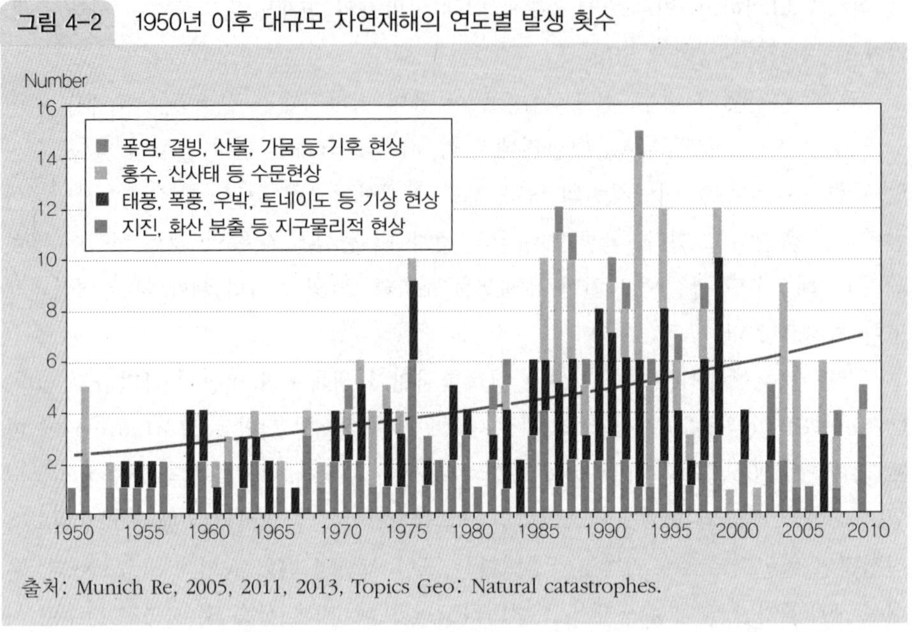

출처: Munich Re, 2005, 2011, 2013, Topics Geo: Natural catastrophes.

한 이상기후(extreme abnormal climate) 현상은 모두 자연재해 범주에 속한다. 이러한 이상기후현상에 의한 대규모 자연재해가 지구촌 곳곳에서 자주 발생하면서 피해가 전 방위적으로 나타나고 있다. 전 세계적으로 자연재해는 1950년대 이후 급격히 증가하여(그림 4-2), 2000년대 들어 발생 빈도와 강도가 더욱 가파르게 증가하고 있다(Munich Re, 2005, 2011, 2013). Munich Re에 의하면 1950~1959년과 비교해 1990~1999년 10년 동안 대규모 자연재해 발생건수는 4배, 경제적 손실은 14배 증가하였다.

[그림 4-2]에서도 알 수 있듯이 자연재해 중에서도 특히 태풍, 홍수와 같은 수문·기상 관련 재해가 많은 부분을 차지하고 있다. 1908년부터 2010년까지 발생한 총 733건의 대규모 자연재해 발생건수를 보았을 때도 약 88%가 홍수 등의 수문·기상과 관련된 재해이다.

2011년 OECD에서 발표한 「OECD 환경전망 2050」보고서에서도 특히 홍수, 가뭄, 폭풍 등의 "물"과 관련된 재해에 주목하고 있다. 지난 30년간(1980-2009년) 전 세계적으로 물 관련 재해발생은 증가추세를 보이고 있으며 그 중에서 홍수 40%, 폭

풍 45%, 가뭄 15%로 분석된다. 재해발생의 지역적 분포는 상당히 균등한데 OECD 국가 40%, BRIICS(브라질, 러시아, 인도, 인도네시아, 중국, 남아프리카공화국)국가 30%, 나머지 국가에서 30% 발생하였다. 하지만 피해 규모는 재해발생 국가의 대응 능력과 경제적 수준에 따라 불균등하게 나타났는데, 피해자의 95%이상이 비OECD 국가(80% 이상 BRIICS국가, 15% 나머지 국가)인 데 반해 OECD 국가는 5%에 그쳤다.

우리나라도 예외는 아니다. 이상기후현상이 증가하고 사회구조가 변화하면서 그 피해 양상도 다양해지고 있다. 최근 10년간 자연재해로 연평균 43명의 인명피해와 1조 1,556억 원의 재산피해가 발생하였다. 인명피해는 감소 추세이나, 도시화로 인한 인구집중으로 재산피해 규모는 급증하고 있다(2000년대 피해액은 1970년대의 10배, 1990년대의 3배 수준)(기상청, 2014).

[그림 4-3]은 2014년 발생한 전 지구의 대표적 이상기후 현상을 보여주고 있다.

이러한 자연재해 발생 횟수통계가 증가하는 원인으로는 과거보다 향상된 과학적 정보 및 보고체계, 취약지역에서의 도시화 증가, 환경악화 등을 들 수 있다. 무엇보다 21세기 들어 극한 이상기후현상의 강도가 점차 세지고 발생 빈도가 잦아지면서 기후변화의 영향을 재해 발생의 주요 요인으로 꼽고 있다. 즉 기후변화는 이상기후로 인한 자연재해를 가속화시키는 증폭자(amplifier) 역할을 한다는 것이다. 지역적으로는 극한 이상기후의 양극화 현상이 심화되면서 지구촌 곳곳에서 대형 자연재해가 속출하고 있다. 미래에는 기후변화가 보다 가속화될 것으로 전망됨에 따라 다양한 영역에서 이상기후로 인한 자연재해 발생이 더욱 잦아지고 그 강도 또한 커질 것으로 분석된다. 폭염으로 인한 사망자 수의 증가, 가뭄, 홍수 등이 지역적으로 증가 추세를 보이는 가운데 IPCC의 미래 예측에 의하면 폭염은 더 자주 발생하고 더 오랫동안 지속될 것이며 많은 지역에서 극한의 강수현상이 더 자주 발생하게 될 것이다.

그림 4-3 2014 전 지구 이상기후현상

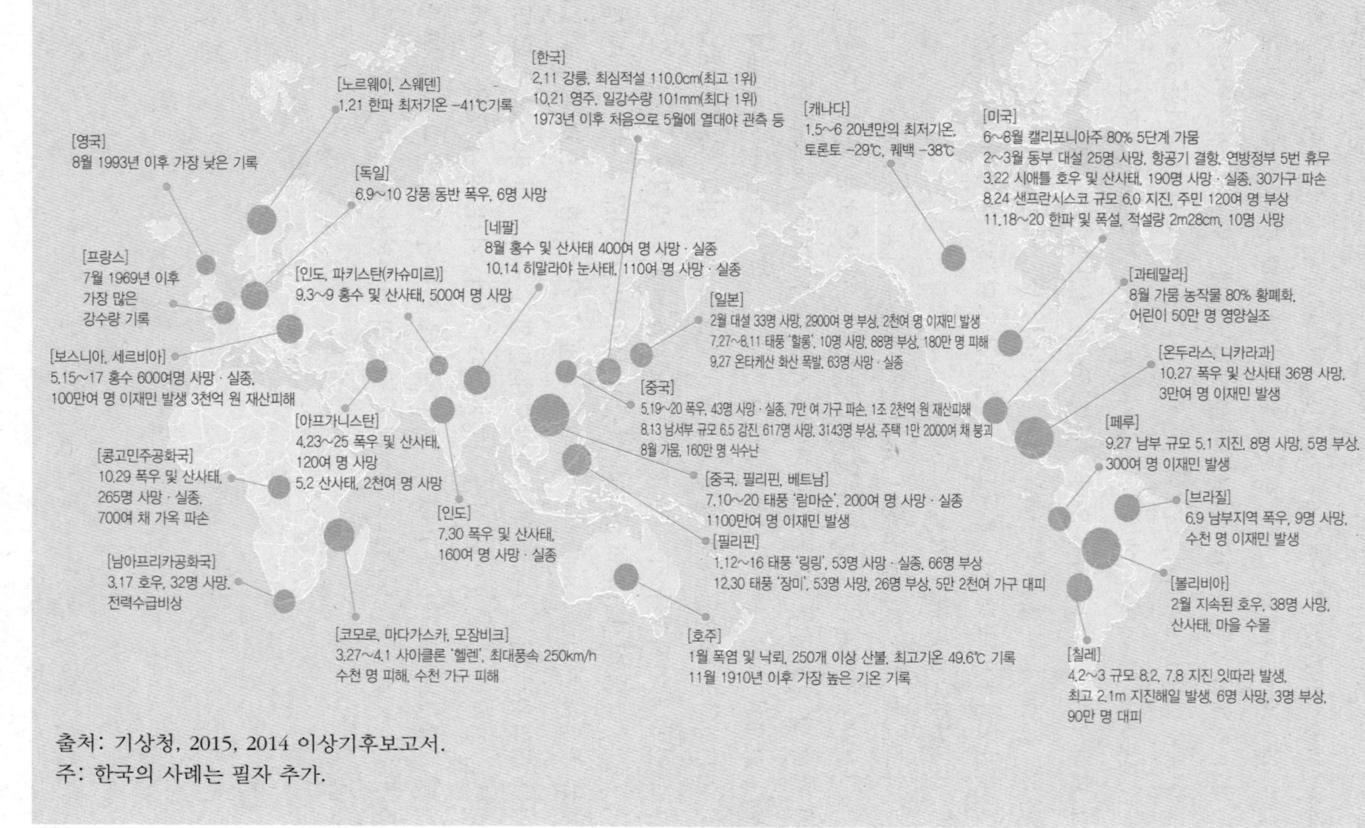

출처: 기상청, 2015, 2014 이상기후보고서.
주: 한국의 사례는 필자 추가.

제2절 기후변화와 도시환경과의 관계

01 | 도시화와 도시의 구성요소

도시는 사람이 많이 거주하는 정치, 경제, 사회의 중심지역을 말한다. 질서 확립을 위해 정치를, 생존을 위해 경제를, 그리고 삶의 질을 위해 문화와 예술을 발전시키고 환경을 개선하며 사회를 이루는 곳이 바로 도시이다. 인간의 다양한 활동을 통해 "도시"가 발달하므로 도시는 결국 인간이 만들어내는 삶의 공간, 즉 주요 정주공간이다. 삶의 공간에 자연적, 그리고 인위적인 환경요소가 함께 어우러져 도시환경을 구성하게 된다. 도시가 기타 지역과 크게 다른 점은 인구와 자산, 인프라가 밀집되어 있다는 것인데, 최근 이러한 도시지역에 대한 기후변화의 영향과 위험이 증가하고 있다. 도시는 기후변화의 주요한 기여 요소이면서 기후변화의 영향에 취약한 요소이기도 하다.

1) 세계의 도시화 현상

세계적으로 도시화(urbanization)로 인해 도시의 규모와 시민활동은 지속적으로 증가하고 있다. 지난 50년간 전 세계적으로 도시의 토지면적은 OECD국가에서 2배, 비OECD국가에서는 5배로 증가하였다(그림 4-4). 2050년, 세계 인구는 2009년 대비 25~30억 명이 증가한 총 90억 명 이상이 될 것이며, 이 중 62~69% 이상이 도시에 거주할 것으로 전망된다. 특히 아시아와 아프리카의 개발도상국에서 도시화의 증가폭이 두드러질 전망이다. 세계의 전체인구와 도시거주 인구의 증가율을 비교하면 도시인구는 전체인구보다 훨씬 빠른 속도로 증가하고 있나(표 4-1).

2008년부터 전 세계 인구의 절반 이상이 도시에 거주하고 있다. 선진국은 과거에 비해 경제성장률이 둔화되면서 도시화율도 일정수준에서 정체되는 모습을 보이는 데 반해, 경제신흥국은 인구증가 및 경제발전을 기반으로 도시화율이 꾸준히 증가하고 있다. 선진국의 도시화는 장기간에 걸쳐 다양한 지역에서 형성되며 위성도

그림 4-4 1950-2010년 도시 토지면적의 변화

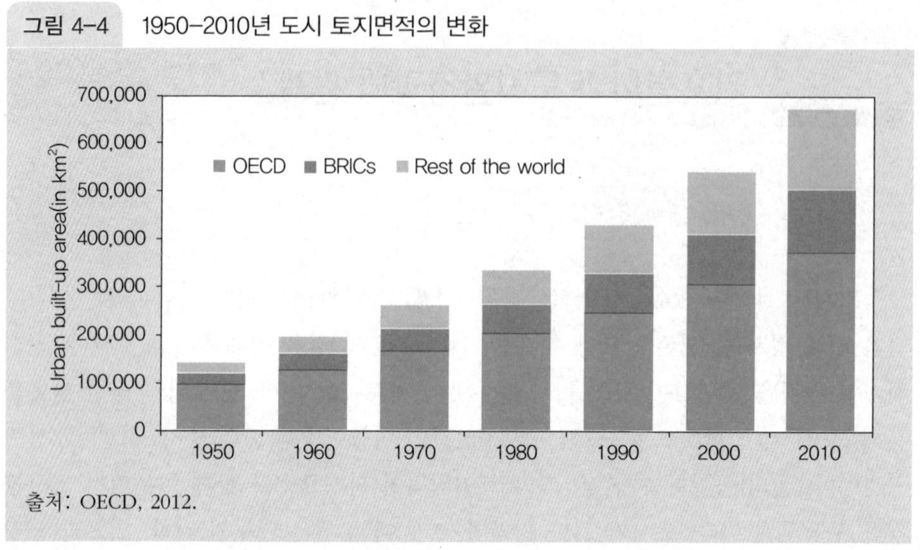

출처: OECD, 2012.

표 4-1 세계 전체인구와 도시거주 인구의 증가율 비교

	1960년대	2010년대	증가율
전체인구	약 30억 명	약 70억 명	233%
도시거주인구	약 10억 명	약 35억 명	350%

출처: Pike research, 2012; 한국정보화진흥원, 2013 재인용.

시·재개발 등을 통해 도시 주변과 도심 내 확산이 이루어지고 있는 반면, 경제신흥국의 도시화는 정부 주도의 신도시 건설 등으로 특정 지역에 집중되어 단기간에 형성되는 특징이 있다.

세계 각국은 정치, 경제, 사회발전의 긍정적인 효과와 함께 많은 도시문제에 직면해 있다. 급격한 도시화는 기후변화, 대기질, 수자원관리, 토지사용, 취약계층관리 등 환경과 사회 전반에 영향을 준다. 아울러 도시로의 인구밀집현상이 심화되면서 인구 천만 이상인 메가시티(Mega city)도 확산되는 추세이다. 세계적으로 메가시티는 1975년 3개 도시를 기점으로 2013년에는 23개를 기록했으며, 2025년에는 37개로 증가할 전망이다.

중국, 인도 등 신흥경제국의 경우에는 정부 차원에서 전략적으로 도시화를 확산시키고 있지만, 이들 국가의 급속한 도시화는 대기오염, 교통난, 에너지 부족 등의 다양한 부정적인 도시환경문제를 수반한다. 반면, 유럽 등 선진국들은 오랜 기간에 걸쳐 도시화가 진행되면서 현재 대부분이 도시에 거주하고 있고 오래전에 건설된 도시가 노후화되면서 이들의 경쟁력을 높이기 위해 지속적인 도시환경의 개선을 필요로 한다. 도시화로 인한 전통적인 도시문제에 더하여 기후변화는 다양하고 새로운 문제를 야기하고 악화시킨다. 예를 들어 물-에너지-식량이라는 경제, 사회에 필수적인 기본 자원이 기후변화로 인해 영향을 받으면서 많은 인구가 거주하는 도시지역의 경제활동이 위협을 받는다. 또한 도시 인프라 개선을 위한 재생사업이나 도시 입지를 선정하는 데 있어 기후변화 영향으로 인한 피해를 줄이기 위해 '기후회복력 있는 도시의 강화' 전략이 도시환경 조성에 필요하게 된다.

2) 도시의 구성요소

도시는 일반적으로 사회·문화·물리적인 요소로 구성되며 시민(citizen), 활동(activity), 토지(land)와 시설(facility) 등이 해당된다. 시민은 도시를 구성하는 가장 기본적인 요소로 도시에 거주하면서 의식주를 포함한 다양한 사회, 경제, 문화적인 활동을 한다. 활동을 위해 토지 또는 시설을 필요로 하며, 토지나 시설의 종류 및 특성에 따라 다양한 활동이 나타난다. 토지와 시설은 도시의 형태를 만드는 요소로써 시설은 도시를 구성하는 모든 물리적 구조물을 포함하며 기반시설 등의 도시계획시설과 건축시설 등이 해당된다(대한국토·도시계획학회, 2005).

02 | 도시의 활동과 온실가스 배출

도시는 기후변화에 따른 영향의 주요 위험요소이자 기후변화를 야기하는 온실가스 배출의 주요 원인자로서도 작용한다. 도시화로 인해 인구, 시민의 경제활동의 기반이 되는 산업, 교통, 주거환경과 이에 활용되는 에너지 공급 및 수요 또한 도시로 집중된다. 따라서 도시에서의 활동은 온실가스 배출과 직결되는데 이는 도시의 지리적 상황과 인구통계학적 상황을 비롯하여 도시의 구성 형태 및 밀도, 경제활동의 규모에 따라 달라지며 이에 대해 유엔 해비타트(UN Habitat, 2011) 보고서는 다음과 같이 밝히고 있다.

① 지리적 상황: 지리적 위치에 따라 기후대가 달라지며 이는 부존자원과 관계된다. 특정 도시의 기후는 가열 및 냉각을 위한 에너지 수요와 에너지 생성에 사용되는 연료에 영향을 미친다. 또한 입지요인에 따라 신재생에너지원의 사용 가능성 등이 영향을 받는다. 수력 발전을 위해서는 큰 하천의 가용성이 필요한 것을 예로 들 수 있다. 이와 같은 맥락에서 풍력, 조력 에너지 등은 모두 특정 위치에 존재하는 부존자원에 의존하고 있다. 부존자원에 유리한 환경에 위치한 도시들은 보다 청정한 에너지 공급을 통해 이산화탄소 배출을 줄이는 것이 가능할 수 있다.

② 인구 통계학적 상황: 전 지구적으로 인구 증가가 높은 지역은 1인당 온실가스 배출량이 낮은 수준으로, 개발도상국은 선진국에 비해 이산화탄소 배출량이 낮다. 또한 사회의 인구 구성은 소비 행동과 온실가스 배출에 다양한 영향을 미친다. 1인당 에너지 소비는 작은 규모의 가구(household)에서 큰 가구에 비해 유의하게 높은 결과를 보인다. 즉 기후변화에 영향을 주는 것은 도시지역에 거주하는 사람들의 절대적인 수가 아니라 오히려 인구 통계학적으로 기후변화를 고려하여 관리하는 방법과 그 효과가 더 중요하게 작용한다.

③ 도시의 형태와 밀도: 도시의 형태와 밀도는 사회적, 환경적 범위와 관련이 있다. 개발도상국의 많은 도시는 밀도가 매우 높은 데 이로 인해 건강의 위험, 기후변화 및 기상 이변에 대한 취약성이 높게 나타난다. 다른 측면에서, 북아메리카의 많은 교외지역 도시는 밀도가 낮은데 이는 광범위한 차(car)사용을 야기하여 일상생활의 에너지 소비를 높인다.

④ 도시의 경제활동: 도시 내에서 행해지는 경제활동은 온실가스 배출에 직접적으로 영향을 미친다. 모든 도시는 제조된 다양한 상품에 의존하는 경향이 있고, 제조 분야는 특정 도심의 서비스에 의존한다. 상품의 제조, 소비 그리고 서비스 모든 과정에서 온실가스가 배출되고 있다.

도시의 정의 및 범위가 전 세계적으로 상이하고, 다양한 공급원으로부터 직간접적으로 발생하는 도시 단위의 온실가스 배출을 산정하는 방법 역시 표준화되어 있지 않아 도시의 기후변화 기여정도를 정확하게 평가하기는 어렵다(Box 3 참고).

많은 도시들이 온실가스 인벤토리를 구축하고 있으나 산정 분야, 도시경계 구분 등이 서로 상이하다. 그럼에도 불구하고 기후변화에 대한 도시의 온실가스 배출 기여 정도를 평가하는 많은 연구가 진행 중이다.

Box 3 도시 온실가스의 배출 범위 및 단계

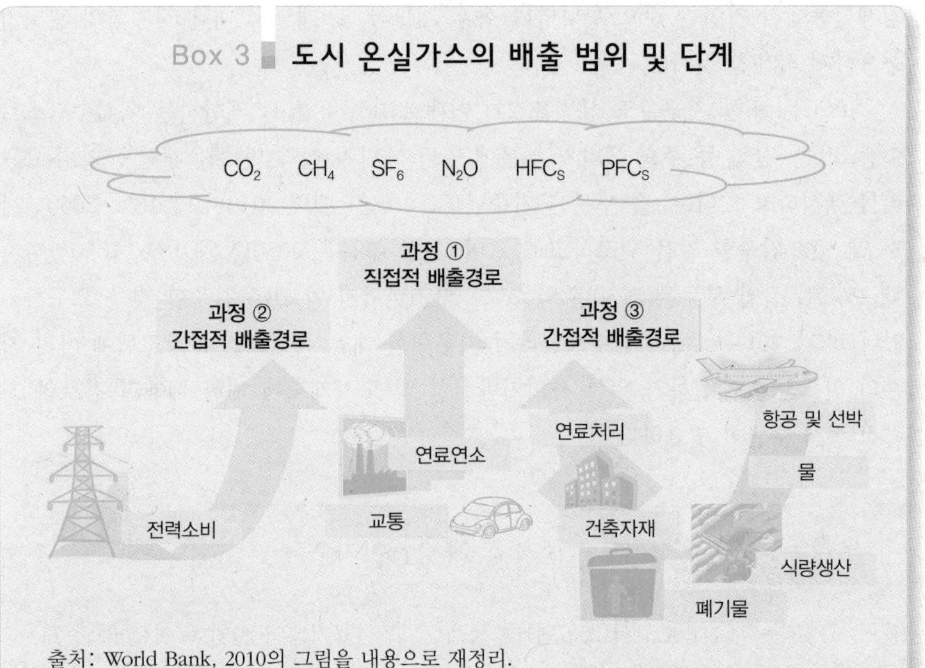

출처: World Bank, 2010의 그림을 내용으로 재정리.

도시의 온실가스 배출은 다양한 공급원으로부터 직간접적으로 발생한다.

위의 그림에서 알 수 있듯이 ① 연료연소, 자동차, 공장 등과 같은 직접적인 배출경로와 함께 ② 전력 소비 ③ 제품의 수송, 생산, 서비스 등과 같은 과정을 통해 배출된다.

위의 온실가스 배출 형태 중 ①의 과정은 도시 경계 안의 모든 생산에서 배출되는 온실가스를 포함한다. ②의 과정은 비록 도시 경계 밖에서 생산된 것일지라도 도시 내 소비로부터 배출되는 온실가스를 포함한다. 여기에는 도시 밖에서 생산된 전력까지 포함한다. ③의 과정은 도시 거주자의 위치에 따라 1인당 온실가스 배출의 20%까지 영향을 미치는 항공 및 선박 부분, 식량생산, 폐기물 매립지 그리고 화석연료를 처리하는 과정에서 나오는 배출까지 포함한다.

도시는 전 세계 에너지 소비의 2/3, 전 세계 온실가스 배출량의 70%를 차지하고 있다. 도시의 온실가스 주요 배출원은 에너지, 산업, 가정·상업의 건물, 수송 부문이며 특히 에너지 공급과 산업부문이 가장 큰 배출증가의 원인이다. IPCC 제5차 보고서에 따르면 최근 2000~2010년간의 온실가스 배출량 증가는 주요 개도국의 경제활동에서 기인한 것으로 나타나 향후 개도국 및 개도국 내 도시지역의 관리가 중요하게 작용할 것이다.

IPCC는 또한 지구온도 상승을 2℃ 이내로(Box 4 참고) 제한하는 핵심수단으로 수송, 건물, 산업 등 주요 에너지 부문에 있어 에너지 절약 및 효율개선 등의 수요관리를 제시하고 있다. 수송 부문은 기준년도(2010년) 대비 2030년 약 18%, 2050년까지 약 30% 감축할 것을 권고하고 있으며, 건물 부문은 2030년 약 18%, 2050년까지 약 25%를, 산업 부문은 2030년 약 20%, 2050년까지 약 28% 감축할 것을 요구하고 있다(IPCC, 2014c). 에너지 수요관리가 기후변화 대응 핵심요소로 강조됨에 따라 기존의 인프라를 개선하기 위한 사회기반시설 및 도시계획에 대한 체계적 검토와 전략적 정책 수립이 필요하다.

Box 4 왜 2℃인가?

IPCC는 제4차 보고서(2007년)를 통해 지구 평균기온이 산업화 이전 대비 2℃ 이상 상승하면 생태계에 치명적인 영향을 줄 것이라 예측했다. 2℃ 기온상승은 인류가 출현하기 전인 500만 년 전부터 단 한 번도 넘지 않은 선으로 지구 평균기온이 2℃ 이상(이산화탄소 농도 450ppm)상승하면 더 이상 인류가 이를 억제할 수 없는 상태에 직면하게 된다는 입장이다. 이러한 과학적 견해를 기반으로 2009년 제15차 유엔기후변화당사국총회는 '코펜하겐 합의문(Copenhagen Accord)'을 선언하고 2℃에 대한 합의를 이루었다. 지구온도 상승을 2℃ 이내로 억제하기 위해 전 지구적 배출량의 상당한 감축(deep cuts)이 필요하다는 데 동의한 것이다. 그러나 코펜하겐 합의문은 당시 불완전한 내용·부분적인 합의·비구속적인 결정의 '합의'에 그쳤으며 이후 2010년 제16차 총회를 통해 193개국의 동의하에 '칸쿤 결정문(Cancun Decision)'으로 채택되었다. 결정문에 따르면 선진국은 지구온도 상승을 산업화 이전의 2℃ 이내로 억제하기 위해 2020년까지 온실가스 배출량을 1990년 대비 25~40% 감축해야 한다.

탄소 집약적인 에너지원, 예를 들어 화석연료에 대한 수요 증가는 도시의 온실가스 배출량을 증가시키는 원인이 된다. OECD국가들은 화석연료는 평균 83%, 재생에너지는 5%미만으로 사용하는 상황에서 온실가스를 적게 배출하는 에너지원, 즉 신재생에너지원으로의 전환 시점에 놓여있다. 한편, 국제에너지기구(IEA)는 2030년까지 74%로 증가할 것으로 예상되는 에너지 관련 온실가스 배출의 89%가 개발도상국에서 기여할 것으로 전망한다.

2013년도 국가 온실가스 인벤토리(Box 5 참고) 보고서(온실가스종합정보센터, 2014)에 따르면, 우리나라 온실가스 총배출량은 697.7 백만 톤 CO_2eq.이며(2011년 기준), 이는 1990년도에 비해 약 136.0% 증가한 값이다. 배출량 증가에 가장 크게 기여한 것은 에너지 분야로 배출량뿐만 아니라 배출량 증가율도 가장 높다. 2011년 국가 온실가스 총배출량을 활용하여 산정한 우리나라의 1인당 온실가스 배출량은 약 14.0톤으로, 1990년의 1인당 온실가스 배출량에 비해 103.2% 증가하였다(그림 4-5). 연료연소에 의한 1인당 배출량은 2011년 기준으로 전 세계 국가 중 19위, OECD 회원국 중에는 6위를 기록하고 있다(표 4-2).

Box 5 보고대상 온실가스 배출 인벤토리

기후변화 대응 정책 수립 및 이행을 위해서는 국가 온실가스 인벤토리를 통한 흡수원 · 배출원의 정확한 근거자료가 필요하다. 국내 온실가스 인벤토리는 교토의정서상의 6대 온실가스인 이산화탄소(CO_2), 메탄(CH_4), 아산화질소(N_2O), 과불화탄소(PFCs), 수소불화탄소(HFCs), 육불화황(SF_6)의 배출 · 흡수량을 산정하여 작성한다.

온실가스 종류별로 대기 잔류시간 내 복사능(radiative activity)수준이 다르므로, 1995년 IPCC 제2차 평가보고서의 지구온난화지수(GWPs)에 따라 각각의 온실가스 배출량을 CO_2로 환산(CO_2eq., carbon dioxide equivalent, CO_2 환산톤)하여 합산한 값을 통해 국가 총배출량을 산정한다.

※ 지구온난화지수(GWPs, Global Warming Potentials): 이산화탄소가 지구온난화에 미치는 영향을 기준으로 각각의 온실가스가 기여하는 정도를 수치로 표현한 것이다. CO_2를 1로 보았을 때, CH_4: 21, N_2O: 310, PFCs: 6,500~9,200, HFCs: 140~11,700, SF_6: 23,900이다.

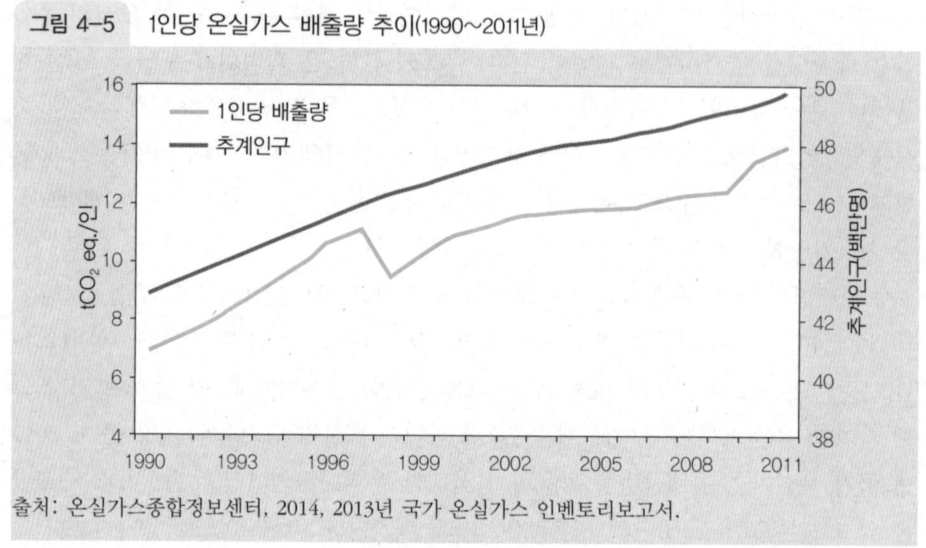

그림 4-5 1인당 온실가스 배출량 추이(1990~2011년)

출처: 온실가스종합정보센터, 2014, 2013년 국가 온실가스 인벤토리보고서.

급격한 경제발전과 도시화 과정에 있는 중국의 경우 2013년 도시화율이 50%에 이르렀고 향후 지속적으로 증가할 전망이다. 도시화가 되면서 에너지 소비뿐만 아니라 전 세계 이산화탄소 배출량 중에서 중국이 차지하는 비율 또한 점차 증가하여 현재 전 세계 최고 수준이다. 전체 도시에 대한 에너지와 이산화탄소 배출 간의 관계를 파악하는 것은 쉽지 않으나 중국의 에너지와 자원 소비에서 도시가 차지하는 비중은 약 85%로 알려져 있다. 즉, 도시의 에너지 소비가 온실가스 배출에 절대적인 비중을 차지하고 있는 것이다.

도시의 밀도 및 형태 또한 도시의 에너지 소비와 온실가스 배출에 영향을 준다. 도시에서는 특히 교통 및 건물분야가 에너지 소비규모에 많은 부분을 차지한다. 도시밀도가 높을수록 더 많은 사람들이 대중 교통수단을 활용하여 에너지 소비의 감소를 가져올 수 있으며 대중교통과 수송을 위한 시스템 및 인프라가 발전할 수 있다. 이는 도시의 에너지 소비 중 많은 부분을 차지하는 교통 및 수송 부분의 온실가스 배출 감소를 가져온다. 한 예로 비엔나와 마드리드 같은 중소형 도시가 애틀랜타나 휴스턴 같은 인구밀도가 낮은 도시보다 온실가스 배출이 적다. 특히 서울의 경우 도시 밀도가 매우 높은 편에 속하나 온실가스 배출은 상대적으로 적은 형태를 반영하고 있다(그림 4-6). 반면, 지난 20세기 중반부터 도시의 공간적 확산(urban

표 4-2 2011년도 연료연소에 의한 1인당 CO_2 배출량 순위 (단위: 톤 $CO_2eq.$ /1인)

순위	전 세계		순위	OECD	
	국가	1인당 배출량		국가	1인당 배출량
1	카타르	38.2	1	룩셈부르크	20.1
2	트리니다드 토바고	30.3	2	호주	17.4
3	쿠웨이트	30.1	3	미국	16.9
4	안틸레스	22.5	4	캐나다	15.4
5	오만	22.3	5	에스토니아	14.4
6	브루나이	21.9	6	대한민국	11.8
7	아랍에미리트	21.0	7	체코	10.7
8	룩셈부르크	20.1	8	네덜란드	10.5
9	호주	17.4	9	핀란드	10.3
10	바레인	17.1	10	벨기에	9.9
11	미국	16.9	11	일본	9.3
12	지블라타	16.7	12	독일	9.1
13	사우디아라비아	16.3	13	이스라엘	8.7
14	캐나다	15.4	14	오스트리아	8.1
15	에스토니아	14.4	15	폴란드	7.8
16	카자흐스탄	14.1	16	노르웨이	7.7
17	싱가포르	12.5	17	아일랜드	7.6
18	투르크메니스탄	12.1	18	덴마크	7.5
19	대한민국	11.8	19	슬로베니아	7.4
20	러시아	11.6	20	그리스	7.4

출처: 온실가스종합정보센터, 2014, 2013년 국가 온실가스 인벤토리보고서.

sprawl)이 가속화되고 있으며, OECD 국가들의 대도시권역의 경우 주변지역이 노심보다 빠르게 발전하면서 온실가스 배출 또한 주변지역으로 공간적 확산이 진행 중이다.

그림 4-6 도시밀도와 온실가스 배출

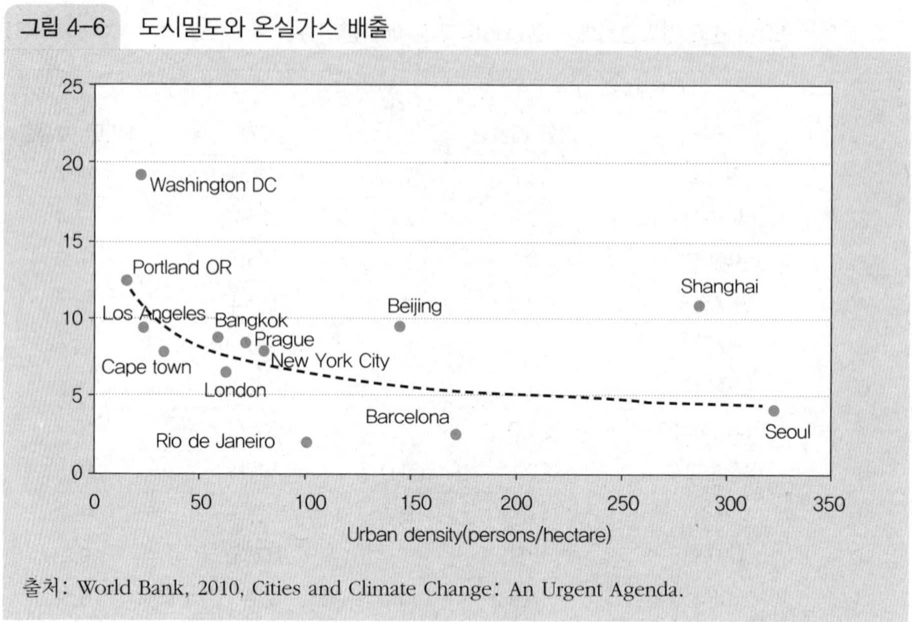

출처: World Bank, 2010, Cities and Climate Change: An Urgent Agenda.

03 | 기후변화로 인한 도시환경에의 영향

기후변화는 도시의 경제, 사회, 문화, 환경에 다양한 영향을 미친다. 이상기후는 해수면 상승, 홍수, 빈번하고 강한 열대 저기압 등을 증가시키며 가뭄으로 인한 물 부족, 식량부족 및 건강악화 등 도시의 기본 서비스에 대한 접근과 삶의 질을 악화시킬 수 있다. 특히 도시 내 대응능력이 취약한 빈곤계층은 기후변화에 의한 위험에 더 노출되어 있다. 홍수나 폭우, 고온현상 등으로 인해 도시 인프라에 문제가 발생될 경우에는 도시의 사회경제활동이 직접적인 영향을 받을 수 있다.

IPCC는 제5차 평가보고서를 통해 기후변화 전망에 따른 미래의 주요 위험요소[1)]로 다음 8가지를 제시하였는데 이 중 대부분(①~⑤)이 도시지역과 관련이 있다(IPCC, 2014b).

① 폭풍 해일, 연안 홍수 및 해수면 상승으로 인해 저지대 연안 지역과 군서도서 개도국에서 사망, 부상, 건강 악화 및 생계지장이 발생할 위험

② 내륙 홍수로 인해 일부 지역에서 상당수의 도시인구에게 극심한 건강피해 및 생계지장이 발생할 위험
③ 사회기반시설 망과 핵심 공공 서비스의 파괴를 야기하는 극한현상에 대한 시스템적 위험
④ 폭염기간 중 도시 및 비도시 지역(농촌, 어촌, 산촌)의 야외근로자와 도시의 취약계층이 질병을 앓거나 사망할 위험
⑤ 온난화, 가뭄, 홍수, 강수의 변동 및 집중호우로 인한 식량 불안정 및 식량 시스템의 붕괴로 인한 도시 및 농촌의 빈곤층 인구가 처할 위험
⑥ 반건조지역의 농민과 목축민을 위한 식수와 관개용수의 부족 및 농업 생산성의 저하로 인한 생계와 수입 손실이 발생할 위험
⑦ 열대지역과 북극지역의 해양 및 연안생태계, 생물다양성, 생태계 재화 및 기능, 생계유지기능의 손실 위험
⑧ 육상과 내륙의 담수 생태계, 생물다양성, 생태계 재화 및 기능, 생계유지기능의 손실 위험

1) 도시의 입지에 따른 기후변화의 영향

도시의 지리학적 위치는 기후변화 영향과 밀접한 관계가 있다. 세계의 많은 도시들이 해안지역에 집중되어 있는데[2] 그 중에서 해수면 상승, 태풍 증가 등으로 인한 해안지역 침수위험에 노출되어 있는 항구도시는 총 136개에 달하며 그 인구는 4천만 명 규모에 이른다. 미래에 해수면이 더욱 상승할 것으로 전망되는 가운데 현재 유럽 대도시들 중 약 70%가 해수면기준 10m 미만에 위치하고 있어 해안지역의 위험은 더욱 커질 것이다. 세계 136개 항구도시의 홍수로 인한 손실은 2005년 매년 약 60억 달러 수준에서 2050년에는 520억 달러로 증가할 것으로 예상된다.

전 세계적으로 빈번하고 강해진 강우와 태풍은 홍수의 빈도와 강도를 증가시킨다. 특히 아시아를 포함한 아프리카·라틴아메리카 지역에서 이러한 경향이 계속되고 있다. 우리나라 또한 태풍 '매미', '볼라벤' 등의 영향으로 서울을 포함하여 부산, 제주 등의 많은 도시들이 피해를 입었다. 강풍을 동반한 열대성 저기압 태풍이 빈번한 필리핀의 경우 2012년 태풍 '하구핏'으로 인해 120만 명 이상의 이재민이 발생하

고 도시 자체가 마비되는 상황을 겪었다. 이처럼 더 빈번하고 강해진 태풍과 홍수는 재산 및 인명피해를 증가시키며 도시 기능을 마비시킬 수 있다. 뉴욕의 경우 태풍으로 인한 피해가 연간 총 지역생산(GRP)의 약 0.1%에 해당하며, 강력한 태풍의 경우 총 지역생산의 10~25%에 이를 것으로 예상된다(주OECD 대표부).

우리나라 또한 기후변화 관련 현상으로 인한 영향 및 피해 중에서 집중호우, 태풍 등에 의한 것이 큰 비중을 차지하고 있다. 각각의 도시들은 위치, 지형적 차이 등으로 인해 영향과 피해 양상 및 정도가 지역별로 차이를 보인다. 다른 국가의 도시와 유사하게 대체적으로 내륙도시보다는 해안도시가 기후변화로 인한 취약성이 높은 편이다. 내륙 및 해안 도시는 기후특성이 다르기 때문에 기후변화에 대응하는 방안도 다른 면이 있다. 해안도시의 경우 산업형 도시가 지배적이기 때문에 인구 및 기반시설이 해안가를 따라 밀집되어 있다. 따라서 해수면 상승, 태풍 등에 의한 시민들의 영향이 큰 편이며, 기반시설의 침수 및 파손 등의 피해가 발생한다. 주거 및 상업이 지배적인 내륙도시의 경우에는 이상고온, 가뭄 등에 의한 영향이 크며 특히 영유아와 고령자에게 취약성이 더 높게 나타난다. 강남역 및 광화문 침수, 우면산 산사태 등의 경험에서 알 수 있듯이 최근 내륙지역 내 도심에서의 재해로 인한 피해가 지속적으로 증가하고 있다. 국지성 집중호우의 빈발과 함께 도시화로 인한 불투수면적의 증가(서울지역 불투수면적율 1962년 7.8% → 2010년 47.6%)로 저지대 침수피해가 자주 발생하며 지반 약화와 함께 산사태(1970년대에 비해 2000년대에는 산사태 발생면적과 복구비가 연평균 각각 3배, 62배 증가) 또한 심화되고 있다.

2) 도시 열섬효과

기후변화로 인한 도심의 열섬효과(heat island effect) 또한 주목할 분야이다. 도심지역의 온도는 건축물의 위치, 녹지 및 수변공간의 차이, 에너지 소비의 증가, 대기질 악화로 인한 온실효과 및 공기순환의 저하 등으로 인해 농촌지역보다 높게 나타난다. OECD(2014b)는 대개 도시의 기온이 농촌지역보다 약 3.5~4.5℃ 높게 나타나며, 대도시의 경우 주변 농촌지역과의 기온 차는 무려 약 10℃에 이른다고 밝히고 있다. 열섬효과는 뜨거워진 대기로 인해 에너지 소비가 증가하면서 도심의 온실가스 배출을 증가시키는 원인으로도 작용한다. 또한 밀집되어 있는 건물과 인구는 대규모 피해를 가져올 가능성이 크다. 지난 2003년 역사상 전례가 없었던 유럽의 이

상고온 및 폭염으로 인한 약 7만 명의 피해자 중 도시지역 거주자가 많은 부분을 차지한 것을 한 예로 볼 수 있다.

3) 도시의 구성요소에 미치는 영향

앞(제2절)에 설명한 도시의 구성요소는 기후변화의 영향에 밀접하게 작용한다. 예를 들어 거주하는 시민에게 미치는 영향으로는 기온상승과 열대야로 인한 열 스트레스 증가, 폭염 및 폭설 등 극한 이상기후 현상 증가로 인한 고령자, 유아 등의 취약계층 관련 사망위험 증가를 꼽을 수 있다. 또한 대기질 악화로 인한 호흡기질환, 눈병 증가 등이 해당된다. 도시기반의 계획시설에 미치는 영향으로는 집중호우 빈도 증가로 인한 침수피해로 기반시설의 손상, 폭설로 인한 도로, 항로 및 항공피해 증가, 가뭄으로 인한 물 공급 피해증가, 그리고 이상고온 및 이상저온으로 인한 전력수급 시스템의 잦은 고장 등이 있다. 건축시설에 미치는 영향으로는 집중호우로 인한 침수피해 증가 및 산사태 발생, 강풍 또는 열대성 저기압에 의한 건축물 붕괴 및 손상 등이 있다.

특히 도시화 증가로 인해 수자원 확보 및 수질관리의 문제 또한 커지고 있는 상황에서 기후변화는 물 문제의 심각성을 증폭시킨다. 아시아와 아프리카지역 도시인구의 약 50%가 물 부족문제에 직면하고 있으며 개도국의 도시 인프라는 기후변화로 인한 극한 이상기후 현상에 대응하기에는 매우 미흡한 실정이다.

제3절 도시와 기후변화 대응

01 | 도시의 기후변화 대책

도시는 정부의 유기적 형태로, 정부보다 더 신속하고 효과적으로 시민들의 행동을 이끌 수 있는 장점이 있으며, 일반적으로 정부의 지침을 구현하는 핵심적인 역할을 한다. 기후변화 대응 가능성 및 그 효과는 각각의 도시의 구조 및 수준에 따라

상이하게 나타난다. 도시가 기후변화의 원인제공자이면서 영향을 받는 피해자로서 역할을 하므로 기후변화에 대한 문제를 해결하기 위한 노력 또한 도시가 중심이 되는 것이 효과적이다. 현재 기후변화의 위험에 대응하기 위한 대책은 크게 기후변화 완화(mitigation)와 적응(adaptation)으로 구분된다. 완화대책은 기후변화를 유발하는 원인을 제거하거나 감축하는 일에 초점을 두는 대책으로, 기후변화의 주요 원인인 온실가스의 대기 중 방출을 저감 및 억제해 온실가스 농도를 안정화시킴으로써 기후변화의 진행속도와 규모를 줄이는 것이다.

적응대책은 기후변화의 영향을 극복하기 위한 전략으로써 기후변화의 결과에 대한 대응에 초점을 두는 대책이다. 따라서 적응은 자연적·인위적으로 시스템을 조절해 실제 예상되는 기후변화로 인한 위험을 최소화하고, 기회를 최대화하는 방안이다.

도시에서의 기후변화 완화대책은 온실가스 배출 저감을 위한 에너지공급과 수요로 나눌 수 있는데 저탄소 에너지 공급과 에너지 절약 및 효율적 에너지 소비를 유도하는 스마트한 수요관리, 그리고 도시녹화와 같은 온실가스의 흡수원을 확대하는 방안을 꼽을 수 있다. 기후변화 적응은 궁극적으로 기후변화로 인한 도시영향의 취약성(vulnerability)을 줄여 도시의 회복력(resilience)을 증대시키는 수단으로 과학적이고 합리적인 위험평가에 기초한 기후변화의 '위험관리'로 볼 수 있다. 따라서 가속화되는 기후변화 및 이상기후 현상에 대비하여 향후 올바른 적응대책을 적용하는 것은 도시계획 및 개발에 필수적이다.

우리나라뿐만 아니라 전 세계 다양한 도시들이 기후변화에 대한 심각성을 인식하고 기후변화에 대한 대응책을 시행하고 있거나 준비 중에 있다. 최근 CDP(Carbon Disclosure Project)의 110개 도시들을 대상으로 한 조사결과에 따르면(2013년), 약 71%의 도시들이 기후변화에 대한 회복력 증대를 위한 계획을 수립하고 있다. 전 세계 도시들의 기후변화 대응 노력은 C40 정상회의에서도 확인 할 수 있다.

C40 정상회의는 전 세계 대도시들이 기후변화에 대응하기 위해 2005년 10월, 영국 런던에서 18개 대도시 대표들의 자발적 모임으로 시작되었다. 대도시들이 기후변화에 공동대응하고, 온실가스 감축을 위한 행동과 협조의 구체적 방안마련 및 기술개발과 성공사례의 경험을 공유함으로써 기후변화관련 역량을 강화하기 위해 구상되었으며 2014년까지 5차에 걸쳐 정상회의가 개최되어 성과를 내고 있다(표 4-3).

표 4-3 C40 정상회의 주요성과

C40 정상회의 개최일시 및 장소	주요성과
제1차: 2005.10, 런던	기후변화 대응 도시 간 공조체제 구축 합의, 기술 및 상업화 진흥전략 추진
제2차: 2007.05, 뉴욕	기후변화 관련 정책 및 경험 상호교환, 기후변화 대응 공동선언문 채택
제3차: 2009.05, 서울	공동목표와 구체적 실행방안을 담은 서울선언 발표
제4차: 2011.05, 상파울루	C40-세계은행 간 MOU체결, 개도국 도시의 기후변화 대응사업 재정지원합의, 2012년 리오+20 지속가능발전정상회의에 제출할 기후변화 대응 및 지속가능한 도시개발에 대한 성명서 채택
제5차: 2014.02, 요하네스버그	2015년 유엔의 지속가능발전목표(Sustainable Development Goals, SDGs)에 C40 지지서명 및 C40와 회원도시 간 공조체제 구축을 위한 MOU 체결

출처: C40 홈페이지 및 기타자료를 참고하여 필자가 직접 정리(http://www.c40.org)

2005년 제1차 회의 이후 C40 기후리더십그룹(C40 Climate Leadership Group)의 기반이 형성되었고, 2006년 8월 이후 전 미대통령인 빌 클린턴이 이끄는 클린턴 기후구상(Clinton Climate Initiative 이하 "CCI")과 MOU를 통해 보다 활발한 활동들이 진행되고 있다(Box 6 참고). 현재 C40 기후리더십그룹의 정회원 도시는 서울을 포함하여 뉴욕, 런던, 파리, 도쿄, 베이징 등 43개의 대도시 중심으로 구성되어 있다. 이외에 리더십그룹에는 샌프란시스코, 코펜하겐, 요코하마 등 22개 협력도시가 포함되어 있다.

Box 6 CCI(Clinton Climate Initiative, 클린턴기후구상)

2006년 시작된 CCI는 기후변화에 실실적으로 대응하기 위한 다양한 기술 개발 및 제공·지원을 주요 목표로 한다. 실제 온실가스 감축이 가능하도록 관련 프로그램을 개발하고 실행하도록 지원하고 있으며, 이를 위해 C40 회원도시들과 협력하고 있다. 주요 프로그램은 건물에너지합리화사업, 하이브리드 수송, 지속가능한 산림개발 등이 있으며, CCI를 통해 기후변화 대응관련 성공적인 경험 사례 및 정보를 도시들이 공유할 수 있도록 노력하고 있다.

기후변화 대응과 관련된 도시의 개념 또한 진화하고 있다. 즉 1902년의 전원도시 개념에서부터 압축도시, 저탄소 녹색도시를 비롯하여 가장 최근의 기후스마트시티까지 기후변화로 인한 도시 내 영향이 중요시되면서 이를 정의하고 보완해 나갈 수 있는 다양한 이론이 생성되고 있다(표 4-4).

중국은 지난 2013년 11월 국가적 차원의 기후변화 대응전략을 최초로 수립하였다. 이는 2020년까지의 기후변화 대응 목표, 중점임무, 지역별 대응방안 및 지원정책 등을 포함한다.

중점지역을 도시화지역, 농업발전지역, 생태계안전지역 3종류로 구분하고 각 유형별로 특성화된 대응임무를 부여하였다. 도시화지역은 인구밀도가 높고 일정규모의 도시권이 형성된 주요 인구밀집구역으로 정의되며, 기후와 지역별 여건에 따라 동부, 중부, 서부 도시화지역 3종류로 구분된다. 도시화지역의 중점 임무는 도시화를 촉진하고, 도시 인프라의 기후변화 적응능력을 향상하며, 인구주거 환경을 개선하고 대중의 생산 활동과 생활안전을 보장하는 것이다. 동부·중부·서부 도시화지역의 종류별 임무에는 재해성 극한기후사고에 대한 모니터링 예보 강화, 홍수·가뭄방지 프로젝트 마련, 도시건설과 인구구조에 근거한 적절한 건설과 철거 조치 등이 해당된다.

우리나라도 기후변화 위기를 경제성장의 기회로 바꾸기 위해 '저탄소 녹색성장' 및 '창조경제'를 국가비전으로 제시하고 '기후변화 대응 정책'을 수립·추진해오고 있다. 그러나 도시화가 90% 가까이 진행되었음에도 불구하고 기후변화에 대응한 도시부문의 실질적인 대책의 이행은 다소 미흡한 상황이다. 지역적인 도시화를 보았을 때, 전 국토 대비 도시지역 면적과 도시지역 인구비율은 특·광역시와 그 주변지역 위주로 지속적 증가추세를 보이고 있다.

현재 우리나라는 도시화 진행추이를 알 수 있는 지표로써 도시지역 인구비율[3)]을 활용하고 있다. 즉, 도시지역 인구비율이란 도시화가 과거부터 얼마나 진행되었는지를 알 수 있는 지표이며 1960년대 이후 급격히 상승하여 이미 90%대로 진입하였다. 앞으로도 일정수준까지는 완만한 증가추세로 도시화가 진행될 것으로 예상된다(표 4-5).

정부는 기후변화에 대응하기 위한 도시계획으로 완화와 적응대책을 활용하고 있다. 먼저 기후변화 완화대책 관련하여, 저탄소 도시구조로의 전환을 위해 에너지

표 4-4 기후변화 관련 도시 개념 및 정의

도시개념	정의	출처
압축도시	• 오염을 발생시키는 생산–소비의 선형체계를 사용–재사용의 순환체계로 전환하여 도시의 전반적인 효율성을 향상시키고 환경영향을 획기적으로 줄일 수 있는 도시	삼성지구환경연구소, 2009
	• 공간구조 자체가 에너지 및 자원을 최소로 이용하도록 만들어져 자연환경 파괴를 최소화하고 오염물질과 온실가스 배출을 제어할 수 있는 구조를 가진 도시	최정석, 2012
	• 도시용지 이용의 효율성을 높이고 규모의 경제를 실현할 수 있도록 하고 주변지역은 녹지로 보전하는 개념. 제대로 정착되면 무분별한 도시 확산을 막고 녹지, 자연공간을 최대한 확보할 수 있는 도시개발방식을 의미	한국경제용어사전
저탄소 녹색도시	• (저탄소녹색도시) 온실가스 배출에 따른 지구의 기후변화 문제에 적극적으로 대응하기 위해서 탄소완화를 위해 발생되는 탄소를 가능한 저감시키고 발생된 탄소를 최대한 흡수하고자 하는 개념의 도시	국토연구원, 2009
	• (저탄소) "저탄소"란 화석연료에 대한 의존도를 낮추고 청정에너지의 사용 및 보급을 확대하며 녹색기술의 적용 및 탄소흡수원 확충 등을 통하여 온실가스를 적정수준 이하로 줄이는 것을 말함 • (녹색도시) 압축형 도시공간구조, 복합토지이용, 대중교통 중심의 교통체계, 신 · 재생에너지 활용 및 물 · 자원순환구조 등의 환경오염과 온실가스 배출을 최소화한 녹색성장 요소들을 갖춘 도시	저탄소녹색도시 조성을 위한 도시 · 군계획수립지침, 국토해양부훈령 제866호, 2012.08 시행
지속가능한 도시	• 녹색경제가 실현되고, 건강하고 행복하며, 녹색 사회기반을 갖춘 도시이자 생물다양성을 가진 저탄소 기반의 회복력 있는 도시로서 자원을 효율적으로 이용하는 도시 ※ '지속가능'이라는 용어는 1986년에 발표된 유엔의 보고서 "Our Common Future"의 '지속가능한 발전(sustainable development)' 이후 널리 알려졌음	ICLEI http://www.iclei.org/index.php?id=36
회복력 있는 도시	• 자연 재해나 인간이 만든 재해로부터 위험도가 낮고, 재해 후에도 재빨리 본래의 기능을 회복하는 도시	ICLEI http://www.iclei.org/index.php?id=36
기후 스마트 시티	• 도시의 기후행동에 대한 명확하고 설득력 있는 경제적 효과를 제시함으로써 기후 탄력적인 도시 개발을 설정하는 것. 즉 적정한 도시 규모에서 비용 효과적이고 저탄소 범위의 민간 및 공공 부문 투자와 관련된 불확실성의 많은 부분을 제거하여 계획하는 도시	The Centre for Low Carbon Futures http://www.lowcarbonfutures.org

출처: 표 내에 각각의 개념에 대한 출처가 기입되어 있으며 이를 취합하여 직접 정리한 것임.

표 4-5 도시지역 인구비율

		2007년	2008년	2009년	2010년	2011년	2012년	2013년
도시지역기준	도시지역 인구(천명)	44,610	44,835	45,183	45,933	46,230	46,381	46,838
	비도시 지역인구	4,658	4,704	4,590	4,583	4,503	4,566	4,304
행정구역기준	도시인구	44,058	44,256	44,550	45,278	45,699	45,949	46,277
	농촌인구	5,210	5,284	5,224	5,237	5,034	4,998	4,864
도시지역 인구비율(%)	도시지역기준, 도시지역 인구비율	90.5	90.5	90.8	90.9	91.1	91.0	91.6
	행정구역기준 도시지역 인구비율	89.4	89.3	89.5	89.6	90.1	90.2	90.5

출처: 통계청 e-나라지표, 2014.02 기준.

효율적 도시체계 구축 및 지자체의 에너지자립구조 향상을 위한 신재생에너지 도입을 강화하고 있다. 각각의 도시 특성을 고려한 온실가스 저감 계획을 도시기본계획에 반영하도록 하며 바람길, 주변녹지 확대 등을 유도하고 있다. 또한, 개발로 인한 도시 및 자연환경의 지속적 악화를 방지하도록 도시계획에서부터 생태적 측면의 고려 및 환경성 제고를 위해 생태면적률[4] 개념을 도입하였다. 기존 개발계획상의 녹지확보에 대한 규정은 개발지역 내 생태적 가치와 자연의 순환기능을 보전하지 못하여 최근 증가하고 있는 도시 내 열섬효과 등의 기후문제에 대응하기 어려운 단점이 있다. 이에 따라 생태면적률을 도시개발, 산업단지 조성, 특정지역 개발 등에 우선적으로 적용하여 지역별 상황에 맞게 녹지 및 지하수 함양기능 확대, 홍수 예방 등을 제고하도록 한 것이다.

국토교통부는 기후변화의 영향이 인구 및 인프라가 집중된 도시에서 증가하고 있음을 인식하고 효율적 대응을 위해 기존의 대책과 함께 도시의 특수성을 활용한 도시계획 근거를 마련하였다. 2011년 도시계획과 기후변화의 연계 등을 주요 내용으로 하는 국토계획법 개정안을 발표했는데, '기후변화에 대한 대응 및 풍수해 저감을 통한 국민의 생명과 재산의 보호'를 국토의 이용 및 관리의 기본원칙에 추가

표 4-6 도시계획 수립지침 내 재해 취약성 분석 관련 내용

광역도시계획 수립지침	도시기본계획 수립지침	도시관리계획 수립지침
• 기후변화에 따른 재해 취약성 분석을 통해 광역계획권의 다양한 재해위험을 파악하고, 부문별 계획 수립시 반영하여 재해피해를 최소화하여야 한다.	• 기후변화에 따른 재해 취약성 분석을 통해 도시의 다양한 재해위험을 파악하여 부문별 계획 수립시 반영하고, 재해 취약성 저감방안을 제시하여야 한다.	• 기후변화 재해 취약성 분석을 수행한 후 수립하고, 취약성 분석 결과를 토지이용, 기반시설 배치계획 등 부문별 계획에 반영한다.

출처: 국가도시방재연구센터, 2013, 도시 기후변화 재해취약성 분석 매뉴얼(VER 3.0).

하여 도시계획 수립단계에서부터 기후변화에 따른 재해를 예방할 수 있도록 하였다. 광역도시계획·도시기본계획·도시관리계획 수립 시 기후변화 대응 및 풍수해저감 등을 반드시 고려하도록 수립기준을 보완하고, 재해 취약성 분석을 도입하였다(2012.07)(표 4-6). 기후변화에 따른 재해취약성분석결과를 도시계획을 수립·변경하는 과정과 각 부문별 계획(토지이용, 기반시설 등)에 반영하도록 하였다.

02 | 기후변화 대응을 위한 국내·외 도시사례

기후변화로 인한 변화가 전 지구적·지역적으로 다양하게 나타나고 있듯이, 세계 각 도시는 도시 특성에 맞는 기후변화 대응방안을 수립 및 시행하고 있다. 또한 기후변화에 신속하게 대응하기 위해서 지역단위, 도시단위의 노력이 부각되고 있다. 도시 기후변화 대응방안은 도시 내 온실가스 배출 감소와 함께 위험을 최소화하는 적응, 회복력 증가 등의 양상으로 발전하고 있다. 최근의 도시 기후변화 대응방안은 도시 스스로 기후변화 재해에 강하고 지속가능한 도시를 만들어가는 것을 목적으로 하고 있다. 이는 'UN의 기후변화와 재해에 강한 도시 만들기 캠페인'의 개념과 유사하다(Box 7 참고). 본 절에서는 세계 주요 도시의 기후변화 대응 사례를 살펴보고자 한다.

Box 7 UN의 기후변화와 재해에 강한 도시 만들기 캠페인

UN ISDR(International Strategy for Disaster Reduction)은 국가 간 재해 경감활동의 통합 · 조정 · 상호 협력체계 구축을 통해 기후변화로 인한 재해에 공동 대응하는 UN기구이다. 2010년부터 전 세계 지자체를 대상으로 「기후변화와 재해에 강한 도시 만들기」캠페인(Making Cities Resilient Campaign)을 시작하였으며 도시 스스로 기후변화로 인한 재해에 강하고 지속가능한 도시를 만들어 가는 것이 목적이다. 현재 전 세계 약 2,500개 이상의 도시가 참여하고 있으며, 우리나라의 경우 109개 지자체가 참여하고 있다(13개 광역지자체와 96개 기초자치단체 등).

캠페인에 참여하는 도시는 UN으로부터 기후변화 대응 재해경감 기법과 매뉴얼을 지원받고, UN ISDR이 제시하는 재해위험감소, 재해경감 교육 및 훈련, 기반시설 보호개선, 환경 및 생태계 보호 등 10가지 항목에 대한 자체계획을 수립하여 실행한다.

1) 강릉시, 한국

지난 2009년 새로운 국가발전 패러다임인 '저탄소 녹색성장'을 실행하고 기후변화에 선도적으로 대응하는 도시정책을 추진한다는 취지로 환경부와 국토교통부가 강릉시를 저탄소 녹색시범도시로 선정하였다. 강릉시 경포일대를 대상으로 친환경 토지이용, 녹색교통, 자연생태, 에너지, 물 · 자원순환, 녹색관광 및 생활 등 6개 분야를 핵심 추진요소로 선정하여 2020년 구축을 완료할 예정이다. 온실가스 배출량 49% 감축, 에너지 이용량 35.9% 감축, 생태면적률 60% 도달을 기반으로 탄소제로도시, 자연생태도시, 녹색관광 문화도시를 구축하는 것이 3대 정책목표이며, 이를 위해 2020년까지 총 29개의 사업이 진행된다. 분야별로는 녹색교통(5), 자연생태(6), 에너지(7), 물 · 자원순환(3), 녹색관광 및 생활(8)로 구성되어 있다. 세부사업으로는 녹색교통 분야의 녹색길 조성사업, 10대 자전거 거점도시 육성사업 등이 있으며, 물 · 자원순환 분야의 물 재이용 시범사업, 녹색도시 하수관거 정비사업, 폐자원 에너지화 사업 등이 있다. 에너지 분야에는 녹색기술 테마파크 조성, 스마트 그린시티 구현, 해수온도차 에너지 이용 등이 포함된다.

2) 세종시, 한국

최근의 도시개발 사업의 경우, 기후변화에 대응하여 탄소발생을 저감하거나 기후변화에 따른 재해에 대비한 도시계획을 포함하고 있다. 한 예로 세종시를 들 수 있다. 세종시는 도시계획, 건설시공, 건축물, 에너지, 교통, 수목 및 습지 등 총 6개 분야의 탄소배출 감축전략을 통해 70%이상의 배출량 감축 및 공원녹지비율을 50% 이상 확보하려는 목표를 가지고 있다. 이를 위해 친환경주거단지 및 녹색교통계획 등을 수립하여 탄소발생을 저감하는 동시에 하천변 완충공간 확보, 수목수급을 통한 도시전역 녹지화 및 생태습지 조성, 바람길 확보, 자전거 전용도로 추진 등 기후변화에 적극적으로 대응하는 사례로 꼽힌다.

3) 로테르담, 네덜란드

네덜란드 로테르담은 세계 주요 항구도시로 변화하는 기후환경에 대응하여 일찍부터 다양한 노력을 기울여 온 도시로 알려져 있다. 네덜란드 정부는 네덜란드 총생산량의 약 17%를 차지할 정도로 많은 기업과 산업이 입지해 있는 로테르담의 기후변화 영향 및 그에 대한 대응이 다른 도시에까지 영향을 미칠 것으로 생각하고 로테르담 기후방지프로그램(The Rotterdam Climate Proof Program)을 추진하여 시행하고 있다. 2025년까지 기후변화에 유연한 도시로 만드는 것을 목표로 로테르담의 시민, 기업, 정부기관 등 다양한 이해관계자들의 협조와 노력을 강조하고 있다. 기후방지프로그램이 기후변화로 인한 하나의 선물이라고 생각될 만큼 도시가 기후에 안전하고 매력적이며 생동감 있게 어우러져 적응해가야 한다고 밝히고 있다. 로테르담 적응전략의 가장 중요한 점은 기본을 유지하고 강화하는 것이다. 즉, 기존의 인프라를 기준으로 위험성평가 등을 통해 보완 및 개발해 나가는 것이다. 항구도시라는 특성을 반영하여 기후변화 회복력을 위해 내·외부 범람으로부터의 안전을 가장 중요하게 보고 범람 및 홍수관리, 도시 물 관리 등을 집중 추진하고 있다. 이를 위한 방안으로 '플로우팅 빌딩(Floating Building)' 개념을 도입하여 새로운 공간을 건설하였다(그림 4-7). 2010년 로테르담 중심부인 Rijnhaven에 지어진 Floating pavilion은 반구체 모양으로 이는 기후, 에너지, 물에 대한 혁신적인 정보를 제공하는 네덜란드 수자원지식센터에서 역할을 하고 있다. 냉난방은 모두 태양열과 지표수(surface

그림 4-7 Floating buildings

출처: Rotterdam Climate Change Adaptation Strategy, 2012.

water)에 의존하여 향후 이산화탄소 배출을 50%까지 감축하는 계획이다.

4) 프라이부르크, 독일

독일의 환경수도로 불리는 프라이부르크(Freiburg)는 태양광발전 등 신재생에너지 이용이 활성화되어 '태양의 도시'라고 불리기도 하며, 전 세계 많은 도시들이 녹색도시, 생태도시 등 환경도시를 구축하는 데 있어 벤치마킹하는 곳이다(그림 4-8). 1970년대 초 원자력에너지 반대를 시작으로 시민들의 환경운동이 증가하였고 독일 내 일조량이 가장 많은 도시인 프라이부르크의 특성을 기반으로 태양에너지 등 신재생에너지 활성화를 일으켰다. 주거단지를 남향으로 건설, 햇빛을 받는 창을 넓혀 태양열 흡수량을 증가시켜 냉난방수요를 자체적으로 해결할 수 있도록 하고 있다. 또한 대기오염 및 산성비 때문에 도시 내 주요 산림이 훼손되자 자동차 이용을 자제하고 자전거 이용을 증가시키기 위해 자전거 주차장, 자전거 도로 등을 구축하였다. 무엇보다도 프라이부르크가 전 세계 도시들 중에서 환경도시로서 모델이 되는 데에는 환경을 지키고 함께 공존하려는 시민들의 의식이 가장 큰 역할을 한다고 볼 수 있다.

그림 4-8 프라이부르크의 태양에너지 중심의 친환경 주거단지

출처: Wikipedia.

5) 바르셀로나, 스페인

바르셀로나는 기후변화 및 에너지 소비 감소를 위해 2000년부터 도시 남동부의 과거 공단지역을 대상으로 스마트 시티 개발 관련 프로젝트를 시행하였다. 소음측정이 가능한 스마트 가로등, 무게측정이 가능한 쓰레기통을 통한 폐기물 처리 등 다양한 분야에 약 2,700억 원 이상을 투자하였으며 오픈 데이터를 도입하여 전 세계 주요도시, 비영리단체, IBM 등 민간 기업들과 협력하고 있다. 신규 녹지공간은 약 114,000㎡에 달하며, 재도시화(reurbanization) 과정을 통해 많은 기업의 설립 및 투자, 일자리 창출 등을 마련하였다. 현재 부산 사상구의 '사상스마트시티'는 바르셀로나의 스마트 시티 프로젝트를 모델로 삼아 추진 중이다.

6) 니스, 프랑스

프랑스는 13개의 EcoCity Zone을 지정하고 스마트 시티를 포함한 친환경 도시계획을 수립하였다. 특히 프랑스에는 2011년부터 시행된 블루카라고 불리는 전기 자동차를 시민들이 빌려 사용할 수 있도록 하는 서비스, 즉 '오토리브'가 있다(그림 4-9). 오토리브란 자동차를 뜻하는 'auto'와 자유를 뜻하는 'libre'로 만들어진 합

그림 4-9 파리의 오토리브 블루카

출처: Wikipedia.

성어로 말 그대로 자유로운 자동차이다. 프랑스 국민뿐만 아니라 EU를 포함한 다른 나라 여행객들도 사용가능하다. 오토리브 서비스에 활용되는 블루카는 소음과 CO_2 및 냄새를 제로로 배출하는 친환경 자동차로 최고 시속 130km로 한번 충전하면 250km까지 달릴 수 있다. 3,000대의 블루카는 주차장에 주차되어 있는 22,500대의 자동차를 줄이는 효과가 있다고 한다. 프랑스는 블루카를 활용한 오토리브 서비스를 통해 향후 대기오염 감소에 기반한 녹색도시, 환경도시로의 발전을 준비하고 있다.

7) 오사카, 일본

일본 오사카시는 기후변화로 인한 도시 열섬현상 대응책의 일환으로 2009년부터 '녹색커튼·녹색카펫' 만들기 사업을 확대해 오고 있다. 녹색커튼·녹색카펫이란 고구마 등의 덩굴식물을 심어 창가의 빛 투과율을 차단하는 것을 의미한다. 이를 통해 건물 및 주변의 온도상승을 억제함과 동시에 시민의 심리적 안정감 증대 및 환경에 대한 인식 제고를 기대하고 있다. 본 사업은 오사카시 산하 공공기관에서 우선적으로 실시되었으며 이후 시내 사립 초·중학교를 비롯하여 보육시설에 확대 적용되고 있다.

주 | 요 | 개 | 념

기후방지프로그램(Climate Proof Program)
기후변화(Climate Change)
기후변화 대응
기후변화 완화(Mitigation)
기후변화 적응(Adaptation)
기후스마트시티(Climate Smart Cities)
도시의 구성요소
도시지역 인구비율
도시화
생태도시
생태면적률
압축도시
에너지 수요관리
열섬효과(Heat island effect)
온실가스
온실가스 배출 인벤토리
이상기후(Abnormal climate)
자연재해
저탄소녹색도시
지구온난화지수(Global Warming Potentials)
취약성(Vulnerability)
코펜하겐 합의문(Copenhagen Accord)
회복력(Resilicnce)
회복력 있는 도시(Resilient city)
C40

미 주

1) 주요 위험이란 유엔기후변화협약의 제2조에 명시된 "기후 시스템에 대한 위험한 인간의 간섭"과 관련된 잠재적인 심각한 영향을 말함.

2) 주요 해안 도시로는 선진국에서 미국(마이애미, 뉴욕), 네덜란드(로테르담, 암스테르담), 일본(동경, 오사카), 개발도상국에서는 상하이, 광저우, 콜카타 등이 있음.

3) 현재 우리나라의 도시지역 인구비율은 용도지역 기준(전국인구에서 도시지역 내 거주인구의 비율)과 행정구역 기준(전국인구에서 읍급이상 거주인구의 비율)으로 구분하여 계산하고 있음.

4) 전체 개발면적 중 생태적 기능 및 자연순환기능이 있는 토양 면적이 차지하는 비율로써 개발공간의 생태적 기능 지표로 활용됨(환경부, 2011).

참 고 문 헌

관계부처합동, 2010, 저탄소녹색성장기본법 시행에 따른 국가기후변화적응대책(2011~2015).

국가도시방재연구센터, 2013, 도시 기후변화 재해취약성분석 매뉴얼(VER 3.0).

국토연구원, 2009, 기후변화에 안전한 재해통합대응 도시 구축방안 연구(Ⅰ).

국토연구원, 2009, 저탄소 녹색도시와 집단에너지, 국토연구원 발표자료.

국토해양부 · 환경부, 2011.05, 강릉 저탄소 녹색시범도시 종합계획(안).

국토해양부, 2010, 국토해양부 녹색성장 추진계획.

국토해양부, 2011, 도시계획 수립 시 기후변화 대응방안 우선고려, 국토해양부 보도자료.

국토해양부 훈령 제866호, 2012.08, 저탄소녹색도시 조성을 위한 도시 · 군계획수립지침.

기상청, 2012, 2011 이상기후보고서.

기상청, 2013.09.27, 21세기 말 기온은 3.7도 · 해수면은 63cm 높아져, 기상청 보도자료.

기상청, 2014, 2013 이상기후보고서.

기상청, 2014.04.13, 2050년까지 전세계 온실가스 배출량 40~70% 줄여야, 기상청 보도자료.

기상청, 2014.11.02, 기후변화, 지금부터 30년간의 온실가스 배출량이 결정한다, 기상청 보도자료.

기상청, 2015, 2014 이상기후보고서.

녹색성장위원회, 2012.08, 에너지수요관리 혁신 및 정책거버넌스 개선방안 연구.

대한국토 · 도시계획학회, 2005, 도시계획론.

부산발전연구원, 2014.09, 자연재해로부터 안전한 선진도시 부산 구현 방안.

삼성지구환경연구소, 2009, 녹색경영이 만들어가는 저탄소사회.

서울연구원, 2013.06, 세계도시동향.

서울특별시 · 서울특별시교육청, 2009, 기후변화와 C40 정상회의

에너지신문, 2014.05.19, 수요관리의 중심 에너지관리공단.

온실가스종합정보센터, 2014, 2013년 국가 온실가스 인벤토리 보고서.

조선일보, 2012.08.03, 살인더위 습격…폭염 환자, 벌써 작년의 2.8배.

지식경제부, 2009.06.04, 고유가에 대비하여 선제적인 에너지수요관리대책 수립, 지식경제부, 보도자료.

최정석, 2012, 기후변화 시대의 도시계획.
한국정보화진흥원, 2013.12, 해외 스마트시티의 열풍과 시사점.
한국토지주택연구원, 2009, 독일의 기후변화대응 사례와 시사점.
한국환경산업기술원, 2012.12, [중국]저탄소 생태시범도시의 현황과 문제 및 대책.
한화진, 2013, 뜨거운커피, 뜨거운대기, 도서출판 그루.
한화진 · 이은진, 2013, "Disaster Prevention and Climate Change Adaptation," 대한민국학술원 발표자료.
환경부, 2011.06, 생태면적률 적용 지침 개정(안).
환경부, 2014.01, 국제환경동향 및 협력활동 보고.
환경부, 2014.03.31, 기후변화 영향 및 적응에 관한 보고서 승인, IPCC 보도자료.
주OECD 대표부, 2010, OECD 도시분야 기후변화 및 녹색성장 논의동향.
kb금융지주, 2013.01, 월간이슈리포트.

CBD · UNEP, 2010, Global Biodiversity Outlook.
CDP, 2013, CDP Cities 2013.
ICLEI, 2014a, Urban areas most at risk from Climate Change.
ICLEI, 2014b, Climate Change: Implications for cities.
IPCC, 2013, Climate Change 2013: The Physical Science Basis.
IPCC, 2014a, Climate Change 2014: Synthesis report.
IPCC, 2014b, Climate Change 2014: Impacts, Adaptation, and Vulnerability.
IPCC, 2014c, Climate Change 2014: Mitigation of Climate Change.
Munich Re, 2005, 2011, 2013, Topics Geo: Natural catastrophes.
OECD, 2009, Competitive Cities and Climate Change.
OECD, 2011, OECD Environment Outlook 2050.
OECD, 2012, *Compact City Policies: A Comparative Assessment, OECD Green Growth Studies*, OECD Publishing, Paris.
OECD, 2014a, Cities and Climate Change.
OECD, 2014b, Policy Perspectives: Cities and Climate Change–National governments enabling local action.
OECD, 2014c, C40 Cities Climate Action Version 2.0.
Pike Research, 2012, Waste-to-Energy Technology Markets.

Rotterdam Climate Initiative, 2010, Rotterdam Climate Proof Adaptation Programme.

Rotterdam Climate Initiative, 2012, Rotterdam Climate Change Adaptation Strategy.

The National Development and Reform Commission The People's Republic of China, 2013, China's Policies and Actions for Addressing Climate Change.

UN Habitat, 2011, Cities and Climate Change: Policy Direction.

World Bank, 2010, Cities and Climate Change: An Urgent Agenda.

[홈페이지]

http://www.C40.org

http://www.forest.go.kr(산사태정보시스템)

http://www.hankyung.com(한국경제용어사전)

http://www.iclei.org/index.php?id=36

http://www.index.go.kr(통계청 e-나라지표)

http://www.lowcarbonfutures.org

제 2 부 도시환경과 관련제도

제 5 장 도시환경과 환경법

/ 홍준형 교수(서울대)

제 6 장 한국의 도시환경정책

/ 이상문 교수(협성대)

제 7 장 그린벨트와 도시환경

/ 박지희 박사(성신여대) · 유환종 교수(명지전문대)

제 8 장 도시 그린인프라와 경제성 분석

/ 김형태 박사(KDI)

제 5 장

도시환경과 환경법

제 5 장 도시환경과 환경법

제 1 절 머리말

한국은 그동안 정부주도 성장정책을 통해 괄목할 만한 발전을 이룩하였다. 그 과정에 환경과 생태계 파괴 문제가 대두된 것은 어쩌면 필연적인 결과였다고 볼 수 있다. 한국이 안고 있는 환경과 생태계 문제의 많은 부분이 도시로부터 나오고 있다. 이는 과거 압축성장과정에서 세계 어느 나라보다도 더 급속한 도시화 현상을 겪었다는 사실과 무관하지 않다. 그 결과 한국의 환경문제는 도시환경문제를 해결하지 않고서는 풀 수 없게 되었다.

다른 한편 도시환경문제는 기후변화라는 범지구적 맥락에서 새롭게 조명을 받게 되었다. 온실가스로 인한 지구온난화 현상과 그에 따른 기상이변으로 초래된 기후변화 위기가 국가뿐 아니라 도시 단위에서의 대응을 불가피하게 만들고 있기 때문이다. 기후변화 대응을 위한 도시의 역할이 강조되고 있다. 기후변화에 대한 대응을 감축 문제와 적응 문제로 나눈다면, 이 두 가지 부문 모두에서 도시는 막중한 역할과 책무를 담당해야 한다. 도시지역이 온실가스의 주요 배출원이 되고 있고, 많은 도시들이 기후변화로 인한 기상이변의 위험에 노출되어 있는 이상, 국가뿐만 아니라 도시들이 나서서 온실가스 배출을 줄이고 기상이변으로 인한 재난과 위험에 대처해 나가야 하기 때문이다. 이러한 맥락에서 세계 모든 도시들이 너나 할 것 없이 개발 위주의 정책에서 환경과 생태계라는 가치와 에너지 절약을 중시하는 저탄소 도시로 방향을 전환할 것을 요구받고 있다.

법은 국가 수준에서와 마찬가지로 도시 수준에서도 환경문제 해결을 위한 주된 수단으로 꼽힌다. 이러한 의미에서 도시환경문제 해결을 위한 법적 접근으로서 '도시환경법'이란 개념을 정립하는 것도 가능하다. 여기서는 도시의 환경문제 해결을 위해 법이 어떠한 수단을 제공하고 있고 그 수단들의 목표와 내용, 과제는 무엇인지를 파악해 보고자 한다. 먼저 도시환경문제의 특성을 간략히 살펴 본 후 도시환경법의 현황과 과제를 논의해 보기로 한다.

제 2 절 도시환경문제의 특성

01 | 도시화와 환경문제

도시환경문제를 파악하려면 우선 그 범위를 한정할 필요가 있다. 도시환경문제를 너무 넓게 파악하여 '도시에서 발생하는 모든 문제'로 보거나 반대로 너무 협소하게 도시의 수질, 공기, 토양의 오염이라는 식으로 한정하는 방식은 적절하지 못하며, 적어도 도시라는 공간 또는 지역을 전제조건으로 삼되 도시에서 또는 도시와 관련하여 발생하는 환경과 생태계의 교란이나 훼손, 또 그로 인한 시민들의 환경권, 복지, 건강 등에 대한 영향과 부담 등을 수반하는 환경문제들을 우선적으로 고려하고, 자연재해의 경우도 기후변화의 결과인 이상 도시환경문제의 범주로 다룰 필요가 있을 것이다.[1]

하지만 도시환경문제의 주종을 이루는 것은 뭐니 뭐니 해도 도시화(Urbanization)에 따른 환경문제일 것이다. 우리나라는 해방 이후 국가건설과정에서 세계 어느 나라보다도 급속한 도시화 과정을 겪었고, 그 결과 인구 10명 중 9명이 도시에 살 정도로 극단적인 도시화 현상이 빚어졌다(표 5-1, Box 1 참고). 이렇게 볼 때 한국은 싱가포르나 홍콩, 모나코, 바티칸시티 같은 도시국가와는 다르지만 일종의 '광역도시국가'가 되었다고 해도 무방하다.

Box 1 국토교통부가 발간한 '2014년 국토교통통계연보' (2013.12.31.기준)에 따르면 우리나라 인구 10명 중 9명은 도시에 사는 것으로 나타났다. 도시지역 인구비율[2)]은 1960년 39.15%에 불과했지만 53년이 흐른 뒤인 2014년 말 기준 91.58%까지 치솟았다. 도시지역 인구비율은 다음 그림에서 보는 바와 같이 1960년 39%에서 2013년 작년 91%로 현저히 높아졌고 1970년 50.10%, 1980년 68.73%, 1990년 81.95%, 2000년 88.35%까지 지속적으로 증가하여 2000년대 중반부터 90%를 넘어선 것으로 나타났다.
(http://www.index.go.kr/potal/main/EachDtlPageDetail.do?idx_cd=1200).

[도시지역 인구비율 추이 현황]

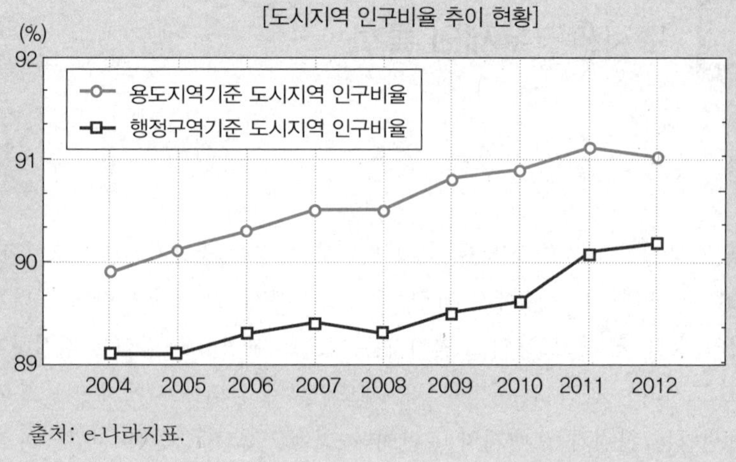

출처: e-나라지표.

「국토의 계획 및 이용에 관한 법률」(약칭: 「국토계획법」)에 따르면, 우리나라의 국토는 그 이용실태나 특성에 따라 도시지역, 관리지역, 농림지역, 자연환경보전지역 등으로 구분되는데, 여기서 '도시지역'(urban Area)이란 '인구와 산업이 밀집되어 있거나 밀집이 예상되어 그 지역에 대하여 체계적인 개발·정비·관리·보전 등이 필요한 지역'을(법 제6조 제1호), '관리지역'(management Area)이란 '도시지역의 인구와 산업을 수용하기 위하여 도시지역에 준하여 체계적으로 관리하거나 농림업의 진흥, 자연환경 또는 산림의 보전을 위하여 농림지역 또는 자연환경보전지역에 준하여 관리할 필요가 있는 지역'을 말하는 것으로 정의되고 있다(법 제6조 제2호).

표 5-1 한국의 도시화 추세(Trends of Urbanization) (단위: 천 명)

구 분 Classification	전국인구	도시지역기준		행정구역기준		도시지역인구비율(%)	
	Nationwide	Urban Area		Administrative District		Ratio of Urban population	
	Population	도시인구	비도시인구	도시인구	농촌인구	도시계획 구역	행정구역
		(B)	(C=A−B)	(D)	(E=A−D)	인구기준 (B/A×100)	인구기준 (D/A×100)
	(A)	Urban population	Non-urban population	Urban population	Rural population	Urban planning districts (population)	Administrative districts (population)
2004	48,795	43,852	4,942	43,484	5,311	89.87	89.12
2005	48,782	43,959	4,822	43,445	5,336	90.12	89.06
2006	48,991	44,233	4,758	43,744	5,250	90.29	89.29
2007	49,268	44,610	4,658	44,256	5,284	90.54	89.43
2008	49,540	44,835	4,704	44,256	5,284	90.50	89.33
2009	49,773	45,182	4,590	44,549	5,223	90.78	89.51
2010	50,515	45,933	4,582	45,278	5,237	90.93	89.63
2011	50,734	46,231	4,504	45,699	5,035	91.12	90.08
2012	50,948	46,381	4,566	45,949	4,998	91.04	90.19
2013	51,141	46,837	4,303	46,277	4,864	91.58	90.50

출처: 국토교통부, 2014, 국토교통통계연보, p. 163.

2013년 말 기준 도시지역의 규모는 1만763㎢로 전체 용도지역(육지: 10만460㎢)의 16.7%를 점하고 있다. 여기에 전체 용도지역의 27%를 점하는 관리지역(2만079㎢) 중 실질적으로 준도시지역에 해당하는 지역까지 합하면 그 비중은 더 커질 것이다. 이와 같이 도시지역과 실질적 준도시지역이 전체 국토의 상당 부분을 차지하고 있다는 사실은 인구뿐만 아니라 용도지역 규모에 있어서도 도시 비중이 상당히 크다는 점을 잘 보여준다.

이와 같이 거주인구나 국토면적 면에서 도시인과 도시지역의 비중이 매우 높다는 사실은 한국의 환경문제에서 도시환경문제가 차지하는 비중이 그만큼 높고 따라서 도시환경문제를 해결하는 것이 국가환경정책의 주요 과제라는 점, 다시 말해 도시환경문제를 제대로 해결하지 않고서는 국가환경정책의 성과를 말하기 어렵다는 점을 잘 시사해 준다.

02 | 기후변화와 도시환경문제

많은 우여곡절을 겪었고 불확실성이 상존하고 있지만 기후변화에 공동 대처하기 위한 범지구적인 온실가스 감축 노력은 앞으로도 지속될 것으로 전망된다. 이러한 배경에서 기후변화 이슈가 도시환경문제에서도 가장 중요한 과제로 대두되는 것은 당연한 일이다. 기후변화대책은 일반적으로 감축 이슈와 적응 이슈로 나뉘는데, 그 도시환경에서의 적용은 국가 수준에서의 감축 노력에 동참하는 문제는 물론, 우리나라 기후변화 진행속도가 세계평균을 상회하여 열섬효과 등으로 도시지역에 더 높은 기온상승이 예상되는 상황에서 기후변화에 따른 폭염, 전염병, 대기오염, 알레르기로부터 국민생명 보호, 적응을 고려한 방재기반 강화 및 사회기반시설 구축 문제, 홍수·가뭄 등 기후변화로부터 안전한 물관리 체계 구축, 생태계 보호·복원을 통한 한반도 생물다양성 확보 등 다양하고도 지난한 과제들로 이어진다.[3)]

03 | 대기질과 미세먼지

도시환경문제 가운데 생활과 건강에 가장 직접적인 영향을 미치는 요인은 대기질 문제이다. 그 중에서도 최근 가장 심각한 문제로 대두되고 있는 것이 미세먼지이다. 고농도 미세먼지는 대기질을 악화시키고 시민들의 건강에 위해를 초래하는 중대한 위협요인이 되고 있는데, 특히 입자가 미세하여 건강위해성이 더 큰 미세먼지(PM2.5)는 폐포까지 직접 침투하여 폐질환, 심근경색, 순환기계 장애 등을 유발하고 조기사망 위험을 증가시키는 등 매우 심각한 영향을 끼치는 것으로 알려지고 있다.

미세먼지의 발생현황은 심각한 수준으로 PM2.5의 경우, 다수의 지자체에서 연평균(25㎍/㎥) 및 일평균(50㎍/㎥) PM2.5 대기환경기준이 초과하고, 특히 서울, 인천, 대전 등 주요도시 측정 결과('11~'12) 연평균 25~30㎍/㎥ 수준, 일평균 환경기준 초과일수는 약 30일 이상으로 나타났다.[4)]

04 | 여전히 물이 문제

도시환경문제에서 빼놓을 수 없는 것이 물 문제이다. 식수와 농공업용수의 공급뿐만 아니라 도시지역에 존재하는 하천 등의 수질오염 방지, 특히 상하수도 관리, 폐수배출규제와 비점오염원에 대한 효과적인 규제 등 무수한 문제들이 국가 수준에서 환경법 및 물관련법의 규율을 필요로 하고 있고 수자원의 개발과 공급을 둘러싼 환경갈등이 빈발하고 있는 실정이다.

도시환경 차원에서 최우선적 관심사는 먹는 물, 수돗물의 안전성 문제이다. 수돗물 공급은 시민이 누려야 할 기본적인 복지문제라는 관점에서 접근할 필요가 있다. 수돗물과 먹는 물 수질 평가 문제, 노후된 도수관 교체, 상수원 관리 등 많은 문제들이 해결을 기다리고 있다. 2013년 초 경기도 성남시에서 대형 상수도관이 터져 1000여 가구에 물 공급이 6시간 넘게 끊긴 사례가 있다.

05 | 도시에서 만나는 '쓰레기사회'(Abfallgesellschaft)

급속한 도시화와 산업구조 고도화로 인한 인구 집중 및 소득수준의 향상에 따라 쓰레기 배출량이 계속 증가하고 있다. 1회용품 사용의 증가, 과다한 포장, 가구·가전제품 폐기, 필요이상의 음식물 소비, 특히 소비행태의 변화로 인해 종래 재활용되었던 폐기물이 그대로 버려지는 현상 등 여러 가지 요인들로 말미암아 쓰레기문제의 해결이 점점 어려워지게 되었다. 이러한 배경에서 현대사회를 '쓰레기사회'(Abfallgesellschaft)라고 부른다. 도시공간은 바로 이러한 '쓰레기사회'의 문제들이 대두되는 대표적인 장이라 할 수 있다.

쓰레기 문제의 해결을 위해 "3R" 정책, 즉 감량화, 재활용, 리사이클링(Reduce, Reuse, and Recycle)으로 이루어진 폐기물관리전략과 함께 입사이클링(Upcycling)을 통한 신·재생에너지 생산, 자원순환사회 도시의 위상과 역할 재정립 문제들이 대두되고 있다.

06 | 아파트와 도시환경갈등

도시의 주거형태가 아파트 중심으로 바뀜에 따라 도시의 환경문제 역시 아파트 중심 주거형태에 따른 환경문제가 주종을 이루고 있다. 소음과 악취, 실내공기질은 시민의 건강을 좌우하는 중요한 요소이다. 소음, 진동, 악취, 빛공해 등을 둘러싼 환경갈등, 특히 소음·진동의 경우 도로교통소음, 철도소음, 이동소음, 항공기소음을 위시하여 건설공사장 소음을 둘러싼 갈등이 빈발하고 아파트 주민들 간 층간소음을 둘러싼 갈등은 심지어 인명살상 피해를 낳으며 극단화되기도 한다.

아울러 도시재개발이나 정비사업 등 각종 건설공사들이 도처에서 일조권, 조망권 등을 둘러싼 분쟁을 유발하고 있다.

이러한 환경갈등을 어떻게 해소·조정해 나갈 것인가가 도시환경문제의 중대한 과제로 대두되고 있다.

07 | 초고도위험사회의 도시환경문제

불산, 염산 유출사고 등 대형 환경·안전 사고로 대규모 인명·재산 피해가 속출하고 있다. 얼마 전 세상을 떠난 독일의 사회학자 울리히 벡(Ulrich Beck)에 따르면, 한국은 '아주 특별한' 위험 사회이며, 자신이 지금까지 말해온 '위험사회'(Risikogesellschaft)보다 더 심화된 위험사회라고 한다. 전통과 제1차 근대화 결과들, 최첨단 정보사회의 영향들, 제2차 근대화가 중첩된 사회이기 때문에, 특별한 위험사회라는 것이다.[5] 이와 같은 초고도위험사회에서 도시환경문제 역시 위험문제로 이어질 개연성이 크다. 원전이나 방사성물질 관리시설, 정유공장, 저유시설, 교량과 철도, 도로, 지하철 등 안전시설 등 이미 수십 년 넘은 시설이나 설비들에 피로증상이 누적되어 대형사고로 이어질 가능성이 도처에 상존하고 있다. 도시공간도 그 비중이나 거주인구가 커진 상황에서 예외가 아니다. 도시지역에 존재하는 각종 환경·안전 관련 시설이나 설비는 그런 의미에서 모두 위험요인으로 사전에 철저하게 점검과 관리의 대상이 되어야 할 것이다.

08 | 도시개발 · 재생과 환경문제

도시개발과 환경문제는 늘 상충 또는 긴장관계에 놓이기 쉽다. 그린벨트 문제는 바로 그러한 맥락에서 여러 세대에 걸쳐 논란의 대상이 된 대표적인 쟁점이었다. 한편, 과거의 도시재개발사업은 개발 위주의 접근을 지양하고 도시재생(urban regeneration)으로 전환하고 있다. 도시재생 사업을 통해 저성장, 저출산·고령화로 인한 도시 인구의 감소, 사업체 감소 및 경제활동 위축, 건축물 노후화 등 도시가 안고 있는 문제를 해결하여 삶의 질을 높이고 도시경쟁력을 회복할 필요가 있다(Box 2 참고).

"도시재생"이란 인구의 감소, 산업구조의 변화, 도시의 무분별한 확장, 주거환경의 노후화 등으로 쇠퇴하는 도시를 지역역량의 강화, 새로운 기능의 도입 · 창출 및 지역자원의 활용을 통하여 경제적 · 사회적 · 물리적 · 환경적으로 활성화시키는 것을 말한다(「도시재생 활성화 및 지원에 관한 특별법」(약칭: 「도시재생법」) § 2 ① 제1호).

Box 2 서울시의 도시재생 종합플랜

서울시는 2015년 3월 9일 '서울형 도시재생 선도 지역' 27곳을 정해 일률적인 철거방식 대신 해당 지역의 정체성을 살릴 수 있는 맞춤형 정비방식을 적용하는 '서울 도시재생 종합플랜'을 발표했다. 선도 지역에는 민간투자 촉진과 공공인프라 구축 등을 위한 마중물 성격으로 2018년까지 1조3,000억원을 집중 투자한다. '서울형 도시재생 선도 지역'으로 선정된 곳은 쇠퇴·낙후 산업지역 3곳, 역사 · 문화자원 특화지역 7곳, 저이용·저개발 중심지역 5곳, 노후주거지역 12곳 등 총 27곳이다. 이곳은 지역주민과 이웃이 주체가 돼 공동체를 살리면서 서울이 갖는 지형적 특성과 역사, 삶의 흔적을 담아 도시재생을 하게 된다.(한국일보 2015년 3월 10일 기사)

도시재생사업은 도시의 환경과 생태계에 영향을 미친다. 특히 도시재생을 추진하는 과정에서 대두되는 자연환경과 생물다양성 보존 등 다양한 환경문제를 어떻게 해결, 조정해 나갈 것인가 하는 어려운 문제가 기다리고 있다.

09 | 도시생활과 문화, 삶의 질로서 환경문제

도시환경문제는 곧 도시문화의 문제이기도 하다. 도시생활에서 경관과 조경, 문화예술의 향수는 결국 삶의 질 문제로 직결된다. 아울러 도시공간에서 제기되는 환경보건, 즉 건강 문제 또한 대기오염으로 인한 만성호흡기질환, 환경호르몬 문제, 석면 피해 문제 등 다양한 측면에서 삶의 질과 환경정의를 좌우하는 중요한 문제들이다.

제3절 도시환경문제 해결을 위한 법과 제도

01 | 도시환경법의 개념, 구조와 내용

도시환경문제 해결을 위한 법적 접근으로서 '도시환경법'이란 개념을 정립할 수 있다면 그 개념, 구조와 내용을 분명히 해 둘 필요가 있다.

'도시환경법'이란 도시환경의 다양한 특성을 고려한 도시환경에 특화된 법제도의 총체를 말하는 것으로 정의할 수 있겠지만 '도시환경법'이란 법영역이 기존의 매체별 환경법 분야, 즉 대기환경법이나 물환경법처럼 별도로 존재하는 것은 아니다. 또한 엄밀히 말하면 도시환경에 특화된 법률이나 제도는 존재하지 않고 오히려「환경법」,「지방자치법」,「국토공간정서법」 또는「국토개발법」 등 다양한 법령들이 중첩, 교차되어 규율하는 복합적인 법 분야로서 그 영역을 새로이 설정해 나가야 할 대상이라고 해야 할 것이다.

'도시환경법'이란 개념에서 '도시'란 법정개념이 아니라 넓은 의미의 실질적 개념으로 이해하여야 할 것이다. 이것은 지방자치법상 또는 행정구역상 특별시, 광역시, 특별자치도, 특별자치시, 기초자치단체인 시·군·구 등은 물론 지방자치단체가 아닌 '행정시'를 포함하며, 또한 국토계획법상 '도시지역' 외에도 '관리구역' 가운데 실질적으로 도시화가 진전된 지역을 포함하는 광의의 개념이다. 이와 관련하여「수도권정비계획법」, 「수도권대기법」 등에서 사용하고 있는 '수도권'이란 개념도 대체로 도시화가 현저하게 진행된 지역 전체를 아우르는 범주로 파악해야 할 것이다. 「수도권대기법」 상 "수도권지역"(§ 2 제1호)이나 「수도권정비계획법」 상 "수도권"(법 § 2 제1호; 시행령 § 2)은 서울특별시 · 인천광역시와 경기도 지역을 말하는 것으로 규정되어 있는데, 이에 따른 "수도권"의 대부분은 대체로 도시 영역에 해당하는 것으로 볼 수 있다.[6)]

「도시환경법」은 도시라는 공간적 차원을 전제로 하여 전체 국토공간의 일부로서 도시가 가지는 환경문제와 도시 특유의 환경문제를 해결하기 위한 법적 규율의 총체를 의미하므로 무엇보다도 국가 수준의 환경법과 도시에 적용되는 자치환경법이 계층적으로 또는 보완적으로 적용되는 중첩적인 구조를 가진다. 「환경법」은 헌법을 토대로 하여 주로 국가 수준에서 제정, 시행되는 「환경관련법률」과 지방자치 수준에서 형성되는 「자치환경법」으로 구성되는데 도시 공간에 관한 환경법적 규율에 관한 한 국가입법의 주도 또는 선점 경향이 두드러지게 나타나고 있다.

둘째, 「도시환경법」은 「환경법」과 「국토공간정서법」 또는 「국토개발법」이 지역 수준에서 교착되는 현상이 빈번하게 나타나는 분야이다. 도시라는 지역 공간에서 환경문제가 개발이나 토지이용규제 문제와 서로 상충하거나 교착되는 경우가 생기는 것은 그리 이상한 일이 아니다. 사실 국가 수준에서도 국토계획이나 국토개발, 토지이용규제 등의 문제가 환경보호 문제와 긴장관계에 놓이거나 상충되는 일은 비일비재하므로 도시환경법에서 그와 같은 현상이 나타나는 것은 지극히 당연한 일이다.

셋째, 도시환경문제에 있어 환경분쟁의 해결은 특히 중요한 우선순위를 지닌 문제이다. 앞에서 본 바와 같이 도시라는 공간에서 특유한 환경분쟁들이 발생하고 해결을 기다리고 있기 때문이다. 환경분쟁은 환경오염과 생태계파괴의 함수이다. 환경상태가 악화되면 될수록 환경분쟁도 더욱 더 심각한 양상을 띠게 된다. 환경분쟁은 환경문제의 실재를 알려주는 경고이기도 하다. 물론 환경문제가 언제나 환경분쟁으로 표면화되는 것은 아니다. 특히 우리나라처럼 효과적인 권리보호수단이 갖춰지지 못한 상황에서는 환경분쟁이 잠재화된 상태로 고착되는 경우도 적지 않다. 환경분쟁의 발생은 분쟁원인이 된 환경오염이 이미 심각한 국면에 이르렀음을 의미하는 경우가 많다. 환경분쟁은 환경문제의 조기경보라기보다는 환경악화를 방지하고 피해를 구제하지 않으면 안 될 절박한 상황이 도래했음을 알려주는 위기경보라고 보아야 할 것이다. 환경분쟁의 신속·공정한 해결은 가해자로 하여금 환경파괴적 행태로 나아갈 수 없도록 하는 심리강제의 효과를 가질 수 있다. 환경분쟁의 효과적 해결은 간접적으로 환경보호 및 환경파괴의 방지기능을 가질 뿐만 아니라, 그 공정한 해결이 보장되는 한, 환경분야에 있어 분배적 정의의 실현을 위한 수단이 될 수도 있다.

02 | 국가환경법과 자치환경법

1) 국가환경법

도시환경문제의 해결은 일차적으로 「국가환경법」에 의존한다. 다시 말해 국가 수준에서 도시환경문제 해결을 위한 법적 접근이 도시 차원에서의 「자치환경법」에 우선한다는 것이다. 따라서 이러한 국가 수준에서의 환경법적 규율에 관해서는 [그림 5-1]에서 보는 바와 같이 헌법을 위시한 기존의 매체별·분야별 환경법들이 도시환경의 맥락에 맞게 적용되고 있다.

도시환경문제에 대한 국가 수준에서의 환경법적 규율 가운데 한 가지 사례로 고농도 미세먼지 문제에 대한 법적 대책을 소개하면 다음과 같다.

「수도권 대기환경개선에 관한 특별법」(약칭: "수도권대기법")은 환경부장관에게 질소산화물과 황산화물, 휘발성유기화합물과 미세먼지를 포함한 먼지를 대기오염물질로 명시하고 이를 줄이기 위한 수도권 대기환경관리 기본계획을 수립, 시행하도록 규정하고 있다(§ 8). 이에 따라 중국 스모그 유입으로 인한 미세먼지 고농도 발생에 적극대응하고 국민건강 보호를 위하여 2015년부터 미세먼지($PM_{2.5}$) 대기환경기준을 도입하여 시행하였고(환경정책기본법 시행령 제2조 별표), 미세먼지 예·경보제 강화, 한·중 협력 강화, 사업장 오염물질 배출기준 강화, EURO-6[7] 도입('14.9)에 따른 제작차 배출허용기준의 강화, 청정연료 사용 및 제2차 수도권특별대책('15~'24) 등을 내용으로 하는 미세먼지 종합대책을 관계부처 합동으로 발표하는 등 대책을 강구하고 있다.

그 중 미세먼지 예·경보제의 경우, 매일예보, 예보주기 확대 등으로 예보 정확도를 높이고, 예보지역을 전국으로 확대하고, 예보 대상물질을 PM2.5, 오존까지 확대하며, 예보전파 채널을 다양화하며, 2015년 1월부터 전국을 대상으로 미세먼지

(PM10, PM2.5) 실시간 농도가 건강유의 수준으로 상승할 경우 해당 지역 지자체장이 주의보나 경보를 발령하는 "미세먼지 경보제"를 시행하고 있다.

한편,「온실가스 배출권의 할당 및 거래에 관한 법률」(약칭: 배출권거래법)에 따라 2015년 1월 1일부터 시행된 배출권거래제는 기후변화 대책의 핵심요소로서 도시에 대해서도 크나큰 변화와 도전을 가져올 것으로 전망된다. 물론 현재 배출권 거

그림 5-1 국가환경법의 체계

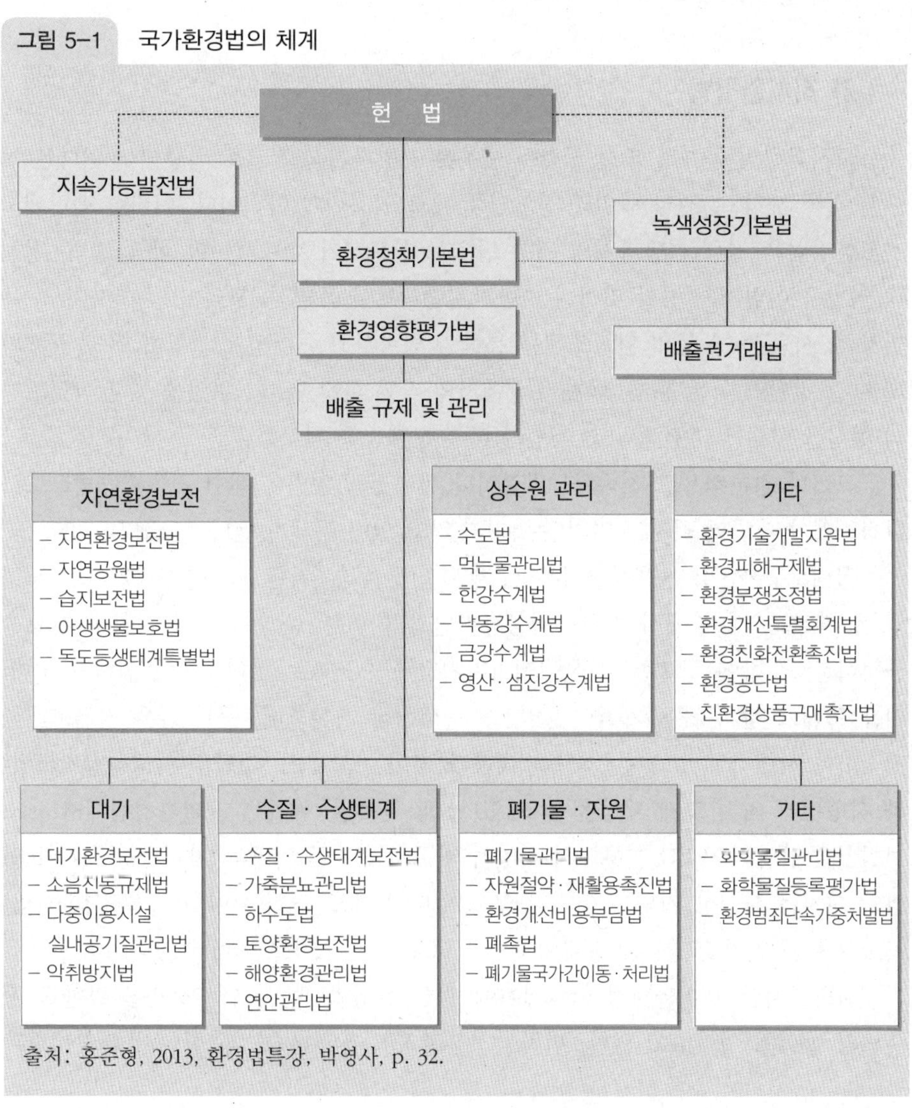

출처: 홍준형, 2013, 환경법특강, 박영사, p. 32.

래시장이 사실상 '개점휴업' 상태로 극심한 거래 부진 현상을 보이는 가운데, 다수의 대상 업체들이 미국과 중국도 도입하지 않은 제도를 시행할 경우 경쟁력이 약화될 것이라고 주장하며 배정된 할당량에 반발하여 소송을 제기하는 등 논란이 가시지 않고 있으나, 최근 미국이나 중국 등 관련 제도의 도입에 적극성을 보이는 경향이 나타나고 있어 이 제도가 조기정착될 경우 오히려 국내기업들의 경쟁력 향상에 기여하게 될 가능성도 배제할 수 없다.

2) 자치환경법

도시환경법 문제는 도시 공간이 대부분 지방자치 조직으로 할당되어 있다는 점에서 결국 자치·분권의 범위와 정도의 문제로 귀결되기 마련이다. 이러한 맥락에서 자치환경법은 결국 지방자치의 기초 단위로서 도시가 수행하여야 할 환경법·정책적 역할을 어떻게 설정할 것이며 지방자치단체로서 특별시, 광역시, 특별자치도, 특별자치, 시·군·구 등의 환경조례를 통한 입법형성권을 어떻게 보장하고 또 구체화해 나갈 것인가 하는 문제, 국가 수준에서의 각종 환경법령의 위임을 통한 환경조례의 형성을 어떻게 추진해 나갈 것인가 하는 문제들을 제기한다.

그러나 결론적으로 지속가능발전이나 환경정책 일반에 관한 자치법규범으로서 환경조례가 성립할 여지는 거의 주어지지 않고 있어 문제가 된다.

실례로 「저탄소 녹색성장기본법」 제20조에 따라 「저탄소 녹색성장기본법 시행령」은 제15조 제5항에서 지방녹색성장위원회의 구성·운영에 관한 기본적 사항을 규정하고 그 밖에 필요한 사항을 지방자치단체의 조례로 정하도록 위임하고 있다. 이를 토대로 광역자치단체들이 「저탄소 녹색성장 기본조례」 등과 같은 기본조례를 제정하여 시행하고 있으나 그 규율 내용과 범위는 모법인 「저탄소 녹색성장기본법」과 시행령에 의해 크게 제약을 받고 있다. 또 분야별·매체별 개별환경법에서도 조례위임은 산발적으로만 이루어지고 있기 때문에 진정한 의미의 '자치환경조례'가 성립할 여지는 사실상 거의 주어지지 않고 있다고 해도 과언이 아니다. 「도시환경법」이라고 부를 만한 환경조례를 찾아보기 어려운 까닭이 바로 여기에 있다.

지방자치단체의 환경정책적 역할에 관한 현행법령들은 환경정책에 관한 국가주도의 발상에 입각하고 있다. 먼저, 「정부조직법」은 제39조 제1항에서 환경부장관에게 '자연환경, 생활환경의 보전 및 환경오염방지에 관한 사무'를 관장하도록 하고, 「환경정책기본법」은 제4조 제1항에서 국가에게 '환경오염 및 환경훼손과 그 위해를 예방하고 환경을 적정하게 관리·보전하기 위하여 환경보전계획을 수립하여 시행할 책무'를 지우고 있다. 환경정책에 있어 지방자치단체의 어떠한 역할을 수행해야 할 것인지를 명문화한 법률은 「환경정책기본법」이다. 「환경정책기본법」은 제4조 제2항에서 지방자치단체에게 관할구역의 지역적 특성을 고려하여 국가의 환경보전계획에 따라 그 지방자치단체의 계획을 수립하여 이를 시행할 책무를 진다고 규정하고 있다. 이것은 환경정책기본법이 지방자치법과는 달리 지방자치단체의 환경정책적 역할의 중요성을 인식한 결과가 반영된 것이다. 다만 지방자치단체가 관할구역의 지역적 특성을 고려하여 수립·시행할 독자적 환경보전계획은 어디까지나 국가의 환경보전계획에 의한 제약아래 놓여 있음을 인식할 필요가 있다. 물론 국가적 수준에서 환경정책의 통합적 수행이 요구되는 이상 이러한 현행법의 태도를 나무랄 수는 없을 것이다.

그러나 국가주도적 발상으로 말미암아 환경정책에 관한 지방자치단체의 역할이나 권한이 명확히 설정되어 있지 않다는 것이 문제이다. 지방자치단체의 사무를 예시하고 있는 「지방자치법」 제9조 제2항에 따르면 지방자치단체는 주민의 복지증진에 관한 사무(제2호)로서 청소, 오물의 수거 및 처리(자 목), 농림·상공업 등 산업진흥에 관한 사무(제3호)로서 공유림관리(사 목), 그리고 지역개발 및 주민의 생활환경시설의 설치·관리에 관한 사무(제4호)를 수행하도록 되어 있다. 제4호에 따른 지방자치단체의 사무로는 자연보호활동, 지방하천 및 소하천의 관리, 상·하수도의 설치·관리, 도립·군립공원 및 도시공원, 녹지 등 관광·휴양시설의 설치·관리 등을 제외하고는 주로 지역개발사업, 지방 토목·건설사업의 시행, 도시계획사업의 시행, 지방도 등의 신설·개수 및 유지 등 주로 개발사업에 치중되어 있고 지방자치단체의 환경정책에 관한 역할과 권한이 분명히 설정되어 있지 않다.

반면 「지방자치법」은 제22조에서 "지방자치단체는 법령의 범위 안에서 그 사무에 관하여 조례를 제정할 수 있다. 다만, 주민의 권리 제한 또는 의무 부과에 관한 사항이나 벌칙을 정할 때에는 법률의 위임이 있어야 한다."고 규정하여 조례입법권을 '법령의 범위 안'과 '사무 관련'이라는 두 가지 기준에 의해 제약하고 있는데, 이는 환경관련 조례에 대해서도 마찬가지로 적용된다. 그런데 지방자치단체가 환경

관련 조례를 제정한다면 주로 환경규제를 내용으로 하는 경우가 많을 터이고 그 경우 환경규제란 결국 환경보호와 관련하여 주민의 권리를 제한하거나 의무를 부과하는 사항이나 벌칙 사항을 포함하는 경우가 대부분일 것이므로, '법령의 범위 안'이고 '사무에 관한 것'이라 할지라도 법률의 위임이 없이는 조례를 만들 수 없다는 결과가 될 것이다.

물론 법률이 그와 같은 조례위임조항을 둔다면 이를 근거로 보호 주민의 권리 제한 또는 의무 부과에 관한 사항이나 벌칙을 정하는 환경조례를 만들 수 있음은 당연하다. 하지만 실제로는 각 개별분야의 환경법들은 환경관련업무를 주로 국가사무로 규정하되 이를 지방자치단체의 기관에게 기관위임할 수 있도록 한 경우가 많다. 환경부의 업무 중 국가사무의 비중이 지방자치단체의 고유사무 및 단체위임사무에 비해 압도적으로 높은 것도 바로 그런 이유에서이다. 그 경우 기관위임사무는 위 지방자치법 제22조에 따른 '사무'의 범위에서 제외된다고 보는 것이 판례이므로, 설사 법률이 환경사무를 위임하는 조항을 두었다 하더라도 그 사무가 기관위임사무로 판단되는 경우에는 지방자치단체가 조례를 제정할 수 없다는 결과가 된다.

> "「지방자치법」 제22조, 제9조에 의하면, 지방자치단체가 조례를 제정할 수 있는 사항은 지방자치단체의 고유사무인 자치사무와 개별 법령에 의하여 지방자치단체에 위임된 단체위임사무에 한하고, 국가사무가 지방자치단체의 장에게 위임되거나 상위 지방자치단체의 사무가 하위 지방자치단체의 장에게 위임된 기관위임사무에 관한 사항은 원칙적으로 조례의 제정범위에 속하지 않는다."[8]

그 밖에도 부처 간 및 지방자치단체 상호 간의 이해대립을 조정할 수 있는 심급 또는 기구가 충분히 갖춰져 있지 못하고, 환경행정 전문인력과 양성기관이 부족하며, 지방자치 수준에서 지역특성에 맞게 실효적인 환경행정을 가능케 할 법제도적 노하우가 축적되어 있지 못하다는 점 등이 문제점으로 지적되고 있다.[9]

한편, 「국가환경법」에서 도시공간을 관할하는 지방자치단체에게 직접 법 집행 임무를 할당하는 경우도 있을 수 있는데 그 같은 경우 지방자치단체로서 도시가 환경법 집행의 책임을 수행하는 결과가 된다. 가령 특별자치시장, 특별자치도지사, 시장·군수·구청장에게 관할 구역에서 배출되는 생활폐기물 처리책임을 지운 「폐기물관리법」 제14조가 그 대표적인 예이다. 특별시·광역시·특별자치시·도(그 관할구역 중 인구 50만 이상 시는 제외한다.) · 특별자치도 또는 특별시 · 광역시 및 특별자치시를 제외한 인구 50만 이상 시(이하 "대도시"라 한다)에게 「환경정책기본법」 제12조 제3항에 따른 지역 환경기준의 유지가 곤란하다고 인정되거나 제18조에 따른 대기환경규제지역의 대기질에 대한 개선을 위하여 필요하다고 인정되면 그 시 · 도 또는 대도시의 조례로 제1항에 따른 배출허용기준보다 강화된 배출허용기준(기준 항목의 추가 및 기준의 적용 시기를 포함한다)을 정할 수 있도록 한 「대기환경보전법」 제16조 제3항도 그러한 예이다.

03 | 개발법과 환경법: 환경친화적 도시관리

「국토기본법」은 제5조에서 '환경친화적 국토관리 원칙'을 천명하고 있다. 이는 국토관리에 있어 지속가능발전의 원칙을 구체화한 것이라 할 수 있다. 이러한 견지에서 법은 국가와 지방자치단체에게 국토에 관한 계획이나 사업을 수립 · 집행함에 있어 자연환경과 생활환경에 미치는 영향을 사전에 고려하여, 환경에 미치는 부정적인 영향이 최소화될 수 있도록 해야 한다고 요구한다(§ 5 ①).

아울러 국가와 지방자치단체는 국토의 무질서한 개발을 방지하고 국민생활에 필요한 토지를 원활하게 공급하기 위하여 토지이용에 관한 종합적인 계획을 수립하고 이에 따라 국토공간을 체계적으로 관리할 책무(§ 5 ②), 그리고 산, 하천, 호수, 늪, 연안, 해양으로 이어지는 자연생태계를 통합적으로 관리 · 보전하고 훼손된 자연생태계를 복원하기 위한 종합적인 시책을 추진함으로써 인간이 자연과 더불어 살 수 있는 쾌적한 국토 환경을 조성할 책무를 진다(§ 5 ③).

이와 같은 환경친화적 국토관리의 원칙은 「국토계획법」에도 그대로 반영되고 있다. 즉 「국토계획법」은 제3조에서 자연환경의 보전 및 자원의 효율적 활용을 통해 환경적으로 건전하고 지속가능한 발전을 이루기 위하여 국민생활과 경제활동에 필요한 토지 및 각종 시실물의 효율적 이용과 원활한 공급, 자연환경 및 경관의 보전과 훼손된 자연환경 및 경관의 개선 · 복원 등의 목적을 달성할 수 있도록 국토를 이용 · 관리할 것을 국토이용 및 관리의 기본원칙으로 천명하고 있다.

그럼에도 불구하고 도시 공간에서 환경법과 교착 또는 상충될 개연성이 높은 법률들이 적지 않아 법적용과정에서 환경친화적 국토관리에 지장이 초래될 가능성도 배제하기 어렵다. 그러한 예로 「국토의 계획 및 이용에 관한 법률」(약칭: 「국토계획법」), 「공익사업을 위한 토지 등의 취득 및 보상에 관한 법률」(약칭: 「토지보상법」), 쾌적한 주거생활에 필요한 주택의 건설·공급·관리와 이를 위한 자금의 조달·운용 등에 관한 사항을 정한 「주택법」, 「도시개발법」, 도시지역의 시급한 주택난을 해소하기 위하여 주택건설에 필요한 택지의 취득·개발·공급 및 관리 등에 관하여 특례를 규정한 「택지개발촉진법」, 도시기능의 회복이 필요하거나 주거환경이 불량한 지역의 계획적 정비와 노후·불량건축물의 효율적 개량을 위한 「도시 및 주거환경정비법」(약칭: 「도시정비법」), 「도시재생 활성화 및 지원에 관한 특별법」(약칭: 「도시재생법」), 「도시재정비 촉진을 위한 특별법」(약칭: 「도시재정비법」), 「도시공원 및 녹지 등에 관한 법률」 등을 들 수 있다. 이들은 통상 '타부처소관 환경관련법'으로 불리는데 현실적으로 도시환경문제에 관한 한 환경부소관법령 못지않게 지대한 영향을 미치고 있다.

04 | 도시환경문제와 환경분쟁의 해결

1) 도시에 있어 환경분쟁의 경향

그동안 급속하게 진행된 도시화·산업화과정에서 대기, 수질오염, 폐기물 발생, 소음·진동 등으로 인한 건강피해 및 재산상의 피해 등 국민 생활에 심각한 영향을 주는 환경오염의 피해와 그것을 둘러싼 분쟁이 빈발해 왔다. 도시에서의 환경분쟁은 특히 소음·진동관련분쟁 특히 층간소음을 둘러싼 분쟁, 일조권, 조망권 등을 둘러싼 분쟁 등 도시생활환경의 특성에 따른 분쟁들이 대종을 이루고 있다.

2) 도시에서의 토지이용과 환경권

도시에서 시행되는 각종 개발사업, 토목·건축 활동 등은 토지이용에 대한 인·허가를 필요로 하는 경우가 많다. 그 경우 토지이용 인·허가로 우려되는 환경문제 해결을 위해 헌법상 기본권으로서 환경권의 법리를 원용하는 사례가 빈번히 발생하고 있다.

환경권에 관한 우리나라 법원의 판례는 당초 소극적인 태도에서 출발하였다.[10]

실례로 대법원은 1995년 5월 23일자 결정[11]에서 '헌법 제35조 제1항은 환경권을 기본권의 하나로 승인하고 있으므로, 사법의 해석과 적용에 있어서도 이러한 기본권이 충분히 보장되도록 배려하여야 하나, 헌법상의 기본권으로서의 환경권에 관한 위 규정만으로는 그 보호대상인 환경의 내용과 범위, 권리의 주체가 되는 권리자의 범위 등이 명확하지 못하여 이 규정이 개개의 국민에게 직접으로 구체적인 사법상의 권리를 부여한 것이라고 보기는 어렵고, 사법적 권리인 환경권을 인정하면 그 상대방의 활동의 자유와 권리를 불가피하게 제약할 수밖에 없으므로, 사법상의 권리로서의 환경권이 인정되려면 그에 관한 명문의 법률규정이 있거나 관계법령의 규정 취지나 조리에 비추어 권리의 주체, 대상, 내용, 행사방법 등이 구체적으로 정립될 수 있어야 하며 관할행정청으로부터 도시공원법상의 근린공원내의 개인소유 토지상에 골프연습장을 설치할 수 있다는 인가처분을 받은 데 하자가 있다는 점만으로 바로 그 근린공원 인근 주민들에게 토지소유자에 대하여 골프연습장건설의 금지를 구할 사법상의 권리가 생기는 것이라고는 할 수 없다'고 판시함으로써 법률에 의해 내용이 구체화되지 않는 한 헌법 제35조 제1항에 의한 환경권을 직접 소구할 수 없다는 태도를 분명히 한 바 있다.[12] 이후에도 대법원은 최근에 이르기까지 이러한 판례를 고수해왔다.[13]

그러나 이후 판례에 다소간의 변화가 나타나기 시작했다. 먼저 하급심판례 가운데 환경권이 일정한 범위 안에서 사법상 구체적 권리로서의 성격을 가진다는 점을 시인하는 판례들이 나타나기 시작하였다.[14]

대법원은 1996년 7월 12일자 판결[15]에서 '주민들이 쾌적한 환경에서 살 수 있도록 하여야 할 지방자치단체의 책무'를 확인한 후 그 관할 구역에 공장을 설치하려는 자가 있는 경우 "이와 같이 쾌적한 환경에서 생활할 권리를 가지는 주민들에게 위해를 가할 우려가 있다고 판단되면 당연히 「공업배치 및 공장설립에 관한 법률」 제9조의 규정에 따라 공장입지의 변경의 권고를 할 수 있고, 이에 불응하는 자에게 공장입지의 변경 또는 공장설립계획의 조정을 명할 수 있으며, 한편 레미콘공장 설립을 하면 환경에 현저한 위해를 가할 우려가 있고 그러한 사정이 있음에도 불구하고 공장설립을 허가하는 것이 같은 법 제8조와 이 규정에 따른 통상산업부 고시에 위반된다면, 설사 관할 지방자치단체가 토지거래허가시에 이러한 사정을 간과하고 토지거래허가를 하였다고 하더라도 쾌적한 환경에서 생활할 주민들의 권리라는 한 차원 높은 가치를 보호하기 위한 조정명령을 신뢰보호의 원칙을 들어 위법하다고 할 수도 없다"고 판시함으로써 환경권의 법률에 의한 구체화여부와는 무관하게 환경권의 법적 효력을 시인하는 듯한 태도를 드러내었다.

환경권의 내용과 효력을 점점 더 정면에서 시인하는 듯한 뉘앙스는 비록 다수의견은 아니었지만, 헌법재판소와 대법원의 판례 중 보충의견이나 반대의견을 통해서도 어느 정도 감지될 수 있었다. 먼저 「도시계획법」 제21조 위헌소원에 대한 헌법재판소 결정에서 반대의견을 낸 이영모재판관은 "모든 국민이 건강하고 쾌적한 환경에서 생활할 수 있는 환경권(헌법 제35조)은 인간의 존엄과 가치·행복추구권의 실현에 기초가 되는 기본권이므로 사유재산권인 토지소유권을 행사하는 경제적 자유보다 우선하는 지위에 있다"고 주장하였고,[16] 대법원 1999년 8월 19일 선고 전원합의체 판결의 보충의견은 이러한 관점을 한 걸음 더 진전시켜 다음과 같이 설시하였다.[17]

> "환경권이 헌법상의 기본권으로 보장되는 권리로서 재산권이나 영업의 자유보다 우위에 있는 권리로까지 해석될 수 있고, 환경의 보전이 국가나 지방자치단체의 의무임과 동시에 국민의 의무이기도 하다면, 환경의 보전을 위하여 특정한 행위를 제한하는 취지의 법규의 의미내용을 해석함에 있어서도 그 해석은 어디까지나 환경보전에 관한 헌법과 환경관련 법률의 이념에 합치되는 범위 안에서 합목적적으로 행하여져야 하는 것이지 이를 도외시한 채, 법규의 형식적인 자구나 그것이 국민의 자유와 권리를 제한하는 규정이라는 점에 집착하여 환경보전의 이념을 저해하는 방향으로 이를 해석하여서는 아니 되는 것이다.
>
> 이러한 관점에서 볼 때 「국토이용관리법」(이하 '법'이라고 한다) 제15조 제1항 제4호가 용도지역으로 지정된 지역 내에서의 행위제한에 관하여 규정하면서, 준농림지역의 경우 "환경오염의 우려가 있거나 부지가 일정규모 이상인 공장·건축물·공작물 기타의 시설의 설치 등 대통령령이 정하는 토지이용행위는 이를 할 수 없다."고 규정하고, 법 시행령 제14조 제1항 제4호(1997. 9. 11. 대통령령 제15480호로 개정되기 전의 시행령, 이하 같다)가 제한대상이 되는 '대통령령이 정하는 토지이용행위'의 하나로 '지방자치단체의 조례가 정하는 지역에서의 공중위생법의 규정에 의한 숙박업 등의 시설 중 지방자치단체의 조례가 정하는 시설의 설치행위'를 규정한 것을 가지고, '지방자치단체가 조례에 의하여 행위제한구역과 제한대상행위의 범위를 구체적으로 특정하여 지정하지 아니하면 환경오염의 우려가 있는 숙박업 등의 시설 설치행위라 하더라도 제한 없이 허용하

여야 한다.'는 취지로 해석할 수는 없다. 위 규정은 어디까지나 '환경오염의 우려가 있는 숙박업 등의 시설 설치행위에 관한 한 이를 원칙적으로 허용되지 아니하되 다만, 지방자치단체가 조례로 행위제한구역과 제한대상행위의 범위를 정한 경우 그 범위에 포함되지 아니하는 행위는 예외적으로 허용한다.'는 취지에 불과하다. 즉 환경오염의 우려가 있는 숙박업 등의 시설 설치행위를 원칙적으로 제한하되, 지방자치단체에 대하여 그 원칙의 예외를 설정할 수 있는 권한을 부여한다는 취지에 지나지 않는 것이다.

지방자치단체가 환경오염의 우려가 있는 행위를 제한하는 지역을 조례로 구체적으로 지정하지 않고 있다는 사유만으로 환경오염의 우려가 있는 행위가 무제한적으로 허용된다고 보는 것은, 환경권을 재산권이나 영업의 자유보다 우위에 있는 기본권으로 보장하면서, 환경보전을 국가나 지방자치단체의 의무인 동시에 그에 의하여 자유와 권리가 제한되는 국민 자신의 의무이기도 한 것으로 규정하고 있는 헌법과 환경관련 법률의 이념에 어긋나는 해석이다.

이와 같이 환경오염의 우려가 있는 행위의 범위에 관한 지방자치단체의 조례 제정 권한을 원칙에 대한 예외를 설정하는 제한적인 권한에 불과한 것으로 본다면, 조례 자체에서 지역주민의 정서함양 및 생활환경에 영향이 있는 지역(제4조 제1항 제2호), 기타 명승 · 사적 · 유적지 · 자연경관 · 환경보전 · 관광자원보전 등을 위하여 필요하다고 판단되는 지역(제4조 제1항 제4호) 등을 접객업 설치 제한지역으로 규정하면서, 시장에게 위 기준에 따라 접객업 설치 제한지역을 구체적으로 지정 · 고시하여 관리할 것을 위임하고 있는 '서산시 준농림지역안에서의 행위제한에 관한 조례'(이하 '서산시 조례'라고 한다) 제4조 제1항 및 제6조의 규정 또한, '조례에서 정한 지역에 대하여는 예외를 인정하지 않고 원칙적으로 접객업 설치를 불허하되, 시장이 구체적으로 제한지역 등을 지정 · 고시하면서 조례가 정한 기준에 해당하지 않는다고 판단하여 특별히 제외한 지역 및 시설 등에 대하여는 그러하지 아니하다.'는 취지에 지나지 않는 것으로 해석하여야 할 것이다.

현실적으로 법률전문가를 충분히 확보하기 어려운 지방자치단체가 환경에 관한 헌법과 관련 법률의 이념에 대한 인식과 고려가 미흡한 상태에서 제정한 것으로 보이는 조례의 조항을 그 자구에만 얽매여 시장의 구체적인 지정 · 고시가 없으면 접객업 설치를 제한 없이 허용하여야 한다는 취지로 해석하여서는 아니 될 것이다.

다수의견이 서산시 조례 제4조 제1항 각 호에 규정된 지역이라는 구체적인 취지의 지정 · 고시가 행하여지지 아니하였다 하더라도, 위 제4조 제1항 각 호에서 정한 기준에 맞는 지역에 해당하는 경우에는 숙박시설의 건축을 제한할 수 있다고 한 것은 이와 같은 해석에 근거한 것이다.

앞서와 같이 환경오염으로 인한 위해를 예방하고 자연환경 및 생활환경을 적정하게 관리 · 보전할 책무는 일차적으로는 법집행을 직접 담당하고 있는 행정기관의 책무가 될 것이지만, 환경보전이 국가와 국민 모두에게 부과된 의무인 이상 법원도 가능한 한 구체적인 법규를 해석·적용함에 있어 헌법 및 환경관련 법률의 정신을 존중하여 전체 공동체의 삶의 질을 높여야 할 의무가 있다고 하지 않을 수 없다."

3) 도시공간상 환경권의 구체화

앞에서 본 바와 같이 도시생활의 특성에서 비롯된 도시 특유의 분쟁유형들은 환경침해배제청구권과 쾌적한 환경조성청구권과 일조권, 조망권·경관권, 자연환경향유권 등을 둘러싸고 제기되는 경향을 보인다. 이들 권리는 대부분 '건강하고 쾌적한 환경에서 살 권리'로서 환경권의 구체적 내용을 이루고 있다. 이에 관한 우리나라 법원의 판례는 한결같지는 않다.[18] 우선, 헌법 제35조 제1항에서 규정한 환경권의 내용에 '자연에 의하여 주어지는 일조, 전망, 통풍, 정온 등의 외부적 환경을 차단당하지 않고 쾌적하게 생활할 수 있는 권리도 당연히 포함된다'는 입장을 분명히 한 하급심판례들이 주목된다.

"환경권의 내용으로서는 자연에 의하여 주어지는 일조, 전망, 통풍, 정온 등의 외부적 환경을 차단당하지 않고 쾌적하게 생활할 수 있는 권리도 당연히 포함된다고 볼 것이므로, 이러한 일조권 등에 대한 침해는 피해자에 대한 불법행위를 구성하게 되고 다만 인접 토지소유자의 권리행사를 사회통념상 수인할 수 있는 범위 내에서는 위법성이 조각된다."[19]

"헌법 제35조 제1항과 건축법 제53조 등에서 규정한 환경권의 내용으로서는 자연에 의하여 주어지는 일조, 전망, 통풍 정온 등의 외부적 환경을 차단당하지 않고 쾌적하게 생활할 수 있는 권리도 당연히 포함된다 할 것이므로 이러한 일조권 등에 대한 침해는 피해자에 대한 불법행위를 구성하게 되어 침해자는 이를 금전적으로 배상할 의무가 있으나, 다만 인접 토지의 소유자와의 관계에서 인접 토지의 소유자의 권리행사를 사회통념상 受忍할 수 있는 범위 내에서는 일조권 등 권리행사에 제한을 받게 되므로 그 범위 내에서는 일조권침해의 위법성이 조각된다."[20]

그러나 대법원은 이미 앞에서 본 바와 같이 '사법상의 권리로서 환경권을 인정하는 명문의 규정이 없는 한 환경권에 기하여 직접 방해배제청구권을 인정할 수 없다'는 전제 아래, 사법상의 권리로서 일조권, 경관권·조망권, 종교적 환경권, 교육환경권 등을 이른바 '수인한도 초과'를 조건으로 삼아 산발적으로 인정해오고 있다.

[1] 건물의 신축으로 인하여 그 이웃 토지상의 거주자가 직사광선이 차단되는 불이익을 받은 경우에 그 신축행위가 정당한 권리행사로서의 범위를 벗어나 사법상 위법한 가해행위로 평가되기 위해서는 그 일조방해의 정도가 사회통념상 일반적으로 인용하는 수인한도를 넘어야 한다.

[2] 「건축법」 등 관계 법령에 일조방해에 관한 직접적인 단속법규가 있다면 그 법규에 적합한지 여부가 사법상 위법성을 판단함에 있어서 중요한 판단자료가 될 것이지만, 이러한 공법적 규제에 의하여 확보하고자 하는 일조는 원래 사법상 보호되는 일조권을 공법적인 면에서도 가능한 한 보증하려는 것으로서 특별한 사정이 없는 한 일조권 보호를 위한 최소한도의 기준으로 봄이 상당하고, 구체적인 경우에 있어서는 어떠한 건물 신축이 건축 당시의 공법적 규제에 형식적으로 적합하다고 하더라도 현실적인 일조방해의 정도가 현저하게 커 사회통념상 수인한도를 넘은 경우에는 위법행위로 평가될 수 있다.

[3] 일조방해 행위가 사회통념상 수인한도를 넘었는지 여부는 피해의 정도, 피해이익의 성질 및 그에 대한 사회적 평가, 가해 건물의 용도, 지역성, 토지이용의 선후관계, 가해 방지 및 피해 회피의 가능성, 공법적 규제의 위반 여부, 교섭 경과 등 모든 사정을 종합적으로 고려하여 판단하여야 한다.

[4] 고층 아파트의 건축으로 인접 주택에 동지를 기준으로 진태양시(眞太陽時) 08:00~16:00 사이의 일조시간이 2분~150분에 불과하게 되는 일조 침해가 있는 경우, 그 정도가 수인한도를 넘었다는 이유로 아파트 높이가 건축 관련 법규에 위반되지 않았음에도 불구하고 불법행위의 성립을 인정한 사례.[21]

"[1] 환경권은 명문의 법률규정이나 관계 법령의 규정 취지 및 조리에 비추어 권리의 주체, 대상, 내용, 행사 방법 등이 구체적으로 정립될 수 있어야만 인정되는 것이므로, 사법상의 권리로서의 환경권을 인정하는 명문의 규정이 없는데도 환경권에 기하여 직접 방해배제청구권을 인정할 수는 없다.

[2] 어느 토지나 건물의 소유자가 종전부터 향유하고 있던 경관이나 조망, 조용하고 쾌적한 종교적 환경 등이 그에게 하나의 생활이익으로서의 가치를 가지고 있다고 객관적으로 인정된다면 법적인 보호의 대상이 될 수 있는 것이므로, 인접 대지 위에 건물의 건축 등으로 그와 같은 생활이익이 침해되고 그 침해가 사회통념상 일반적으로 수인할 정도를 넘어선다고 인정되는 경우에는 위 토지 등의 소유자는 그 소유권에 기하여 건물의 건축 금지 등 방해의 제거나 예방을 위하여 필요한 청구를 할 수 있고, 위와 같은 청구를 하기 위한 요건으로서 반드시 위 건물이 「문화재보호법」이나 「건축법」 등의 관계

규정에 위반하여 건축되거나 또는 그 건축으로 인하여 그 토지 안에 있는 문화재 등에 대하여 직접적인 침해가 있거나 그 우려가 있을 것을 요하는 것은 아니다.

[3] 인접 대지에 건물이 건축됨으로 인하여 입는 환경 등 생활이익의 침해를 이유로 건축공사의 금지를 청구하는 경우에 그 침해가 사회통념상 일반적으로 수인할 정도를 넘어서는지 여부는 피해의 성질 및 정도, 피해이익의 공공성, 가해행위의 태양, 가해행위의 공공성, 가해자의 방지조치 또는 손해 회피의 가능성, 인·허가 관계 등 공법상 기준에의 적합 여부, 지역성, 토지 이용의 선후관계 등 모든 사정을 종합적으로 고려하여 판단하여야 한다."[22]

"가. 환경권에 관한 헌법 제35조의 규정이 개개의 국민에게 직접으로 구체적인 사법상의 권리를 부여한 것이라고 보기는 어렵고, 사법상의 권리로서의 환경권이 인정되려면 그에 관한 명문의 법률규정이 있거나 관계법령의 규정취지 및 조리에 비추어 권리의 주체, 대상, 내용, 행사방법 등이 구체적으로 정립될 수 있어야 한다.

나. 인접 대지 위에 건축 중인 아파트가 24층까지 완공되는 경우, 대학교 구내의 첨단과학관에서의 교육 및 연구 활동에 커다란 지장이 초래되고 첨단과학관 옥상에 설치된 자동기상관측장비 등의 본래의 기능 및 활용성이 극도로 저하되며 대학교로서의 경관·조망이 훼손되고 조용하고 쾌적한 교육환경이 저해되며 소음의 증가 등으로 교육 및 연구 활동이 방해받게 된다면, 그 부지 및 건물을 교육 및 연구시설로서 활용하는 것을 방해받게 되는 대학교 측으로서는 그 방해가 사회통념상 일반적으로 수인할 정도를 넘어선다고 인정되는 한 그것이 민법 제217조 제1항 소정의 매연, 열기체, 액체, 음향, 진동 기타 이에 유사한 것에 해당하는지 여부를 떠나 그 소유권에 기하여 그 방해의 제거나 예방을 청구할 수 있고, 이 경우 그 침해가 사회통념상 일반적으로 수인할 정도를 넘어서는지 여부는 피해의 성질 및 정도, 피해이익의 공공성과 사회적 가치, 가해행위의 태양, 가해행위의 공공성과 사회적 가치, 방지조치 또는 손해회피의 가능성, 공법적 규제 및 인·허가 관계, 지역성, 토지이용의 선후 관계 등 모든 사정을 종합적으로 고려하여 판단하여야 한다."[23]

다른 한편, 김포공항에서 발생하는 소음 등으로 피해를 입은 인근 주민들이 「국가배상법」 제5조에 따라 공공영조물의 설치·관리상의 하자를 이유로 국가배상소송에서 대법원은 그러한 피해는 사회통념상 수인한도를 넘는 것으로서 김포공항의 설치·관리에 하자가 있다고 판시하면서, 일반인이 공해 등의 위험지역으로 이주하여 거주하는 경우라고 하더라도 위험에 접근할 당시에 그러한 위험이 존재하는 사실을 정확하게 알 수 없는 경우가 많고, 그 밖에 위험에 접근하게 된 경위와 동기 등의 여러 가지 사정을 종합하여 그와 같은 위험의 존재를 인식하면서 굳이 위험으로 인한 피해를 용인하였다고 볼 수 없는 경우에는 손해배상을 인정할 수 있고 다만 손해배상액 산정에 있어 형평의 원칙상 과실상계에 준하여 감액사유로 고려하는 것이 상당하다고 판시한 바 있다(Box 3 참고).

Box 3 김포공항 항공기소음 판례

"[1] 국가배상법 제5조 제1항에 정하여진 '영조물의 설치 또는 관리의 하자'라 함은 공공의 목적에 공여된 영조물이 그 용도에 따라 갖추어야 할 안전성을 갖추지 못한 상태에 있음을 말하고, 안전성을 갖추지 못한 상태, 즉 타인에게 위해를 끼칠 위험성이 있는 상태라 함은 당해 영조물을 구성하는 물적 시설 그 자체에 있는 물리적 · 외형적 흠결이나 불비로 인하여 그 이용자에게 위해를 끼칠 위험성이 있는 경우뿐만 아니라, 그 영조물이 공공의 목적에 이용됨에 있어 그 이용상태 및 정도가 일정한 한도를 초과하여 제3자에게 사회통념상 수인할 것이 기대되는 한도를 넘는 피해를 입히는 경우까지 포함된다고 보아야 한다.

[2] '영조물 설치 또는 하자'에 관한 제3자의 수인한도의 기준을 결정함에 있어서는 일반적으로 침해되는 권리나 이익의 성질과 침해의 정도뿐만 아니라 침해행위가 갖는 공공성의 내용과 정도, 그 지역환경의 특수성, 공법적인 규제에 따라 확보하려는 환경기준, 침해를 방지 또는 경감시키거나 손해를 회피할 방안의 유무 및 그 난이 정도 등 여러 사정을 종합적으로 고려하여 구체적 사건에 따라 개별적으로 결정하여야 한다.

[3] 소음 등을 포함한 공해 등의 위험지역으로 이주하여 들어가서 거주하는 경우와 같이 위험의 존재를 인식하면서 그로 인한 피해를 용인하며 접근한 것으로 볼 수 있는 경우에, 그 피해가 직접 생명이나 신체에 관련된 것이 아니라 정신적 고통이나 생활방해의 정도에 그치고 그 침해행위에 고도의 공공성이 인정되는 때에는, 위험에 접근한 후 실제로 입은 피해 정도가 위험에 접근할 당시에 인식하고 있었던 위험의 정도를 초과하는 것이거나 위험에 접근한 후에 그 위험이 특별히 증대하였다는 등의 특별한 사정이 없는 한 가해자의 면책을 인정하여야 하는 경우도 있을 수 있을 것이나, <u>일반인이 공해 등의 위험지역으로 이주하여 거주하는 경우라고 하더라도 위험에 접근할 당시에 그러한 위험이 존재하는 사실을 정확하게 알 수 없는 경우가 많고, 그 밖에</u>

위험에 접근하게 된 경위와 동기 등의 여러 가지 사정을 종합하여 그와 같은 위험의 존재를 인식하면서 굳이 위험으로 인한 피해를 용인하였다고 볼 수 없는 경우에는 손해배상액의 산정에 있어 형평의 원칙상 과실상계에 준하여 감액사유로 고려하는 것이 상당하다.

[4] 김포공항에서 발생하는 소음 등으로 인근 주민들이 입은 피해는 사회통념상 수인한도를 넘는 것으로서 김포공항의 설치·관리에 하자가 있다."[24]

4) 환경상 권리구제의 맹점

환경오염으로 인한 피해 발생은 그 문제에 관한 한, 환경보호를 위한 입법적·행정적·정치적 노력이 주효하지 않았다는 사실을 의미하는 경우가 많다. 이 점은「도시환경법」에서도 마찬가지이다. 그 경우 그 피해를 어떻게 얼마나 효과적으로 구제받을 수 있도록 할 것인가 하는 문제가 남는다. 환경오염으로 인하여 피해를 입은 주민은 통상 그 피해를 구제받기 위하여 ① 직접 가해자 또는 가해기업에 진정하거나 대화로 타협할 수 있고, ② 관계행정기관에게 피해발생을 알리고 그 해결을 촉구하거나, ③「환경피해분쟁조정법」에 따라 환경분쟁조정위원회에 조정등을 신청할 수 있고, 끝으로 ④ 법원에 제소함으로써 환경오염으로 인한 피해의 구제를 구할 수 있다.[25] 이 중 마지막 수단은 당해 가해시설의 허가와 같은 합법적 존립의 기초를 소멸시키거나 규제행정청에 대한 환경규제조치 발동청구권을 행정소송을 통하여 관철시키는 공법상 구제와 환경오염피해의 가해자를 직접 상대방으로 한 민사소송에 의한 구제로 나뉘는데, 여기서 후자, 즉 민사구제는 주로 민법 제750조 이하에 의한 불법행위로 인한 손해배상책임과 유지소송[26] 등에 의하여 주어진다. 그러나 민사구제에는, 특히 손해배상의 경우, 첫째, 복합오염의 경우 가해자·피고의 특정이 곤란하고, 둘째 고의·과실은 피해자 측에서 입증하지 않으면 안 되며, 셋째 인과관계도 피해자 측에서 과학적으로 입증할 필요가 있다는 점에 어려움이 있으며, 공법상 구제의 경우에도 원고적격이라는 장애물을 뛰어넘어야 하는 부담이 있다는 점, 집단적 분쟁해결을 위한 소송절차가 마련되어 있지 않다는 점, 나아가 규제행정청의 환경규제의무의 이행을 관철시킬 수 있는 소송상의 수단, 즉 행정상 이행소송이 허용되지 않고 있다는 점 등 적지 않은 문제점들이 도사리고 있다. 이들은 모두 환경법

그림 5-2 환경분쟁조정절차의 흐름도

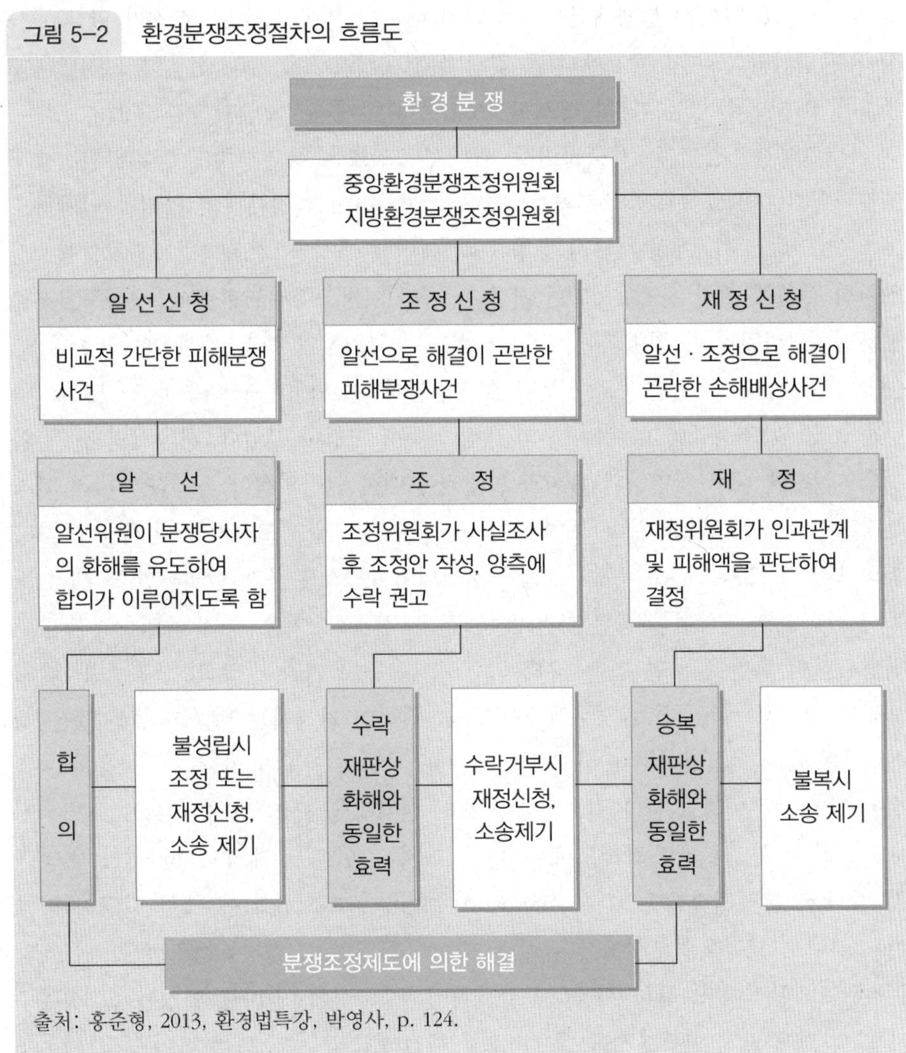

출처: 홍준형, 2013, 환경법특강, 박영사, p. 124.

상 효과적인 권리구제를 제약하는 요인으로 작용한다.

과거에는 환경분쟁 해결을 위하여 행정기관에게 민원처리 차원에서의 개입을 호소하는 외에는 주로 재판등 사법절차를 통한 피해구제에 의존할 수밖에 없었다. 그러나 소송수단을 사용하는 데에는 많은 시간과 비용이 요구될 뿐만 아니라 환경오염과 그로 인한 피해의 원인·내용이 극히 다양하고 복합적이어서 전문성과 과학적 지식 · 정보 없이는 분쟁해결이 곤란하기 때문에 분쟁해결에는 한계가 있다는 사실이 판명되었다. 따라서 전문성을 갖춘 분쟁해결기구에 따라 신속하고 저렴하게 분쟁을 해결할 수 있는 환경분쟁조정제도가 필요하게 된 것이다(그림 5-2).

「환경분쟁조정법」은 서울특별시 · 광역시 · 도 또는 특별자치도에 지방환경분쟁조정위원회('지방조정위원회'로 약칭)를 각각 설치하여 환경분쟁의 처리를 담당하도록 하고 있다(§ 4). 가령 서울시의 경우, 1991년에 제정된 「서울특별시환경분쟁조정위원회 운영에 관한 조례」(2008년 개정)에 따라 지방조정위원회로서 「서울특별시환경분쟁조정위원회」가 설치되어 있다. 위원회는 위원장인 행정1부시장을 포함한 15인 이하의 위원으로 구성하고 위원은 환경전문가 · 법조인 등을 위촉하고 있으며, 알선과 조정 및 조정금액 1억원 이하의 재정 업무를 담당하고 있다. 서울시의 경우, 환경오염피해에 대한 시민들의 관심과 환경권에 대한 권리의식이 높아짐에 따라 환경분쟁조정 신청이 증가추세를 보여 왔다. 일조권 · 통풍권 · 조망권 등 그 대상도 다양화되고 있다. 2000년 이후 총 805건이 신청되어 420건은 중재 합의되었고, 재정 또는 조정회의를 통하여 결정된 사건이 162건, 자진철회 · 이송 · 중지 등이 223건인데, 신청사건의 유형을 보면 건축공사장의 소음 · 진동이 가장 많았고, 생활소음, 대기오염이 그 뒤를 이었다. 환경분쟁에서 소음 · 진동이 차지하는 비중이 높은 것은 소음 · 진동이 다른 환경피해에 비해 직접적이고, 사람의 인체가 민감하게 반응하는 특성이 있기 때문이라고 한다(서울특별시, 「2013 환경백서, 서울의 환경」, 149).

그러나 환경분쟁조정제도에는 여러 가지 측면에서 제약이 따른다. 비정규적 · 대체적 분쟁해결방법(ADR; Alternative Dispute Resolution)에 대한 갈망이 다른 어느 분야보다도 환경분쟁에서 절실히 표출되고 있지만, 환경분쟁조정제도의 효과는 매우 제한적이다. 특히 서울특별시, 「환경분쟁조정법」에 따른 환경분쟁조정제도가 그 취지에 맞게 환경분쟁을 실효적으로 해결하고 있는지, 또는 적어도 그 해결에 기여하고 있는지에 대해서는 의문이 제기되고 있다.[27] 환경분쟁조정이 제도 본연의 조정 기능보다는 주로 소음 · 진동 피해에 대한 정신적 피해배상(위자료)을 위한 일종의 환경소액사건에 대한 재정 위주의 사법종속적 분쟁해결서비스로 흐르고 있다는 비판도 나오고 있다.

분쟁당사자들이 환경분쟁조정을 통해 얻고자 하는 목표는 종종 얼마 안 되는 금전적 보상 · 배상보다는 자신들의 권리주장이 정당하다는 것을 환경분쟁조정위원회 같은 공적 기관의 심판을 통해 확인받는 데 있는 경우가 많다. 그 경우 대체적 분쟁해결수단으로서 분쟁조정은 직접적인 피해구제보다는 향후 후속 투쟁이나 소송 등 피해구제절차를 염두에 두고 미리 자신들의 주장이 옳다는 것을 공식적으로 확보하기 위한 정당성 투쟁(Kampf um die Legitimität)이 된다.

환경분쟁조정제도가 재정 위주로 운영되는 것은 무엇보다도 분쟁당사자, 특히 신청인의 관심이 상호 양보와 타협을 통한 분쟁의 조정·해결보다는 국가기관인 분쟁조정위원회의 개입을 통해 가해자에 대한 응징이나 제재를 가하고 또는 가해자들이 분쟁원인의 해결이나 피해의 구제에 나서도록 압력을 가하려는 데 있기 때문이라고 볼 수 있다. 분쟁조정 신청인들이 청구하는 배상액과 실제 인용재정에 의해 주어지는 배상액 간의 현저한 괴리는 정작 신청인들 개개인에게는 소액의 배상액이 배분될 뿐이라는 점과 함께 분쟁조정의 실제 목표가 다분히 전략적일 수 있다는 점을 반영한다. 아울러 분쟁당사자들은 국가기관인 분쟁조정위원회의 재정결정을 통해 환경오염피해의 원인과 책임을 유권적으로 확정해 둠으로써 향후 환경갈등의 해결과정에서 주도권을 잡거나 결과를 유리하게 이끌고자 하는 전략적 의도를 가지거나 이후 전개될지도 모르는 법정다툼에서 유리한 법상황 및 사실관계를 선점하려는 의도를 가지기 쉽다. 물론 환경분쟁에 관한 재판이 통상 비용이 많이 들고 오래 걸리며 종종 대기업등과 소송을 벌이기에 자력이 불충분하거나 그 밖의 이유로 승산이 불확실한 경우가 적지 않기 때문에 재판에 대한 저렴하고 간이한 대안, 즉 '값싼 정의'(cheap justice)를 얻기 위한 방편으로 환경분쟁조정제도를 이용하는 경우도 많다.[28)]

5) 「환경오염피해 배상책임 및 구제에 관한 법률」: 환경상 권리구제의 혁신?

도시나 농촌 등 지역을 가리지 아니하고 환경오염, 특히 불산, 염산 등 유독물질 누출 등 환경사고가 빈발하고 있다. 횡액을 겪고도 피해구제를 제대로 받지 못하고 억울하고 고통스런 삶을 이어가는 사람들이 도처에 늘고 있다. 구미 휴브글로벌 불산 사고가 바로 1년 전 일이다. 긴급구조에만 554억의 예산이 투입되었지만 피해구제가 지연되고 피해주민들은 여전히 고통에서 헤어나지 못하고 있다. 그 후에도 그런 사고가 이어지고 비슷한 일들이 반복되고 있다. 앞으로도 더하면 더했지 줄지는 않을 것이라는 전망, 그러니 누구라도 그런 피해자 입장이 되지 않으리라는 보장도 없는 상황이다.

환경오염사고의 원인 규명과 방지대책 못지않게 중요한 것이 환경책임을 분명히 하고 강화하는 일이다. 환경사고는 각종 산업활동에 따르는 잠재적인 위험이 현재화되어 발생하는 경우가 많다. 위험책임의 법리는 그러한 잠재적 위험이 수반되는 조업으로 수익을 얻는 자가 그 위험 현재화에 따른 책임도 부담해야 한다고 요구한다. 그러나 현실은 판이하다. 다수의 개인 피해자들은 종종 대기업 등 모든 면에서 월등한 역량과 자원을 지닌 가해자에 비해 조직화되어 있지 못하고 소송처럼 시간과 돈, 전문성이 필요한 분쟁해결과정을 버텨내기 어렵다. 피해를 입고도 제대로 구제를 못 받는 일이 반복되는 까닭이다. 반면 가해자들은 엄청난 피해를 수반하는 환경사고를 일으키고도 책임을 모면하거나 축소하는 데 능란하다. 피해자에게 신속하게 피해를 배상하기보다는 유능한 변호사를 써서 이리저리 시간을 끌고 피해자들을 지치게 하거나 포기하도록 만드는 데 더 관심을 기울일 공산이 크다. 피해자들은 바로 이 시간과 돈의 싸움에서 이길 재간이 없는 경우가 허다하다. 가해자가 환경사고를 일으키고도 그런 갖가지 방법으로 책임을 모면할 수 있다면, 또 그런 현실이 법제도의 공정성, 불편부당성의 명분하에 방치된다면, 이는 결코 용납할 수 없는 부정의, 정의의 파탄에 다름없다. 정부가 피해자와 가해자 사이에 민사소송을 통해 해결할 문제라며 손 놓고 있을 수 없는 이유가 여기에 있다. 환경사고로 인한 피해구제 문제는 이제 더 이상 피해자와 가해자에게만 맡겨 놓을 수 없다. 문제를 사회 전체가 떠안아 지속가능하게 해결할 수 있는 제도적 틀을 만들어 나가겠다는 실천적 정의를 향한 발상의 전환이 필요하다.

2014년 12월 31일 제정되어 2016년 1월 1일 시행을 앞둔 「환경오염피해 배상책임 및 구제에 관한 법률」은 그런 뜻에서 신속하고 효과적인 피해구제뿐만 아니라 기업의 지속가능한 경영을 보장하는 데에도 관심을 기울이고 있다. 즉, 환경오염유발시설에 대해 원인자책임에 따른 배상책임을 분명히 하고 특히 유해화학물질 취급시설의 경우 책임보험 가입을 의무화하는 등 책임을 강화하는 한편, 환경책임의 새로운 유인구조 구축을 통해 종종 가해자의 입장에 설 가능성이 높은 기업이 환경사고 예방과 배상책임부담에 따른 위험의 분산에 대비토록 하고 배상책임의 한도를 정하는 등 지속가능한 기업활동을 보장하고자 하였다. 이 법은 만시지탄의 감이 있지만 크게 환영해 마땅한 입법적 노력으로 평가된다. 법률안은 산업계를 포함한 각계 각층의 전문가와 이해관계자들이 함께 머리를 맞대 고민하고 논의한 결과를 토대로 설명회, 공청회, 관계기관 협의 등을 거쳐 마련된 것으로 기업의 입장에서는 비용 증가의 요인이 될 수 있겠지만 이는 어디까지나 환경책임의 분산에 따른 결과이고, 기업도 환경사고로 인한 도산 등 위험을 회피함으로써 지속가능한 경영을 미리 합리화할 수 있는 유인과 기회를 가지게 된다는 점에서 긍정적인 효과가 기대된다. 기업도 사회적 책임 강화와 같은 맥락에서 환경책임법 입법을 새로운 경영혁신의 계기로 삼는 진취적인 자세가 필요하다. 이 법률은 인과관계 입증과 관련 대법원의 확립된 판례를 반영하고 정보청구권을 보장하는 등 피해자의 입증부담을 경감하고, 피해구제의 사각지대를 없애기 위해 피해보상기금을 조성하는 등 특히 미국이나 독일 등에서 오래전부터 시행해 온 제도적 노하우를 참조하여 환경책임법의 새로운 패러다임을 구현하고 있다.

제 4 절 도시환경법의 과제: 지속가능한 스마트 생태도시의 환경법적 실천

01 | 지속가능한 도시환경거버넌스의 구축

우리는 도시환경법이 나아가야 할 길을 지속가능한 스마트 생태도시를 위한 환경법적 실천에서 찾는다. 지속가능한 스마트 생태도시의 환경거버넌스와 이를 위한 도시환경법적 실천이 필요하다.

앞으로 도시환경법이 나아가야 할 방향을 지속가능한 스마트 생태도시의 환경거버넌스 구축과 이를 위한 도시환경법적 실천에서 찾는다면, 도시의 환경거버넌스는 어떤 모습으로 바뀌어야 할까? 바람직한 도시환경거버넌스의 조건은 무엇일까?

우리는 앞에서 도시가 다양한 특성을 가진다는 사실에 유의했다. 광역도시와 규모가 영세한 소도시가 같을 수는 없다. 보편적·일률적으로 적용되는 환경거버넌스의 틀을 구상하기보다는 인구 규모, 밀도와 분포, 도시화의 정도, 녹지면적, 산업

구조, 역사적·문화적 특성 등 도시별 다양성과 특성을 고려하여 유형별로 차별화된 거버넌스의 틀을 설계하는 것이 현명하며 이 또한 각 도시의 자율적인 형성에 우선권을 부여할 필요가 있다. 반면, 도시의 다양한 특성에도 불구하고 비교적 넓은 범위에서 특히 규모별로 상당한 공통분모가 존재한다는 점 또한 소홀히 할 수는 없다.

지속가능한 도시환경거버넌스에 요구되는 또 하나의 조건은 바로 기후변화라는 범지구적 맥락에서 도출된다. 무엇보다도 기후변화에 따른 적응 이슈는 도시환경거버넌스의 근본적 변화를 요구한다. 관건은 환경과 생태계를 그 객관적 현존으로서 보존·보호하는 것이 아니라 그 존재와 지속가능성 자체를 위협하는 기후변화에 대처하기 위해 기존의 행동방식을 근본적으로 바꿔나가기 위한 방안을 모색하는데 있다. 경제와 사회, 정치와 문화 등 모든 부문에서 온실가스 배출을 줄이기 위한 사고와 행동 방식의 변화가 요구되며, 그러한 노력이 없이는 누구도 성장이나 경쟁에서의 생존과 성공도 기대하기 어려운 상황이 전개되고 있다. 그런 의미에서 기후변화 시대에 요구되는 온실가스의 감축과 적응 문제는 비단 생존의 조건이 될 뿐만 아니라 새로운 경쟁의 기회를 의미한다고 보아야 할 것이다. 이 점은 우리가 지향하는 지속가능한 도시환경거버넌스에 대해서도 마찬가지로 타당하다.

그 같은 맥락에서 서울특별시는 2015년 4월 지속 가능 발전 지방정부 네트워크인 ICLEI 세계총회 개최에 즈음하여 세계 도시들이 기후변화 대응에 동참할 것을 요청하면서, 기후변화 대응을 위한 서울의 비전과 천만 시민의 실천의지를 담은 '기후변화 대응을 위한 서울의 약속'을 전 세계 인류 앞에 선포한 바 있다(Box 4 참고).[29]

Box 4 기후변화 대응을 위한 서울의 약속

시민, 기업, 서울시의 실천의지를 담은 11가지 약속을 다음과 같이 밝힌다.

1. 서울은 2020년까지 이산화탄소 1,000만 톤을 줄이고 2030년까지 1,500만톤을 줄여 저탄소 에너지 고효율 도시를 실현한다.
2. 기후변화 취약계층인 사회적 약자에 대한 에너지 나눔을 실천하여 에너지복지도시를 구현한다.
3. 온실가스 배출원과 대기오염물질 배출원의 통합 관리를 실천하여, 서울시를 기후변화 대응 모범 도시로 만든다.

4. 기후변화에 강한 회복력 있는 도시를 만든다.
5. 재사용, 재활용을 늘리고 음식물쓰레기를 줄여 온실가스 배출을 저감한다.
6. 물 낭비를 줄이고 빗물을 가두고 활용하여 온실가스 배출을 저감한다.
7. 다양한 생물이 어우러져 사는 녹색도시를 만들어 기후변화 적응성을 높인다.
8. 함께 하는 생활 속 도시농업으로 에너지를 절감한다.
9. 폭염, 감염병 등 건강 위험요인을 예방하고 기후변화 적응역량을 키워 건강한 도시를 만든다.
10. 기상재해에 대한 예방과 대응역량을 키워 안전한 도시를 만든다.
11. 기후변화 대응을 위해 국내외 공동협력과 이행체계 구축에 앞장선다.

2015. 4. 10.

지속가능한 발전 원칙의 내용은 헌법 제35조 제1항과 헌법전문, 이를 토대로 한「환경정책기본법」제2조,「지속가능발전법」,「환경영향평가법 및 자연환경보전법」의 규정들에 대한 전체적 해석을 통해 확인할 수 있다. 이는 1972년의 스톡홀름선언(원칙 1)과 1987년의 브룬트란트보고서에서 촉구된 환경권의 헌법적 보장, 환경가치의 존중 및 환경이용에 있어 환경의 우선적 고려를 내용으로 하는 환경과 개발의 실천적 통합, 환경혜택의 향유에 있어 사회적 형평 및 세대간 형평으로 집약된다.

이와 같은 지속가능발전의 요구를 가장 구체적으로 실현시킬 수 있고 실현시켜야 할 분야가 도시환경거버넌스일 것이다. 지속가능한 도시환경거버넌스는 협력적 공유와 공생산에 입각한 지방정부와 시민사회의 협치모델을 통해 구현될 수 있다(Box 5 참고).[30] 권력과 지배를 통한 수직적 통합이 아니라 공유와 협력을 통한 수평적 협치만이 사람들이 살고 싶은, 건강하고, 튼튼하며 아름다운 지속가능한 생태도시를 구현해 나갈 수 있다. 이와 같은 생태도시는 자연환경의 보전을 위해서도 필수적이다. 사연의 서식지(natural habitat)는 그에 상응하는 강력한 인간서식지(people habitat)를 필요로 한다.

Box 5 국군부대 부지로 환경오염이 심각했으나, 다양한 지역공동체의 협력과 노력으로 해안국립공원과 환경학습센터로 거듭난 미국의 크리시 필드(Crissy Field)의 경험은 도시 · 지역 수준에서 환경거버넌스의 좋은 성공사례라 할 수 있다. 샌프란시스코 골드게이트 국립 휴양지(GGNRA) 소재 크리시 필드는 아름다운 풍광과 광활한 녹지 지역으로 많은 시민과 관광객들이 즐겨 찾는 곳이지만, 원래는 프레시디오(Presidio) 군부대의 부지로서 군부대 폐기물로 인한 환경오염이 심각했다. 시와 시민단체는 크리시 필드를 공원으로 복원해서 시민의 품에 돌려주기로 결정했으나 크리시 필드의 공원화를 위해서는 막대한 예산이 필요했다. 하지만 의회는 예산을 승인하지 않았다. 연방정부와 시민단체는 7년 동안 시민들의 의견을 수렴하는 절차를 거치면서 자금 조달방법을 협의하였고 시민과 기업으로부터 3,400만 달러를 모금하였다. 또한 공원후원모임에 많은 NPO가 참여하여 환경 · 교육프로그램을 제공함으로써 크리시 필드의 공원화 사업이 활기를 띠게 되었다.

공원화 사업을 통해 환경 불모지였던 크리시 필드가 해안국립공원과 환경학습센터로 거듭나게 되었다. 수백 개의 외부기관과 협력 체계를 구축하고 있고, 금문교보호위원회와 포트메이슨 재단은 크리시 필드 연간 총 예산의 약 20%를 기여하고 있다. 크리시 필드의 인력 가운데 국립공원청 직원은 18%에 불과하고, 파트너 · 영업권 소유자 · 협동조합 · 자원봉사자 등이 82%를 차지하여 다양한 거버넌스가 활발히 작동하게 되었다.[31)]

02 | 스마트 생태도시를 향한 법정책의 지향점

그렇다면 미래의 도시환경이 지향해야 할 이상과 목표는 무엇일까. 지속가능한 스마트 생태도시를 실현해 나가기 위해서 어떠한 법정책이 필요할까.

환경법은 21세기 기후변화 시대가 도래함에 따라 획기적인 방향전환의 계기를 맞이하게 되었다. 기후변화는 국내외적으로 환경법에 중대한 변화를 강요하고 있다. 20세기 환경법이 주로 국내 영역에 치중하면서 국제협력을 통해 환경과 생태계를 지속가능한 수준에서 보존·보호한다는 시각에 입각한 방어적 환경보호법이었다면, 21세기 환경법은 국내외적 맥락에서 긴밀하게 연계된 기후변화 대책의 맥락에서 저탄소 녹색사회, 녹색경제라는 새로운 패러다임에 입각한 전략적 통합환경법을 지향한다.

이와 같은 녹색사회, 녹색경제의 새로운 패러다임을 실현시킬 수 있는 법적 틀로서 도시환경법은 눈부시게 발전해온 정보통신기술을 활용하여 소통과 협력, 자치와 연대의 법적 수단들을 제공해 줄 수 있다. 가령 사람과 사물, 공간, 데이터 등 모든 것이 인터넷으로 서로 연결되어 정보가 생성, 수집, 공유, 활용되는 사물인터넷(IoT)의 도래는 가령 '스마트 도시'(smart cities)같은 프로젝트를 통해 도시환경문제 해결에 획기적인 변화를 가져올 것이다.

사물인터넷은 지구의 생태계를 보다 잘 관리하기 위한 목적으로 환경문제에 대해서도 급속히 적용되기 시작했다. 가령 산림에 설치된 센서는 화재를 유발할 수 있는 위험요인들을 소방관서에게 알려주며, 과학자들은 도시와 교외, 시골 마을 전반에 센서를 설치해 오염 및 공해 수준을 측정하고 위험상황이 발생할 경우 주민들에게 경고를 발령해 적절히 대처하도록 도와 줄 수 있다. 초보적 사례지만, 실제로 2013년 중국 베이징에서 미대사관 건물 꼭대기에 설치된 센서가 탄소 배출량 변화를 시간대별로 측정해 알림으로써 시민들에게 대기오염이 위험수준에 이르렀음을 경고하는 한편 정부로 하여금 베이징 인근 화력발전소의 탄소배출을 감축하고 자동차 통행과 에너지 집약적 공장의 조업제한 조치를 취하도록 한 사례가 있다.[32)]

사물인터넷 같은 기술혁신이 환경과 생태계 관리를 위한 수단으로 활용될 수 있다는 점은 도시환경문제의 해결에 중요한 시사점을 가진다. 지속가능한 생태도시와 스마트 시티를 결합시킴으로써 도시환경정책의 새로운 지평을 열어나갈 수 있기 때문이다. 이를 통해 순환경제를 기반으로 지구의 자원을 전보다 적게, 보다 효율적이고 생산적으로 사용하게 만들고 탄소 기반 에너지에서 재생에너지로 이전하도록 돕는 새로운 경제패러다임[33)]을 도시라는 공간에서 구현할 수 있게 될 것이다.

스페인 빌바오 시에서 건축가 Andy Backer가 구축하여 운영하고 있는 인터넷 웹사이트 '슈어플래닛(sureplanet.com)'은 스마트 시티를 향한 시민이니셔티브의 또 하나의 훌륭한 사례이다. 빌바오 시내 호텔과 점포들을 인터넷 웹사이트로 연결하여 전기 절약이나 쓰레기 분리수거, 쇼핑백 재활용, 물 절약형 좌변기 쓰기, 카 셰어링(차량 공동 이용) 등 지속가능성을 증진시키는 친환경적 활동을 하면 포인트를 쌓아 보상을 받도록 함으로써 참여의 인센티브를 주고 이를 통해 win-win 방식으로 도시의 환경 문제를 함께 해결해 나가는 방식이다. 슈어(Sure)는 여러분의 지속가능한 라이프스타일(lifestyle)과 소비를 보상하여 더 나은 세상을 창조하기 위한 녹색혁명(green revolution)을 추구한다고 밝히고 있다(http://www.sureplanet.com/about). 지금까지는 정부나 지방자치단체가 쓰레기 분리수거 같은 프로그램을 만들어 시민들에게 참여와 준수를 요구하거나 독려해 왔다면 이것은 시민들이 인터넷 또는 모바일 플랫폼에서 수평적으로 만나 상호 연대하고 참여하여 문제를 해결하는 방식이다. 특히 주목되는 것은 이러한 방식을 구체화하는 과정에서 '빌바오 사회혁신파크'(Social Innovation Park)라는 공공기관의 지원이 중요한 도움이 되었다는 사실이다.[34] 이러한 시민적 이니셔티브를 지방자치단체 수준에서 법제도 및 재정 측면에서 지원하는 것이 매우 중요하다는 점을 일깨워주는 사례이기도 하다.

「도시환경법」이 이와 같은 사물인터넷 기반의 스마트도시와 혁신적이고 지속가능한 시민환경거버넌스를 뒷받침하는 법적 기반과 제도적 여건을 조성할 수 있다면, 그리고 이러한 노력들이 지역과 국가, 지구 전역으로 확산되는 계기를 마련할 수 있다면 이것이야말로 법이 환경문제 해결을 위해 제공할 수 있는 최고의 기여가 될 것이다.

주 | 요 | 개 | 념

개발법(development law)
개발제한구역(development restricted district, greenbelt)
국가환경법(national environmental law)
기후변화(climate chane)
도시개발(urban development)
도시재생(urban regeneration)
도시화(urbanization)
도시환경법(urban environmental law)
미세먼지(particulate matters)
삶의 질(quality of life)
생태도시(eco city)
수질환경(water quality)
스마트 도시(smart cities)
쓰레기사회(Abfallgesellschaft)
아파트와 도시환경갈등(urban environmental conflict)
자치환경법(local environmental law)
지속가능성(sustainability)
초고도위험사회(hyper-risk society)
환경분쟁(environmental dispute)
환경친화적 도시관리(environment-friendly urban management)

미 | 주

1) 이에 관한 논의로는 가령 What are Key Urban Environmental Problems? Extracted from: DANIDA Workshop Papers: Improving the Urban Environment and Reducing Poverty; December 5, 2000; Copenhagen, Denmark를 참조.

2) 도시지역 인구비율은 당해 도시의 도시화 진행의 추이를 알 수 있는 지표이다.

3) 환경부 주요정책자료 '국가 기후변화 적응대책(11~15)'(http://www2.me.go.kr/web/94/me/common/board/detail.do?boardId=info_12_01&idx=175466). 그리고 '저탄소 녹색성장기본법 시행에 따른 국가 기후변화 적응대책(2011-2015)'(http://www2.me.go.kr/common/board/ fileDownload.do?)을 참조.

4) 동아일보 2013년 4월 8일자 기사: http://news.donga.com/3/all/20130408/54268458/1.

5) 2008년 4월 1일자 조선일보 인터뷰기사(http://news.chosun.com/site/data/html_dir/2008/04/01/2008040100139.html). 아울러 http://www.tagstory.com/video/video_post.aspx? media_id=V000177428를 참조.

6) 물론 경기도의 경우 3분의 1 정도가 도시지역이고 나머지가 농림지역과 관리지역으로 지정되어 있다(2014년 국토교통통계연보 '시도별 용도지역 현황' p. 168).

7) EURO-5에 비해 입자상 물질 배출기준을 50% 강화한 유럽국가들의 경유차 배출허용기준.

8) 대법원 2014.02.27. 선고 2012추145 판결[조례안재의결무효확인청구의소].

9 이에 관하여는 홍준형, 1995, "중앙정부와 지방자치단체간 환경정책의 조율을 위한 법제정비의 방향과 과제," 환경법연구 제17권 등을 참조.

10) 이하 환경권 관련 판례에 관한 설명은 홍준형, 2013, 환경법특강, 박영사, pp. 6-10에 의거하였음.

11) 대법원 1995.5.23.자 94마2218결정(공작물설치금지가처분 공1995.7.1. (995), 2236).

12) 이 결정에 관해서는 윤진수, 환경권 침해를 이유로 하는 유지청구의 허용 여부, 대법원판례해설 23(95년 상반기 1995.12), 9-27; 김종률, 環境權의 私權性, 判例硏究 13집(서울지방변호사회) 등을 참조.

13) 대법원 1995. 9. 15. 선고 95다23378판결(공사중지가처분이의: 공1995, 3399); 1997. 7. 22. 선고 96다56153판결(공사금지가처분: 공97.9.15. [42], 2636); 1999. 7. 27. 선고 98다47528판결(공사금지청구: 공99.9.1. [89], 1755).

14) 대구지방법원 김천지원 1995. 7. 14. 선고 94가합2353판결(손해배상(기): 하집1995(2)105); 서울지법 남부지원 1994. 2. 23. 선고 91가합23326 판결(하집1994-1, 53). 특히 주목을 끈 것은 부산고등법원 1995.5.18.선고 95카합5 판결이었으나, 이에 대한 상고심에서 대법원은 "헌법 제35조의 규정이 구체적인 사법상의 권리를 부여한 것이 아니고 달리 사법상의 권리로서

의 환경권을 인정하는 명문의 법률규정이 없는데도 원심이 마치 신청인이 환경권에 기하여 방해배제를 청구할 수 있는 것처럼 설시하고, 또한 원심이 불법행위나 인격권에 기한 방해배제 청구권을 이 사건 피보전권리의 하나로 들고 있는 데에 설령 소론과 같은 잘못이 있다"고 지적함으로써 원심의 판단을 번복하였다(대법원 1995. 9. 15. 선고 95다23378판결(공사중지가처분이의 공1995, 3399)).

15) 대법원 95누11665판결, 공96.9.1.[17], 2512.

16) 헌법재판소 1998. 12. 24. 선고 89헌마214, 90헌바16, 97헌바7결정(도시계획법제21조에 대한 위헌소원: 헌공 제31호).

17) 대법원 1999. 8. 19. 선고 98두1857판결(건축허가신청서반려처분취소: 공99.9.15.[90], 1889) 중 정귀호, 이용훈 대법관의 보충의견.

18) 이하 관련 판례에 관한 설명은 홍준형, 2013, 환경법특강, 박영사, pp. 11-14에 의거하였음.

19) 서울민사지법 남부지원 1994. 2. 23. 선고 91가합23326판결(손해배상(기)청구사건: 하집1994(1), 53).

20) 대구지방법원 김천지원 1995. 7. 14. 선고 94가합2353판결(손해배상(기): 하집1995(2)105).

21) 대법원 2000. 5. 16. 선고 98다56997판결(손해배상(기): 공2000.7.1. [109], 1419); 1999. 1. 26. 선고 98다23850판결(공1999상, 351); 대법원 1982. 9. 14. 선고 80다2859 판결(공1982, 1001); 1989. 5. 9. 선고 88다카4697 판결(공1989, 890) 등.

22) 대법원 1999. 7. 27. 선고 98다47528판결(공사금지청구: 공99.9.1. [89], 1755(강조 인용자)). 원심판결: 서울고법 1998. 8. 28. 선고 98나23104판결. 同旨 대법원 1997. 7. 22. 선고 96다56153 판결(공사금지가처분: 공1997하, 2636).

23) 대법원 1995.9.15. 선고 95다23378판결(공사중지가처분이의: 공1995.10.15.(1002), 3399).

24) 대법원 2005. 1. 27. 선고 2003다49566판결(손해배상(기) 공2005.3.1. (221), 301).

25) 이에 관하여는 홍천룡, 1992, "환경오염피해의 구제," 環境法硏究 14(6)를 참조.

26) 이에 관하여는 오석락, 1991, 환경소송의 제문제, 일신사, 16-20, 40-43, 125이하, 홍천룡, 앞의 글, 48이하를 참조.

27) 이에 관해서는 홍준형, 2006, "환경분쟁조정 제도의 실효성 및 실효성 제고방안에 대한 고찰," 環境法硏究 28(1): 356-382를 참조.

28) 이에 관해서는 홍준형, 2010, "환경갈등의 조정 –쟁점과 대안–," 環境法硏究 32(3): 385-416을 참조.

29) http://env.seoul.go.kr/files/2015/03/550147a0a92dc3.44312358.pdf.

30) 도시환경문제와 생태도시 전략에 관해서는 가령 최병두·구자인·조은숙·이상헌, 1996, "도시환경문제와 생태도시의 대안적 구상," 도시연구 2: 221-258, 한국도시연구소.

31) 성북구, 2012, 주민과 함께 만드는 참여 거버넌스를 이야기하다, pp. 29-30(http://blog.makehope.org/edu/attachment/1392033655.pdf), 이에 관해서 상세한 것은 http://www.

parks conservancy.org/park-improvements/past-accomplishments/crissy-field.html를 참조.

32) 제러미 리프킨, 2014, 한계비용 제로 사회 – 사물인터넷과 공유경제의 부상, 민음사, p. 27.

33) 리프킨, p. 26.

34) 중앙일보 2015년 3월 25일자 사회면 기사 참조.

참 | 고 | 문 | 헌

국토교통부, 2014, 국토교통통계연부.

기획재정부 등 관계부처 합동, 2010, '저탄소 녹색성장기본법 시행에 따른 국가 기후 변화 적응대책(2011–2015)' (http://www2.me.go.kr/common/board/fileDownload.do?).

김종률, 2000, "環境權의 私權性," 判例研究 13집, 서울지방변호사회.

서울특별시, 2013, 2013 환경백서, 서울의 환경.

오석락, 1991, 환경소송의 제문제, 일신사.

윤진수, 1995, "환경권 침해를 이유로 하는 유지청구의 허용 여부," 대법원판례해설 23(95년 상반기 1995.12): 9–27.

제러미 리프킨, 2014, 한계비용 제로 사회–사물인터넷과 공유경제의 부상, 민음사.

최병두·구자인·조은숙·이상헌, 1996, "도시환경문제와 생태도시의 대안적 구상," 도시연구 2: 221– 258.

홍준형, 1995, "중앙정부와 지방자치단체간 환경정책의 조율을 위한 법제정비의 방향과 과제," 환경법연구 17.

홍준형, 2006, "환경분쟁조정제도의 실효성 및 실효성 제고방안에 대한 고찰," 環境法研究 28(1): 356–382.

홍준형, 2010, "환경갈등의 조정–쟁점과 대안–," 環境法研究 32(3): 385–416.

홍준형, 2013, 환경법특강, 박영사.

홍준형 외, 2014, 환경행정학, 대영사.

홍천룡, 1992, "환경오염피해의 구제," 環境法研究 14(6).

What are Key Urban Environmental Problems? Extracted from: DANIDA Workshop Papers: Improving the Urban Environment and Reducing Poverty, December 5, 2000, Copenhagen, Denmark.

제 6 장

한국의 도시환경정책

제6장 한국의 도시환경정책

우리나라 도시환경정책은 1990년대 이전에는 생활공간에서 발생하는 오염을 관리하는 데 주안점을 두었다면, 그 이후에는 생태환경을 보전하는 데 역점을 두고 있다. 1990년대 중반 이후에는 환경보전은 도시경제 및 사회문화와 통합적으로 추진돼야 한다는 지속가능성 정책으로 전면 전환하였다. 그리고 2000년대 후반 이후에는 기후변화에 대응한 온실가스 감축 정책이 중요한 과제로 부각되면서 이를 중심으로 모든 정책수단을 통합하고 있다.

환경이란 생명을 영위하는 데 필요한 조건들의 총체를 뜻한다. 그래서 환경정책은 건강한 삶을 위한 관련 분야들의 총체적 접근을 필요로 한다. 오염매체, 자연환경, 기후관리, 자원, 에너지 등 환경부문 내부의 종합도 필요하지만 주거, 지역경제, 교통, 관광 등 연접 분야와의 연계도 필수적이다. 이런 통합성은 환경을 건강하게 만듦은 물론 시민 삶의 질을 온전하게 하고 도시에 활력을 불어넣는다.

전 국민의 95%가 도시에 살고 있는 현실을 감안할 때, 그간 환경정책의 방향이 광역지역의 자연생태계 및 오염관리에 치중하는 것이었다면, 이제 도시민의 일상과 함께하는 생활밀착형 환경정책으로 전환해야 할 시점이 되었다. 이는 정책대상이 도시내부 생활공동체 수준으로 구체화되는 동시에 정책집행도 과거와 같은 행정 주도에서 벗어나 시민과의 협력을 통해 이루어져야 함을 말해준다.

제 1 절 도시환경의 특성

도시의 환경은 외곽 농촌이나 자연지대의 환경과 달리 생물다양성이 부족하고 높은 엔트로피[1] 상태라는 특징을 지닌다. 자연환경에서는 생산자, 저차 소비자, 고차 소비자의 순으로 총에너지의 양이 줄어드는 것에 반해 도시에서는 역전 현상이 발생하여 최고차 소비자인 인간이 대부분의 에너지를 소비한다. 자연생태계에서는 소비자가 발생시킨 쓰레기는 하위 소비자나 분해자가 처리하여 자연으로 환원시킨다. 그러나 도시에서 발생된 폐기물은 대부분 자연적으로 순환하지 못하고 인공적으로 처리돼야 한다. 또한 도시생태계는 자연생태계에 비해 생물다양성이 현격히 저하되어 있다. 이는 무엇보다 생물다양성의 근간이 되는 산림, 하천, 공원 등 녹지가 절대적으로 부족한 데서 기인한다. 그나마 잔존하는 녹지도 파편화되었고, 토양은 포장되어 물의 순환이 단절되었으며, 토양이나 대기는 오염되어 생물의 존속에 위협이 되고 있다.

도시는 산업이나 가정에서 방출되는 폐열이 집중되거나 지표면에서 방출되는 복사열을 온실가스가 흡수하여 열섬현상을 야기한다. 도심부에 상승된 기온은 더러 돌발성 국지기상을 유발하여 도시재해를 일으키기도 한다. 지표면의 기온상승은 불투수성 포장면적의 증대, 하천 건천화, 고층 건축물 집중 등에 의해 가중된다.

우리나라는 지난 50여 년간 급격한 시가지개발이 이루어지면서 도시생태계가 심각하게 훼손되었고 이는 도시의 자연순환체계를 거의 작동불능 상태로 만들었다. 건조공간(built space) 위주로 도시개발정책을 지속한 결과 녹지의 파편화, 동식물종의 감소, 자연지형의 파괴, 지표수자원 고갈, 토양 미생물 감소 등 도시의 생태적 기반이 와해될 위기에 처해 있다. 도심부에서는 물질순환, 에너지흐름 등 생태순환체계가 단절되고, 생태계의 항상성 유지 등 동태저 생태조절 기능이 거의 정지된 상태에 이르렀다.

아울러 하천과 지하수의 오염, 산성비, 대기오염물질, 토양오염 등 환경오염이 악화되면서 분해자인 미생물이 줄어들고 그 영향이 생산자인 식물, 소비자인 동물에 미쳐 먹이사슬이 끊어지는 등 생태적 쇠퇴 현상이 가속화되고 있다. 도시환경오염은 도시녹지의 파편화(fragmentation) 현상과 결합되면서 생태계 간의 연결성이나 생물다양성을 크게 감소시켰다. 도심의 녹지는 생물서식공간으로서의 기능을 거의 상실하였다(Box 1 참고).

도시에서 자연적 오염정화능력이 저하되는 상황에서 인공적으로 처리하지 못하는 오염물질은 계속 배출되면서 환경오염이 누적되는 결과를 초래하고 있다. 자연훼손에 따른 오염예방 능력의 상실은 결국 생활환경의 질을 악화시키고 있다. 한편 자연환경의 파괴는 생활공간 주변의 산림, 하천, 자연지형 등 자연경관의 훼손으로 나타나고, 이는 시민들이 아름다운 경관을 조망할 수 있는 기회를 상실하게 만들었다.

Box 1 도시생태계의 특성

생태계란 특정지역 내의 생물군집과 비생물환경 사이의 상호관계가 일어나는 통합된 계이다. 도시생태계란 이러한 특정지역의 생물군집과 비생물환경 사이의 상호관계가 도시라는 지역에서 일어난 것을 말한다. 자연생태계는 식물, 동물, 미생물로 구성된 생물군집과 햇빛, 온도, 물, 흙 등으로 이루어진 비생물환경 사이에 균형 잡힌 물질순환과 에너지흐름을 통한 상호관계가 일어나며 자기유지를 하는 계이다. 이에 비해 도시생태계는 주로 인간, 건조물, 자연으로 구성되는데 인간은 특정 사회구조를 형성하고 경제활동을 하며 지형과 생물군집을 변형시키고, 외부로부터 다량의 물질과 에너지를 도입하여 생산품과 폐기물을 생산하여 배출하며, 왕성한 대사활동을 하는 인공생태계이다. 생태계의 대사 측면에서 보면 도시생태계는 태양에너지 이외에 화석과 원자력에너지를 도입해야만 유지되는 종속영양계이다.

도시생태계의 기능적 측면의 특징은 다음 5가지로 정리될 수 있다. 첫째, 녹색식물은 도시에서 더 이상 생태계의 에너지기초를 형성하지 않는다. 둘째, 도시에서는 토지이용의 모자이크(분절화, 파편화) 특성 때문에 생물적 연속성이 발달하지 못한다. 태양으로부터 자연적 방사에너지가 토양 표면에 흡수되는 것만큼이나 많은 에너지가 외부에서 인위적으로 도입된다. 유기체에 의한 도시기후 이상효과는 대단히 크다. 기후에 미치는 식물의 효과는 특정한 생물생육의 스트레스 인자들인 대기오염, 겨울염분, 지연가스의 누출 등으로 나타난다. 도시의 식물과 동물은 궁극적으로 자신들의 서식처를 제어할 능력, 자기조절능력을 상실했다. 셋째, 식물상과 동물상의 급속한 변화에도 불구하고 우리는 다양한 생물지리학의 영역에서 유기체와 대상지 사이의 독특한 결합방식을 발견한다. 넷째, 도시의 새로운 조건들이 개체군의 생태적 크기의 변화와 새로운 형태의 도시화를 유도한다. 다섯째, 자연선택과 인간의 영향에서의 상황변화는 인위적 영향을 받지 않는 지역에서보다 더 빠르게 새로운 종의 서식을 초래할 수 있다(김인섭 · 이제인, 2003: 32-33).

도시녹지를 자연녹지와 비교하면 다음과 같은 특징을 갖고 있다. ① 종의 수가 감소하여 특히 자연생태계의 구성요소가 적어지게 된다. ② 귀화식물 및 귀화동물 등의 도시환경 내에서 불건전한 특유의 종이 출현한다. ③ 특정한 생물 즉 원예종을 비롯하여 도시화 동물의 개체수가 증가한다. ④ 초기 천이단계의 군락이 성립되기 어렵기 때문에 자연생태계에서 보이는 천이의 전기단계의 군락으로 퇴행천이하는 현상이 발생하기 어렵다. ⑤ 생물적 다양성이 저하됨으로서 생태계의 구조가 단순하다(안영희, 2001: 451-452).

제 2 절 도시환경정책의 이념과 과제

도시환경이란 도시민이 생활을 영위하는 데 필요한 물적, 비물적 조건을 말한다. 물적 관점에서 보면 도시환경은 자연환경과 건조환경(built environment)으로 구분되고, 비물적 환경에서 보면 사회적, 경제적, 문화적 환경으로 구성된다. 따라서 도시환경정책은 물리적 환경만을 대상으로 하는 게 아니라 해당 환경이 지속되는데 필요한 사회조직과 활동, 경제적 유인, 행정체계, 문화활동 등을 두루 포함한다.

21세기 현재 도시환경정책이 지향하는 바는 1992년 리우환경선언 이후 세계인이 공감하고 있는 지속가능성 이념을 실천하는 것이고 궁극적으로는 건강한 환경을 통해 도시민의 삶의 질을 향상시키는 것이다. 전문가들은 전자가 실현된 도시를 '지속가능한 도시'라고 칭해 왔는데, 최근에는 기후변화 대응이 세계적 이슈로 부각되면서 '탄소중립도시'로 그 목표가 한층 구체화되고 있다. 최근 전 세계 공공정책 분야에서 삶의 질 평가의 방향은 과거 1인당 국민소득과 같은 경제지수 중심의 평가에서 벗어나 사회적 관계, 문화적 다양성 그리고 인간적 삶의 가치가 온전히 실현된 행복지수 개념으로 발전하고 있다. 그런 점에서 보면 도시환경정책은 지속가능한 저탄소 사회를 구현하려는 것이자 시민 개인의 행복을 위한 수단을 강구하는 제도적 과정이다.

01 | 도시환경정책이 지향하는 이념

고도 경제성장이 이루어졌던 1960~1980년대 개발시대의 환경정책은 도시화와 산업화 과정에 수반되어 발생하는 환경오염을 사후적으로 줄이는 데 치중하였다. 산업단지나 인구밀집지에서 발생하는 폐수, 악취, 소음진동, 인체유해 대기, 분진, 쓰레기 등 공공의 건강에 해를 끼치는 물질이나 매체를 공해라고 불렀다. 이 당시의 환경정책은 하수처리장, 집진시설 등 인공적 처리시설을 설치하여 오염의 수준을 완화하는 데 치중한 소극적 정책이었다. 수질, 대기질, 소음진동, 폐기물 등 오염매체를 사전 계획에 의거하여 통합적으로 관리하는 게 아니라, 공해를 일으키는 행위별·장소별로 오염매체를 개별로 관리하는 정책이었다. 이처럼 오염이 발생하고 나면 그것의 농도나 배출량, 즉 오염수준을 감소시키는 데 중점을 두는 방식을 일반적으로 오염 사후처리 정책(End of Pipe Policy)이라 칭한다.

개발시대 초기의 환경정책이 환경의 소극적 보호에 치중한 정책이었다면 1980년대 초반부터 환경영향평가제도가 도입되면서 환경정책에 '사전예방'의 개념이 도입되기 시작하였다. 개발이 시작되기 전에 환경적 영향을 검토하여 그 악영향을 최소화하기 위한 대책을 미리 마련하고 환경의 상태를 개발 종료 후에 다시 모니터링하는 방식을 도입한 것이다. 그러나 이것은 개발사업이 시행되는 특정 장소에 국한된 제도이다. 도시 전체를 대상으로 체계적인 조사에 기초하여 관리계획을 수립한 후에 계획에 의거하여 규제와 경제유인 등의 정책수단을 강구하기 시작한 것은 1990년대 이후이다. 환경보전종합계획에 의해 오염매체와 자연환경을 관리하기 시작하면서 계획, 평가, 규제, 유인 등을 통합적으로 접근하게 되었다. 사전 예방적 환경정책이 자리를 잡게 되자 1990년대 중반부터는 개발의 빌미가 되는 정부의 계획이나 토지이용을 변화시키는 도시계획에 대해서도 환경적 영향을 평가하는 사전환경성검토제도가 도입되었다. 이것은 현재 정부 행정계획이나 상위 개발계획 전반에 대한 '전략환경영향평가'제도로 발전하였다.

한편 1990년대부터 자연관리 정책에도 변화를 맞이한다. 이전의 자연정책은 국립공원이나 멸종동식물 등과 같은 생태가치가 높은 국소 자원을 보호하는 정책이었다. 일반 자연생태계에 대해선 환경영향평가를 통해서만 개발과정에서의 훼손을 최소화하고자 하였다. 그러다보니 국토는 물론 지역단위의 자연환경을 종합적으로 보존하거나 복원하는 대책을 마련하지는 못하였다. 1990년대 후반부터 국립공원, 자연자원 등 개별적 자연보전에서 벗어나 국토 전역을 대상으로 UNEP의 생물권계획 개념에 입각한 생태계획 개념이 도입되었다. 생태적 연속성을 보전하기 위하여 생태거점·완충·전이·통로 등 생태학적 원리가 적용된 자연정책을 추진하기 시작하였다. 1990년대 말부터는 보전위주 자연정책에서 탈피하여 국토이용이나 개발을 친환경적으로 유도하기 위한 국토환경정책이 추진되기에 이른다. 이로써 국토, 지역, 도시 전반에 대한 환경관리정책이 도입되면서 오염매체별, 국지별 접근에 머물던 환경정책의 지평은 한층 넓어지게 되었다. 국토 전체로 시야가 넓혀지면서 2000년대 중반부터는 국토생태축의 영구적 보전을 위해 백두대간보호법이 만들어졌고, 자연의 심미적 가치 보전을 위해 자연경관심의제도가 도입되었으며, 도시계획에 대한 전략환경영향평가는 물론 도시 전역에 걸친 녹지계획 수립이 이루어졌다. 사전예방 환경정책에서 더 나아가 계획에 의한 환경관리 방식으로 진화한 것이다.

1992년 유엔 리우환경회의를 통해 '지속가능한 발전'이념이 천명된 것은 환경정책에 중대한 전환을 가져왔다. 동원 가능한 정책수단이 규제는 물론 경제유인·계획·평가수단까지 대폭 넓어졌다. 지속가능성 정책은 환경적 지속성은 물론 경제 및 사회문화적 지속성까지 전 분야를 두루 아우르면서 욕구충족에 있어 미래 세대와의 형평성까지 고려하는 통합적인 접근을 요구하기 때문이다.

이제 환경정책도 한 부문정책으로만 그치는 게 아니라 국가 전체의 지속성을 고려한 사회연대적인 정책으로 나아가야 할 시점이 되었다. 지속가능성은 정부 주도의 정책개발과 집행만으로 달성되는 것이 아니다. 시민사회의 적극적인 참여와 자율적 공동체 활동을 근간으로 했을 때 실현될 수 있는 이념이다. 시민의 일상적 생활문화 속에서 크고 작은 환경·사회·문화·경제적 의제가 발굴되고 공동체의 자립적 역량에 의거해 점진적으로 의제가 실천되며, 무엇보다 시민들의 유무형의 연대를 통해 환경가치를 실현하는 과정 지향적 이념이다. 과거에는 환경문제가 전문가, 사회활동가 등 소수 엘리트에 의해 드러나고 그들에 의해 해결대안이 촉구되는 양상이었다. 그러나 지속가능성 시대에선 공론의 장에서 참여를 통해 논의되고 다양한 소통방식을 통해 해결방안을 모색하는 것으로 진화하였다. 정책의 입안과 집행 과정이 참여민주주의의 원칙이 최대한 관철되는 방향으로 나아가도록 시대적 상황이 바뀐 것이다. 지구환경문제를 해결하기 위해선 국가 간, 지역 간, 중앙-지방정부 간, 정부-사회 간, 사회부문 간 합의에 기초하여 공통의 목표를 인식하고 구체적 생활에서 해결책을 모색하는 방식으로 전환해야 한다. 사회적 연대를 정책 추진체계의 새로운 축으로 수용해야만 한다.

지속가능성 정책은 먼저 다양한 분야의 목표를 종합적으로 인지하고 각 목표별로 추진할 세부 정책수단을 어떻게 마련할지 궁리해야 한다. 이는 수단별로 추진주체와 활동프로그램을 합리적으로 연결하는 절차를 명확히 이해하는 것에서부터 시작한다. 이를 위해선 국가, 지방자치단체, 시민사회의 전체 위계에 걸쳐 지속가능성 의제를 발굴하고 집행하며 이런 전 과정을 평가하는 사회적 협의체가 만들어져야만 한다. 우리나라의 경우에는 2000년부터 국가차원의 '지속가능발전위원회', 광역 및 기초자치단체 차원의 '지방의제 21'이 구성되어 운영되고 있다.

1) 지속가능도시 지향

지속가능한 도시[2]는 1986년 UN 브룬트란트위원회 보고서 '우리 공동의 미래(Our Common Future)'에서부터 점차 알려지기 시작하여 1992년 리우 환경정상회의에서 선언된 전 세계적 사회발전 이념인 지속가능성 개념을 계획적으로 적용한 도시를 말한다. 우리나라 '지속가능발전기본법' 제1장 제2조에서는 '지속가능성'이란 현재 세대의 필요를 충족시키기 위하여 미래 세대가 사용할 경제·사회·환경 등의 자원을 낭비하거나 여건을 저하시키지 아니하고 서로 조화와 균형을 이루는 것으로 정의하였다. '지속가능발전'이란 지속가능성에 기초하여 경제의 성장, 사회의 안정과 통합 및 환경의 보전이 균형을 이루는 발전이라고 규정하였다(국토연구원, 2013: 6). 지속가능한 개발은 생태계의 환경용량 내에서 인간 생활의 질을 향상시키는 개발을 의미한다. 지속가능성은 재화와 서비스 그리고 고용에 대한 요구가 환경악화나 자원고갈을 야기하지 않는 범위 내에서 충족되도록 하고, 이 과정에서 환경보존을 넘어서 세대 간, 사회부문 간 형평성이 구현된 녹색공동체를 최종 지향점으로 삼는다.

지속가능도시는 과거 생태도시(혹은 환경도시) 개념보다 한 단계 진화된 체제이다. 1980년대 중반부터 서구에서 논의되기 시작한 생태도시는 그 지향점이 생태계의 건전성, 물질과 에너지의 자립과 순환, 인간공동체와 자연의 공존을 추구하는 환경중심의 도시시스템이다. 생태학적 원리에 기초하여 도시의 거대한 물리적 구조를 개조하되 그 내부에 생물다양성, 에너지자립, 자원순환 등이 구현된 체계이다. 도시를 하나의 유기적 복합체로 보아 다양한 도시활동과 공간구조가 생태계의 속성인 다양성·자립성·순환성·안정성 등을 포함하는 인간과 자연이 공존하는 친환경적인 도시라고 정의할 수 있다(문석기 외, 2005: 292). 무엇보다 생태도시는 생물다양성을 중심으로 생태계의 보전과 복원을 중시하고 자연생태계의 환경용량 범위 내에서 개발의 범위를 한정하는 체제를 지향한다(Box 2 참고).

Box 2 생태도시(eco-City)

생태도시는 1970년대 초반부터 형성되어 80년대 이후 확산된 유럽 생태주의(ecology) 운동과 녹색당의 정책이 지향했던, 사회구조 및 생활세계의 혁신적 개조전략이라고 볼 수 있다. 환경문제를 유발하는 사회구조를 변화시킴은 물론 사회와 자연이 관계하는 방식도 전면적으로 전환시키되 사회시스템의 작동을 근원적으로 생태학적 원리에 적합하게끔 전환하는 것을 목표로 하는 급진적 실천이념이었다. 그러나 이런 생태사회 개념이 1990년대 이후 현실의 공간환경을 개선하는 정책에 적용되면서부터는 환경부하 경감, 생태보전·복원, 에너지 자립, 자원의 순환, 생태공동체 형성, 녹색문화와 소통 등과 같은 다소 기술적 과제로 환원되는 경향을 보여주었다. 원론적으로 에코시티는 도시에서의 물질이 내부 완결적인 순환구조를 형성하고 에너지흐름이 투입과 산출에서 균형을 이루되, 에너지소비와 공급에서 자립을 달성하며 생물의 다양성 성취와 도시농업 도입 등을 목표로 하는 도시적 생태공동체이다.

그러나 우리나라 환경부(2007) '환경규제지역의 에코시티모델 기본안내서' 에 나온 에코시티의 정의를 보면 "도시를 하나의 유기적 복합체로 보아 다양한 도시활동과 공간구조가 생태계의 속성인 다양성, 자립성, 순환성, 안정성 등을 포함하는 인간과 자연이 공존할 수 있는 환경친화적인 도시"라고 규정하고 있다. 환경친화도시는 자연생태계의 보전, 환경오염 예방, 폐기물 순환 등에 초점을 맞추는 범세계적으로 가장 보편화된 정책논리로서 에너지자립, 생태공동체, 녹색문화 등은 비교적 소홀히 취급하는 경향을 가지고 있다.

에코시티는 물리적 환경뿐만 아니라 행정지침, 지역주민 참여, 공동체 활성화, 녹색생활과 문화 등 사회적 요소도 중요한 계획항목으로 고려한다는 점에서 1990년대 초에는 에코폴리스(eco-polis)라고 불리기도 하였다.

최근 2000년대 후반 이후의 에코시티는 지역적 · 물리적 환경의 범위를 뛰어 넘어 지구적 · 경제사회적 환경을 수용하는 포괄적 개념으로 발전하고 있는데, 여기에는 온난화 문제에 대응한 온실가스 감축이 주요한 원인으로 자리 잡고 있다. 에너지자립, 녹색공동체, 녹색경제, 녹색일자리 등의 과제를 포함하고 있다. 녹색도시의 개념과 거의 동일하면서도 탄소중립도시 개념과도 유사해지고 있다. 환경부(2009)의 에코타운 사업지침에 의하면 "에코타운(에코시티)은 지구기후변화에 능동적으로 대처하기 위해 생태적 건전성, 자원순환, 에너지자립, 자연입지적 토지이용 등 저탄소 환경기반이 구현된 정주지로서, 주민이 주체가 되어 자연문화자원 및 녹색기술을 창조적으로 활용하여 공동체를 활성화하고 경제기회를 창출하는 도시"라고 정의하고 있다. 이는 최근(2008-2012년) 한국의 국정이념인 '저탄소 녹색성장'의 정책 목표를 크게 수용한 결과라고 보아야 할 것이다(이상문, 2012: 28-29).

지속가능도시는 생물다양성도 중요하게 바라보지만 환경보전의 주체자인 인간활동의 지속을 위해 경제적 활력, 사회적 형평성, 문화적 다양성도 중요한 요소로 꼽는다. 그래서 지속성의 근간으로서 녹색경제, 녹색사회, 녹색문화도 중요한 의제로 다루고 있다. 지속가능도시를 추구하는 데 가장 보편적으로 쓰이는 정책수단은 지속가능성 지표를 평가하는 방식이다. 유엔(UN) 지속가능성 정책과 관련된 지속가능개발위원회(CSD)에서 채택된 지속가능성 지표에는 빈곤, 인구동태, 건강보호 및 증진, 인간거주, 교육, 과학, 능력개발, 의사결정구조, 전통적 지혜, 수자원, 토지, 천연자원, 폐기물, 소비 및 생산패턴, 재정자금, 국제협력 등 광범위한 분야에 걸쳐 있다.

2) 탄소중립도시 지향

기후관련 논의에서 '탄소'라고 할 때는 이산화탄소(CO_2)를 말하며, 이는 지구-

생물학적인 자연과정에서 발생하는 것이 아닌 인위적 화석연료 사용에서 배출되는 이산화탄소를 지칭하는 것이다. 일반적으로 기후논의에서 '탄소'는 이산화탄소뿐만 아니라 이로 대표되는 온실가스 전반을 나타내는 용어로 이해되기도 한다. 그래서 '탄소감축'은 비단 '이산화탄소 감축'만이 아니라 넓게는 '온실가스 감축'의 의미를 내포하는 것이다(이상문, 2012: 31).

현 시점에서 환경정책이 가장 시급하고도 선진적으로 추구해야 할 것은 저탄소 혹은 탄소중립적 사회를 실현하는 것이다. 탄소중립(carbon-neutral)은 인간활동에 의한 온실가스의 발생을 원천적으로 회피하거나(avoid) 보다 적은 양을 배출시키고(reduce) 불가피하게 발생하는 경우에는 이를 다른 활동을 통해 상쇄하거나(offset) 식물·토양·해양을 활용해 흡수(absorb)함으로써 대기 중 온실가스의 농도를 안정화시키려는 자연친화적 활동이다. 이런 활동에는 에너지자립, 자원순환, 운송수단의 에너지효율화, 녹지에 의한 탄소흡수원 확충 등이 있다. 탄소중립은 탄소제로(Box 3 참고)보다 어느 정도의 이산화탄소 배출 측면에서 좀 더 융통성을 지니는 현실적인 접근법이다. 여기서 탄소중립이란 녹색교통에 의한 탄소회피, 기존 에너지의 효율적 이용을 통한 탄소저감, 신·재생에너지 발전단지 등에 의한 탄소상쇄, 산림녹화에 의한 탄소흡수를 통해 기준 시점의 대기 중 이산화탄소 농도보다 더 높게 추가적으로 탄소를 배출하지 않는 것을 말한다(이상문, 2012: 32)

Box 3 탄소제로(zero carbon)

탄소제로란 화석연료를 전혀 사용하지 않거나, 이산화탄소 배출이 없는 신재생에너지를 사용함으로써 탄소가 아예 배출되지 않는 것을 의미한다. 따라서 탄소제로를 지향하는 건축물, 단지 및 도시는 기존의 전기 및 가스 공급망에 연결되어 있지 않아야 한다. 그러나 냉·난방, 온수, 전등 등은 이러한 요건에 부합하는 반면, 냉장고나 에어컨디셔너 등은 그렇지 못한 경우가 대부분이라 순수한 의미에서의 탄소제로는 아니다. 그래서 완전한 탄소제로를 구현하기란 현실에서 아주 어려운 일이다.

탄소제로도시란 석유나 석탄을 쓰지 않아 탄소를 배출하지 않는 '무탄소도시'이다. 즉 도시 전체가 배출하는 이산화탄소량이 전무한 도시이다. 대부분 탄소제로를 지향하는 개발이나 건축물은 대부분이 제로에 가까운 탄소를 발생시키는 것을 의미한다(이상문, 2012: 31).

탄소가 원천적으로 발생하지 않도록 회피전략을 사용하는 게 상책이지만 이것이 현재는 거의 불가능하므로, 불가피하게 발생하는 탄소는 최대한 줄이는 방향으로 접근하는 것이 저탄소 전략이다. 궁극적으로 탄소의 발생을 완전히 줄여 제로 발생(zero emission)으로 만들거나, 발생하더라도 탄소흡수를 통해 총 발생량을 제로로 만드는 것이 탄소중립화(carbon neutralization) 전략이다. 그래서 탄소중립화를 달성하는 방법에는 탄소발생을 회피(avoid), 감소(reduction), 흡수(assumption)하는 전략이 있다. 회피는 신재생에너지를 사용하거나 자전거 등 녹색교통수단을 이용함으로써 인간의 생산 및 소비활동 과정에서 탄소를 발생하는 행위를 원천적으로 회피하는 방식이다. 감소는 인간의 활동에서 불가피하게 발생하는 탄소를 줄이는 노력을 말하는데 기존 에너지의 사용량을 절감하기 위한 노력이 여기에 해당한다. 전기나 냉난방의 사용량을 줄이거나 대중교통을 이용하며 쓰레기 발생량을 줄이는 것 등이 감축 전략에 해당한다. 흡수는 산업생산이나 소비활동에서 발생하는 탄소를 자연적으로 혹은 인위적으로 흡수하는 방법을 말한다. 자연적 방식은 식물의 광합성작용을 통해 이산화탄소를 흡수하기 위해 녹지면적을 확대하는 것이 해당되며 인공적 방식은 대기 중 탄소를 인공장치를 통해 흡수하여 탄소복합체로 고정화시키는 화학적 방법을 말한다.

탄소중립은 탄소발생의 정도에 따라 완전한 탄소중립에 가까운 탄소제로와 탄소감축을 점차 확대해 가는 저탄소(low carbon)로 구분할 수 있다. 저탄소란 화석연료에 대한 의존도를 낮추고 신·재생에너지 사용 및 보급을 확대하며, 녹색기술 연구·개발, 탄소흡수원 확충 등을 통하여 이산화탄소를 적정 수준 이하로 낮추는 것을 말한다. 여기서 적정 수준이란 세 가지 측면에서 살펴볼 수 있다. 자연과학적 측면에서는 순수한 대기 중 적정 이산화탄소 농도(0.034%)를, 경제학적 측면에서는 탄소이용에 따른 편익과 비용이 일치하는 수준을, 그리고 정책적 측면에서는 어떤 행위로 인해 관행적으로 배출되는 탄소보다 적은 양을 의미한다(이상문, 2012: 33)

탄소중립의 환경을 조성하기 위해 새로운 도시체계를 모색하는 과정에서 탄생한 개념이 탄소중립도시이다. 탄소중립도시는 기후변화에 따른 사회 각 부문에 증대된 취약성[3]을 감소시키면서도 직접적인 탄소감축 행동계획을 통해 기후완화 조치를 실행하는, 지속가능한 발전 전략의 지역적 실천 개념이다. IPCC(Intergovernmental Panel on Climate Change) 제4차 보고서에 따르면, "좀 더 지속가능한 발전을 한다면 완화 및 적응 능력이 강화될 수 있고, 배출량이 감소되고 취약성이 감소될 수 있다"고 천명하고 있다. 그래서 탄소중립도시는 기후변화에 대응한 지역적 행동계획의 차원에서, 현재 전 지구적으로 실천되고 있는 지속가능 발전전략을 온실가스 감축에 초점을 맞추어 변용한 도시 분야의 전략이다. 즉 탄소중립도시는 그동안 추진해온 지속가능도시 개념을 기후시대에 맞게끔 진화시켜서, '온실가스 감축'이라는 직접적이고도 수량적인 실천을 강조하는 기후대응적인 도시관리 전략이라 할 수 있다(이상문, 2012: 20).

02 | 도시환경정책의 영역과 과제

우리나라 환경정책에서 환경의 영역은 일반적으로 자연환경과 생활환경으로 구분한다. 자연환경은 토양, 지형지질, 생태계, 수환경, 해양환경 등이 포함되고 생활환경에는 주로 오염원을 기준으로 수질, 대기, 소음진동, 전자자, 폐기물, 에너지 등이 있다. 도시지역에서 자연환경 분야의 핵심은 공원녹지 확보에 관한 것이고 생활환경에는 오염관리와 탄소감축이 대표적이다. 최근에는 녹색경제, 녹색사회, 환경교육도 환경정책의 중요한 영역으로 포함하고 있다.

도시의 환경적 특성을 고려하고 자치단체가 추진하는 환경정책의 여건을 감안할 때 도시환경정책의 과제를 나열해 보면 다음과 같다.

① 생물다양성 증진: 공원녹지 및 자연관리 분야
② 생활환경의 쾌적성 제고: 오염예방 및 관리 분야
③ 탄소중립화 달성: 에너지 및 자원재활용 분야
④ 녹색경제에 의한 녹색일자리 만들기: 환경산업 분야
⑤ 녹색문화공동체 만들기: 녹색사회 및 환경교육 분야

본 글에서는 현 단계 우리나라 도시가 직면한 환경문제와 그 해결방향을 감안하여 도시환경정책이 추구하는 과제를 5가지로 정리하였다. ① 생물다양성 증진, ② 환경서비스 품질의 제고, ③ 탄소중립도시의 실현, ④ 환경오염의 예방과 관리, ⑤ 환경관리 기반의 구축이다. 이를 지속가능성의 3가지 측면인 환경적, 경제적, 사회문화적 지속성으로 구분해 보면 생물다양성, 탄소중립도시, 환경오염은 환경적 지속성에, 환경서비스는 경제 및 사회문화적 지속성에, 그리고 환경관리기반 구축은 사회문화적 지속성에 해당되는 과제이다.

제3절 도시환경정책의 수단

환경정책은 공적 영역의 주체인 정부가 환경복리 증진의 이념과 목표를 세우고, 이를 달성하기 위한 다양한 수단을 제시하며, 이것이 주변 사회적 조건에 맞추어 최대한 목표에 부합하는 방향으로 작동되도록 수단을 통제·조정·유도하는 과정이다. 환경정책의 수단에는 규제, 경제적 유인, 평가, 예산사업 등이 있고, 이중 평가수단에는 환경영향평가, 지표평가, 총량제평가 등이 있다.

01 | 규제 수단

환경규제(environmental regulation)는 정부가 일정 수준의 환경의 질을 유지하기 위해 보편적 시민, 기업, 기관 등을 대상으로 취할 수 있는 가장 일반화된 정책수단이다. 규제의 적법성은 환경관련 법률에 의해 생겨나며 중앙 및 지방의 환경관서 내지 자치단체는 규제의 주체로서 명령과 강제를 통해 환경보전 목표를 달성한다. 규제는 행정의 명령에 대한 시민의 준수 그리고 규제 위반자에 대한 이행 강제와 처벌로 요약된다. 규제 정책은 규제자가 먼저 오염배출기준 등 환경의 성능적 기준을 제시하거나 허용행위, 금지행위 등 인간의 행위기준을 설정하여 피규제자가 이 기준을 준수하는지 여부를 감시하여 기준 위반자에 대해서는 이행을 강제하거나 처벌을 내리게 된다.

성능적 기준에는 대기환경기준, 대기배출허용기준, 오염물질 함유량기준, 수질환경기준, 수질배출허용기준, 방류수기준, 소음진동기준, 전자파유해기준 등이 있다. 행위기준에는 특정 지역의 환경보전을 위해 일정 토지이용 행위에 대해 제한을 두는 규제지역 설정이 대표적이다. 예를 들어 수질보전을 위한 토지이용 규제지역에는 수질보전특별대책지역(환경정책기본법), 수변구역(4대강 특별법), 상수원보호구역(수도법), 수도권 자연보전권역(수도권정비법) 등이 있다. 이 규제지역에서는 일정 기준을 벗어나는 건축물이나 공작물의 설치 행위가 제한되며 특정한 이용활동도 금지된다.

규제자의 감시는 사법경찰기능이 부여되어 지도감독, 정기적·비정기적 단속 등이 시행되는데 규제위반자에 대해서는 경고, 개선명령, 조업정지, 폐쇄 등의 행정처분이 내려지고 위반의 정도가 심할 경우에는 벌금과 함께 형사고발로 강제된다(문태훈, 1997).

물을 예로 들어 그것의 오염여부를 판가름하는 기준을 살펴보기로 하자. 물은 수질을 측정하여 오염여부를 판가름하는 성분의 농도와 양을 관련법령에서 기준으로 정하고 있다. 먼저, 수질의 기준에는 자연 상태에 있거나 먹기 위해 가공된 물의 질을 측정하는 수질환경기준이 있다. 수질환경기준은 환경정책기본법에 제시되어 있는데 "생활환경" 항목과 "사람의 건강보호" 항목으로 구성되며, 이수목적 및 수질 농도에 따라 생활환경기준은 5개 등급으로 나누어진다. 그리고 수질환경기준은 하천, 호소, 지하수, 먹는 물 및 먹는 샘물 등 수질 종류에 따라 측정항목, 수질등급, 기준이 달리 설정된다.

현행 우리나라에서 수질을 규제하기 위한 기준에는 수질배출허용기준과 방류수 수질기준이 2가지가 있는데, 이 둘은 앞서 설명한 수질환경기준을 달성하기 위한 수단이다. 수질환경기준은 우리나라 수질환경 전반의 정책적 목적을 달성하기 위한 목표기준이라 한다면 이 2가지는 배출업소와 배출시설의 환경적 성능을 통제하기 위한 규제적 기준에 해당한다. 배출허용기준은 개별단위 배출업소에서 나오는 오염수의 최대허용량 또는 최대허용농도를 말한다. 배출허용기준은 기업체의 사업장 등 배출업소에 적용하는 규제기준으로서 수질환경기준과 하천의 자연적 자정능력을 감안하여 설정하고 있다. 방류수 수질기준은 하수종말처리시설, 분뇨처리시설 및 축산폐수 공공처리시설, 오수처리시설 및 단독정화조, 축산폐수 처리시설 등 대규모 공공분야 배출시설, 집단적 축산단지에 적용하는 수질기준이다. 이 기준은 폐수 방류시설의 종류에 따라 적용되는 지역유형이 달라지고 측정항목과 기준도 다르게 설정된다. 폐수 배출허용기준이 개별 배출업소에 적용되는 기준이라 한다면 방류수 수질기준은 수질이 지역적으로 집적되는 종말처리시설에 적용되는 기준이다.

02 | 경제적 유인 수단

규제수단은 환경정책 도입 초기부터 시행돼온 타율적 방식이라면 경제적 유인책(economic incentives)은 1990년대 이후에 도입된 준자율적 환경관리 수단이다. 규제책은 법제에 의거하여 환경기준을 설정하고 오염배출 업체가 이를 준수하지 못할 경우 처벌이나 과징금을 부과하는 하향식 방식이다. 이에 반해 경제적 유인책은 환경을 오염시키거나 자연을 훼손한 자에게 그 책임을 물어 일정 금액을 부담시키는 시장유인적 방식이다.

복잡한 외부효과의 문제인 환경문제를 다루기 위해서는 전통적인 명령·강제방식보다는 경제적 유인책의 도입이 효과적일 수 있다. 경제적 유인책은 더 효율적이고 효과적이며 더 많은 융통성을 부여할 수 있다. 현재 우리나라에서 사용되고 있는 경제적 유인책은 아래 [표 6-1]에서와 같이 배출부과금, 환경개선부담금, 이행보증금 등이 있다. 금액을 부과하는 목적과 대상을 기준으로 크게 5가지 유형으로 분류하고 있다(문태훈, 1997: 176-182).

표 6-1 경제적 유인책의 종류

유형(목적)	부담금 종류
오염물질 배출억제	배출부과금(대기, 수질, 축산), 환경개선부담금(경유차 2016년, 시설물 2015년 폐지 예정), 협의기준초과부담금(대기, 수질), 부과금(낙동강 등 3대강 유역), 저탄소차협력금(2015년 시행)
환경자원의 보전	수질개선부담금(지하수), 물이용부담금(한강 등 4대강 유역), 생태계보전협력금
폐기물배출저감 및 재활용촉진	폐기물부담금, 재활용부과금, 폐기물처분부담금(2017년 시행)
예치금	폐기물처리 이행보증금, 폐기물처리시설의 사후관리 이행보증금, 원상회복예치금
사업비용 부담금	원인자부담금(수도, 하수도), 손괴자부담금(수도, 하수도), 환경오염방지사업비용부담금

출처: 문태훈, 1997, 환경정책론, 형설출판사, p. 176 표의 일부 내용을 보완 수정.

03 | 평가 수단

1) 환경영향평가

환경영향평가(Environmental Impact Assessment)는 인간에 의한 토지개발 과정에서 발생하는 자연훼손과 환경오염을 예방하고 환경적으로 건강한 개발이 이루어지도록 개발과정 초기부터 개발이후 운영단계까지 개발에 의한 환경적 영향을 정량적 혹은 정성적으로 파악하여 일정 기준 이상의 환경의 질과 성능을 유지하도록 통제·유도·조정하는 제도이다. 개발과정에서 환경적 악영향이 발생하지 않게 하거나, 불가피하게 발생할 경우에는 이것이 최소화 되도록 환경영향 저감방안을 마련하는 것을 원칙으로 한다. 환경영향을 회피하거나 저감하기 위해 개발주체와 평가자 간의 협의과정에서 개발의 범위, 내용, 방식, 기간 등을 조정하게 되는데, 이를 위해 객관적인 환경현황 분석과 과학적인 영향예측을 통해 개발계획의 대안을 마련하여 적정한 대안을 선정하는 과정을 거치게 된다. 환경영향평가는 다음과 같은 몇 가지 원칙을 가지고 제도를 운영한다.

① 사전 예방 원칙: 개발에 따른 오염 발생, 생태계 훼손, 보건환경 악화, 경관 훼손 등 환경적 악영향이 발생하지 않도록 미연에 영향회피 대책을 철저히 마련한다.

② 영향 최소화 원칙: 사전에 환경영향을 차단하려고 노력하더라도 개발과정이나 개발이후 단계에서 불가피하게 악영향이 발생할 경우 이를 최소화하기 위한 저감대책을 마련한다.

③ 단계별 접근 원칙: 환경적 영향은 인간의 개발행위가 일어나는 사전(정책policy 및 계획plan 수립 초기), 중간(개발사업project 공사), 사후(사업완료 program 운영)의 단계에 따라 영향의 종류와 정도가 다르게 나타나기 때문에 개발의 추진절차에 맞추어 단계별, 점진적으로 평가와 대책을 강구해야 한다.

④ 객관적 평가 원칙: 개발추진 주체가 환경영향평가를 진행할 경우 환경 분석 및 영향예측의 과정에 주관적 해석의 오류가 발생할 가능성이 있기에 중립적인 위치에 있는 제3자가 평가를 진행해야 하고, 평가 과정에서 생산되는

모든 정보는 객관성과 신뢰성을 확보할 수 있도록 신뢰할 수 있는 전문기관이 분석과 예측을 담당해야 한다.

⑤ 협의에 의한 대안 탐색 원칙: 환경영향평가는 환경적 악영향이 최소화되면서도 경제성과 사회적 실천력이 확보되는 개발방안을 찾아가는 과정이므로, 개발주체와 평가자 간에 지속적인 협의를 통해 초기 계획구상, 사업부문별 계획 등에 대해 다수 대안을 만들어 놓고 최적의 대안이 선정되도록 해야 한다.

(1) 개발사업에 대한 환경영향평가

환경영향평가는 특정 개발사업을 추진하는 주체가 구체적인 계획 ―일반적으로 실시계획 혹은 시행계획으로 통칭됨― 을 수립하여 행정으로부터 허가나 승인을 얻고자 할 때에 해당 사업이 환경에 미치는 영향을 환경전문가가 미리 분석·예측하여 해로운 영향을 피하거나 줄일 수 있는 대책을 마련하는 절차이다. 이 절차는 환경영향평가의 방향과 항목을 설정하는 단계, 환경의 영향을 조사하고 분석하는 단계, 환경적 영향의 정도를 예측하는 단계, 악영향에 대한 저감대책을 마련하는(대안을 마련하는) 단계, 그리고 관계 행정기관과 사업주체가 평가협의를 진행하는 단계로 구분된다.

개발사업의 주체가 환경영향평가 절차를 수행하려는 경우에는 평가항목 및 그 범위 등을 정하여 환경현황 분석, 영향예측, 개발대안 작성, 저감대책 등에 관한 환경영향평가계획서를 작성하고 주민의견수렴을 실시한 다음 이 평가서를 행정관서에 제출해야 한다. 우리나라 환경영향평가는 환경부에 등록된 환경영향평가대행자로 하여금 평가서 작성을 대행하게 할 수 있다. 이 대행자는 수질, 대기질, 생태환경, 토양 등 환경공학 분야 자격증을 가진 기술자로 구성된 전문엔지니어링 집단이다.

사업자가 행정관서(환경부 혹은 지방환경청)에 제출해야 할 환경영향평가서의 내용은 환경영향평가법령에 규정되어 있는데 그 내용은 다음과 같다.

① 사업의 개요
② 개발사업 시행으로 인해 평가항목별 영향이 미치는 지역의 범위 설정
③ 평가대상 지역과 그 주변에 대한 환경 현황
④ 앞서 전략환경영향평가에 협의를 거친 경우 그 협의 내용의 반영 여부
⑤ 전략환경영향평가에서 제시된 환경영향평가 항목의 결정 내용과 조치 내용

⑥ 환경영향평가 항목별 현장 조사 및 분석
⑦ 환경영향의 예측 및 평가의 결과(환경기준 충족 여부 판단)
⑧ 환경보전을 위한 조치
⑨ 불가피한 환경영향 및 이에 대한 대책
⑩ 대안 설정 및 평가
⑪ 종합평가 및 결론
⑫ 사후환경영향조사 계획

(2) 정책 및 계획에 대한 전략환경영향평가

전략환경영향평가(Strategic Environmental Impact Assessment)란 환경에 미치는 상위계획을 수립할 때에 환경보전계획과의 부합 여부 확인 및 대안의 설정 분석 등을 통하여 환경적 측면에서 해당 계획의 적정성 및 입지의 타당성 등을 검토하여 국토의 지속가능한 발전을 도모하는 것이다(환경영향평가법 제2조). 여기서 상위계획이란 구체적인 개발사업에 앞서는 정책(Policy), 계획(Plan), 프로그램(Program)을 일컫는 것으로 일반적으로 3P로 지칭한다. 현행 우리나라에서는 정책계획과 개발기본계획이 여기에 해당한다. 전략환경영향평가는 제3자 입장에서 개발사업의 내용을 조정하는 환경영향평가와는 달리 계획입안자 스스로 환경적 문제를 진단함으로써 3P의 입안 및 결정 과정에 환경영향을 고려토록 유도하는, 의사결정 지원수단의 하나이다. 행정에서 정책이나 계획을 수립하는 과정에 환경전문가들이 평가를 통해 지원함으로써 정책입안자나 계획가들이 환경측면의 의사결정을 효과적으로 수행할 수 있도록 유도하는, 개발체제 내부의 자율평가체계라 할 것이다.

전략환경영향평가는 각종 개발계획을 수립하거나 개발사업을 시행함에 있어 타당성 조사 등 계획 초기단계에서 계획의 적정성 및 입지의 타당성, 주변 환경과의 조화 등 환경에 미치는 영향을 고려토록 함으로써 환경친화적인 개발을 도모하는 제도이다. 현행 환경영향평가는 계획이 확정된 후 사업실시단계에서 오염의 저감방안을 검토하고 있어 입지의 타당성 등 근본적인 친환경적인 개발을 유도하기에는 한계가 있다. 즉 계획 초기인 타당성 조사 때 환경측면이 고려되지 않은 채 계획이 확정된 이후 인접 주민이나 언론에서 문제를 제기함으로써 사업이 지연되거나 취소됨으로써 사회적 갈등과 경제적 손실을 야기하고 있다(환경부, 2014: 5-6). 이러한 문제를 사전에 방지하기 위해 환경평가의 시점을 앞당겨서 정책이나 계획이 입안되는 초기 단계, 즉 개발전략 수립 단계에 환경적 영향을 평가함으로써 불필요한 사회적 갈등과 경제적 손실을 사전에 예방하기 위한 정책수단이 전략환경영향평가이다.

이 제도는 환경에 영향을 미치는 초기의 정책계획 혹은 개발계획이 확정되기 전에 환경적, 사회적 영향을 고려토록 하여 지속가능한 계획이 수립되도록 유도하는 기능을 갖고 있다. 또한 실시계획단계의 환경영향평가 과정에서 배제되거나 간과되어온 상위 기본계획에 대하여 개발입지의 타당성, 계획의 적정성을 검토함으로써 계획입안자 스스로 입지나 계획에 대한 친환경적 대안을 모색하도록 하고 있다.

2) 지표 평가

지표(Indicator)란 방향이나 목적, 기준 따위를 나타내는 표지이다.[4] 지표는 일이나 행동의 준거나 척도, 표준으로서 역할을 하고 어느 사상(事象)에 대한 대표성을 나타내는 기호로서의 의미도 지닌다. 지표는 수치로 계량화된 양적 지표와 언어로 서술된 정성적 지표로 나뉠 수 있다. 정책 수립 및 평가에서 지표는 계획이나 사업이 목표로 하는 바의 성취도 수준을 먼저 제시하고 이것을 달성하는데 필요한 자원의 동원, 행위의 실행, 성과물의 취득 등의 과제를 개념적인 체계로 구성하여 현실과 목표 사이의 간극을 측정하는 데 활용된다.

이중 GNP, 1인당 GNP, 주가 등과 같은 경제지표는 주로 수량화된 지표로 나타내는데 이를 지수(Index Number)라고도 한다. 지수는 지표 중에서 정량적 지표를 특정해서 부르는 용어이다. 지수는 목표치 대비 달성치를 백분율로 나타내거나 특정 시점의 기준치 대비 현재 시점의 도달치를 비율로 나타내기도 한다. 공원녹지율, 하수도보급률, 폐기물재활용률 등은 수량화된 지표 즉, 지수에 해당된다.

(1) 지속가능성 지표(Sustainability Indicator) 평가

1990년대 이후 지속가능성 개념이 모든 정책 분야에서 보편화되면서 도시환경 분야에서도 가장 활발하게 활용되고 있는 정책 수단의 하나가 도시의 지속가능성을 평가하는 것이다. 이 평가방식은 평가할 대상을 영역, 항목, 세부 요소의 순으로 위계를 구성하여 평가항목별 혹은 요소별로 일정 점수를 매기거나 최하위 평가요소의 수행 여부를 점검하는 접근법이다. 여기서 영역은 대분류, 항목은 중분류, 그리고 세부 요소는 소분류에 해당한다. 평가는 1년 단위, 정책평가 시기, 계획수립 주기 등 주기적으로 이루어지고, 평가주체는 행정이나 민관협력기관이다. 지속가능성 평가는 행정기관, 민간기업 등의 조직이나 자치단체, 마을 등 지역을 대상으로 수행하되 지속가능성 개념에 적합한 평가지표를 도출하는 것이 가장 중요하다. 지표의 체계는 대부분 어느 특정 분야에 국한되어 구성되지 않고 여러 부문이 복합되어 만들어진다. 이는 지속가능성의 개념이 정책의 최하위 단위에서 최상위 단계에 이르기까지 위계적이고도 융합적인 체계로 구성되어 있기 때문이다. 어느 도시의 지속성을 평가하기 위해서는 해당 도시의 행정, 기업, 단체, 시민 등 평가대상자가 일정 기간 동안 수행한 업적, 성능, 효과, 성과물 등의 문헌을 검토하거나 평가 현장을 조사함으로써 이루어진다. 지속성 평가제도의 강점은 이것이 일회적 행사로 그치는 게 아니라 주기적으로 꾸준히 시행되면서 해당 도시의 지속가능성 수준을 높이는 지렛대 역할을 한다는 점이다. 평가과정을 통해 관련전문가, 공무원, 기업인, 시민 등 다양한 주체들이 참여하여 지속성 제고 방안에 관한 활발한 논의가 전개되고, 이로써 새로운 정책의 입안, 기존 정책추진 방식의 변경, 시민의식 함양, 민관연합 조직체 형성 등과 같이 건전한 의식이 행정이나 시민사회로 투입되는 것이다. 일반적으로 지속가능성 평가의 과정은 다음과 같이 구성된다.

① 국내·외 지속가능성 평가지표 사례 검토
② 국내·외 문헌 및 전문가 경험에 의거한 평가지표 검토
③ 위의 평가지표를 종합하여 예비 평가지표 체계 구성
④ 전문가 혹은 시민 설문이나 공청회 등을 통한 지표체계 확정
⑤ 평가대상 도시를 대상으로 한 최하위 평가단위(요소)별 수행실적 자료 수집
⑥ 전문가, 공무원 등으로 구성된 평가단에 의해 자료의 신뢰성, 객관성 등을 검증
⑦ 평가단이 실적자료를 분석하여 지표단위별 점수 혹은 이행여부 평가
⑧ 평가요소별 지속가능성 달성 수준 평가
⑨ 지속성 수준이 저조한 분야의 정책개선 및 우수 분야의 지속적 관리방안 논의

그간 국내·외 다수의 도시에 수행된 지속가능성 평가에서 나타난 특징은 평

가지표의 영역(분야)이 아주 폭넓게 걸쳐 있다는 점이다. 이는 지속가능성 개념에 잘 부합되게끔 환경은 물론 경제, 사회, 문화, 건강, 교육 등 관련 분야들 간의 연계성과 융합성의 수준을 제고하는 방향으로 제도운영이 이루어졌다는 의미이다. 미국 산타모니카(Santa Monica)시(2006년)의 지표체계를 보면 자원 보전(Resource Conservation), 환경과 보건(Environmental and Public Health), 교통(Transportation), 경제개발(Economic Development), 오픈스페이스와 토지이용(Open Space and Land Use), 주택(Housing), 교육과 시민참여(Community Education and Civic Participation), 인간 존엄성(Human Dignity) 8개 영역으로 구성되어 있다. 그리고 시애틀(Seattle)시(1998년)의 평가지표는 환경, 인구 및 자원, 청소년 및 교육, 건강 및 지역, 5개 영역으로 구성되어 있다. 샌프란시스코(San Francisco)의 지표 분야는 대기질, 생물다양성, 에너지·기후변화 및 오존감소, 식품 및 농업, 유해물질, 경제 및 경제개발, 환경정의, 인간의 건강, 공원·공한지 및 거리환경, 고형폐기물, 교통, 물과 폐수, 정부지출, 공공정보 및 교육, 위험관리 등 15개로 되어 있다. 영국 머톤(Merton)시의 지속가능성 지표는 쓰레기 및 자원, 오염, 자연, 지역적 요구, 기본적 요구, 일, 건강, 접근성, 안전, 교육, 참여, 문화로 구성된다(국토연구원, 2010: 6-23).

우리나라 국토연구원이 정부에 제출한 지속가능성 평가 관련 연구보고서에 의하면 평가지표는 토지이용, 산업경제, 환경보전, 문화경관, 교통, 주택, 사회복지, 방재안전 8개 분야로 이루어져 있다(국토연구원, 2013: 75-76). 한편 환경부가 기초지방자치단체의 지속성을 평가하기 위해 2013년에 펴낸 친환경 지속가능도시 조성 가이드라인에 의하면 평가지표는 저탄소, 환경, 사회, 경제로 구성되어 있다.

(2) 탄소감축 지표(Carbon Reduction Indicator) 평가

탄소감축은 지구기후변화에 대응하여 온실효과의 원인물질의 하나인 이산화탄소의 발생량을 줄이는 것을 목표로 현재 대비 미래 시점의 탄소발생량의 감소 비율을 측정하는 온실가스 관리 지표이다. 탄소는 온실가스를 지칭하는 것이지만 이것은 모두 화석에너지의 사용 과정에서 발생하는 것이므로 탄소지표는 결국 에너지 관리 지표에 해당하는 것이다. 화석에너지를 사용하는 교통, 산업생산, 건축 등은 도시의 주요 온실가스 배출 부문이 된다. 그런데 화석에너지 사용을 근원적으로 줄이는 방법은 신재생에너지 사용, 자원의 재활용, 기존 에너지의 절감, 탄소흡수 녹지나 탄소고정 시설을 통해 이루어지므로 이들도 탄소감축을 평가하는 중요한 지표 영역에 포함된다.

탄소감축의 수준을 평가하는 과정은 현재의 탄소발생량, 목표연도의 탄소발생량을 비교하여 감축량과 감축비율을 산정하게 된다. 이를 위해선 평가대상 기관이 사전에 탄소감축 활동이 선행되어야 하고, 이들 활동의 요소별로 각기 탄소감축량을 계산해야만 한다. 모든 탄소저감량은 에너지 사용 감소량으로 환산되고 에너지 단위당 탄소량은 화학적 산식에 의해 이미 산정되어 있다. 탄소발생량과 관련하여 에너지원별, 산업종류별, 도시활동 부문별, 토지이용 종류별, 건축물 종류별 탄소발생 원단위는 기존 연구결과를 참조하면 된다. 공공기관(환경관리공단 등)에서 제시하고 있는 탄소인벤토리 가이드라인을 활용하면 원단위를 용이하게 알 수 있다.

탄소감축 지표의 특징은 인간이 전개하고 있는 다양한 환경보전 노력을 에너지 감축량으로 환산하여 이를 감소된 탄소발생량으로 보여줄 수 있다는 점이다. 즉 친환경적 제반 활동을 탄소량이라는 지수를 통해 정량적으로 나타낼 수 있어서 전문가나 일반시민 그리고 환경정책가들이 저탄소 정책의 이행효과를 쉽게 확인할 수 있는 것이다. 그래서 행정에서 각종 계획을 수립하거나 사업을 집행할 경우에 그것에 따른 탄소발생 증감량을 수량으로 가시화할 수 있음으로 해서 저탄소 지향적 활동으로 정책을 유인하기가 용이하다.

현재 탄소감축 지표는 기후변화협약에 의해 협약가입 당사국을 중심으로 기후안정에 필요한 지구차원의 감축비율이 정해지면 이는 다시 각 국가별로 감축비율을 협의를 통해 정하게 되어 있다. 그러면 각 국가는 국내 사회경제 각 부문별로, 지역별로 감축량을 배정하는 체계를 갖고 있다. 이에 의해 각 지역이나 도시는 행정위계에 맞게 다시 지역 및 도시활동 부문별, 하위 공간단위별 감축량과 비율을 정하여 행동에 나서게 된다. 최종 감축량 목표는 조직(기관, 기업 등)단위, 가정단위, 개인단위 등으로 개별화되어 설정된다. 이를 간단히 정리하면 지구–국가–지역–도시–부문–개별 활동으로 위세화 시킬 수 있다.

지속가능성 지표와의 차이점은 지속성이 정량과 정성적 평가를 병행하는 데 비해 탄소감축은 무엇보다 지수화에 의한 양적 평가가 주를 이룬다는 점이다. 그리고 지속성이 국가나 도시 전 부문에 걸친 복합적 평가인 데 비해 탄소감축은 에너지에 집중된 특화된 평가라는 점이다. 그래서 탄소감축 지표는 평가의 항목을 다양하게

표 6-2 도시의 탄소감축 평가지표(환경부, 2013)

구 분		목표	평가내용
대분류	평가지표		
탄소 감축	신재생 에너지 활용	신재생에너지 사용 확대	• 신재생에너지활용 비율 수준 평가 – 전체에너지사용량 중 신재생에너지사용량 비율 산정
	친환경 교통	수송구조개선 친환경 교통 도입	• 친환경 교통도입에 의한 탄소저감수준 평가 – 화석연료를 필요로 하는 기존 차량의 동선거리 축소 및 친환경 교통 도입에 따른 탄소저감량을 산정
	친환경 산업 공정	산업공정개선에 의한 저탄소 실현	• 산업공정개선에 의한 탄소저감 수준 평가 – 탄소가 배출되는 산업공정의 개선에 따른 탄소저감량을 산정
	저탄소 순환 자원	폐기물, 순환자원 처리 및 재활용 등을 통한 저탄소 실현	• 폐기물 등의 처리에 의한 탄소저감 수준 평가 – 폐기물 재활용, 소각량 감축 등에 의한 탄소저감량을 산정
	친환경 건축	저에너지형 건축, 건축물 녹화 등으로 저탄소 실현	• 친환경 건축에 의한 탄소저감 수준을 평가 – 친환경 건축에 의한 탄소저감 수준 등급화
	탄소 흡수원 제고	탄소흡수원 확충으로 배출 탄소량 흡수 및 저장	• 대상지의 탄소배출량을 흡수 및 저장할 수 있는 탄소흡수원의 양적 수준 – 대상지의 탄소배출량과 탄소흡수 및 저장량을 비교
	탄소중립	배출탄소를 저감하여 탄소중립화 수준 제고	• 탄소배출량 대비 탄소저감량 수준을 평가 – 탄소배출량과 탄소저감량 산정결과를 비교

출처: 환경부, 2013, 친환경 지속가능도시조성 가이드라인, pp. 6-7.

나열할 수 있지만 결국 모든 것이 탄소감축량으로 수렴되는 단일한 정책수단이다. 현재 우리나라에서 사용하고 있는 탄소감축 평가지표는 [표 6-2]와 같다.

(3) 환경용량(Environmental Capacity) 평가

환경용량은 생태학의 수용능력(carrying capacity) 개념에서 시작되었다. 생태계의 수용능력은 일정 서식지가 부양할 수 있는 생물체의 수와 생체량(Odum, 1989)으로서 주어진 공간과 자원으로 부양할 수 있는 최대 지속가능 밀도를 말한다(Odum,

1983). 수용력은 생물서식처의 자연적 조건이 허용하는 최대한의 생물서식 밀도를 말하는데, 중요한 점은 서식생물이 현재 순간만 존속하는 게 아니라 미래까지 존속 가능한 최대허용 밀도를 뜻한다는 점이다. 자연생태계에서는 서식지 공간, 먹이, 배설물 등 생물적 조건이 수용능력의 한계조건으로 작용한다.

생태적 수용능력 개념을 반인공-반자연적 도시환경에 적용한 것이 환경용량 개념이다. 여기서 환경은 동식물 서식처만을 지칭하는 것이 아니라 주거, 교통, 산업, 토지이용 등 도시환경 전체를 포괄하는 것이다. 서울연구원(1999)은 환경용량을 "일정한 지역의 자연시스템이 부양할 수 있는 경제규모"로 정의하였다. 이 경제규모에는 앞서 말한 인공적 도시환경과 인구도 포함한다. 서울연구원(1999)에서는 도시의 환경용량을 개념화하면서 앞서 말한 자연생태계의 한계조건이던 서식지, 먹이, 배설물을 도시환경에 적합하게 변형하여 공간, 자원, 오염관리능력을 한계요인으로 설정하였다. 그래서 이런 한계조건이 미래까지 지속가능하게 부양할 수 있는 최대밀도를 환경용량이라고 정의하였다. 그러나 이것이 생태적 수용능력과 다른 점은 자연생태계에서는 생물적 조건이 한계상황을 구축하지만, 도시환경에서는 인간의 기술적 조건이나 문화적 조건이 정주밀도의 허용 한계치를 확장시키는 데 결정적으로 작용하므로 이들도 중요한 한계조건으로 포함해야 한다는 점이다, 그래서 서울연구원에서는 도시의 환경용량에 영향을 미치는 조건을 다음 3가지로 세분하고 있다(서울연구원, 1999: 21).

① 자연적 조건: 공간, 자원, 환경오염
② 기술 조건: 공간창조, 식량 및 자원생산 증대, 교역, 오염정화처리 능력
③ 문화적 조건: 가치체계 및 복지수준의 척도, 삶의 질 조건

① 생태적 발자국(Ecological Footprint) 평가

생태적 발자국(EF)은 인간 경제활동에 필요한 자원소비량을 생산적 토지소비면적으로 환산한 것이다. EF는 1990년대 초반에 리즈(Rees) 등의 연구를 통해 고안된 환경지표로서, 인간의 다양한 경제활동에 필요한 복잡한 형태의 자원의 소비량을 사람들이 쉽게 이해할 수 있도록 하나의 측정단위인 토지면적으로 환산한 값이다. EF는 인간 활동을 단일한 지수로 환원시킴으로써 국가, 지역, 도시 등 특정 단위지역의 자원소비량이 어느 수준으로 이루어지고 있는지를 간단하게 알 수 있다. 이

지수를 통해 국가·지역·도시 간 자원소비량은 물론 소비의 지속가능성을 비교 평가할 수 있다.

생태발자국은 특정 단위지역의 자원소비량과 그 지역의 생산적인 토지면적을 비교함으로써 지역내부 부존 토지의 양에서 큰 부분을 차지하거나 초과된 자원, 즉 지역에서 소비량이 편중되는 자원이 무엇인지를 알 수 있다. 이로써 지역외부로부터 수입해서 사용한 자원소비량의 정도도 알게 된다. 생태발자국은 지역 간 자원의 분배구조와 자원소비의 불평등 구조를 파악할 수도 있는 지표이기도 하다.

이것의 장점은 일정 지역의 환경용량을 간단한 수치로 보여주는 데 있다. 그러나 단점은 지속가능성을 달성하기 위한 세부 대책을 만드는 데는 활용성이 떨어진다는 점이다. 복잡한 형태로 소비되는 자원의 양을 에너지생산, 토지, 건조환경, 정원, 경작지, 인공림, 자연림, 비생산 토지 등 8개 부문으로 단순화하고, 이것을 토지소비면적이라는 단일 지표로 환치시켰기 때문이다.

생태적 발자국 지수 산정은 다음의 4단계를 거친다.

① 1단계: 측정하고자 하는 지역의 개인 연평균 소비량을 구한다.
- 소비범주: 음식, 주거, 교통, 소비재, 서비스 등 5개 분야
- 토지이용 범주: 에너지생산소비, 구조물환경, 정원, 경작지, 초지, 인공림, 자연림, 비생산적 토지 등 8개 분야

② 2단계: 특정 소비항목의 생산을 위해 사용된 1인당 토지면적을 추산한다.
③ 3단계: 1인당 평균 총 EF값을 산출한다.
④ 4단계: 1인당 EF를 인구수로 합한 지역단위의 총 EF값을 구한다.

② 오염총량 평가

가) 수질오염총량관리제

하천 또는 호소에 대한 오염원이 지속적으로 증가하는 경우에는 일반적인 농도규제 방식만으로는 수질개선에 한계가 있다. 수질오염총량관리제는 오염수준에 대한 과학적 평가에 기초하여 수질관리의 효율성 및 배출업체의 책임성을 제고하고, 목표수질을 계획대로 달성하기 위한 오염관리 수단이다. 목표 환경기준 한도 내에서 유역별 배출원에 오염물질 배출총량을 할당하여 배출 지역을 종합적으로 관리하는 방식이다. 이를 통해 유역의 수질환경을 효과적으로 관리함은 물론, 공공수역

의 수질보전, 수자원 이용을 둘러싼 지역 간 분쟁해소, 유역공동체의 경제·환경적 형평성을 꾀하는 제도이다. 하천과 호소가 허용하는 적정 오염부하총량을 고려하지 않은 채, 개별 배출업소에 대한 농도기준 중심의 규제는 누적적인 오염량의 증가를 통제할 수 없어 수질개선에 한계가 있다. 농도규제는 지역의 특성에 상관없이 일률적으로 수행됨으로써 오염원이 밀집된 지역의 경우에는 그 효용성이 떨어지고, 반대로 오염원이 희소한 지역에는 과도한 규제로 나타날 수 있다. 우리나라 하천의 중하류에는 인구 및 산업시설이 과도하게 밀집되어 있어 현재의 농도규제 방식으로는 하천의 환경기준을 달성하기에는 근본적으로 한계가 있다. 이를 타개하기 위해 도입된 제도가 수질오염총량제이다.

우리나라의 경우 3대강(낙동강·금강·영산강) 특별법에 의한 수계별로 별도로 고시되는 '목표수질 설정 수계구간'의 유역(이를 총량관리단위유역이라 칭함)과 목표수질에 의하여 오염부하량을 할당하고 있다. 시·도지사는 총량관리단위유역을 다시 소유역으로 세분화하여 오염부하량을 설정하고 있다. 수질모델링을 통해서 소유역에서 배출되는 오염물질이 자정작용 등을 거친 후에 목표수질 설정 지점에 도달될 경우의 오염물질량(단위유달부하량)이 총량관리단위유역별 할당부하량을 만족할 경우에 이것이 기준배출량이 된다. 목표수질은 오염총량관리 목표설정을 위한 기준치로서 하천의 용도(상수원수·농업용수 등), 오염원 밀도, 지역개발 정도, 환경기초시설 투자 정도, 수량 및 수질, 수중생태계의 건전성 등을 고려하여 설정한다(환경부 물환경정보시스템, 2015).

나) 대기오염총량제

정부가 기업체별로 배출할 수 있는 대기오염물질의 총량을 할당하는 제도를 말한다. 기업체가 지역환경 기준을 초과하는 오염물질을 배출할 경우 정부는 연료 변경 및 조업 정지 처분을 내리게 된다. 서울 등 주요 대도시의 아황산가스 오염도는 1993년 세계보건기구(WHO) 권고 수준에 도달했으나 일부 도시의 경우 여전히 아황산가스가 기준치를 넘고 있어 이 제도를 실시하게 되었다. 환경부는 1999년부터 인천·대구·울산 등 공업도시에 대기오염 지역총량 규제를 처음으로 도입했다(행정학사전, 2009).

「대기환경보전법」 제22조에서는 "환경부장관은 대기오염 상태가 환경기준을 초과하여 주민의 건강·재산이나 동식물의 생육에 심각한 위해를 끼칠 우려가 있다고 인정하는 구역 또는 특별대책지역 중 사업장이 밀집되어 있는 구역의 경우에는 그 구역의 사업장에서 배출되는 오염물질을 총량으로 규제할 수 있다"고 규정하고 있다. 동법 시행규칙 제24조에서는 이런 총량규제구역의 사업장에서 배출되는 대기오염물질을 총량으로 규제할 경우에는 총량규제구역, 총량규제 대기오염물질, 대기오염물질의 저감계획, 기타 총량규제구역의 대기관리를 위하여 필요한 사항을 고시하여야 한다고 명시하고 있다.

대기오염이 다른 도시에 비해 심각한 수도권의 경우에는 수도권 대기환경개선특별법에 의해 별도의 '대기오염물질 배출허용 총량제(대기오염총량제)'를 시행하고 있다. 이에 의하면 먼저 수도권지역을 대상으로 '수도권 대기환경관리 기본계획'을 수립하도록 하고 있다. 이 계획에서 대기관리권역으로 지정된 지역에 대해서는 배출원별 대기총량과 배출량 저감계획을 수립하도록 하고 있다. 대기관리권역은 수도권지역 중 대기오염이 심각하다고 인정되는 지역, 해당 지역에서 배출되는 대기오염물질이 수도권지역의 대기오염에 크게 영향을 미친다고 인정되는 지역으로서 정부가 정하는 지역을 말한다. 그리고 정부는 총량관리 대상 오염물질을 지정하고 대기오염 배출허용 총량을 지역별로, 사업장별로 할당하고 있다. 배출허용 총량의 할당기준에 따라 5년마다 연도별로 구분하여 총량관리대상 오염물질과 그 물질의 배출허용 총량을 할당하게 된다. 정부가 사업장에 배출허용 총량을 할당할 때에는 앞서 말한 기본계획에서 제시된 배출량의 저감계획, 지역 배출허용 총량, 해당 사업장의 과거 5년간의 총량관리대상 오염물질 배출량 및 에너지 사용량, 최적방지기술의 수준과 앞으로 총량관리대상 오염물질의 추가적인 저감 가능 정도, 해당 사업자의 연도별 총량관리대상 오염물질 저감계획, 수도권 대기환경연구지원단의 자문 결과, 사업장 배출 대기오염물질이 주변 대기오염에 미치는 영향 등을 종합적으로 고려하도록 하고 있다.

③ 녹지총량 평가

녹지총량제 개념은 대도시권을 중심으로 난개발 문제가 심각하게 대두됐던 시기에 환경전문가들 사이에서 개발압력을 제어하는 수단으로 연구되었다. 일정 지역에서 보전해야 할 녹지의 총량을 정하거나 아니면 개발할 면적을 설정함으로써 무분별한 개발을 예방하자는 것이다. 예를 들어 환경이 양호한 개발제한구역 중에서 이미 훼손되었거나 보전가치가 낮은 지역을 개발제한구역에서 해제하되, 그 해제의 총량을 정하여 개발을 허용하고 나머지는 보전하자는 것이다. 일정 구역에서 개발사업이 집중될 경우에는 녹지감소의 폐해를 줄이기 위해 보전할 녹지의 총량을 정하여 정책을 추진할 수도 있다. 신도시, 산업단지 등 개발지역 내부의 환경성을 확보하는 방법으로 정부가 개발지 전체면적 중에서 조성할 공원녹지의 비율을 설정하는 것도 녹지총량제의 한 방법이다. 도시지역을 대상으로 공원녹지율(공공시설)이나 생태면적율(민간시설)을 설정하고 이를 준수하도록 강제하는 것이 대표적인 녹지총량제 정책이다.

녹지총량제는 무엇보다 녹지의 보전을 목표로 삼고 있으므로, 보전의 기간과 녹지의 대상이 어떠하냐에 따라 총량제의 개념은 달라진다.

첫째, 영구적 보전을 목표로 할 경우 총량제에 포함되어야 할 녹지는 환경적으로 보전가치가 아주 높은 녹지가 대상이다. 이 경우 녹지에 대한 환경평가 등급이 우수한 녹지, 즉 녹지자연도(10등급), 생태자연도(3등급), 국토환경성평가도(5등급), 비오톱평가도(5등급) 등의 등급이 양호한 녹지의 총합이 녹지의 총량에 해당한다. 일반적으로 우리나라의 경우 녹지자연도 7등급 이상, 생태자연도 1등급, 비오톱평가도 4등급 이상, 국토환경성평가도 1, 2등급이 보전가치가 높은 녹지로 분류된다.

둘째, 영구적 보전이 목표가 아닌 경우에는 녹지총량은 산림, 공원녹지, 하천, 농지 등 거의 모든 종류의 녹지의 합산량을 의미한다. 이럴 경우 녹지총량은 보전가치가 높은 녹지만을 대상으로 하지 않으므로 지표상에 존재하는 대부분의 녹지를 포함하여 산출하면 된다.

셋째, 보전 대상을 현재 지표상에 존재하는 녹지뿐만 아니라 생성중인 녹지까지 포함할 경우에는 녹지총량은 위의 두 번째 개념의 녹지총량에다 신규 조성중이거나 조성계획이 확정된 녹지분까지 더한 양을 가리킨다. 즉 현존 녹지와 조성 녹지의 합산량이 녹지총량이다.

04 | 사업 수단

사업(project)은 소기의 정책 목표를 달성하고자 예산과 인력 그리고 자원을 투입하여 유·무형의 새로운 성과물을 만들거나 존재하던 프로그램을 운영하는 행위이다. 규제나 평가 수단이 특별히 막대한 예산이나 자원을 쏟아 붓지 않고 명령이나 강제를 통해 달성할 수 있는 것과는 비교된다. 현재의 물적·비물적 조건을 개선하거나 유지해야 할 경우에 인력, 예산, 자원을 투입하여 그런 조건을 창출하거나 보전하는 것이 사업이다. 창출은 일종의 만들기로서 조성, 건설, 설치, 조직화, 개발, 시스템구축 등이 있고 유지관리에는 정비, 수리(수선), 개선, 복원, 처리, 지원, 운영 등이 있다.

그러나 사업이 유무형의 새로운 조건을 만들었다고 해서 바라는 바의 정책적 목표를 달성했다고 바로 단정하기는 어렵다. 명령과 강제는 어떤 기준에 의해 바라는 목표를 즉각적으로 혹은 단기간에 얻을 수 있지만 사업은 그것의 효과가 나타나기까지 일정 시간을 요구한다. 물론 즉각적으로 사업의 성과가 나타날 수도 있다. 사업은 소기의 성과를 확신할 수 없다는 특징을 지닌다. 한편 사업은 특정 지역, 특정 주민을 대상으로 자원을 투입하는 일이기에 다양한 연관 효과를 기대할 수 있다.

도시환경과 관련된 사업은 무수히 많다. 자연보전, 오염예방과 처리, 에너지 및 자원재활용, 환경교육 및 녹색공동체 운영, 녹색경제 등과 관련한 다양한 사업이 현재 진행되고 있다.

① 자연보전: 생태계복원사업, 생태하천조성사업, 생태공원조성사업, 자연체험장조성사업, 공원녹지조성사업, 특수공간 녹화사업, 학교숲조성사업 등.

② 오염관리: 하수종말처리장건설사업, 매연저감장치설치사업, 집진장치설치사업, 방음벽설치사업, 토양오염정화사업, 하수도건설사업, 오염측정장치설치사업 등.

③ 에너지 및 자원: 태양광(열)에너지 보급사업, 조력발전사업, 풍력발전단지조성사업, 폐기물재활용사업, 쓰레기수거사업, 절수시설설치사업, 수자원재이용사업 등.

④ 환경교육 및 녹색공동체: 생태학교운영사업, 녹색마을만들기사업, 녹색문화

운영사업 등.

⑤ 녹색경제: 환경기업지원사업, 녹색기업설립지원사업, 녹색일자리창출사업, 탄소배출권거래지원사업 등.

05 | 계획 수단

정책이 공공이 합의한 목표를 성취하기 위해 다양한 제도적 수단을 강구하여 일련의 체계를 만드는 과정이라 한다면, 계획은 이러한 수단들이 최고의 효과를 나타내기 위해 주어진 조건에 최적화된 투입물들을 시간상으로, 공간적으로 그리고 주체별로 관계망을 형성시키는 과정이다. 정책이 시스템의 지향점과 구성요소를 형성시키는 것이라면 계획은 체계의 완성과 효율적인 운영을 위해 요소들의 관계망을 구축하는 작업이다. 체계를 통해 성과물을 얻기 위해 투입하는 요소에는 인력, 자본, 자원 등이 있는데, 이들을 일정 시간적 범위와 공간적·사회적 범위 안에서 정책수단들과 연결시키는 작업이 계획이라 할 것이다.

계획은 합리적 판단과 사회적 합의를 통해 도출된 목표를 지향하기 때문에 계획의 과정 또한 합리성, 객관성, 투명성, 합의, 참여라는 특징을 통해 구체화된다. 일반적으로 계획은 주요 의사결정 과정에 취급되는 정보가 관계자나 일반 시민 모두에게 제한적 또는 완전 공개된 형태로 개방되어 투명성을 확보한다. 아울러 계획은 한꺼번에 내용이 만들어지는 게 아니라 일련의 제도화된 절차를 통해 입안되고 결정된다. 그리고 의사결정은 소수 관계자가 좌우하는 게 아니라 이해관계인은 물론 다중의 논의를 통해 이루어진다. 즉 민주적 절차, 개방성, 투명성, 합의와 참여를 통해 계획의 정당성과 권위를 획득한다. 또한 계획에 대한 대중적 신뢰는 계획 과정에서 취급하는 정보의 객관성, 정확성, 시의성은 물론이고 분석과 예측에서의 과학성을 통해 확보된다. 과학적 접근은 근본적으로 합리성을 통해 성취되는 것인데, 계획 과정에서의 합리성은 다양한 가능성과 제약점을 동시에 고려하면서 여러 가지 대안을 놓고 비교 평가하는 과정을 거친다는 점이며, 이를 통해 주어진 조건에 최적화된 선택을 이루어나가는 모든 과정이 이성적 사고와 판단에 기초한다는 점이다.

도시환경정책의 핵심 계획수단인 공간계획이나 환경계획은 합리적인 정보수집과 분석에 근거하고 있고, 계획 수립의 절차가 단계별로 구성되어 있으며, 계획의 목표와 대상이 분명하게 명시되어 있다. 이들 계획은 설정된 세부 목표에 맞추어 계획의 대상, 투입물 요소, 성과물 등이 명징하게 제시되어 있다. 계획에서 다루는 모든 내용들은 일련의 시간적 순서로 배열되어 요소들 간에 위계적, 논리적 상충이 없이 관계망을 구축하고 있다.

현재 우리나라에서 도시환경정책을 실현하기 위한 하위 계획 수단에는 이러한 것들이 존재한다.

① 공간계획(spatial planning)
- 행정 수립 공간계획: 광역도시계획, 도시기본계획, 도시관리계획, 지구단위계획, 건축계획(건축기본설계, 건축실시설계), 도시경관계획, 도로기본계획 등.
- 민간 수립 공간계획: 택지개발계획, 산업단지조성계획 등.

② 환경계획(environmental planning)
- 환경 종합계획: 광역시도 환경보전종합계획, 시군구 환경보전종합계획.
- 환경 부문계획: 녹지기본계획, 도시공원계획, 대기관리기본계획(수도권), 하천정비기본계획 등.

제 4 절 분야별 실천 방안

01 | 도시 생물다양성 증진

생물다양성은 일반적으로 유전자, 종, 생태계의 다양성을 말하는데 최근에는 생태계의 다양성 차원에서 경관의 다양성까지 포괄하는 용어로 발전하고 있다. 따라서 생물다양성을 증진시키는 것은 미시적으로 유전자 다양성을 유지하는 것에서부터 거시적으로는 경관 다양성을 유지하는 것까지의 대책을 포함한다. ① (유전자 다양성) 같은 종의 개체군 간 유전자 교환이 가능한 환경의 유지가 필요하고, 같은 개체군이 메타 개체군으로 분리되지 않도록 하는 대책이 필요하다. ② (종 다양성) 같은 개체군, 군집 간의 유전자 교환이 가능한 환경 유지 및 다른 종들이 안정적으로 생육할 수 있는 환경유지가 필요하다. ③ (서식처 다양성) 서로 다른 군집들이 조화를 이루어 생육할 수 있도록 다양한 군집이 분포할 수 있는 다양한 서식처의 보호가 필요하다. 야생동물 서식처의 보전도 필요하다. ④ (경관 다양성) 다양한 서식처가 보전되기 위해서는 지표상 경관단위조각(patch)들이 다양하게 섞여서 생태적 안정성과 다양성이 이루어진 경관의 유지가 필요하다.

1) 도시생태축 설정과 관리

자연공간이 절대 부족한 도시에서 생물다양성 증진의 첩경은 면적이 넓은 거점 생태계(eco-core)를 확보하는 것이다. 생태계 면적이 클수록 다양한 생물종이 서식하게 되고 먹이사슬의 고리가 길어지며 물질이동의 자립성이 이루어고 또한 인간간섭의 영향을 적게 받게 된다. 국토 차원에서 생태적 기능을 가진 용도지역은 농림지역, 자연환경보전지역, 보전·생산관리지역이고 도시 내부에서는 보전녹지, 생산녹지, 생태보전지구 등이다. 도시생태계로서 기능하는 기반시설은 도시공원과 시설녹지이며 이외에 하천, 유수지, 공공공지, 보행전용도로 등이 있다. 생태거점 기능을 유지하기 위해선 이미 지정된 보전용도 면적이 축소되는 걸 억제하면서 신규 지정을 통해 면적을 확대하는 노력이 필요하다. 기반시설인 경우에는 인간이용 기능과 분리된 별도의 생태기능을 도입하는 것이 요구된다. 용도지역이나 시설에 자연기능을 확보하는데 우선해야 할 일은 생태계가 파편화되는 것을 방지하면서 주변 개발압력으로부터 완충지대를 확보하는 것이다. 그리고 주변 자연과 생태적 연속성[5]을 확보하면서 내부에 생물서식 환경을 갖추는 것이다.

생태거점을 확보했으면 생태망을 구축하는 일이 그 다음 작업이다. 흔히 생태축이라 불리는 이것은 공간의 위계를 가지고 접근하는 것이 관건이다. 우리나라 국가단위에서는 다수의 시·도 행정구역에 걸친 백두대간축이 지정되고, 여러 시·군이 분포한 광역단위에서는 광역생태축이, 기초자치단체 내부에서는 도시생태축이, 그리고 그 하위에는 소유역 혹은 소단위 지구생태축이 구축된다. 생태축은 생태거점들을 연결하는 작업인데 산줄기, 하천, 농경지, 기타 자연지역이 연결녹지의 기능을 갖는다. 생태연결로(eco-path)는 도로, 택지, 공업단지 등 개발로 인해 연속성이 단절되는 걸 막아야 한다. 최근에는 단절 생태축을 복원하는 작업이 추진되는데 주의해야 할 점은 생물이동 및 서식에 필요한 최소 폭 이상을 확보하는 것이며, 생태적 연속성과 생태완충지역[6]을 조성하는 것이다.

2) 생물서식공간의 확충

생물다양성 증진을 위해선 생물서식공간(biotop)을 조성·복원·정비하는 것도 중요한 과제이다. 도시지역에서의 비오톱은 도시생물종의 은신처, 분산(확산), 이동통로로서의 기능을 수행한다. 도시민에게 휴식과 레크리에이션을 위한 공간을 제공해주며, 도시의 환경적 건전성(수질, 기후, 대기질, 소음 등 환경의 질과 자연경관 제공)의 유지를 위한 기능을 수행한다.

도시 내에서 생물서식공간은 숲, 습지, 잔존지, 통로 등으로 구분할 수 있으며, 이를 형태적 특징으로 분류하면 점, 선, 면의 모양으로 구분할 수 있다. 또한 생태적인 기능에 따라서 핵(核, core), 중간 거점(據點, spot), 연결통로(corridor), 생태적인 섬(ecological island) 등으로 구분된다. 비오톱은 점적 요소와 면적요소를 연결한 네트워크 형태를 만들어 관리해야 한다. 넓은 산지나 농경지 등을 녹지축의 핵으로 삼고 도시공원 등을 녹지축 형성의 거점으로 활용하여 네트워크화 할 수 있다. 점적인 요소로는 건물의 벽면녹화, 지붕 및 옥상녹화, 소규모 생태연못, 소정원, 주차장 상부 녹화 등이 해당된다. 면적인 요소로는 대규모 인공호수 및 습지, 자연관찰원, 시민농원 및 분구원, 자생식물 군락지, 생태주제공원, 환경보전림, 근린공원 등이 있다. 선적인 요소에는 도로·철도변 완충녹지, 생태통로(eco-bridge), 가로수, 하천, 연결녹지 등이 있다. 도시 산림은 분산된 생태계의 거점역할을 수행하면서 시민에게는 여가휴식의 장소로 활용되는 등 다양한 기능을 수행하므로 최대한 보전하도록 계획해야 한다. 또한 인공구조물 위주의 시가지에 새로운 비오톱을 창출하여 최소한의 동식물 서식처를 확보해야 한다(협성대, 2004: 45).

복개되었거나 인공구조물 하천을 생태하천으로 복원하는 사업은 생태거점과 연결로를 확보한다는 측면도 있지만 시민에게 양질의 수변경관을 제공한다는 점에서도 필요하다. 복원된 생태하천에 새로운 어종과 조류가 출현하는 사례가 늘고 있다. 노후된 공장, 사무실 등이 밀집한 갈색지대(brown field)[7)]에 근린공원이나 생태주제공원을 도입하는 것도 비오톱 확보에 중요한 과제이다. 도심부 생태공간 창출은 생태징검다리 —고립된 생태적 섬으로서 동물이동의 중간 기착지로 기능하고, 식물의 서식처로서 역할을 수행— 를 확보하는 측면에서 유익한 조치이다. 도심의 자투리공간이나 인공건조물을 녹화하는 일도 필수 과업의 하나다. 폐건지를 활용한 도심정원, 하천부지나 유휴지를 활용한 텃밭, 작은 골목길을 활용한 녹화사업은 분산된 생태징검다리가 된다. 이런 작업과 동시에 일정 지역이 연합하여 지붕·벽면·토목구조물 등의 녹화사업을 추진한다면 거대한 녹지띠를 만드는 효과가 나타난다.

3) 녹지총량제 도입

행정이 생태환경을 보전하는 용이한 방법은 공원녹지율이나 생태면적률 지표를 관리하는 것이다. 공원녹지율은 공원, 녹지, 하천, 공공공지, 보행자도로, 광장 등 공공의 기반시설을 대상으로 면적비율을 추산하는 것이다. 생태면적률은 녹지는 물론 투수포장지, 벽면·지붕녹화지 등 생태기능을 수행하는 공간 일체를 대상으로 하되 도시전체보다는 개발지구나 단위건축물에 주로 적용된다. 최근에는 공원녹지율과 생태면적률을 통합한 녹지총량제 개념의 도입을 정책적으로 논의하고 있다. 녹지총량제는 녹지의 면적뿐만 아니라 입목축적, 생체량, 녹지자연도, 녹피율 등을 두루 고려하기 때문에 입체적인 생태공간 총량을 산정할 수 있다. 그래서 어느 지역의 공원녹지율이 낮더라도 녹지의 질을 높여 생체량 등을 높인다면 전체 녹지총량은 결코 낮은 것이 아니게 된다. 이는 도시지역 생태성을 평가하는 유용한 잣대가 될 수 있다.

녹지총량제를 통해 얻게 될 구체적인 효과는 다음과 같다. 첫째는 시가지, 도시주변 등 개발집중 지역에서의 녹지의 보전이다. 둘째는 환경영향평가 등 환경성 협의 수단의 확보이다. 셋째는 도시계획을 통해 녹지총량을 생활권별로 적정하게 배분함으로써 시민에게 일상의 녹지 접근이 용이한 도시구조 만들기가 가능하다. 그리고 마지막은 택지 등 정주지 개발계획 수립시 최소 녹지의 확보가 가능하다. 녹지총량제는 국토·도시계획, 환경계획 등 계획 수립 시에는 물론이고 국토·도시·환경 등 관련 정책을 입안하고 평가할 경우에도 유용하게 활용할 수 있다.

02 | 그린인프라 서비스의 품질 높이기

도시민에게 자연은 여가생활이나 문화활동의 과정에서 직간접 수혜를 제공하는 사회적 자본이다. 이는 비용을 지불하지도 않고도 일상생활에서 건강, 교육, 문화적 가치를 제공받는 복지재이다. 최근에 감성, 자연치유, 쾌적감 등 정신적 어메니티(amenity)에 대한 시민의 관심이 고조되면서, 도시의 자연은 긍정적 가치를 얻는 복지재로 각광받기 시작했다. 이러한 환경복지의 기반이 되는 자연체험 공간이 그린인프라이다. 이것은 기존 공급자중심의 기반시설과는 달리 수요자위주 곧 시민맞춤형으로 서비스되어야 한다. 기존 공원녹지는 물론 걷는 길, 생태체험장, 녹색문화공간 등의 그린인프라는 시민 눈높이에 맞추어 설계되고 서비스되어야 한다.

그린인프라를 이용한 대표적 활동이 환경교육이다. 이는 학생을 주요 대상으로 하기 때문에 접근이 용이하면서도 프로그램을 다양하게 구비하여 품질을 유지하는 것이 관건이다. 기존에 활성화돼 있는 생태체험이 지역의 문화행사나 예술활동과도 연계하고, 자원재생센터, 소각장, 물재생센터, 신재생에너지관, 녹색교통수단 등도 교육의 장이 되게끔 체험프로그램을 다양화시켜야 한다.

도시관광과 결합된 시민환경체험 프로그램도 확충되어야 한다. 이를 위해 청소년 생태탐방로, 노인 생태전승학교 등과 같이 생애주기별로 체험서비스가 제공되어야 한다. 그린인프라와 결합된 도시관광은 무엇보다 지역경제 활성화에 기여하고 이를 통해 다양한 시민일자리 창출도 가능하다. 일상생활에서 접하는 환경서비스는 주민참여형 마을만들기 방법에 의해 추진되었을 경우 주민의 생활 만족도를 더욱 높일 수 있다. 쌈지공원 만들기, 자투리공간 녹화, 담장 허물기, 텃밭 만들기 등은 마을만들기 방법에 의한 그린인프라 확충 사례들이다.

03 | 탄소중립도시 계획 실행

도시차원의 기후변화 대응 정책은 우리나라에선 저탄소 녹색도시 개념으로 압축된다. 그런데 저탄소 도시가 궁극으로 지향하는 바는 탄소중립도시이다. 그러나 현 단계에서 완전한 탄소중립은 불가능하기에 이를 향한 중간단계로서 저탄소도시 개념을 적용한다.

1) 탄소중립도시 행동계획 수립

행정이 탄소중립도시를 지향하려면 탄소감축 목표를 설정하는 것에서 출발한다. 이를 위해선 해당 도시의 현재 탄소발생량 산정이 선행되어야 한다. 탄소감축 목표를 설정하는 방법은 상위 행정기관에서 제시된 목표치를 수용하는 방안과 상향적으로 각 부문별, 주체별 감축량을 합산하여 도출하는 방안이 있다. 감축 목표치가 설정되면 각 분야별로 행동계획을 수립하여 사업을 수행해야 하는데, 분야별 행동계획의 요소는 다음과 같다.

① 생태기반: 탄소흡수림 조성, 생태녹지 및 오픈스페이스 구축, 자연자원 보전.
② 에너지자립: 에너지 효율성 증진, 신재생에너지 도입, 도시미기후 관리.
③ 자원순환: 자원순환시스템(폐기자원 재활용) 도입, 물순환체계 구축 .
④ 녹색교통: 대중교통 활성화, 녹색교통체계 도입, 저탄소 교통수단 도입.
⑤ 사회경제프로그램: 커뮤니티 활성화, 사회적 일자리 창출, 탄소비지니스 사업.
⑥ 행동지침: 일반시민, 개발사업자, 행정별로 준수할 행동계획(에너지절감, 교통이용, 자원절약, 자연보전 등에 관한 사항).

2) 개발단위 저탄소 환경계획의 수립과 집행

환경계획은 지속가능한 발전을 도모하고자 생태계 보전, 에너지자립 및 자원순환, 청정환경(오염예방과 관리), 녹색교통, 녹색공동체 및 문화, 환경산업 등에 관한 기술적 계획을 말한다. 저탄소 환경계획은 탄소중립도시를 실현하기 위해 탄소감축을 주요 목표로 에너지자립, 자원순환, 탄소경제, 탄소감축 행동지침 등을 강조하는 탄소감축 실천계획으로서 앞서 말한 환경계획의 내용을 포괄하는 계획이다. 개발단위 환경계획은 택지개발, 관광지개발 등과 같은 일정 개발구역 단위에서 대상지의 환경적 특성에 맞추어 생태구조 및 기능을 분석하여 생태축을 구축하는 동시에 대상지의 탄소배출·흡수여건과 탄소급증 요인을 파악하여 에너지자립과 자원순환, 그리고 탄소흡수를 통해 탄소중립화율을 제고하는 행동계획을 말한다. 탄소중립화는 탄소배출이 전혀 없는 탄소제로 대비 감축이 이루어진 탄소배출량의 비율을 말한다. 2000년대 이후 신도시계획에 도입되었던 기존의 친환경계획이 생물다양성을 확보하는 데 핵심 목표가 있었다면, 최근의 저탄소 환경계획은 사업지구에서 배출되는 탄소를 감축하는 것이 중요 목표이다. 저탄소 환경계획은 기존의 친환경계획을 저탄소 관점에서 계획의 내용을 탄소감축 중심으로 재편하고, 탄소흡수림 조성, 탄소감축량 산정 등과 같은 새로운 계획요소를 도입한 미시적 기후대응 계획이다.

저탄소 환경계획은 개발사업의 공간계획(토지이용계획, 자구단위계획)과 대응하여 환경부문의 계획정보를 제공하여 개발사업 자체를 친환경적으로 유도하는 계획이다. 이것은 개발사업을 추진하는 공공 혹은 민간의 개발 주체가 수립하는 개발사업지구 지정에서부터 실시계획 수립 때까지 개발계획 전 과정에서 수립되는 계획이다. 개발계획과는 독립된 계획 위상을 갖고서 도시계획, 교통, 조경, 건축, 수자원, 에너지 등 각종 엔지니어링 실무계획 분야와 협동작업을 통해 작성된다(도시환경연구센터, 2012: 109-111).

04 | 도시환경오염의 예방과 관리

1) 환경오염 관리의 방향

환경오염의 관리는 사전예방과 사후처리로 구분된다. 사전예방을 위한 정책에는 환경영향평가와 전략환경영향평가가 있다. 정부의 정책이 사전예방을 강화하는 방향으로 나아가면서 도시계획에 대한 전략환경영향평가는 도시차원에서 중요한 제도이다. 이는 도시기본계획이나 도시관리계획이 제시하는 장래 개발의 정도를 파악하여 환경보전의 방향을 설정하고 주요 개발사업의 입지적정성을 검토하는 과정이다. 이를 통해 개발사업이 집중되는 지역에 대하여 환경기반시설이나 오염배출총량, 녹지총량 등을 설정하여 지역단위 환경적 기준을 달성하는 것이 필요하다.

사후 오염관리는 오염원의 종류에 따라 처리와 관리방식이 달라진다. 수질의 경우 최초 발생지점에서 일차 처리를 하고 최종 하수종말처리장에서 수질기준치에 맞는 정화처리를 한다. 수질오염총량제를 실시하는 지역에서는 증설되는 공장의 총면적이 제한된다. 그간 수처리기술의 발달로 오염수는 대부분 정화되고 있으나 계속 문제를 야기하는 것은 비점오염원이다. 공업, 상업, 농업 등 인간활동으로 인해 지표면 오염물질이 초기 강수에 의해 하천수질이 악화되는 문제가 바로 그것이다.

이를 예방하기 위해선 자연지반을 확대하고, 하수관거 유입이전에 간이처리시설을 설치하며, 지표면 오염이 심한 지역에는 초기우수를 하수처리장으로 유입시켜 정화토록 해야 한다.

대기질은 사업장이나 교통수단 등 원발생 단위별로 처리시설을 설치하여 관리한다. 대기질은 공장이나 교통 밀집지에서 악화되므로 풍향에 따른 대기의 확산경로를 예측하여 인구밀집 주거지에 악영향을 미치지 않도록 토지이용을 배치해야 한다. 청정한 대기질을 위해선 시설설치와 함께 청정연료 사용, 대중교통 및 녹색교통수단 활성화, 전기차 도입 등을 적극 추진해야 한다.

2) 도시에서 빈발하는 환경오염문제에 대한 대책

인구밀집지역에서 자주 사회적 문제가 되는 환경오염의 양상은 주로 오염의 수준이 얼마나 심각한지, 건강에 얼마나 악영향을 미치는지, 그리고 그것의 대책과 보상이 적정한지에 관한 것이다. 환경문제를 둘러싸고 주민과 원인자 간에 갈등이 유발되고, 이를 행정에서 중재에 나설 경우 원인에 대한 과학적 조사분석, 미래 영향 예측과 대책이 합리적으로 이루어지는지에 대한 문제의식이 필요하다. 일반적으로 소음진동, 수질, 대기질, 에너지 및 자원 분야에서 발생되는 문제의 양상을 정리하면 다음 [표 6-3]과 같다.

시민, 행정가, 환경전문가, 언론 사이에서 논쟁이 유발되는 환경문제의 유형을 보면 크게 3가지로 집약된다. 환경오염에 대한 조사분석의 객관성에 대한 논쟁, 오염저감대책의 실효성에 대한 다툼, 그리고 오염원인자의 대책의 일관성(지속성) 유지의 대한 의구심이 그것이다. 도시에서 빈발하는 환경문제를 해결하기 위해선 문제 유형에 따라 다음의 사항을 충분히 고려하여 정책이 추진되어야 한다.

첫째, 환경적 기준 달성을 위한 과학적 접근의 필요성이다. 각종 개발로 인한 환경문제의 현상이 정량적 문제인지 정성적 문제인지를 먼저 판가름해야 한다. 만일 사안이 정량적인 문제의 경우에는 객관적이고 치밀한 환경영향 예측이 이루어져야 한다. 여기에는 엄격한 환경적 기준을 적용해야 한다. 정성적 문제의 경우에도 과학적으로 검증된 조사분석 방법과 영향분석 방법을 적용해야 한다. 이를 위해 사업 전과정 환경영향평가를 시행(생애주기 사업 전 과정 환경모니터링 강화)해야 한다.

표 6-3 도시에서 빈발하는 환경오염문제의 양상

분 야	환경문제의 양상
소음진동 분야	• 도로변 주거지 소음방지 대책(방음벽 · 방음둑 등)의 적정성 문제 • 활주로변 주거이격 및 소음진동 예방의 적정성 문제
수질 분야	• 하천, 호수 등으로의 오염 과부하 및 환경기준 달성 문제 • 대규모 개발로 급증하는 비점오염원의 처리 문제 • 현재 비점오염처리시설의 기술적 한계와 관리의 비지속성(비용부담 문제, 시설 유지관리 문제 등)
대기질 분야	• 고밀 도심지의 대기질 순환(바람통로) 및 열섬현상 문제 • 기준 초과 대기질의 집단 주거지로의 월경 문제(거리이격 및 완충 문제) • 공장, 개발지 주변 비산먼지 문제
에너지 · 자원 분야	• 에너지 다소비 건축물의 에너지절감 및 신재생에너지 도입 문제 • 수자원의 순환 및 재활용을 위한 저류 · 침투 · 이동시설의 설치 문제 • 양에너지(광 · 열), 지열 등의 현수준 기술적 한계와 유지관리 문제 • 풍력발전기와 진입로 설치에 따른 능선 산림축 훼손

출처: 필자가 직접 작성함.

환경적 기준 달성을 위해서는 환경영향평가의 과학성을 한층 제고해야 한다. 그리고 정부는 국토-도시-환경 정보시스템을 통합적으로 운영함으로써 정보의 생산과 소통이 원활하게 이루어질 수 있도록 해야 한다. 아울러 시민의 정보이용에서도 효율성을 기해야 한다.

둘째, 추상적이고 선언적인 환경대책이 아닌 구체적 환경계획을 통한 대응책 마련이 절실하다. 오염저감대책의 실효성 확보 방법의 하나가 구체적 환경계획을 수립하여 대응력을 높이는 것이다. 기존 환경대책과 함께 민감사안에 대해서 세부 환경계획을 별도로 수립하게 된다면 기존 환경영향평가시에 수립하는 저감 대책의 미비점을 보완할 수 있다.

셋째, 환경문제를 유발하는 주체로 하여금 환경성을 높이는 실행수단을 확보토록 하는 것이다. 사업자 스스로 환경성을 확보하는 방법의 하나로 개발·실시계획의 수립 전 과정에 환경분야를 총괄하는 계획가(environmental master planner)를 지정하여 운영하는 것도 유용한 방법이다. 개발계획에 대응하여 환경총괄계획가로 하여금 환경문제를 파악하고 계획 내용을 조정할 수 있는 권한을 부여하는 제도라 하겠다. 아울러 개발사업 추진 시에 환경부문의 예산이 전체 사업예산 중에서 어느 정도를 차지하는지 사업예산 항목별로 환경부문 예산 비중을 검토해보는 환경예산 심사제 도입도 적극 검토해 볼만하다. 초기에 수립된 환경예산이 사업 마지막까지 집행되는지를 감시하는 기능도 이 제도가 갖는 특징이다. 그리고 환경대책의 일관성과 실효성을 확보하기 위해서는 정부가 개발사업 전반에 걸친 친환경 계획지침을 개발하여 보급하고 이를 사업자가 개발사업에 적용토록 유도하는 것도 필요하다.

05 | 도시환경관리 기반 구축

1) 도시환경지도의 작성과 통합정보망 구축

도시환경정책을 입안하고 집행하는 데 있어 선행되어야 할 것은 해당 도시의 환경적 정보를 생산하고 유통시키는 것이다. 이를 위해서는 우선 환경정보를 쉽게 파악할 수 있도록 환경지도를 작성하는 것이 필요하다. 도시환경지도(urban environmental map)에는 지형, 토양, 지질, 생물서식처, 생물종, 식물군락, 토지피복 등 자연정보 이외에도 토지이용, 교통, 인구, 취락분포 등 도시현황정보도 표기되어야 한다. 기존에는 도시계획을 수립할 경우에는 인구, 토지, 교통, 산업, 주거, 공원녹지, 도시기반시설 등을 파악하여 이를 공간정보로 표현하는 것이 일반적이었다. 한편 환경부문에서는 오염매체를 중심으로 정기적으로 오염물질 배출의 양과 농도를 측정하여 데이터베이스(DB)를 만들었다. 최근에는 도시단위별로 도시생태계를 조사하여 비오톱지도(생태지도)를 작성하고 있다. 그러나 기존 오염매체정보와 생태정보는 별도로 생산·이용되었고 또한 도시공간정보와도 별도로 관리되고 있었다. 환경정보, 생태정보, 도시정보가 제각기 운영됨으로써 도시환경정책을 입안하거나 관련 계획을 수립하는 데 종합적인 현황 파악에 애로가 있었고 정보 간 시너지 효과를 기대할 수도 없었다. 정보의 통합적 생산과 유통은 도시환경정책의 효율성과 시민의 정보이용의 편의성을 증대하는 데 결정적인 기여를 한다.

도시환경지도뿐만 아니라 이를 생산하는 데 필요한 기초정보와 다른 모든 공간자료, 환경자료를 정보시스템에 탑재하여 서로 유기적으로 연결되도록 해야 한다. 그러기 위해서는 정보의 호환성을 높이고, 시스템 간의 긴밀한 연계망도 구축해야

그림 6-1 공간환경정보의 연계와 단계별 공유

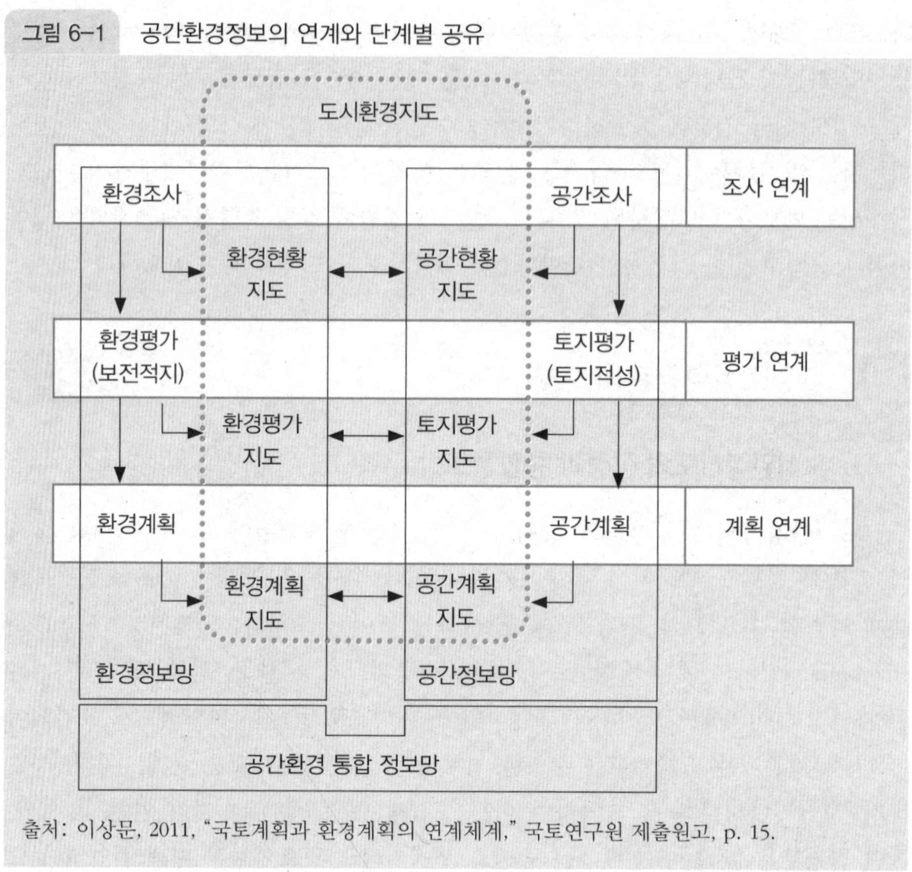

출처: 이상문, 2011, "국토계획과 환경계획의 연계체계," 국토연구원 제출원고, p. 15.

하며, 주기적 정보 갱신도 동시적으로 수행되어야 한다. 이를 통해 공간환경 분야 전문가는 물론 관련기업이나 시민이 편리하게 공간환경정보에 접근할 수 있다(그림 6-1).

2) 도시계획과 환경계획의 연동제 시행

개발과 보전이 조화를 이루려면 양측을 담당하는 행정계획이 서로 긴밀히 연계되어야 한다. 이는 환경정보가 도시계획에 충분히 반영되고, 역으로 도시계획정보가 환경계획에 스며들어 개발과 환경이 대립되는 국면을 예방하기 위함이다. 계획 연동제는 도시계획과 환경계획의 수립 시기, 목표연도, 내용, 수단, 승인절차 등에서 상호 연계하여 정합성을 확보하자는 것이다. 아울러 계획지표, 예산, 수립주체, 시민 조직 등을 상호 긴밀히 연동시키고 이를 위한 토대로서 양측 담당 조직도 연계시키는 제도이다(그림 6-2).

상호 계획이 연동되어야 할 대상은 도시환경 조사, 보전·개발적지 선정, 생태축 설정, 토지이용계획 작성, 개발사업 계획 등에서다. 이것들은 도시계획의 주요 작업인 동시에 환경계획의 내용이기도 하다. 환경계획에서 환경현황조사, 보전적지, 생태축, 보전적 토지이용 구상안을 만들면 이것을 도시계획에서 적절히 수용하고,

그림 6-2 계획단계별 도시계획과 환경계획의 연계 방안

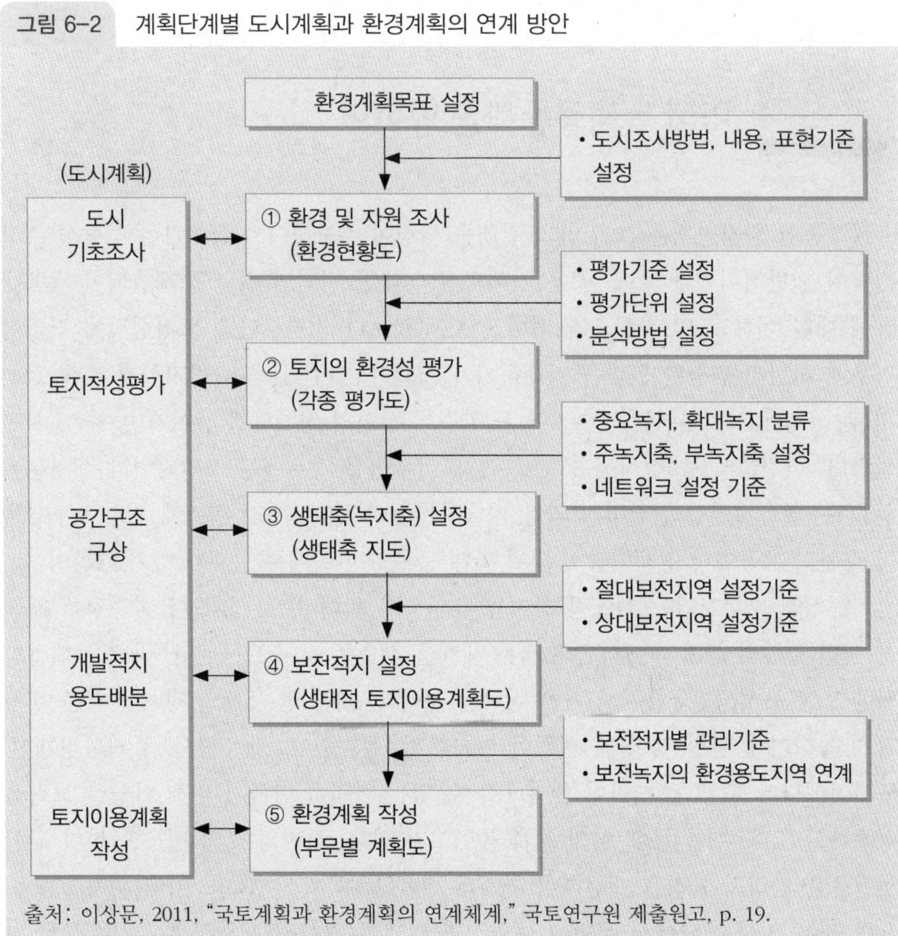

출처: 이상문, 2011, "국토계획과 환경계획의 연계체계," 국토연구원 제출원고, p. 19.

역으로 도시계획에서 토지현황조사, 개발적지, 개발축, 개발사업 등을 제시하면 환경계획에서 수용하여 적정 개발입지를 제안하는 체제가 구축되어야 한다.

계획 간 연동이 가능하려면 무엇보다 도시와 환경분야의 통합적인 정보시스템이 구축되어야 한다. 현재는 국가환경정보망, 국토환경정보지도, 토지이용규제시스템, 도시정보체계 등이 제각기 운영되어 중복투자, 정보규격 불일치, 이용자 불편 등을 초래하고 있다. 정부 부처별로 분산된 정보망을 하나로 통합하여 정보의 통일성과 이용자 편의성을 확보해야 한다.

제 5 절 미래 녹색공동체를 향하여

그동안 환경정책은 그 입안과 집행을 행정이 주도하여 이끌어가는 하향식 추진전략이 일반적이었다. 이럴 경우 정책과정에 대한 시민의 접근이 제한되어 정책내용에 대한 이해도 및 관심도가 떨어진다. 무엇보다 정책수단을 도시현장에 집행할 경우에 시민의 원활한 협력을 기대하기가 어렵다. 이런 문제를 방지하기 위해 정책의 전 과정에 시민참여는 필수적이다. 그런데 시민의 정책과정 참여가 공청회, 시민설명회, 의전행사 등 형식적 통로를 통해 이루어질 경우에는 시민참여라는 명분은 얻을 수 있을지언정 실질적 효과를 기대하기는 어렵다. 시민 협조에 의한 인적·물적 자원의 제공이나 정책대상의 범위 확대 등을 기하기에는 한계가 있기 때문이다.

형식적 소통보다는 실효적 참여를 유인하기 위해서는 무엇보다 환경정책 자체가 시민 일상의 생활 속에서 집행되는 체제를 갖추는 것이 요구된다. 바로 녹색문화전략 또는 녹색생활공동체 전략을 취하는 것이다. 최근 전 세계의 정책 관심은 행복지수 높이기에 관한 것이다. 행정이 여가환경, 문화환경, 체육행사, 주거환경개선, 도시어메니티 향상 등 시민이 행복해질 수 있는 환경을 만들기 위해 다양한 노력을 경주하고 있다. 이를 통해 삶의 질을 높이고자 한다. 시민의 삶의 질을 높이기 위한 첫걸음은 물리적 환경을 개선하여 환경의 질을 높이는 것이지만, 이에 못지않게 중요한 것은 일상 생활에서 문화적 다양성과 활기를 경험하게끔 정책 추진방식을 전환하는 것이다. 이것이 바로 문화공동체 전략이다. 환경과 관련된 의제와 정책수단을 시민의 문화활동이나 지역사회활동에 연계시킴으로써 환경에 대한 이해와 참여를 자연스럽게 유도할 수 있다.

시민참여는 정책의 집행체계를 시민과 행정이 연대하는 방향으로 발전하게 되고 종국에는 시민주도 행정체계를 구현하는 것으로 귀결된다. 환경정책 분야에서 이런 참여적 행정방식이 도입된 것이 바로 그린거버넌스(Green Governance)이다. 행정, 기업, 시민, 각종 사회단체 등이 소통하여 의제를 도출하고 최적의 정책수단을 찾아내기 위해 사회 각 주체들 간의 협력기반을 마련하는 체제가 거버넌스이다. 거버넌스 체제는 정책집행 과정에서 시민의 정서적 연대도 강화시켜 앞서 말한 녹색문화를 더욱 융성하게 만들면서 생활공동체도 공고히 하는 결과를 가져온다. 이렇게 되면 도시에서 발생하는 환경갈등도 행정에서나 법적 절차를 통해 타력적으로 조율되기보다는 공동체 내부에서 문제를 자율적으로 조정하고 해결하려고 노력한다. 그 과정에서 공동체 구성원 간에 갈등을 스스로 치유하는 결과가 나타나기도 한다. 이는 상향적이고 유연한 정책집행이 가져온 긍정적 효과이다.

주 요 개 념

경제적 유인책(economic incentives)
그린거버넌스(green governance)
녹지총량제
대기오염총량제
도시생태계(urban eco–system)
도시생태축(urban ecological network)
도시환경지도(urban environmental map)
생물다양성(bio–diversity)
생태도시(eco–city)
생물서식공간(biotope)
생태적 발자국(Ecological Footprint)
수질오염총량관리제
온실가스(green house gas)
전략환경영향평가(strategic environmental impact assessment)
지속가능도시(sustainable city)
지속가능성 지표(sustainability indicator)
탄소감축 지표(carbon reduction indicator)
탄소제로(zero carbon)
탄소중립도시(carbon neutral city)
환경계획(environmental planning)
환경규제(environmental regulation)
환경영향평가(environmental impact assessment)
환경오염(environmental pollution)
환경용량(environmental capacity)

미 | 주

1) 열역학적 관점에서 엔트로피는 닫힌계(시스템)에서 에너지가 사용되고 더 이상 사용할 수 없는 에너지의 총량을 지칭한다. 사용 불가능한 에너지는 계 내부에 폐기물질이 확대되는 무질서 정도를 높이는 원인이므로, 환경학에서 엔트로피가 높다는 것은 폐기에너지, 폐기물, 오염물질 등 환경오염의 정도 및 자원고갈의 수준이 높은 상태를 지칭한다.

2) 1987년 '개발과 환경에 관한 세계위원회(World Commission on Environment and Development)'는 지속가능한 발전을 "장래 세대가 스스로의 욕구를 충족하는 능력을 손상함이 없이 현재 세대의 필요를 만족시키는 것"이라고 정의하였다. 일반적으로 지속가능성은 환경적, 경제적, 사회문화적 지속가능성을 아우르는 개념으로 정립하여 세대 간 형평성, 개발과 보전의 형평성, 사회부문 간 형평성을 강조하고 있다. 이러한 지속가능성 이념에 기초하여 도시발전을 추구하는 것이 '지속가능도시' 정책이다.

3) 기후변화로 인해 자연재해 증가, 질병 확산, 자원활용 불평등, 사회적 갈등, 식량공급 불안, 생산차질 등 사회 각 부문별 취약성의 수준을 객관적으로 평가하여 취약한 요소를 찾아내는 과정이 기후적응의 중요한 하나의 과제이다. 자세한 내용은 이상문, 2012, 탄소중립도시, 도서출판 조경, p. 19. 참조.

4) NAVER 국어사전(http://krdic.naver.com).

5) 생태적 연속성은 주변 자연지역의 토양, 생물종, 식생구조, 지형, 수환경, 미기후 등 환경적 특성이 대상지까지 연속되는 것을 말한다.

6) 생태환충은 보전가치가 높은 생태거점이나 생태연결로를 주변 개발압력으로부터 보호하기 위해 적정 폭의 완충지역을 설정하는 것을 말한다. 생태완충은 보전을 원칙으로 하되 부분적으로 소규모 저밀개발을 허용하여 개발지 주민이 스스로 주변 환경을 보존하고 관리해나가는 체제이다.

7) 갈색지대는 과거 도시에서 환경오염을 유발하던 공장 밀집지역으로서 생산방식이 뒤처져 경제적 활력이 저하되었거나 건축물 노후화 등 환경의 질이 열악하여 재개발이 요구되는 상황에 처한 지역을 말한다.

참 | 고 | 문 | 헌

국토연구원, 2010, 도시의 지속가능성 평가 제도화 방안 연구, 국토교통부.

국토연구원, 2013, 도시의 지속가능성 평가 제도화를 위한 지침(안) 마련 연구, 국토교통부.

김인섭 · 이제인, 2003, 도시환경계획, 형설출판사.

도시환경연구센터, 2012, 보금자리주택지구 저탄소 환경계획 수립기준에 관한 연구, 국토교통부.

문석기 외, 2005, 환경계획학, 보문당.

문태훈, 1997, 환경정책론, 형설출판사.

서울연구원, 1999, 서울시 환경용량 산정 연구.

안영희, 2001, 녹지환경학, 태림문화사.

이상문, 2011, "국토계획과 환경계획의 연계 체계," 국토연구원(국토계획과 환경계획의 연계 방안 연구) 제출 원고.

이상문, 2012, 탄소중립도시, 도서출판 조경.

협성대학교 도시환경계획연구소, 2004, 도시지역의 자연환경성 확보방안 연구, 환경부.

환경부, 2007, 환경규제지역의 에코시티모델 기본안내서.

환경부, 2013, 친환경 지속가능도시 조성 가이드라인.

환경부, 2014, 전략환경영향평가 업무 매뉴얼.

Odum, 1983, *Basic Ecology*, 서울연구원, 1999, 서울시 환경용량 산정 연구에서 재인용.

Odum, 1989, *Ecology and Our Endangered Life-support System*, 서울연구원, 1999, 서울시 환경용량 산정 연구에서 재인용.

[홈페이지]

http://krdic.naver.com(NAVER 국어사전)

http://terms.naver.com(행정학 사전, 2009. 대영문화사)

http://water.nier.go.kr/front/waterPollution(환경부 물환경정보시스템, 2014.)

제 7 장

그린벨트와 도시환경

| 제 1 절 | **그린벨트의 함의**
01. 그린벨트의 개념과 기원
02. 외국의 그린벨트
03. 기타 그린벨트 사례

| 제 2 절 | **우리나라의 개발제한구역**
01. 개발제한구역의 도입과 전개과정
02. 개발제한구역의 정책변화단계
03. 개발제한구역의 해제조정과정

| 제 3 절 | **개발제한구역 환경평가**
01. 개발제한구역 환경평가
02. 개발제한구역 환경평가 항목
03. 개발제한구역 환경평가결과 및 활용

| 제 4 절 | **환경평가 내용의 변화**
01. 환경평가 원칙의 지속성
02. 환경평가 내용상의 변화 추정
03. 개발제한구역 환경평가에 관한 훈령
04. 개발제한구역의 완화

제7장 그린벨트와 도시환경

제1절 그린벨트의 함의

01 그린벨트의 개념과 기원

그린벨트(green belt)란 도시주변지역을 띠모양으로 둘러싸는 형태를 말하는 것으로, 도시의 팽창을 억제하고, 도시주변지역의 개발행위에 대한 제한을 위해 설치된 공지와 저밀도의 토지이용지대이다. 그린벨트의 경우 주로 자연경관의 형성 및 보호, 상수원보호, 오픈스페이스 확보, 비옥한 농경지의 영구보전, 위성도시의 무질서한 개발과 중심도시와의 연계방지 등의 역할을 하고 있다. 지정국가나 지역에 따라 차이가 있으나 일반적으로 그린벨트라고 변화없이 유지되고 있고, 우리나라의 경우는 특히 개발제한구역이라 불린다.

그린벨트는 1898년 에베네저 하워드(Ebenezer Howard)의 저서인 『*Tomorrow: A Peaceful Path to Real Reform*』에서 기원을 찾을 수 있다. 도시의 규모를 3만 명 정도로 제한하고 도시주변 지역에 폭 3km 이상의 녹지를 두는 전원도시(Garden City)구상에서 시작되었다. 여기서 말한 도시주변의 녹지는 도시성장의 억제, 공공시설의 유치, 농경지 보전 등을 목적으로 하고 있어 오늘날 그린벨트의 모체가 되었다.

하워드는 1903년 런던에서 북쪽으로 54km 떨어진 시골에 첫 번째 전원도시인 레치워스(Letchworth)를 건설했다. 언윈(Raymond Unwin)과 파커(Barry Parker)는 하워드의 개념을 바탕으로 레치워스를 설계하였다. 1919년에는 스와송 등과 함께 런던에서 32km 떨어진 곳에 면적 약 2,900만평 규모와 계획인구가 50,000명인 두 번째 전원도시인 웰윈(Welwyn) 건설을 착수하였다. 웰윈 전원도시에서는 레치워스보다 한층 더 성숙된 전원도시의 모습을 볼 수 있다.

그린벨트가 오늘날의 형태로 정착하게 된 계기는 아버크롬비(P. Abercrombie)의 「대런던계획(Greater London Plan, 1944)」에서 이루어졌다. 그는 런던 주변지역에 10~16km의 그린벨트를 설정하고 개발이익환수를 법제화하자고 했다. 대런던계획에서는 런던의 무질서한 외연적 확산을 막고, 주변 농촌지역의 환경보전을 목적으로, 런던 주변지역에 폭 10~16km의 그린벨트를 설정했다. 이러한 런던 주변지역에서 진행한 그린벨트 설정은 영국 정부가 그린벨트제도를 전국적으로 확대 적용시킬 수 있는 계기를 만들었다.

02 | 외국의 그린벨트

1) 영국의 그린벨트

영국 그린벨트 정책은 토지를 개방된 상태로 영구적으로 보전하여 도시의 무질서한 확산을 방지하는 것을 목표로 한다. 그린벨트는 폭이 6~10마일 정도로 도로, 하천, 임야경계 등 명확히 구분될 수 있는 지형을 기준으로 하나, 실제로는 지역 설정에 따라 굴곡이 많아 원칙적으로 개발이 금지되는 지역이다. 이러한 기준에 의해 설정된 그린벨트는 총 14개 권역에 분포해 있다. 2014년의 경우 영국의 그린벨트 면적은 16,386.1㎢로 영국 전체 면적의 약 13%에 이른다. 영국의 그린벨트는 1970년대 이후 지역주민의 요구에 의해 그린벨트 면적이 약 2배 이상 증가하는 등 지정 후 해제와 신규지정 등으로 면적의 변화가 있었다. 이는 영국민들의 녹지 선호 의지가 토지의 경제적 활용보다 훨씬 앞서고 있음을 보여준다. 그린벨트의 대부분은 1930~1950년대 사이에 지정되었고, 1980년대 후반부터는 택지개발 등 토지의 도시적 이용이 증대하면서 그린벨트 신규지정이 억제되고 있다.

영국의 그린벨트 면적은 1974년에 6,928㎢에서 1997년에는 16,523.1㎢로 늘어 1974년에 비해 약 138.5%가 증가한다. 2014년 기준으로 영국의 그린벨트 면적

표 7-1 영국의 그린벨트 면적의 변화양상(1997-2014)

연도	면적(㎢)	연도	면적(㎢)
1997	16,523.1	2009	16,395.3
2003	16,715.8	2010	16,395.3
2004	16,781.9	2011	16,395.4
2006	16,318.3	2012	16,394.8
2007	16,356.7	2013	16,391.6
2008	16,396.5	2014	16,386.1

출처: http://www.communities.gov.uk

주: 1. 2014년의 경우 2014년 3월 31일 기준임.
2. http://www.communities.gov.uk 자료를 통해 필자가 재작성한 것임.

은 16,386.1㎢로 이것은 1997~2014년의 기간 동안 영국의 그린벨트는 16,318.3㎢(2006년)이상의 면적을 보이고 있어 상대적으로 그린벨트가 잘 유지되고 있다고 평가된다(표 7-1). 그린벨트 조정이 이루어진 우리나라 그린벨트 면적이 3,866㎢(2014년 6월 기준)인 점에 비교하면, 2014년의 경우 영국의 그린벨트 면적 16,386.1㎢는 우리나라의 4.2배나 된다.

그린벨트가 영국민들의 지지를 얻는 것은 그린벨트가 무차별적인 개발에 대한 규제보다는 자연환경을 훼손하지 않을 정도의 환경 친화적 개발이 이루어지도록 큰 역할을 했기 때문이다. 영국 정부는 자연환경을 보전하면서도 그린벨트가 지역주민의 여가관광 공간으로 활용될 수 있도록 하는 등 그린벨트 공간을 합리적인 이용이 가능토록 했다.

영국의 그린벨트 환경평가는 1988년 3월에 발효된 유럽공동체지침(European Directive No.85/337)과 영국 환경부규정(DOE Circular 15/88)에 의해 도입되었다. 환경평가는 프로젝트 차원에서 실시되었으나 영국 그린벨트 정책이나 개발계획, 프로그램에 대해서도 적용되었다. 1988년에 제정된 계획지침(PPG #1, D6)에서는 계획허가를 신청할 EO 환경평가서(environment statement)의 제출을 의무화하였다. 또한 허트포드셔 카운티위원회(Hertfordshire county council)는 구조계획 수립과정에서 전략적 환경평가를 실시하기도 하였다.

2) 미국의 그린벨트

도시의 팽창과 난개발 등으로 인한 심각한 환경파괴 현상이 미국 전역에 나타나 커다란 사회적 문제로 대두되면서, 그 해결방안으로 도입된 것이 미국의 그린벨트인 성장관리정책이다. 도시성장관리(Urban Growth Management)란 용어는 1970년대 초 "성장의 관리와 규제(management and control growth)"의 개념으로 처음 등장하였다. 현대적 의미의 도시성장관리는 광역자치단체 및 기초자치단체가 자신의 행정구역 내에서 장래 개발의 속도나 양과 질, 형태, 위치에 의도적인 영향을 주고자 하는 행위로 이해 할 수 있다.

도시성장관리의 목표는 첫째, 토지이용적인 측면에서 도시개발로 인한 공지의 감소, 농경지의 도시용 토지로의 전환방지, 도시성장으로 인한 스프롤현상 방지를 위한 것이다. 둘째는 환경적인 측면으로 무질서한 개발 및 상업적 개발 등을 통한 생태계의 파괴와 환경오염 예방 등 환경문제에 관한 인식을 강조한 것이다. 셋째는 공공부분과 사회간접자본의 비용지출와 도시민의 생활의 질 향상에 있다.

미국의 도시성장관리정책은 최근 미국에서 주목하고 있는 뉴어바니즘(New Urbanizm), 스마트성장(Smart growth), 지속가능한 개발(ESSD; Environmental Sound and Sustainable Development), 대중교통중심개발(TOD; Transit Oriented Development) 등에 영향을 주고 있다(변병설, 2014).

3) 일본의 그린벨트

일본은 1923년 관동 대지진과 1941년 2차 세계대전을 겪으면서 재해로부터 도시 시설과 인명보호를 위한 시도가 필요해짐에 따라, 1956년에 영국의 대런던계획(Greater London Plan)을 모델로 한 「수도권 정비법」을 제정하여 영국의 그린벨트와 같은 개념인 근교지대를 설정한다. 일본은 이 법에 따라 1958년 수도권정비계획을 수립하고 수도권을 기성시가지, 근교지대, 주변지역으로 구분하고, 도심으로부터 10~15km 범위에 폭 10km의 녹지대를 근교지대로 설정하여, 대도시확산을 방지한다. 그러나 급속한 산업화와 중앙집권적인 지역개발정책, 그리고 도시화로 인해 시 외곽의 녹지에 대한 높아진 개발압력과 특히 도쿄를 중심으로 개발지상주의가 팽배함에 따라 사실상 종전 녹지성격의 근교지대는 없어지고 '개발유보지'로 조정하기에 이른다. 1968년에 「도시계획법」을 개정하면서 일정기간을 정해 도시개발을 억제할 수 있는 '시가화조정구역제도'를 도입한다. 그러나 이 구역에서도 개발행위가 허용된다는 문제점으로 인해, '개발의 유보지'로서의 성격을 강하게 띠면서 실질적으로 그린벨트 역할을 하는 지역은 더 이상 존재하지 않는다고 볼 수 있다.

표 7-2 세계 여러나라의 그린벨트 사례 비교

구분	명칭	지정목적	지정대상	특징
한국	개발제한구역	도시로의 인구집중방지 / 도시의 평면적 확산방지/ 자연녹지의 보전/ 국가 안보상	대도시 및 중소도시권	중앙정부주도의 강력한 규제
영국	Greenbelt	도시확산방지/ 연담화방지/ 주변농촌지역보호/ 역사적 도시경관보호	대도시	장기적이며 성공적으로 정책추진
일본	근교지대	도시성장억제, 환경보전	도쿄시	1965년 폐지, 시가화조정구역 개편
미국	성장관리정책	도시면적확산방지/ 효율적 도시형태구축/ 자연보호/ 삶의 질 향상	도시지역	도시성장의 경제적 효용성강조
캐나다	Greenbelt, GreenWay	도시확산방지/ 연담화 방지/ 농촌지역보호/ 자연경관보호	대도시지역	그린벨트에 비해 유연한 규제인 그린웨이로의 변화추세
호주	National Capital Open Space	주변지역의 자연경관보호/ 시민들을 위한 관광/ 위락공간제공	캔버라	명칭과 지정목적은 영국 그린벨트와 다름 / 지역 내 건축행위를 엄격히 제한하는 점은 유사함
프랑스	지역균형지역	대도시인구집중/ 시가지 외연적 확산제한/ 자연보호	파리외곽	도시계획이나 상세계획 등 간접적 매체로 규제
네덜란드	Green Heart	도시확산억제/ 교외지역보전	대도시지역	중과세조치 등 간접적 유인책을 적용
러시아	Greenbelt	시가지 외연적 확산방지/ 여가공간확보	모스크바 주변지역	폭 16km의 그린벨트 설치

출처: 권용우 외, 2005, "그린벨트에 관한 연구동향," 지리학연구 38(4): 24.; 국토교통부, 2014 비치 자료를 바탕으로 필자가 재작성한 것임.

일본은 시민들의 녹지에 대한 인식부족과 심각한 주택부족문제와 시민들의 재산권 보호 등을 이유로 그린벨트 지정을 반대했던 것으로 보인다. 이에 정부가 근교지대 설정에 따른 규제법령과 보상규정 등 적극적인 정책마련이 이루어지지 못한 점도 커다란 영향을 미친 것으로 평가된다(표 7-2).

03 | 기타 그린벨트 사례

독일의 경우는 1989년 11월 9일 베를린장벽의 붕괴가 이루어지고, 12월 환경보호단체 분트(BUND; Bund fur Umwelt und Naturschutz Deutschland)를 비롯하여 많은 환경단체와 환경보호자들이 참여한 첫 번째 회의 결과, 베를린장벽 접경지역에 대해 "그린벨트"라는 개념이 생겨났다. 또한 민간차원에서 접경지역에 대한 자연생태계 보전이라는 목적에 모두 적극 동참하기로 결의하였다. 통일이 되면서 베를린장벽을 중심으로 생태환경과 자연보전이 필요한 지역인 "다스 그뤼네 반트(Das Grüne Band 녹색띠, 그린벨트)"가 지정된 것이다. 이 독일의 접경지역은 폭 50~200m, 길이 1,393km, 면적 177㎢(17,656ha) 규모이고, "죽음의 경계지대를 평화를 위한 녹색공간으로 바꾼다"라는 의미를 갖는다. 그뤼네 반트는 인간의 접근이 금지된 접경지역이었던 곳이라, 수십 년간 외부의 영향을 거의 받지 않은 채로 자연생태계가 보존될 수 있었다. 이에 현재는 독일 멸종위기종의 48%인 600여 종이 서식하고 있고, 전체 면적의 38%는 유럽연합규정에 의해 서식지 보호구역으로 지정되어 있다(그림 7-1, 7-2).

독일의 경우 통일이전에도 이 접경지역에 관한 교류가 진행되어 "동서독 관계 기본조약" 체결을 통해 1987년 '동서독 과학기술, 문화교류 및 환경보호에 관한 협력조약'을 체결하면서 실질적으로 대기오염, 산림파괴, 폐기물, 자연보전, 담수이용 등이 접경지역에 적용되었다. 분트는 1975년부터 접경지역 생대계의 종을 조사·기록하는 등 접경지역의 생태계의 다양성을 조사하였다. 그리고 2001년에도 정부의 지원을 받은 분트가 이 지역에 대한 철저한 생태조사를 실시하였고, 이에 훼손되고 파괴된 15%만을 제외한 전체의 85%를 그뤼네 반트로 지정하였다. 2013년에는 생태조사 결과 그뤼네 반트에는 1,200종의 멸종위기 동식물들이 서식하고 있으며, 훼손구간도 13%정도로 감소되어 성공적인 사례로 꼽히고 있다(Box 1 참고).

그림 7-1 독일 그린벨트

그림 7-2 독일 남부 Harzfoothills지역의 그린벨트

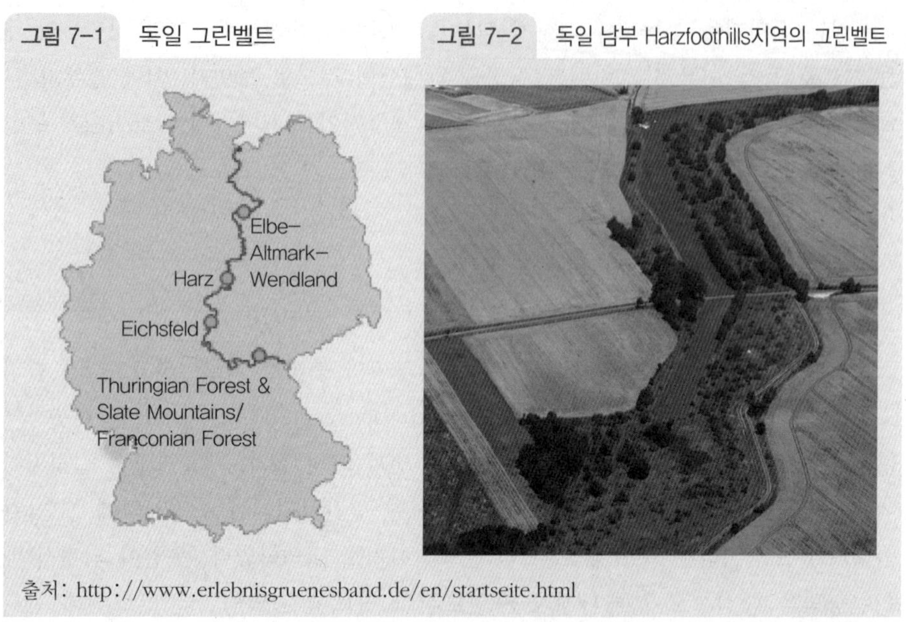

출처: http://www.erlebnisgruenesband.de/en/startseite.html

아프리카 그린벨트는 유럽을 비롯해 세계 여러나라의 그린벨트와는 달리 케냐 국가 위원회의 회장(1981-1987년)을 역임한 왕가리 무타 마타이(Wangari Muta Maathai) 교수가 케냐 국가위원회(NCWK)후원하에 "그린벨트운동(GBM: Green Belt Movement)"을 적극적으로 추진하면서 시작되었다. 그린벨트운동은 나무심기개념을 도입, 1977년 환경파괴, 삼림파괴(벌채), 비위생적인 식량 등의 문제가 발생하고, 특히 강이 건조해서 식량공급이 어렵고 나아가 땔감을 구하기 위한 방법으로 시작되었다(Box 2 참고).

몽고의 경우는 최근 몽고정부의 "국토그린벨트사업"을 통해 그린벨트 조성을 위한 노력이 이루어지고 있다. 몽고는 전 국토의 8.2% 수준인 12.9백만ha의 삼림면적을 보유하고는 있으나 사막화 현상으로 인해 그 면적이 감소추세에 놓여 있다. 특히 고비사막 부근의 산림자원 남용에 따라 2003년에는 683개 하천과 1,484개 수원지 및 760여개의 호수가 완전히 고갈된 상태로 보고되었다. 이런 사막화 현상을 억제하고 산림을 복원하기 위해 몽고정부가 2005~2035년까지 30년간 3단계의 울란바트로 남부지역을 동서로 잇는 "국가 그린벨트 프로그램(Green Belt Program)"을 추진하고 있다. 1단계에서는 고비사막지역에 5100ha를 조림하는 등 몽고그린벨트

Box 1 독일 베를린장벽을 그린벨트로 바꾼 "다스 그뤼네 반트(Das Grüne Band)"

1989년 동서독 장벽이 무너지고 통일이 이루어지자, 그 해 12월 독일의 환경보호단체 분트(Bund)를 비롯하여 독일 내 환경단체들이 모여 베를린장벽이었던 지역을 "다스 그뤼네 반트(Das Grüne Band)"라는 전국적 규모의 거대 생태축으로 보전하자는 결의를 한다. 여기서 그뤼네 반트 즉, "죽음의 경계지대를 평화를 위한 녹색공간으로 만드는" 작업이 시작되었다. 이는 독일 최초의 전국적 자연보호프로젝트라는 의미도 함께 갖고 있다.

그뤼네 반트는 동서독 간 국경선에서 군경순찰로까지의 폭 50~200m, 길이 1,393km, 면적 177㎢(17,656ha)로, 전체적으로 강, 호수, 초지, 숲으로 이루어져있다. 특히 2001년 그뤼네 반트의 환경실태를 조사한 결과, 109개에 달하는 생물종 서식지 유형으로 분류되며, 5,200종의 다양한 동식물들이 서식하고 있었고, 그 중 600종 이상이 멸종위기 적색리스트에 등재된 생물 종인 것이 확인되었다. 이 지역은 85% 정도가 자연환경이 파괴되지 않은 상태로 대체로 유지되고 있었으나 일부 지역은 농지와 산업용지, 도로, 영업활동 등의 훼손도를 나타냈다.

이에 그뤼네 반트는 기본적으로 두 가지 방향 즉, 생태보전과 자연경관보호를 위한 환경정책추진과 역사와 생태, 문화를 결합한 교육과 관광사업을 바탕으로 지역경제활성화 전략으로 진행되고 있다. 이를 위해 그뤼네 반트 체험프로그램을 진행하여 자연과 문화, 역사의 가치와 유산을 지역주민들과 방문자들이 체험할 수 있게 하고 있으며, 연방환경부와 환경청이 지원하고, 환경단체 분트가 주관하고 있는 관광과 자연보호가 결합한 생태관광프로그램도 개발추진되고 있다.

무엇보다 그뤼네 반트는 독일의 중요한 생태축으로서, 행정경계를 넘어선 주정부와 시, 동 단위가 포괄된, 주민과 환경단체 등 다차원적 보전전략이다. 그뤼네 반트를 지키며, 이 지역의 생태환경 및 자연보전을 통해 희귀종을 지키는 일이 지역에 대한 긍정적 이미지와 더불어 지역가치를 창조, 지역경제 활성화를 이루고 있다는 점에서 그 의의가 크다고 볼 수 있다.

자연과 문화, 역사가 함께 엮인 성공적 전략으로 평가되는 프로그램이다.

출처: 추장민 외, 2013, 한반도 「그린데탕트」 추진방안에 관한 연구, 한국환경정책평가연구원, 35-38; http://www.erlebnisgruenesband.de/en/startseite.html

사업의 긍정적인 평가가 이루어지고 있다. 이에 더욱 적극적인 추진방안으로 국제기구와 선진국의 기술적 재정적 지원을 요청하는 등 정부의 노력이 지속적으로 이루어지고 있다.

Box 2 왕가리 무타 마타이(Wangari Muta Maathai)

"우리는 후퇴하거나 포기할 수 없다. 우리는 인류의 현재와 미래 세대에게 빚을 지고 있다"

왕가리 무타 마타이(Wangari Muta Maathai)는 1940년에 케냐(아프리카)의 시골인 Nyeri에서 태어났다. 1964년 미국 캔자스 주 마운트 세인트 스콜라스티카 대학교에서 생물학을 전공하여 1966년 피츠버스 대학교에서 석사학위를 그리고 1971년에는 나이로비 대학교에서 수의해부학으로 박사학위를 받았다. 이는 동아프리카에서 여성이 박사학위를 받은 것으로 왕가리 마타이가 최초였다.

왕가리는 2004년 그린벨트운동(Green Belt Movement)을 통해 생태적으로 가능한 아프리카의 사회경제문화적 발전을 촉진한 공로로 노벨평화상을 수상했다. 이 또한 아프리카 여성으로서는 최초의 노벨상 수상이며, 정치와 관련된 인물이 아닌 다른 분야의 인물이 노벨평화상을 받은 것도 왕가리가 처음이었다.

왕가리 마타이 교수는 케냐 국가 위원회의 회장(1981-1987년)을 역임했고, 재임기간동안 마타지역에 나무심기개념을 도입 즉, Green Belt Movement(GBM)를 적극적으로 추진하였다. 그린벨트운동(GBM)은 무분별한 벌목 등으로 인해 환경파괴, 삼림파괴(벌채) 등의 문제를 해결하고, 동시에 가난한 여성들에게 일자리를 마련해준다는 두 가지 목적에서 1977년 케냐 국가위원회(NCWK)후원하에 왕가리 마타리 교수에 의해 시작되었다. 이후 그녀는 나무심기운동 즉 그린벨트운동에 전념하여 1986년에는 범아프리카 그린벨트 네트워크를 형성, 케냐를 비롯한 우간다, 말라위, 탄자니아, 에티오피아 등 아프리카 여러나라에서 성공을 이루어냈다.

대표적인 저서로는 그린 벨트 운동(The Green Belt Movement); 굴복하지 않은(Unbowed): 회고록(The Challenge for Africa; 아프리카; 그리고 지구 보충(Replenishing the Earth)에 대한 도전 등이 있다.

"I will be a hummingbird, I will do the best I can"
나는 벌새가 될 것이다. 나는 내가 할 수 있는 최선을 다할 것이다.
"When we plant trees, we plant the seeds of peace and hope"
우리가 나무를 심는다는 것은 우리가 평화와 희망의 씨를 심는 것이다.

왕가리 마타이 교수는 2011년 9월 25일 71세의 나이로 사망했다.

출처: www. wikipedia.org. ; https://books.google.co.kr

제 2 절 우리나라의 개발제한구역

01 | 개발제한구역의 도입과 전개과정

우리나라는 1960년대 이후의 급속한 산업화와 도시화에 따른 대도시 지역으로의 인구와 산업이 집중되었고, 1970년대에 이르러 처음으로 도시인구가 전체 인구의 과반수를 넘어서는 등 지나친 인구집중현상이 발생했다. 정부는 도시의 공간적 확산과 연담화 방지, 도시주변의 녹지 공간 확보를 통한 쾌적한 생활환경조성과 도시공해의 최소화, 국방 및 보안상의 목적으로 그린벨트 제도를 도입하였다. 개발제한구역은 1971년부터 1977년 4월까지 14개 도시권역에 전 국토의 5.4%인 5,397.1㎢가 지정되었다.

1971년 이후 지난 40여 년간 지속적으로 유지되어 오던 개발제한구역은 1998년 후보자의 대통령 당선 이후 가장 중요한 변화를 겪게 되었다. 먼저 1999년 7월 수도권을 포함한 부산권, 대구권, 광주권, 대전권, 울산권, 마산·창원·진해권 등

표 7-3 개발제한구역의 지정 및 해제현황(2012.12 기준) (단위: ㎢)

구분		최초지정 면적 (1970년 대) A	해제면적 (2000-2012.12) B	현재지정 면적 (2012.12) C	해제잔여 총량 F(D-E)	향후존치 예상면적 G(C-F)	2020년 광역도시계획		
							해제총량 D	기해제 면적 E	잔여총량 F(D-E)
계		5,397,110	1,523,497	3,873,613					
대도시권		4,294,020	420,407	3,873,613	243,311	3,630,302	531,555	288,244	243,311
수도권		1,566,800	149,003	1,417,797	99,289	1,318,508	239,003	139,714	99,289
	서울	167,920	17,109	150,811	2,456	148,355	14,608	12,152	2,456
	인천	96,800	7,768	89,032	2,065	86,967	9,096	7,031	2,065
	경기	1,302,080	124,126	1,177,954	50,173	1,127,781	135,499	85,326	50,173
부산권		597,090	174,190	422,900	26,948	395,952	80,538	53,590	26,948
	부산	424,600	166,982	257,618	19,830	237,788	66,212	46,382	19,830
	경남	172,490	7,208	165,282	7,118	158,164	14,326	7,208	7,118
대구권		536,500	19,952	516,548	20,954	495,594	40,899	19,945	20,954
광주권		554,730	35,789	518,941	23,730	495,211	59,519	35,789	23,730
대전권		441,100	12,242	428,858	27,684	401,174	39,925	12,240	27,684
울산권		283,600	13,728	269,872	24,331	245,541	38,059	13,728	24,331
창원권		314,200	15,504	298,696	20,375	278,321	33,612	13,237	20,375

출처: 국토교통부, 2014 비치자료를 통해 필자가 작성.

7개 대도시권 가운데 구역설정 시 집단취락 관통 설정 등 구역지정 불합리 지역은 우선해제한다는 부분조정정책이 발표되면서 본격적으로 개발제한구역 제도개선이 추진된 점이다. 나머지 7개 중소 도시권은 전면 해제가 이루어졌고, 나머지 지역은 보전지역, 자연지역, 생산지역으로 존치시켰다.

2012년 12월 기준으로 개발제한구역 총 지정면적은 3,873,613㎢이며, 이중 수도권이 1,417,797㎢로 전체 면적의 36.6%를 차지하고 있다. 다음으로 광주권이 13.4%인 518,941㎢를 대구권이 13.3%인 516,548㎢, 부산권이 10.9%인 422,900㎢가 지정되어 있다. 대도시권의 향후 존치예상면적의 경우는 3,630,302㎢이며, 이중 수도권이 1,318,508㎢를 차지하고 있다(표 7-3).

02 | 개발제한구역의 정책변화단계

개발제한구역 정책변화는 커다란 변화없이 유지되었으나, 1998년 대통령 선거 이후 개발제한구역의 지정해제 및 조정 작업 측면에서 가장 중요한 변화를 겪게 된다. 개발제한구역 정책변화과정은 정책변화시기와 주요정책 변화내용을 바탕으로 4단계로 구분할 수 있다. 첫 번째 단계가 정책형성기(1971-1979년)이고 다음이 정책유지기(1980-1997년), 정책변화기(1998년-2002년) 그리고 현재까지 진행되는 정책조정 관리기(2003년-현재)이다(표 7-4).

1) 정책형성기(1971-1979년)

1971년 1월 「도시계획법」을 개정을 통해 수도권부터 여수권까지 총 8차에 걸쳐 그린벨트를 지정한 시기다. 개발제한구역정책의 형성과 1979년 관리규정 제정을 통한 개발제한구역 정책의 안정화와 이를 위한 엄격한 집행이 전개된 시기라 할 수 있다.

2) 정책유지기(1980-1997년)

이 시기는 한마디로 '구역경계지정 불변'이라는 절대원칙을 고수한 시기인 1980년~1997년의 기간을 말한다. 개발제한구역의 엄격한 유지로 인해 도시는 개발제한구역을 넘어 주요 간선로를 따라 비지적 확산(leapfrogging expansion)이 나타나기도 했다. 개발제한구역 내 개발용지 부족과 관련된 민원이 제기되면서 일부 아주 작은 규모의 규제완화가 전개되기도 했다.

3) 정책변화기(1998-2002년)

개발제한구역정책의 변화과정 중 약 5년 정도인 가장 짧은 기간 동안 가장 큰 변화를 나타낸 정책급변기라고 할 수 있다. 1998년 김대중 대통령 당선 이후에서 1999년 7월 건설교통부는 「개발제한구역제도개선안」에서 7개 중소도시권의 전면해제와 7개 대도시권 부분해제를 발표한 것이다. 이후 2000년 1월 개선안 실현을 위한 근거법령인 「개발제한구역의 지정 및 관리에 관한 특별조치법」을 제정, 7월 1일부터 시행하였고, 2000년 7월에는 "토지매수청구 제도"를 도입 시행하는 등 가장 많고 중요한 변화를 거친 시기이다.

4) 정책조정 관리기(2003년~현재)

마지막 시기는 2003년~현재까지의 정책조정 관리기다. 이 시기는 해제가 이루어진 이후 해제지역과 존치지역에 대한 관리에 집중하는 시기이다. 해제지역의 경우는 효율적인 개발과 관리, 그리고 존치지역은 보전관리 측면에 대한 조화를 강조하는 시기라고 볼 수 있다. 2008년 "개발제한구역 조정 및 관리계획"이 발표되면서 해제 가능지역과 존치지역에 대한 보다 구체적인 계획을 수립 추진하게 되었다. 2013년 9월 국토교통부는 "개발제한구역 훈령"을 통해 개발제한구역 환경평가 1, 2등급지의 보전원칙을 유지하되, 나머지 3-5등급지에 대해서 우선적으로 활용하는 원칙을 발표하였다. 12월에는 국토교통부에서 "개발제한구역 환경평가 재실시"와 관련된 계획을 발표하여 사회 및 환경변화에 따라 기존 환경평가자료의 갱신 및 새로운 시스템조성을 시행할 것을 발표했다. 2014년 3월 정부는 지역경제활성화 대책방안 중 하나로 "개발제한구역 구제완화방안"이 발표되어 개발제한구역의 변화를 예고하였다. 현재까지 지속적으로 개발제한구역 해제와 관련되어 지자체 내에서의 적극적인 조정관리의 노력이 이루어지고 있다고 볼 수 있다.

표 7-4 우리나라 개발제한구역 정책의 4단계 변천과정(1971-2014)

시기	주요정책	주요내용
정책형성기 (1971-1979)	- 1971년 「도시계획법」의 개정으로 개발제한구역의 지정	- 1971년-1977년 여수시 지정을 포함 총 8차에 걸쳐 개발제한구역이 지정됨. - 1979년 건설부령으로 관리규정이 제정되면서 강력한 규제를 통한 안정화를 이루기 위한 강력한 집행시기.
정책유지기 (1980-1997)	-	- 1980년부터는 정책변화없이 개발제한구역의 구역경계의 불변이라는 절대원칙을 지키는 강력한 규제가 이루어진 시기이나, 실질적으로 운영되지 못해 구역지정 자체에 대한 논란이 야기된 시기. - 1993년 개발제한구역 전역에 대한 실태 조사를 통해 주민의 생활편익과 공공사업 추진을 위해 소폭의 규제완화가 추진.
정책변화기 (1998-2002)	- 1999년 「개발제한구역제도 개선안」 - 2000년 「개발제한구역의 지정 및 관리에 관한 특별조치법」 제정 - 2000년 7월 "토지매수청구제도" 도입 및 시행	- 1998년 김대중 대통령 당선이후 개발제한구역의 전격적인 해제가 결정된 시기. - 1999년 7월 건설교통부 「개발제한구역제도개선안」에서 7개 중소도시권의 전면해제와 7개 대도시권 부분해제발표. - 2000년 1월 개선안 실현을 위한 근거법령인 「개발제한구역의 지정 및 관리에 관한 특별조치법」을 제정하여 7월 1일 시행. - 2002년까지 지정목적 및 관리방식에 있어 급격한 정책변화가 이루어졌음.
정책조정 관리기 (2003-현재)	- 2008년 9월 국토해양부가 「개발제한구역조정 및 관리계획」 발표	- 2003년 3월 국민임대주택단지에 대해 대도시권 개발제한구역이 우선 해제되기 시작한 이후 2007년 7월 수도권 지역의 개발제한구역 조정을 위한 수도권 광역도시계획이 최종 승인. - 2008년 「개발제한구역 조정 및 관리계획」 마련을 통해 광역도시계획 수리지침 일부개정, 개발제한구역 해제지침 전부개정, 보금자리 특별법 제정. 또한 불법행위 이행강제금 부과기준 및 훼손지 복구업무 처리규정 신설. - 2013년 9월 국토교통부 "개발제한구역 훈령" 발표 - 2013년 12월 국토교통부 "개발제한구역 환경 평가 재실시" 관련 계획발표(자료 갱신 및 새로운 시스템조성 등). - 2014년 3월 13일 정부는 지역경제활성화 대책방안 중 하나로 "개발제한구역 규제완화방안" 발표. - 2014년 현재 개발제한구역해제와 관련된 지역의 적극적인 조정 관리가 이루어지고 있음.

주: 필자가 작성한 것임.

03 | 개발제한구역의 해제조정과정

우리나라 개발제한구역은 실질적으로 1998년을 기점으로 가장 커다란 변화를 겪게 된다. 이를 계기로 개발제한구역 해제가 본격적으로 논의되고, 해제가 이루어지지 않은 지역의 경우 개발제한구역의 효율적인 관리에 대한 문제가 다루어지기도 하였다. 이에 개발제한구역의 해제조정과정을 정책변화에 따라 설명하고자 한다.

1) 「개발제한구역 제도개선협의회」 구성 및 제도개선시안발표

개발제한구역의 본격적인 제도개편은 1998년 대통령 선거이후 시작되었다. 김대중 대통령 당선자는 공약의 실천을 위해 1998년 4월 15일 「개발제한구역 제도개선협의회」를 구성했고, 이 때 구성된 개발제한구역 제도개선협의회는 1998년 5월 14일 1차 회의를 시작으로 본격화 되었다.

출범 이후 약 7개월 동안 전국적인 실태조사와 제도개선에 관한 설문조사, 현장답사, 외부전문가 자문, 영국현지조사, 전체회의 및 분과위원회 회의 등을 거쳐 제도개선시안이 마련, 1998년 11월 25일 제도개선협의회는 "개발제한구역 제도개선시안"을 발표했다. 제도개선시안은 첫 번째가 지정실효성이 적은 도시권은 구역전체를 해제, 두 번째는 존치되는 도시권 내 보전가치가 낮은 지역을 조정, 세 번째는 해제지역의 관리와 난개발방지대책, 네 번째는 해제로 인한 이익환수방안, 다섯 번째 존치지역의 관리방안, 여섯 번째 존치지역에 대한 지원방안 그리고 마지막 일곱 번째 부동산투기 억제대책 등 7개 항목으로 나누어 자세히 다루고 있다.

특히 개발제한구역의 제도개선의 기본적인 방향의 원칙은 첫째, 개발제한구역 제도는 도시의 무질서한 확산방지 및 도시주변의 자연환경보호 등을 위해 지속적으로 유지한다는 기본원칙을 강조한다. 둘째, 보전가치가 낮은 지역은 해제하되 기타 존치지역은 목적에 맞게 철저한 관리가 이루어진다. 셋째, 규제완화와 매입 등을 통한 재산권과 관련된 피해를 최소화한다. 넷째, 해제지역에 대한 개발이익환수 및 난개발 방지대책을 적극적·구체적으로 강구한다는 것이다. 또한 1998년 11월 27일부터 전국 12개 도시에서 제도개선시안에 대한 공청회를 개최하여 여론을 수렴하고, 국토연구원 주관으로 '제도개선에 대한 국제세미나' 개최를 통해 전문가집단의 의견

표 7-5 개발제한구역 제도개선시안과 TCPA 평가결과 비교

주요 내용	제도개선협의회 시안	영국 TCPA 평가
중소도시 전면해제	– 환경훼손 염려가 적은 중소도시권에 대해 실효성을 검토하여 전면해제	– 시안에 동의 – 개발압력이 작은 중소시도의 경우 전면해제
대도시권 구역조정	– 환경평가 실시를 통해 시가지 집단 취락지 등 보전가치가 낮은 지역은 해제	– 조정필요성에 동의하나 환경평가만으로 불충분함 – 광역도시계획 수립후 구역조정, 기성시가지나 산업단지를 우선해제
재산권보장	– 구역지정 이전 소유토지에 대해 우선순위를 정해 단계적으로 매입	– 시안에 동의 – 기존 용도로 토지사용이 불가능할 때 매수청구권 부여
이익환수	– 구역해제로 인한 지가상승 이익을 개발부담금, 양도소득세 등으로 환수 – 구역조정부담금제 도입은 곤란	– 시안에 동의 – 토지거래로 이익이 실현될 때 양도소득세 부과해 환수, 구역조정부담금은 도입하지 않는 게 타당
존치지역지원	– 공공시설 설치 및 주택 신증축 허용	– 시안에 동의 – 구역 내에 교육의료여가시설 제공, 레저시설유치 등으로 재산가치증가를 유도

출처: 국토해양부, 2011, 그린벨트 40년: 1971-2011, p. 255.

수렴 등의 작업이 진행되었다. 이후 전면 해제되는 지역과 일부 해제가 이루어지는 지역의 경우 1999년 1월부터 구역조정을 위한 사전조사지침을 마련하고, 환경평가 관련된 세부지침과 방법 등을 진행할 수 있도록 추진하였다. 또한 개발제한구역의 해제목이나 기준에 관한 지역주민, 환경단체 등의 견해차를 위해 1998년 12월 12일 영국의 도시농촌계획학회에 개선시안에 대한 평가를 의뢰함으로서 개선시안에 대한 보완작업도 진행하였다(표 7-5). 2011년 11월 24일까지 전국의 모든 개발제한구역에 대한 토지거래허가구역으로의 지정고시가 이루어졌다. 지정고시는 개발제한구역내 토지투기방지를 위한 종합대책의 일환으로 추진되면서 제도개선에 따른 토지투기를 방지하였다.

한편 1998년 11월 27일에 '그린벨트 살리기 국민행동'이라는 시민환경운동 조직이 만들어져 그린벨트로서의 개발제한구역을 지키는 보전운동이 본격화되었다. 또한 1998년 12월 25일 헌법재판소의 헌법불합치 결정이 이루어지면서 전반적인 개

발제한구역 제도개선추진의 변화가 나타났다.

2) 헌법재판소의 "헌법불합치" 판결

1989년 개발제한구역 제도개선과 관련된 측면에서 전면해제를 찬성하는 건설교통부·국토연구원 대표와 전면해제를 반대하는 시민환경단체들과의 회담과 논쟁을 통해 제도개선방안을 수립하고자 노력하고 있었다. 이런 상황에서 1998년 12월 24일 헌법재판소는 개발제한구역 내의 토지재산권의 제한과 관련해 과잉금지원칙에 위배된다고 판단, 「도시계획법」 제21조에 대해 헌법불합치 판결을 내렸다. 개발제한구역 자체는 도시 확산을 방지하고 환경을 보호한다는 개발제한구역 설치목적이 헌법에 위배되지 않는다고 발표하였다. 그러나 개발제한구역 내의 토지재산권의 제한과 관련하여 구역지정으로 인한 지가하락은 토지소유자가 감수하지만 개발제한구역의 지정으로 인한 종래목적으로의 토지사용이 불가능하거나 사용가능성이 없게된 경우에 대해서 보상하지 않는 것은 위헌이므로 헌법불합치를 판결하게 된 것이다.

헌법불합치 결정의 중요한 의미는 첫째 먼저 개발제한구역 제도가 원칙적으로 합헌적인 제도임을 선언한 것이다. 둘째는 개발제한구역 제도로 인한 토지재산권의 제한과 관련해서 "일반 국민들이 토지재산권에 대한 제한정도의 한계를 밝혔다는 점이다. 마지막으로는 개발제한구역 지정으로 인해 토지를 기존의 목적으로 사용할 수 없는 토지소유자들에게 손실부분에 대한 보상이 이루어질 수 있다는 점이다.

헌법불합치 결정으로 인해 입법자에게는 가장 빠른 시일 내에 보상입법을 통해 위헌적인 상태를 제거해야 할 의무가 발생하게 된다. 보상방법은 금전적인 보상 뿐 아니라 지정해제, 규제완화, 토지매수청구권제도 등과 같은 방식도 가능하도록 하였다. 이런 보상방법에 따라 다양한 관련법제의 정비 등 후속조치들이 생겨났다. 먼저 보상대상토지 및 방법에 대한 추가적인 검토가 필요하고 전면해제도시권의 선정방법 및 시기에 대한 보완이 필요해 「도시계획법령」을 개정하고 개발제한구역 내 대지에 대한 건축규제완화를 추진하였다. 그리고 「도시계획법」의 관련규정이 헌법불합치되는 판결에 따라 새로운 법률의 제정이 필요했다. 이에 1998년 8월 발의된 「개발제한구역의 지정 및 관리에 관한 특별조치법안」과 1999년 11월 정부로부터 제출된

「개발제한구역의 관리에 관한 법률안」이 건설교통부 위원회에 회부되어, 심의결과 2000년 7월 1일 시행하게 되었다.

이는 개발제한구역의 지정절차와 개발제한구역의 종합적이고 체계적인 관리를 위한 법적토대를 마련하여, 개발제한구역의 보전과 주민생활편익을 도모하기 위한 것이었다. 또한 개발제한구역으로 지정된 토지에 대해 정부에 매수청구가 가능하게 함으로써 국민의 재산권 보장 등 위헌소지를 없애기 위한 조치였다고 볼 수 있다.

3) 「개발제한구역 제도개선안」 발표, '그린벨트 선언'

개발제한구역 제도개선을 위해서 1998년 4월부터 개발제한구역에 대한 전면적인 실태조사와 환경평가를 실시하여, 수많은 간담회, 전국 12개 도시에서의 공청회 등을 거쳐 1999년 7월 23일 「개발제한구역 제도개선방안」을 확정 발표했다. 이는 1971년 이후 28여 년간 크고 작은 제도개선이 이루어졌고, 구역조정을 포함한 개발제한구역 전반에 걸친 대대적인 제도개편방안이라 할 수 있다.

「개발제한구역 제도개선방안」은 제도의 실효성이 없다고 판단되는 지역에 대해서는 개발제한구역을 전면해제하고, 개발제한구역을 존치하는 지역 중에서도 보존가치가 낮은 곳에 대해서는 부분적으로 조정하는 등의 개발제한구역 조정원칙에 관한 역사적인 대 국민담화를 발표한다. 개발제한구역 관리에 관한 일종의 '그린벨트 선언(Greenbelt Charter)'이라고 불릴만한 내용이다.

개선시안의 주요내용은 전면해제가 이루어지는 지역과 존치지역에 구체적인 추진방안과 해제이후 관리방안에 관한 내용으로 크게 두 가지로 볼 수 있다. 첫 번째 존치지역에 대한 구체적인 추진방안은 도시의 무질서한 확산과 자연환경의 훼손 우려가 적은 도시권의 경우는 지정실효성을 검토하여 전면적인 해제를 실시하고, 존치되는 도시권은 환경평가를 실시하여 보전가치가 적은 지역을 위주로 부분 해제한다는 내용이다. 두 번째는 해제지역의 경우 계획적인 개빌을 유노, 지가상승에 따른 이익을 환수하고, 존치지역에서는 자연환경보전을 철저히 관리 유지하며, 주민불편을 최소화하면서, 필요한 경우 재산권피해를 보상한다는 내용이다.

「개발제한구역제도 개선방안」이 발표되고 나서 이에 따른 많은 견해들이 논의되고, 쟁점화되었으나, 개발제한구역에 관한 논쟁은 정책이 시행되면서 상당 부분

표 7-6 개발제한구역의 시대별 제도개선내용

시기	개선 횟수	특징적인 제도	대표적인 제도개선
1970년대	12회	– 농 · 축 · 수산업 시설지원 – 최소한의 주택개량허용 – 공익 · 공공용 설치	– 농림수산업 종사자의 창고 축사 신축: 허용토지면적 5/1000이하, 100㎡ – 축사규모확대: 가구당 100㎡→300㎡ – 주택증축 규모확대: 33㎡→100㎡ – 정부 제2종합청사, 국립원호병원설치
1980년대	8회	– 주민편익시설 제한적 허용	– 체육시설, 공원시설, 승마경기장 설치
1990년대	10회	– 주택개량 확대 – 국제경기 지원	– 거주기간에 따른 주택증축 규모확대 – 제14회 아시아경기대회, 2002년 월드컵 축구대회 경기장 등 설치
2000년대	13회	– 관리계획제도 도입 등 관련제도정비 – 신규 설치 요건 완화	– 토지매수청구권, 보전부담금 등 헌법불합치 상태 해소를 위한 노력 – 개발제한구역 재지정 및 훼손지 복구제도 도입 – 화훼전시판매장, 화물자동차 차고지, 납골봉안시설 등 설치요건완화
2010년 이후	4회	– 개발제한구역 내 주민지원 확대 – 법령 효율과 도모	– 생활비용보조사업, 주택개량사업 추진과 구역변경 시 경미한 사항의 명확화 – 불필요 · 불합리한 법조문 정리

주: 필자가 작성한 것임.

해결되었다. 최근에는 현재 남아있는 개발제한구역지역의 효율적인 관리를 통해 시대에 맞는 개발제한구역의 역할과 기능을 찾아보려는 시도가 이루어지고 있다.

시대별로 개발제한구역의 제도개선은 2000년대에 가장 많은 13회가 진행되어 크고 작은 제도개선이 이루어졌다. 이는 1999년 대통령 선거이후 개발제한구역의 해제와 관련하여 많은 제도개선이 이루어진 것으로 보인다. 다음으로는 개발제한구역제도 도입 및 형성기인 1970년대가 12회로 높은 개선횟수를 나타냈다(표 7-6).

4) 개발제한구역 제도개선에 관한 쟁점

개발제한구역과 연계된 주체는 대체로 개발제한구역에 관한 다양한 의견들을 개진하는 역할을 한다. 대표적으로 개발제한구역 내 토지 또는 가옥을 소유자, 중앙

표 7-7 개발제한구역 제도개선에 대한 세 가지 관점

구분	보전론	해제론	조정론
전면해제	– 도시성과 환경성 등 동일한 기준에 의하지 않은 경우 1998년 내 전면해제 반대 – 환경성평가 이외에 권역별 특성 및 지정목적, 도시발 전전망에 대한 도시성 평가 검토 후 구역조정	– 즉각적인 전면해제	– 시가지의 무질서한 확산 우려가 없는 일부 중소 도시권 – 인구규모, 개발밀도 녹지육 등 14개 도시지표 종합평가 – 1998년 말 해제대상권역 확정
부분해제	– 환경평가항목 보완을 강조하여 인구유입, 교통, 도시 팽창 등 도시성 평가지표를 추가함 – 보완된 도시성 및 환경성 평가를 바탕으로 조정논의를 시작 – 집단취락, 기성시가지화 지역, 도로관통으로 인한 분리토지 등 명백하게 불합리한 경계선은 우선적으로 조정	– 전면해제	– 전면해제 제외 권역에 대해 부분해제를 실시 – 표고, 경사도, 생태 등 12개 환경성 항목을 평가해 해제등급을 결정하여 해제 – 1999년 6월말 해제등급 결정

출처: 권용우 외, 2006, 수도권연구, 보성각, pp. 260-261을 바탕으로 재작성.

정부, 지방자치단체, 국회의원, 지방의회, 시민환경단체, 그리고 언론 등이 있다. 우선 시민환경단체인 '그린벨트 살리기 국민행동'의 건의사항, 환경부의 입장은 개발제한구역 보전론의 입장이다. 보전론은 현재의 도시 관련법의 문제점을 제시하며 개발제한구역 보전의 한계성을 강조한다. 이에 「그린벨트 특별법」을 제정, 개발제한구역이 아닌 '국토보존지대'로의 격상을 통해 적극적인 보전관리가 필요하다고 주장한다. 이와는 달리 해제론은 지역주민으로 구성된 사단법인 '전국개발제한구역주민협회'의 주장이 해당된다. 해제론 입장은 실제로 개발제한구역이 있어도 도시의 무분별한 확산이 진행되어 녹지지역의 감소 등을 강조하며 개발제한구역의 해제를 통한 개발을 강조하였다. 구체적으로 지가를 현실화하고, 토지거래 허가구역폐지, 보전지역에 대한 현시시가로의 매입 등을 요구하였다. 조정론은 개발제한구역의 전면해제까지는 진행되지 않고 현실적인 여건과 환경에 맞추어 제한을 점차적으로 조정해나가야 한다는 입장이다. 건설교통부 '개발제한구역제도개선협의회의 시안', 헌법재판소의 '헌법불합치판결'이 포함된다(표 7-7).

개발제한구역의 다른 입장을 보이는 세 가지 관점인 보전론, 해제론, 보전론이 대두되었으나 실질적으로 전면적인 해제는 공감을 얻지 못했다. 이 시기에는 개발제한구역의 장점을 살리고 보전하면서 1971년 개발제한구역 지정 이전부터 현지에 살고 있는 원거주민의 불이익을 보상해주어야 한다는 입장이 지배적이었다.

제3절 개발제한구역 환경평가

01 | 개발제한구역 환경평가

1) 환경평가의 개념

환경평가는 개발제한구역 내 토지의 환경적 가치를 평가하기 위한 것으로, 현재의 자연적·환경적 현황을 조사하여 보전가치가 높고 낮음을 평가하는 것을 의미한다. 환경평가는 개발제한구역의 조정을 친환경적 국토관리차원에서 접근하고, 과정에서의 투명성과 객관성 확보를 위해 GIS기법을 활용하여 실시하였다. 즉 환경평가를 통해 환경적 보전가치를 객관적으로 판단하고 첨단정보처리기법인 GIS를 활용함으로서 조사 및 분석과정에서의 자의적 판단을 최소화하고자 했으며, 3가지 단계로 나누어 수행하였다. 1단계에서는 사례지역을 안양시로 정하고 시험연구를 시행하였다. 2단계에서는 GIS구축단계로 각각의 평가항목에 대한 현황조사 및 분석작업을 수행하였다. 그리고 결과로 산출된 도면자료와 속성자료를 전산화하여 입력하였다. 마지막 단계인 3단계에서는 2단계에서 구축된 GIS를 활용하여 가장 중요한 작업인 개발제한구역의 환경적 보전등급을 위한 기준을 설정한다. 이런 등급의 분포 형태가 가지는 도시계획적 의의를 검토하였다(그림 7-3).

그림 7-3 환경평가연구 수행체계

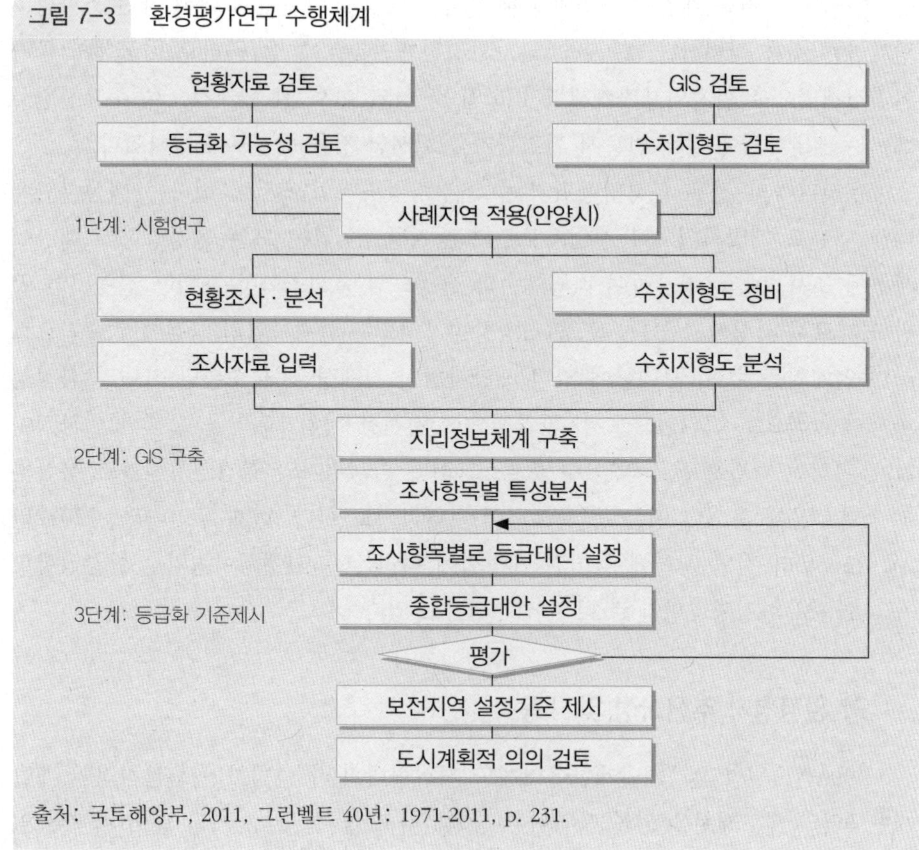

출처: 국토해양부, 2011, 그린벨트 40년: 1971-2011, p. 231.

2) 환경평가와 환경영향평가

환경평가(Environmental Assessment)는 앞서 밝힌 바와 같이 그린벨트 내의 보전 가치여부를 평가하는 작업으로 현재 자연상태를 조사평가하는 것이다. 이는 특정한 개발 사업이 주변 환경에 미치는 영향을 평가하는 환경영향평가와는 그 성격이 다르다.

환경평가와 환경영향평가(EIA; Environmental Impact Assessment)는 다른 개념으로, 환경영향평가는 환경영향평가기법에 의해 시행되고 있는 방법을 말한다. 특정 사업으로 인하여 주변환경에 미치는 영향을 사전에 예측·분석하여 환경영향을 줄일 수 있는 방안을 강구하는 제도이다. 예를 들어 고속도로, 댐, 비행장, 대규모 공장, 골프장 등 거대 개발이 자연환경에 어떠한 영향을 주는가에 대해 사전 조사하고 평가하는 것을 의미한다. 1969년 「국가환경정책법」(NEPA)을 근거로 미국에서 국가환경정책법으로 환경영향평가제도가 도입·운영된 이후 전 세계적으로 주요선진국에서는 개발사업에 앞서 반드시 환경평가를 실시할 것을 법률로 규정하였다.

우리나라의 경우 환경영향평가는 「환경영향평가법」에서 규정하는 대상사업에 대해 대규모 개발사업이나 사업으로부터 생겨날 수 있는 모든 환경영향에 대하여 사전에 조사·예측·평가하여 자연훼손과 환경오염을 최소화하기 위한 전략적인 종합 체계로서 시행되고 있다. 즉, 환경영향평가제도는 환경오염의 사전예방 수단으로서 사업계획을 수립·시행함에 있어 해당사업이 경제성, 기술성뿐만 아니라 환경성까지 종합적으로 고려함으로서, 환경적으로 건전한 사업계획안을 모색하는 과정이자 계획적인 기법으로 정의될 수 있다. 그러나 환경평가와 환경영향평가가 복잡하고 적용부분에 혼선이 이는 등 문제점이 나타나기도 한다. 현재 우리나라는 2012년 7월 22일부터 전면 시행에 들어간 개정법에 따라 '전략환경영향평가', '환경영향평가', '소규모 환경영향평가'로 나누어 진행하고 있다.

3) 환경평가 추진과정 및 내용

1998년 4월 15일 「개발제한구역제도 개선협의회」가 출범하면서 본격적인 개발제한구역의 제도개선을 위한 작업이 시작되었다고 볼 수 있다. 가장 먼저 시작된 일은 주민들이 요구하는 개발제한구역 해제 및 조정의 타당성까지 포함하는 전면적인 개발제한구역 실태조사였다. 다음은 개발제한구역 제도에 대한 각계 각층의 태도 및 의식조사를 통해 향후 개발제한구역 발전의 의제설정 과정에 참고사항으로 기초조사단계에서 설문조사를 실시하였다. 전국 843개 기초 및 광역자치단체의 공무원 1,686명을 대상으로 개발제한구역 운영, 제도개선방향, 집단취락정비계획 등의 내용을 1998년 4월 시행하였다. 이외에도 그린벨트제도를 꾸준히 유지해온 영국의 그린벨트 운영실태를 조사하였다. 이 조사에서는 영국 그린벨트 현황 및 제도전반, 구역설정기준, 구역해제사례, 구역 내 집단취락의 처리, 그린벨트 지정해제와 환경평가, 그린벨트 내 국공유지매입여부 및 보상여부, 개발이익 환수방법, 영국의 그린벨트 유지이유 및 배경, 영국 그린벨트의 문제점과 향후 정책과제 등을 중심으로 조사하였다.

이후 정부는 개발제한구역의 발전방향과 환경평가기준을 마련하기 위한 중요한 작업을 착수하였다. 이 중 중요한 의미를 갖는 것 중 하나가 개발제한구역의 환경적 보전가치를 구역조정의 기초자료로 활용하기 위해 1998년 10월~1999년 6월까지 환경평가를 실시한 것이다. 연구대상은 전국 14개 도시권에 걸쳐있는 면적 5,397㎢인 전체 개발제한구역과 그 영향권에 속한 도시의 도시계획구역으로 설정하였다.

표 7-8 환경평가항목 평가지표 및 기초자료

<table>
<tr><th colspan="2">평가지표</th><th>기초자료</th></tr>
<tr><td colspan="2">표고</td><td>DEM데이터 활용</td></tr>
<tr><td colspan="2">경사도</td><td>DEM데이터 활용</td></tr>
<tr><td colspan="2">임업적성도</td><td>임지생산능력급수도 활용</td></tr>
<tr><td rowspan="6">농업적성도</td><td>농업진흥지역분포도</td><td>KLIS 활용</td></tr>
<tr><td rowspan="2">경지정리지역분포도</td><td>경지정리지구 현황도</td></tr>
<tr><td>필지별 경지정리 유무</td></tr>
<tr><td>용수개발현황분포도</td><td>용수개발 현황도
(*2014년 현재 갱신사업 진행 중 참고)</td></tr>
<tr><td>농지생산성급지 분포도</td><td>정밀토양도</td></tr>
<tr><td colspan="2" rowspan="2">식물상</td><td>임상도</td></tr>
<tr><td>국가지정문화재
지정구역/보호구역
(*천연기념물, 희귀식물서식지 구분을 위해
문화재청의 데이터를 활용함)</td></tr>
<tr><td rowspan="6">수질</td><td rowspan="2">수질오염원지수분포도</td><td>연속수치지도</td></tr>
<tr><td>건물통합DB</td></tr>
<tr><td rowspan="2">취수구와의 거리분포도</td><td>취수장/취구수 위치정보</td></tr>
<tr><td>취수장 통계자료</td></tr>
<tr><td>폐수배출허용기준</td><td>환경부고시 제2007-107호
환경부고시 제2004-208호
환경부고시 제1999-2호</td></tr>
<tr><td>수질환경기준목표등급도</td><td>환경부고시 제2006-227호</td></tr>
</table>

출처: 국토연구원 등(1999)이 분석한 환경평가결과 자료를 중심으로 최근의 자료를 보강하여 재작성한 것임.

환경평가는 4개의 전문기관이 참여하여 전문분야별 환경평가를 시행, 총괄기관으로 국토연구원을 비롯하여 농촌경제연구원, 임업연구원, 환경정책평가연구원이 참여했다. 이들 기관은 조사·분석 기간의 한계와 수집된 자료의 객관성 확보가 어려워 현실적으로 적용 가능한 6개 항목을 선정하였다. 환경평가 6개 항목은 표고, 경사도, 농업적성도, 임업적성도, 식물상, 수질 등이다. 각 6개 항목별 등급을 구분한 후 항목별 등급도를 중첩한 다음, 「상위등급우선원칙」을 적용하여 종합등급도를 작성한다. 「상위등급우선원칙」은 환경의 특수성과 고유성을 감안한 것으로, 각 항목 중 가장 상위의 등급을 종합등급상의 최종등급으로 결정하는 원칙을 말한다.

환경평가항목별 평가지표 및 기초자료는 먼저 표고와 경사도의 경우 기초자료는 DEM데이터의 활용방안에 대한 자문의견에 따라 검토 후 기초데이터로 활용하였다. 임업적성도의 기초자료는 간이산림토양도의 폐지로 인해 동일한 정보를 포함한 임지생산능력급수도를 기초로 활용한다. 농업적성도 기초자료는 4개의 주제도로 구분되어 있으며 각 주제도에 활용되는 정보를 보유하고 있는 기초데이터를 활용했다. 경지정리지역의 경우에는 경지정리지구 현황도를 기본으로 하며 KLIS의 필지별 경지정리 자료를 활용했다. 식물상의 기초자료인 임상도 데이터는 천연기념물, 희귀식물서식지에 대한 정보를 포함하지 않으므로 문화재청의 국가지정문화재 지정구역/보호구역 데이터를 활용한다. 수질등급의 경우 취수원과의 거리는 취구수의 위치를 기준으로 한다. 단 취수구의 위치가 취수장과 근접한 경우 취수장 위치를 활용하기로 하였다. 환경평가에 관한 내용별 참여기관별은 국토연구원은 표고와 경사도를, 농촌경제연구원은 농업적성도를, 임업연구원은 식물상과 임업적성도를, 환경정책평가연구원은 수질을 분석했다(표 7-8).

4) 환경평가관련 법률적 근거

환경평가 등급도는 법률적 근거에 바탕을 두고 이루어진다. 먼저 「개발제한구역의 지정 및 관리에 관한 특별조치법」 제3조 개발제한구역의 지정을 근간으로 지정되었다. 두 번째는 「개발제한구역의 지정 및 관리에 관한 특별조치법 시행령」 중 제2조 개발제한구역의 지정 및 해제의 기준에 근거하고 있다. 제2조 제3조 제2항에 따르면 개발제한구역이 다음 각 호의 어느 하나에 해당하는 경우에는 국토교통부장관이 정하는 바에 따라 개발제한구역을 조정하거나 해제할 수 있다고 밝혔다. 주요 내용은 "개발제한구역에 대한 환경평가 결과 보존가치가 낮게 나타나는 것으로서 도시용지의 적절한 공급을 위하여 필요한 지역으로, 이 경우 도시의 기능이 쇠퇴하여 활성화 할 필요가 있는 지역과 연계하여 개발할 수 있는 지역을 우선적으로 고려하여야 한다"이다. 세 번째는 개발제한구역의 조정을 위한 「도시관리계획변경안 수립지침」 제2절 해제대상지 선정 및 제척기준이다. 관계법령내용은 "개발수요 등을 감안할 때 광역도시계획에서 제시한 목표연도 내 실질적 개발·활용이 가능한 지역 중 도시관리계획 입안일 기준으로는 향후 3년 내 착공이 가능한 지역으로서 도시발전 및 지속가능한 개발의 측면에서 요건을 갖춘 지역을 선정한다"이다. 네 번째는 「광역도시계획 수립지침」 제5절 「개발제한구역의 조정의 관계법령」이 있다

환경평가 등급의 제도적 활용범위는 광역도시계획, 개발제한구역 관리계획, 그리고 도시관리계획 등에 활용된다. 광역도시계획의 경우 2개 이상 시도지역을 대상으로 하여 해제가능총량 설정 시 환경평가등급도를 활용한 지역검토와 대상면적을 도출하는 데 활용된다. 개발제한구역 관리계획은 개발제한구역이 분포한 시도지역에 해당되며, 해제가능총량에 따른 지역해제 시 환경평가등급도를 활용한 우선순위 선정시 활용된다. 도시관리계획(입지시설)은 개발제한구역이 포함된 시도지역으로 환경평가등급도의 3~5등급에 대한 시설 및 관리계획 입안시 검토를 위해 활용된다.

02 | 개발제한구역 환경평가 항목

개발제한구역 환경평가의 조사·분석 기간의 한계와 수집된 자료의 객관성 확보가 어려워 현실적으로 적용 가능한 항목인 표고, 경사도, 농업적성도, 임업적성도, 식물상, 수질 등 6개 항목으로 나누어 선정하였다.

1) 표고

표고등급은 NGIS(국가지리정보체계) 사업에 의하여 구축된 수치지형도상의 등고선을 이용하여 표고의 높낮이로 등급을 측정한다. 또한 표고는 각 지역마다 차이가 있으므로 절대적인 표고기준보다는 모도시와 기준표고에서의 표고차를 중심으

표 7-9 표고

구분	수도권	부산권	대구권	광주권	대전권	마창진권	울산권
1등급	201m	191m	211m	211m	221m	191m	191m
2등급	161-200m	151-190m	171-210m	171-210m	181-220m	151-190m	151-190m
3등급	121-160m	111-150m	131-170m	131-170m	141-180m	111-150m	111-150m
4등급	81-120m	71-110m	91-130m	01-130m	101-140m	71-110m	71-110m
5등급	80m	70m	90m	90m	100m	70m	70m
기준 표고	40m	30m	50m	50m	60m	30m	30m

출처: [표 7-8]과 같음.

로 등급을 설정한다. 등급별 표고 중 1, 2등급의 표고가 가장 높은 곳은 대전권으로 1등급이 221m, 2등급이 181-220m로 가장 높았다. 다음으로 대구권과 광주권 1등급이 211m, 2등급은 171-210m, 수도권이 201m를 1등급, 161-200m를 2등급으로 등급화하였다. 개발가능한 4, 5등급의 표고의 경우도 대전권 지역이 각각 101-140m와 100m로서, 가장 높은 지역에 지정되었다(표 7-9).

2) 경사도

경사도의 경우 국립지리원에서 발행한 수치지형도를 사용하여 경사도를 분석했다. 경사도 등급은 토지이용가능성의 정도에 따라 대안을 설정하며, 5° 이하 지

표 7-10 경사도

구분	등급기준
1등급	36° 이상 (활용이 불가능한 지역)
2등급	26-35° (활용에 어려움이 있는 지역)
3등급	16-25° (시설물 설치 시 경제성이 낮은 지역)
4등급	6-15° (활용이 가능한 지역)
5등급	5° 이하 (평탄지)

출처: [표 7-8]과 같음.

역을 모든 토지이용이 가능한 5등급으로 하고, 10° 간격으로 등급을 구분하였다. 1, 2등급의 경사도 지역은 26° 이상의 경사도 지역으로, 활용이 불가능하거나 어려움이 있어 절대 보전되어야 하는 것을 원칙으로 하는 지역이다. 3등급지는 경사도 16~25°지역으로 시설물 설치 시 경제성이 낮은 지역이다(표 7-10).

3) 농업적성도

농업적성등급의 등급기준은 농업진흥지역 지정여부, 농업기반시설 정비수준, 농지의 생산성을 기준으로 농지의 보전측면에서 등급을 설정한다. 즉 경지정리, 용수공급시설 등 농업기반시설의 정비 여부와 농지의 생산성을 기준으로 등급화 했다. 대부분 1등급 지역의 경우 농지를 효율적으로 활용하고 보전이 가능한 지역을 의미하는 농업진흥지역으로, 농업용도로의 토지이용이 이루어진다. 2등급의 경우도 경지정리와 용수개발이 완료되어 농업적 토지이용이 가능한 지역이다(표 7-11).

농업적성도 기초자료는 4개의 주제도로 구분되어 있으며 각 주제도에 활용되는 정보를 보유하고 있는 기초데이터를 활용한다. 경지정리지역의 경우 경지정리지구 현황도를 기본으로 하며 KLIS의 필지별 경지정리 자료를 활용한다.

표 7-11 농업적성도

구분	등급기준
1등급	농업진흥지역
2등급	경지정리완료지구 또는 용수개발완료지구
3등급	경지정리예정지구 또는 용수개발예정지구/ 농지생산성 1, 2등급
4등급	농지생산성 3, 4등급
5등급	농지생산성 5급지 / 삼림지 및 기타 용도의 토지

출처: [표 7-8]과 같음.

4) 임업적성도

임업적성도 등급기준은 산림토양, 건습도 등 수목이 성장할 수 있는 조건들을 고려하여 평가한 간이산림토양도상의 임지 생산능력 급수도를 기준으로 등급화했다. 임업적성도 기초자료는 간이산림토양도의 폐지로 인해 동일한 정보를 포함한 임지생산능력급수도를 기초로 활용한다. 임지에서 한 수종이 생존하면서 성공적으로 경쟁할 수 있는 임지생산능력이 가장 높은 순서대로 1급지부터 5급지로 분류하여 각각 절대보전지역인 1~2등급부터 5등급까지 지정하였다(표 7-12, 7-13).

표 7-12 임업적성도

구분	등급기준
1등급	임지생산능력 1급지
2등급	임지생산능력 2급지
3등급	임지생산능력 3급지
4등급	임지생산능력 4급지
5등급	임지생산능력 5급지 / 농지 및 기타용지의 토지

출처: [표 7-8]과 같음.

표 7-13 점수별 임지생산능력급수 판정표

임지생산능력급수	총점
Ⅰ (1급지)	55~75
Ⅱ (2급지)	45~54
Ⅲ (3급지)	35~44
Ⅳ (4급지)	25~34
Ⅴ (5급지)	8~24

출처: [표 7-8]과 같음.

5) 식물상

식물상은 식물군락의 자연성 정도에 따라 등급화 했다. 등급기준인 자연성의 판단은 임상도에 나타나 있는 임종, 임상, 영급, 소밀도 등의 소항목을 활용했다. 식물상 1등급지나 2등급지는 자연성정도가 아주 우수하거나 우수한 지역이다. 1등급지는 천연기념물, 희귀식물서식지가 우선 해당되며, 수령 41년 이상의 이차 천연림

표 7-14 식물상

구분	등급기준	
	자연성 정도	임상도구분
1등급	아주 우수	천연기념물, 희귀식물서식지, 수령 41년 이상의 이차천연림
2등급	우 수	수령 21-40년 된 이차천연림 / 수령 41년 이상의 인공림
3등급	중 간	수령 20년 이하의 이차천연림 / 수령 21-40년의 인공림
4등급	낮 음	수령 21년 이하의 인공림
5등급	아주 낮음	무입목지, 임간나지, 제지, 농경지 및 기타 용도의 토지

출처: [표 7-8]과 같음.

이다. 2등급지는 수령 21~40년 된 이차천연림이거나 수령 41년 이상의 인공림이다(표 7-14).

6) 수질

수질등급은 개발제한구역의 수질영향평가를 위해 수질오염잠재력(수질오염원지수), 상수원에 미치는 영향(취수구와의 거리), 폐수배출허용기준 적용실태(폐수배출허용기준) 및 정부의 수질환경정책목표(수질환경기준 목표등급)의 4가지 요소를 반영하여 등급기준을 설정하였다. 특히 수질등급의 경우 취수원과의 거리는 취구수의 위치를 기준으로 한다. 단 취수구의 위치가 취수장과 근접한 경우 취수장 위치를 활용한다. 분석의 공간적 단위는 소하천유역을 중심으로 했다. 각 등급별 4가지 지표를 구분하여, 8점 단계로 항목마다 분류하여 점수를 모아 등급지별 등급기준을 설정하였다(표 7-15).

이상의 기준으로 개발제한구역을 평가한 후 「상위등급우선원칙」을 적용하여 종합등급도를 환경적 가치가 높은 1등급에서 가장 낮은 5등급으로 나누었다. 환경평가기준 '1·2등급은 보전지역으로, 4·5등급은 도시용지로, 3등급은 도시여건에 따라 보진 또는 도시용지로 활용할 수 있다'는 의견을 발표했고, 이는 우리나라 개발제한구역 관리의 확고한 정책지침이 되었다.

표 7-15 수질

구분	8점	7점	6점	5점	4점	3점	2점	1점	0점
수질오염원 지수	–	–	–	–	건폐지 0.01% 이하	건폐지 0.01–0.1%	건폐지 0.1–1.0%	건폐지 1.0–5.0%	건폐지 5.0% 초과
취수구와의 거리	상류 2km 이내	상류 2–5km 이내	상류 6–10km	상류 11–15km	상류 16–20km	상류 21–25km	상류 26–30km	상류 30km	하류 지역
폐수배출 허용기준	–	–	–	–	청정 지역	–	가지역	–	나지역
수질목표 등급	–	–	–	–	1등급	2등급	3등급	4등급	5등급

구분	등급기준
1등급	18점 이상
2등급	14–17점
3등급	10–13점
4등급	6–9점
5등급	0–5점

출처: [표 7–8]과 같음.

03 | 개발제한구역 환경평가결과 및 활용

환경평가결과 표고, 경사도, 농업적성도, 임업적성도, 식물상, 수질 등 6개 항목을 대상으로 평가항목별로 1-5등급까지 총 5개 등급으로 구분했다. 기준적용원칙상 「상위등급우선원칙」을 적용하여 6개 항목 중 1개 항목이라도 1등급으로 평가되면 그 지역의 등급은 1등급으로 결정되므로 항목별 등급기준 설정에 있어 중요한 의미를 갖는다고 볼 수 있다.

1) 환경평가등급

「상위등급우선원칙」을 적용하여 보다 엄격하게 분류된 환경평가 등급화에 따른 등급별 면적은 1등급이 25~35%정도이며, 2등급은 25~35%, 3등급은 20~30%,

4등급은 5∼15%, 5등급은 5% 미만으로 나타난다. 이는 같은 도시권 및 도시 내에서도 평지와 임야에 따라 등급면적비율이 큰 차이를 보이고 있다. 어떤 경우에는 보전등급이 낮은 지역 안에 보전가치가 높은 일부 지역이 나타나거나 반대의 경우인 보전가치가 높은 지역 내에 오히려 낮은 보전가치를 갖는 지역이 존재하기도 한다. 이에 환경평가기준은 사용자료의 정확도나 시간의 흐름에 따른 변화 등을 고려해 관련 지자체에서 현장실사를 포함한 환경평가 실시를 통해 현실적 상황과 부합되지 않는 경우 최근의 변화를 반영하여 일부 항목을 보완할 수 있게 하였다.

2) 전면해제지역과 환경평가등급

1999년 개발제한구역 환경평가 결과 7개의 중소도시권의 경우는 도시의 무질서한 확산과 도시주변 자연환경 훼손의 우려가 적은 것으로 나타났다. 이에 개발제한구역을 해제하기로 방침을 정해, 제주권(2001.8), 춘천권(2001.8)을 시작으로 청주권(2002.1), 여수권(2002.12)을 해제하였고, 전주권(2003.6), 진주권(2003.10), 통영권(2003.10)을 끝으로 7개 도시권을 순차적으로 해제하였다(표 7-16).

이 때 전면해제가 이루어진 7대 중소도시권 중 환경평가 결과 1∼5등급 중 상위 1·2등급에 해당하는 보전가치가 높은 지역은 구역면적의 60% 내외 정도로 보전생산 녹지지역, 공원 등 보전지역으로 지정하였다. 또한 환경평가 3∼5등급 지역은

표 7-16 7대 중소도시권 개발제한구역의 해제과정(1998-2003) (단위: ㎢)

연도	1998년	2000년	2001년	2002년	2003년
제주권	82.6	82.6	-	-	전면 해제 완료
춘천권	294.4	294.4	-	-	
청주권	180.1	180.1	180.1	-	
여수권	87.6	87.6	87.6	-	
전주권	225.4	225.4	225.4	225.4	
진주권	203.0	203.0	203.0	203.0	
충무권(통영권)	30.0	30.0	30.0	30.0	

출처: 권용우 외, 2006, 수도권의 변화, 보성각, p. 257을 바탕으로 필자 재작성.

개발제한구역의 용도지역인 자연녹지지역으로 하되, 장기 도시발전방향을 감안하여 단계적으로 도시용지로 활용하는 내용의 도시계획을 입안한다. 3~5등급 지역은 구역면적의 40% 내외이며, 보전녹지지역 등 지정에 관한 도시계획 결정이 된 도시에 대해서는 개발제한구역을 해제하기로 한다. 이는 해제되는 도시권의 경우 무분별한 개발이 일어나는 것을 방지하기 위하여 먼저 도시계획을 수립한 후 해제하는「선 환경평가 및 도시계획 후 해제」방식으로 추진한다. 지방자치단체별로 국토연구원 등이 실시한 환경평가의 결과를 검증한 후, 도시전체를 대상으로 하는 도시계획을 입안하되, 환경적 요소를 최우선적으로 고려한다는 것을 확인할 수 있다.

3) 부분해제지역과 환경평가등급

개발제한구역 중 부분해제지역은 7대 대도시지역 즉, 수도권을 비롯한 부산권, 대구권, 광주권, 대전권, 울산권, 마산·창원·진해권이다. 이 지역들은 시가지 확산압력이 높고 환경관리의 필요성이 큰 7개 대도시지역으로 광역도시계획을 세워 부분적으로 조정하기로 결정된다. 건설교통부와 지방자치단체가 공동으로 광역도시권의 장기발전방향을 제시하는 광역도시계획 수립 시 도시의 공간구조와 환경평가 결과를 감안, 개발제한구역 중 "조정가능지역"을 설정한다. 공공주택건설, 수도권 소재 기업본사와 공장의 이전 유치 등 공공·공익상의 개발수요를 수용키로 하되, 개발수요에 따라 오는 2020년까지 단계적으로 개발제한구역을 해제한다. 다만, 대규모취락, 산업단지, 경계선 관통취락, 지정목적이 소멸된 고유목적 지역 등 불합리한 지역은 우선 해제하기로 한다.

7개 대도시권역도 환경평가결과에 따라 5개 등급지로 분류한다. 구역면적의 60% 내외인 상위 1·2등급지는 보전지역으로 지정하고, 구역면적의 15% 내외인 하위 4·5등급지는 해제대상지역으로서 개발이 가능하게 되었다. 3등급지는 구역면적의 25%내외로, 광역도시계획에 따라 보전 또는 개발가능지로 지정한다. 결과적으로 1999년 7월 22일에 정부가 발표한 개발제한구역 제도개선방안의 핵심은 환경평가결과에 따라 1·2등급 지역은 묶고, 4·5등급 지역은 풀며, 3등급지는 광역도시계획에 따라 묶거나 풀 수 있도록 조정하였다(표 7-17).

전국 17개 시도지역의 개발제한구역 해제비율은 수도권의 9.6%보다 비수도권

표 7-17 개발제한구역 제도개선내용

	개발제한구역의 전면해제	개발제한구역의 부분해제
대상지역	– 춘천권, 청주권, 전주권, 여수권, 진주권, 통영권, 제주권	– 수도권, 부산권, 대구권, 광주권, 대전권, 울산권, 마산 · 창원 · 진해권
해제이유	– 개발제한구역 지정목적인 도시의 성장과 무질서한 확산방지의 기능이 불필요할 정도로 개발제한구역의 필요성이 적음	– 개발제한구역을 계속 유지하게 되나, 환경적 보전가치가 낮은 지역을 중심으로 「광역도시계획」을 수립하여 부분적으로 해제 또는 구역조정을 진행함 – 해제지역은 지역적 특성에 따라 환경친화적인 주거단지 위주로 개발 또는 정비하고, 주변 자연환경을 보전하도록 함
해제절차	– 환경평가 검증(지자체)→도시계획입안(지자체)→주민 · 지방의회 의견청취(지자체)→지방도시계획위원회 심의→관계부처(농림부, 환경부, 국방부 등) 협의→중앙도시계획위원회 심의→도시계획결정(국토부)	– 환경평가 정밀검증(지자체)→광역도시계획 입안(건교부, 지자체 공동)→주민 · 지방의회 의견청취(지자체)→관계부처(농림부, 환경부, 국방부 등) 협의→중앙도시계획위원회 심의→광역도시계획 수립→도시계획입안(지자체)→주민지방의회 의견청취→지방도시계획위원회 심의→중앙도시계획위원회 심의→도시계획 결정(건교부)
관리방안	– 환경평가 결과 1–5등급 중 상위1 · 2등급에 해당하는 보전가치가 높은 지역(구역면적의 60% 내외)은 보전 생산녹지지역, 공원 등 보전지역으로 지정 – 3–5등급(구역면적 40% 내외)은 자연녹지로 하되, 장기적인 도시발전방향으로 감안하여 단계적으로 도시용지로 활용 가능함	– 지자체별로 환경평가검증을 통해 보전가치가 높은 1 · 2등급(구역면적의 60% 내외)은 원칙적으로 개발제한구역으로 유지 – 보전가치가 낮은 4 · 5등급(구역면적의 15% 내외)은 해제대상지역으로 선정 – 3등급 지역(구역면적의 25% 내외)은 지역특성을 감안한 광역도시계획에 따라 개발제한구역 또는 도시계획 용지로 활용

출처: 국토해양부, 2011, 그린벨트 40년: 1971–2011을 바탕으로 필자가 작성한 것임.

표 7-18 수도권 비수도권지역의 해제비율비교

구분	수도권	비수도권
주민지원사업 지원규모	33%(2,615억 원)	67%(5,276억 원)
개발제한구역 면적	37%(1,415㎢)	63%(2,450㎢)
개발제한구역 주민수	66%(7만여 명)	34%(4만여 명)
보전부담금 징수실적 (2000–2013)	79%(1조 4천억 원)	21%(4천억 원)

출처: 국토교통부, 홈페이지 비치자료를 바탕으로 작성한 것임.

지역이 36%로 높으며, 지자체의 신청에 따라 해제가 이루어지므로 지역별로 차이가 있다. 보전부담금을 재원으로 하는 주민지원사업 규모도 개발제한구역 면적, 주민 수, 보전부담금 징수실적을 감안할 때 비수도권 차별이라고 보기는 어렵다. 경북과 충남지역은 대규모로 해제하는 중소도시권 해제지역이 없었고, 최근에는 지자체가 신청하는 해제사업도 없었기 때문에 해제비율이 낮은 것이라 볼 수 있다(표 7-18).

제4절 환경평가 내용의 변화

환경평가는 1971년 이후 40여 년간 유지되어온 개발제한구역 존치의 기본원칙을 반영한 것이다. 1999년 이후 실시되어 오고 있는 환경평가제도는 우리나라 개발제한구역의 조정과 관리상의 핵심적 정책지침이다. 그러나 시대의 흐름에 따라 개발제한구역 환경평가 제도는 내용상의 몇 가지 변화가 이루어졌다.

01 | 환경평가 원칙의 지속성

지난 세월 동안 진행된 개발제한구역에 관한 각종 논의과정에서도 변치 않는 몇 가지 원칙이 지켜지고 있다. 첫째는 1971년 지정 당시부터 오늘날까지 지속되어 온 개발제한구역 존치의 필요성에 관한 원칙이다. 국민들의 절대적인 지원에 힘입어 우리나라 개발제한구역은 1971년 지정당시부터 오늘에 이르는 40여 년간 그 필요성이 확고히 자리매김하고 있다. 둘째는 환경평가 이후 상위 1~2등급에 해당하는 지역은 절대보전지역으로 확정하여 해제가 이루어져서는 안 된다는 원칙을 분명히 하고 있다.

이러한 개발제한구역 보존에 관한 원칙은 오늘날까지 40여 년간 개발제한구역이 유지·관리할 수 있는 핵심기준이자 버팀목 역할을 하고 있다. 특히 1999년 개발제한구역 조정과정에서 확정한 환경평가 1~2등급 지역은 개발이 엄격히 금지되고 있어 개발제한구역의 존치원칙을 지키는 이정표가 되고 있다. 이러한 개발제한구역 존치원칙에 입각하여, 도시계획 구획설정과정에서 환경평가 1~2등급은 기본적으로 개발대상에서 제외시키거나, 불가피하게 도시계획 구역 안에 포함시킬 경우라도 공원녹지 등의 보전용지로 지정하고 있다.

02 | 환경평가 내용상의 변화 추정

개발제한구역 환경평가는 보전가치가 높은 지역과 낮은 지역을 명확히 구분하여 개발제한구역 관리의 효율성을 높이고 있다는 점에서 그 의의가 크다. 그러나 1999년 진행된 개발제한구역 환경평가가 십수 년이 지나면서 농업적성도, 수질 등의 환경평가 지표가 그동안 변화된 환경이나 지역현황을 보완하지 못한 측면이 있다. 이에 시대변화를 반영한 새로운 개선안의 필요성이 요구되고 있다. 기존 개발제한구역 환경평가의 6개 항목과 내용에 대한 효율적인 방안모색에는 좀 더 엄격하고 정확한 기준이 제시될 것으로 추정된다(표 7-19).

국토교통부는 2013년 12월부터 10개월 동안 개발제한구역 환경평가를 실시한다고 밝혔다. 새로운 환경평가는 단순히 자료갱신 뿐 아니라 향후 지속적으로 갱신이 가능한 시스템을 구축하고, 주제별 조회와 간편한 면적 산정 등 다양한 기능을 탑재하여 개발제한구역 관리수준의 향상을 목표로 한 것이다. 이번 시행될 환경평가는 자료갱신이 이루어지지 않음에 따라 환경변화가 반영되지 않았던 기존의 환경

표 7-19 변화된 지표별 등급기준

지표	등급기준
표고	권역별 기준표고에서의 표고차 정도에 따라 등급을 설정
경사도	경사 정도에 따라 등급 설정
임업적성도	간이산림토양도상의 임지생산능력을 기준으로 등급 설정
농업적성도	농업진흥지역 지정여부, 농업기반시설 정비수순, 농지생산성 등을 기준으로 하여 등급설정
식물상	수치임상도상 임종 · 영급의 속성 조합하여 등급 설정
수질	수질오염원 지수, 취수장과의 거리, 폐수배출 허용기준, 수질환경 기준 목표등급 등 4가지 항목을 종합하여 등급설정

출처: 국토교통부, 비치자료(2014)를 통해 필자가 작성.

평가등급의 문제점을 해소함으로서, 환경평가는 보전가치가 높은 지역과 낮은 지역을 명확히 구분하여 개발제한구역관리의 효율성을 높일 수 있을 것으로 기대된다.

대체로 환경평가의 표고, 경사도, 임업적성도, 식물상 등의 지표는 큰 변화가 없을 것으로 예상된다. 그러나 농업적성도, 수질 등의 지표는 다소 변화가 있을 것으로 예상된다.

03 | 개발제한구역 환경평가에 관한 훈령

2013년 9월 2일 국토교통부는 「개발제한구역에 관련된 훈령」을 발표했다. 훈령의 내용은 "개발제한구역 내 시설물 입지는 환경평가 결과 3등급내지 5등급지를 우선적으로 활용하는 것을 원칙으로 하되, 1등급지 내지 2등급지와 실제현황이 상이할 경우, 해당 지자체가 이를 입증하는 자료를 제출하여 국토부 장관이 확인하면 시정 가능하다. 다만, 입지여건상 불가피한 경우에는 환경평가결과 1등급지 내지 2등급지를 활용할 수 있다(농업적성도 1등급지 내지 2등급지는 농림축산식품부와 협의된 경우 활용가능)"로 되어 있다.

국토교통부가 발표한 훈령의 의미는 개발제한구역 중 보전지역으로 지정된 1~2등급지의 유지원칙은 지키면서, 현실적 개발의지와 계획에 대한 적용상의 융통성을 반영한 것이라고 볼 수 있다.

04 | 개발제한구역의 완화

2014년 3월 13일 정부는 지역경제활성화 대책방안 중 하나로 "개발제한구역 규제완화방안"을 발표했다. 주요내용은 개발제한구역의 추가해제가 아닌 이미 해제가 되었거나 규제로 인해 개발이 힘들었던 지역에 대해 규제완화를 실시한 것이다. 이러한 조치로 개발제한구역 중 여의도 면적의 약 4.3배 정도인 12개 지역 12.4㎢가 규제완화 대상지역으로 선정되었다.

2015년 5월 6일 정부는 대통령 주재 제3차 규제개혁장관회의에서 "개발제한구역(GB) 규제 개선방안"을 발표했다(국토교통부 보도자료, 2015.5.6.). 그 내용은 ① 30만m^2이하 해제권한을 지자체에 부여 등 해제절차 간소화 ② 훼손지를 녹지로 복원하고 정비하는 "공공기여형 훼손지 정비제도" 도입 ③ 그린벨트 내 지역특산물 판매, 체험시설 허용 등 입지규제 완화 ④ 그린벨트 토지매수 및 주민지원사업 지원 강화로 정리된다. 이러한 정책은 개발제한구역 주민들의 실생활상의 불편 해소에 중점을 두고 있다. 특히 해제총량의 추가확대 없이 해제총량의 범위 안에서 진행되는 규제완화 정책이다. 보전가치가 높은 지역은 엄격히 보전하면서 훼손된 지역은 녹지로 복원하도록 했다. 그리고 보전가치가 낮은 지역은 현행 해제총량(233㎢) 범위 내에서 해제절차 간소화 등을 통해 신속하게 사업을 추진할 수 있도록 조치했다.

주요개념

개발제한구역(development restriction area)

개발제한구역 제도개선방안

경사도

그린벨트(green belt)

그린벨트법(Green Belt Act)

그린벨트선언

농업적성도

대런던계획(Greater London Plan)

레치워스(Letchworth)

수질

식물상

아버크롬비(P. Abercrombie)

언윈(R. Unwin)

에베네저 하워드(Ebenezer Howard)

웰윈(Welwyn)

임업적성도

전원도시(Garden City)

파리 일 드 프랑스(Paris-Ile-de France)

파커(B. Parker)

표고

환경평가

참 고 문 헌

개발제한구역제도개선협의회, 1998.11.25, 개발제한구역 제도개선방향.

건설교통부, 1999, 개발제한구역 제도개선방안.

경기개발연구원, 1999, 수도권 개발제한구역 조정 및 관리 방안 연구, 경기개발연구원 도시지역계획연구부.

경기개발연구원, 2007, 그린벨트의 합리적인 제도개선을 위한 방안연구, 경기도.

국토교통부, 2013.09.02, 개발제한구역에 관한 훈령.

국토교통부, 2014.03.13, 지역경제활성화 대책방안을 위한 개발제한구역 규제완화방안 발표자료.

국토교통부, 2015.05.06, 개발제한구역 관련 보도자료.

권용우, 1999, "우리나라 그린벨트의 친환경적 패러다임," 지리학연구 33(1).

권용우, 2004a, "그린벨트 해제 이후의 국토관리정책," 지리학연구 38(3).

권용우, 2004b, "그린벨트에 관한 연구동향," 지리학연구 38(4).

권용우 · 변병설 · 박성혜 · 나혜영, 2005, 그린벨트에 관한 연구동향, 지리학연구 38(4).

권용우 외, 2012, 도시의 이해, 제4판, 박영사.

권용우 · 변병설 · 이재준 · 박지희, 2013, 그린벨트 : 개발제한구역 연구, 박영사.

그린벨트 시민연대, 1998, 우리나라 그린벨트 정책이 나아가야 할 길, 서울.

김경환, 1998, "개발제한구역제도의 평가와 제도개선 쟁점," 주택연구 6(2), 한국주택학회.

박지희, 2011, "우리나라 그린벨트의 변천과정에 관한 연구," 성신여자대학교 대학원 박사학위논문.

박지희, 2014, "개발제한구역과 환경평가," 도시문제 545 : 24-28.

변병설, 2014, "해외 개발제한구역의 현황과 시사점," 도시문제 545 : 34-38.

산림청, 2006, 몽골 그린벨트사업 마스터플랜수립, 동북아산림포럼.

영국도시농촌계획학회, 1999, 한국의 개발제한구역 제도개선안에 대한 평가보고서.

장세훈, 1999, "한국 · 영국 · 일본의 그린벨트 비교 연구," 한국사회학 33(봄호).

정창무, 1998, "미국의 성장관리정책과 그린벨트," 도시과학 논총 24, 서울시립대학교 도시과학연구원.

최병선, 1992, "외국의 그린벨트제도," 도시문제 298, 행정공제회.

추장민 외. 2013. 한반도「그린데탕트」추진방안에 관한 연구. 한국환경정책평가연구원.

한국토지주택공사 토지연구원. 2011. 그린벨트 40년: 1971-2011. 국토해양부.

허재완. 1999. "영국의 그린벨트와 우리나라 개발제한구역." 도시문제 370. 행정공제회.

Department of Environment(DOE). 1993. *The Effectiveness of Green Belts*. London: Her Majesty's Stationery Office.

Hall. P. and Ward. C.. 1998. *Sociable Cities: The Legacy of Ebenezer Howard*. Wiley: Chichester.

Howard. E.. 1898. *Garden Cities of Tomorrow*. new ed. 1946. Faber. London.

Munton. R.. 1983. *London's Green Belt: Containment in Practice*. Unwin. London.

[홈페이지]

http://greenbelt.org/

http://www.erlebnisgruenesband.de/en/startseite.html

제 8 장

도시 그린인프라와 경제성 분석

제 8 장 도시 그린인프라와 경제성 분석

제 1 절 도시 그린인프라 경제성 분석의 의의

급속한 경제발전과 도시화로 인해 우리의 도시는 만성적인 교통난, 주택난, 그리고 대기 및 수질, 토양오염과 같은 환경오염 등의 도전에 직면해 있다. 경제 성장에 기여함과 동시에 이러한 문제점을 극복하여 보다 살기 좋고 자족성 높은 도시를 만들기 위해 정부와 각 지자체는 도로 및 지하철 등 교통하부시설을 건설하고 대규모 공공택지를 조성하는 등 인프라 시설의 적정한 공급을 위해 노력해 왔으며, 특히 정주적합성(livability)과 지속가능한 개발에 대한 패러다임이 확산되면서 도시환경을 개선하기 위해 환경과 관련된 사회간접자본인 소위 '그린인프라'를 적정한 수준으로 공급하기 위해 노력해 왔다. 이러한 지속적인 투자로 인해 우리나라의 사회간접자본 스톡은 일정 수준에 도달했다고 평가받고 있으나 환경관련 사회간접자본은 선진국에 비해 여전히 부족한 것으로 평가받고 있다.

그러나 사회간접자본 확충에는 막대한 예산이 소요되는 반면 정부와 지자체의 예산은 한정되어 있기 때문에 정부나 각 지자체가 원하는 모든 그린인프라 사업을 동시에 추진하는 것은 불가능하다. 이에 객관적이고 정확한 경제성 분석에 기반을 두고 사업추진을 위해 소요되는 사회경제적 비용과 이로 인해 발생하는 사회경제적 편익을 추정하여 비교분석한 후 우선순위를 정하는 작업은 예산을 집행하는 정부나 서비스를 제공받는 시민 모두에게 매우 중요한 일이라 할 것이다. 물론 예산상의 한계를 고려하여 최근 많은 환경관련 사업이 민간투자사업으로 진행되고 있지만 민간

투자사업의 경우에도 사회간접자본의 공공성을 고려하여 정부가 주관하는 경제성 분석이 필요한 사업이 많다.

이에 본고는 사례분석에 대한 이해를 제고하기 위해 현재 우리나라의 타당성 분석 체계 및 경제성 분석과 관련된 일반적인 원칙을 개괄한 후 그린인프라 사업의 타당성 분석 사례를 몇 가지 예를 들어 살펴보기로 한다. 그린인프라의 정의에는 여러 가지가 있겠지만 본고는 이를 환경과 관련된 사회간접자본 일체로 정의하고자 하며, 사례로 교통부문의 친환경자동차 개발 및 충전인프라 확충사업, 매립가스 재활용 발전소 건립사업, 그리고 도시공원 등 녹지 공간 조성사업을 차례로 살펴본다. 이 가운데 친환경자동차 개발 및 충전인프라 확충사업은 전 세계적인 기후변화와 에너지 고갈에 대비하여 선진 각국에서 전략적인 투자를 진행하고 있는 부문으로 도시 환경에 큰 영향을 줄 수 있는 사업이며, 매립가스 재활용 발전소 건립사업은 도시인근 매립지에서 발생하는 환경오염물질을 에너지원으로 재활용하여 전력을 생산하고 환경오염을 저감할 수 있어 최근 우리나라에서도 중점적으로 추진 중인 환경사업이며, 마지막으로 도시공원은 우리에게 친숙한 대표적인 친환경시설이라는 점에서 의의를 가질 수 있을 것이다.

서론에 이어 2절에서는 우리나라의 타당성 및 경제성 분석체계를 소개하며, 3절에서는 경제성 분석과 관련한 기본적인 원칙을, 4절에서는 그린인프라 사업의 경제성 분석 사례를 차례로 살펴보기로 한다. 본고가 그린인프라 및 경제성 분석의 중요성과 향후 그린인프라 경제성 분석의 발전 방향에 대한 논의의 장을 제공할 수 있기를 기대해본다.

제 2 절 경제성 분석 체계의 이해[1)]

현재 정부의 주관하에 수행되는 공식적인 사전타당성조사는 재원의 종류에 따라 재정사업 예비타당성조사(이하 예비타당성조사), 민간투자사업 적격성조사, 공공부문 예비타당성조사로 분류되며, 예산당국의 의뢰하에 KDI(한국개발연구원) 공공투자관리센터(PIMAC)에서 이들 분석을 총괄수행하고 있다. 이 가운데 외환위기 이후 재정개혁의 일환으로 도입된 예비타당성조사는 대규모 공공투자사업의 전반적인 타당성을 사전적으로 평가하기 위한 대표적인 공공투자평가제도로, 신규 공공투자사업의 타당성 여부를 우선순위에 따라 투명하고 공정하게 결정하여 재정운영의 효율성 제고에 기여하는 것을 목적으로 도입되었다.

예비타당성조사는 1999년 도입 이후 2006년 「국가재정법」 도입으로 그 위상이 강화되었으며, 예비타당성조사 도입 이후 타당성재조사, 심층평가 등 중간 및 사후평가제도가 차례로 도입되면서 사전-중간-사후로 이어지는 통합적 공공투자관리체계가 완성되었다. 예비타당성조사는 총사업비가 500억 원 이상이면서 국가 재정지원 규모가 300억 원 이상인 건설사업, 정보화사업, 국가 연구개발(R&D)사업에 해당하는 신규사업, 그리고 중기재정지출이 500억 원 이상인 사회복지, 보건, 교육, 노동, 문화 및 관광, 환경보호, 농림해양수산, 산업 및 중소기업분야의 사업 등의 기타 재정사업을 대상으로 실시되며, 국가 재정지원 규모가 300억 원 이상인 민간투자사업, 공공기관사업, 지자체사업도 예비타당성조사 대상이다. 예비타당성조사는 경제적 타당성 분석뿐만 아니라 정책적 분석을 통해 국가적 관점에서 적절한 투자 우선순위 및 투자시기를 조사하여 대규모 공공투자사업에 대한 재정운용의 효율성을 검토하는 데 초점을 맞추고 있다.

다음은 예비타당성조사에서 분석되어야 하는 경제성 분석, 정책적 분석, 지역균형발전 분석 및 종합평가에 대한 간략한 소개이다. 첫째, 경제적 타당성 분석은 대상사업의 국민경제적 효과를 추정하며, 일반적으로 그 결과를 편익-비용 비율(B/C; benefit-cost ratio)을 통해 제시한다. 경제성 분석을 위해서는 사업 시행에 따른 수요를 추정하여 화폐적 단위의 편익을 산정하고, 총사업비와 사업의 운영에 필요한 모든 경비를 합하여 기회비용(opportunity cost) 차원에서의 비용을 산정하게 된다. 즉 경제성 분석은 사업의 매력도를 평가하는 것이며, 국가 경제적 관점에서 전체 사회에 대한 편익 및 비용을 추정한다. 경제성 분석은 이러한 사회적 비용과 사회적 편익을 기반으로 사업시행(do-something) 대안과 사업미시행(do-nothing) 대안을 비교 분석하고, 사업의 경제적 타당성에 영향을 미칠 수 있는 불확실성에 따라 시나리오를 추가한다.

둘째, 정책적 분석은 경제성 분석에 포함되지는 않지만 사업의 전체적인 타당성을 평가하기 위해 중요한 정책적 평가요소들을 분석한다. 즉, 정책적 분석에서는 1) 해당 사업과 관련된 상위 계획 및 정책과의 일관성, 사업추진측의 추진의지, 사업의 준비 정도를 포함하는 정책적 일관성, 2) 재원조달 가능성과 환경성 등을 포함하는 사업추진상의 위험요인, 3) 고용유발효과와 고용의 질 개선효과를 포함하는 고용효과,[2] 그리고 4) 사업특수 평가항목 등을 정량적 또는 정성적으로 분석한다. R&D 및 정보화 사업 등과 같이 기술적 타당성을 고려할 필요가 있다고 인정되는 사업에 대해서는 기술적 타당성을 추가적으로 분석한다. 기술성 분석은 기술개발계획의 적절성, 기술개발의 성공 가능성, 기존 기술 및 사업과의 중복성 등을 분석하여야 한다.

셋째, 지역균형발전 분석에서는 국가적인 이슈인 지역 간 불균형 상태가 심화되는 것을 방지하고 지역 간 형평성을 제고하기 위해 지역낙후도 및 지역경제파급효과 등 지역개발에 미치는 요인을 분석한다. 이는 지역경제가 낙후된 지역의 경우 수요가 부족하여 경제성이 불리하게 도출되는 현상을 완화코자 도입되었으며, 시대적·사회적 여건변화를 감안하여 최종판단에서 차지하는 비중이 확대되어 왔다.

일반적인 사회간접자본 확충 사업과 달리 2014년도부터 본격적으로 수행중인 복지부문 사업 등은 편익을 계량화하기 어려운 경우가 발생할 수 있다는 점을 고려하여 비용편익분석 대신 주어진 비용을 기준으로 대안별 효과성을 비교하는 비용효과분석(cost-effectiveness analysis)을 실시할 수 있으며, 정책적 분석에서는 1) 상위계획과의 연계성 및 여타 사업과의 중복성, 2) 사업목표의 명확성과 적절성, 3) 사업대상의 명확성과 적절성, 4) 전달체계의 명확성과 적절성을 분석한다.

경제성 분석, 정책적 분석, 지역균형발전 분석을 수행한 후에는 1970년대 초 Thomas Saaty에 의해 개발된 평가항목의 분석 결과에 기초한 다기준 분석방법론의 하나인 분석적 계층화법(AHP; analytical hierarchy process)을 활용하여 정량적인 경제적 가치와 정성적인 사회적 가치를 표준화된 방식으로 통합하여 사업의 타당성에 대한 종합평가를 계량화된 수치로 제시한다. 2005년 이후 지역균형발전 요소를 반영하기 위하여 AHP 가중치 범위가 수정되었는데, 최근 가중치는 경제성 분석 결과가 40~50%, 정책적 분석이 25~35%, 지역균형 분석이 20~30% 범위 내에서 적용되도록 설계되어 있다. [그림 8-1]은 예비타당성조사의 AHP 기본구조를 보여주고 있다.

그림 8-1 예비타당성조사의 AHP 기본구조

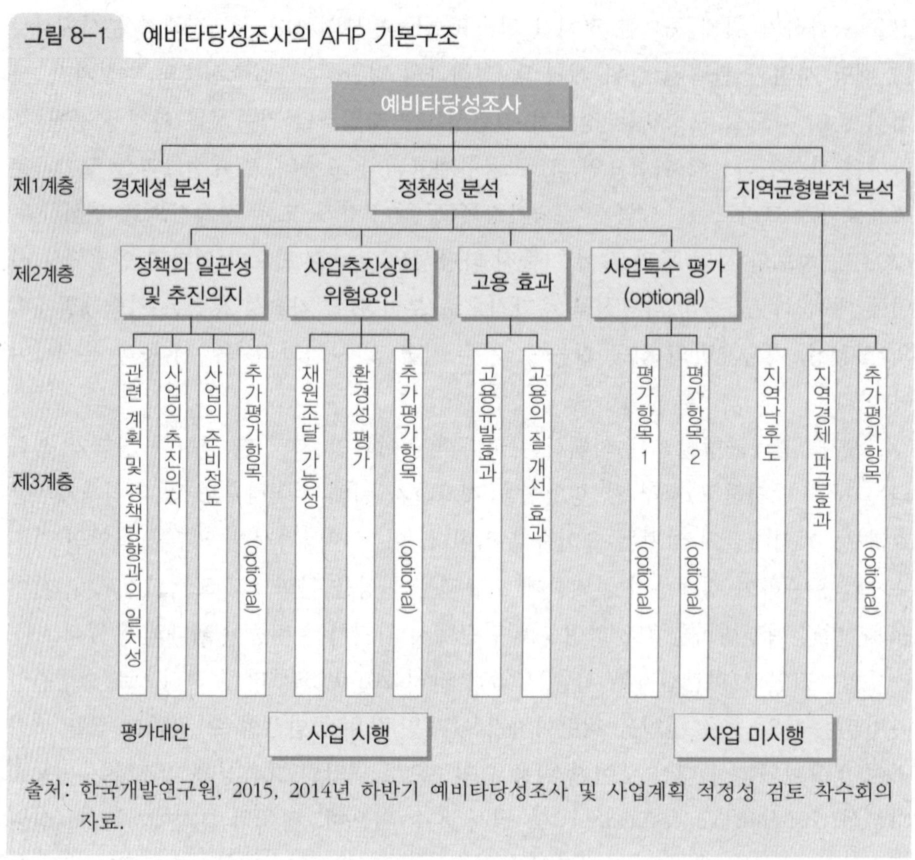

출처: 한국개발연구원, 2015, 2014년 하반기 예비타당성조사 및 사업계획 적정성 검토 착수회의 자료.

예비타당성조사는 사회기반시설사업에 중점을 두고 있지만 R&D, 정보화 사업 등으로 그 적용대상이 확대되었으며, 최근 사회복지사업 등 사회기반시설 외의 사업으로 적용이 더욱 더 확산되고 있다. 또한 현재 예비타당성조사는 예산편성과정에 있어 필수적인 과정으로 인식되고 있으며, 사업부처와 지자체가 예비타당성조사 대상사업으로 선정되기 위해 자체적으로 예비타당성조사를 준용한 사전적인 조사를 수행하는 등 그 위상이 더욱 강화되고 있다. 예비타당성조사 결과의 대부분은 예산편성에 중요한 근거자료로 활용되며, 예산계획의 관점에서 조사 결과는 해당 사업의 사업기간 내내 중요한 근거로 활용된다. 이러한 방식으로 예비타당성조사는 타당성이 없는 사업이 시행되는 것을 방지함으로써 재정운영의 효율성을 제고하는 데 기여하고 있다. 현재 한국의 예비타당성조사제도는 예산안 수립에 있어 필수적인

표 8-1 부문별 예비타당성조사 수행 사업 수와 타당성 비율 (단위: 건, 억원, %)

분야	구분	합계(A)	타당성 있음(B)	비율(B/A)
도로	수행 건수	219	130	59.4
	총사업비	895,166	435,537	48.7
철도	수행 건수	105	60	57.1
	총사업비	961,448	563,393	58.6
항만	수행 건수	37	28	75.7
	총사업비	126,650	107,749	85.1
문화	수행 건수	35	17	48.6
	총사업비	87,662	40,408	46.1
수자원	수행 건수	46	33	71.7
	총사업비	109,108	79,392	72.8
기타	수행 건수	120	83	69.2
	총사업비	446,304	314,002	70.4
합계	수행 건수	562	351	62.5
	총사업비	2,626,338	1,540,482	58.7

출처: PIMAC 내부자료를 기반으로 분석.

절차로 간주되고 있으며, 세계은행(World Bank), 국제통화기금(IMF), 경제개발협력기구(OECD), 아시아개발은행(ADB) 등 세계 유수의 국제기구로부터 영국 등과 함께 매우 모범적인 운용사례(best practice)로 소개되고 있다. 한편, [표 8-1]은 1999년에서 2012년까지 사업부문별 예비타당성조사 수행 사업 수와 부문별 타당성이 있는 것으로 평가된 사업의 비율을 보여주고 있다. 해당 기간 수행된 예비타당성조사 가운데 사업 건수 기준으로 총 62.5%, 총사업비 기준으로 58.7%의 사업이 타당성이 있는 것으로 분석되었는데, 예비타당성조사가 도입되기 전인 90년대 중반 주무부처가 수행한 자체 타당성조사 33건 가운데 32건이 타당성이 있는 것으로 판단된 것에 비해 볼 때 엄격한 기준에 의해 예비타당성조사가 운용되고 있음을 확인할 수 있다. [표 8-1]을 통해 해당 기간 사업비 기준으로 총 110조원에 달하는 비효율적인 사업의 추진이 억제된 것을 확인할 수 있다.

제3절 경제성 분석 방법론[3)]

본 절에서는 그린인프라 사업의 경제성 평가에 대한 예제 분석에 앞서 경제성 분석을 이해하기 위해 중요한 일반적인 사항과 원칙들에 대해 살펴보기로 한다.

01 | 경제성 분석지표

경제적 타당성을 평가할 때는 일반적으로 편익-비용 비율(B/C; benefit-cost ratio), 순현재가치(NPV; net present value), 내부수익률(IRR; internal rate of return)과 같은 세 가지 방법을 사용하고 있다. 먼저 B/C는 사업기간 발생하는 총편익을 기준연도의 현재가치로 환산한 값을 사업기간 발생하는 총비용을 현재가치화한 값으로 나눈 비율을 뜻한다. 미국의 예산관리처(OMB; Office of Management and Budget)에서는 조세왜곡에 따른 초과부담 등을 감안하여 B/C 값이 1.25를 상회해야 투자의 경제성이 확보된다고 하지만 우리의 경우 현재까지 사회간접자본이 충분히 확보되지 못했다는 주장이 있고, 1.0 이외의 인위적인 다른 기준을 적용할 경우 초래될 수 있는 불필요한 혼선 등을 우려하여 일반적으로 편익/비용 비율≥1.0이면 경제적 타당성이 있다고 판단하고 있다(표 8-2).

순현재가치란 사업에 수반된 총비용과 총편익을 기준연도의 현재가치로 환산한 후 총편익에서 총비용을 제한 값으로, 순현재가치≥0이면 경제성이 있다는 의미로 해석한다. 내부수익률은 총편익과 총비용의 현재가치로 환산된 값이 같아지는 할인율을 구하는 방법으로 사업의 시행으로 인한 순현재가치를 0으로 만드는 할인율을 의미하며, 내부수익률이 뒤에서 살펴볼 사회적 할인율(social discount rate)보다 크면 경제성이 있다고 판단한다.

일반적으로 B/C가 해석이 용이하고 사업규모가 크다고 해서 큰 비율이 도출되지 않는 등 사업규모와 관계없이 일관된 기준을 제시하기 때문에 예비타당성조사 등 타당성평가에서 주로 사용되고 있으며, 순현재가치법은 예비타당성조사를 통과한 사업 가운데 예산편성 과정에서 배타적인 사업 간 투자의 우선순위를 도출하는

표 8-2 경제성 분석기법의 비교

분석기법	판 단	장 점	단 점
편익/비용비율 (B/C)	B/C≥1	• 이해 용이, 사업규모 고려 가능 • 비용편익 발생시간의 고려	• 상호배타적 대안 선택의 오류발생 가능
순현재가치 (NPV)	NPV≥0	• 대안 선택 시 명확한 기준 제시 • 장래발생편익의 현재가치 제시 • 한계 순현재가치 고려 • 타 분석에 이용 가능	• 이해의 어려움 • 대안 우선순위 결정 시 오류 발생 가능
내부수익률 (IRR)	IRR≥r	• 사업의 수익성 측정 가능 • 타 대안과 비교가 용이 • 평가 과정과 결과 이해가 용이	• 사업의 절대적 규모 고려하지 않음 • 몇 개의 내부수익률이 동시에 도출될 가능성 내재

출처: 한국개발연구원, 2008, 예비타당성조사 수행을 위한 일반지침 수정보완 연구(제5판).

데 참고되고 있다. 물론 예산제약 및 정책적 상황이 고려된 상태에서 활용된다는 것이다.

02 | 비용 및 편익의 정의

비용은 일반적인 사업의 경우 공사비, 부대비, 공사 예비비 및 사업 운영 중에 발생하는 모든 비용을 포함한 총사업비에 분석기간 동안의 운영비 및 유지보수비를 합산한 총비용을 적용한다. 편익은 어떠한 사업으로부터 국민이 얻을 수 있는 효용 또는 만족감으로 정의할 수 있으며, 경제성 분석에서는 이러한 편익을 사업의 종류에 따라 적절한 편익 기준을 사용하여 화폐단위로 추정한다. 여기에서 주의할 점은 재무성 분석을 위한 비용, 편익과 경제성 분석을 위한 비용, 편익의 상이함으로부터 초래되는 개념적 혼란이다. 일반적으로 경제성 분석이라 함은 공공사업으로 인한 효과를 국민경제적 측면에서 측정하는 것을 의미하며, 재무성 분석은 공공사업으로 인한 효과를 개별기관의 입장에서 측정하는 것을 의미한다. 이러한 차이로 인해 경제성 분석에서는 재원과 관계없이 사업에 수반되는 모든 비용(예를 들어, 타부처가 건설하는 진입도로), 외부적으로 발생하는 비용(예를 들어, 환경파괴)이 포함되는 반면, 개별기관의 입장에서는 비용이지만 국민의 지갑에서 국가로의 단순이전이라는 측면에서 세금 등은 분석에서 제외된다. 이자비용과 같은 경우도 개별기관의 입장에서는 비용으로 처리되겠지만 국민경제적 입장에서는 이자가 국내금융권으로 지출된다면 이전에 해당하므로 경제성 분석에서 제외된다. 그러나 국민경제적 입장에서 경제성을 분석한다는 것이 항상 수월한 작업은 아닌데, 국내금융권이라 하더라도 외국인이 상당 부분 지분을 소유하고 있는 경우가 많을 것이기 때문이다.

한편 비용 및 편익에 대한 유형을 살펴보기에 앞서 잠재가격(shadow price)에 대한 개념을 살펴볼 필요가 있다. 잠재가격이란 진정한 사회적 가치를 반영하는 가격이라고 할 수 있는데, 완전경쟁시장에서는 시장가격이 바로 자원의 기회비용, 즉 잠재가격이 되지만 현실의 시장은 대부분 불완전하므로 공공투자사업의 사회적 비용과 사회적 편익을 분석할 경우 완전경쟁시장을 가정하고 조정되는 진정한 사회적 비용과 사회적 편익을 사용해야 한다. 따라서 비용적인 측면에서는 대표적인 생산요소인 노동, 자본, 토지의 잠재비용을, 편익적인 측면에서는 잠재가격에 가까운 시간가치, 생명가치, 환경가치 등을 추정하기 위한 노력이 있어왔으며, 일부는 지침 및 예비타당성조사에 반영하고 있으나 여전히 많은 학문적인 연구가 필요한 부분이다. 경제성 분석에 대한 이해를 바탕으로 비용 및 편익에 대한 유형을 살펴보면 다음과 같이 구분할 수 있다.

1) 금전적 대 실질적

실질적 비용 및 편익은 공공사업에 의해 발생한 진정한 또는 실질적인 비용과 편익으로, 실질적인 비용은 공공사업을 추진함으로써 발생하는 모든 자원의 기회비용을 의미하며, 실질적인 편익은 공공사업 추진에 의해 발생하는 국민소득의 실질적 증가 또는 사회적 후생의 실질적 증가를 의미한다. 실질적 비용, 편익과 대비되는 금전적 비용, 편익은 공공사업에 의해 발생하는 화폐적 가격의 변화로 인해 발생하는 비용 및 편익을 의미하며, 노동생산성 증가로 이어지지 않는 임금 상승, 토지생산성 증가로 이어지지 않는 지가 상승이 그 대표적인 것들이다. 이러한 단순한 화폐적 가격의 변화는 국민경제 차원에서 실질적 변화로 이어지기 어렵다는 점에서 경제성 분석에 고려되어서는 안 된다. 신규 지하철 건설 사업을 예로 들 경우 지하철 요금수입은 금전적 편익일 뿐 경제성 분석에 반영되지 않는 반면 차량운행비용절감, 통행시간절감, 교통사고감소, 정시성향상, 환경비용절감 등이 실질적 편익으로 경제성 분석에 고려된다.

2) 직접적 대 간접적

비용 및 편익 측정에 있어 또 하나의 중요한 기준은 비용과 편익이 직접적이냐 간접적이냐 하는 것이다. 직접적인 비용, 편익은 사업의 일차적인 목적과 관련된 비용 및 편익을 의미하며, 간접적인 비용, 편익은 공공사업을 통해 이차적으로 발생하는 비용과 편익을 의미하는데, 실질적인 비용과 편익도 간접적으로 발생할 수 있으며 실질적이라면 간접적인 비용과 편익을 모두 경제성 분석에 포함하는 것이 원칙이다. 예를 들어, 지하철 건설사업의 직접적인 편익이 차량운행비용 절감, 통행시간 절감, 교통사고 감소라면 이로 인한 간접적인 편익은 환경오염 감소일 것이며, 간접적인 편익이 실질적인 것이라면 최대한 계량화하여 경제성 분석에 포함하는 것이 원칙이다. 다만 간접적 편익 가운데 유발효과 또는 연관효과와 같이 간접적이면서 그 구분이 모호하거나 추가적인 투자가 필요한 경우, 또한 시장권 확대와 같이 다른 지역 시장권이 축소될 가능성이 있는 경우 편익의 과다계상 문제가 대두될 수 있으므로 경제성 분석에 포함하지 않는 것을 원칙으로 하고 있다.

3) 유형적 대 무형적

비용 및 편익은 종종 무형적(intangible)인 형태로 나타나는데, 예를 들어 대규모 공공주택단지를 건설하면서 그린벨트와 같은 주변 환경을 훼손했다면 무형적인 비용이 발생한 것이고, 주변 환경을 잘 정비하여 오히려 경관이 우수해졌다면 무형적인 편익이 발생한 것으로 볼 수 있을 것이다. 이러한 무형적 비용과 편익을 추정하기 위하여 잠재가격 개념을 활용할 수 있으며, 이를 직접적으로 계량화하기 어려운 경우 지불가능용의액(WTP; willingness to pay)을 추정하는 등의 방법을 이용하여 소비자잉여(consumer surplus)를 추정하는 방법 등을 고려할 수 있다.

03 | 경제성 분석 시 고려사항

경제성 분석지표와 비용 및 편익의 유형에 대한 이해를 바탕으로 경제성 분석 시 고려해야 할 주요 원칙을 살펴보기로 하자.

1) Do-something 대 Do-nothing

경제성을 분석할 때 전문가도 쉽게 오류를 범할 수 있는 부분이 사업을 시행했을 경우의 대안(do-something)과 사업을 시행하지 않았을 경우 대안(do-nothing)을 비교하여 비용 및 편익을 산정하여 B/C를 구하지 않고 사업 시행 전후(before-after)를 단순히 비교하여 B/C를 구하는 것이다. 일례로, 유류 수입 비용을 절감하고자 에너지효율이 높은 전기자동차를 개발하고자 하는 사업의 주요 편익의 하나인 연료절감 편익은 단순히 사업 전후 절감되는 자동차용 연료의 차이가 아닐 것이다. 그 이유는 일반 내연기관차량의 연료효율도 본 사업과 무관하게 지속적으로 향상되는 추세가 존재하기 때문이다. 따라서 전기자동차 개발로 인한 미래의 편익을 추정할 때는 장래 내연기관차량의 연료효율성 증가를 고려하여 사업시행에 따른 실질적 효과만을 추정해야 한다.

때로는 사업을 미시행하는 대안(do-nothing)을 대신하여 최소화하는 대안(do-minimum)을 사업을 시행하는 대안(do-something)과 비교해야 하는 경우가 있다. 우리가 사업미시행 대안을 준거대안으로 삼는 것은 아무 것도 하지 않았을 경우가 사업을 시행했을 경우보다 더 우수한 대안이 될 수 있기에 비교대안으로 분석하는 것인데, 예를 들어 매우 노후하여 안전도에 문제가 있는 건물을 재건축하는 사업의 경우 이를 최소한의 수리도 하지 않고 그대로 사용한다는 미시행 대안은 현실성도 떨어지고 더 우수한 대안이 될 가능성이 전무하기 때문에 최소화 대안과 사업시행 대안을 비교하게 된다.

2) 사회적 할인율(social discount rate)

공공투자사업의 경제적 타당성 분석 시 모든 비용과 편익은 동일한 시점을 기준으로 일정한 기준에 의해 할인, 즉 현재가치화되어야 한다. 그 이유는 공공사업은 장기간에 걸쳐 비용과 편익이 불균등하게 발생하기 때문에 이를 일정한 기준으로 평가하기 위해서는 미래에 발생하는 비용과 편익을 동일한 기준에 의해 현재가치로 환산하여 비교해야하기 때문이다. 그런데 미래에 발생하는 비용과 편익을 현재가치로 환산 또는 할인한다는 의미에는 시간에 대한 선호의 개념이 내포되어 있다. 즉, 현재 소비할 수 있는 사과 한 개가 30년 후 소비할 수 있는 사과 한 개에 비해 가치가 높다는 의미가 내포되어 있는 것이다.

경제성 분석 시 할인율이 중요한 이유는 할인율에 의해 편익과 비용의 비율, 즉 B/C가 변할 수 있기 때문인데, 즉 비용과 편익을 동일한 사회적 할인율로 할인, 즉 현재가치화하더라도 비용은 일반적으로 공사기간 중에 많이 발생하는 반면 편익은 사업기간 전반에 걸쳐 고르게 발생하는 경우가 대부분이기 때문이다. 예를 들어, 낮은 할인율을 적용하면 경제성이 확보되는 사업이 높은 할인율을 적용하면 미래에 발생하는 편익의 현재가치가 낮아져 경제성이 확보되지 않는 것으로 평가될 수 있다.

이 밖에 적정한 할인율에 대한 논의는 세대 간 형평성 문제도 내포하고 있다. 즉, 일부에서는 공공투자사업은 예산 제약하에서 이루어지는데다 재원과 수혜자가 일치하지 않는 경우가 많으므로 보수적인 차원에서 높은 할인율 수준이 바람직하다고 주장한다. 반면 높은 할인율을 적용한다는 것은 미래에 발생하는 편익가치에 대한 저평가를 의미하므로, 즉 이는 세대 간 자원 배분의 문제를 야기하므로 높은 할인율 수준이 바람직하지 않다는 견해도 존재한다. 다시 말해 공공투자사업은 많은 경우 미래세대를 위한 투자이거나 투자여야 하는데 높은 할인율을 적용할 경우 현재 세대에 많은 편익이 발생하는 사업만 경제성 분석을 통과하는 경우가 발생한다는 것이다. 이 때문에 공공투자사업에 적용할 사회적 할인율을 확정하는 데는 경제적 여건에 대한 고려뿐만 아니라 사회적인 합의가 필요하다.

이러한 이유로 인해 정부와 KDI는 예비타당성조사에서 적용할 적정한 사회적 할인율을 확정하는 데 신중을 기해왔으며, 전반적으로 하락하고 있는 시장이자율 및 경제성장률을 비롯한 여러 제반요건을 고려하여 과거 7.5%에 달하던 사회적 할인율을 2004년 일반지침 4판 개정을 통해 6.5%로 하향조정하였으며, 2008년 일반지침 5판 개정을 통해 5.5%로 다시 하향조정한 바 있다. 또한 최근 실질이자율과 경제성장률이 지속적으로 하락하면서 할인율 재조정 필요성에 대한 연구를 진행 중에 있다.

한편, 경제성 분석에서는 장래 인플레이션을 정확히 예측하기 어려울 뿐만 아니라 인플레이션은 비용과 편익 모두에 동일한 영향을 미치기 때문에 모든 연도에 인플레이션이 포함되어 있지 않은 기준연도의 불변가격(constant price)을 사용하므로 비용과 편익을 현재가치화할 때 사용하는 사회적 할인율도 명목할인율이 아닌 실질할인율을 사용한다. 따라서 현재 적용하고 있는 사회적 할인율에는 인플레이션이 제외된 시간에 대한 선호도, 즉 미래소비 대비 현재소비의 가치에 대한 선호도가 반영되어 있다고 볼 수 있다.

3) 분석 기간

공공투자사업의 비용과 편익을 분석함에 있어 분석 기준연도와 분석기간을 일관성 있게 적용하는 것은 매우 중요한 일이다. 예비타당성조사는 조사가 의뢰된 전년도를 분석의 기준연도로 삼고 있으며, 분석기간은 도로를 포함한 일반사업의 경우 사업기간과 운영 개시 후 30년을 합한 기간을 원칙으로 하고 있다. 단, 철도부문과 수자원부문 사업의 분석기간은 사업기간과 운영개시 후 철도의 경우 40년, 수자원의 경우는 50년을 기준으로 하고 있다. 일반사업과 철도 및 수자원부문 사업의 분석기간을 달리 적용하고 있는 이유는 부문별로 사회간접자본의 내구연한이 상이하기 때문이다. 분석기간이 30년을 넘는 철도, 수자원부문 사업의 사회적 할인율은 운영개시 이후 30년 동안은 5.5%, 이후 기간은 4.5%를 적용하고 있다.

기술의 진보로 인해 사회간접자본의 수명이 50년을 넘어선다는 지적이 있고 또한 일반적으로 비용은 건설기간 중 발생하는 비중이 크고 편익은 장기에 걸쳐 고르게 발생하기 때문에 세대 간 형평성 제고를 위해 분석 기간을 연장해야 한다는 지적이 있다. 그러나 먼 미래에 발생하는 편익과 비용은 현재 적용하고 있는 할인율에 따르면 그 가치가 미미하기 때문에 분석기간이 경제성 분석에 큰 영향을 주지는 않는 것으로 파악되고 있다. 일례로 철도부문의 경우 녹색성장이 강조되면서 개정된 철도지침에 의거 분석 기간이 사업기간과 운영 개시 후 40년으로 변경되었지만 미래로 갈수록 편익의 할인폭이 커지기 때문에 사업의 경제성에 주는 영향은 크지 않은 것으로 파악되고 있다.

4) 개발계획 반영기준

일반적으로 경제성 분석은 공공투자사업 주변지역 개발계획의 반영 여부에 크게 좌우된다. 일례로 도시철도 연장사업을 평가하는 경우 신설하고자 하는 역사 인근에 대규모 산업단지 개발계획 또는 택지개발계획이 있다면 도시철도 장래 수요 및 이에 따른 사회적 편익이 크게 증가할 것이기 때문이다. 그러나 개발계획은 일반적으로 사업 구상단계부터 착공 및 완공에 이르기까지 기본계획, 개발계획, 실시계획 등 여러 단계의 중앙정부 및 지자체의 계획과정을 거치게 되며, 이 과정에서 보다 현실적인 사업계획으로 수정되기도 하며 때로는 재정 여건이나 경제 상황에 따라 계획이 전면 보류 또는 취소되기도 한다. 이러한 이유로 사전타당성평가 단계에서 어느 정도 수준으로 구체화된 개발계획까지 평가에 반영해야 하는지가 매우 중요한 사안이 되는 것이다.

이에 예비타당성조사 일반지침과 하위 가이드라인은 개발계획 반영기준을 원칙적으로 실시계획 승인 또는 실시계획 승인에 준하는 단계에 이르러 실현이 확실시되는 사업으로 규정하고 있다. 이는 실시계획이 승인된 경우 대부분 실제 착공으로 이어지기 때문인데, 실시계획이 승인된 경우라 하더라도 특히 민간이 주도하는 개발계획은 해당 기관의 자금상황에 크게 영향을 받기 때문에 분석이 이루어지는 시점에서 실제 착공 여부 및 실현 가능성 여부를 지속적으로 점검하여야 한다. 즉, 재정이 투입되는 사업에 대한 예비타당성조사는 보수성에 기반을 두어야 할 것이다. 다만, 개발계획이 해당 사업의 근간이 되는 경우, 예를 들어 새만금개발 사업을 위한 내부간선 및 진입도로 등과 같이 해당 사업이 보다 상위의 개발계획과 긴밀히 연계되어 있는 경우 새만금개발계획이 실시계획 승인 이전 단계라 하더라도 실현가능성이 높다면 개발 시기 및 규모를 시나리오로 처리하여 경제성을 분석할 수 있다. 그 이유는 교통시설이 계획에서부터 완공에 오랜 기간이 소요되는 경우가 많으며, 정책적으로 단지개발과 교통시설계획이 함께 이루어져야 하는 경우가 있기 때문이다.

5) 용지보상비

대표적인 생산요소 가운데 하나인 토지는 사업에 따라 차이는 있지만 비용부문 가운데 매우 큰 비중을 차지하기 때문에 그 진정한 사회적 가치를 추정함에 있어 특히 신중을 기해야 한다. 여기에서 중요한 것은 경제성 분석에서 추정하고자 하는 것은 재무성 분석에서 사용하는 시장가격이 아닌 토지의 기회비용, 즉 잠재가격이라는 점이다. 그러나 토지의 잠재가격을 사전타당성조사 단계에서 정확하게 추정하는 것은 매우 어려운 일이다. 그 이유는 사전타당성조사의 성격상 현실적으로 조사기한과 조사비용상에 제한이 있는데다 제약이 없더라도 특정 토지의 잠재가격을 정확히 추정하는 것은 매우 어려운 작업이기 때문이다. 이에 예비타당성조사에서는 다음과 같은 기준을 제시하여 용지보상비 가운데 하나인 용지구입비를 추정하고 있다.

(1안) 감정평가

○ 직접 감정평가에 의하여 제시된 금액을 바탕으로 산정

○ 약식 감정평가에 의하는 방법

(2안) 기존 사업지 주변의 보상자료를 활용하는 방법

(3안) 표준지 공시지가에 표준 보상배율을 적용

그러나 이러한 기준들 역시 자체적인 한계를 가지고 있는데, 1안의 경우 시간과 비용이 과도하게 소요되어 제한된 예산하에서 신속한 조사가 필요한 예비타당성조사 단계에서 적용하기 힘들다는 점과 함께 감정평가사의 자의적 판단에 크게 의존할 수 있다는 점, 2안의 경우는 사업부지 주변에 해당 사업에 적용할 수 있는 수준의 유사한 보상사례가 존재하는 경우가 드물다는 점, 3안의 경우는 지침에서 보상사례와 설문조사 결과를 참고하여 작성한 표준 보상배율을 제시하고 있어 제한된 예산과 시간 내에서 사용하기 용이하지만 예비타당성조사 단계 이후 실제로 보상되는 보상비와 차이가 종종 발생하는 등의 한계점을 내포하고 있다. 단, 마지막 문제점인 예타 단계에서 추정하는 토지보상비와 실제보상비 간 차이가 발생하는 문제는 예비타당성조사 통과 전후 투기적 수요에 의해 당해 및 주변 부지의 지가가 앙등하는 측면이 있다는 지적이 있어 현재 이와 관련된 연구가 진행 중이다.

이 밖에 토지보상비를 추정함에 있어 유의할 점은 다음과 같다. 첫째, 재무성 분석에서의 토지보상비와 경제성 분석에서의 토지보상비는 그 개념이 상이하다. 즉 정부나 공공기관이 기존에 구매하여 소유하고 있는 국공유지를 그대로 사용하거나 다른 기관으로부터 무상으로 소유권을 이전받아 이용할 경우 재무적 비용은 0이나 토지의 경제적 비용은 기회비용 차원에서 추정하기 때문에 별도로 추정절차를 밟아야 한다. 둘째, 기본적으로 정부나 지자체의 토지에 대한 토지이용계획 및 행정적 규제를 존중한다는 점이다. 예를 들어, 정부나 공공기관이 특정한 공익적인 용도로 토지를 미리 구매하여 현재 시점에서 당시 계획했던 개발용도로 개발하고자 할 경

우 주변지역이 상업지구로 개발되어 주변지가 현저히 높은 경우라 하더라도 토지의 기회비용을 구매 당시 가격에 물가상승 등을 고려하는 선에서 추정한다는 것이다. 만약 이를 인정하지 않는다면 정부가 향후 철도망 건설을 위해 미리 계획 노선대 주변에 토지를 구매했지만 10년 또는 30년 후 개발시점에 이르러 주변지역이 상업화되어 지가가 앙등했을 경우 정부는 높은 토지의 기회비용으로 인해 철도건설을 포기할 수밖에 없는 상황에 처할 수도 있기 때문이다. 셋째, 토지의 기회비용을 산정할 시 행정적 규제 등으로 인해 지가가 왜곡되어 있는지의 여부를 살펴보아야 한다는 점이다. 예를 들어, 공공기관 또는 민간이 개발제한구역 해제 및 용도변경을 전제로 수익추구형 사업을 추진할 경우 개발제한구역으로 지정되어 있어 지가가 낮더라도 이는 행정적 규제로 인해 왜곡되어 있는 가격이라는 측면에서 주변시세에 비해 낮은 지가를 경제성 분석에 적용할 수는 없을 것이다. 즉 기본적으로 정부의 토지 관련 계획 및 행정적 규제를 인정하지만 토지의 가격이 행정적 규제에 의해 왜곡됨이 현저할 경우 사업 성격에 따라 이를 유연하게 처리해야 할 것이다. 비용 측면에서 토지의 경제적 비용이 차지하는 비율이 높기 때문에 실제 평가를 진행할 경우 이러한 문제는 사업의 시행 여부를 결정지을 수 있으므로 신중한 판단이 필요하다.

6) 인건비

토지 및 자본과 함께 대표적인 생산요소인 노동에 대한 사회적 기회비용을 추정하는 작업 또한 경제성 분석에 매우 중요한 부분이다. 그러나 토지의 잠재가격을 찾는 것과 마찬가지로 노동의 잠재가격을 추정하는 작업 역시 매우 어려운 작업이다. 노동의 잠재가격을 추정하는 것은 노동시장을 완전고용시장으로 볼 것인지, 아니면 불완전고용시장으로 볼 것인지에 따라 달라질 수 있다. 즉 노동시장이 완전고용 상태에 있다면 유보임금(reservation wage) 또는 잠재임금(shadow wage)은 시장임금과 일치하겠지만 실업이 존재한다면 잠재임금은 시장임금보다 낮을 것이다. 이는 노동시장에 실업이 존재한다면, 즉 노동이 공급과잉 상태에 있다면 그 한계가치는 시장임금보다 낮을 것이기 때문이다. 그러나 노동이 대규모 유휴상태에 있는 극단적인 경우라 하더라도 기회비용은 현실적으로 0이 될 수는 없는데, 그 이유는 유휴인력이라도 여가시간(leisure time)을 포기하는 기회비용이 있기 때문이다.

한편, 현실적인 상황을 고려하면 노동시장이 완전고용상태에 있다는 가정은 비현실적이기 때문에 잠재임금을 구해야 한다. 그러나 잠재임금을 추정하는 작업이 매우 어려운 작업이기 때문에 사전타당성평가인 예비타당성조사에서는 일반적으로 인근 지역의 동종 업종 인건비를 노동의 기회비용으로 추정하고 있다. 그러나 잠재임금은 산업별 특성, 업종의 숙련도나 지역의 실업률 정도 등에 따라 상이할 수 있다. 즉 실업률이 높은 지역의 숙련도가 낮은 노동력은 잠재임금이 낮을 것이다. 그러나 현실적으로 업종의 특성 및 개개인의 숙련도를 일일이 확인하는 것도 어려울 뿐만 아니라 이를 확인한다 하더라도 잠재임금 수준을 결정하는 것은 현실적으로 불가능에 가까울 것이다. 이에 현실적으로 실업률이 낮은 지역 및 직종이면서 전문성을 요하는 노동력의 잠재임금은 인근 지역 동종 업종의 평균임금을 통해, 실업률이 일정 수준에 달하고 숙련도가 높지 않은 업종의 경우 최저임금제하의 임금을 통해 최소한의 기회비용을 산정하는 방법을 고려할 수 있다고 본다.

7) 이전지출

경제성 분석에서 세금, 이자, 각종 부담금, 정부보조금 등 이전지출비용은 원칙적으로 제외하고 분석한다. 그 이유는 세금 또는 각종부담금은 개인 또는 기업에서 정부로, 이자는 소비자에서 금융권으로, 정부보조금은 정부에서 기업으로 이전되는 것으로 한쪽에서는 비용이 될 수도 있지만 다른 한쪽에서는 편익으로 간주될 수 있는, 국민경제적으로는 아무런 영향이 없는 이전지출이기 때문이다. 다만 환경부담금 등 각종 부담금이 실질적인 경제적 비용이라면, 즉 사업시행으로 인해 훼손된 환경을 사업시행자 대신 복구할 정부에 지불하는 등의 성격을 가지는 경우 단순 이전지출이 아닌 경제적 비용으로 처리하는 경우도 있다. 예비타당성조사 일반지침은 세금과 관련하여 분석의 편의상 부가가치세 10%를 비용항목에서 제외하는 방식을 권고하고 있다.

8) 예비비

공공투자사업의 경제성 분석 시 비용항목으로 예비비(contingencies)를 반드시 반영하여야 한다. 이는 사업이 진행되는 과정에서 예상하지 못한 일, 예를 들어 사업계획 변경에 따른 물량 증가로 총사업비가 상승하거나 용지보상비가 상승하는 것과 같은 돌발 상황이 발생할 수 있으며, 이런 문제들에 대한 사전예방 조치로 예비수단을 마련해야 하기 때문이다. 1994년에 예산당국이 불가피한 경우를 제외하고 사업규모 확대 및 총사업비 증액을 억제하고 관리하는 총사업비관리제도를 도입하고, 총사업비관리제도를 뒷받침하는 타당성재조사제도[4]가 1999년에 도입되고 2003년 지침이 마련되어 강화되면서 과거와 같이 착공 전후 총사업비가 크게 증가하는 경우는 크게 줄어들었으나 최근에도 예비타당성조사 이후 보상단계에서 용지보상비가 크게 상승하는 경우가 있어 총사업비의 10%를 예비비로 추가하여 적용하고 있다.

제4절 도시 그린인프라 경제성 분석

도시의 환경 및 정주적합성을 제고하기 위해서는 소위 그린인프라를 비롯한 다양한 사회간접자본이 필요하며, 이러한 사회간접자본은 직접적으로는 친환경 하수 및 폐기물 재이용시설과 같은 환경시설, 전기자동차를 비롯한 대체연료자동차 및 관련 충전소, 도시철도 등 친환경교통 등을 포함하며, 간접적으로는 정주적합성을 제고하기 위한 적절한 의료시설, 공동주택, 문화시설, 공원시설 등과 같은 다양한 도시인프라를 포함할 것이다. 예산상 제약이 없다면 모든 도시인프라 수준을 향상시키면 좋겠지만 우리가 사는 현실에서는 예산상 제약이 없을 수 없는데다 이러한 도시인프라를 건설하고 운영하는 데는 종종 막대한 예산이 소요되곤 한다. 이에 일부 환경과 관련된 법정필수시설을 제외하고는 이러한 중요한 사회간접자본을 개발하고 수준을 향상시키는 데도 사업의 우선순위를 부여하기 위한 경제성 분석이 수행되어야 할 것이다. 본고는 위와 같은 도시환경 및 정주적합성과 관련된 부문 가운데 대체연료자동차 및 관련 충전소, 친환경 하수 및 폐기물 재이용시설과 같은 환경시설, 도시공원의 경제성 분석 사례를 살펴보기로 한다.

타당성 분석의 핵심요소라 할 수 있는 경제성 분석을 수행할 때는 우선적으로 사업을 시행하면서 소요되는 모든 사회적 비용과 이로 인해 발생하는 모든 사회적 편익 및 부편익(negative benefit)을 식별한 후 이를 계량화하는 작업으로 나아가게 된다. 그러나 통상적으로 비용 추정에 비해 편익을 추정하는 작업이 더 어려운데, 그 이유는 비용항목은 어느 정도 정형화되어 있는 데 비해 편익은 어떤 항목이 사회적 편익의 대상이 되는지 정의하는 것부터 쉽지 않은데다 비용에 비해 무형적이며 간접적인 형태로 발생하는 경우가 많아 계량화가 상대적으로 어렵기 때문이다. 이에 본고는 상대적으로 정형화되어 있는 비용보다는 편익의 추정에 초점을 맞추며, 편익항목의 정의가 중요하다는 점에서 구체적인 계산방법보다는 편익항목을 살펴보는 데 초점을 맞추기로 한다.

공공투자사업의 부문 및 유형에 따라 편익항목은 매우 상이하게 나타날 수 있다. 실무적으로 공공투자사업은 도로, 철도, 공항, 항만 등의 교통사업과 산업단지, 문화, 연구개발, 정보화, 복지 등 비교통사업으로 크게 구분되고 있는데, 교통사업은 상대적으로 추정방법이 정형화되어 있다는 측면에서 정형사업으로, 기타 비교통사업은 추정방법이 교통사업에 비해 상대적으로 덜 정형화되어 있다는 점에서 비정형사업으로 불리고 있다.

도로, 철도와 같은 전형적인 교통사업의 경우 일반적으로 4단계 교통수요모형[5]을 통하여 수요를 추정한 후 특정 사업이 시행으로 인한 교통량 및 속도 변화 등 교통패턴의 변화를 예측하고 이에 따른 차량운행비용절감, 통행시간절감, 교통사고감소, 쾌적성증가, 환경비용절감 편익 등을 추정하게 된다. 비교통사업은 사업의 특성에 따라 수요와 편익이 매우 다양하게 발생하기 때문에 모든 추정방법론을 상세하게 지침화하기 쉽지 않아 통상적으로 적용되어야 하는 기본적인 원칙을 다루는 사항은 일반지침을 통해, 사업유형에 따른 특수성을 고려하기 위한 사항은 사업부문별 표준지침[6]을 통해 제시하고 있다. 그러나 지침이 존재하더라도 모든 사항을 지침에 규정하는 것은 불가능한데다 다양한 유형의 신규 사업이 발굴되고 의뢰되기 때문에 특히 비교통사업의 경우 연구방법론이 정립되기 위해서는 보다 많은 연구가 필요하다. 특히 환경부문 사업은 대부분이 법정필수시설로 분류되어 재정사업의 경우 예비타당성조사가 민간투자사업의 경우 적격성조사가 면제되었기 때문에 조사방법론 관련 연구가 다소 미진한 측면이 있다. 본 절은 경제성 분석의 핵심 작업인 편익의 유형화를 중심으로 앞서 언급한 사업부문의 분석방법론을 개략적으로 살펴보기로 한다.

01 | 친환경자동차 개발 및 충전인프라

전 세계적인 기후변화 및 이에 대응하기 위한 환경규제가 강화되면서 세계 각국은 온실가스 감축을 위한 목적에서 대체연료를 사용하는 다양한 친환경차량을 개발함과 동시에 이러한 친환경차량을 위한 충전소와 같은 인프라시설을 확충 중이거나 계획 중에 있다. 소위 그린카로 불리는 친환경차량은 기존의 내연기관 차량과 비교하여 효율이 높고 연비가 좋으며 CO_2 등 배출가스의 배출량이 적은 차량을 의미하며, 넓게는 클린디젤 및 하이브리드차량을 포함하며, 좁은 의미로는 전기자동차, 수소연료전지차 등의 저공해 친환경차량을 의미한다. 최근에는 수소연료전지차량 개발이 세계적인 추세인데, 연료의 화학적 에너지를 전기에너지로 변환시키는 연료전지는 화학적 반응에 의해 전기를 발생시킨다는 점에서는 배터리와 유사하지만 연료의 연소반응 없이 에너지를 발생시킨다는 점에서 환경적으로 장점이 큰 것으로 알려져 있다. 그러나 수소 연료전지는 어느 정도 차량개발이 궤도에 들어선 선진국들조차 연료전지 충전을 위한 인프라 구축에 막대한 사회적 투자가 이루어져야 하기 때문에 매우 조심스러운 행보를 보이고 있다. 또한 수소연료전지 충전인프라는 안전성이 담보되어야 하기 때문에 시장화에는 매우 긴 시일이 소요될 것으로 전망되고 있다. 우리나라의 경우 클린디젤, 전기자동차 개발에 필수적인 핵심부품을 국산화하고 온라인 전기자동차기반 수송시스템 확산을 위한 예비타당성조사가 진행된 바 있으나 현재까지 전기자동차 충전인프라 확충은 말할 것도 없거니와 차량부품도 아직 국산화를 위해서는 갈 길이 먼 상태이다. 반면 우리나라의 수소연료전지 자동차 개발기술은 상당한 수준에 도달한 것으로 알려져 있다.

친환경자동차는 지구온난화 등 전지구적 환경문제와 석유매장량의 현저한 감소에 따른 경각심에서 그 필요성이 인정되기 시작하였으나 우리가 거주하고 있는 도시환경의 질을 제고하는데도 직접적인 영향을 미친다. 이를 배경으로 친환경자동차 개발에 필수적인 핵심부품 개발과 관련된 편익항목, 차량의 보급 및 충전인프라 확충과 관련된 편익항목을 차례로 살펴보기로 한다.

친환경차량에 필수적인 핵심부품(예를 들어, 전기모터 또는 수소연료전지)을 개발할 경우 예상되는 직접적인 편익으로는 국내 완성차 업체 및 해외 현지법인의 부품 수입 대체를 통한 편익, 해외 완성차 업체로의 수출 증대 편익을, 간접적인 편익으로 에너지 수입비용 감소 편익, CO_2 저감에 따른 환경비용 절감효과 등을 고려할 수 있을 것이다. 먼저 연구개발을 통해 수소연료전지 기술개발에 성공하고 사업화가 성공한다면 국내 완성차업체 및 이들 업체의 해외현지법인은 국산제품을 사용할 수 있게 되고, 이에 따라 관련부품을 수입하는데 소요되었을 비용을 절감할 수 있기 때문에 어차피 관련 부품을 구매해야 하는 부품 개발의 주체가 아닌 완성차업체의 입장에서는 재무적 편익이 발생하지 않을 수 있지만 이는 국민경제적 입장에서는 분명한 사회적 편익이다. 또한 만약 기술 수준이 매우 우수한 제품을 개발하여 해외 수출까지 성공한다면 수출증대로 인한 국가적인 편익이 발생할 것이다. 다만 재정이 투입되는 예비타당성조사는 편익의 과다추정을 최대한 방지해야 하기 때문에 개발될 제품의 기술 수준에 대한 정확한 판단에 기초하여 편익을 추정해야 할 것이다. 즉 수입대체가 가능한 것과 수출까지 연결되는 것은 별개의 문제일 수 있으며, 이 때문에 R&D 사업은 현재 및 향후 기술성 분석에 큰 노력을 기울여야 한다.

이러한 직접적 편익과 더불어 핵심부품이 개발되어 사업화에 성공한다면 간접적인 편익으로 에너지 수입비용 감소와 CO_2 저감에 따른 환경비용 절감효과를 고려할 수 있다는 의견이 있을 수 있다. 그러나 결론적으로 이들을 친환경자동차부품 산업 육성에 따른 효과로 보기에는 무리가 있다. 이는 기후협약의 영향 등으로 친환경차량보급 및 환경개선 목표가 국가정책에 의해 외생적으로 주어지기 때문에 사업이 수행되지 않았을 경우(do nothing의 경우)에도 완성차 업체가 부품을 수입하여 생산하면 동일한 편익이 발생하기 때문이다. 즉, 친환경차량의 운행에서 발생하는 에너지비용 및 환경비용 절감효과는 완성차의 부품이 국산 또는 수입산인지 여부와는 관련이 없기 때문이다. 이뿐만 아니라 이러한 목표가 외생적으로 주어지지 않더라도 이들 편익은 실제로 친환경차량이 보급될 때 발생하며 보급률은 충전소와 같은 인프라에 대한 향후 추가적인 투자가 담보되어야 한다는 측면에서 친환경차량의 핵심부품 관련 편익으로 간주하기에는 무리가 따른다. 다만 국산화에 따른 부품 가격 하락으로 보급률이 증가할 수는 있을텐데, 이 경우라도 관련 편익이 직접 편익 추정에서 고려될 것이기 때문에 이를 별도로 고려할 경우 수입대체 편익과 중복될 우려가 있다(표 8-3).

다음으로 친환경자동차 핵심부품 개발사업과 관련된 주요 편익인 연구개발 성공으로 인한 수입대체 편익 추정방법에 대해 간략히 살펴보면 다음과 같다. 친환경

표 8-3 친환경차량 핵심부품 개발사업의 편익항목

항목	세부항목	계량화 가능 여부	반영 여부
직접 편익	국내 완성차 업체의 부품 수입 대체를 통한 편익(편익 ①)	○	○
	외국 완성차 업체로의 부품 직접 수출을 통한 편익(편익 ②)	○	○
간접 편익	에너지 수입비용 감소 편익(편익 ③)	○	X
	환경비용 절감효과(편익 ④)	○	X

출처: '한국개발연구원, 2011, 클린디젤자동차 핵심부품 개발사업 예비타당성조사'를 참고하여 수정.

차량 개발사업은 연구개발(R&D)사업의 성격을 가지기 때문에 연구개발사업의 방법론을 활용하여 편익을 추정하게 될 것이다. 일반적인 연구개발사업의 편익은 1) R&D 투자대비 매출액 비율을 활용하는 방법, 2) R&D 투자의 사회적 수익률에 관한 계량경제학적 추정값을 활용하는 방법, 3) R&D 투자로 인해 생산되는 제품의 미래 시장규모를 통해 편익을 산출하는 시장접근법 등 세 가지 방법론을 통하여 추정하고 있다. 각 방법론이 각기 장단점이 있으나 첫 번째와 두 번째 방법론이 특정 산업의 특수성을 고려하기 힘들다는 점에서 시장접근법을 활용하여 편익을 추정할 경우 그 산정방식은 아래와 같이 표현될 수 있다.[7]

편익 ① = 국내 완성차 업체의 친환경차 미래시장 규모 × Σ{개별 부품의 완성차에서의 가격 × 부품별 기술개발 성공률 × 부품별 사업화 성공률 × 부가가치율} × 부품의 연도별 시장점유율 × R&D기여율

비용의 경우 연구개발비 및 장비비가 주를 이루게 될 것이며 연구단지를 설립하는 경우라면 이를 건설하고 운영하기 위한 제반비용을 고려하여 산정하게 된다. 경제성 분석은 이러한 사회적 편익과 비용을 고려한 B/C 비율을 산정하는데, 연구개발사업은 일반적으로 해당 편익이 지속되는 기간이 제한적이라는 점을 고려하여 일반적인 사업의 경제성 분석기간이 30년 이상인 것과 달리 이를 사업기간 및 운영개시 후 10년 이하로 설정하고 있다. 따라서 추가적인 연구개발비 투입 및 장비 재투자가 필요하면 비용에 추가하고 연구단지의 토지비용과 건물은 잔존가치를 고려

하여 경제성 분석을 실시하면 된다.

친환경자동차는 부품 및 차량 개발도 중요하지만 높은 차량 가격과 막대한 예산이 소요될 것으로 예상되는 충전인프라시설로 인해 시장화 되기까지는 많은 정책적 지원이 필요할 것으로 예상된다. 이에 실제로 일부 OECD 국가에서는 대체연료 생산 및 이용 촉진을 위해 세액 공제, 세금 감면, 보조금과 같은 인센티브를 제공하여 대체연료 및 친환경차 시장의 경쟁력을 개선함과 동시에 환경 관련 국가적 목표를 설정하여 보급을 추진하고 있다. 충전인프라의 경우 친환경차의 종류에 따라 천문학적인 초기투자가 필요하기 때문에 민간투자를 장려하고 있지만 정부의 지원 없이는 인프라 확충이 요원할 것으로 예상된다. 그렇다면 우리 정부가 전기자동차 충전소 또는 수소연료전지 충전소와 같은 인프라시설 확충을 계획하고 있다면 이러한 사업의 경제성은 어떻게 분석할 수 있을까?

친환경차는 일부의 경우 보급정책과 인프라 확충이 개별적으로 이루어질 수도 있지만 많은 경우, 예를 들어 수소연료전지차의 경우에는 안전성이 확보된 인프라가 충분히 마련되지 않으면 보급 자체가 불가능하기 때문에 개별적인 정책 및 평가는 의미가 없을 것이다. 앞서 살펴본 친환경차 또는 부품개발 사업과 달리 수소연료전지차 보급 및 인프라 확충으로 인한 편익은 우리가 쉽게 예상할 수 있듯이 에너지수입비용의 절감 및 환경비용의 절감의 형태로 나타날 것이며, 이러한 편익의 크기는 인프라 확충이 시행되지 않았을 경우의 에너지수입비용 및 환경비용과 시행되었을 경우의 에너지수입비용 및 환경비용과의 차이를 산정하여 추정하면 될 것이다. 여기서 유의할 점은 일반 내연기관차량의 에너지효율도 지속적으로 상승하고 있기 때문에 단순하게 사업시행 전후의 차이를 구하면 안 된다는 점이다. 또한 수소연료전지차 충전소가 확충되지 않을 경우 친환경차 시장에는 전기자동차 등 구매할 다른 대체수단이 존재하기 때문에 합리적인 시나리오를 설정하여 사업시행 유무에 따른 편익의 차이를 적절하게 추정해야 한다. 한편, 친환경차량의 보급으로 통행속도가 상승하지는 않기 때문에 일반적인 교통사업을 통해 발생하는 통행시간절감편익 등은 발생하지 않겠지만 경우에 따라 운행비용절감편익이 발생할 수 있을 것이다.

그런데 에너지수입비용 절감편익과 달리 환경비용은 그 형태가 무형적이기 때문에 추정하기가 쉽지 않다. 수소연료전지차가 시장화 되면 절감할 수 있는 CO_2 등 대기오염물질의 양은 구하기 어렵지 않겠지만 대기오염물질의 배출을 절감했을 경우 사회적으로 인정되는 톤당 가치, 즉 배출가스절감의 잠재가치로 어떤 원단위를 사용해야 할 것인가가 쉽지 않은데, 사업의 경제성 자체를 좌우할 수 있는 사안이 될 수 있기 때문에 신중한 적용이 필요하다. 현재 예비타당성조사에서는 외국과 국내의 선행연구를 고려하여 CO_2 등 대기오염물질의 원단위를 제공하고 있다. 그러나 환경에 대해 우리 사회가 부여하는 가치가 증가하면서 이를 상향 조정하자는 논의가 점증하고 있다. 이에 따라 일종의 시장가격으로 볼 수 있는 배출권거래소 거래단가를 준용하자는 의견에서부터 일부 OECD 국가에서 정책적으로 높이 적용하고 있는 정책가격을 적용하자는 의견이 제기되고 있다. 이러한 문제는 대기오염물질의 정확한 잠재가격을 추정하기 어렵다는 점에서 결국 사회적 합의가 필요한 문제로 귀결된다.

02 | 매립가스 재활용 발전소[8)]

급속한 경제발전과 도시화는 소비의 증가 및 도시 폐기물의 증가를 가져왔다. 폐기물이 증가하면서 이를 안정적으로 처리할 소각장과 매립장을 추가적으로 확보해야 하는데 단순한 매립은 매립가스 및 침출수 등으로 인해 대기 및 지하수를 오염시켜 매립지 주변의 생태계 파괴를 초래할 뿐만 아니라 주민의 반대로 인해 확충에 한계가 있다. 이에 정부는 폐기물로부터 물질자원을 회수하는 재활용정책 및 폐기물 총량을 줄이려는 정책에서 더 나아가 폐기물로부터 에너지 자원을 회수하려는 에너지 회수정책을 향후 정책방향으로 추가 설정했다. 특히 2008년 '폐기물 에너지화 종합대책'과 2009년 '폐자원 및 바이오매스 에너지화 실행계획'이 발표되면서 폐기물을 발전적으로 재활용하여 에너지를 회수하는 방식이 관심을 받고 있다. 본 절에서는 쓰레기 매립장의 매립가스를 재활용하여 전력을 생산하고 환경오염을 저감하기 위한 목적에서 향후 계획이 증가할 것으로 예상되는 대표적인 그린인프라의 하나인 매립가스 재활용 발전소의 경제성 분석 방법에 대해 살펴보기로 하자.

매립가스 재활용 발전소의 편익은 우선 크게 발전 관련 편익과 폐기물 처리 관련 편익으로 나누어볼 수 있다. 이 가운데 발전 관련 편익은 생산된 전력을 판매하는 편익과 재활용 에너지를 활용함으로써 절감할 수 있는 에너지수입 감소 편익과 온실가스 저감 및 매립지 환경오염 저감으로부터 발생하는 환경비용 절감 편익으로

표 8-4 매립가스 재활용 발전소사업의 편익항목

항목	세부항목	계량화 가능 여부	반영 가능 여부
발전 관련 편익	전력생산 및 에너지수입 감소 편익(편익 ①)	○	○
	환경비용 절감 편익(편익 ②)	○	○
폐기물 처리 편익	폐기물 처리 편익(편익 ③)	○	△
	환경비용 절감 편익(편익 ④)	○	○

출처: '한국개발연구원, 2011, 환경분야 편익산정에 관한 연구'를 참고하여 수정.

나눌 수 있을 것이다. 폐기물 처리 편익은 새로운 시설을 통해 기존 매립 방식을 개선하여 폐기물을 처리한다면 발생할 수 있는 폐기물 처리 및 환경비용 절감 편익을 의미하는데, 만약 발전시설만 추가되고 폐기물 처리 방식이 유사하다면 매립가스가 저감되는 환경비용 절감 편익 정도를 편익으로 고려할 수 있을 것이다(표 8-4).

먼저 매립가스 재활용 발전소사업으로부터 기대되는 핵심 편익인 전력생산 및 에너지수입 감소 편익을 살펴보자. 만약 우리나라의 전력수요가 지속적으로 증가하고 본 사업과 관계없이 전력공급 또한 증가해야 한다면 본 사업을 통한 전력 판매수입을 편익으로 고려할 수 있을 것이다. 판매수입을 편익으로 고려하기 위해서는 전력판매가격을 시장가격으로 인정할 수 있어야 하는데, 우리나라의 전력시장은 현재 전력거래소를 통해 어느 정도 경쟁적으로 운영되고 있기 때문에 시장가격을 통해서 전력생산편익을 산정할 수 있다고 판단된다. 보다 구체적으로 현재 우리나라 전력시장은 우선적으로 기저발전기인 원자력과 석탄화력 발전소가 가동되고 추가 발전이 필요할 경우 한계발전기인 LNG 발전소가 추가 가동되는 시스템으로 작동하고 있고, 전력거래소는 각 계통의 한계발전소의 발전을 위한 변동비를 고려하여 계통한계가격(SMP; system marginal price)을 설정하고 있으며, 각 발전소는 전력생산 전날 계통한계가격을 기준으로 발전량을 입찰하고 있다. 따라서 기저발전이 아닌 일반발전소의 성격을 가질 본 사업의 경우 본 사업을 시행하지 않을 경우 발전시설을 가동할 한계발전소의 계통한계가격과 발전량을 고려하여 판매수입을 추정하면 될 것이다. 그러나 우리나라의 전력시장이 전력생산 변동비에 기초한 강제풀(CBP; cost-based pool) 방식으로 운영되어 전력시장을 통한 투자비의 전액 회수가 원천적으로 불가능하여 설비투자비를 보전하기 위해 용량요금을 별도로 지급하기 때문에[9] 이를 함께 고려하는 방식으로 편익을 산정해야 한다. 이는 한계발전기가 가동되지 않더라도 예비전력의 공공성이 인정되기 때문에 지급되는 부분으로, 일종의 위험회피 차원의 사회적 비용이라는 점에서 경제성 분석에서 이를 고려하는 것이 합리적일 것이기 때문이다. 그러나 계통한계가격 방식을 적용할 경우 향후 전력수급과 관련된 제반사항 및 계통한계가격에 대한 정확한 예측이 수반되어야 할 텐데 이는 쉬운 작업이 아니다. 이에 한계발전소를 건설하고 운영하는 비용을 회피하는 부분을 본 사업의 에너지생산 관련 편익으로 갈음할 수도 있다. 일종의 대체비용법인 셈이다.

에너지수입 감소 편익은 우리나라가 발전을 위한 에너지를 대부분 수입에 의존하고 있다는 점에서 본 사업으로 인한 사회적 편익으로 인정할 수 있으며, 해당 사업이 원자력, 석탄화력과 같은 기저발전을 대체하는 것이 아니기 때문에 한계발전기가 동력원으로 삼고 있는 LNG의 향후 예상되는 수입단가 및 해당 발전소의 예상 발전량을 고려하여 산정하면 될 것이다. 다만 에너지 생산 편익 산정 시 고려한 변동비 또는 운영비 등에 한계발전기의 연료비용, 즉 LNG 비용이 이미 고려되어 있다면 중복의 우려가 있으므로 산정에 유의해야 한다.

환경비용절감 편익은 온실가스 저감 및 매립지 환경오염 저감으로부터 발생하는 환경비용 절감 편익으로 구분하여 산정할 수 있다. 여기서 온실가스 저감편익은 미시행시 대안인 한계발전기 건설 및 운영에 비하여 CO_2 등의 대기오염 물질이 추가적으로 저감됨으로써 발생하는 사회적 편익을 의미하며, 매립지 환경오염 저감편익은 매립지의 매립가스 등을 저감하여 발생하는 편익을 의미한다. 여기서 중요한 것은 편익을 산정할 때는 항상 미시행시 대안에 비하여 추가적으로 발생하는 편익만을 산정해야 한다는 점이며, 미시행 대안이 LNG 등 한계발전소의 설립 및 운영이라면 온실가스 저감편익은 크지 않을 수 있는 등 편익을 추정할 때는 미시행대안을 항상 염두에 두어 편익이 과다 추정되지 않도록 유의해야 한다는 점이다. 한편, 환경비용 절감편익을 산정할 때 필요한 각 오염물질의 사회적 비용 또는 이를 저감할 경우 부여되는 사회적 가치인데, 대표적인 비시장재(non-market goods)라는 측면에서 이를 정확히 추정하는 것은 매우 어려운 작업이다. 오염물질의 원단위는 앞서 살펴보았듯이 예비타당성조사지침을 비롯한 각 평가요람에 그 값들이 제시되어 있으나 환경에 대해 사회가 부여하는 가치가 상승하면서 OECD 국가가 적용하는 배출권

거래소에서 거래되는 시장가격 또는 이를 상회하는 정책가격을 참고하여 적용하자는 의견이 제시되고 있다. 향후 조정이 필요할지 모르나 사회적 합의가 전제되어야 하는 사안이라 할 것이다.

폐기물 처리 편익은 발전시설과는 별도로 폐기물 처리시설이 신설 또는 개량되어 기존 매립 방식을 개선하여 폐기물이 처리된다면 추가적으로 발생할 수 있는 폐기물 처리 및 환경비용 절감 관련 편익을 의미하며, 폐기물 처리시설을 건설 또는 개량하여 향후 소요될 매립지 규모가 축소되거나 발전과 관련하여 저감되는 것에 추가하여 환경오염이 저감되는 효과가 있다면 편익으로 고려할 수 있을 것이다. 그러나 악취 등을 동반하는 매립가스의 사회적 비용, 즉 이를 저감했을 때 발생하는 사회적 편익의 크기를 확정하는 것은 어려운 작업이다. 대안으로 이러한 매립가스를 저감하기 위한 시설을 건설, 운영하는데 소요되는 비용을 회피할 수 있다는 차원에서 이를 회피하기 위한 회피비용을 편익으로 산정할 수 있을 것이나 타 편익과 중복의 우려가 있어 주의가 요구된다.

한편 해당 사업을 추진하면서 소요되는 비용으로는 발전설비 건설을 위한 비용 및 제반 운영비가 포함되며, 매립시설의 개선이 이루어진다면 해당 비용이 추가적으로 포함되어야 한다. 여기서 주의할 점은 본 시설의 설치 및 운영을 위한 모든 사회적 비용이 비용으로 포함되어야 한다는 점이며, 일례로 발전된 전력을 송전하는 설비인 송전선 설치비용 및 운영비용도 본 사업으로 인한 비용으로 포함되어야 한다는 점이다. 경제성 분석기간은 30년을 기본으로 하면 될 것이다.

03 | 도시 공원[10)]

과거 우리나라는 급속한 도시화에 의해 도시 내 개발 가능한 택지가 부족해짐에 따라 공원 등 녹지공간에 대해 크게 고려하지 못한 채 고밀도 개발을 중심으로 도시를 계획하여 왔다. 그러나 최근 경제가 발전하여 생활수준이 높아지면서 정주적합성과 쾌적한 삶에 대한 사회적 요구가 크게 증가하였다. 이러한 패러다임의 변화에 발맞추어 각 지자체는 도시재생이 필요한 경우 또는 신도시를 계획할 경우 공원 등 녹지공간을 확보하고자 노력을 기울이고 있다. 그러나 공원 등 녹지공간을 도시 내에 확보하기 위해서는 조성에 필요한 물리적 비용뿐만 아니라 도시 내 가치가 높은 부지에 입지해야 한다는 점에서 기회비용이 만만치 않다. 신도시 개발의 경우 이로 인해 분양가가 상승하는 등의 문제도 발생하고 있다. 그렇다면 대표적인 녹지 공간의 하나인 공원의 경제적 가치는 어떻게 측정할 수 있을까? 본 절에서는 친환경자동차, 매립지 매립가스 발전시설에 이어 공원의 경제성 분석방법을 살펴보기로 하자.

앞서 살펴본 두 경우와 달리 민간이 이윤추구를 위해 운영하는 놀이공원이 아닌 일반적인 도시공원은 편익의 형태가 매우 무형적이며 시장에서 거래의 흔적이 남지 않는 대표적인 비시장재이다. 즉, 공원의 경우 시장이 존재하지 않기 때문에 편익추정의 방법이 앞서 살펴본 두 경우와는 크게 다르다. 추정방법을 살펴보기에 앞서 공원조성으로 인한 편익항목을 살펴보자. 공원과 같은 비시장재화를 조성할 경우 예상할 수 있는 편익은 크게 사용가치(use value)와 비사용가치(non-use value)로 구분할 수 있다. 여기서 사용가치란 공원을 직접적 또는 간접적으로 이용함으로써 향유할 수 있는 일체의 만족감(wellbeing)을 의미하며, 예를 들어 잘 조성된 공원을 산책하면서 느끼는 만족감, 새가 지저귀는 소리를 들으면서 느끼는 행복, 창밖으로 보이는 숲을 보면서 느끼는 행복감 등과 같은 일체의 만족감을 의미한다. 반면 비사용가치란 지금은 사용하지 않지만 향후 공원을 사용할 수 있는 장래사용 가치, 미래세대가 사용할 수 있음에 느끼는 만족감, 해당 시설이 존재한다는 자체로 느끼는 만족감 등을 의미하며, 많은 연구 결과가 비사용가치의 존재를 확인하고 있어 비시장재 가치 추정에 있어 비사용가치를 고려하지 않을 수는 없다. 그러나 비사용가치의 크기는 일반적으로 사업의 규모와 공간적 파급효과에 달려있는 경우가 많은데, 예를 들어 소규모 근린공원의 경우라면 비사용가치는 크기가 미미할 것이고, 국립공원 조성의 경우 비사용가치의 크기가 상당할 것이기 때문이다(표 8-5).

문제는 각각의 편익항목을 계량화하기도 쉽지 않을 뿐만 아니라 사용가치와 비사용 가치의 구분 및 각각의 하부 편익항목도 배타적으로 추정하기가 쉽지 않기 때문에 개별적으로 편익을 추정하여 이를 합산하는 방식을 취하면 편익이 중복적으로 추정되어 결과적으로 편익이 과다 추정될 수 있다는 점이다. 이러한 이유 때문에 특히 비시장재의 가치를 추정하여 공급 여부를 결정하는 경우 후생경제학에서 유래한 소비자잉여 및 지불의사액(WTP) 개념을 통해 총체적으로 사회적 편익을 추정하곤 한다. 즉 시장재와 비시장재 모두 경제적 가치는 소비자가 원하는 재화나 서비스

표 8-5 매립가스 재활용 발전소사업의 편익항목공원 조성 사업의 편익항목

항목	세부항목	계량화 가능 여부	반영 가능 여부
사용 가치	직 · 간접적으로 공원을 이용함으로 인해 얻는 만족감(편익 ①)	○	○
비사용 가치	장래 사용 가치(편익 ②)	○	○
	미래세대 사용 가치(편익 ③)	○	○
	존재 가치(편익 ④)	○	○

출처: '한국개발연구원, 2012, 예비타당성조사를 위한 CVM 분석지침 연구'를 참고하여 수정.

를 구매함으로써 느끼는 만족감(wellbeing)의 정도에 기초하며, 사회적 편익은 이러한 개별 소비자의 만족감의 총합이다. 소비자는 시장에서 재화나 서비스를 구매할 때 시장가격과 WTP를 비교하여 지불의사액이 시장가격에 비하여 크거나 같을 경우에 한하여 재화나 서비스를 구매하게 되며, 이러한 지불의사액과 시장가격과의 차이가 소비자 잉여가 된다. 이러한 소비자 잉여를 구하기 위해서는 시장에서의 수요곡선을 구해야 하는데, 시장이 존재하지 않는 비시장재의 경우에는 최대한 신뢰할 만한 수요곡선을 도출하기 위해 주로 조건부가치측정법(CVM; contingent valuation method)을 활용하여 WTP를 도출하고 이를 통해 소비자 잉여를 산출하는 과정을 밟게 된다.

비시장재의 가치를 추정하는 방법은 크게 현시선호법(RP; revealed preference)과 진술선호법(SP; stated preference)으로 나눌 수 있는데, CVM은 진술선호법의 한 종류로, 1989년 원유수송선 Exxon Valdez호가 미국 알래스카 해안에 좌초하여 해안을 오염시켰을 때 미국정부가 환경피해보상액을 청구하기 위해 활용하면서부터 널리 적용되고 있다. CVM의 기본원리는 비시장재의 거래를 위한 가상시장을 설정하고, 공공투자사업으로 기대되는 재화나 서비스의 변화에 대한 지불의사를 설문을 통해 직접 표현하도록 하는 방식으로 편익을 추정하는 방법이다. 설문 또는 말을 통해 응답자의 선호를 이끌어낸다는 점에서 진술선호법으로 불리며, WTP 개념에 기반을 둔 CVM은 순수공공재의 특성인 비사용가치를 측정할 수 있어 환경분야뿐만 아니라 문화, 체육시설 등 비시장재사업의 예비타당성조사에 주로 사용되고 있다. 그러나 설문 당시 계획과 실제 완공 후 모습이 상이할 수 있고, 계획에 변동이 없더

라도 설문을 통해 환공 후 가상시장을 객관적이고 정확하게 설정하는 것이 매우 어렵고 또한 응답자가 설문의도를 완벽하게 이해하고 응답하기 어렵다는 점에서 설문을 통한 WTP와 실제 WTP에 편의(bias)가 발생할 수 있는 등의 단점이 있으며, 설문 방식에 따라 WTP 결과가 영향을 받을 수 있어 주의가 요구된다. 그러나 비사용가치를 추정할 수 있는 거의 유일한 방법이라는 점에서 비사용가치가 큰 공공재의 가치 추정에 가장 많이 사용되고 있다.

CVM과 함께 비시장재 가치추정을 대표하는 방법은 현시선호법의 하나인 특성가격법(hedonic price method)이다. 현시선호법은 환경재 시장이 존재하지 않는다는 점에서 평가대상인 비시장재가 이와 관련된 사적 시장재에 미치는 영향을 파악하여 비시장재의 가치를 간접적으로 추정하는 방법으로, 시장을 통해 드러나는 시장참여자의 행태를 분석하여 비시장재의 수요를 추정한다는 점에서 경제학자들이 진술선호법에 비해 선호하는 방식이다. 현시선호법으로 불리는 이유는 각 개인이 시장참여를 통해 본인의 선호를 현시했다고 볼 수 있기 때문이다. 현시선호법 가운데 대표적인 방법인 특성가격법은 주로 주택거래가격을 분석하여 환경개선이 주택가격에 미치는 영향을 분석함으로써 비시장재의 가치를 간접적으로 추정한다. 특성가격법은 시장참여자의 시장행위를 통해 드러난 선호를 활용하여 수요를 도출한다는 점에서 이론적 기반이 CVM에 비해 우월한 것으로 평가받고 있다. 그러나 특성가격법은 사적 시장재(예를 들어, 주택)의 가격변화를 분석하기 때문에 존재가치 등 비사용가치를 추정할 수 없다는 한계를 가지기 때문에 비사용가치가 상당한 규모로 존재할 것으로 예상되는 대규모 순수공공재사업의 편익추정에는 적합하지 않아 예비타당성조사에서는 그 사용이 제한되어 왔다. 그러나 비사용가치가 크지 않을 것으로 예상되는 준공공재사업의 편익을 추정할 경우는 편의가 발생할 수 있는 진술이 아닌 관찰된 행태를 분석하는 이론적 기반이 우월한 기법이라는 측면에서 특성가격법 사용을 고려할 수 있을 것이다. 실제로 최근 미국 등에서는 특성가격법을 주택시장에 적용하여 환경의 가치를 추정하는 것을 넘어 노동시장을 중심으로 지역 간 삶의 질을 추정하는 데도 활용되는 등 그 적용범위가 확대되고 있으며, 우리의 경우와 달리 전수 주택거래데이터를 활용하여 전체적인 수요곡선을 도출하여 사회적 편익을 추정하는 데까지 발전하고 있다. 우리 학계의 연구가 요구되는 부분이다.

제5절 맺는 말

도시가 시민에게 정주에 적합한 환경을 제공하기 위해서는 도로, 철도 등 교통시설, 쾌적한 주거시설, 적절한 의료서비스, 잘 조성된 공원 등 녹지 공간 및 잘 정비된 상하수시설 및 폐기물 처리시설 등 수많은 사회기반시설에 대한 투자가 필요하다. 그러나 예산의 제약상 정부부처나 지자체가 계획한 모든 사업에 예산을 투입하기는 불가능하기 때문에 객관적인 타당성평가를 통하여 투자의 우선순위를 확정하고 이에 기반을 두어 국민과 시민에게 사회기반시설을 제공하게 된다.

이에 정부는 1990년대 말 외환위기 이후 국가재정관리체계 개혁의 일환으로 신규 대규모 재정사업을 추진할 경우 반드시 예비타당성조사를 통해 사업의 경제적 타당성을 포함한 전반적인 타당성을 검증한 후 사업을 추진할 수 있도록 사전평가제도를 강화하였으며, 이후 중간평가체계인 타당성재조사제도와 사후평가체계인 심층평가제도를 도입·강화하여 통합적 재정관리체계를 완성하였다. 사전평가제도는 재원에 따라 예비타당성조사, 민간투자에 대한 적격성조사, 공공기관 예비타당성조사로 구분되어 예산당국의 의뢰하에 KDI 공공투자관리센터에서 분석을 총괄수행하고 있다.

이러한 타당성평가체계는 재정, 민간, 공공기관 투자사업 전반에 걸쳐 사업시행을 위한 마지막 관문역할을 하고 있다는 측면에서 객관적이고 투명한 평가기법이 필요하기 때문에 KDI는 타당성평가의 일반적인 원칙을 포괄하는 일반지침과 각 부문별 표준지침을 마련하여 평가를 수행하고 있다.

이러한 우리나라의 재정개혁과 타당성평가체계, 그리고 실제 운용사례는 세계은행(World Bank), 국제통화기금(IMF), 경제협력개발기구(OECD) 등 유수의 국제기구로부터 모범사례(best practice)로 소개되어 많은 나라로 전파되고 있다. 특히 타당성평가를 위한 일반지침 및 부문별 표준지침을 마련하고 이를 지속적으로 업데이트함과 동시에 사업 간 평가의 일관성을 유지하기 위해 노력하고 있는 데 대한 관심이 매우 크다고 볼 수 있다.

그러나 앞서 살펴본 도시환경 관련 사업의 예에서 확인할 수 있듯이 주어진 예산하에서 사회적 편익이 최대화되기 위한 사업을 선별하기 위해서는 방법론적으로 개선의 여지가 큰 것도 현실이다. 특히 교통사업의 경우 시간가치, 환경사업의 경우 온실가스비용 등에 대한 진정한 잠재가치를 파악하는 것은 매우 중요한 작업이며, 공공경제학자, 도시 및 지역계획자들의 많은 학문적 노력이 필요한 부분이라 하겠다.

주 | 요 | 개 | 념

경제성 분석(economic analysis)
그린인프라(green infrastructure)
도시환경(urban environment)
예비타당성조사(pre feasibility analysis)
잠재가격(shadow price)

미 | 주

1) 우리나라의 타당성평가체계에 대한 보다 자세한 이해를 위해서는 Kim(2012), Kim(2013)을, 타당성조사방법론에 대한 보다 자세한 이해를 위해서는 '예비타당성조사 수행을 위한 일반지침 수정보완 연구(제5판)(2008)' 및 '2014년 하반기 예비타당성조사 및 사업계획 적정성 검토 착수회의 자료(2015)'를 참고.

2) 고용효과는 고용창출을 강조하는 정부의 정책의지 및 시대상황을 반영하여 시범사업을 거쳐 2014년도 하반기 예비타당성조사 대상사업부터 정식으로 분석에 반영되고 있다.

3) 경제성분석 방법론에 대한 보다 자세한 이해를 위해서는 김동건(2008), '예비타당성조사 수행을 위한 일반지침 수정보완 연구(제5판)(2008)'을 참고.

4) 사전평가의 성격을 갖는 예비타당성조사와 달리 중간평가 성격을 갖는 타당성재조사제도는 1999년 예비타당성조사와 함께 도입되었으며, 2003년 관련 지침이 개발되고 2006년 국가재정법이 마련되면서 강화되었다. 타당성재조사는 물가상승률 및 용지보상비 변동을 제외한 총사업비가 20% 이상 증액되거나 수요예측재조사를 통해 수요가 30% 이상 감소할 것으로 예상되는 사업, 예비타당성조사 대상이나 예비타당성조사를 거치지 않고 예산이 반영된 경우, 국회 또는 감사원의 요청이 있는 경우 수행하고 있다. 총사업비가 증액될 경우 사업의 타당성을 중간단계에서 전면적으로 재조사하고 재조사 결과에 따라 사업의 추진 여부가 다시 결정되기 때문에 제도 도입 이후 총사업비 증액 요구가 크게 감소하였다. 또한 예비타당성조사를 회피하고자 500억 원 미만으로 사업을 추진했으나 기본설계, 실시설계 등을 거치면서 총사업비가 예비타당성조사 대상사업 규모로 확대된 사업, 소위 쪽지예산 등을 통해 예비타당성조사를 거치지 않은 채 예산이 반영된 사업 등도 예비타당성조사와 유사한 성격 및 효력을 갖는 타당성재조사를 거친다는 점에서 국내외로부터 국가재정관리체계를 크게 강화한 제도로 평가받고 있다.

5) 4단계 교통수요모형은 통행발생, 통행분포, 수단선택, 통행배정의 4단계로 구성된다.

6) 현재 예비타당성조사 일반지침 외 12개 표준지침이 마련되어 있으며, 복지부문 및 산업단지부문 등에 대한 표준지침 제정 작업이 진행 중에 있다.

7) R&D 편익산정에 대한 보다 자세한 이해를 위해서는 '클린디젤자동차 핵심부품 개발사업 예비타당성조사(2011)'를 참고.

8) 환경분야 편익산정 방법론에 대한 보다 자세한 이해를 위해서는 '환경분야 편익산정에 관한 연구(2011)'를 참고.

9) 우리나라 전력시장에 대한 보다 자세한 이해를 위해서는 이수일(2013)을 참고.

10) 비시장재 가치추정 방법론에 대한 보다 자세한 이해를 위해서는 '예비타당성조사를 위한 CVM 분석지침 연구(2012)'를 참고.

참 | 고 | 문 | 헌

김동건, 2008, 비용 · 편익분석, 박영사.

이수일, 2013, "전력산업의 자원 적정성 달성을 위한 연구," 한국개발연구원 2013-03.

한국개발연구원, 2008, 예비타당성조사 수행을 위한 일반지침 수정보완 연구(제5판).

한국개발연구원, 2011, 전기자동차 핵심부품 개발사업 예비타당성조사.

한국개발연구원, 2011, 클린디젤자동차 핵심부품 개발사업 예비타당성조사.

한국개발연구원, 2011, 환경분야 편익산정에 관한 연구.

한국개발연구원, 2012, 예비타당성조사를 위한 CVM 분석지침 연구.

한국개발연구원, 2015, 2014년 하반기 예비타당성조사 및 사업계획 적정성 검토 착수회의 자료.

Kim, Jay-Hyung, 2012, *Public Investment Management Reform in Korea: Efforts for Enhancing Efficiency and Substantiality of Public Expenditure*, KDI.

Kim, Hyungtai, 2013, "Improving the Efficiency of Public Investment in Vietnam through the Korean Experience," in *Support for Improvement and Implementation of Mid and Long-term Socioeconomic Development Policies of Vietnam (KSP)*, KDI.

제 3 부 도시환경과 도시계획

제 9 장

스마트 도시와 스마트 도시환경

제 9 장 스마트 도시와 스마트 도시환경[1)]

제 1 절 스마트 도시의 개념과 특징

01 | 스마트 도시의 개념과 이론적 배경

1) 스마트 도시의 등장과 개념

오늘날 지구촌 사회에서는 크고 작은 도시문제가 발생하여 시민의 삶의 질을 악화시키고 있다. 환경오염, 에너지 과소비, 교통혼잡, 주택부족, 문화·사회·보건복지 서비스의 부족, 재해, 범죄빈발 등 수없이 많은 도시문제가 도시 곳곳에 도사리고 있어 우리의 삶을 위협하고 있다. 더욱이 기후변화, 세계경제변화, 고령화 등의 경제사회변화에 따라 도시에서의 위기와 기회가 동시에 발생하고 있다.

이러한 도시문제와 미래 변화에 따라 새롭게 부각되는 도시화과정에서 부닥치는 각종 도전에 능동적으로 대처하기 위해 "단순히 도시의 집중도를 높이거나 효율성의 개선을 뛰어넘어 신기술에 기초한 보다 지능적인 시스템에 토대를 둔 전혀 새로운 수준의 도시 만들기"에 대한 필요성이 날로 증가해왔다.[2)] 즉 도시 삶의 질 변혁을 위해서는 '도시진화'를 넘어 '도시혁명'이 필요하게 되었다.[3)] 이에 대응해 아주 빠르게 발달하고 있는 첨단정보통신기술(ICT) 등의 신기술을 도시시설과 도시서비스에 접목해 도시문제를 해결하여, 지속적으로 성장하는 도시에 대한 관심과 실수요가 세계적으로 급격하게 증대하여 왔다. 이러한 배경하에서 오늘날 비상한 주목을 받으며 등장하고 있으며, 국내외 주요 도시가 지향하고 실천하고자 하는 도시가 바로 스마트 도시다.

정보통신의 발달이 우리 생활을 급격하게 변화시키고 있는데, 이에 따라 스마트 폰'으로 대표되는 각종 스마트 기기를 비롯해 '스마트 카', '스마트 워치', '스마트 빌딩', '스마트 홈', '스마트 하이웨이', '스마트 그리드', '스마트 농업,' '스마트 농촌', '스마트 도시' 등 '스마트'란 용어가 광범위하게 사용되고 있다. '스마트'란 "빠르고 편리하게 발전하고 있는 유행 및 세상을 상징적으로 표현"하는 단어로 쓰여지기도 한다. 대체로 고도의 정보통신기술을 통해 지능형, 친환경, 첨단형으로 변혁하는 기기와 공간과 서비스를 상징적으로 표현할 때 '스마트'란 용어가 사용되는 경향이 있다.[4)]

'스마트' 용어가 지니는 의미를 사용하면, "스마트 도시란 고도의 정보통신기술을 활용한 지능형, 친환경적, 첨단적 도시"로 정의할 수 있다. 그러나 아직까지 스마트 도시는 학자에 따라 그리고 도시에 따라 다소 다르게 정의되고 있다.[5)] 학자들의 견해를 살펴보면 스마트 도시란 첨단의 정보통신기술과 고도의 네트워크를 활용하여 공공안전, 친환경, 효율성이라는 특성을 지녀 지속가능한 경제발전과 높은 삶의 질을 유도하는 도시로 정의된다.

도시에 따라서도 그 정의가 달리 나타나고 있는데 가령 스페인의 바르셀로나시에 의하면 "스마트 도시란 첨단기술 집약적이며 선진화된 도시로서 신기술을 사용해 사람과 정보 그리고 도시의 구성요소들을 연결하고 도시의 능동적 행정 및 유지관리 시스템을 통해 보다 지속가능한 그린도시, 경쟁력 있는 도시 그리고 혁신적인 경제와 삶의 질 제고를 창조해나가는 도시"[6)]로 정의하고 있다. 네덜란드의 암스테르담시에서는 첨단기술과 행동변화를 활용해 기후변화에 대응해나가는 도시로서의 특성을 강조하고 있다. "암스테르담 스마트 도시는 이산화탄소를 감소시킬 수 있는 지속가능하고 경제적으로 활력 있는 프로그램을 디자인하고 개발하는 보편적인 접근방식"으로 보고 있다.[7)] 또한 미국 워싱턴주의 레드먼드시에 위치한 스마트시티 카운슬(Smart Cities Council)에서는 "스마트 도시란 모든 도시기능에 디지털 기술이 내포된 도시(Smart city is one that has digital technology embedded across all city functions)"라고 간략히 정의하고 있다.[8)]

2) 스마트 도시에 대한 정의의 종합

지금까지 살펴본 스마트 도시에 대한 다양한 정의를 종합하면 스마트 도시를 다음과 같이 정의할 수 있다. 즉 스마트 도시란 도시에서 생활하는 인간의 삶의 질을 결정하는 의료, 직장, 주택 등의 기본수요[9]와 첨단정보통신기술 등 다양한 신기술[10]이 결합함으로써 더욱 편리하고(convenient), 친환경적이며(green), 경쟁력 있고(competitive), 살기 좋게(livable) 변화하는 도시를 의미한다. 이 정의에 의하면 시민의 기본수요와 신기술의 결합시스템이 스마트 도시를 구성하는 핵심 메커니즘이다.[11]

스마트 도시에 대한 종합된 정의는 흔히 사용되고 있는 U-City, 즉 유비쿼터스 시티(Ubiquitous city)와는 다른 개념이다. 즉 U-City는 IT를 도시의 물리적 기반시설인 인프라를 중심으로 결합한 지역정보화가 핵심이다. 반면에 스마트 도시는 인프라를 포함한 도시기본수요와 다양한 신기술이 여러 형태로 결합함으로써 U-City보다 광범위하고 다양한 부문에서 다양한 도시서비스가 제공되는 도시로서의 특징이 핵심이다.[12] 나아가 스마트 도시는 첨단의 신기술과 도시행정, 그리고 시민참여 등이 결집해 도시의 지속적 발전(Sustained development)을 가능하게 하는 도시경영적 측면을 강조하고 있다.

3) 스마트 도시의 이론적 배경

(1) '도시혁신론'과 스마트 도시[13]

스마트 도시를 이해하기 위해서는 '도시혁신'을 이해해야 한다. 스마트 도시는 도시혁신의 산물이기 때문이다. 인간사회가 이룩하는 문명의 원동력은 인간이 창조하는 '혁신(Innovation)'이다. 발명(Invention)이 획기적인 새로운 생각과 기술을 고안하고 창조하는 일이라고 한다면, 그 발명이 인간에게 실제로 사용될 때 그 발명은 비로소 혁신이 된다. 혁신은 개인과 조직들이 대규모로 협력해야 가능한 경우가 많다.

혁신이 일어날 수 있는 장소로서 우위를 지니는 장소는 도시이다. 다양한 인적자본이 모여서 활동하는 도시생활 속에서 인간은 부단히 배워나간다. 도시 그 자체는 훌륭한 '학습 시스템'이다.[14] 도시는 상호학습의 장소이자 상호협력활동의 중심지이기 때문에 혁신이 잉태할 수 있는 잠재력을 보유한다. 도시에서는 '집적의 힘(Forces of Agglomeration)', '뭉침의 힘', '융합의 힘', '네트워크의 힘', '연계성의 힘'이 나타나게 된다. 그 힘이 도시에서 혁신을 일으키고 결국은 스마트 도시형성의 원동력으로 작용한다.[15)]

도시는 문명의 원동력이 되는 혁신의 중심지이지만 도시에서 문명의 원동력인 혁신이 계속 일어나려면 도시자체의 혁신이 지속적으로 발생해야 한다. 도시자체의 혁신, 이른바 '도시혁신'이 부단히 일어나야 한다. 도시혁신은 특정 개인이나 기관이 일으키는 것이 아니라 도시에 살고 있는 사람 모두가 일으키는 일종의 Civic Innovation이다. 도시혁신은 도시에서 사람들이 생활에서 필요로 하는 기본생활수요가 만족되고 시민의 삶의 질(QOL; Quality of Life)이 꾸준히 향상되는 현상인 동시에 인간이 창조하는 신기술과 도시민의 일상생활이 접목되어 편리함과 쾌적성의 가치가 실현되는 현상이다.

도시혁신의 관점에서 보면 스마트 도시란 시민의 기본수요와 신기술의 결합시스템이 구축되어 혁신을 일으키는 도시(Innovation enabling city)로서의 성격을 지닌다. 이렇게 보면 스마트 도시자체는 도시혁신의 창출물이기도 하거니와 동시에 스마트 도시는 도시혁신의 원동력이면서 플랫폼(Urban Innovation's Platform)의 역할을 한다.[16)]

(2) '초연결사회론'과 스마트 도시[17)]

스마트 도시를 이해하기 위해서는 현대사회가 초연결 사회로 향하고 있음을 이해해야 한다. 초연결 사회(Hyper-Connected Society)란 인간과 인간을 둘러싼 환경적 요소들이 상호 간 밀접히 연결되어 시공간의 제약을 극복하고 새로운 성장기회와 가치의 창출이 가능한 사회이다. 이는 최근 스마트 기기와 SNS 등의 등장과 활용으로 인간 간 연결은 더욱 활발하게 진행되고 있을 뿐만 아니라 ICT의 기술적 발전에 따라 인간과 사물, 사물과 사물 등으로 연결의 범위가 크게 확대되고 있는 추세를 반영한 사회이다.

스마트 도시는 초연결사회의 산물이자 초연결 사회를 더욱 발전시키는 기폭제 역할을 한다. 스마트 도시는 [그림 9-1]에서 보듯이 인간과 인간, 인간과 사물 간의 연결성이 광범위하고도 두텁게 그리고 빠르게 구축되는 사회현상과 관련된다. 스마

그림 9-1 초연결사회 이론의 핵심, 첨단통신 네트워크 구조

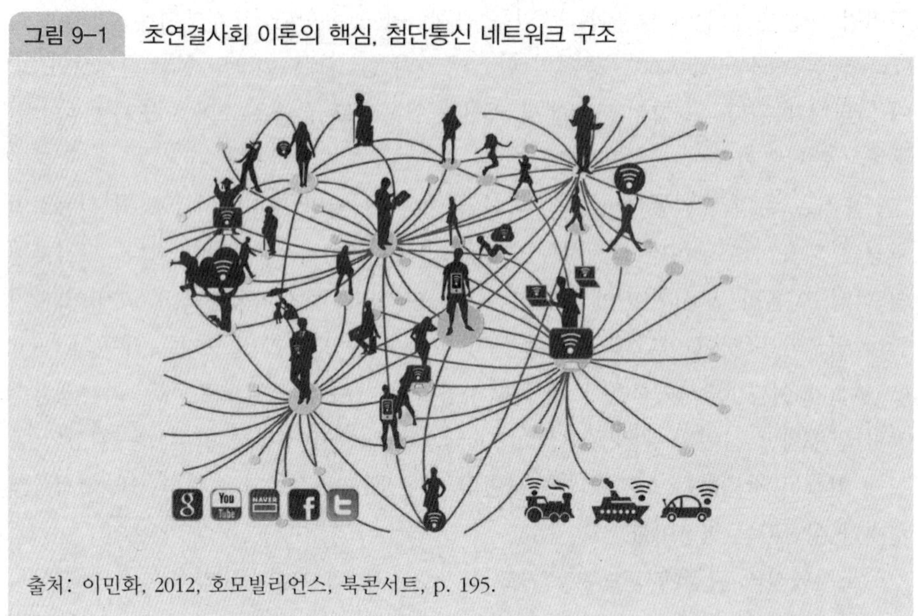

출처: 이민화, 2012, 호모빌리언스, 북콘서트, p. 195.

트 도시의 등장에는 초연결사회가 만드는 수많은 갈래의, 마치 뇌의 홀론의 구조처럼 네트워크 파워가 뒷받침되어 있다. 이는 오늘의 현실과 미래를 이끄는 새로운 정보사회의 문화적 현상이자 새로운 문명사적인 도전과 응전의 성격을 보유한다.[18)]

초연결 사회는 인간의 새로운 모습에 연유한다. 인간의 새로운 모습이 스마트 도시를 가능하게 한다. 오늘날의 인간은 스마트 폰과 소셜혁명을 통해 사이보그(Cyborg: 사이버네틱스 Cybernetics와 생물 Organism의 합성어)로서의 새로운 인간의 모습을 구현하고 있다. 초인류로 새롭게 진화하면서 인류문명을 새롭게 창조해간다는 의미에서 이러한 인간을 '호모 모빌리언스'(Homo Mobilians)라고 한다. 스마트폰과 창발적 모바일 네트워크를 활용하는 인간으로 진화하고 있다는 의미이다.[19)]

스마트 도시는 호모 모빌리언스가 창조하는 도시로 표현할 수 있을 것이다. 초연결사회의 관점에서 본다면 스마트 도시란 "텔레커뮤니케이션을 위한 유무선 기반시설이 인간의 신경망처럼 도시 구석구석까지 연결되고 집에서 업무처리가 가능한 텔레워킹이 가능하고 시민의 불만요소와 요구가 실시간으로 도시정부에 전달되어 처리되는 정보시스템을 구비한 도시"라고 할 수 있을 것이다.[20)]

02 | 스마트 도시의 모형과 모습

1) 스마트 도시의 기본모형

스마트 도시의 모형은 여러 형태로 나타낼 수 있고 스마트 도시의 성격에 따라 달리 나타난다. 스마트 도시가 일반적으로 보유하는 모형 사례 중의 한 가지를 [표 9-1]에서 볼 수 있다.

이에 의하면 먼저 스마트 도시정책의 목표는 세 가지에 초점을 맞추고 있다. 즉 환경적 지속가능성 확보, 시민들의 웰빙라이프 창조, 그리고 경제적 충족에 두고 있다. 그리고 이들 목적을 달성하는 데 기여하는 산업으로서의 스마트 산업이 있는데 이에는 스마트 유틸리티, 스마트 빌딩, 스마트 정부, 스마트 그리드 등 스마트 기술을 사용하는 스마트 산업이 뒷받침한다. 이러한 스마트 산업이 움직이기 위해서는 그 저변에 스마트 인프라가 필요하다. 이에는 주로 스마트 도시 운영 시스템을 구성하는 센서 네트워크, 스마트 단말장치, 스마트 통신플랫폼, 데이터 분석장치, 통합 컨트롤 시스템, 웹서비스 등이 포함된다. 이러한 스마트 도시모형은 도시의 기능화·상호연결·인텔리전화에 기초하고 있다.

표 9-1 스마트 도시의 기본모형(사례)

스마트 정책 & 목적	환경적 지속가능성 • 에너지 효율성 • 환경오염 • 자원	시민들의 웰빙라이프 • 공공안전 • 교육 • 의료 및 건강 • 사회적 안정	경제적 충족 • 투자 • 일자리 • 혁신
스마트 시티 구성 산업	스마트 유틸리티, 스마트 빌딩, 스마트 교통, 스마트 정부, 스마트 ×××		
스마트 시티 인프라	스마트 시티 운영체제 • 센서 네트워크 • 데이터 분석	• 스마트 단말 • 컨트롤 시스템	• 통신 플랫폼 • 통웹 서비스

출처: 한국산업진흥원, 2013.6.24, "ICT와 첨단산업융합의 미래도시-스마트 시티"에서 재인용; 트렌드 포커스, 2014.1, "전세계 주요국의 스마트 시티사례분석"에서 재인용.

2) 스마트 도시의 모습

스마트 도시 모습을 보여주는 하나의 사례가 [그림 9-2]에 나타나 있다. 한마디로 스마트 도시는 초연결사회의 모습을 띠고 있다. 그 속에서 도시구성원 간, 시민과 도시시설 간, 도시시설과 도시시설 간에 무선 센서 등으로 만물인터넷 네트워크로 연결되고 사용자인 시민과 도시구성 요소와 도시정부 간에 실시간의 커뮤니케이션을 통한 시민참여(Citizen Engagement)로 도시문제를 상호협력해 해결해 가는 도시로서의 모습을 보여준다. 그 속에서 도시의 기본수요를 충족시키는 각종의 도시서비스, 이를테면 교통, 보건, 사회복지, 주택, 에너지, 환경, 안전 등의 부문별 서비스가 다양한 신기술 시스템으로 얽혀 효율적이고 편리한 그리고 친환경적인 선진도시상을 나타낸다.

그림 9-2 스마트 도시의 모습(사례)

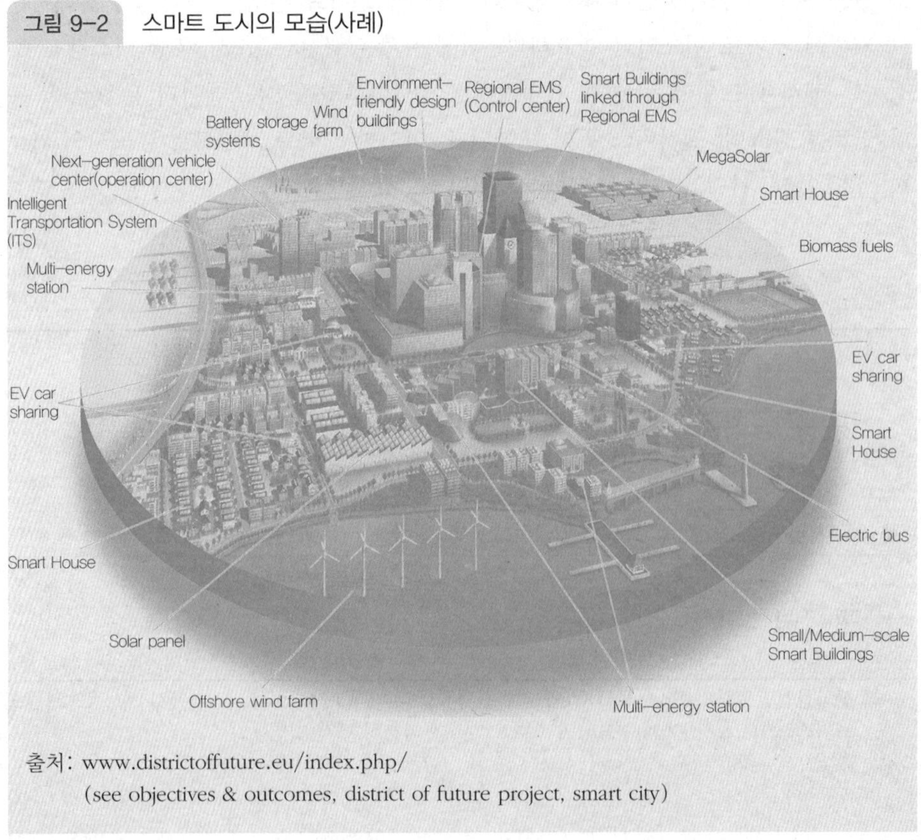

출처: www.districtoffuture.eu/index.php/
(see objectives & outcomes, district of future project, smart city)

표 9-2 리벨리움의 스마트 월드가 제시하는 스마트 도시서비스

공해 방지	공장 배출 이산화탄소, 자동차 배기가스, 농업용 유해가스의 통제 · 관리
산불 탐지	연소가스 발생 상태와 산불 조짐을 모니터링하여 산불 위험 경보
와인 품질 향상	포도 농장의 토양 습도와 줄기 지름을 모니터링하여 포도의 당도와 생육상태의 통제 · 관리
어린 가축 관리	어린 가축의 생장과 건강을 보호하기 위한 생육 조건의 통제 · 관리
운동선수 관리	실내 또는 실외 장소에서 운동할 때 생체 신호 모니터링
건축물의 구조적 안정성 관리	빌딩과 교량, 역사 유산 등의 다양한 건물의 진동 및 재료 상태 모니터링
선박 선적물의 품질 관리	컨테이너의 진동과 충돌, 개봉 온도 등을 모니터링해 선적물의 훼손을 방지
기기 탐지	와이파이, 블루투스 등의 다양한 무선통신 기술을 사용하는 모든 기기(예: 스마트폰)를 자동으로 탐지
무단 침입 방지	출입 권한이 없는 사람의 출입을 사전에 예방하고 무단 침입이 발생했을 때 즉시 확인 가능
방사능 수치 관리	원자력 발전 시설 주변의 방사능을 상시 측정하여 위험할 때 자동으로 경보를 발령
전자기파 수치 관리	이동통신 기지국과 와이파이 라우터로 부터 발생하는 전자기파를 측정해 관리
교통 혼잡 관리	대규모 차량과 보행자를 동시에 모니터링하여 최적 이동 경로로 이동
스마트 도로	기상악화나 교통사고, 교통 혼잡 등의 돌발 상황을 운전자에게 알리고 우회 유도
스마트 가로등	일기나 도로 상태에 따라 적절하게 가로등 밝기 조절
인텔리전트 쇼핑	고객의 습관이나 기호, 알레르기 반응 여부 등을 고려하여 판매 직원이 조언을 하게 하거나 유통기한 초과 여부를 자동적으로 인지 가능
도시 소음 지도	도심과 유흥 지역의 소음을 실시간 모니터링
수질 관리	식물 성장에 필요한 강과 바다의 수자원 확보 가능성과 식수 사용의 적절성 연구
생활 쓰레기 관리	쓰레기통의 적재량을 확인해 쓰레기 수거의 최적 경로를 계산하여 수거
스마트 주차	도시의 빈 주차 공간을 상시 모니터링하여 주차 희망 차량에 통보
골프장 관리	수분 공급이 필요한 골프장 잔디에만 물을 공급함으로써 물 사용량 감소
누수 탐지	물탱크의 누수 여부를 사전에 탐지하고 수도관의 압력 치를 모니터링
자동차 자동 점검	자동차 부품으로부터 실시간 정보를 수집하여 위험이 예상될 때 운전자에게 미리 통보
물품 위치 추적	창고, 항구 등의 대규모 실내외 공간에서 개별 물품의 위치를 확인 가능

출처: Libelium, 2013.4.8, Libelium Smart World Infographic-seasons for Smart Cities, Internet of Think and beyond; 이상대·최민석, 2014, 재인용.

최근 사물인터넷 서비스의 솔루션 업체인 리벨리움(Libelium)은 센서 및 사물통신 기반의 스마트 월드를 구상하고 있다. [표 9-2]에 의하면 리벨리움의 스마트 월드는 도시의 운영과 관련해 주차 가용성 모니터링, 운전 중 도로정보 제공, 교통흐름 모니터링, 주변 환경에 따라 변하는 가로등 관리, 자동차 위험 정보활용, 그리고 도로 등 인프라 관리를 가능하게 한다. 또한 인텔리전트 쇼핑, 쓰레기 및 폐기물 관리, 구조물 원격 안전 진단, 공기오염도 측정 관리, 실시간 소음 측정 관리, 전자기파 측정 관리 등을 가능하게 한다. 그리고 제품의 위치 추적, 수송 차량 추적, 보관 부적합 물건 탐지, 콘테이너 상태 모니터링 등도 가능하다. 또한 스마트 그리드, 태양열발전시설 모니터링, 상수도 관리, 수질관리, 누수관리, 액체저장소 모니터링, 곡물저장소 모니터링 등도 가능하며 산불 감지, 산사태 방지, 지진 감지, 강설량 모니터링 등 자연자원에 대한 환경 감시도 가능하게 한다.[21]

이렇듯 리벨리움이 제시하는 스마트 월드는 도시 구석 구석을 인터넷이나 네트워크 등을 활용해 인간-사물, 사물-사물, 인간-인간을 상호연계해 시민 만족도 높은 서비스를 제공함으로써 보다 살기 좋은 최적의 그린도시 네트워크공동체를 지향하고 있음을 보여준다.

03 | 스마트 도시의 특징

1) '도시문제의 스마트 해결사'

도시화의 계속적 진전에 따라 발생하는 실업, 교통난, 공해, 에너지 문제, 범죄 등 각종의 도시문제와 사회경제환경변화에 따라 발생하는 생활수요를 충족하지 못해 발생하는 도시문제 등을 효율적으로 해결하기 위해 스마트 도시가 도시문제의 해결사로 등장하게 되었다. 나아가 기후변화와 글로벌 경제변화에 따라 등장할 도시의 다양한 미래문제의 해결사 역할을 할 수 있는 도시의 형태가 스마트 도시이다.

글로벌 컨설팅 기관인 가트너는 향후 10년 동안에 각종 도시문제를 해결하기 위한 사물인터넷 시장 규모가 지금보다 30배가 증가해 2020년경에는 약 2000조원의 글로벌 시장이 형성될 것으로 전망하고 있다.[22] 스마트 도시는 현재의 도시문제, 미래에 닥쳐올 도시문제를 ICT 등의 신기술을 사용해 해결하는 '스마트 해결사'

표 9-3 과거 도시와 스마트 도시의 특성 비교

<table>
<tr><th></th><th>AS-IS</th><th colspan="3">TO-BE</th></tr>
<tr><td>문제
해결방식</td><td>도시기반시설 확대(1:1 방식)
예) 교통체증 → 도로 건설</td><td colspan="3">Smart service 제공(1: 多 방식)
예) 교통 체증 → 우회로, 대중교통 증설</td></tr>
<tr><td>대상</td><td>공급자 중심
– 정부, 건설사, 기업 중심</td><td colspan="3">시민 중심
– 이용자의 수요에 맞는 서비스 제공</td></tr>
<tr><td>구축
대상</td><td>Infra 중심
예) 도로, 항만, 건물, 발전소</td><td colspan="3">Service 중심
예) Smart Phone, Smart–Grid, Smart–parking, Smart–light, Smart–Car</td></tr>
<tr><td>중심
공간</td><td>물리적인 공간 중심
– 공간적, 시간적 제약 존재</td><td colspan="3">사이버 공간 중심
– 공간의 시간적 제약 없음
(Smart Govt., Smart work, Smart shopping)</td></tr>
<tr><td>도시의 질
좌우요소</td><td>지리적 위치, 물리적 기반</td><td colspan="3">Smart service</td></tr>
<tr><td rowspan="2">Smart
Platform
존재</td><td rowspan="2">스마트 플랫폼 없음</td><td rowspan="2">스마트 플랫폼</td><td>서비스</td><td>– 데이터 수집(RFID, Sensors, CCTV 등)
– 분석(BigData Analytics)
– 활용(Smart–Trans., Govt., Energy 등)</td></tr>
<tr><td>네트워크</td><td>– P2P, P2M, M2P, M2M 등 기기 · 사람 간 연동</td></tr>
</table>

출처: 한국정보화진흥원, 2013, "해외 Smart City 열풍과 시사점," IT & Future Strategy 11.

(Smart Problem-Solver)라는 특징을 지니고 있다.

2) 과거 도시와 스마트 도시의 비교

스마트 도시는 [표 9–3]에서 볼 수 있듯이 여러 측면에서 과거의 도시와는 구별되는 특징을 지닌다.

첫째, 문제해결의 방식에서 구분된다. 즉 과거 도시의 문제해결방식은 물리적 방식, 혹은 도시기반시설 확대형 방식이라면 스마트 도시는 다종다양한 스마트 서비스를 편리하게 제공함으로써 도시문제를 해결한다.

둘째, 도시 서비스 공급대상 측면에서 구분된다. 즉 과거의 도시는 정부, 기업

등 공급자 중심이었다면 스마트 도시의 경우는 시민이 필요로 하는 니즈(Needs)·이용자 수요 맞춤형 스마트 서비스를 공급함으로써 시민(이용자)중심이라고 할 수 있다. 스마트 도시에서의 시민인 스마트 시티즌(Smart Citizen)은 다양한 역할을 수행한다. 즉 스마트 시민은 도시서비스의 소비자(Consumers)이자 생산자(Producers), 테스트 베드의 참여자(Test-bed Participants), 참여와 공유에 능동적인 시민(Active Citizens), 협력자(Collaborators) 그리고 스마트 도시 디자인을 위해 함께 참여하는 공동디자이너(Co-designers)로서의 다각적인 역할을 수행한다.[23)]

셋째, 서비스 구축대상측면에서 보면 과거의 도시가 도로, 항만, 건물, 발전소 같은 인프라 중심이었다. 반면에 스마트 도시는 서비스 중심으로서 과거 도시에서 없던 스마트 폰, 스마트 그리드, 스마트 주차, 스마트 가로등, 스마트 카 등의 스마트 서비스를 제공한다.

넷째, 중심공간 측면에서 보면 과거의 도시는 물리적 공간 중심으로 되어 있어 공간적, 시간적 제약을 많이 받는다. 그러나 스마트 도시의 경우는 사이버 공간 중심으로 되어 있어 공간적, 시간적인 제약을 극복할 수 있다. 스마트 정부, 스마트 워크, 스마트 쇼핑 등을 그 사례로 들 수 있다.

다섯째, 도시의 질적 측면에서 과거의 도시에서는 도시의 지리적 위치와 물리적 기반이 도시의 질을 좌우하는 요소였다. 반면에 스마트 도시는 주민이 어디에서나 편리하게 이용할 수 있는 스마트 서비스의 혜택여부가 도시의 질을 결정하는 중요 요소가 된다.

여섯째, 스마트 도시와 과거의 도시를 구분가능하게 하는 핵심 중의 하나가 스마트 플랫폼(Smart Platform)의 존재여부이다. 플랫폼은 개방과 협력과 생태계의 진화가 이뤄지는 거점 또는 중심 시스템을 의미한다.[24)] 과거에는 기차와 비행기 터미널 같이 사람과 화물이 모이고 떠나는 물리적 플랫폼이 주류를 이뤘다. 반면에 스마트 도시에서는 스마트 기기와 사물인터넷 등이 가능한 스마트 시스템으로 움직이는 플랫폼인 스마트 플랫폼이 중요해진다. 즉 과거 도시는 스마트 플랫폼 없이 물리적 시설(도로시설, 전기시설, 학교시설, 터미널 등)을 통해 교육활동, 전력수급활동, 교육서비스 등의 사회적 활동과 서비스를 제공하는 2단계 시스템으로 운영된다. 반면에 스마트 도시에는 물리적 시설과 사회활동과 서비스단계 중간에 이를 연결하는 스마트 플랫폼이 작동하는 3단계 구조이다.

스마트 플랫폼은 도시서비스 영역에서 이용자가 필요로 하는 서비스 수요를 찾아내 이용자가 원하는 각종 서비스를 제공할 수 있는 IoT솔루션을 개발하고 관련 서비스를 제공하는 스마트 서비스 허브이다. 스마트 플랫폼은 센서와 CCTV 등을 통해 도시내외의 다종다양한 정보를 수집·분석·확산·환류·활용·통합을 이룩하여 적절한 정보를 제공하고 다양한 스마트 기기 간의 원활한 소통과 상호정보제공을 가능케 하는 통합적인 정보시스템이다.

스마트 플랫폼에서는 사람과 사람, 사람과 사물, 사물과 사물 간에 스마트 기기와 네트워크를 통해 보다 효율적이고 편리하며 친환경적인 스마트 서비스를 제공한다. 이를 테면 스마트 하이웨이(도로가 인공위성과 연결되어 GPS의 효율화, 자동제어장치 등을 구비), 스마트 그리드(전력망을 ICT로 관리), 스마트 헬스 케어(환자진료 정보를 모바일 시스템 등으로 공유하고 환자 중심의 진료시스템), 스마트 교육시스템(사이버 교육을 통한 원거리 교육체제) 등을 제공함으로써 여러 도시문제를 해결해 나갈 수 있다. 스마트 플랫폼을 중심으로 다양한 부가서비스가 융복합 발달함으로써 스마트 서비스 생태계가 진화하는 특성을 지닌다.[25)]

제 2 절 스마트 도시의 세계적 동향과 국내·외 사례

01 | 스마트 도시의 세계적 동향

오늘날 전 세계적으로 스마트 도시 프로젝트가 유행하고 있다. 교통문제 등 만성적인 도시문제에 대처하고 기후변화에 대비하여 에너지 절약적인 그린도시를 만들고 각종 자연재해와 범죄로부터 안전한 도시, 그리고 정보통신기술을 활용한 효율석인 인프라 등을 구축하기 위해 스마트 도시 프로젝트가 추진 중이다.

기존의 도시건설에는 건설업체들이 주된 역할을 했으나 스마트 도시 개발과 운영에는 ICT 등 신기술이 도시접목에 필수이므로 IBM을 비롯해 정보통신 관련 글로벌 기업들이 스마트 도시 건설에 중요한 역할을 하고 있다.[26)] 현재 IBM은 스마트 도시부문에서 가장 앞서있는 것으로 평가되고 있다. IBM은 매년 "향후 5년 내에 삶을 바꿀 '5가지 테마'(Five in Five)를 선정하고 있는데 2013년 12월에 발표된 내용에 스마트 도시가 하나의 테마로 선정된 바 있다.[27] IBM은 최근 상하이에서 개최된 '스마트 시티 포럼'을 주도하는 등 전 세계에 스마트 도시의 중요성을 전파하고 실천하는 일에 앞장서고 있다.[28]

미국의 첨단네트워크 장비업체인 시스코(Cisco)는 인구 100만 명 이상이 거주하는 스마트 도시를 만든다는 내용을 담은 '밀리언 프로젝트'를 내걸고 중국, 인도, 중동 등지에 스마트 도시를 건설하고 있다. 시스코는 네트워크장비기술을 바탕으로 'Smart+Connected Communities'라는 브랜드 하에 교통, 안전 및 보안, 교육, 부동산, 전력, 보건, 스포츠 및 엔터테인먼트, 정부부문 등의 솔루션을 제공하고 있다.[29] 도시바, 파나소닉, 닛산 등 일본의 주요기업들도 스마트 도시기술 개발에 매진하고 있는 것으로 알려지고 있다.[30]

2012년을 기준으로 볼 때 전 세계적으로 140개가 넘는 스마트 도시 프로젝트가 추진 중이다.[31] 2008년만 해도 불과 20개에 불과했으나 4년 만에 7배 이상 증가한 것이다. 대부분 미국과 유럽에 치중되고 있다. 전 세계 스마트 도시 시장규모도 급격히 늘고 있어 2011년에는 한화로 530조원 규모였으나 2016년에는 1300조원으로 증가할 전망으로 연 14%의 성장이 예상된다. 스마트 도시 관련 전 세계의 기술시장 규모도 향후 9년간 3배 성장할 것으로 예상되어 연 평균 증가율이 16%에 이를 것으로 보인다.[32] 향후 10년간 전 세계 도시들이 사물인터넷을 통해 1조9000억 달러(2000조원)의 잠재 가치를 구현해낼 수 있을 것으로 기대된다.

전 세계적으로 스마트 도시 프로젝트의 약 70%는 에너지·교통·안전과 관련되는 프로젝트에 집중되어 있다. 최근에는 중국을 비롯한 아시아권에서 스마트 도시 프로젝트가 빠르게 늘어나고 있다. 선진국은 대체로 에너지 인프라 등의 개선에 초점을 맞춘 '구도시 개발형'인 반면에 신흥국은 도시 인프라 확대에 중점을 둔 '신도시형'의 성격을 대부분 띠고 있다.[33]

02 | 스마트 도시의 국내·외 사례

1) 글라스고우와 암스테르담

영국 정부에 의한 2012-2013년 중 스마트 도시 프로젝트 관련 지자체 간 경쟁에서 글라스고우시가 스마트 도시 프로젝트 첫 시범지역으로 선정되었다. 글라스고우시는 정부의 지원금을 받아 교통, 범죄예방, 에너지, 환경 등의 도시문제 해결에 집중하고 있다. [그림 9-3]은 스마트 시티 글라스고우시에서 새로이 운영 중인 시티테크놀로지 플랫폼을 보여주고 있다. 이 플랫폼은 수많은 데이터를 통합하고, 정보를 분석하고, 분석 결과를 여러 형태로 작성해 이를 개방하여 주민과 기업, 학교 등에서 쉽게 접근·공유할 수 있게 한다. 다양한 웹사이트와 스마트 폰의 앱을 통해 데

그림 9-3 스마트 도시 글라스고우의 City Technology Platform

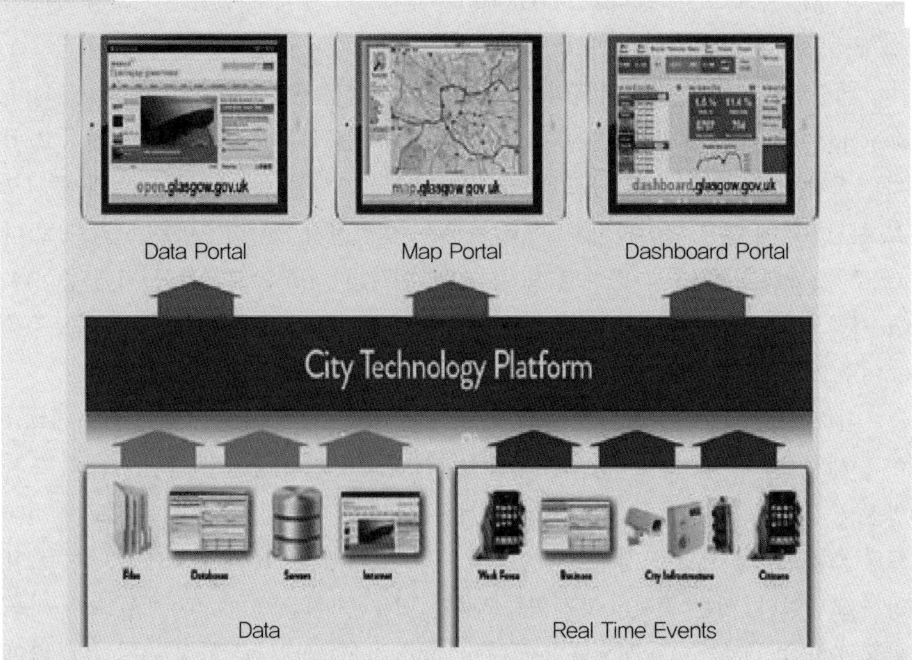

출처: http://futurecity.glasgow.gov.uk/

그림 9-4 암스테르담의 스마트 가로등(Smart Light)

출처: http://amsterdamsmartcity.com/projects/

이트 포털, 지도 포털, 그리고 MYGlosgow 대시보드 형태로 실시간 정보가 누구나 쉽게 접근할 수 있도록 개방되고 있다.

네덜란드의 암스테르담시의 스마트 도시사업도 주목받고 있다. 최근 'Iamsterdam'이라는 도시브랜드를 내걸고 스마트 도시 사업을 지속적으로 추진하고 있다. 5가지 테마인 ① 생활, ② 고용, ③ 교통, ④ 공공시설, ⑤ 데이터 개방을 중심으로 사업지역에 무료 와이파이, 스마트 가로등, 연료전지, 헬스, 스마트 그리드, 스마트 주차, 교통흐름 관리, 스마트 홈 등 40개 이상의 개별 프로젝트를 진행 중이다. 그 사례 중의 한 가지로 [그림 9-4]는 암스테르담 공공장소에서의 스마트 가로등을 보여주고 있다.

암스테르담 스마트 도시가 주목 받고 있는 여러 이유가 있다. 이는 암스테르담이 중세시대부터 네덜란드 상공업의 중심도시였으며 그 전통을 인터넷 시대의 도시발전 중심지로 그 전통을 업그레이드해서 이어 받고 있다는 것이다. 그리고 암스테르담 스마트 도시모델은 상향식이 아니라 주민과 기업의 이니셔티브에 근거하는 상향식 모델이다. 이는 종래의 도시협력모델인 3P(Public-Private Partnership)보다 더욱 확장된 5P(Public-Private-People-Professors Partnership)모델이란 특징을 지닌다. 나아가 암스테르담 스마트 도시는 '리빙랩'(Living Lab)에 근거한 모델이다. 이는 주민과 기업과 정부가 다양한 정보의 개방과 공동의 연구개발을 통해 스마트 도시 서비스

의 종류와 질적 고도화를 주민 맞춤형으로 개발하는 모델이다.[34)]

2) 헬싱키의 아라비안란타[35)]

'아라비아의 해안'이라는 뜻을 지닌 아라비안란타 지역은 헬싱키에서 스마트 도시의 실천을 향한 야심적인 도시 실험이 벌어지는 곳이다(그림 9-5). 헬싱키는 유럽에서 가장 빠른 속도로 인구가 늘고 있는 도시 중의 하나다. 인구 증가에 따라 발생하는 주택 부족 문제를 해결하기 위해 충분한 주택 공급이라는 양적 차원을 넘어, 도시의 전반적인 경쟁력을 키우는 질적인 실험을 병행하고 있다. 그러한 실험중의 한 가지가 과거 융성했지만 현재는 쇠락한 공장지대인 아라비안란타의 재개발 프로젝트이다.

아라비안란타가 핀란드는 물론이고 유럽의 주목을 받는 이유는 아라비안란타에서 모든 도시 구성원들이 인터넷 공간의 도시정보에 무선통신으로 접근할 수 있도록 한다는 '헬싱키 가상마을계획(Virtual Village)'프로젝트 때문이다. 이는 아파트와 업무단지, 교육단지 등 각각의 지구를 광역망 서비스센터를 통해 인터넷·인터넷 전화·TV 등으로 상호 연결하며 동시에 아라비안란타의 모든 사무실과 상점, 학교, 개인 집 등 도시시설을 인터넷과 무선통신으로 연결하는 프로젝트이다.

헬싱키의 가상마을이 완성되면 아라비안란타 주민의 일상은 크게 변화할 것으로 전망되는데, 가령 가상마을에 접속해 임대시장에 나온 아파트를 고른다든지 쇼핑을 위해서는 집에서 미리 슈퍼마켓의 재고를 확인하고 구매가능하고, 휴대전화로 택시를 부르면 택시가 휴대전화 위치를 추적해 자동적으로 고객의 위치로 찾아올 수 있는 등 기본적으로 스마트 도시의 모습을 띠게 될 것으로 전망된다.

나아가 헬싱키에서 전통적으로 강조되어온 디자인 기술이 아라비안란타 프로젝트에 접목되고 있음이 주목된다. 아라비안란타에서는 ICT기술 네트워크를 통한 시민생활의 편리함 뿐만 아니라 디자인과 문화예술, 교육과 비즈니스와 IT네트워크가 연계·공존함으로써 디자인 지역이자 'IT·문화예술도시'로 재탄생하고 있다.[36)] 이는 아라비안란타가 ICT와 문화디자인이 융합되는 스마트 도시 유형으로 나아가고 있음을 알려준다.

더욱이 아라비안란타에서는 '헬싱키 리빙랩'이란 브랜드로 지역 마케팅을 위한 리빙랩을 운영하고 있다. 리빙랩이란 서비스 이용자들이 연구·개발 이노베이션의 대상이 아니라 참여주체가 되는 방식이며, 이용자들이 원하는 서비스를 스스로 반영하게 하는 시스템이다. 이를 통해 프로젝트 참여회사에 실제생활에서 제품이나 서비스를 테스트해 볼 수 있는 기회를 제공함으로써 수익성을 가늠할 수 있게 하고 실험참여 대상자들은 최첨단의 미공개 서비스를 처음 사용해 볼 수 있는 이점이 있다.[37] 최근 유럽에서 확산되고 있는 리빙랩을 통한 주민·기업·정부 간 파트너십에 의한 지역발전전략이 아라비안란타에서 헬싱키 리빙랩을 통해 구현되고 있는 것이다. 이는 아라비안란타는 ICT와 디자인과 문화예술, 그리고 주민참여의 도시경영이 융합된 스마트 도시 만들기의 실험지역임을 알 수 있다.

3) 스페인의 바르셀로나[38]

스페인의 바르셀로나는 스마트 도시를 브랜드로 내세우는 스페인의 시범적인 스마트 도시이며 유럽서 선두를 달리는 스마트 도시다. 바르셀로나는 사물인터넷 IoT기반의 스마트 시티를 조성하기 위해 상수도, 전력, 쓰레기통, 가로등, 주차장 등에 센서를 부착하여 각종 데이터를 수집할 뿐 아니라 공공 및 민간이 보유하고 있는 네트워크를 통합해 편리한 도시서비스를 제공하는 데 앞장 서고 있다. 네트워크에서 수집된 자료를 혁신적인 창업기업들이 사용토록 해 도시전체가 IoT기반의 새로운 기업들을 위한 실험실이 되고 있다. 바르셀로나 시정부는 도시 중심부의 본 지구 곳곳에 사물과 사물을 연결하는 사물 인터넷 기술을 기반으로 한 '스마트 도시 솔루션'을 구축하고 시범 운행하고 있다. 세계 최대 네트워크 장비업체인 시스코가 무선 인터넷이 가능한 네트워크를 구축했으며 국내외 정보통신기술 업체들이 협력해 센서, 데이터 수집과 분석, 위치 정보, 클라우드 등 다양한 기술을 제공했다. 바르셀로나 도심지에서는 스마트 도시 계획의 일환으로 시범 도입한 '스마트 주차'도 주목을 받고 있다. 주차 공간에 차가 있는지 없는지를 감지하는 센서를 사용해야 스마트 주차가 가능한데 바르셀로나 시당국은 아스팔트에 지름 약 15cm 크기의 동그란 센서를 심었다. 최대 7년까지 자가 발전으로 작동하는 이 센서는 자동차와 같은 금속 물체를 감지할 수 있어 자동차 주차공간 유무 등의 상태를 실시간 알려준다.

바르셀로나의 유명 도심 관광지인 본 시장 앞 광장에는 LED와 센스, 무선송신 장치, 카메라를 장착한 스마트 가로등이 설치되어 있다. 이 가로등은 광장에 모인 사람들의 소음수준과 움직임의 정도, 공기 오염도를 통해 인구 밀집도까지 파악한다. 센서를 이용해 사람이 많으면 자동으로 조명 밝기를 높이고 사람이 없는 늦은 밤에는 조명 세기를 낮춰 전력을 절약할 수 있다. 바르셀로나시는 이를 통해 전력 소비를 연간 최소한 30% 절약할 수 있을 것으로 예상하고 있다. 바르셀로나는 전력 사용량을 더욱 줄일 수 있도록 스마트 가로등을 도심지 전역에 설치할 계획이다. 또한 바르셀로나에는 [그림 9-5]에서 보듯이 태양광 패널 스크린과 버스 대기 승객용 간이의자가 부착된 스마트 버스정보판이 설치되고 있는가 하면 쓰레기통도 진공시스템을 통해 지하로 파이프라인으로 자동 연결되어 쓰레기가 넘치지 않게 되고 깨끗한 환경을 가능케하는 스마트 쓰레기통도 설치되고 있다.[39)]

향후 바르셀로나 시정부는 도시 내에 500km에 이르는 광역네트워크를 깔고, 500개의 와이파이 핫스팟을 제공하여 '커넥티드 스마트 도시'를 구축하는 사업을 적극 추진할 것으로 보인다.

바르셀로나시가 스마트 도시 프로젝트에 관심을 보인 것은 2000년대의 야심적인 도시재생사업인 22@프로젝트(22@Barcelona로 불리워지기도 함)의 성공적인 추진에서 찾아볼 수 있다. 22@프로젝트는 19세기에 산업지역으로 명성을 날렸던 도심일부 지역(Poblenou)이 침체되어 도심부의 활력이 크게 떨어지자, 구 산업지구였던 이 지역을 첨단 기술혁신지구(Technological and Innovation District)로 변혁시키

그림 9-5 바르셀로나의 스마트 버스정보판(좌) 바르셀로나의 스마트 쓰레기통(우)

출처: Justine Ancheta, 2014.2.23., "Ten Reasons Why Barcelona is a Smart City," Latitude 41.

는 프로젝트이다. 2000년에 시의회 승인을 받은 22@프로젝트는 지금도 추진 중에 있는데 유럽에서 가장 큰 규모의 도시재생지구사업의 하나로 평가받고 있다.

22@프로젝트는 일정 지구를 단일의 특화지구(Territorial Specialization)로 개발하는 방식을 탈피해 컴팩트하면서도 다양성을 갖춘 혼합방식(Mixed Model)을 채택해 균형되고 소득계층 조화적이며 경제적으로 활력있고 환경적으로 지속가능한 도시모델을 지향하고 있다. 4백만m^2의 규모에 미디어와 디지털 기업체 등의 첨단산업 시설과 사회주택과 휴양, 레저, 문화시설, 공원, 첨단교통시설 등을 입지시키고 있다(그림 9-6). 2011년 말까지 약 4,500개의 기업이 이 지구로 유치되었으며 그 중 약 절반이 창업기업이었으며 전체 유치 기업의 약 1/3이 지식집약산업이며 전체 상주인구 약 9만명, 기업 종업원 약 9만명이 22@지구에서 일하고 있다.[40]

2000년부터 추진되고 있는 22@Barcelona는 최근의 스마트 도시 프로젝트와 연계되어 바르셀로나를 글로벌 첨단도시로 도약시키는 기폭제 역할을 하고 있

그림 9-6 바르셀로나시의 스마트 컴팩트 혁신 지구(Innovation District) 22@Barcelona

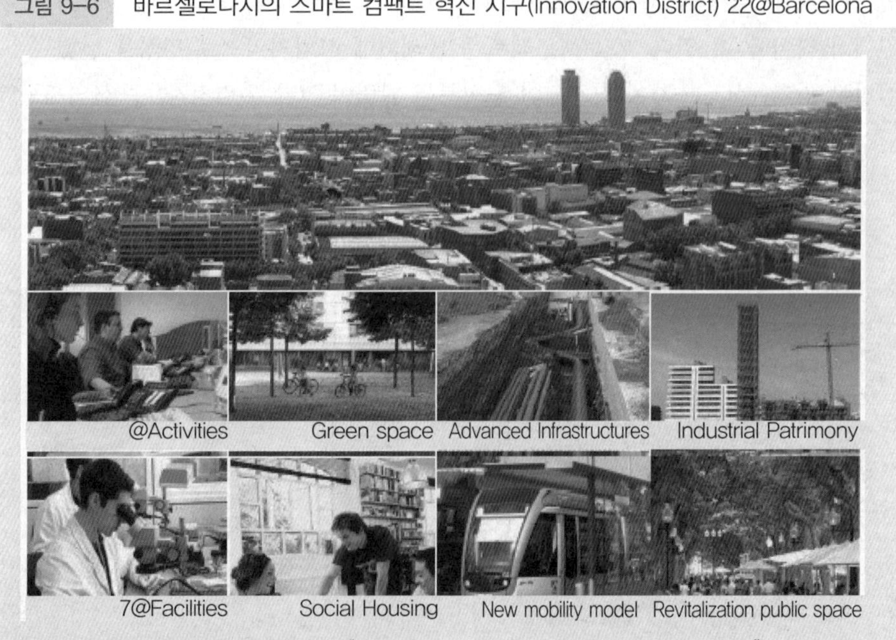

출처: Sergi Guillot, 2007.6.5-6.6, "22@Barcelona, The Innovation District," Locomotive Conference, Hamburg.

다. 특히 22@의 심장부는 [그림 9-7]에서 보는 바와 같이 최근 스마트 시티 캠퍼스(Smart City Campus)로 개발되고 있다. 스마트 시티 캠퍼스에서는 이노베이션센터, 대학, 연구시설, 기업 등이 도시의 이노베이션을 창출하기 위해 고도로 연계되어 활동함으로써 시너지 효과를 촉진하고 창업을 지원하는 인큐베이터와 실험실 기능을 수행하고 도시문제를 해결하기 위한 테스트 베드기능도 활발히 이뤄지고 있다. 전통건물 유산이 보존되면서도 고층의 신축건물에는 시스코와 슈나이더 일렉트릭, 바르셀로나의 BIT 같은 글로벌 CT연구개발 업체들이 들어서고 있다.

오늘날 바르셀로나의 스마트 시티 캠퍼스 추진사례는 도심재생으로 도시이노베이션이 가능함을 여실히 보여주고 있으며 정부와 민간 협력의 성공사례로 꼽히고 있는가 하면 도시가 새로운 시장 기회를 향한 연구개발 플랫폼으로 변신될 수 있음을 보여주고 있다. 나아가 만물인터넷(IoE) 설치와 새로운 비즈니스 모델과 전략이 정부와 민간의 협력을 더욱 촉진시키고 도시의 경제력과 국제경쟁력을 증강시키고 있음을 알려주는 좋은 사례로 평가되고 있다.[41)]

그림 9-7 바르셀로나의 스마트 시티 캠퍼스(Smart City Campus)

출처: Manel Sanroma, 2012.2.6, "Barcelona Smart City," Cio, Barcelona City Council. (헬싱키에서 발제한 PPT자료 인용).

바르셀로나에서는 스마트 도시 프로젝트로 인한 성과가 크게 나타나고 있다. 시민들은 질 높은 도시서비스 이용, 편리한 대중교통, 쾌적한 환경, 나아가 시민과 정보가 공유되고 시민참여행정으로 인한 투명한 시정운영에 높은 만족도를 보이고 있다. 동시에 바르셀로나시는 12개 부문에 걸쳐 80여개의 스마트 도시 프로젝트를 추진하면서 4만 7천개의 새로운 일자리를 창출해 냈다. 바르셀로나의 스마트 도시 프로젝트가 삶의 질 향상과 도시경제활성화를 위한 원동력으로 작용하고 있음을 알 수 있다.

4) 일본의 스마트 도시와 스마트 타운

일본정부도 스마트 도시사업을 중점 추진하고 있다. 스마트 도시를 추진하기 위해 일본정부가 스마트 도시 가이드라인을 제시한 바 있다. 이에 의하면 ICT를 활용한 도시로의 변혁을 위해 ICT인프라를 정비하고 ICT에 기반한 도시경영을 도모하며 민관이 보유한 위치정보 등 방대한 도시정보 데이터의 공유를 중시하고 있다. ICT기반형 도시정비의 원칙도 제시되고 있다. 즉 미래변화 예측을 통해 도시기능을 탄력적으로 운용하며, 지역 및 업종 간에 정보공유를 통해 도시활동의 활성화 및 매력적인 도시정비를 꾀하고, 각종 데이터를 활용해 사회간접자본의 재구축과 도시활동의 효율화를 도모해 새로운 비즈니스를 창출하고 안전하고 영속적으로 진화하는 도시를 건설해 나간다는 방침이다. 최근에는 동일본 대지진과 방사능유출에 따라 재해에 안전한 스마트 도시 개발에 역점을 두고 있다.

또한 일본은 지역사회를 스마트 타운으로 개선하는 사업을 추진 중이다.[42] 스마트 타운의 여러 유형별로 추진 중이다. 예를 들면 ① 동일본 대지진과 같은 자연재해에 대비하는 방재형, ② 에너지 절약 등의 친환경형, ③ 저출산과 고령화형, ④ 노후화된 도시재생형 등의 유형으로 미래형 개발사업을 추진하고 있다. 스마트 타운 사업은 마을의 업그레이드를 위해 센서 네트워크 구축, 빅데이터 수집 및 처리, 광통신 기반의 광대역 인터넷 구축, 무선인터넷 등의 첨단 신기술을 중심으로 진행되고 있다. 스마트 타운 내의 개별 마을의 특성을 살려 마을별 맞춤형 사업이 추진된다. 예를 들면 신산업 창출로 일자리가 생기는 마을 조성, 거리 인프라 관리의 최적화가 지속되는 마을 조성, 주민과 공동으로 창조하는 마을 조성사업 등으로 마을 맞춤형 중점사업이 추진되고 있다.

5) 중국의 스마트 도시[43)]

중국에서는 스마트 도시 건설사업이 가속화되고 있다. 지금까지의 정부 주도형 방식에서 탈피해 시장과 정부의 긴밀한 협력방식을 통해 스마트 도시사업을 강화하고 있다. 주택 및 도시농촌건설부 주관으로 320여개의 스마트 도시를 건설할 계획을 추진하고 있다. 제12차 경제사회발전 5개년계획(2011~2015) 기간 중에는 100여개의 도시를 스마트 도시로 변화시킬 계획이다. 특히 중국정부가 에너지 절감형 친환경 산업육성을 통한 산업구조개편을 위해 스마트 도시에 대한 대대적 투자를 계획함에 따라 스마트 도시전략은 '스마트 시티노믹스'(Smart Citynomics)의 성격을 띠면서 중국경제를 성장시킬 수 있는 신경제 전략모델로서 급부상하고 있다.[44)] 중국의 스마트 도시는 ICT를 기반으로 한 에너지 절약형, 환경과 안전배려형 등의 도시기능을 강조하고 스마트 관리 및 서비스와 산업경제의 스마트화를 중시함으로써 지금까지 급속한 경제발전에만 중점을 두어온 산업도시와는 다른 모델이다.

중국의 스마트 도시 건설 사업은 '신도시형', '재개발형'으로 구분되기도 하며 각 도시별로 특색을 두고 진행 중이다. 가령 베이징시는 인구정보시스템과 스마트 미터기, 도시 보안 감시 시스템, 시민면허 시스템, 무정차지불시스템 등과 같은 시범사업에 집중하고 있다. 상하이시는 초고속 통신망 구축에 초점을 두는가 하면 선전시는 스마트 그리드 등을 사용하는 도시조성에 중점을 두고 있다. 특히 중국의 주요 도시를 저탄소 시범 지구로 선정, 탄소 배출을 줄이기 위해 도시의 산업을 재편하고 온실 가스 배출 통계와 관리 시스템을 중점 구축하고 있다.

6) 우리나라의 사례[45)]

우리나라는 2008년부터 도시 인프라에 ICT를 접목해 지능형 인프라를 개발하는 U-City구축 정책을 시작했다. 정부는 U-City지원에 관한 법률을 제정하고 성남, 용인, 파주, 세종시 등 50여개 도시에 U-City구축 관련 사업을 지원하고 있다. 그러나 U-City 개발이 일부 공공기반시설 인프라에 치중하고 이용자의 직접적이고 가시적인 체감서비스와 연계되지 못해 그 개발이 활성화되지 못하고 있다. 특히 최근에는 건설경기 침체와 수익성과 직결되는 비즈니스 모델 미흡 등으로 국민적 관심이 저조한 실정이다.

최근 서울, 안양, 창원을 비롯한 여러 도시에서 당면한 도시문제를 해결하고자 환경, 에너지, 교통, 범죄예방 등의 안전부문 등에서 스마트 도시 프로그램을 부분적이나마 도입하고 있다. 농촌에서도 스마트 농업육성 등 스마트 농촌 만들기의 분위기가 점증하고 있다. 학계와 정보통신업체, 정보화 진흥관련 공공기관에서도 스마트 도시에 관한 연구와 기술개발, 해외진출을 위해 능동적인 노력과 투자를 도모하고 있다.

인천 송도 스마트 도시 프로젝트도 주목받고 있다. 세계적인 IT 장비네트워크업체인 시스코(Cisco)는 최근 인천시와 스마트 도시 사업을 위한 협약을 체결한 바 있다.[46] 특히 스마트 시티 솔루션 개발 기지인 'GCoE(Global Center of Excellence)'를 송도에 구축하고 있다.[47] 2013년에 시스코의 송도 GCoE는 국내 업체들과의 긴밀한 공조하에 인천경제자유구역을 세계적인 스마트 시티로 발전시키기 위한 연구개발(R&D) 센터다. 시스코는 GCoE를 통해 인천 뿐 아니라 전 세계 도시에 적용 가능한 스마트 시티 솔루션을 개발하려 하고 있다.

시스코의 송도 GCoE에서는 중앙관제센터가 있는데 상세한 위성 지도와 CCTV를 통한 도로 및 건물 현황이 나타나 인천의 실시간 상태를 한 눈에 파악할 수 있다.[48] 필요시에는 경보알람과 신속한 대응을 통해 비상상황에 대비할 수 있는 기능도 갖췄다. 만약 어린아이가 실종됐을 경우 CCTV를 활용해 위치를 수배하면서 가장 최적의 경로로 수색대를 보낼 뿐만 아니라, 인천시 곳곳에 설치해 놓은 스마트 전광판을 통해 실종 아이의 정보를 배포할 수 있다. 송도 GCoE는 다양한 첨단 커넥티드 서비스를 가능하게 한다. 즉 ① 디지털 미디어 시스템, ② 통합운영센터(IOC), ③ 스마트 커넥티드 레지던스, ④ 스마트 커넥티드 워크스페이스, ⑤ 스마트 커넥티드 의료서비스, ⑥ 스마트 커넥티드 교통시스템 등이 가동된다.[49]

먼저 디지털 미디어 시스템을 통해서는 가상 안내원에게 문의하고 전 세계 곳곳의 동료들과 화상회의를 진행할 수 있다. 통합운영센터는 스마트 시티의 컨트롤 타워로서 운영자가 다양한 정보를 기반으로 보다 신속하게 의사를 결정할 수 있도록 하나의 실시간 대시보드(현황판)를 제공하고 긴급 상황 발생시 대응 시간을 단축시켜주며 시민과 재산을 보호할 수 있도록 지원한다. 스마트 커넥티드 레지던스의 경우는 모든 편의 시설을 모바일 장치와 벽 패널, TV를 통해 보다 손쉽게 이용할 수 있도록 한다. 실내온도 조절과 조명과 커튼 조정, 실시간 카메라를 통한 환경 모니터링 등이 가능해 보다 편리하고 안전한 주거 환경을 지원한다.

스마트 커넥티드 워크스페이스는 언제 어디서나 회사업무를 편리하게 수행할 수 있도록 지원하는 모바일 네트워크 시스템이다. 스마트 커넥티드 의료서비스는 환자 상태에 알맞는 병원을 탐색해 연결해주고 의사와 환자의 1대1 원격진료가 가능한 시스템이다. 또한 스마트 커넥티드 교통시스템은 인텔리전트 교통과 문화생활 컨텐츠를 결합하고 있다. 스크린을 통해 버스경로와 예상 대기 시간을 알 수 있으며, 버스를 기다리는 동안 이용자는 주변지역의 지도, 지역 뉴스 및 행사, 최신 영화 예고편 등의 다양한 콘텐츠를 이용할 수 있다. 긴급상황 발생시에는 실시간 영상으로 안전상태를 모니터링할 수 있고 안전요원과의 신속한 연락도 가능하게 한다.

03 | 국내·외 사례의 종합

현재 전 세계적으로 진행 중이거나 계획 중인 스마트 도시 구축사업의 동향을 종합하면 몇 가지의 특성을 엿볼 수 있다.

첫째, 도시의 주요 목표를 공통적으로 지속가능성장에 초점을 두고 친환경 도시로 전환하기 위해 다양한 ICT 기술을 적극적으로 도입하고 있으며 에너지 소비의 효율을 높이고, 주차 공간 관리나 교통 상황 모니터링 및 통제와 관련된 애플리케이션을 최우선 도입하고 있다.

둘째, 도시정부 내의 업무가 분할되어 있는 기능적 한계를 극복하기 위해 통합 도시운영센터를 구축하고 있으며 당국에서 수집한 데이터를 시민들에게 적극적으로 공개하고 있다.

셋째, 대부분의 스마트 도시에서는 공공건물에 무료 WiFi 서비스를 제공하고 더 나아가 대규모 예산을 투자해서 도시 전역에 공공 WiFi를 구축하려는 시도를 도모하고 있다.

넷째, 국가의 스마트 도시성책에 대한 관심과 투자가 점차 증대하고 있으며 중앙정부와 지방자치단체와 협력하에 스마트 도시정책 정보를 공유하면서 추진하고 있다. 국가의 재정적 지원을 늘리면서 공모와 경쟁을 통한 시범도시를 지정하는 등 지자체의 적극적인 의지와 정책을 유도하고 있다.

다섯째, 기존도시의 재생사업에도 스마트 도시개발 방식을 접목하고 있다. 가령 중국의 신형도시화 전략과 녹색도시, 창조도시정책 등에서 그리고 일본의 도시 재생, 마을가꾸기 사업, 컴팩트 도시 정책 등에 스마트 도시접근을 시도하고 있다. 농촌에서도 스마트 타운, 스마트 커뮤니티 같은 스마트 마을 정책이 시행되고 있다.

여섯째, 유럽, 미국, 남미, 북미, 아시아 등의 주요 국가들은 스마트 도시사업 자체를 미래 신성장 동력산업으로 간주하여 기술개발과 해외 진출을 도모하고 있으며 해외진출을 위한 국가 간 경쟁이 치열하게 전개되고 있다. 이 과정에서 IBM, 시스코 등의 글로벌 정보통신기업체가 스마트 도시개발의 기술개발을 선도하고 기업 간의 스마트 도시기술개발 경쟁도 치열해지고 있다. 이는 우리나라에서의 정부와 기업들이 스마트 도시개발에 대한 관심과 투자와 기술개발을 서둘러야 함을 시사한다.

제3절 스마트 도시환경의 구조와 실천

01 | 스마트 도시와 스마트 도시환경과의 관련성

스마트 도시의 모습을 가능하게 하는 내부 구조가 스마트 도시환경이다. 스마트 도시에서 생활하는 시민이 필요로 하는 도시서비스가 신기술로 결합되어 공급되고 소비되는 환경을 스마트 도시환경이라고 할 수 있다. 스마트 도시환경이 잘 설계되어 실제 구축되고 효과적으로 운영될 때 비로소 스마트 도시가 작동할 수 있다. 스마트 도시는 스마트 도시환경을 전제로 한다. 스마트 도시환경이 없이는 스마트 도시의 작동자체가 어렵다. 스마트 도시환경이 취약하면 스마트 도시자체가 취약하다. 마치 인체를 스마트 도시라고 한다면, 인체내부의 혈관 시스템 등 인체를 움직이게 하는 유기적 시스템을 스마트 도시환경이라고 할 수 있다. 스마트 도시환경은 스마트 도시를 움직이는 원동력 역할을 담당한다.

스마트 도시를 내부적으로 고찰할 때 드러나는 도시내부 시스템 구조가 스마트 도시환경이라고 한다면 스마트 도시환경의 도시 간 차이는 삶의 질에서의 도시 간

차이를 야기시킨다. 스마트 도시 내부에 스마트 도시환경을 어떻게 구축하느냐에 따라 스마트 도시의 경쟁력도 결정된다. 이는 스마트 도시-스마트 도시환경—도시 경쟁력-시민의 삶의 질이 상호 분리될 수 없고 고도로 연계된 구조적 인과관계 속에서 이해할 수 있음을 의미한다.

02 | 스마트 도시환경의 특성과 구조

1) 스마트 도시환경의 특성

스마트 도시환경은 기존의 일반적 도시환경과는 구분된다. 기존의 도시환경은 도시를 구성하는 사회·경제·문화·환경시설 등을 포함하는 물리적 건조환경(Physical built environment)이라는 하드 환경(Hard environment)과 생태환경(Ecological environment)에 치중한다. 반면에 스마트 도시의 내부 구조 시스템을 형성하는 스마트 도시환경은 물리적 시설측면의 하드 환경과 자연자원인 생태환경 뿐만 아니라 신기술·문화적 네트워크를 포함한 소프트 환경이 고도로 결합된 환경이라고 규정할 수 있다.

하드 환경+생태환경+소프트 환경의 결합체로서의 스마트 도시환경은 다양한 특성을 지니며 이 개별 특성들이 통합된 형태로 나타난다. 스마트 도시환경은 다음과 같이 최소한 여덟 가지의 특성을 지닌다.

첫째, 스마트 도시환경이 지니는 가장 큰 특성 중의 하나는 '융합성'(Convergency)이다. 이는 도시시설과 생태자원과 신기술이 융합되어 보다 편리하고 친환경적이며 경쟁력있는 효율적인 도시 서비스를 제공하는 환경을 의미한다. 특히 IT와 신소재기술(NT), 바이오 건강기술(BTI, 에너지·환경기술(ET))과 문화기술(CT) 등 주요 첨단 신기술 간의 융합, 이들 신기술과 시민의 생활기본수요의 융합을 통해 창조적 도시서비스의 혜택을 누릴 수 있다. 스마트 도시환경은 융합성을 발휘해 도시의 인간적 삶의 질 개선(Urban Human Betterment)과 사회혁신(Social Innovation)을 유도할 수 있다. 스마트 도시환경의 융합성은 새로운 도시문화화 혁신을 가능케 하는 창발성을 잉태하고 경험하게 할 수 있다. 이는 마치 중세시대 이탈리아 피렌체의 메디치 가문이 당대의 예술가, 과학기술자, 인문학자 등을 모으고 그들이 각각 지닌 문화와 아이디어와 소양과 능력과 잠재력을 융합하고 자유롭게 소통하고 학습케 하여 새로운 르네상스 문화를 창발케 한 '메디치 효과'와 유사하다고 할 수 있다.[50]

둘째, '혁신성'(Innovativeness)이다. 스마트 도시환경이 도시민의 실생활에서 과거와는 다른 큰 변화를 가져올 수 있을 정도로 혁신적인 환경을 제공한다는 특징을 지닌다. 스마트 도시환경은 과거의 도시에서는 가능하지 않던 이용자와 이용자 간, 공급자와 이용자 간, 이용자와 사물 간 등의 다양한 혁신적 도시 서비스를 제공한다.

셋째, 신기술(New Technologies) 접목이라는 특징을 지닌다. 이는 스마트 도시환경은 반드시 신기술이 접목된 환경을 제공해 그 속에서는 과거와는 획기적으로 다른 다양하고도 새로운 도시서비스가 공급되고 소비되는 환경을 의미한다. 즉 경제사회를 움직이는 인텔리전스 시스템, 에너지, 바이오 기술 등의 신기술 시스템이 도시의 시설물과 생태자원에 결합되어 도시민의 삶의 질과 경제성·환경성·형평성 즉 3E(Economy·Environment·Equity)를 개선하는 특징을 지닌다.

넷째, 스마트 도시환경은 네트워크(Network)의 특징을 지닌다. 이는 도시시설과 생태자원과 신기술이 상호연결되어 작동한다는 의미이다. 이러한 네트워크를 가능하게 하고 작동하려면 통합시스템으로서의 다양한 스마트 플랫폼이 운영되어 각종의 데이터가 수집·분석·활용되어 보다 혁신적인 도시서비스가 제공될 수 있어야 한다. 동시에 인간과 사물, 인간과 인간, 사물과 사물 간의 사이버 네트워크가 스마트 플랫폼을 통해 움직이는 특징을 지닌다. 스마트 플랫폼을 통해 작동하는 네트워크 파워가 스마트 도시환경을 가능케 하는 코어요소(Core Elements) 중 하나이다.

다섯째, 스마트 도시환경에서는 도시 서비스 변화속도가 빠른 '스피드한 변화'(Speedy change)의 특징을 지닌다. 도시 서비스가 신기술의 접목과 네트워크 형태로 공급됨에 따라 도시 서비스의 질과 종류가 기술의 변화와 연동되어 빠르게 변화하는 특징을 지닌다.

여섯째, 스마트 도시환경은 '맞춤형'(Just-in)이라는 특징을 지닌다. 도시를 구성하는 공간에 맞춤형으로, 또한 인구 변화 및 고령화 등 사회구조변화에 따라 빠르게 달라지는 도시민 개개인의 서비스 수요 맞춤형으로, 더 나아가 변화하는 세계경제와 기술변화에 따라 빠르게 달라지는 신기술 맞춤형으로 도시환경이 스마트 하게 변화되는 특징을 지닌다. 이를 통해 장소맞춤형(Just-in Place), 수요맞춤형(Just-in

Demand), 글로벌 경제 맞춤형(Just-in Global Economy) 등의 다(多)차원의 스마트 도시환경이 가능하다.

일곱째, 스마트 도시환경은 '종합성'(Comprehensiveness)이라는 특징을 지닌다. 이는 스마트 도시환경이 에너지 절약적이고 친환경적인 요소, 즉 녹색환경을 뛰어 넘어 의료, 주거, 직장, 교육, 문화, 교통, 안전 등 시민이 일상생활에서 필요로 하는 기본생활수요를 고려하는 환경을 구성한다는 의미에서 부분적 환경이 아니라 보다 종합적 환경이며. 단일의 서비스 환경이 아닌 복합적이고 포괄적인 환경이라는 특징을 지닌다.

여덟째, 스마트 도시환경은 '시스템의 시스템(System of systems)'이라는 특징을 지닌다. 스마트 도시환경은 도시내외를 네트워크화하는 다양한 크고 작은 복수의 서브시스템(Subsystem)으로 형성된다. 가령 교통시스템, 의료시스템, 주거시스템, 교육시스템 등의 여러 서버시스템으로 구성되는데, 스마트 환경은 이들 서버시스템들을 통합적으로 연계한 대(大) 시스템을 구성한다.

2) 스마트 도시환경의 구조

(1) 스마트 도시환경의 핵심 요소

스마트 도시환경을 구성하는 요소는 다양하다. IBM을 비롯한 스마트 도시 관련 전문기관들이 제시하는 스마트 도시환경의 핵심요소(Core elements)는 인간 삶의 기초요건과 기술적 인프라의 운용시스템을 강조한다.

IBM은 도시를 구성하는 핵심요소를 도출하고 이들 요소를 시스템으로 연결하는 기본 구도를 제시하고 있다. 스마트 도시의 각종 서비스는 과거의 획일화된 방식에서 탈피해 도시의 인구구조와 경제여건 맞춤형 도시서비스여야 함을 강조하는 IBM은 [표 9-4]에서 보듯이 특히 스마트 도시환경의 7가지 핵심요소(Core elements)를 중시하고 있다.

첫째, 도시서비스(City services)이다. 이는 특히 도시정부가 제공하는 도시의 제반 공공서비스를 의미한다. 도시경영행정과 도시계획은 도시서비스 공급을 위한 공공활동이다. 도시공공서비스는 과거의 획일화된 서비스로부터 탈피해 개인의 특성과 요구를 반영하는 맞춤형으로 변하고 있다. 도시서비스에 신기술이 접목되어 보

표 9-4 스마트 도시환경의 핵심요소(Core elements)의 변화 가능성

핵심 요소별 과제	문제 해결 가능성 모색	문제극복 사례
• 도시 서비스(City Services)시민의 특성을 고려하지 않은 획일적 서비스	• 시민 개개인들이 필요로 하는 맞춤형 서비스 제공	• 스마트 도시 공통: 도시서비스의 질적 개선을 위해 서비스전달 기관 간의 시스템통합기술을 적용
• 시민(Citizens) 도시민의 기본수요관련 정보 접근의 어려움	• 실시간 정보를 분석해 범죄방지, 공공안전 강화 의료서비스 개선을 위해 방대한 정보분석결과에 대한 보다 나은 접근성과 시민공유 및 활용 여건 조성	• 시카고: 스마트 안전관리 • 코펜하겐: 스마트 의료환경
• 교통(Transport) 교통혼잡으로 인한 시간과 연료의 손실	• 모든 교통수단을 연계 통합하고 경제여건과 결합해 교통혼잡 극복 및 새로운 세입확보	• 스톡홀름: 스마트 교통
• 통신(Communication) 시민들 간의 연결성이 부족하고 온라인 정보의 속도가 느림	• 표준화되고 저렴한 초고속 정보통신망으로 시민과 비즈니스와 시스템들을 연결	• 한국 송도: U-시티
• 물(Water) 물사용에서의 낭비가 심하고 수질문제	• 강과 유수지 등과 가정 상수도관 등에 이르는 전반적 수자원 시스템의 분석에 기반한 개선 • 개인이 사용하는 물사용 정보, 불필요한 수요감소, 비효율적 물사용 장소, 물사용 관련 권고사항 등을 개인과 기업에 적절 제공	• 아일랜드의 갤웨이(Galway): 스마트 물관리 시스템
• 비즈니스(Business) 불필요한 행정절차와 규제문제	• 기업활동하기 좋은 고도의 행정 서비스 제공	• 두바이: 싱글 윈도우 시스템 (행정절차 초간소화)
• 에너지(Energy) 에너지 확보의 불확실성과 환경문제	• 에너지 소비자에게 에너지 절약을 유도하기 위해 에너지 가격정보 등 제공, 에너지 시장환경 개선	• 시애틀: 에너지 정보시스템

출처: Susanne Dirks and Mary Keeling, 2009, "A Vision of Smarter Cities: How cities can lead the way into a prosperous and sustainable future," *Executive Report*, IBM Global Business Services, IBM Center for Economic Development Analysis, p. 11.

다 효율적이고 광범위한 도시서비스 혜택이 가능해진다.

둘째, 시민(Citizens)이다. 이는 인적자원을 의미한다. 스마트 도시환경을 창출하기 위해서는 기술(Skill)과 창의성(Creativity)과 지식(Knowledge)을 보유하는 인

적자원이 점점 중요해지고 있다. IT와 신소재, 바이오와 건강, 에너지와 환경기술 및 문화기술과 도시경영과 도시계획·설계를 접목할 수 있는 인재의 양성과 활용이 스마트 도시환경창조에 매우 중요해지고 있다. 또한 시민개개인과 가정마다 IT 등의 신기술이 사용가능한 스마트 기기와 양질의 첨단통신인프라가 구축되어 있어야 한다. 인재가 유입될 수 있는 적절한 여건은 도시경쟁력과 스마트 도시환경의 기초여건이 된다,

셋째, 교통(Transport)이다. 이는 보다 효율적이고 신속하고 편리하고 혼잡을 방지하는 교통시스템을 의미한다. 교통시스템에 IT와 에너지·환경기술이 융합되어 오늘날 첨단교통정보시스템과 에너지 절약적인 교통시스템으로 진화되고 있다.

넷째, 통신(Communication)시스템이다. 이는 도시내외에 첨단 통신망이 구축되어 언제 어디서나 자유롭게 정보를 전달하고 정보를 공유하고 대화가 가능한 시스템을 의미한다. 통신망에 광섬유와 SNS 등이 접목되어 최첨단의 정보통신시스템도 보편화되고 있다.

다섯째, 물(Water) 환경이다. 이는 도시에서 필요로 하는 용수가 양적으로 질적으로 충족되는 시스템을 의미한다. 동시에 홍수와 가뭄을 방지하고 적절히 안전하게 대비할 수 있는 시스템을 의미한다. 정보통신기술이 상하수도 시스템에 접목되어 물 절약과 수질관리가 효율적으로 이뤄지고 물관리 안전망이 디지털화되고 있다.

여섯째, 비즈니스(Business), 기업환경이다. 이는 과거의 규제위주의 기업활동 구조에서 탈피해 규제가 완화되고 기업하기 자유로운 경제환경을 의미한다. 기업비즈니스 환경에 신기술이 접목되어 디지털 상거래가 보편화되고 있다.

일곱째, 에너지(Energy) 환경이다. 이는 지속적 성장을 위해 에너지가 효율적으로 공급되고 기후변화에 대비해 에너지를 절약하며 이산화탄소 배출을 방지하는 환경적으로 지속가능한 녹색환경 시스템을 의미한다. 전력망에 IT가 접목되어 전력을 보다 효율적으로 관리 할 수 있는 스마트 그리드가 보편화되고 있다.

(2) 'System of Systems': 토탈 시스템

IBM이 강조하는 스마트 도시환경은 "3in"의 성격을 지닌다. 즉 도시구성 핵심요소별로 기능화(Instrumental)되고 상호연결되며(Interconnected), 지능화(Intelligent)된다. 핵심요소별로 특정기능을 수행하고 이들 개별 요소 내부에서, 동시

그림 9-8 도시의 전략과 행정체제 내에서의 도시의 다양한 시스템과 그 상호관련성: '시스템의 시스템'

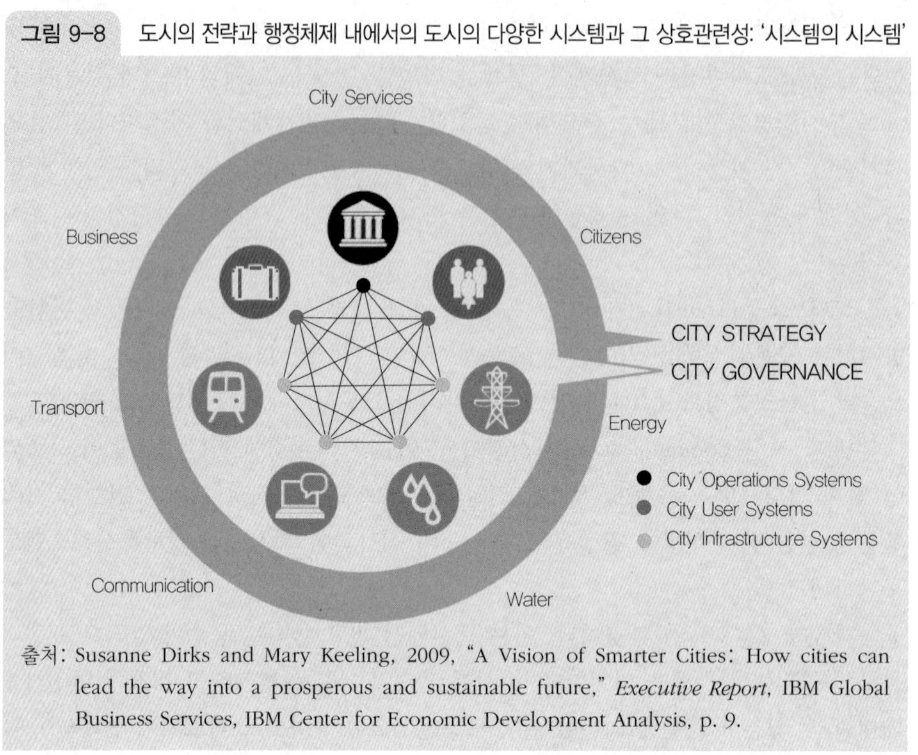

출처: Susanne Dirks and Mary Keeling, 2009, "A Vision of Smarter Cities: How cities can lead the way into a prosperous and sustainable future," *Executive Report*, IBM Global Business Services, IBM Center for Economic Development Analysis, p. 9.

에 요소 간에 상호연결된 시스템이 구축되고 이들 시스템은 지능화된다는 의미이다.

도시서비스 개별 시스템은 [그림 9-8]에서 보듯이 개별적으로 움직이는 것이 아니라 상호 시너지를 낼 수 있으며 효율적으로 최적의 성과를 거둘 수 있도록 통합하는 '시스템의 시스템'(System of systems)을 구축한다.[51]

즉 스마트 도시환경시스템은 ① 도시운영시스템(도시행정과 도시계획)-② 도시소비자 시스템(도시서비스)-③ 도시인프라 시스템(교통, 전력 등)으로 세분된 시스템으로 구분되는데, 이들 개별 시스템이 다시 연계 통합되어 토탈 시스템으로서의 System of Systems이 구축된다. 이들 개별 시스템과 토탈 시스템의 운영이 도시전략(City Strategy) 및 도시 거버넌스(City Governance)와 도시경영에서 중요하다.

이같은 스마트 도시환경 시스템구축 과정에서는 도시정부의 역할이 더욱 중요해진다. 따라서 도시정책과 발전전략의 올바른 선택이 중요하고 도시경영에서 시민과 기업, 대학을 포함하는 다양한 파트너들의 참여를 통한 협치(City Governance)시스템이 또한 중요해진다. 그리고 이러한 스마트 도시환경시스템은 초연결사회 속에서 IT 등 첨단기술을 활용한 사물인터넷의 채택정도와 채택속도, 그리고 채택능력 등과 긴밀히 연관되어 있다.

03 | 스마트 도시환경의 실천여건

스마트 도시환경 만들기를 실천하자면 정책이 필요하고 그 정책의 순조로운 집행이 필요하다. 특히 도시행정을 담당하고 있는 시정부에서 어떠한 정책을 수립해서 실천할 것인가 하는 문제가 중요하다. 스마트 도시환경의 실천여건을 조성하기 위해서는 도시 간에 다소의 차이가 있으나 대체로 다음과 같은 몇 가지의 고려사항이 요구된다.[52]

(1) 도시가 추구해야 할 우선순위와 브랜드의 설정(Decide what your city should be and determine its brand)

먼저 도시로 기술과 지식과 창의성을 끌어당길 수 있는 해당 도시의 강점들을 파악해 그 강점들을 강화할 수 있는 전략을 수립하는 것이다. 그 전략은 도시의 브랜드 결정과 연관해 수립함이 바람직하다. 그런 다음 그 전략과 연계해 도시계획을 수립하기 위해 핵심 시스템에 대한 투자 우선순위를 정하는 것이다. 교통, 정부서비스, 교육, 공공안전, 보건, 에너지 등 어느 부문에 우선 투자 할 것인지를 정하는 것이 필요하다. 이를 실천하기 위해서는 도시 비전과 시장을 비롯한 리더들의 리더십[53]과 재정적 여건과 긴밀히 연계되어야 한다.

(2) 기술 · 창의성 · 지식지향적 성장방식의 채택(Adopt policies conducive to skills, creativity and knowledge-driven growth)

도시의 삶의 질을 개선하고 도시민의 생활수요변화에 효율적으로 부응할 수 있는 도시 서비스를 적기적소에 공급하기 위해서는 도시성장방식에 대한 선택이 중요해진다. 도시민의 도시서비스에 대한 선호가 나날이 달라지고 또한 급속한 기술변화에 영향을 받으므로 기술과 창의성과 지식지향의 성장방식의 채택은 스마트 도시환경 창출을 위한 필수조건이 된다. 이를 실천하기 위한 시정부 내의 부문 간 협력(Municipal Collaboration)과 리더십이 필수이다.

(3) 시민중심 서비스의 최적화(Optimize around the citizens)

어떠한 도시서비스를 제공해야 하느냐가 중요하다. 기존의 표준화되고 획일적인(Standardized, uniform) 서비스에서 탈피해 개인의 필요에 맞는 맞춤형 서비스를 창조하고 전달하는 도시서비스 모델이 중요하다. 이를 위해서는 도시 핵심 서비스 간에 디지털 연계를 구축하고 관련 데이터의 공유와 분석에서 도출되는 분석결과를 적절히 활용해야 한다. 도시경영에 시민의 참여(Citizens Engagement)와 관련 데이터의 개방과 공유가 필수이다.

(4) 도시경영에서 시스템 사고의 활성화(Employ systems thinkings in all aspects of planning and management)

상호 연결된 도시환경 시스템의 맥락 속에서 도시문제와 해법을 생각해야 한다. 특정 부문에 국한되어 생각해서는 도시서비스의 개선이 어렵다. 기존 도시환경 시스템의 전통적 구조와 관행에서 과감히 탈피하여 도시개선의 성공에 필수적인 요소들을 정확히 파악하고 새로운 시스템을 구축해나가는 일이 중요하다. 시스템 사고방식의 실천을 위해서는 도시정부의 업무부문 간의 협력이 전제되어야 한다.

(5) 최적 도시환경시스템 창출을 위한 정보기술 등의 신기술 개발·응용(Develop and apply information technologies to improve core city systems)

모든 도시들이 당면한 문제는 어떻게 하면 가장 좋은 비용-효과와 생산적인 방법으로 도시의 핵심 시스템을 개선하느냐 하는 문제로 귀착된다. 이를 위해서는 시민들의 행동과 시스템과 관련된 실생활 속의 광범위한 데이터를 수집하고 활용하는 시스템을 갖추는 것이 중요하다. 올바른 종류의 데이터를 수집하고 관리해야 하며, 그 데이터를 통합하고 분석해야 하고 나아가 데이터에 대한 고차원의 분석을 기반으로 바람직한 최적의 도시환경시스템을 구축해야 한다.

최적의 스마트 도시환경시스템은 도시민의 집단적 차원(Mass population)을 중시한 시스템이라기보다는 개별 시민(Individual citizens)의 도시서비스 선호에 초점을 맞춘 시스템이다. 도시환경의 개선과 관련되는 신기술을 개발하고 응용함으로써 이러한 시민 개개인의 요구에 부응하는 최적의 스마트 도시환경시스템이 가능하다. 도시정부는 시스템적 사고에 기반하여 도시민의 개인 선호를 반영한 스마트 도시환경 정책의 창출과 실천을 선도함으로써 도시민의 삶의 질에 획기적인 변화를 유도하는 주체가 될 수 있다.

(6) 스마트 도시환경의 공통모델의 창조와 실행(Create and implement the common model of smart city environments)

도시마다 그 특성이 다르기 때문에 최적의 스마트 도시환경시스템은 도시마다 그 특성에 맞는 모델의 정립을 요구한다. 각 도시정부는 그 모델을 정립하기 위한 연구개발의 노력을 아끼지 말아야 한다. 그러나 도시 간에 최소한 공통적으로 적용할 수 있는 스마트 도시환경 모델을 창조할 수 있을 것이다. 스마트 도시환경의 공통모델이 어떤 접근방식과 어떤 모습을 띨 것인지를 규명하는 일은 초연결 시대에 걸맞게 도시민의 삶의 질을 높일 수 있는 스마트 도시환경을 현실세계에서 실행할 수 있는 첩경이 될 수 있을 것이다. 이러한 공통모델에 근거해 최적 시스템을 개발하고 채택하며, 관련 세부 정책을 수립·실행함으로써 나타나는 주요 성과에 대한 객관적 평가가 반드시 필요하다.

제4절 융합적 스마트 도시환경모델의 정립[54]

01 | 융합적 스마트 도시환경모델의 성격

스마트 도시를 구성하는 스마트 도시환경은 시민의 삶의 질과 도시경쟁력과 직결된다. 시민의 삶의 질을 구성하는 기본수요는 의료, 직장, 주택 등 다양하다. 이러한 기본수요와 IT와 에너지 기술 등 첨단 신기술과 실용적으로 융합되어 실생활에서 삶의 질 제고와 도시경쟁력 강화라는 실질적 혜택으로 돌아올 수 있는 환경이야말로 스마트 도시환경의 핵심이 되며 이를 '융합적 스마트 도시환경'이라고 명명할 수 있을 것이다. 이러한 융합적 스마트 도시환경이 현실세계에서 구현되기 위해서는 도시마다의 특성을 살려 도시별 스마트 도시환경모델이 요구된다. 도시별 구체적인 그 적정 모델을 찾기 전에 도시 간에 공통적으로 적용 가능한 스마트 도시환경모델이 존재할 수 있을 것인바, 그것을 여기서는 '융합적 스마트 도시환경모델'이라고 명명한다.

융합적 스마트 도시환경모델이 구축되면 그 모델을 도시별 특성을 살려 도시별로 접목하고 응용해 한국의 도시를 스마트 도시환경으로 일제히 변혁해나갈 수 있을 것이다. 그런 관점에서 융합적 스마트 도시환경모델은 한국형 모델이 될 수 있으며 다음과 같은 몇 가지 성격을 지닌다.

첫째, 융합적 스마트 도시환경모델은 '다(多)차원'의 성격을 보유한다. 시민의 일상생활에 필수인 복수의 핵심 기본수요와 IT기술 뿐만 아니라 신소재 기술, 바이오 건강기술, 에너지·환경기술, 디자인을 포함하는 문화기술 등의 다양한 복수의 신기술이 결합됨으로써 ICT에 국한한 기존의 모델을 탈피해 독특성을 보유하는 다(多)차원의 융합적 스마트 도시환경모델이다.

둘째, 융합적 스마트 도시환경모델은 '복합체적' 도시환경의 성격을 보유한다. 그 모델은 인텔리전스 환경+건강장수환경+편리하고 살기좋은 환경+에너지 절약적 친환경+문화도시환경을 복합적으로 지향하는 복합체적 도시환경이라는 성격을 갖는 모델이다.

셋째, 융합적 스마트 도시환경모델은 '범용성'의 성격을 지닌다. 우리나라 도시의 특성을 고려해 도시별로 제각기 응용될 수 있으며 동시에 다른 나라에서도 널리 적용될 수 있는 범용적 모델이라는 성격을 지닌다. 이는 그 모델이 글로벌 확장과 해외 진출가능성을 지니고 있음을 의미한다.

02 | 융합적 스마트 도시환경모델의 구축

1) 기본수요축: 7가지의 생활수요(레인보우)

한국형 스마트 도시환경이 추구하는 다차원의 융합적 스마트 도시환경은 시민중심의 사고에 기반한 시민의 다양한 기본수요축과 기술혁신에 기반한 다양한 신기술축이 결합해 만들어진다. 먼저 기본수요축을 규명해보자. 도시민의 기본수요는 고정되어 있는 것이 아니라 생활패턴 변화 등 여러 요인에 의해 시간적으로 변화되고 있다.

도시민이 일상생활을 영위함에 필수적인 기본수요 중에서 가장 기초적이며 진화의 속도가 빠른 7가지의 생활수요가 있다. 7가지의 생활수요로 구성되는 기본수요축은 '레인보우' 구조로 되어있다. 레인보우(무지개)가 빨 · 주 · 노 · 초 · 파 · 남 · 보, 7가지 색깔로 구성되어 있음에 착안한 것이다. 기본수요축의 코드는 '의 · 직 · 주 · 육 · 통 · 문 · 안'이다. 즉 ① 의(醫)=의료, ② 직(職)=직장, ③ 주(住)=주택, ④ 육(育)=교육과 보육, ⑤ 통(通)[55]=교통, ⑥ 문(文)=문화, ⑦ 안(安)=안전이다.[56] 한국형 스마트 도시환경은 도시민이 필요로 하는 의료 · 직장 · 주택 · 교육과 보육 · 교통 · 문화 · 안전 등의 7대 생활수요가 잘 구비되어 있어야 한다.

2) 신기술축: 5가지의 'INBEC'기술(펜타곤)

세계경제는 큰 사이클 속에서 움직이고 변화한다. 작금의 세계경제위기 이후 2020년 전후를 향해 세계경제의 새로운 상승기가 전망된다. 향후 30년 동안 세계경제를 선도할 그 무엇, 즉 세계경제위기 다음의 세계를 움직여 나갈 큰 무엇, 이른바 'Next Big Thing'은 무엇인가? 그것은 [그림 9-9]에서 보듯이 5가지의 신기술이며 이것이 스마트 도시환경을 형성하는 신기술축이다. 신기술축은 5가지로 구성되며 이를 '펜타곤' 구조라 하자. 펜타곤이 '5각형'을 의미함에 착안한 것이다. 신기술축의 코드는 'INBEC'이다. 즉 ① I=IT(Information Tech. 정보통신 기술), ② N=NT(New

그림 9-9 세계경제 사이클과 신기술(INBEC): 세계경제를 움직일 미래 신기술

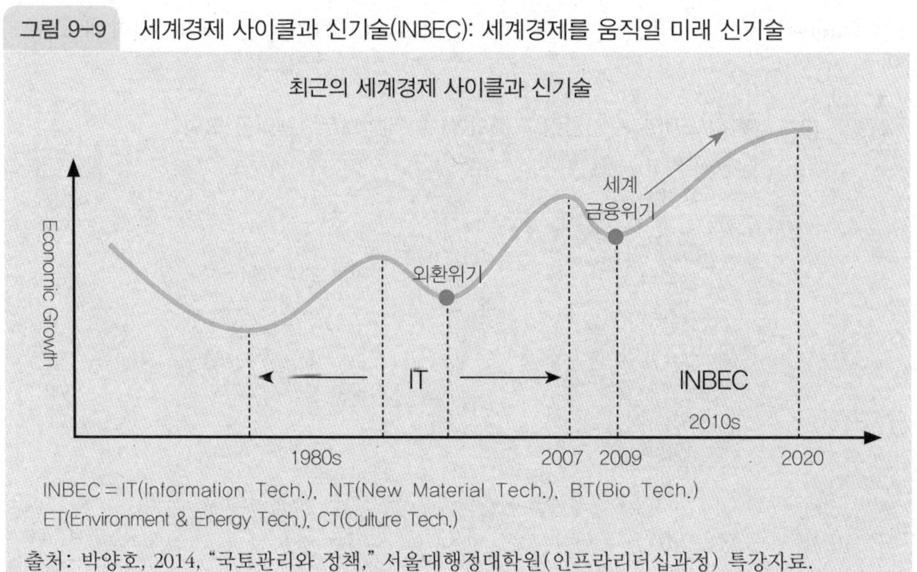

출처: 박양호, 2014, "국토관리와 정책," 서울대행정대학원(인프라리더십과정) 특강자료.

Material Tech. 신소재 기술), ③ B=BT(Bio Tech. 바이오 기술), ④ E=ET(Energy & Environment Tech. 에너지·환경 기술), ⑤ C=CT(Culture Tech. 문화 기술)이다.[57] 한국형 스마트 도시환경에는 세계를 지배할 5대 신기술이 도시구조와 도시생활 속에서 고도로 연결된다.

3) 융합적 스마트 도시환경모델: 레인보우 · 펜타곤 모형

도시민의 기본수요축(7가지의 기본수요)과 신기술축(5가지의 신기술)을 융합하면 한국형 스마트 도시환경모델이 형성된다. [그림 9-10]은 7가지의 기본수요(레인보우)와 5가지의 신기술(펜타곤)이 여러 측면에서 결합하는 한국형 융합적 스마트 도시환경모델인 '레인보우 · 펜타곤 모형'의 구조이다.

[표 9-5]는 융합적 스마트 도시환경의 매트릭스 구조를 나타내고 있다. 기본수요축과 신기술축이 각각 만나면 35개(7×5)의 교차점(Intersections)으로서 일단의 매트릭스를 구축하게 된다. 이러한 35개의 교차점 하나하나가 한국형 융합적 스마트 도시환경을 구성하는 단위세포(Cell)가 된다.

[표 9-5]가 보여주는 35개 셀에서, M은 Medical(의료), W는 Work(직장), H는 Housing(주택), E는 Education(교육), T는 Transportation(교통), C는 Culture(문화), S는 Safety(안전)를 나타내는 약자이다. 이것이 IT, BT 등 신기술과 결합해 고유의

그림 9-10 융합적 스마트 도시환경 구조의 설계: 레인보우 · 펜타곤 모형

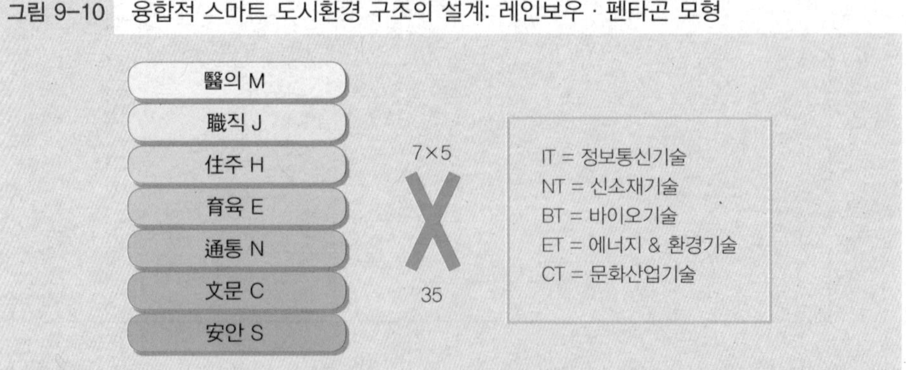

출처: 박양호, 2014b, "미래도시정책전망과 방향," 도시정책학회 세미나 발표자료.
주: M: Medical, W: Work, H: Housing, E: Education, T: Transportation, C: Culture, S: Safety

표 9-5 융합적 스마트 도시환경의 매트릭스 구조: 7×5=35셀[1)]

구분	IT 정보통신 기술	NT 신소재 기술	BT 바이오 기술	ET 에너지 · 환경 기술	CT 문화 기술
M(醫, 의료)	① MIT	② MNT	③ MBT	④ MET	⑤ MCT
W(職, 직장)	⑥ WIT	⑦ WNT	⑧ WBT	⑨ WET	⑩ WCT
H(住, 주택)	⑪ HIT	⑫ HNT	⑬ HBT	⑭ HET	⑮ HCT
E(育, 교육)	⑯ EIT	⑰ ENT	⑱ EBT	⑲ EET	⑳ ECT
T(通, 교통)	㉑ TIT	㉒ TNT	㉓ TBT	㉔ TET	㉕ TCT
C(文, 문화)	㉖ CIT	㉗ CNT	㉘ CBT	㉙ CET	㉚ CCT
S(安, 안전)	㉛ SIT	㉜ SNT	㉝ SBT	㉞ SET	㉟ SCT

출처: 박양호, 2014b, "미래도시정책전망과 방향," 도시정책학회 세미나 발표자료.

주: M: Medical(의료), W: Work(직장), H: Housing(주택), E: Education(교육), T: Transportation(교통), C: Culture(문화), S: Safety(안전)을 나타냄. 개별 셀의 구조사례: MIT는 M(의료)과 IT(정보통신기술)와의 융합을 나타내는 셀이며, HET는 H(주택)와 ET(에너지·환경기술)와의 융합을 나타내는 셀임.

박단위 셀을 만든다. 예를 들면 1번 셀의 MIT는 M(의료)과 IT(정보통신기술)와의 결합으로 이뤄지는 셀이며, 14번의 HET는 H(주택)와 ET(에너지·환경기술)와의 결합, 35번 셀의 SCT는 S(안전)와 CT(문화기술)와의 결합으로 이뤄지는 셀이다. 이렇게 스마트 도시환경은 도시생활에 필수적인 기본수요와 정보통신기술 뿐만 아니라 더 확장되어 신소재기술, 바이오·헬스케어기술, 에너지·환경기술과 문화기술이 융합되고 각각의 셀이 상호 복수로 무수히 융합되어 융합적 도시환경의 종합구도를 만든다. 이런 스마트 도시환경이 도시민의 삶의 질을 선진화하고 도시의 경쟁력을 높이며 살고 싶은 도시로서의 스마트 도시의 삶의 환경을 이루는 것이다.

03 | 융합적 스마트 도시환경의 사례와 종합 시스템

1) 융합적 스마트 도시환경의 사례

(1) IT 융합적 스마트 도시환경의 사례

오늘날 첨단통신기술을 대표하는 IT기술은 도시 곳곳으로 스며들어 도시를 변혁시키고 있다.[58] 스마트 도시환경에서는 IT와 융합된 도시 기본수요가 원활하게 공급된다. IT와 도시의 의·직·주·육·통·문·안의 기본수요의 융합구조는 스마트 도시환경을 구성하는 필수 구조이다.

IT와 의료서비스가 결합되면 원격의료시스템이 가능하고 보다 편리한 가정의료, 보다 신속하고 질 높은 엠벌런스체제가 가능하다. 또한 최근 부각되고 있듯이 모바일 기기를 이용해 의사와 의료기관과 간호사와 가족 등 관련 파트너들과의 정보공유, 다양한 진료팀 운영, 애정어린 커뮤니케이션, 가정에서의 진료 등을 통한 환자중심(또는 시민중심)의 스마트 헬스케어 시스템인 'Circle of Care'도 가능한 환경을 제공한다.[59]

또한 IT가 도시 내의 직장과 결합하면 실리콘밸리처럼 IT산업자체가 수많은 기업을 창업하게 하고 기업에서는 새로운 일자리를 만든다. 도시내외의 기업과 기업이 합쳐져 IT관련 신사업으로 진출하고 수많은 IT융합형 신시장을 도시내외에서 개척하게 만든다. 우리나라의 IT접목형 창조경제가 창출하는 일자리가 이에 해당한다. IT는 집에서의 텔레워크를 가능하게 하고 집근처에서 인터넷으로 회사와 연결해 근무하는 스마트 워크스테이션에서의 업무활동을 가능하게 한다.

최근 미국의 글로벌 컴퓨터 초대기업인 애플에서는 1만 5천명의 직원이 근무할 수 있는 본사건물을 2016년까지 신축할 계획을 발표했다. 애플의 새로운 본사 건물은 [그림 9-11]에서 보듯이 우주선 모양의 독특한 디자인을 보여주고 있다. 캘리포니아주의 쿠퍼티노시에 Apple Campus2란 이름으로 신축 중이다. 애플의 새로운 본사 건물은 IT와 고도로 융합되었을 뿐만 아니라 친환경의 에너지 절약시스템(ET), 신소재의 휘어진 대규모 신소재 통유리로 만들어진 창문(NT), 그린조경, 바이오 건강친화적 시스템(BT), 그리고 우주선 모양의 창의적 디자인으로 문화기술(CT)과 결합되어 있다. 애플의 새로운 본사 건물은 직장과 IT, NT, BT, ET, CT가 고도로 결합된 [표 9-5]의 WIT+WNT+WBT+WET+WCT 융합형 스마트 빌딩사례라고 할 수 있다.

IT가 주택과 결합하면 주택시장에서 각광을 받고 있는 스마트 홈이 가능하다. 스마트 폰으로 집의 전기와 전자 시스템을 외출 시에도 원거리에서 작동 가능하다. IT가 도시에서의 교육·보육서비스와 결합하면 사이버 평생교육과 원거리 보육관리가 가능하다. 인터넷으로 보육시설의 아동관리를 모니터링 할 수도 있다.

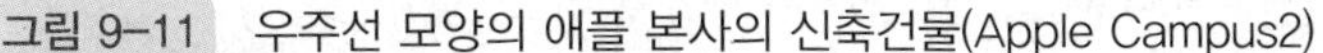

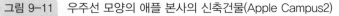

그림 9-11 우주선 모양의 애플 본사의 신축건물(Apple Campus2)

출처: www.cupertino.org의 Apple campus 2 Project Description, 2013. 9.

그림 9-12 전국 최초로 개통되는 대구의 무인모노레일(대구 도시철도 3호선)(좌)
모노레일이 아파트 지역을 가까이 지날 경우 주민 사생활 보호를 위해 자동으로 작동하는 창문 흐림장치(우)

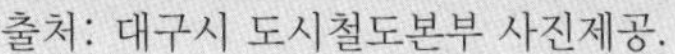

출처: 대구시 도시철도본부 사진제공.

IT와 교통이 결합하면 인공위성을 이용하여 교통혼잡을 방지할 수 있는 스마트 하이웨이의 자동돌발사고 감지시스템이 가능하고, 디지털 통합교통관리 시스템을 이용해 교통관리가 가능하다. 또한 [그림 9-12]에서 보듯이 2015년 4월에 대구시에서 개통한 도시철도 3호선은 첨단의 무인모노레일로 여기에는 IT 뿐만 아니라 내연재와 방화를 위한 신소재 기술, 건강(바이오 기술)요소, 에너지와 친환경 기술적 요소, 그리고 사생활 보호를 위한 자동 창문흐림장치, 차량의 색깔과 설계, 지상역사와 교각 디자인을 포함해 문화기술 등이 고도로 융합되어 있다.[60]

IT가 문화와 결합하면 집에서 도서관을 인터넷으로 접근해 도서를 집에서 열람할 수 있는 디지털 도서관 서비스가 가능하고 스포츠 센터 이용도 인터넷으로 쉽게 가능하다. IT가 도시안전과 결합하면 도시내의 범죄와 재해, 교통사고 다발지역 등을 대상으로 IT안전망을 구축하면 도시범죄율, 도시재해율, 도시교통사고 발생율을 획기적으로 감소시킬 수 있다.

(2) NT융합적 스마트 도시환경사례

NT기술인 신소재기술이 결합된 스마트 도시환경이 도시민의 삶을 더욱 풍족하게 한다. 신소재 기술이 의료와 결합하면 신소재 휠체어와 신소재 혈압기 등 수많은 의료기기의 혁신이 가능하고 병원시설의 소재혁신 등이 가능해 도시민들이 보다 건강한 보건의료 환경을 만날 수 있다.

신소재와 주택을 융합하면 층간소음과 새집증후군을 획기적으로 감소시킬 수 있다. NT와 교육·보육과 결합하면 교실과 보육시설에서 아토피를 방지할 수 있는 신소재와 만날 수 있다. NT와 교통이 결합하면 차량의 타이어를 보다 안전하고 건강에 기여할 수 있도록 신형 타이어 생산이 가능하고 소재형 아스팔트를 개발해 세종시에서 최근 입증한 바 있듯이 아스팔트 위의 차량소음을 획기적으로 줄일 수 있다.[61] NT가 문화와 결합하면 자연으로부터 얻는 신소재를 사용해 도시의 문화시설과 레포츠시설을 리모델링해 보다 건강하고 쾌적한 도시 생활을 가능하게 할 수 있다. NT가 안전과 결합하면 내화성 강한 신소재로 건축물과 대중교통의 안전에도 기여할 수 있다. 이렇게 신소재기술이 도시민 기본수요와 결합하면 건강하고 안전하며 쾌적한 도시환경 속에서 시민의 삶의 질을 더욱 높여나갈 수 있다.

(3) BT융합적 스마트 도시환경사례

바이오 기술인 BT기술에는 생명공학 기술뿐만 아니라 광의로 해석해 건강 및 헬스케어 기술을 포함한다. 건강 및 헬스케어 기술은 도시를 건강장수행복도시로 만드는 데 필수이다. 스마트 도시환경관련 바이오 기술은 의학과 제약기술, 유전자 변형기술을 넘어 인간의 건강과 장수에 영향을 미치는 도시계획과 설계 및 사회 커뮤니티 디자인과 공동체 활동 등을 포함하는 보다 포괄적 기술로 이해할 수 있다.

BT가 도시민이 필요로 하는 의료서비스와 결합하면 환자의 심리안정과 바이오 리듬을 고려한 병원시설의 입지와 병원환경 조성이 가능하다. 인체공학과 생체리듬을 활용한 의료기기 생산이 가능해 시민의 건강과 장수에 기여한다. 도시에 입지한 요양시설에 한의학 등의 BT기술을 활용하면 환자 치료에 도움이 되고 환자의 삶의 질 향상에 기여할 수 있을 것이다. BT와 직장이 결합하면 BT산업자체가 수많은 일자리를 창출한다.[62] 일례로 싱가포르의 원 노스(One-North)프로젝트의 핵심사업인 바이오·메디컬 도시 즉 바이오폴리스(Biopolis) 프로젝트는 [그림 9-13]에서 보듯이 군집된 건물에 바이오 및 의료 산업체가 첨단의 정보통신망과 친환경 공간으로 결합된 도시를 구축하는 사업으로 많은 일자리 기회를 창출한다.[63] 또한 BT가 도시민의 직장과 결합함으로써 도심의 오피스건물에 도시농사가 가능한 도시팜 조성도 가능하여 도시의 생태환경에도 기여한다. BT가 주택과 결합되면 건강을 증진시키는 건강주택 공급이 가능하고 교육과 보육시설과 결합하면 학생과 아동의 건강에 도움

그림 9-13 싱가포르 원 노스(One-North)의 바이오 · 메디컬 도시, 바이오 폴리스

전경

건물사이의 친수공간

스카이 브리지

출처: 이진희, 2010, "최첨단 바이오 메디컬 허브전략사례와 시사점: 싱가포르의 원 노스(One-North)를 중심으로," 국토정책브리프 290, 국토연구원.

되는 시설환경으로의 리모델링이 가능하고 고령층을 대상으로 생체기술을 활용한 건강교육이 가능하다. BT가 교통과 결합하면 인체맞춤형 첨단건강 자전거 생산이 가능하고 버스, 지하철, 고속철도의 의자를 인체공학을 활용한 의자로 혁신할 수도 있다.

BT를 문화와 결합하여 강변의 산책로를 만들면 시민의 비만지수를 감소시킬 수 있다. 사회커뮤니티활동을 촉진할 수 있는 시설과 수요 맞춤형 공동체 프로그램의 공급은 도시민의 교류활동 증대로 심신의 건강이 증진되는 도시환경을 만날 수 있다. 최근 각광받고 있는 도시유형인 활동친화적 도시(Physical Activity Friendly City)[64]는 BT건강기술을 다양하게 활용한 건강도시계획의 적용을 통해 가능하다. BT기술과 안전이 융합하면 공공안전성이 높은 도시생활이 가능하다. 생화학원리를 활용해 환경오염물질을 제거할 수 있으며 녹조 현상의 방지를 통해 수질개선도 가능하다.

(4) ET융합적 스마트 도시환경사례

ET 즉 에너지·환경기술은 스마트 환경이 되기 위한 녹색 도시환경을 제공한다. 에너지 절약적이고 친환경의 그린도시환경은 스마트 도시환경의 필수 조건이다.

ET가 의료와 결합하면 에너지 절약적인 병원운영과 병원에서의 각종 오염된 물질이 병원 외로 방출되는 것을 방지할 수 있어 도시환경의 질을 높일 수 있다. ET가 직장과 결합하면 ET산업 자체가 수많은 일자리를 창출하고 친환경적이며 에너지 절약적인 직장생활이 가능하다. 회사 건물도 에너지 절약적인 건물로의 리모델링이 가능하다. 일자리가 소재한 산업단지와 관련해서는 환경친화적이고 오염물질 제로의 생태산업단지로의 변환이 가능하다.

ET가 주택과 결합하면 그린주택이 활성화되어 에너지 등급이 우수한 첨단주택에서의 생활을 촉진하게 된다. 최근에 공급되는 주택은 에너지효율 등급이 표시되어 온실가스 배출이 최소화되는 주택으로 급속히 바뀌고 있다.

ET가 교통과 결합하면 전기자동차와 하이브리드카 같은 저탄소 교통수단과 에너지 절약적인 교통망으로 변화된다. 승용차 위주의 도로교통체계에서 점차 탈피해 환경친화적 철도교통체제로 변화된다. 직장과 주거지가 근거리에서 결합하는 교통친화적 토지이용, 컴팩트 도시개발도 보편화된다. 또한 [그림 9-14]에서 보듯이 교

그림 9-14 ET(에너지 · 환경기술)과 도로의 융합사례: 네덜란드의 태양광도로 사례

출처: Katharine J. Tabal, 2014.11.09, Netherlands Is The 1st Country To Open A Sola Road For Public Use. Collective Evolution. http://www.collective-evolution.com/2014/11/09/netherlands-is-the-first-country-to-open-solar-road-for-public.

통표지판과 방음벽, 터널의 지붕을 이용해 태양열 등 신재생에너지 발전이 가능하고 도로의 빙설 자동제거라든지 인근 마을을 신재생에너지 자립마을로 변화시킬 수 있다. 네덜란드 암스테르담에서는 태양광 도로가 스마트 시티 사업의 일환으로 추진되고 있다.[65]

ET가 문화와 결합하면 도시 내의 도서관과 체육시설 등 주요 문화시설이 환경친화적 시설로 바뀌어진다. 미국의 시애틀시는 최근에 공공도서관을 신축했는데 건물의 많은 부분에 유리를 사용해 채광조건을 양호하게 하고 재활용 목재 등 친환경 자재를 사용한 그린도서관을 선보여 도시민의 사랑을 받고 있다. 최근 시애틀 공공도서관은 세계적으로 아름다운 도서관 1위를 차지한 바 있다. ET는 [그림 9-15]에서 보듯이 미국 보스턴의 공원벤치와 태양열을 결합시켜 벤치에서 휴식하는 동안에 스마트 폰이나 노트북에 충전과 인터넷 연결이 가능한 스마트 벤치(Seat-e)를 등장시키고 있다. 이 스마트 벤치는 야간조명 기능도 가능한데 향후에는 센서가 장착되어 공해도 측정하고 주변의 흡연상황까지 체크할 수 있게 될 것으로 예상된다.[66] 우리나라의 경우도 [그림 9-15]에서 보듯이 산을 찾은 등산객이 태양광을 통해 만들어진 신재생 에너지를 사용해 스마트 폰의 충전이 가능한 시스템을 일부 지역에서 운영하고 있는 사례를 발견할 수 있다.

ET가 안전과 결합하면 저탄소 녹색생활 자체가 안전하고 건강한 도시생활에 기

그림 9-15 ET로서의 태양열 기술을 접목한 스마트 폰 충전시스템(미국과 한국의 경우)

출처: Michael B. Farrell, 2013.11.05, Seat-e can recharge phones as users take a rest. http://www.bostonglobe.com/business/(상단 사진)
서울 둘레길, 2015.05, 필자가 현지답사를 통해 직접 촬영함.(하단 사진)

여한다. 강의 상류에 나무를 많이 심고 산에도 친환경 생태기술을 적용하면 홍수와 가뭄의 재해에도 상대적으로 안전한 도시생활이 가능하다.

(5) CT융합적 스마트 도시환경사례

CT, 즉 문화기술은 도시의 문화예술적 디자인 환경 구현에 필수다. CT가 의료와 결합하면 병원건물도 보다 시민친화적 건물 디자인으로 바뀔 수 있고 각종 의료기기도 보다 인간친화적인 가볍고 작은 스마트한 디자인으로 변화될 수 있다. 최근 문화기술(CT)로서의 디자인 기술을 접목해 차가운 의료기기와 두려운 병원이미지

대신 사람중심의 스마트 병원환경이 각광을 받고 있다. 예를 들면 흥미로운 모험세계로 진료실을 꾸민 경우이다. 병원의 자기공명영상기기인 MRI 촬영실 천장에 설치된 우주 비행선 동영상을 어린이 환자와 보호자가 보고, 즐기면서 진료를 받는 경우를 들 수 있다.[67]

CT가 직장과 결합하면 문화산업자체에서 수많은 일자리가 생겨나고 문화예술 기회를 직장 구성원에게 보다 많이 부여할 수 있다. 회사 건물에도 한국의 전통문화 디자인을 접목해 독특한 한국문화적 매력을 발산할 수 있다.

CT가 주택과 결합하면 문화예술성 가치가 높은 단독주택과 아파트 공급이 가능하다. 자연지형여건을 살린 주택디자인도 활성화될 수 있다. CT가 교육에 접목되면 획일적인 학교건물디자인을 보다 문화예술미를 살려 특색있게 바꿔나갈 수 있다. CT가 교통과 접목하면 지하철과 도로에도 유럽처럼 문화예술성이 뛰어나고 조

그림 9-16 문화기술(CT)과 융합된 미국 시애틀 공립도서관(The Seattle Public Library)

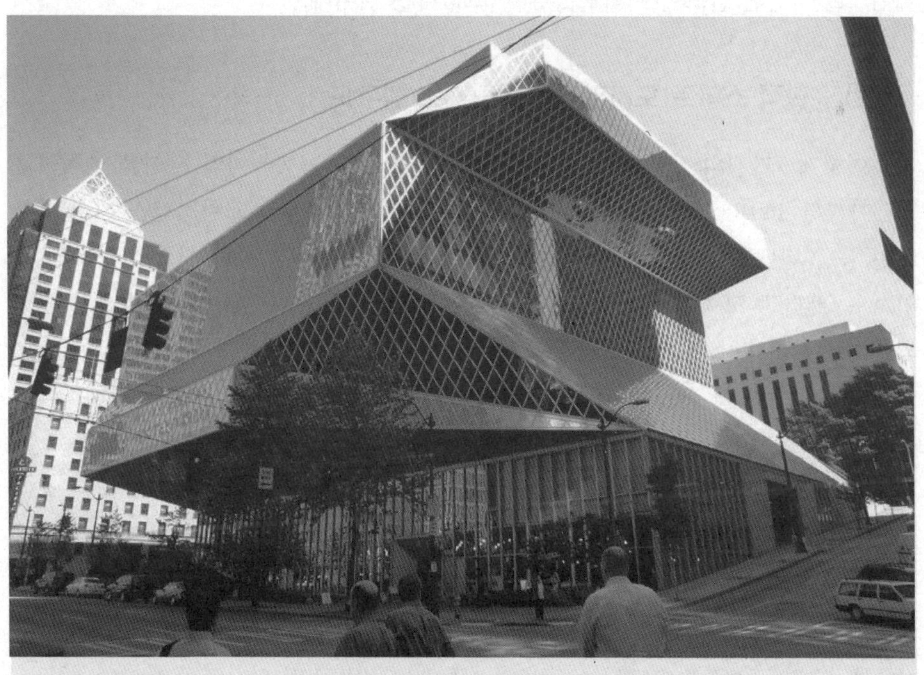

출처: Wikipedia(https://en.wikipedia.org/wiki/Seattle_Public_Library)

경이 우수한 교통망 디자인을 구사할 수 있다. CT가 문화와 결합되면 [그림 9-16]에서 보듯이 미국 워싱턴주의 시애틀 공립도서관같이 아름답고 국내외의 찬사를 받는 매력적인 디자인을 자랑하는 건물이 탄생할 수 있다. 시민의 성금과 기업 기부금의 자발적 기여로 신축된 시애틀 공립도서관은 도심 중심부에 자리잡고 있으며 최근 CNN Travel이 세계 7대 아름다운 도서관으로 선정한 바 있어 도시의 새로운 관광명소로도 떠오르고 있다.[68] 핀란드의 스마트 도시인 '아라비안란타'에서는 IT기술과 함께 문화예술성을 보유한 CT와의 접목을 스마트 도시환경 창출의 기본조건으로 하고 있다. CT가 안전과 결합하면 도시디자인에서부터 안전성을 고려한 설계가 가능해 안전한 도시생활을 구현할 수 있다.

최근 자료에 의하면 오스트리아의 빈, 스위스 취리히, 뉴질랜드의 오클랜드, 독일 뮌헨, 캐나다 밴쿠버 등 도시생활의 질 최선두 그룹에 속한 세계적 도시들이다.[69] 이들 세계적으로 살기 좋은 도시들의 공통된 특성은 CT, 즉, 문화기술과 도시 경제력과 국제성이 도시전체와 고도로 융합되어 독특한 문화적 정체성과 경쟁력있는 경제력으로 막강한 글로벌 위력을 발휘하고 있다는 것이다.[70]

2) 융합적 스마트 도시환경의 종합 시스템구도

이렇게 7가지의 생활환경수요로 구성되는 기본수요축과 미래 사회를 움직여나갈 5가지의 'INBEC' 신기술축이 만나서 구성하는 35개(7×5) 교차점인 단위 셀마다 관련 융합 컨텐츠를 입력한 한국형 융합적 스마트 도시환경 종합 시스템 구도인 레인보우·펜타곤 모형이 [그림 9-17]에 나타나 있다. 여기서는 우선 35셀만으로 구성되는 기본 매트릭스 구조를 보여주고 있다.

이 기본구도를 확장해 각 셀과 셀을 복합적으로 융합하면 다종다양한 스마트 도시환경시스템이 구축될 수 있을 것이다. 가령 주택과 IT, NT, BT, ET, CT가 모두 결합될 수 있을 것이다. 이 경우 이 주택은 디지털 자동시스템(IT)이 장착된 스마트 주택이며, 신소재 기술(NT)을 사용해 층간소음 없고 바이오 건강기술(BT)을 활용해 새집증후군을 방지하고 아름다운 산책로가 주택과 연결되어 있는 건강장수주택이며, 동시에 에너지 기술(ET)을 활용한 선샤인, 친화적이며 태양광을 활용한 그린주택, 그리고 문화기술(CT)을 활용해 주택과 주거지역의 디자인과 문화예술적 조

그림 9-17 융합적 스마트 도시환경시스템 종합구도(예시)

스마트 도시를 구성하는 융합적 스마트 도시환경시스템 종합구도

(기본 수요와 신기술의 융합에 의한 35개 교차점)

▶ 신기술축 5대기술분야 / ▼ 시민의 기본수요축 : 삶의 질에 필수적인 7대요소	IT Information and Communication	NT New material Technology	BT Bio Technology	ET Energy and Environmental Technology	CT Culture Technology
醫 의료 Medical	1.응급교통정보 운영 시스템 2.자동센서 네비게이션 휠체어 3.원격 의료 시스템 ① MIT	1.유니버설 신소재 휠체어 2.신소재 배리어프리 의료 시설 3.신소재 그린빌딩 병원 ② MNT	1.ZED 파빌리온 병원 2.인체공학 전동 휠체어 시트 3.배리어프리 웰니스센터 ③ MBT	1.태양열 집열 시스템 병원 2.친환경 그린 병원 3.자가 발전형 전동 휠체어 ④ MET	1.One Day 재난응급 Housing 2.스마트 ULI 디자인 병원 3.장수명 건축 병원 ⑤ MCT
職 직장 Work	1.취업지원 정보 플랫폼 2.오피스/플랜트 ULI 시스템 3.TOD 직업정보 거래소 (Transit Oriented Development) ⑥ WIT	1.초고단열 커튼월 오피스빌딩 2.장수명 오피스 건축 부품/부재 3.One-Day Housing 신소재 ⑦ WNT	1.실버일자리(주거단지농원/공방) 2.배리어프리 건강운동병원 3.첨단 건강 식품 기술 관련업 ⑧ WBT	1.에너지 고효율 사무기기 2.베드제드 오피스 및 주거단지 3.오피스빌딩 옥상 빗물순환활용 ⑨ WET	1.베조스혁신센터 (시애틀) 2.장수명 주택 건설업 3.리더스 기업 문화창출 ⑩ WCT
住 주택 Housing	1.스마트 건물관리 시스템 2.스마트 홈 오토 시스템 3.스마트 장수명 건축 ⑪ HIT	1.층간 소음방지 신소재 2.모듈러 하우징 관련 신소재 3.건축물 신소재 활용 녹화기술 ⑫ HNT	1.버티컬 팜 2.실버세대 맞춤형 건강주택 3.고효율 인버터 가계 환기 ⑬ HBT	1.패시브 하우스 2.ZED파빌리온 3.One-Day Housing(자원순환형) ⑭ HET	1.친환경 아트리움 디자인 2.도시 오픈스페이스 디자인 3.초고층 Compact City 디자인 ⑮ HCT
育 교육 Education	1.실시간 원격 강의 시스템 2.교육공간정보 통합 플랫폼 3.사이버 평생교육 ⑯ EIT	1.장수명 학교건축 (가변성 재료) 2.학교 그린인프라 중수 시스템 3.학교 건축 지붕녹화 신소재 ⑰ ENT	1.바이오 농업교육 센터 2.생태녹화기술 적용 운동장 3.실버건강생활 프로그램 강좌 ⑱ EBT	1.신재생에너지 Passive 학교건축 2.자연농원 공방 학습 프로그램 3.장수명 건축 유지관리 교육 ⑲ EET	1.알리멘타리움 식품박물관(브베) 2.이나모리 도서관(교세라) 3.자연요소 활용 놀이터 디자인 ⑳ ECT
通 교통 Transport	1.TOD교통정보 대쉬보드 시스템 2.장수명 철도역 관리 시스템 3.도로 빗물순환 관리 시스템 ㉑ TIT	1.저소음 콘크리트 도로 포장 2.강화 콘크리트를 이용 철도 3.고강도신소재 활용 도보 건설 ㉒ TNT	1.열차 내 공기 정화 필터 2.장수명 역사 내 채광 시스템 3.신체 맞춤형 첨단 건강 자전거 ㉓ TBT	1.신재생에너지 자가발전운송기기 2.혼잡 통행료 제도 3.생활도로 친환경 리모델링 ㉔ TET	1.셉테드(CPTED) 통학로 설계 2.배리어프리 철도역사 설계 3.카쉐어링 문화 ㉕ TCT
文 문화 Culture	1.시애틀도서관 문헌관리시스템 2.스마트폰 충전 벤치 3.디지털 도서관서비스 ㉖ CIT	1.친환경 신소재활용 문화시설 2.인터랙티브 파사드 LED 3.시애틀도서관 재활용 자재 ㉗ CNT	1.청결하고 안전한 건강 산책로 2.친수공간(워터프런트)의 확보 3.지역환경 웰빙식품문화(네슬레) ㉘ CBT	1.베드제드 라이프 스타일 2.아뜨리움형 퍼블릭 공간 3.시애틀도서관 신재생에너지/채광 ㉙ CET	1.E-LOG 2.레만호수의 포크상(브베) 3.찰리 채플린 박물관(브베) ㉚ CCT
安 안전 Safety	1.실시간 범죄예방센터&시스템 2.스마트 재난방재 시스템 3.기후변화대응 도시관리플랫폼 ㉛ SIT	1.장수명건축 내화/내진설계 부재 2.안전먹거리 신성분 개발 3.오염방지 신소재 복합 플랜트 ㉜ SNT	1.ZED라이프(유기농 식품 구매) 2.유기농 건강 / 안전 먹거리 3.그린빌딩 공기품질관리 시스템 ㉝ SBT	1.ZED (Zero Energy Development) 2.그린네트워크관리 시스템 3.녹색 리모델링 주택/공공시설 ㉞ SET	1.유니버설 셉테드 디자인 2.유기농 문화도시 설계 3.지속가능한 인간친화적 도시 ㉟ SCT

Next Big Thing : New Technology Code **INBEC**

출처: 박양호·박민철 외, 2014.12, "융합적 스마트 도시환경시스템 종합구도"; 홍익대 스마트도시과학경영대학원의 '도시과학경영세미나' 교과목(2014. 2학기)의 담당교수와 수강학생 공동작품(그림디자인 책임: 박민철).[71)]

경이 탁월한 주택형태가 모두 결합되는 다(多)차원의 융합적 스마트 주택이 가능할 것이다.

나아가 복수의 생활수요와 복수의 신기술이 결합해 나타나는 다종다양한 복합적 스마트 시스템이 도시생활의 질을 높이고 도시의 경쟁력을 높이며 도시민이 어울려 조화롭게 살아가는 행복한 삶의 토대가 된다면 그 시스템이야 말로 스마트 도시환경이 추구하는 도시혁신의 본질이라고 할 수 있을 것이다.

제5절 스마트 도시의 향후 과제

01 | 스마트 도시의 '시스템 안정성' 등의 과제

스마트 도시가 지구촌 사회의 도시문제를 해결하고 미래 여건변화에 따라 발생할 에너지 고갈문제, 일자리 부족문제, 고령화 문제 등 도시에 닥칠 위기와 도전적 과제에 대처하려면 기존의 도시를 스마트 도시로 변혁함은 필수이다. 그러나 스마트 도시가 지속적으로 도시민의 삶의 질을 획기적으로 개선하고 도시의 효율성과 경쟁력과 환경성을 상호연결해 업그레이드하기 위해선 해결해야 할 과제가 남아있다.

스마트 도시의 사이버 보안문제, 표준화와 상호운영성 확보, 개인정보의 보호, 기업 간의 벽을 넘는 협업을 포함해 정부와 기업과 대학, 커뮤니티와 주민들 간의 상생의 파트너십 구축이 요구된다. 그리고 시스템의 지속적인 경제성 확보, 스마트 도시에 대한 소비자의 계몽과 참여확대, 소비자가 알기 쉽고 자발적으로 참여할 수 있는 시스템의 설계 등 향후 해결해야 할 과제들이 많다.[72)]

그러한 과제를 정부와 기업, 연구소, 대학, 시민 등이 상호협력해 해결하면서 스마트 도시의 장점을 살려 더욱 스마트한 도시(Smarter City, Smart City+)를 향한 지속적 발전을 이룩해가야 한다. 나아가 스마트 도시 자체의 '시스템 안정성'(System Stability)이 우선적으로 확보되어야 한다. 스마트 도시는 첨단 신기술을 도시민의 삶의 질적 환경을 이루는 기본수요 관련 도시시설과 서비스에 융합한 IoT(사물 인터넷) 등으로 구성되는 첨단네트워크 시스템에 기반한다. 거기서 스마트한 도시 서비스가 공급되고 시민이 향유하게 된다. 따라서 스마트 도시를 지탱하는 첨단네트워크 시스템이 불안정 문제, 오작동 문제, 시스템 붕괴 등의 문제가 발생하지 않는 상태로 유지되는 '시스템 안정'이 매우 중요하다. 이는 의료, 직장, 교통, 교육, 주택, 문화, 안전 등과 관련된 개별 도시서비스 시스템의 안정뿐만 아니라 시스템의 시스템이라는 통합 시스템의 안정성이 스마트 도시에서 확보되어야 함을 의미한다.

나아가 스마트 도시시스템 기술이 끊임없이 진화되기 때문에 새로운 기술에 대한 연구와 개발도 지속적으로 이뤄져 그 결과 창조되는 이노베이션을 접목해 개별 시스템과 함께 토탈시스템의 지속적이고 진화된 업그레이드는 필수이다.

02 | 한국에서의 정책과제

융합적 스마트 도시환경 시스템을 한국의 도시생활 속에서 종합적으로 구축해 나가기 위해서는 중앙정부, 지방자치단체, 기업과 대학, 시민들 간의 유기적인 역할 분담과 협조체제가 요구된다. 주체 간 역할분담과 협조를 고려해 한국사회에서 스마트 도시 활성화를 위한 정책과제를 몇 가지 살펴보자.

첫째, 융합적 스마트 도시환경의 구현은 도시의 일자리 창출과 삶의 질 개선과 도시의 선진적 진화에 필수이다. 스마트 도시에 대한 연구개발 노력이 정부와 기업체, 대학과 연구기관 간에 파트너십을 형성해 강구되어야 한다. 날로 발달하는 신기술과 사회변화에 따라 계속 변하는 도시정책부문 간의 협력적 연구개발이 필수이다. 특히 한국형 스마트 도시환경모델에 대한 과감한 연구투자와 기관 간의 협업이 더욱 요구된다.

둘째, 한국형 융합적 스마트 도시환경으로의 변화를 위해 도시별 도시 서비스 부문별 우선순위에 입각한 투자전략이 필요하다. 스마트 도시의 비전과 이를 실천할 수 있는 리더십이 중요하다.[73] 도시별로 도시민이 필요로 하는 기본수요 중 어느 부문이 취약하고 어느 부문이 상대적 강점을 보유하는지, 또한 도시별로 신기술의 동태적 잠재력을 파악해 스마트 도시환경조성을 위해 어느 기술부문에 우선적으로 투자할지를 평가해야 한다. 이를 바탕으로 도시재생 등의 도시정책을 전개해나가는 '도시특성 맞춤형 스마트 도시정책'의 개발과 실천이 국가적으로, 동시에 도시별로도 요구된다.

셋째, 스마트 도시정책의 계획수립과 실천을 위한 스마트 도시 관련 제도 기반 구축이 요구된다. 중앙정부에 의한 ① 스마트 도시법률 제정과 지방자치단체의 관련 조례제정, ② 스마트 도시정책 전담조직의 구축, ③ 스마트 도시를 위한 재정지원 등이 3위 일체 형태로 제도적 틀이 확립되어야 한다. 스마트 도시정책과 제도의 실현을 통해 경제성장+일자리의 창조+시민의 삶의 질 개선+도시환경혁신에 있어 고도의 시너지·융합효과가 창출될 것으로 예상된다.

넷째, 글로벌 인재는 '융합형 인재'를 요구한다.[74] IT 등 기술과학, 도시과학, 경영과학, 디자인 예술과학, 인문과학을 결합해 스마트 도시를 학제적으로 연구, 개발하고 실용화하는 지식과 기술력을 함양할 수 있도록 해야 한다. 스마트 도시 과학경영능력을 키워나갈 수 있도록 우선 대학에서 스마트 도시 과학경영관련 글로벌 융합형 인재교육여건을 조성하고 스마트 산학협력의 선도적 사례를 발굴, 확산시켜 나가야 할 것이다.[75)]

다섯째, 우리나라가 주도할 수 있는 새로운 스마트 도시혁신과제로서 한국형 융합적 스마트 도시환경모델을 정립하고 실용화함으로써 세계의 스마트 도시시장을 우리나라가 선점하고 리드할 수 있는 디딤돌을 만들 수 있을 것이다.

결론적으로 향후 세계적으로 도도히 전개될 스마트 도시문명을 한국사회가 선도하기 위한 노력이 요구된다. 기후변화시대에 대응해 지구촌 사회에 '스마트 도시화 지식플랫폼'(Smart Urbanization Knowledge Platform)기반을 한국에 뿌리내리고 시민의 삶의 질 향상(Urban Human Betterment)과 시민중심의 도시혁신을 우선 추구하는 스마트 어바니즘(Smart Urbanism)의 철학적 기반도 새롭게 정립하는 일도 중요하다. 나아가 한국적이면서 글로벌 지평을 지향하는 스마트 도시문화를 지금(Now), 다함께(Together), 지금과는 다른 방식(Differently)으로 체계적으로 정립하고 실천해 가야 하는 큰 과제가 우리 앞에 놓여있다.

주 | 요 | 개 | 념

기본수요축
레인보우 · 펜타곤 모형
리빙랩
만물 인터넷(IoT)
밀리언 프로젝트
송도GCoE
스마트 도시화 지식플랫폼(Smart Urbanization Knowledge Platform)
스마트 어바니즘(Smart Urbanism)
스마트 타운
스마트 플랫폼
시스템 안정성(System Stability)
시스템의 시스템(system of systems)
신기술축
아라비안란타
융합적 스마트 도시환경 모델
융합형 인재
첨단 신기술
초연결 사회
호모 모빌리언스(Homo Mobilians)
22@Barcelona
3E
3ie
3P와 5P
7X5=35셀
Iamsterdam
INBEC
Smart+Connected Communities

미 주

1) 본 논문은 〈박양호, 2014.10, "스마트 도시와 환경", 도시문제〉를 수정·보완·확장한 것이며, 그 과정에서 필자가 2014~2015년에 홍익대 스마트도시과학경영대학원에서 담당했던 교과목인 '도시과학경영세미나'와 '도시정책 및 제도'에서의 강의와 토론은 큰 도움이 되었다. 그리고 스마트도시과학경영대학원이 참여한 국제세미나, 워크숍 등에서 발표한 필자의 논문을 비롯해, 동대학원 동료 교수들과의 논의, 장지인 교수의 자료협조, 동대학원에서 기획한 '스마트 도시 콜로퀴엄'도 큰 도움이 되었음을 밝혀둔다.

2) Susanne Dirks & Mary Keeling, 2009, "똑똑한 도시의 비전: 도시의 지속가능한 번영을 위한 방안,"(IBM 가치연구소), Global Business Services, IBM Korea.

3) 전게서.

4) 최봉문, 2011, "스마트 용어의 적용사례분석을 통한 '스마트 시티'의 개념 정립을 위한 연구," 한국컨텐츠학회논문지 11(12).

5) Jung Hoon Lee, 2014.11.26, "Smart City as an Urban Innovation Platform: What's Next", KRIEA 10th Anniversary International Symposium.

6) "Smart City as a high-tech intensive and advanced city that connects people, information and city elements using new technologies in order to create greener city, competitive and innovative commerce and an increase life quality with a straightforward administration and maintenance system of city"(Barcelona City Hall, 2011): Jung Hoon Lee, 2014.11.26, 재인용.

7) "Amsterdam Smart City uses innovative technology and the willingness to change behavior related to energy consumption in order to achieve climate goals. Amsterdam Smart City is an universal approach for design and development of a sustainable, economically viable program that will reduce the city's carbon footprint"(Amsterdam Smart City, 2009): Jung Hoon Lee, 2014.11.26, 재인용.

8) Wikipedia, the Free Encyclopedia, 'Smart City'.

9) 본 논문에서의 기본수요라 함은 시민의 삶의 질을 결정하는 핵심 7대 기본수요인 ① 의료, ② 직장, ③ 주택, ④ 교육과 보육, ⑤ 교통, ⑥ 문화, ⑦ 안전 등 7가지의 생활수요를 의미함.

10) 다양한 신기술이라 함은 향후 세계를 움직일 5대 기술인 ① 정보통신 기술, IT(Information Technology), ② 신소재 기술, NT(New Material Technology), ③ 바이오 기술, BT(Bio Technology), ④ 에너지 및 환경 기술, ET(Energy & Environment technology), ⑤ 문화 기술, CT(Cultural Technology)를 의미함.

11) 시민이 일상생활에서 필요로 하는 기본수요와 신기술의 결합시스템으로서의 스마트 도시개념은 본 논문의 제4절에 서술하는 융합적 스마트 도시환경모델의 핵심구조를 형성함.

12) 최봉문, 2011, "스마트 용어의 적용사례분석을 통한 '스마트 시티'의 개념 정립을 위한 연구," 한국컨텐츠학회논문지 11(12).

13) 박양호, 2014a, "스마트 도시와 환경," 도시문제, 지방행정공제회.

14) Edward Glaeser, 이진원 번역, 2011, 도시의 승리: Triumph of City by Edward Glaeser, 해냄.

15) Enrico Moretti, 2012, The New Geography of Jobs: How Innovation is Reshaping How We Work and Where We Live, 송철복 역, 직업의 지리학, 김영사.

16) Jung Hoon Lee, 2014.11.26, "Smart City as an Urban Innovation Platform: What's Next," KRIEA 10th Anniversary International Symposium.

17) 유영성 외, 2014, 스마트사회의 도래와 우리의 대응, 경기개발연구원.

18) 박양호, 2014, "초연결사회의 문명사적 도전과 응전을 위한 우리의 가이던스"; 유영성 외. 초연결사회의 도래와 우리의 미래. 한울.

19) 이민화, 2012, 호모 모빌리언스, 북콘서트.

20) 이상대, 최민석, 2014, 초연결 사회의 고찰: 도시공간분야, 초연결사회의 도래와 우리의 미래, 한울.

21) 이상대, 최민석, 2014, 초연결 사회의 고찰: 도시공간분야, 초연결사회의 도래와 우리의 미래, 한울.

22) 파이낸셜 뉴스, 2013.12.16, "가트너, 사물인터넷(IoT) 시장 2020년 2000조 규모 이를 것".

23) Lorraine Hudson, 2014, "Creating Smarter Cities through Co-design", Hudson Sustainability Consulting. Stockholm.

24) 플랫폼은 분야에 따라 다른 모습을 띠지만 세 가지 공통요소가 존재한다: ① 물리적인 틀인 하드웨어와 보완장치, ② 하드웨어를 움직이는 소프트웨어인 콘텐츠, ③ 하드웨어와 소프트웨어로 이루어진 솔루션에 접근할 수 있는 인터페이스이다. 김기찬 외, 2015, 플랫폼의 눈으로 세상을 보라. 성안북스.

25) 김기찬 외, 2015, 플랫폼의 눈으로 세상을 보라, 성안북스.

26) 오늘날 스마트 도시건설부문의 Top 10 글로벌 리더는 IBM, Cisco, Schneider Electric, Siemens, Hidachi, Accenture, Toshiba, General Electric, Oracle, Capgemeni이다. 한국정보화진흥원, 2013.12.

27) 트랜드 포커스, 2014.01, 전 세계 주요국의 스마트 시티 추진사례분석, 70.

28) 중앙일보, 2010.06.04, "100만명 넘는 도시 450개···더 똑똑한 도시가 살길".

29) http://www.cisco.com/

30) 한국경제, 2010.10.09, "日 스마트시티 수출 '요코하마 모델' 만든다".

31) 한국정보화진흥원, 2013.12, 자료에 따라서는 기준의 차이가 있지만 스마트 도시 프로젝트가 전 세계적으로 130개에서 600여개에 이르는 것으로 추정됨: 트랜포커스, 2014.1; 김정욱 외, 2014.

32) 한국정보화진흥원, 2013.12, “해외 스마트 시티열풍과 시사점”.

33) 정보통신산업진흥원, 2013.06, “국내외 스마트 시티 구축동향 및 시사점”.

34) Maaike Osieck, 2015.1.14, “7 reasons why…”. Amsterdam Economic Board(http://www.amsterdameconomicboard.com/nieuws/). 암스테르담 스마트 도시만들기를 위해 주민 개개인이 참여할 수 있는 'Model Me'시스템이 있다(http://amsterdamsmartcity.com/projects/의 Model Me참조).

35) 동아일보, 2009.10.08, 이상대, 최민석, 2014; 조재은, 2008.11.27, “아라비안란타: U-City에서 리빙랩으로,” 대한무역진흥공사.

36) 조재은, 2008.11.27, “아라비안타: U-city에서 리빙랩으로,” 대한무역진흥공사.

37) 조재은, 2008.11.27; 최근 유럽에서 유행하는 ‘리빙랩’에 대해서는 성지인 외, 2013.10.1, “리빙랩의 운영체계와 사례,” STEPI Insight 제127호 참조.

38) ChosunBiz.Com, 2013.11.01, 부산일보, 2015.3.24, 22@ from Wikipedia.

39) Justine Ancheta, 2014.02.23, “Ten Reasons Why Barcelona is a Smart City,” Latitude 41.

40) 22@ from Wikipedia, the free encyclopedia.

41) BCN홈페이지(http://smartcity.bcn.cat/en/smart-city-campus.html) 참조.

42) 최민석, 2014, “초연결 사회의 사례,” 초연결 사회의 도래와 우리의 미래, 한울.

43) 김정욱 외, 2015.3,; 한국정보화진흥원, 2013.12,; 트렌드 포커스, 2014.1,; 최민석, 2014,; 하원규, 최해옥, 2013은 중국의 지혜도시(스마트 도시)에 대한 최근의 주요정책을 상술하고 있다.

44) 하원규·최해옥, 2013, 디지털 행성과 창조도시전략, 전자신문사.

45) 김관용, 2013.10.10, 디지털 타임스, 2013.10.14, 이상대, 2014를 주로 참조함.

46) 이상대·최민석, 2014, 초연결사회의 고찰: 도시공간분야, 초연결사회의 도래와 우리의 미래. 한울.

47) 김관용, 2013.10.10, “시스코, 韓서 스마트시티 솔루션 본격 개발 나선다,” 아이뉴스 24.

48) 디지털 타임스, 2013.10.14, “송도 시스코 글로벌R&D센터 GCoE를 가다”.

49) 김관용, 2013.10.10“시스코, 韓서 스마트시티 솔루션 본격 개발 나선다,” 아이뉴스 24.

50) Frans Johnsson, 2005, The Medici Effect : Breakthrough Insights at the Intersection of Ideas, Concepts, and Cultures(김종식 역: 메디치 효과, 세종서적).

51) Susanne Dirks and Mary Keeling, 2009, “A Vision of Smarter Cities: How cities can lead the way into a prosperous and sustainable future,” Executive Report, IBM Global Business Services.

52) Susanne Dirks, Constantin Gurdgiev and Mary Keeling, 2010, Smart Cities for Smarter Growth: How Cities Can Optimize Their Systems for the Talent-Based Economy, IBM

Institute for Business Value.

53) 스마트 도시운영을 위한 리더십 논문은 IBM, 2013.1, "How to reinven a city: Mayors' lessons from the Smarter Cities Challenge", IBM Smarter Cities White Paper를 참조.

54) 박양호, 2014.10을 수정 · 보완한 것임.

55) 통(通)에는 교통 뿐만 아니라 망(網)형태의 인프라, 예를 들면 전력망, 수자원망(상하수도망 포함), 유통망 등이 포함되나 본 논문에서는 교통망에 한정해 논의한다.

56) 박양호, 2013.04.26, "국민행복형 지역사회의 무지개," 칼럼(로타리), 서울경제.

57) "도시개발과 국토관리는 세계경제의 흐름과 밀접한 관계를 지닌다. 최근 한국과 프랑스의 국토계획은 세계경제의 장기 사이클에 대응하는 비전과 전략을 담고 있다. 특히 향후 국토관리와 도시정책은 세계경제를 이끌어갈 신기술인 INBEC 맞춤형이 되어야 한다", 박양호, 2014.11.27, "국토관리와 정책", 서울대 행정대학원의 인트라와 리더십과정 특강자료.

58) 창조경제 측면에서의 ICT와 도시변혁에 관해서는 서울경제에 연재된 필자의 일련의 칼럼을 참조, 박양호, 2013.03.08./2013.04.05./2013.04.19.

59) 스마트 헬스케어 시스템인 'Circle of Care' 관련해서는 오타와 병원사례를 참조; Cameron Keyes, 2012. "Building smarter health care processes for improved patient care and safety: The Ottawa Hospital Experience".

60) 대구시의 모노레일(2015년 4월 개통)은 한국형 스마트 도시모델에서 강조하는 신기술인 INBEC(IT, NT, BT, ET, CT)과 도시민의 기본수요 중의 교통(도시철도)과 안전이 융합된 '스마트 모노레일'의 특성을 띠고 있어 향후 대구시의 스마트 환경의 대표적인 역할이 기대된다.(대구광역시 도시철도건설본부, 2014), "대구의 랜드마크, 3호선 모노레일", 홍익대 스마트 도시과학경영대학원생 대구모노레일 현장답사자료, 2015.3.24.

61) 신소재 기술(NT)과 도로교통과 접목된 스마트 환경사례로 도로교통 소음을 일반 아스콘 포장보다 최대 12㏈을 줄일 수 있는 신소재 도로포장기술의 개발을 들 수 있다. 중견업체 포이닉스는 '방사형 SBS 기술을 이용한 복층 포장구조에 의한 도로교통소음 저감기술'로 세종시 국도 1호선 우회도로 공사를 발주받아 2013년 1월경 시공을 완료했다. 소음측정 평가 결과, 일반 아스콘포장 대비 12㏈ 이상 소음을 저감시킨 것으로 나타났다(헤럴드 경제, 2013.1.10.).

62) 바이오 산업이 집결되어 수많은 일자리를 창출하는 국가별 바이오 산업 클러스터 사례(스위스, 미국, 독일, 스웨덴, 일본 등의 사례)는 권영섭, 2009.11.9, "선진국의 바이오 산업 클러스터와 시사점," 국토정책브리프 251, 국토연구원 참조.

63) 싱가포르의 원 노스(One-North) 프로젝트는 북위 1도 지점에 바이오 · 메디컬 산업과 정보통신 및 미디어 산업의 허브를 구축하는 사업이다. '창조적 마인드가 24시간 만나는 곳'이라는 슬로건아래 약 60만평에 이르는 단지를 2001~2020년까지 건설하는 사업이다. 이 중 바이오폴리스사업은 바이오 기술 공공연구소, 민간 바이오업체, 병원 및 서비스기업이 연계 · 융합해 바이오 클러스터를 만들어 신성장 동력과 새로운 일자리를 창출하는 사업이다. [그림 9-13]에서 보듯이 5개 건물의 중앙공간에 친수공간을 만들어 휴식과 건강을 고려하고 스카이 브리지로 건물을 연결하는 등 개방적 공간을 강조하고 있다. 이진희, 2010.8.16.

64) 박양호, 2010.07.10, "국토공간의 뉴 코드, '활동친화적 건강도시'," 월간국토 345, 국토연구원.

65) 암스테르담에서 추진 중인 세계최초의 태양광 도로는 스마트 시티의 친환경 전력생산 사업의 일환으로 건설되고 있다. 일정 크기의 블록형태(1.5m×2.5m) 콘크리트 바닥에 태양열을 모으는 실리콘 태양전지 모듈을 설치한 뒤, 그 위에 강화유리판을 덮는 구조로서 이것이 하나의 태양광 블록에 해당되며 이러한 태양광 블록을 대량 생산하여 도로를 건설하는 형태이다(세계일보, 2014.11.11, " 세계 최초 태양광 도로, 전기만드는 도로 장-단점은?...네덜란드 '스마트 시티'로 변신 준비").

66) 미국의 보스턴시에서 시도된 스마트 공원벤치는 'Seat-e'로 불리워지며 MIT에서 디자인함; Michael B. Farrell, 2013.11.05.

67) 중앙일보, 2014.10.16, "우주·해저탐험MRI. 아이들이 신나는 병원".

68) 미국 워싱턴주 시애틀시의 공립도서관(Seattle Public Library)는 2013년 미국 CNN Travel에 의해 세계에서 가장 아름다운 7대 도서관 건물에 선정되었다.(CNN Travel, 2013.3.31, "7 of the world's most beautiful libraries) 참조.

69) 영국의 세계적 경영 컨설팅 업체인 머서(Mercer)가 발표한(2015년 3월) '2015 삶의 질 지수' 순위: 1위는 오스트리아의 빈, 뒤이어 스위스 취리히, 뉴질랜드 오클랜드, 독일 뮌헨, 캐나다 밴쿠버 순. 아시아태평양 지역에서는 싱가포르(25위), 도쿄(44위), 홍콩(70위), 서울(72위). 타이베이(83위), 상하이(101위), 베이징(118위) 등으로 나타났다.(머니투데이, 2015.3.4.); http://www.mercer.co.kr/

70) 생활의 질이 상대적으로 탁월한 선진외국도시의 경우 자연과 문화, 그리고 튼튼한 경제력이 융합되어 독특하고도 아름다운 매력과 국제적 위력을 발산하고 있음을 알 수 있다(박양호, "살기좋은 지역으로의 질적 발전과 세계화: 대외 개방형 지역경영, 살기좋은 지역만들기, 국가균형발전위원회, 2006.05.02.).

71) 융합적 스마트 도시환경시스템 종합구도 디자인은 '도시과학경영세미나' 교과목(2014. 2학기) 담당교수(박양호)와 수강학생(박민철, 이미자, 원소영, 박정은, 김현재, 박찬민, 김현준)의 공동작품임.

72) 문범진, 2013.05, "스마트 시티 최근 동향과 과제: 똑똑한 도시를 만들기 위한 6가지 과제". Electronic Science, May 2013; http://www.en.wikipedia.org/wiki/Smart_city/

73) 스마트 도시와 리더십에 관해서는 IBM Smarter Cities, 2013.01, "How to Reinvent a City: Mayors' Lessons from the Smarter Cities Challenge(White Paper)"를 참조.

74) 한국경제특별취재팀, 2013, 융합형 인재의 조건, 한국경제신문.

75) 최근 정부(미래창조과학부)의 국제과학비즈니스벨트사업의 일환으로 세종시에 위치한 홍익대학교 세종캠퍼스에서 2012년 8월 개원한 스마트도시과학경영대학원은 도시건축, 도시환경, 정보시스템의 3개 전공별 인재와 전공융합을 통해 미래 스마트 도시를 선도하고 한국형 스마트 도시모델의 기획과 실천에 기여할 수 있는 융합형 인재를 양성하고 있다.

참 | 고 | 문 | 헌

권영섭, 2009.11.9, "선진국의 바이오 산업 클러스터와 시사점," 국토정책 브리프 251, 국토연구원.

김관용, 2013.10.10, "시스코, 韓서 스마트시티 솔루션 본격 개발 나선다," 아이뉴스 24.

김기찬 · 송창석 · 임일, 2015, 플랫폼의 눈으로 세상을 보라. 성안북스.

김정욱 · 최연석 외, 2015, 스마트 시티, 제주대학교출판부.

내일신문, 2010.03.05, "세계에서 가장 아름다운 건물 TOP 10".

대구광역시 도시철도건설본부, 2014, 대구의 랜드마크 3호선 모노레일(팜플렛).

동아일보, 2009.10.08, "도시, 미래로 미래로, 핀란드의 아라비안란타".

디지털 타임스, 2013.10.14, "송도 시스코 글로벌R&D센터 'GCoE'를 가다".

매일경제, 2014.10.05, "창조경제, '도시문제' 2000조 시장 해결사".

문범진, 2013, "스마트 시티 최근 동향과 과제: 똑똑한 도시를 만들기 위한 6가지 과제," Electronic Science, May 2013.

머니투데이, 2015.03.04, "서울, '삶의 질' 세계 72위…가장 살기좋은 1위는?".

박양호, 2006, "살기좋은 지역으로의 질적 발전과 세계화: 대외 개방형 지역 경영," 살기좋은 지역만들기, 국가균형발전위원회.

박양호, 2010, "국토공간의 뉴 코드: '활동친화적 건강도시'," 월간국토 345, 국토연구원.

박양호, 2013.03.08, "창조경제형 도시재생모델," 칼럼(로타리), 서울경제.

박양호, 2013.04.05, "ICT융합형 창조경제," 칼럼(로타리). 서울경제.

박양호, 2013.04.19, "창조경제와 공간정보산업," 칼럼(로타리), 서울경제.

박양호, 2013.04.26, "국민행복형 지역사회의 무지개," 칼럼(로타리), 서울경제.

박양호, 2014, 초연결사회의 문명사적 도전과 응전을 위한 우리의 가이던스(권두언), 초연결사회의 도래와 우리의 미래, 한울.

박양호, 2014a, "스마트 도시와 환경," 도시문제, 지방행정공제회.

박양호, 2014b, "미래도시정책 전망과 방향," 도시정책학회 세미나 발제 자료.

박양호, 2014c,"국토관리와 정책," 서울대 행정대학원(인프라 리더십과정) 특강자료.

박양호 · 장지인, 2014, "세계의 스마트 도시전망과 PSM대학원의 비전," 제2회 스마트도시과학경영대학원 교수 · 학생역량강화 워크숍자료.

박양호 · 박민철 외, 2014, "융합적 스마트 도시환경 시스템 종합구도," 홍익대 스마트도시과학경영대학원 '도시과학세미나. 교과목(2014. 2학기)의 담당교수와 수강생 공동작품. (그림 디자인: 박민철).

부산일보, 2015.02.24, "사물인터넷과 스마트 시티: 바르셀로나 사례".

부산일보, 2015.03.24, "스마트 시티 건설".

성지인 · 송위진 · 박인용 외, 2013, "리빙랩의 운영체계와 사례," STEPI Insight 127.

세계일보, 2014.11.11, "세계 최초 태양광 도로, 전기만드는 도로 장-단점은?...네덜란드 '스마트시티'로 변신 준비".

유영성 외, 2014, 스마트사회의 도래와 우리의 대응, 경기개발연구원.

이민화, 2012, 호모 모빌리언스, 북콘서트.

이상대 · 최민석, 2014, 초연결사회의 고찰: 도시공간분야, 초연결사회의 도래와 우리의 미래. 한울.

이진희, 2010, "최첨단 바이오 메디컬 허브전략사례와 시사점: 싱가포르의 원 노스(One-North)를 중심으로," 국토정책브리프 290, 국토연구원.

지우석, 2014, "초연결사회고찰: 교통분야," 초연결사회의 도래와 우리의 미래. 한울.

정일호, 2011, "위기를 도약의 기회로," 도로정책브리프 39, 국토연구원.

조선닷컴, 2015.04.22, "국내 첫 모노레일 대구서 내일 개통".

조재은, 2008, "아라비안란타: U-City에서 리빙랩으로," 대한무역진흥공사.

중앙일보, 2014.10.16, "우주 · 해저탐험MRI. 아이들이 신나는 병원".

중앙일보, 2010.06.04, "100만명 넘는 도시 450개…더 똑똑한 도시가 살길".

최봉문, 2011, "스마트 용어의 적용사례분석을 통한 '스마트 시티'의 개념 정립을 위한 연구," 한국컨텐츠학회논문지 11(12).

최민석, 2014, "초연결 사회의 사례," 초연결사회의 도래와 우리의 미래, 한울.

트랜드 포커스, 2014.01, 전 세계 주요국의 스마트 시티 추진사례분석, 70.

파이낸셜 뉴스, 2013.12.16, "가트너, 사물인터넷(IoT) 시장 2020년 2000조 규모 이를 것".

하나금융그룹, 2013.08.08, "SMART CITY, 중국에 런칭".

하원규 · 최해옥, 2013, 디지털 행성과 창조도시전략, 전자신문사.

한국경제, 2010.10.09, "日 스마트 시티수출 '요코하마모델' 만든다".

한국경제특별취재팀, 2013, 융합형 인재의 조건, 한국경제신문.

한국정보화진흥원, 2013,12, "해외 Smart City 열풍과 시사점," IT & Future Strategy 11.

한국정보화진흥원, 2010.12.20, "스마트 시티를 통해본 미래 도시," IT & Strategy 13.

헤럴드 경제, 2013.01.10, "교통소음 최대 12dB 감소…신소재 도로포장기술 개발".

Ancheta, Justine , 2014, "Ten Reasons Why Barcelona is a Smart City," *Latitude* 41.

Clarke, Ruthbea Yesner , 2013, "Smart Cities and the Internet of Everything: The Foundation for Delivering Next-Generation Citizen Services"(White Paper). *IDC Government Insights.*(October, 2013, http://www.cisco.com)

City of Cupertino, 2013.09, Apple Campus 2, Project Description(PDF). www.cupertino.org

CNN Travel, 2013.03.31, "7 of the world's most beautiful libraries".

Farrell, Michael B., 2013.11.05, Seat-e can recharge phones as users take a rest.

Glaser, Edward, 2011, Triumph of City, 이진원 역, 도시의 승리, 해냄.

Guillot, Sergi, 2007. 6.5-6.6, "22@Barcelona, The Innovation District," Locomotive Conference, Hamburg.

IBM Smarter Cities, 2013.01, "How to Reinvent a City: Mayors' Lessons from the Smarter Cities Challenge," White Paper.

Johnsson, Frans, 2005, *The Medici Effect : Breakthrough Insights at the Intersection of Idesa*, Concepts, and Cultures, 김종식 역: 메디치 효과, 세종서적.

Keyes, Cameron, 2012, "Building smarter health care processes for improved patient care and safety: The Ottawa Hospital Experience".

Lee, Jung Hoon, 2014, "Smart City as an Urban Innovation Platform: What's Next," KRIEA 10th Anniversary International Symposium.

Moretti, Enrico, 2012, *The New Geography of Jobs: How Innovation is Reshaping How We Work and Where We Live*, 송철복 역, 직업의 지리학, 김영사.

Osieck, Maaike, 2015.01.14, "7 reasons why…".

Park, Yang Ho · Ji-in Chang, 2014, "Smart City and PSM: Trends and Directions," KPSMA International Conference on Korean PSM Development, Korean PSM Association.

Susanne Dirks and Mary Keeling, 2009, "A Vision of Smarter Cities: How cities can lead the way into a prosperous and sustainable future," *Executive Report*, IBM Global Business Services.

Susanne, Dirks, Constantin Gurdgiev and Mary Keeling, 2010, "Smart Cities for Smarter Growth: How cities can optimize Their Systems for the Talent-Based Economy," IBM Institute for Business Value.

[홈페이지]

http://amsterdamsmartcity.com/

http://www.amsterdameconomicboard.com/nieuws/ (Amsterdam Economic Board)

http://www.bostonglobe.com/business/

http://www.cisco.com/

http://www.cupertino.org/

https://en.wikipedia.org/

http://www.en.wikipedia.org/wiki/Smart_city/

https://en.wikipedia.org/wiki/Seattle_Public_Library

http://futurecity.glasgow.gov.uk/

http://www.ibm.com/smartercities/

http://www.libelium.com/

http://www.mercer.co.kr/

http://smartcity.bcn.cat/en/smart-city-campus.html/

http://www.smartercitieschallenge.org/

http://www.smartercitiescouncil.com/

http://www.yelads.com/

제 10 장

도시환경과 녹색교통

제 10 장 도시환경과 녹색교통

제 1 절 녹색교통의 등장 배경 및 관련 이론

20세기부터 심화되기 시작한 자동차 중심의 도시교통체계에 따라 교통 혼잡이 도시교통의 가장 커다란 문제로 제기되어 왔다. 이를 해소하기 위해 고속도로 건설, 대중교통시설 확충 등 공급 중심의 대책들이 시행되었지만, 문제가 완화되기보다는 대기오염, 교통사고, 지구온난화, 석유류 과소비와 같은 사회적 비용이 급등하는 상황이 초래되었다. 즉 자동차 중심의 도시교통체계는 교통 혼잡을 넘어 에너지, 환경, 기후변화 등 막대한 사회적 비용을 초래하고 있다.

국가가 일정 수준 이상의 경제력을 갖기 전까지는 SOC 투자는 필수적이다. 따라서 경제 개발의 초기에 교통 문제는 시설공급 부족에서 오는 것이 대부분이기 때문에 도로도 만들고 지하철과 도시철도도 교통수요에 비례해 늘려야만 한다. 즉 초기 도시교통 문제 중 가장 심각한 현상은 도로 교통 혼잡이고 직접적으로 문제를 풀기 위해서는 도로를 추가적으로 공급해야 한다. 특히 경제성장 초기에는 도시의 땅값이 그리 높지 않기 때문에 토지보상이 전체 건설비에서 차지하는 비중이 높음을 감안할 때 충분히 공급할 필요가 있다. 하지만 경제성장이 본격화되면 대부분의 도시, 특히 대도시에서 도로를 마음껏 공급한다는 것은 금전적으로 또는 가용토지부족으로 불가능하다. 따라서 경제성장으로 도시화가 가속화되면서 교통수요가 폭증해 주어진 도로 공간을 보다 효율적으로 쓰기 위해 버스시스템이 도입되었다. 그래도 도로혼잡이 가속화되면 지하공간을 확보해 지하철과 같은 도시철도를 공급해 교통문제에 대처하였고 대중교통이용을 활성화시키기 위해 승용차 이용억제 정책인 교통수요관리(Transportation Demand Management) 정책도 병행해 수행해 왔다.

이처럼 자동차로 인한 도시교통 문제를 개선하려는 다양한 노력이 있었지만, 혼잡은 악화되고 그로 인한 사회적 비용은 기하급수적으로 늘고 있다. 교통시설을 추가적으로 공급하면 혼잡이 줄어들어야 하지만 머지않아 다시 가중된다. 이는 유발수요(induced demand)이론으로 설명할 수 있는데 시설 공급으로 잠재수요까지 도로로 유인되는 현상이다. 앤소니 다운스(Anthony Downs)의 세 가지 수렴(Triple Convergence) 이론에서는 신규 도로 공급으로 교통 혼잡을 해소할 수 없는 이유를 1) 기존도로에서 흐름이 빠른 신규 도로로 노선 변경, 2) 비첨두시 운전자가 첨두시로 시간적 이동, 3) 대중교통이용자가 승용차로 수단 전이 등으로 제시하고 있다(Anthony Downs, 1992).

따라서 대도시 교통문제에 대한 근본적인 해결책을 찾아야 한다. 근본적 대책이란 혁신적인 도시교통 신패러다임의 수립을 의미한다. 즉 도시교통의 위기를 해소하기 위해서는 녹색교통이라는 친환경 교통기법을 채택하고 스마트기술을 활용해 확산시키는 도시교통의 새로운 패러다임 정립이 필요하다. 녹색교통은 환경 및 사회경제에 미치는 영향이 최소화된 보행, 자전거, 친환경차량, 카셰어링, 대중교통중심개발 등을 포함한 다양한 교통기법으로 정의될 수 있다. 이전 패러다임에서는 단순히 혼잡개선만을 목표로 해서 도로 공급과 자동차의 대체수단으로 대중교통 건설을 강조했지만 녹색교통 패러다임에서는 교통이 미치는 보다 다양한 영향을 고려해 다수의 친환경 교통수단이 포함된 것이 근본적 차이라 할 수 있다. 1993년에 시작된 녹색교통운동은 21세기 우리나라의 교통패러다임을 녹색으로 전환시키는데 결정적인 역할을 했다. 이 운동은 교통수요관리 정책을 지원하면서 그 외부 효과로 에너지 소비, 대기오염, 온실가스, 교통사고 등과 같은 사회적 비용을 저감할 수 있다는 것을 인식하고, 궁극적으로는 녹색사회를 구현하는 것을 목표로 했다.

한편, 기후변화는 교통 혼잡이나 대기오염과는 차원이 다른 사회적 비용이며 만약 이 문제가 악화된다면 지구 전체의 생태계에 큰 혼란이 올 수 있는 심각한 문제이다. 기후변화는 온실가스 배출로 인해 발생하는데 그 상당 부분이 자동차 중심의 교통 활동에 기인하기 때문에 이를 줄이려는 노력이 중요하다. 즉 기후변화 대응을 위해 교통부문에서 녹색교통의 역할은 더욱 중요해졌고, 단순한 규제 일변도 수요관리에서 첨단스마트기술을 활용한 종합적 교통관리 전략의 추진이 필요하게 되었다.

1절에서는 도시환경에서 교통이 미치는 영향에 대해 알아보고, 2절에서는 녹색교통의 기본 개념인 보행, 자전거, 대중교통중심개발 등의 국내외 사례를 살펴본다. 3절에서는 녹색교통을 실현할 수 있도록 도와주는 첨단 스마트기술의 종류와 활용에 대해 살펴보도록 한다. 이어서 4절에서는 변화하는 도시상에 따라 교통에 어떠한 변화와 요구가 있을지 미래 교통상에 대해 살펴보고, 향후 정책 방향을 제안한다.

01 | 녹색교통의 등장 배경

1906년 이후로 지구의 온도는 0.74℃ 상승했고, 온실가스 배출량이 현재와 같은 수준으로 지속된다면 2100년에 지구 평균기온은 1.8~4.0℃ 상승할 전망이다. 그런데 우리나라를 보면 세계 평균보다 상승 정도가 현저히 높게 나타나고 있다. 1912년에서 2008년까지 평균기온이 1.7℃ 상승해 세계치보다 2배 이상 높고, 최근 10년간은 온도가 0.6℃나 상승했으며 강수량도 30년 전에 비해 10% 증가했다. 우리나라가 OECD 국가 중 온실가스 배출증가율이 가장 높다는 사실이 이러한 급격한 자연현상의 변화를 초래하는 이유를 객관적으로 뒷받침하고 있다. UN산하의 기후변화범정부패널(IPCC, Inter-governmental Panel on Climate Change)의 주장에 따르면 지구 온난화 현상은 인간 활동에서 소비되는 화석연료가 90% 책임이 있다고 한다. 만약 전 세계에서 에너지 다소비형인 미국과 같은 생활방식을 누리는 소득 상위 계층이 증가할 경우 지구적 재앙은 피할 수 없는 현실이다. 전 세계는 온실가스로 인한 지구적 재앙을 막기 위해 1997년 교토의정서에 의해 온실가스감축의무를 국가별로 부여하고 있다. 기후 변화로 인한 지구적 영향을 줄이기 위해서는 2050년까지 현재 온실가스 배출량의 50~80%를 감소시켜야 한다. 독일의 경우 2020년까지 1990년 대비 온실가스를 40% 줄이는 목표를 설정했고, 프랑스 20%, 일본의 경우 30% 화석에너지 소비를 감축시키는 목표를 설정해서 노력하고 있다. 우리나라는 현재로선 의무감축국에 포함되어 있지 않지만, 머지않은 장래에 의무감축국에 포함될 가능성이 높다. 이에 정부에서는 대안으로 녹색성장 정책을 지향하면서 구체적 국가감축목표를 제시하고, 교통부문에서는 2020년까지 교통 온실가스 배출량의 33~37%까

그림 10-1 교통부문 온실가스 감축목표

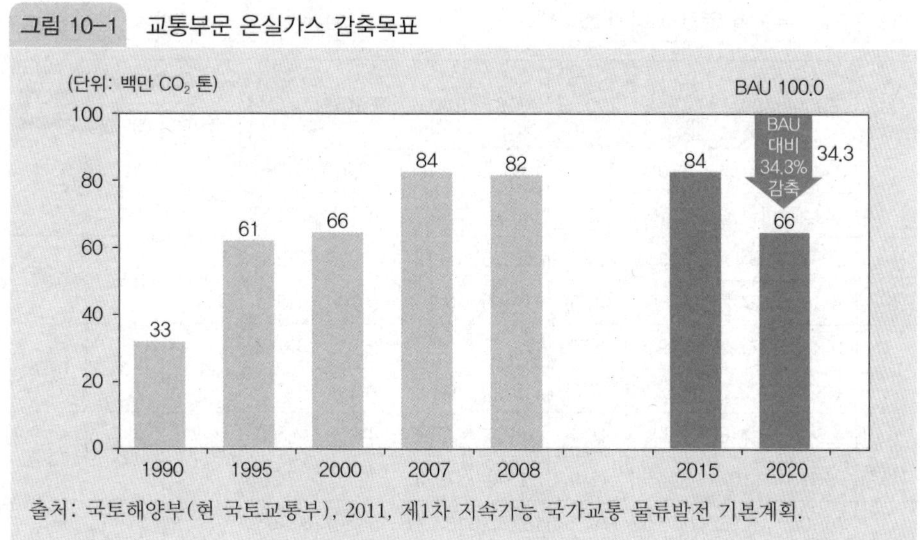

출처: 국토해양부(현 국토교통부), 2011, 제1차 지속가능 국가교통 물류발전 기본계획.

지 감축하는 목표를 제시하고 있다(그림 10-1).

교통부문은 전 세계 온실가스 배출량의 20% 이상을 차지하고 있는 주요 배출원이다. 게다가 교통부문의 온실가스 배출량은 지속적으로 증가하고 있는 실정이다. 즉 교통부문은 경제활동과 산업발전에서 가장 기본적인 요소이며 화석연료를 기반으로 하는 연료체계이기 때문에 온실가스 배출량 중 상당히 많이 차지하고 있는 것이다. 이에 대한 대책으로 수소나 전기 등을 에너지원으로 하는 신기술이 개발되고 있으나 여전히 주 에너지원은 화석연료이다. 기후 변화로 인한 자연재해로 도로와 같은 기반시설들이 큰 피해를 입는 등 고스란히 온실가스 배출에 대한 대가가 되돌아오고 있으며 이를 복구하기 위한 비용도 증가하고 있다. 우리나라의 교통시스템은 대부분 도로 교통에 의존되고 있다. 교통 중에 도로에서 일어나는 교통에 사용되는 에너지 소비는 약 79%를 차지하고 있으며, 전체 에너지 소비 중 교통이 사용하는 에너지가 1990년 19%에서 2005년 21%로 증가하였다. 이후 2008년 감소하여 2011년 현재 교통부문은 약 18%를 차지하고 있다(표 10-1).

교통부문의 에너지 소비량은 1990년에서 2000년까지 연평균 8.1%로 급격하게 증가하였지만 그 이후 증가율이 점차 둔화되고 있으며, 특히 2008년 경제 위기로 교통부문의 에너지 소비량이 감소하여 최근에는 소폭 증가하는 추세를 보이고 있다

표 10-1 부문별 연간 에너지 소비현황 (단위: 천 TOE, %)

부문	1990년	1995년	2000년	2005년	2008년	2009년	2010년	2011년	연평균 증가율		
									'90~'00	'00~'05	'05~'11
산업	36,150	62,946	83,912	94,366	106,458	106,119	116,910	126,885	8.8%	2.4%	5.1%
	(48.1)	(51.6)	(56.0)	(55.2)	(58.31)	(58.3)	(59.8)	(61.6)			
가정 상업	21,971	29,451	32,370	36,861	36,225	35,722	37,256	37,542	4.0%	2.6%	0.3%
	(29.3)	(24.1)	(21.6)	(21.6)	(19.84)	(19.6)	(19.0)	(18.2)			
교통	14,173	27,148	30,945	35,559	35,793	35,930	36,938	36,875	8.1%	2.8%	0.6%
	(18.9)	(22.3)	(20.7)	(20.8)	(19.60)	(19.7)	(18.9)	(17.9)			
공공 기타	2,812	2,416	2,625	4,068	4,100	4,295	4,483	4,560	−0.7%	9.2%	1.9%
	(3.7)	(2.0)	(1.7)	(2.4)	(2.25)	(2.4)	(2.3)	(2.22)			
합계	75,107	121,962	149,852	170,854	182,376	182,066	195,587	205,862	7.2%	2.7%	3.2%
	(100)	(100)	(100)	(100)	(100)	(100)	(100)	(100)			

출처: 지식경제부(현 산업통상자원부), 2012, 2012년 에너지통계 연보, pp. 24-69.
우승국 외, 2013, 교통물류부문 온실가스 감축 정책 효과 분석 방법론 및 관리방안 연구, 한국교통연구원.
주: 2007년 이후 개정열량 환산계수 적용, 에너지 밸런스상 국제벙커링 제외.

(그림 10-2).

2010년 국가 전체 온실가스 배출량은 668.8백만 CO_2톤이며 이중 에너지 부문은 약 85.3%를 차지하고 있다. 교통부문의 온실가스 배출량은 국가 전체의 약 13%를 차지하고 있다. 최근 증가율이 둔화하고 있으나 교통부문의 CO_2 배출량이 1990년에서 2003년까지 약 128%가 증가하였다. 이는 전 세계적으로 같은 기간 동안 31%가 증가하고 OECD 국가의 평균이 26% 증가라는 것과 비교해 보아도 매우 높은 수치이다. 따라서 우리나라의 온실가스 감축을 위해서는 교통에서의 감축 노력이 필수이다.

경제 성장이 지속되면서 심화되기 시작한 자동차 중심의 도시교통체계를 개편하기 위해 1990년대 중반부터 시행한 교통수요관리가 과연 우리나라 대도시의 교통 환경을 지난 10년간 어떻게 변화시켰는지 평가해보면 그 효과가 그리 크지 않다는 것을 알 수 있다. 2011년 3월 우리나라 차량대수는 총 1,813만대로 지난 10년간

그림 10-2 교통부문 에너지 소비량 추이

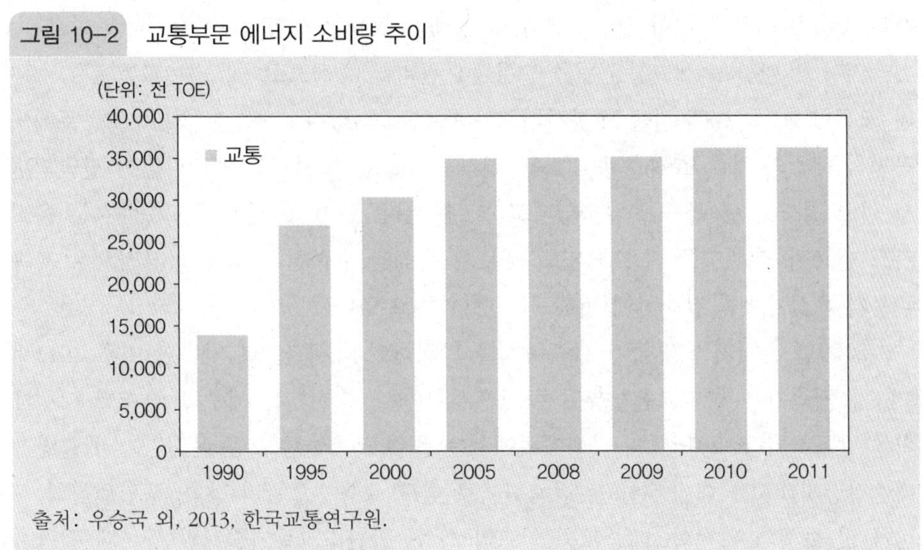

출처: 우승국 외, 2013, 한국교통연구원.

차량증가율은 연평균 5%에 육박하고 있고, 최근 경제성장률이 3%대인 것을 감안할 때 차량 소유는 앞으로도 경제상황에 상관없이 계속 늘어나 도로 공급이 한계에 이른 상황에서 도시교통혼잡을 더욱 악화시킬 것으로 우려된다. 이미 2011년 첨두시 서울시 승용차 운행속도는 시속 15km 미만으로 떨어져 자전거 보다 느리고, 연간 혼잡비용은 매년 상승해 7조원에 이른 것으로 나타났다.

한국교통연구원의 2000년과 2010년 교통 센서스 비교 자료에 따르면 10년 동안 승용차 분담률은 오히려 2.9% 늘어나 28.8%인 반면 대중교통은 7.2% 감소한 30.8%로 나타나고 있다. 좀 더 자세히 대중교통의 내부를 들여다보면 버스의 분담률이 8.4% 급락해 14.8%로 나타났는데 간선급행버스(Bus Rapid Transit, 이하 BRT로 표기) 시스템, 환승할인제 등을 도입했음에도 대도시에 지하철이 늘면서 대중교통 간 상호 경쟁만 격화시킨 것으로 판단된다.

이러한 2000년대 초반 10년간의 변화에서 우리는 승용차 이용에 대한 강력한 규제 없이 대체수단에 대한 시설투자만 늘린다고 도로교통 혼잡은 개선될 수 없음을 알 수 있다. 또한, 새로운 대중교통시설이 경쟁 대중교통수단의 이용객을 줄여 대중교통투자의 효율성이 매우 낮아지는 부작용도 가져왔음을 인식하게 된다. 따라서 향후 보다 가시적인 교통개선 효과 및 그에 따른 환경개선 효과를 기대하기 위해서는 승용차 이용에 대한 진일보된 감축 정책이 필요한 상황이다.

지난 20년간 녹색교통운동은 교통수요관리를 중심으로 대도시 교통에서 소외된 교통약자들의 교통권을 회복시켜주는 데 집중되었다고 볼 수 있다. 교통문제의 근원적 해소와 같은 효과를 보기 못하였지만 새로운 도시교통 패러다임이 정착되면서 어느 정도 설립 목표를 달성했다고 볼 수 있다. 한편, 21세기의 교통에서는 온실가스 감축과 같은 지구적 스케일의 새로운 목표를 요구하고 있고 국가적으로 교통부문의 온실가스를 감축하기 위해 적극 지원하고 있다.

2009년 온실가스의 국가 감축목표를 확정하여 국제사회에 약속한 이후 2011년 「제1차 지속가능 국가교통물류발전 기본계획('11~'20년)」을 세우고 연차별 시행계획을 발표하였다. 2014년의 시행계획에서는 올해 교통물류 부문 온실가스 배출량을 배출전망치(BAU) 대비 5.4%를 감축하기로 하고 교통수요관리 강화, 생활밀착형 자전거 및 보행의 활성화, 대중교통 인프라 확충, 친환경교통기술개발 등 5대 전략을 발표하였다. 교통수요관리 강화에서는 기존의 집행 체계를 국민이 적극 참여하는 수요관리 체계로 전환하고, 주행거리비례보험제 시행, 자동차 공동이용제도(카셰어링) 활성화 등을 위한 정부지원 방안을 마련하고자 한다. 또한 ITS 확대 구축 및 광역BIS 구축 등을 중심으로 전국 도로에 스마트 교통운영시스템을 구축할 계획이다. 자전거 및 보행의 활성화를 위해 도로환경을 사람 중심으로 조성하고 안전한 보행환경을 조성할 계획을 갖고 있다. 대중교통 인프라 확충 및 서비스 개선을 위해 광역급행버스·BRT에 대한 투자 및 대중교통전용지구 사업 확대로 버스의 경쟁력을 확보하고자 하고 연계환승체계의 강화 및 광역철도망을 지속적으로 확충하는 등 대중교통 서비스를 지속적으로 개선할 계획이다. 친환경 교통수단과 지속가능 교통물류 발전을 견인할 친환경 교통기술개발을 위해, 무선 충전형(OLEV) 전기버스, CNG 버스, CNG 하이브리드 버스 등 친환경 그린카를 적극 개발 보급하고, 대형 첨단 고속철도 개발을 위해 차세대 고속열차(HEMU-430X) 본선 시운전을 10만km 이상 실시하여 안전성을 증대하는 한편 친환경 핵심부품 개선 및 국산화 개발에 박차를 가할 계획이다. 아울러, 도시형 자기부상열차의 성능향상을 도모하고 실용화를 위한 시범사업 실시 등을 통해 지속적으로 시스템을 개선해 나갈 계획이다.

02 | 녹색교통의 개념 및 이론

1993년 시작한 시민운동 단체인 (사)녹색교통은 최정한, 임삼진이라는 두 걸출한 시민운동가들이 참여함으로 인해 한국 교통사에 큰 영향을 준 많은 일들을 했고, 21세기 우리나라 교통패러다임을 새롭게 전환시키는 데 결정적 역할을 했다. (사)녹색교통이 설립될 당시는 88올림픽 이후 폭발적으로 늘어나는 자가용승용차로 인해 도로의 혼잡은 극심해지고, 대중교통 이용자들의 불편은 날로 심각해지고 있었지만, 추가적인 도로 건설이외에는 별다른 특별한 대책이 없었던 시절이었다. (사)녹색교통은 대중교통, 보행, 자전거 등을 이용하는 시민들을 사회적 약자로 규정하고 이들의 교통권을 찾아주는 많은 활동을 했고, 그 중 가장 돋보이는 것은 승용차의 지나친 이용을 적극적으로 규제하고 녹색교통수단 이용을 활성화하는 교통수요관리 정책에 대한 지원 활동이라 할 수 있다. (사)녹색교통은 교통수요관리 정책을 지원하면서 그 외부 효과로 에너지 소비, 대기오염, 온실가스, 교통사고 등과 같은 사회적 비용을 저감할 수 있다는 것을 인식하고, 궁극적으로는 녹색사회를 구현하는 것을 목표로 했다.

녹색교통운동의 태동으로 가장 먼저 결실을 본 사업은 19995년부터 서울시의 주택가 이면도로에서 실시한 거주자우선주차제도라 하겠다. 이 제도는 이면도로에서 무질서한 외부인 불법주차를 근절시키기 위해 거주자에게 매월 일정 금액을 징수하는 대신 이면도로의 지정된 공간에서 거주민 주차를 합법화시켜주었다. 대신 지정된 주차 공간 이외에 대해서는 공공의 단속 권한을 적극적으로 시행해 외부인 불법주차수요를 줄이고 승용차 교통수요를 저감하는 것을 목표로 했다.

주택가 이면도로에 이어 건축물 부설주차장에 대한 교통수요관리는 유사한 시기에 기업체교통수요관리 제도 도입을 통해 시행되었다. 일정 규모 이상의 건물에서는 획일적으로 건물 면적에 따라 교통유발부담금을 내야 했는데, 이 제도의 도입으로 교통량 감축 조치를 시행하는 건물은 부담금을 감면받을 수 있게 되었다. 인정되는 수요관리 조치는 주차장 유료화, 부제운행, 카풀제 시행 등 다양해서 직장인들의 승용차이용을 줄이는 데 기여했을 뿐 아니라 수요관리에 대한 인식 전환에도 기여를 했다.

1996년 10월에는 서울시에서 우리나라 최초로 혼잡통행료를 징수하기 시작했다. 시범사업의 이름으로 남산1, 3호 터널에서 진출입 차량에 대해 이천원씩 통행료를 부과했다. 효과에 대한 이견이 많았지만 해당 가로에서 교통량이 현격하게 감소되어 논란을 잠재웠고, 서울 전역으로 확대하는 계획까지 세웠으나 1997년 이후 우리나라를 강타한 외환위기로 경제가 침체되면서 확대 사업은 보류되었다. 혼잡통행료 징수에 이어 서울시는 지방주행세를 신설하기 위해 노력했고, 그 결과 제도화되었지만 획기적인 유류비 인상이 수반되지 않아 자동차 수요를 억제하는 데 큰 기여를 하지는 못했다.

20세기 말 교통수요관리가 초기에 정착되는 과정에서 주로 가격 메커니즘을 활용한 강력한 규제 방안에 집중되었고, 교통량 감축 효과는 검증되었지만 물가인상과 시민부담 가중이라는 부정적인 측면이 제기되면서 영국 런던의 혼잡통행료와 같은 대규모 교통수요관리 정책으로 발전하지 못했다. 2000년대에 진입 직전에 서울시에서는 내부순환도로 개통, 2기 지하철 개통 등으로 교통인프라가 개선되었지만 경기가 회복되면서 교통문제는 다시 심각해졌고, 특히 대기오염 등으로 인한 환경비용에 대한 인식이 싹트기 시작했다. 2002년 서울월드컵의 경우 단기 행사였기 때문에 규제적 수요관리 방안인 차량 2부제로 위기를 넘길 수 있었지만 근본적인 처방은 아니었다.

따라서 기존의 도시교통의 패러다임인 공급 위주와 규제 중심의 자동차 수요억제 정책에서 벗어나 환경과 교통 활동을 저해하지 않으면서도 경제성장을 지속시키는 방향으로 도시교통의 패러다임이 새롭게 정립되어야 할 필요성이 대두되었다. 독일의 수학자 디트리히 브래스(Dietrich Braess)는 브래스 역설(Braess Paradox)이라 불리는 그의 이론에서 운전자가 이기적으로 노선을 선택하는 상황에서 추가적 도로건설이 때론 혼잡을 악화시킬 수 있다고 주장했다. 운전자 개인의 최적 선택이 시스템의 최적과는 일치하지 않을 수 있다는 것이다. 브래스 역설은 역설적으로 청계천 복원을 위해 청계고가를 허물었지만 도로 교통 혼잡이 심화되지 않은 현상을 설명하는 데 적용되었다. 즉 도로를 철거하거나 용도를 보행자 광장으로 전환했지만 교통소통에는 큰 영향을 주지 않았고, 새로운 형태의 교통수요관리를 단순히 교통 혼잡 해소만 아니라 환경문제를 개선하는 데도 적극적으로 활용했다는 데 큰 의미가 있었다. 이 사업이 성공적으로 진행된 뒤에는 도로의 용량을 줄이는 고가도로 철거, 광화문 보행 광장 건설, 주요 교차로의 보행건널목 설치, 자전거 도로 건설 등의 사업이 줄을 이었다. 2004년에는 서울시에서 버스교통의 효율성을 높이기 위해 차로의 중앙을 버스전용으로 하는 BRT 제도를 도입하여, 도로의 주인이 개인 승용차가 아닌 대중교통이라는 점을 명확하게 하였다. 도로의 용량을 사람과 대중교통 중심으로 전환시키는 교통 사업들이 성공적으로 시행되면서 한국 교통의 패러다임이 차량 중심, 도로 중심에서 사람 중심, 대중교통 중심, 환경 중심으로 전환하는 계기가 마련되었다.

녹색교통은 교통혼잡과 환경, 사회경제에 미치는 영향이 적은 보행, 자전거, 친환경차량, 카셰어링, 대중교통중심개발 등과 같은 다양한 교통수단 및 전략으로 정의될 수 있다. 이전 패러다임에서는 단순히 혼잡개선만을 목표로 해서 도로 공급과 자동차의 대체수단으로 대중교통 건설을 강조했지만 신녹색교통 패러다임에서는 교통이 미치는 보다 다양한 영향을 고려해 다수의 친환경 교통수단과 전략이 포함된 것이 근본적 차이라 할 수 있다. 하지만 녹색교통을 통한 온실가스 저감정책을 실현하는데 주의할 점이 반발효과(Rebound Effect)이다. 반발효과란 소비자의 비용을 감소시키는 기술이 오히려 소비를 증가시키는 효과를 설명하는 경제학 용어인데 교통부문에서도 나타날 수 있다. 교통부문에서 나타나는 반발효과의 예로는 도로나 시설의 신설에 따른 유발교통량(Generated traffic), 고연비 차량 운행에 따른 주행거리 증가 등이 있다. 실제 연료 효율이 10% 증가한다고 해서 연료의 사용이 10% 감소되지 않으며 반발효과로 인해 7~8% 감소한다는 리트만(Litman: 2009)의 연구 결과가 있다. 따라서 녹색교통의 효과를 높이기 위해서는 강력한 수요관리 정책의 병행이 요구된다.

녹색교통이 주가 되는 새로운 도시교통체계를 구축하기 위해서는 첨단 스마트 기술을 최대한 활용해야 한다. 이제까지 첨단 기술은 자동차 이용자들의 편의를 개선하는 데 주로 사용되어 왔다. GPS와 GIS 기술이 복합된 네비게이션은 승용차가 혼잡을 피해 가는데 도움을 주었고, 정보통신기술과 융합된 하이패스를 비롯한 ITS 기술은 차량의 흐름을 개선하고 사고나 지체 등에 대한 실시간 교통정보를 제공하는데 활용되었다. 대중교통카드는 버스와 지하철 간 환승을 원활하게 하는 데 큰 도움을 주었다.

향후 다양한 기술 간 융합을 통해 개발된 스마트기술이 녹색교통을 활성화하는데 기여할 것으로 예상된다. 배터리와 스마트 그리드 기술이 발전되면 전기차가 활성화되어 오염 없는 도시교통을 구현할 수 있고, 엘리베이터 기술의 발전은 초고층 시대 사람들의 이동을 수평이동에서 수직이동으로 대체시킬 것이다. 공기역학 기술을 활용하면 튜브형 자전거 고속도로를 만들 수 있고, 고속철도의 속도도 더욱 빨라질 수 있다. 차량네비게이션은 자전거와 보행으로 확대되고, 데이터 마이닝(mining) 기술은 사람들의 통행행태를 이해하는 데 큰 도움이 될 것으로 전망된다.

제2절 녹색교통의 국내·외 대표 사례

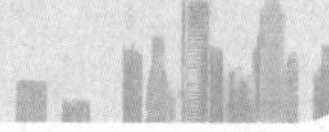

01 | 녹색교통의 국내 사례

아래에서는 보행 공간 정비 사례, 대중교통 활성화 사례, 자전거 도로 정비 사례로 구분하여 녹색교통의 국내 사례를 살펴보겠다.

1) 보행공간 정비 사례

(1) 서울의 청계천 복원사업

2003년 7월 1일 청계천 복원공사가 시작되었고 2005년 10월 1일 5.84㎞에 이르는 고가 구조물이 철거되고 하천은 완전히 새로운 모습으로 다시 태어났다(그림 10-3). 청계천 복원사업의 공간적 범위로 시점은 동아일보사 앞, 종점으로는 복개 종점 구간으로 수질은 2급수 이상으로 하고 홍수에 대비하여 물의 흐름을 원활히 하기 위해 교각의 수를 줄여 5개의 보도 교량과 17개의 차도 교량을 설치하고 각 교량의 모습은 역사성과 주변과의 조화를 고려하여 결정하였다(그림 10-4). 교통계획에서는 남북 간 좌회전을 최대한 억제하고 복원 후 청계천로의 소통을 확보하기 위해 양안의 도로는 편도 2차로 도로, 보행로, 조업 주차공간을 감안하였다. 현재 청계천은 관광객들을 위한 문화공간으로써 다양한 문화행사가 개최되고 있으며 주말에 청계천 주변 차량 통제를 실시하여 시민 및 관광객들의 쾌적한 보행공간으로써의 역

그림 10-3 청계광장

출처: 중구 문화관광홈페이지(http://tour.junggu.seoul.kr/tour/index.jsp).

할을 다하고 있다.

청계천 복원사업은 우리나라 교통정책의 패러다임을 시설물 공급중심, 차량중심에서 대중교통과 사람중심으로 변화시키는 데 견인차 역할을 하였다. 개선된 청계천 주변의 환경으로 인해 주변 건물 임대료 및 지가 상승, 청계천 주변 아파트 분양 증가, 낙후된 상가 밀집지역의 재개발 증가 등의 변화로 강북의 이미지가 개선되

그림 10-4 청계천 평면도

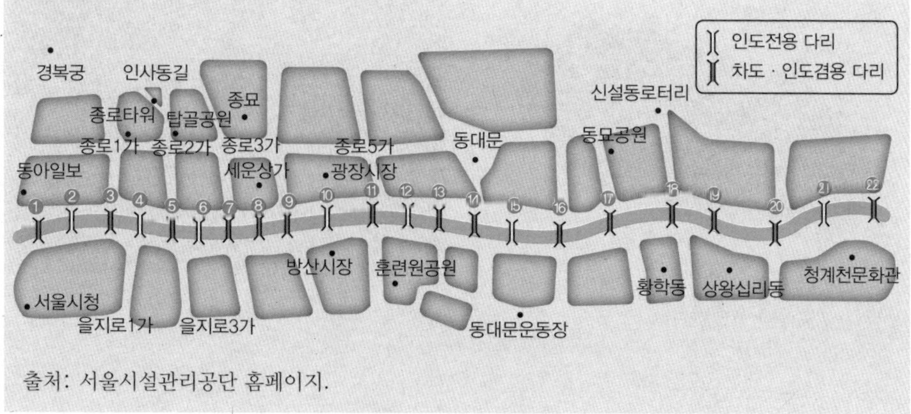

출처: 서울시설관리공단 홈페이지.

었으며 경제가 활성화 되었다. 또한 청계천 복원사업에서 시작하여 성북천, 정릉천의 복원 등 하천복원이 본격적으로 이뤄져 하천중심의 도시환경을 구축하는 데 밑바탕이 되었다.

(2) 제주의 올레길

보행환경 개선 사례 중 제주의 올레길을 볼 수 있다. 제주 올레의 구호는 '자연 속을 걷자'이다. 제주 올레 코스개척의 원칙은 다음과 같다. 되도록 아스팔트길을 피하고 사라진 옛길을 찾으며 새로운 길을 만들 때는 반드시 친환경적인 방식을 쓴다. 또한 새 길의 폭은 1m를 넘지 않으며 새로운 길을 만들거나 보수할 때는 군, 민 등 다양한 인력을 참여시키고 사유지는 올레가 소유하지 않되, 통과하도록 조율한다. 현재 제주 올레길은 25개의 코스가 개척되었고 자연 속에서 걷기를 통해 치유의 여행을 하려는 사람들의 발길이 끊이지 않고 있다(그림 10-5, 10-6). 제주 올레는 걸음으로써 그 지역과 자연환경과 문화와 교감하는 여행이라는 새로운 여행 문화 확산에 기여하였다. 또한 지역의 관광산업 구조를 바꾸어 대규모 자본이 개발한 대형 관광지나 패키지 상품을 중심으로 한 여행사 위주에서 지역주민들의 게스트 하우스나 소규모 마을축제 개최 등 마을 주민들이 직접 관광산업에 참여하는 형태로 변화하였다.

그림 10-5 제주 올레길 코스

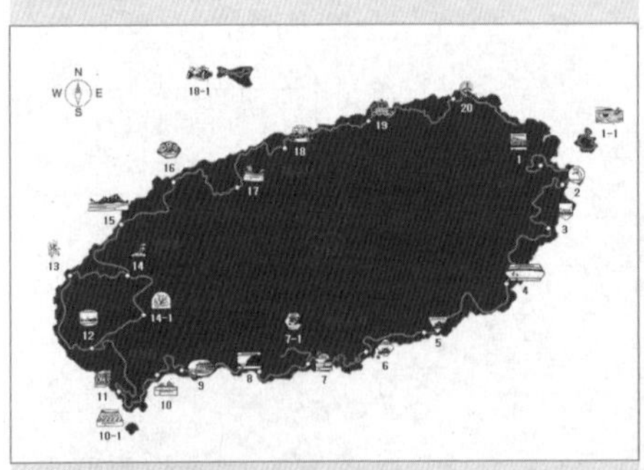

출처: 제주올레 홈페이지.

그림 10-6 제주 올레길

출처: 제주올레 홈페이지.

(3) 서울광장

서울광장은 도심 한가운데에 위치하여 주변 역사 문화자원들이 산재하고 국가적 상징성 및 역사성을 지니고 있는 서울의 대표적인 랜드마크이지만 2004년 이전까지는 사람을 위한 광장이 아닌 교통광장으로 상습적인 교통 혼잡과 정체로 몸살을 앓아오던 곳이었다(그림 10-7, 10-8). 또한 지하상가 및 지하보도로만 횡단이 가능하여 보행접근성이 매우 불리했고 장애인, 노약자에 대한 보행권 배려가 전무한 상황이었다. 2002년 월드컵을 계기로 시민결집과 커뮤니케이션 공간으로서의 역할을 해내야 할 필요성이 대두되며 광장조성이 논의되었고 2004년 시민을 위한 잔디광장으로 탈바꿈 하였다. 기존 보행동선이 부족했던 점을 개선하여 보행접근성을 높이기 위해 광장에 접근할 수 있는 지점은 시청 정문 앞과 횡단보도 4곳을 포함하여 모두 5곳으로 조성하였고 시청 정문 앞과는 트여 있어서 광장과 바로 연결되도록 하였다(그림 10-9).

그림 10-7 서울광장 조성 전

출처: 서울특별시청 홈페이지.

그림 10-8 보행동선 부족한 시청 앞 광장

출처: 서울특별시청 홈페이지.

그림 10-9 조성 후 서울광장

출처: Seoul Plaza(http://www.dragonhilllodge.org/DiscoverSeoul/wp-content/uploads/2011/07/).

2) 자전거 도로 정비 사례

(1) 상주시의 자전거 도로

자전거는 보행과 함께 어떠한 화석에너지를 사용하지도 않고 인간의 생체에너지를 이동하는 수단으로 녹색교통의 대표적인 수단이다. 2009년 저탄소 녹색성장을 국가기조로 내세운 후 자전거에 대한 관심이 매우 높아지고 국가 차원에서 뿐 아니라 각 지자체 차원에서도 자전거 활성화 정책을 채택하고 있다.

경상북도의 상주시는 1990년대부터 급격한 산업화 및 도시화에 따른 교통·환경·건강에 총체적인 문제가 발생하였다. 이를 해결하기 위해 자전거문화를 시정발전과 연계 접목하고자 자전거기반시설과 편익시설을 설치하고 지난 2002년부터 자전거업무 전담부서를 신설하면서 각종 정책을 개발하고 실행하여 명실상부한 자전거문화의 중심축이 되어왔다. 이와 관련한 자전거 정책으로는 1995년부터 자전거도로개설 44개 노선 144.9㎞ 중 64㎞개설과 횡단보도 턱낮추기, 393개소 및 자전거보관대 121개소(8,427대)를 설치하는 등 기반 및 편익시설에 116억을 투자했다. 이러한 상주시의 노력으로 2010년 가구통행실태조사 자료에 따르면 우리나라 전체 자전거 수단분담률이 2.16%에 그치지만 상주시는 11.39%로 가장 높았고 자전거 보유율 또한 100명당 30대로 가장 많게 조사되었다. 자전거 보유대수는 약 85,000대이

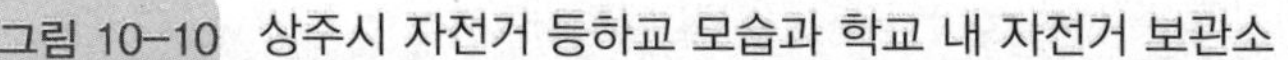

그림 10-10 상주시 자전거 등하교 모습과 학교 내 자전거 보관소

출처: 한국관광공사.

고 상주시 가구당 평균 2대 정도 보유하고 있다. 또한 학생들은 대부분 자전거로 등하교를 하고 있고 통학 목적 자전거 이용률은 51.1%에 해당되고 있다. 현재 상주시에서는 신분증만 있으면 상주시청, 동사무소 등에서 자전거를 무료로 대여 할 수 있다(그림 10-10).

(2) 4대강 자전거 도로

2011년 경인아라뱃길 자전거 도로 개통에 이어 전국일주 자전거 시대가 열렸다. 한강, 낙동강, 금강, 영산강에 조성되는 4대강 자전거길이 2011년 9월부터 순차적으로 완성되었으며 4대강 살리기 사업으로 1,187㎞의 자전거길이 신규로 조성되었고 우회구간과 기설치된 구간을 합하여 4대강 구간에 총 1,592㎞의 자전거길이 조성되었다(그림 10-11). 4대강 자전거길은 해안도시를 연결하는 '전국순환자전거도로', 도시 내 생활형·레저형 자전거길인 '지자체자전거도로', 지역 간 단절구간을 연결하는 '광역자전거도로'와 함께 '국가자전거도로 기본계획'의 한 축을 이루고 있다.

그림 10-11 4대강 자전거길 종주 노선 및 전국 자전거길 네트워크

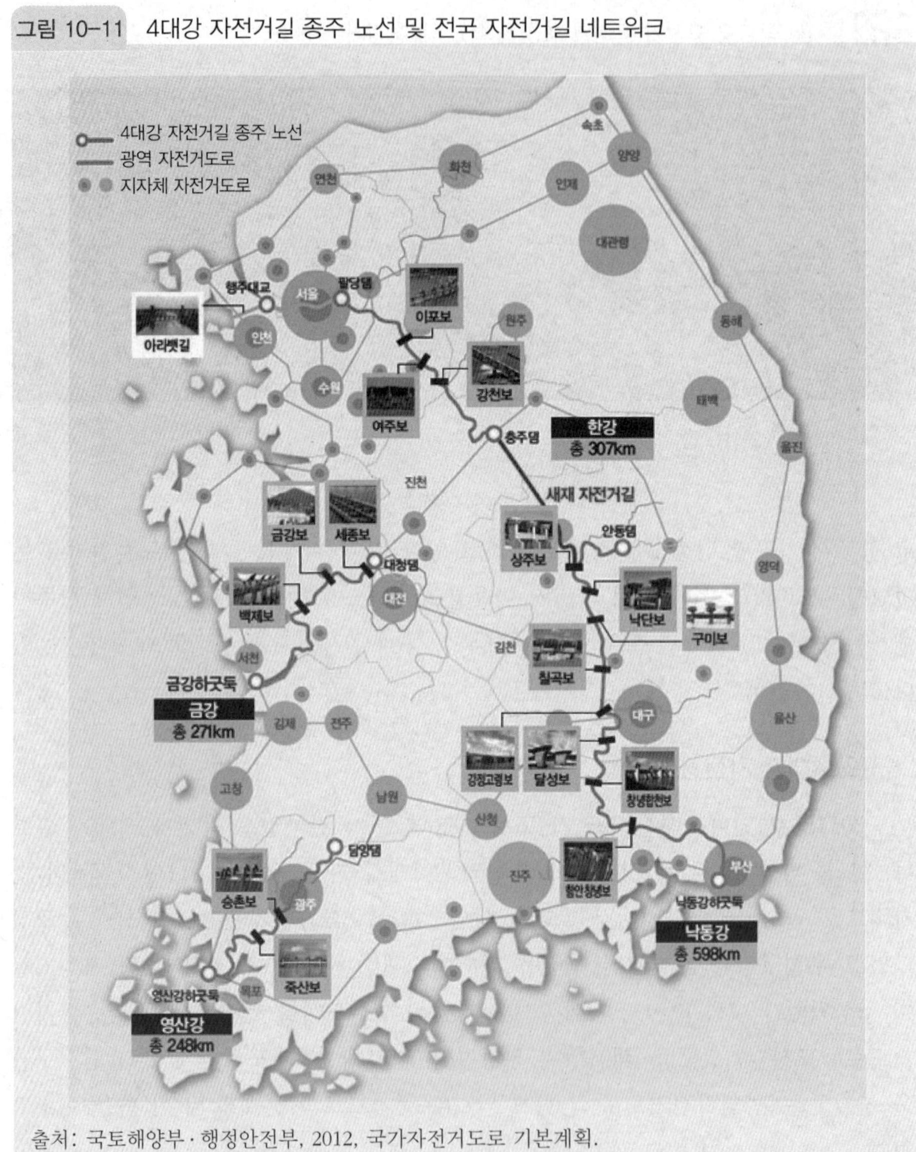

출처: 국토해양부·행정안전부, 2012, 국가자전거도로 기본계획.

3) 대중교통 활성화 사례

(1) 서울의 도시철도 건설

산업화시대에 폭발적으로 늘어난 대도시 대중교통수요를 충족하기 위해 우리나라 도시철도의 시초라 볼 수 있는 지하철 1호선(서울역~청량리 구간 7.8km)은 1971년 3월 착공해 1974년 8월 15일 1호선 개통하였다. 2호선은 1984년 5월에는 2호선이 전면 개통되어, 강북과 강남을 순환하는 도시철도망이 형성되었다. 1980년 동시에 착공된 3, 4호선은 서울 4대문 안을 X축으로 교차하는 노선으로 건설되어 제1기 도시철도망이 구축·완료되었다. 이렇게 1기 지하철 네트워크의 완성은 서울에 체계적인 고속교통망을 제공했다는 점에서 획기적인 발전이었다.

그러나 서울의 인구집중 현상으로 1~4호선의 출퇴근 시 수송능력이 한계에 도달함에 따라 1989년 도시철도 네트워크 2기 건설이 본격화되었다. 도시철도 2기 건설 노선은 2, 3, 4호선 노선연장과, 5~9호선의 신설로 구성되었으며 새로 건설될 5개 노선에 대해서는 도시철도 소외지역의 해소를 위하여 역세권의 확대가 주목적으로 계획되었다. 지하철 5, 7, 8호선은 1990년도에 공사를 착공하여 각각 1996, 2000, 1999년도에 완전개통을 하였으며 지하철 6호선의 경우 1994년 착공하여 2001년 전구간 개통하였다. 현재 9호선이 건설 중에 있으며 서울과 수도권을 잇는 신분당선(그림 10-12)의 경우 무인 시스템 및 속도 개선으로 서울로의 접근성을 좀 더 향상

그림 10-12 무인시스템인 신분당선

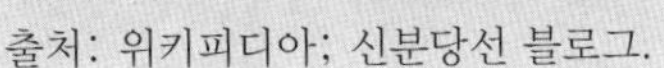

출처: 위키피디아; 신분당선 블로그.

시켰다.

(2) 서울시 대중교통 개혁

2004년 7월 심각한 도시교통문제를 해결하기 위해 그동안 불편하고 불결한 대중교통을 승용차보다 빠르고 편리하며 경쟁력 있는 교통수단으로 개편하기 위해 대중교통개편을 단행했다. 우선 버스노선을 광역, 간선, 지선, 순환버스로 정리하였고 버스-버스, 버스-지하철 30분내 환승 시 무료 요금체계를 도입하였다. 또한 시 외곽에서 도심으로 빠르게 진입할 수 있도록 주요 도로마다 중앙버스전용차로를 설치하여 도심 진입을 수월하게 하였다(그림 10-13). 노선 선정과 버스 관리에 있어서도 시와 회사가 공동으로 운영하는 준공영 개념으로 바꿨다. 이런 대대적인 개혁으

그림 10-13 서울시 중앙버스전용차로 노선도

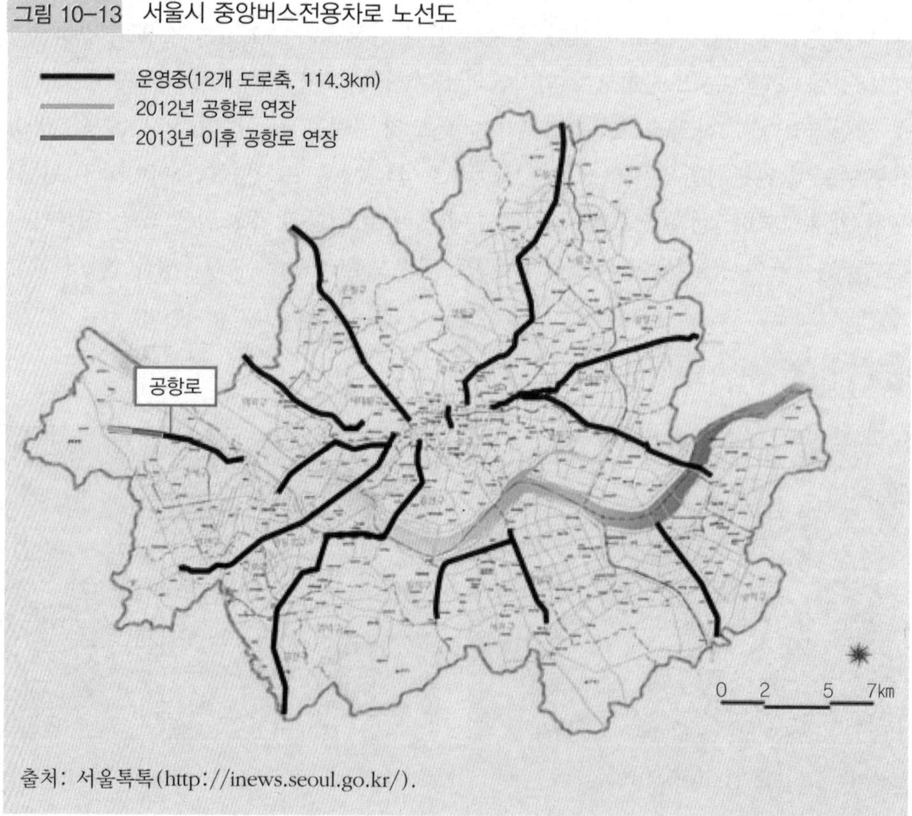

출처: 서울톡톡(http://inews.seoul.go.kr/).

로 버스 속도가 빨라지고 이용하는 승객도 늘어났다. 시행초기에는 혼선도 있어 비판을 받기도 했으나 점차 새로운 체계에 적응되기 시작하면서 안정기에 들어섰으며 그 경험과 노하우를 해외의 다른 도시에 수출하고 있다.

02 | 녹색교통의 해외사례

녹색교통의 국외 시행사례 또한 다양하다. 보행 공간 정비 및 확보로는 네덜란드의 교통진정지구, 미국의 완전도로(complete street)사업, 일본의 차고지 증명제 등이 있으며, 자전거 도로 정비 사례로는 덴마크 코펜하겐의 자전거 도로, 미국 뉴욕시의 자전거 도로 사례가 있다. 마지막으로 대중교통 사례로는 브라질 꾸리찌바의 BRT 사업, 일본의 TOD, 홍콩의 R&P사업이 있다.

1) 보행공간 정비 및 확보 사례

(1) 네덜란드의 교통진정지구(woonerf)

자동차 도로에서 사람을 위한 도로로 전환한 외국의 대표적 사례는 네덜란드의 본엘프(woonerf)가 있다. 본엘프를 한국어나 영어로 번역하면 '생활의 정원(living yard)' 즉, 자동차중심의 도로를 내 집 정원과 같이 아이들이 뛰어놀 수 있는 환경으로 조성한다는 의미다. 본엘프는 1976년에 법적으로 제도화됨으로써, 개념 수준에서 보다 실천적인 모습을 갖추게 되었다. 도로에서 어린이들이 뛰어 놀 수 있으며 자동차가 보행자의 이동속도 이상으로는 주행할 수 없으며 자동차는 언제든 어디서든 보행자를 대비하여 주의 운전해야 하고 울퉁불퉁한 도로 포장이나 볼라드 등 자동차의 속도를 제어하는 시설에 대해 인내해야 한다(그림 10-14).

본엘프 수법은 보행자가 절대우선권을 가지는 방법으로 1976년 법 제정 후 7년 동안 네덜란드 내 총 2,700여 개의 본엘프가 생겨났으며 법에서 본엘프과 다른 도로들과의 차별성을 주기 위해 다음과 같은 특징을 명시하고 있다:

① 보행인은 본엘프 내의 전 도로를 마음대로 사용하며 놀이 활동도 허용됨
② 차량은 보행속도 이상으로 통행할 수 없으며 보행인에게 통행권을 양보함
③ 우측에서 진입하는 차량이 좌측에서 진입하는 차량에 우선 통행권을 가짐

그림 10-14 네덜란드의 본엘프(woonerf) 지역

출처: 도로교통공단 KoROAD 웹진.

④ 적절한 조명시설을 설치하여 야간 식별이 충분히 용이하도록 함
⑤ 차량이 주거시설에 너무 근접하여 통할 수 없도록 설계함
⑥ 차량과 오토바이는 본엘프 내에서 P마크 된 곳 이외에는 주정차 할 수 없음
⑦ 차량의 양방통행이 가능한 곳을 본엘프로 지정하며 통과차량이 과도하지 않아야 함

본엘프는 네덜란드 전역에 급속히 확산되어 1980년대 본엘프 내에서는 보차분리 없이 차도 선형을 꺾고, 도로 폭을 좁히며 물리적 단차를 두어 차량이 고속으로 주행 할 수 없도록 했다. 또한 주민들을 위한 노상주차 공간을 엇갈리게 하면서 차량의 감속을 유도했다. 이후 네덜란드 본엘프 제도는 영국의 「Home Zone」, 독일의 「Begegnungs Zone」, 일본의 「Community Zone」 등 유럽 각국에 영향을 미쳤다.

(2) 미국의 완전도로(complete street)사업

완전도로는 보행자, 자전거 이용자, 대중교통이용자, 자동차 운전자 등 모든 도로교통수단 이용자가 안전하게 이용할 수 있는 도로를 의미한다. 이는 미국에서 기존의 자동차 중심의 도로를 불완전한(incomplete) 도로로 해석하고 이와 상반되는 개념으로 설정한 용어다. 완전도로가 기존의 보행, 자전거, 대중교통 관련 사업과 다른 점은 전통적인 도로 건설 철학의 패러다임 변화를 나타내는 개념으로 기존 사업들이 보행자, 자전거, 대중교통 각각을 위한 공간 제공을 시도했던 반면 완전도로는 도로를 이용하는 모든 수단의 이용자 측면에서의 서비스를 우선적으로 고려하여

그림 10-15 미국 Incomplete streets와 complete streets

Incomplete Streets의 예

Complete Streets의 예

출처: National Complete Streets Coalitio, *Introduction to Complete Street*.

계획 및 건설하는 개념이다(그림 10-15).

미국의 완전도로(Complete Streets)에 대한 개념은 "신규로 건설되거나 재건설되는 모든 도로에 가능한 한 자전거 시설 및 보행자 도로가 고려되어야 한다"고 규정한 미국 연방법(Title 23 USC 217)에 근거하고 있으며, 미국 고속도로청(FHWA: Federal Highway Administration)에서는 "bicycle and pedestrian guidance"를 제정하여 이를 뒷받침하고 있다. 이에 따라 미국의 완전도로정책 채택은 빠르게 증가해 2010년 말까지 46개주에서 적어도 한 개의 관련 정책(법률, 조례, 결의문, 내부 정책, 계획, 디자인 가이드 등)이 채택된 것으로 나타나고 있다. 미국의 완전도로정책에서는 기존 자동차 중심의 도로에서 소외되었던 보행자와 자전거 이용자의 통행권 확보가 특히 강조되고 있다.

(3) 일본의 차고지증명제

1960년대 초 일본 경제의 급성장과 국민의 소득수준 향상에 힘입어 자동차 보유대수가 폭발적으로 증가하였다. 그 결과 보관 장소가 없는 많은 자동차가 도로상에 그대로 방치되어 도로 본래의 기능이 크게 저하되었음은 물론 불법주차로 인해 교통 혼잡이 심화되었다. 따라서 불법주차의 근절을 위한 대책이 정책과제로 부각되었다. 일본 정부는 자동차 보유대수의 급증에 따른 대응방안을 다각도로 검토하였으며 결국 차고지 증명제도가 대도시 교통난 해소를 위해서는 불가피한 정책이라는 결론에 이르게 되었다. 차고지 증명제란 주차공간을 확보해야 차를 구입할 수 있게 하는 제도로, 자동차의 신규, 변경, 이전 등록 때 차고지 확보 증빙서류 제출을 의무화하는 것이다. 1962년 차고지증명제가 시행되기 시작하여 현재까지 이어져 왔으며 불법주차가 없는 쾌적한 도로환경을 제공하는 역할을 하고 있다. 최근 국내에서 주차공간이 부족한 단지 내의 주차시비로 사건사고가 끊이지 않고 있어 일본의 차고지증명제가 재조명되고 있다.

2) 자전거 도로 정비 사례

(1) 덴마크의 코펜하겐 자전거 도로

덴마크 수도인 코펜하겐은 자전거 통학, 출퇴근이 35~50%에 달할 정도로 일상화 되어 있다. 즉 코펜하겐 시내에만 411㎞의 자전거 도로를 건설할 정도로 정부에서 자전거 도로 건설 및 자전거 주차 공간 확보 등 적극적인 인센티브를 제공하고 있다. 뿐만 아니라 차량 구입 시 대금의 180% 세금 부과 및 비싼 공공요금체제 등 차량 이용자에게 부정적인 인센티브를 부여함으로써 자전거 활용을 적극 추진하고 있다. 코펜하겐시 정부는 2015년까지 자전거를 이용하여 코펜하겐으로 통근·통학하는 비율을 50% 수준으로 높이는 것을 목표로 하고 있다. 아울러 현재 약 85%의 코펜하겐 시민들이 자전거를 보유하고 있으며 약 70%가 적어도 1주일에 한번은 자전거를 이용한다고 한다.

2010년 기준 코펜하겐 시내의 일반 자전거 도로 총연장은 411㎞이며 자전거 전용도로(Green Cycle Route) 총연장도 42㎞에 달한다. 아울러 코펜하겐 시내 도로변에는 총 48,000대의 자전거 주차공간이 설치되어 있으며, 유동인구가 많은 지하철역, 관공서 등에도 거의 예외 없이 대규모 자전거 주차장이나 공간이 확보되어 있다. 또한 코펜하겐시 정부는 2009년부터 신축 상업용 건물의 경우 종업원 2명당 1대의 자전거 주차공간을, 주거용 건물의 경우에는 100㎡ 당 2.5대의 자전거 주차공간을 의무적으로 확보하도록 규정하고 있다.

(2) 미국 뉴욕의 자전거 도로

뉴욕시은 자전거 정책 "자전거 도로 프로젝트 3개년 계획"의 일환으로 2006년 이래 250마일의 자전거 도로가 건설되었으며 2012년 뉴욕시 지역 총 700마일의 자전거 도로가 건설되어 있다. 자전거 시설은 자전거 전용도로(Bike path), 자전거 전용차선(Bike Lane), 그리고 자전거 공용차선(Share Lane)의 세 종류로 구분되어 있다. 자전거 전용도로는 주차된 차량을 중심으로 자전거 도로가 교통의 흐름으로부터 분리 및 보호되는 형태로 워터프론트, 공원 및 자전거 통행이 빈번한 지역 등에 많이 설치되어 있다. 자전거 전용차선은 보통 주차선에 바로 인접하여 자전거 모양으로 표시되어 있으며 완충 공간이 페인트로 표시되어 있기도 하다. 자전거 공용차선은 자전거와 자동차 모두 이용할 수 있는 차선을 의미한다(그림 10-16).

뉴욕시는 이미 이전부터 자전거 이용이 많은 지역이었으나 이러한 인프라의 확장으로 인해 자전거 이용이 더 활성화되었다. 2011년에는 New York City Bike

그림 10-16 뉴욕시의 자전거도로

자전거 전용도로

자전거 전용차선

자전거 공용차선

출처: www.nyc.gov/bikesmart

Share라는 자전거 대여 프로그램을 시작하였다. 본격적인 사업은 2012년부터이며 600군데에 10,000대 정도를 운영한다. 이용자는 하루에 횟수 제한 없이 한번에 30~45분정도 자동차를 이용할 수 있으며 신용카드 외의 결제수단의 다양화를 모색하였다. 뉴욕시에서는 자전거 이용의 안전성을 중시했는데 Bike Share 프로그램용 자전거는 속도보다는 안전위주로 설계하여 always-on-light, bells, GPS device를 장착하여 2000년 이후 자전거 이용자는 2배가 되었지만 부상위험은 75%가 감소하였다.

3) 대중교통 활성화 사례

(1) 브라질의 꾸리찌바(curitiva) BRT

꾸리찌바는 BRT 중심의 대중교통시스템을 토지이용과 통합하는 방식의 신교통 실험을 통해 도시성장을 추진해 세계적인 주목을 받고 있다. 이곳은 인구 2백만의 우리나라 대전시와 비슷한 인구규모이며 철도가 없는 지역으로 버스가 대중적인 교통수단이다. 1974년부터 72km의 BRT 시스템을 혁신적으로 도입하였는데 이로 인해 우리나라를 비롯한 세계 여러 국가에서 참조하는 모범사례가 되었다.

꾸리찌바시의 버스 종류는 도심순환버스(백색), 완행버스(노란색), 지선버스(오렌지색), 지구간버스(초록색), 직통버스(회색), 급행버스로서 2중굴절버스(적색)로 각각 구분하여 운행하고 있다. 교통체계의 골격을 이루는 5개의 구조적 간선교통축을 따라 급행버스(2중굴절버스)의 통행권을 확보하기 위해 시설물(분리대)로 완전 분리시키고 있으며, 일반 지점에 한하여 진출입이 가능한 통행로가 개설되어 있다. 꾸리찌바시의 버스시스템에서 이색적이며 가장 대표적인 시설물로 손꼽히는 것이 바로 튜브정류장(원통형 정류장)이다. 본 정류장은 버스 이용자의 편리를 위한 수평 상하차구조로 장애인을 위한 휠체어 리프트가 설치되어 있으며 승객들이 교통사고 위험 없이 대기할 수 있는 공간과 기대서서 독서를 할 수 있는 거치대 등의 편의시설도 존재한다. 또한 요금을 한번만 내면 추가부담 없이 꾸리찌바 광역도심권 내에서는 자유로이 환승할 수 있다(그림 10-17).

꾸리찌바는 BRT 축을 중심으로 도시 성장을 이루어 왔는데 대중교통 접근성이 좋을수록 높은 용적률을 허용하는 등 토지이용을 연계한 대중교통 지향적 개발(TOD)모형의 발전에 기여하였다.

그림 10-17 꾸리찌바의 BRT

출처: 위키피디아.

(2) 일본의 TOD

일본은 국철의 민영화 이후 JR로 철도 운영이 이전되면서 철도 부대사업과 관련된 법적 규제가 해제되어 JR이 직접 역사와 역세권 개발 및 운영을 담당할 수 있게 되었다. 사철 운영은 역사와 역세권 개발에 있어 점차 사업성을 중요시하게 되었고 이러한 시장경제기반의 역세권 개발은 철도 개발의 이익을 보장하고, 지역 산업이나 지역 경제를 고려한 개발을 통해 역세권 주변 지역의 경제활동을 활성화 할 수 있는 장점이 있다.

일본의 대중교통중심개발(TOD)은 도시 특성에 따라 3가지 유형으로 분류한다. 대도시형은 다목적 복합 공간을 개발하고, 지방중소도시형은 역세권 개발과 함께 도시 및 지역발전을 유도할 수 있는 시설을 입지시키며 마지막으로 연계교통 중심지는 다수의 철도노선이 교차하는 지점을 연계교통의 중심지로 특화시키고 있다. 대표적인 예인 동경 도시개발은 도시 철도와 연계하여 개발하고 있는데 철도 중심의 도시구조로 철도 의존도시가 확립되고, 도로 이용 시 통행시간이 철도 이용 시 통행시간보다 커 철도교통이 굉장히 유리하다(그림 10-18). 또한 신도시 건설 사업은 철도와 연계하여 추진되며 민간회사에 의한 철도+부동산 개발 연계사업을 하도록 유도하고 있다.

터미널역의 복합 개발 사례도 있다. 신주쿠, 이케부쿠로, 우에노, 도쿄, 시나가와, 시부야 등 야마노테선 위에 있으면서 주요 환승센터 역할을 하는 터미널들은 교

그림 10-18 동경시 대중교통 지향 도시개발

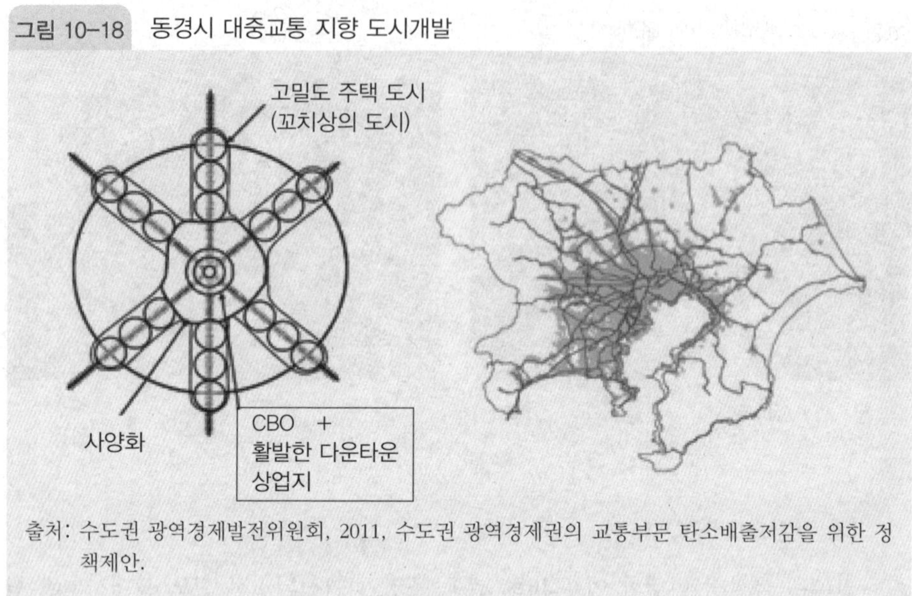

출처: 수도권 광역경제발전위원회, 2011, 수도권 광역경제권의 교통부문 탄소배출저감을 위한 정책제안.

통의 요지이자 사철이 접근할 수 있는 가장 내부 포인트가 되어 개발 대상지가 되었다(그림 10-19). 터미널 역의 재개발은 역 빌딩을 중심으로 한 복합 기능을 부여한 고층의 고밀개발을 그 특징으로 하고 있는데, 역 위에 빌딩을 세워 저층부에는 상업 기능을, 그 위로는 각각 오피스, 호텔, 주거 기능을 넣는 것이 보편적이다. 또한 거대해진 건물의 연면적에 대응하여 건물을 통과하는 도로를 설치하거나, 주변 건물들을 데크 등으로 연결하여 하나의 거대한 건물군을 형성하도록 하는 것도 특징이다.

일본에서 이렇게 역세권 개발이 활발히 이뤄질 수 있었던 이유는 「택지개발 및 철도정비의 일체적 추진에 관한 특별 조치법」이라는 법이 있기 때문이다. 이는 철도시설의 정비와 역세권 개발을 통합적으로 추진이 가능하도록 하는 법이며 국가 및 지방자치단체가 연계하여 민간 기업을 지원함으로써 지가상승, 주택공급 부족, 교통혼잡 등의 문제를 일체적으로 해결할 수 있게 되었다. 즉 지자체가 주체가 되어 국가 및 철도 회사, 민간 사업자를 지원하고 있다.

그림 10-19 시나가와 역세권

출처: 위키피디아(좌), 고준호, 2013, 서울연구원 해외출장보고서(해외출장노트)(우).

(3) 홍콩의 R&P 사업

홍콩의 R&P 개발 모델은 철도와 역세권발의 계획단계에서 주변지역 개발을 통합하여 추진하여 철도운영수익 이외에 역세권 부동산 개발권을 통하여 수익을 창출하는 개념으로 지역 상가 및 다양한 시설 이용자 수요를 창출하고 있다. R&P 개발

그림 10-20 홍콩 층관오 R&P 개발 사례

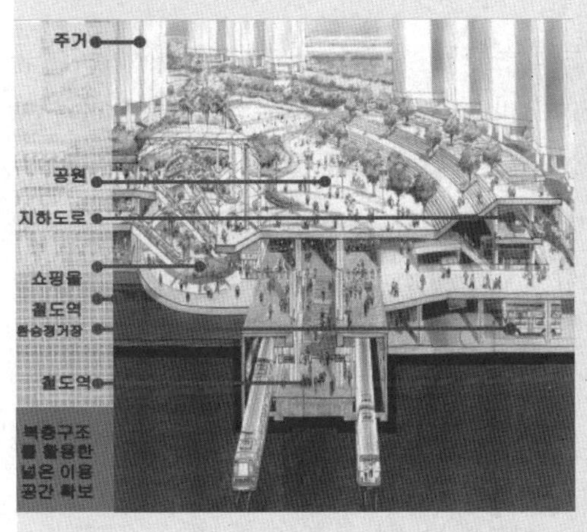

출처: 구자훈, 2011, 제1회 건축도시 담론 - 지속가능한 녹색도시와 건축의 접점, 녹색도시와 TOD와 어떤 관계가 있나?, 대한국토도시계획학회.

은 MTRC(홍콩도시개발, 철도건설 및 운영 총괄기관) 도시철도공사에 토지개발권을 부여하고 민간개발업자의 투자에 의해 개발사업을 진행하는 민관 협력체계로 즉 공공시설건설에 민간자본을 투입함으로써 개발재원 확보를 가능하게 하였다(그림 10-20). 즉 철도계획과 도시계획을 같이 수립하고, 홍콩정부는 사업주체 MTRC에 재정지원은 하지 않으나, 토지사용권(50년)을 개발 전 가격으로 MTRC에 독점 매각하며 사업주체 MTRC의 수입구조는 사업 착수단계와 종료단계 두 번에 걸쳐 수익을 확보할 수 있는 구조이고, 전체수입 중 52%가 부동산 관련 사업에서 창출된다.

제3절 첨단 융복합 기술을 활용한 녹색스마트교통 경쟁력 강화 방안

녹색교통의 초기 단계에는 자동차중심의 교통체계를 부분적으로 보완하기 위해 자전거, 보행, 대중교통 관련 기본 인프라 건설이 주를 이루었다. 하지만 이러한 시설 건설 중심의 전통적인 방법으로는 혼잡이나 온실가스 배출과 같은 자동차 중심 교통체계의 문제점을 근원적으로 개선하는 데 한계가 있음을 인식하고, 첨단 기술을 활용한 다양한 사업이 활성화되었다.

그 대표적인 예가 ITS 사업인데 이는 교통수단 및 교통시설에 전자·제어 및 통신 등 첨단기술을 접목하여 교통정보 및 서비스를 제공하고 이를 활용함으로써 교통체계의 운영 및 관리를 과학화·자동화하고, 교통의 효율성과 안정성을 향상시키는 교통체계를 말한다. ITS는 교통 혼잡을 완화시켜주고 에너지의 효율적인 사용을 유도하여 교통 부문에서 저탄소 녹색성장에 부응하고 있다. 우리 생활에서 접할 수 있는 ITS는 버스정류장의 버스도착안내 시스템, 교차로에서 교통량에 따라 자동으로 차량신호가 바뀌는 시스템, 네비게이션의 실시간 교통정보, 하이패스 등이 있다. 한편, ITS 및 각종 정보통신기술, 컴퓨터 등을 이용한 녹색스마트 교통의 진화의 예는 대표적으로 초고속열차, 그린카 사업, 스마트하이웨이 등이 있다.

ITS 사업이 어느 정도 성과를 보이면서 보다 다양한 첨단기술을 활용해 전기차나 고속철도와 같은 새로운 친환경교통수단을 만들거나 스마트 하이웨이 사업과 같은 녹색스마트교통 경쟁력 강화 방안이 본격화되었다. 본장에서는 녹색스마트교통의 진화와 경쟁력 강화방안에 대해 서술하고자 한다.

01 | 첨단교통정보체계

첨단교통정보체계(ATIS)는 ITS 기술 중 하나로 차량 탑승자의 현재위치, 정체, 사고 상황, 기상상태, 차량진행속도, 차선 제한 정보 등 실시간 교통정보자료를 기초로 하여 중앙의 상황실에서 각 차량에 내장된 기기를 이용하여 경로 탐색 정보 및 경로 유도를 제공하는 시스템이다. 한국에서의 첨단교통정보체계(ATIS) 구축사업은 1997년부터 추진된 지능형 교통 시스템(ITS) 구축 사업의 일환으로 운전자와 대중교통 이용자들에게 양질의 실시간 교통정보를 제공하여 교통 혼잡을 해소하고 물류난을 해결하기 위해 추진되었다.

90년대 후반부터 이렇게 첨단교통정보시스템이 추진되었지만 사실 이용자들에게 체감되는 정도는 그다지 높은 수준은 아니었다. 언제 어디서나 정보를 제공 받는데 한계가 있기 때문이다. 하지만 스마트폰이 보급되면서부터 정보제공이 수월해지고 정보에 대한 접근이 양호해지면서 현재 첨단교통정보시스템은 매우 많이 보급되어 있는 것을 볼 수 있다.

서울시에서는 종합교통정보센터를 운영하고 있는데 이곳은 승용차, 주차장, 자전거, 보행 등 교통정보를 다루고 있고 탄소, 친환경, 녹색교통의 보행 네비게이션으로서의 역할도 하고 있다. 이곳에서는 정보통신기술을 활용하여 교통정보 서비스를 실시간으로 알려주고 있다.

02 | 첨단교통운영체계

첨단교통운영체계는 교통 관련 첨단 기술을 활용하여 기존의 교통운영체계를 첨단교통으로 전환하는 것이다. 즉 자동차와 정보기술(IT)의 융합을 기반으로 각종 첨단교통 시스템을 구현하는 ITS 사업이다. 첨단교통관리시스템(ATMS) 및 첨단교통정보체계(ATIS) 또한 첨단교통운영체계의 하나라고 볼 수 있다.

첨단교통관리체계는 주요 간선 도로의 교통량 관리 시스템으로 교차로의 방향

그림 10-21 서울 종합교통정보센터

출처: 서울경찰청블로그.

별 교통량을 실시간으로 자동 인식하여 신호 시간과 주기 등을 최적으로 제어함으로써 교통 흐름을 원활히 하고, 고속도로나 간선 도로 교차로에서의 진입 교통량을 조절하여 소통 상황을 유지하기 위한 시스템이다. 아울러 차량 번호나 중량 등을 인식할 수 있는 장치를 설치하여 수행 중에 통행료나 혼잡 통행료 등을 징수하고 과적 여부를 파악하여 즉시 단속할 수 있도록 하는 자동화된 시스템이다.

첨단교통운영체계를 활용하면 도로 및 대중교통의 효율적인 운영이 가능하여 에너지 과다 이용을 억제 할 것이며 녹색교통을 실현할 수 있다. 즉 교통 흐름을 원활하게 하는 것으로도 주행속도가 증가하여 탄소배출이 저감될 수 있다. 실제 서울시의 종합교통정보센터 및 전국 최초로 국비 지원을 받아 시작한 여수시 지능형 교통체계는 첨단정보기술을 활용한 교통운영체계를 구현하였으며 실시간 운행정보를 제공하고 있다. 주요 교차로 등에 설치된 CCTV 등을 통해 수시로 교통흐름을 모니터링하여 돌발 상황에 신속하게 대처할 수 있어 교통의 흐름을 원활하게 하고 있다(그림 10-21).

03 | 무인감시카메라

무인감시카메라는 본래 차량의 증가와 함께 과속으로 인하여 해마다 늘고 있는 차량 및 사망사고를 방지하기 위해 개발된 시스템이다. 주·야에 관계없이 센서를 이용하여 정확한 속도측정과 과속차량만 정확하게 촬영하고 자동으로 차량번호를 판독하여 장소, 시간 및 위반 속도와 영상 data를 해당 센터에 실시간으로 전송한 후 자동으로 차적 조회를 거쳐 영상을 출력, 고지서를 발부하는 첨단 무인교통 단속 시스템이다. 즉 ITS 서비스 중 자동교통단속 서비스를 위한 무인감시카메라(그림 10-22) 및 주행차량 자동인식(AVI: Automatic Vehicle Identification) 기술(그림 10-23)이며

그림 10-22 고정식 무인감시카메라

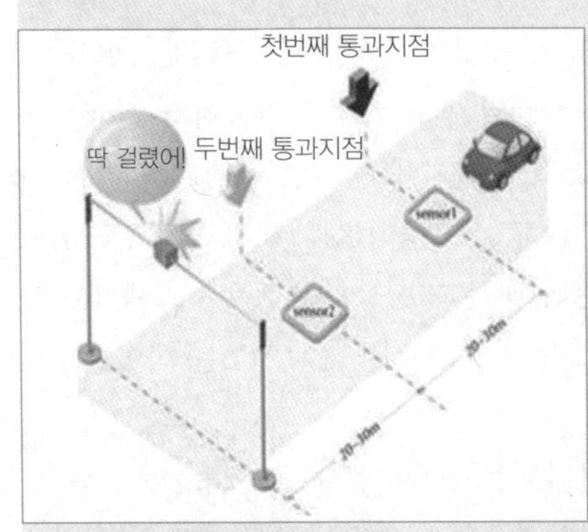

출처: 한국도로공사 블로그.

그림 10-23 이동식 무인감시카메라

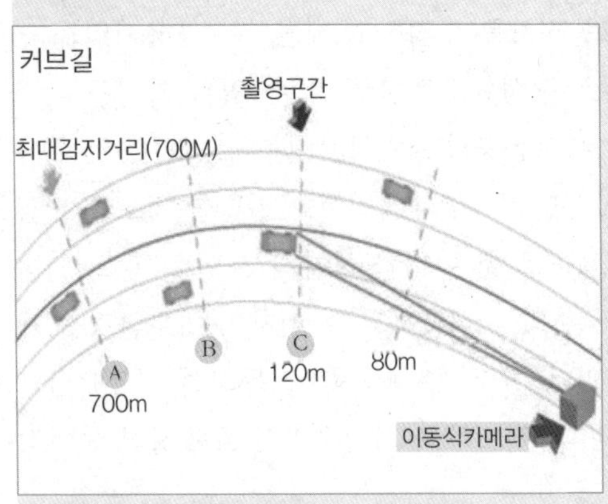

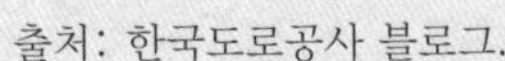

출처: 한국도로공사 블로그.

이를 활용하여 실시간 교통제어, 차선위반차량 단속, 과적차량 단속, 버스전용차선 위반 차량 단속, 신호위반 차량 단속 등 속도위반 단속뿐만 아니라 다양하게 활용되고 있다. 무인감시카메라는 단순히 차량을 단속하기 위한 수단일 뿐 아니라 차량의 운행 정보 등을 수집하는 데에도 활용되어 첨단교통운영체계에도 응용이 가능하다.

04 | 첨단요금징수시스템

고속도로 요금소를 통과하면 차의 키 높이에 맞춰 전광판에 차종과 요금이 자동으로 표시되고 요금표가 나온다. 하이패스 단말기가 부착된 자동차가 요금소를 지나면 장치가 자동으로 감지하고 차종에 맞춰 단말기에 적립된 금액을 알아서 차감한다. 이렇게 차량이 요금소에서 멈추지 않고 정상주행 상태에서 첨단전자장비(무선통신)를 이용하여 통행료를 지불하는 형태는 자동통행료징수시스템(ETCS; Electronic Toll Collection System)의 발달로 가능하게 된 것이다. ETCS는 하이패스의 정식 명칭이다.

ETCS는 자동차량인식(AVI) 기술을 활용하여 개발되었는데 고속도로와 같은 유료도로 통행료의 전자지불과 혼잡통행료 전자지불에 이용된다. 이는 ITS의 실현을 가능하게 하는 기본 구성요소 중 하나로 교통측면에서는 혼잡완화로 통행비용 및 통행불편이 감소되고 접근속도 증가로 인해 통행시간이 단축되며 환경측면에서는 통행속도 감소로 인한 배기가스 배출이나 차량 소음이 감소되는 효과가 있다.

또한 단순한 요금징수 뿐 아니라 교통정보를 수집하고 제공하는 응용서비스 구현이 가능하므로 지능형 교통체계의 주요 구성요소로 활용될 수 있는 특징을 갖고 있다. 예를 들면 명절 및 주말의 고속도로 교통량의 조사 및 예측에도 ETCS가 활용되며 ETCS 이전에도 방법이 없지는 않았지만 좀 더 체계적이고 정확한 정보를 제공하는 데 도움을 주고 있다. 최근에는 유료도로 뿐 아니라 하나의 카드로 버스, 지하철, 택시 등의 요금을 지불하여 이용자의 편의를 제공하고, 운전자의 업무환경을 개선하며 운송사업의 투명성을 확보하고 있다. 또한 주차장 등 교통시설 이용요금을 전자화폐로 지불하여 잔돈준비 등의 불편을 해소하고 시설운영의 효율성이 높아졌다(그림 10-24).

그림 10-24 ETCS의 다양한 활용

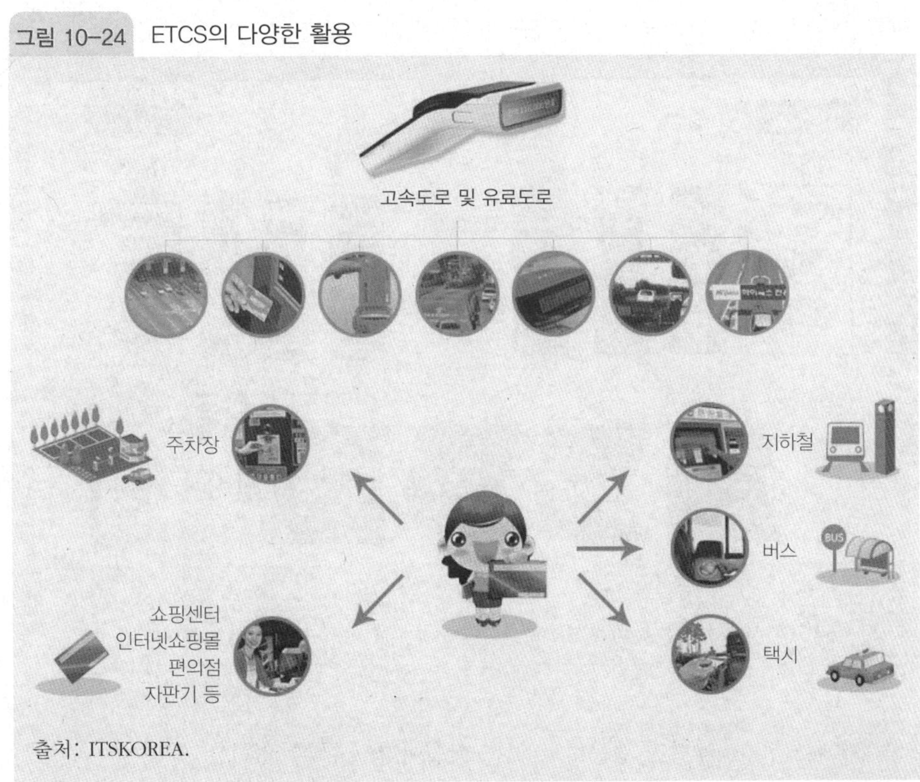

출처: ITSKOREA.

05 | 녹색스마트교통 사업의 진화

1) 초고속 열차

초고속 열차는 보통 시속 300㎞ 이상의 열차를 말한다. 지금 전 세계가 경쟁적으로 열차의 시속을 높이고 있다. 초고속 열차의 엄청난 속도가 가능한 것은 고성능 컴퓨터와 정보 통신망 기술 덕분이다. 즉 컴퓨터가 열차 운영에 필요한 정보를 빠른 속도로 처리할 수 있어야 하며 컴퓨터가 처리한 엄청난 양의 정보를 필요한 곳에 재빨리 전달해야만 가능한 것이다(그림 10-25). 이렇게 더 많은 정보를 더 빨리 처리하여 더 많은 정보를 주고받을 수 있는 통신망을 통해 더 신속하게 필요한 모든 곳에 전달하는 기술이야말로 고속철도가 바퀴식 열차의 속도 한계선이라고 생각되는

그림 10-25 고속철도 정보전달의 기본구성도

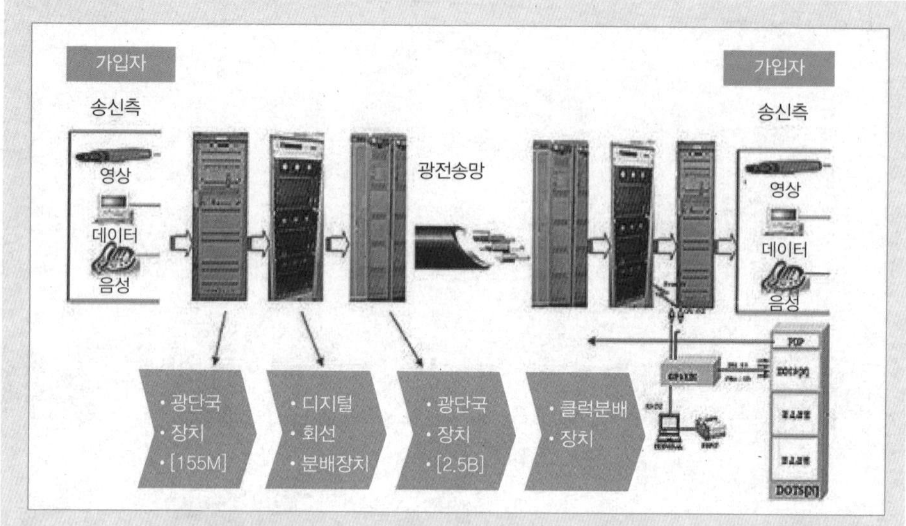

출처: 한국철도공사, 정보통신설비.
(http://info.korail.com/mbs/www/subview.jsp?id=www_020610010000)

시속 380㎞~400㎞에까지 접근하고 있는 핵심이라고 할 수 있다.

우리나라에서는 2012년 5월 최대 시속 430㎞로 달릴 수 있는 KTX 3세대 고속열차 '해무'를 공개했다. 이는 프랑스(575㎞/h), 중국(486㎞/h), 일본(443㎞/h)에 이어 세계에서 4번째로 빠른 초고속 열차라고 한다. 해무는 엔진, 차체, 동력 시스템 등 하드웨어적인 발전 뿐 아니라 개인별 좌석마다 LCD 정보장치가 장착돼 있고 그 속에 열차 현 위치를 비롯해 다양한 열차운행 정보와 승무원 원격 호출 서비스 등이 내장된 첨단 IT 기술까지 업그레이드되었다. 한편 최근 세계를 1일 생활권으로 묶기 위한 더 빠른 초고속 열차 개발에 박차를 가하고 있는데 바로 진공터널열차(ETT: Evacuated Tube Transport)다. 미국, 중국 등에서 적극적으로 연구하고 있는데 최근 영국에서 시속 4000㎞~6500㎞에 달하는 캡슐형 초고속 열차가 개발되었다고 한다. 이를 상용화하기 위해서는 엄청난 속도의 초고속 열차 정보를 처리하는 IT 기술이 함께 발달되어 접목되어야 가능할 것이다.

2) 그린카(Green Car)

그린카(Green-Car)란 전기자동차, 태양광자동차, 하이브리드자동차, 연료전지자동차, 천연가스자동차 또는 클린디젤자동차를 말한다. 기존 석유를 사용하여 동력을 낸 자동차는 배기가스 배출, 온실가스 배출 등으로 반환경적인 기술이었으나 그린카는 고효율 무공해 자동차를 지향하고 있다. 적용 기술을 보면 기존의 내연기관에 엔진기술과 후처리 기술을 개선하는 신내연기관 기술과 수소연료, 바이오 연료와 같은 대체연료기술이 있으며 연료 전지자동차, 전기자동차 및 복합동력원을 사용하는 하이브리드 자동차와 같은 대체 에너지기술로 대별된다(그림 10-26). 즉 여러 가지 첨단기술을 적용하여 녹색스마트교통을 실현하고자 전 세계적으로 개발에 박차를 가하고 있다. 하이브리드 자동차는 현재 미국과 일본에서 가장 큰 시장을 갖고 있으며 유럽에서는 클린디젤이 발달하였다. 전기차는 1990년대부터 개발되기 시작하였지만 2000년 들어 낮은 에너지밀도와 짧은 주행거리, 충전인프라 시설 등의 문제로 인해 중단됐다가 최근에 다시 주목받고 있으며 우리나라에서도 상용이 가능한 전기차 개발을 정부가 적극적으로 지원하고 있다. 아직 활발히 이뤄지지 않고 있는 태양광자동차 개발 또한 스마트하이웨이의 태양광발전 등의 첨단기술을 접목시키면 머지않은 미래에 상용화가 될 것으로 기대된다.

그림 10-26 친환경 자동차의 차량크기와 주행거리의 관계

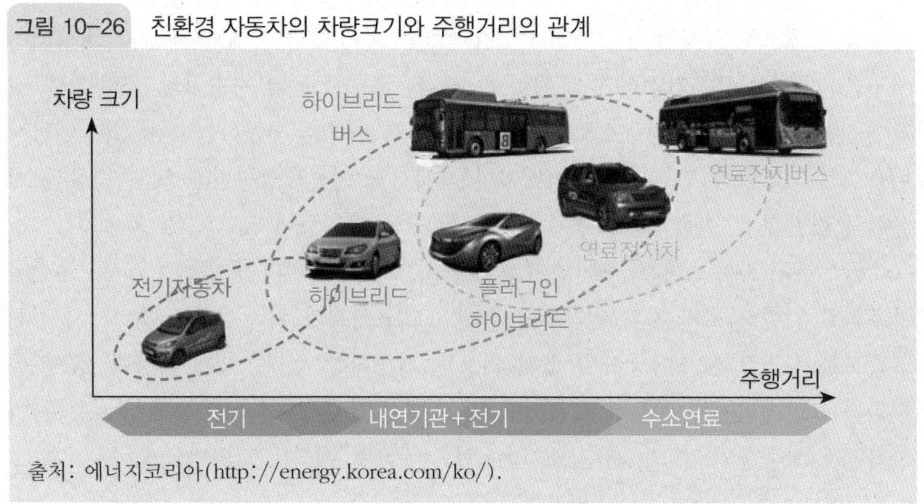

출처: 에너지코리아(http://energy.korea.com/ko/).

친환경차 보급 확대에 따라 이렇게 친환경차 경쟁력과 직·간접적으로 연관이 있는 IT, 전기전자기술 등 관련 첨단기술이 매우 중요한 역할을 수행하여야 하기 때문에 첨단기술 분야의 산업의 성장 또한 기대되고 있다. 최근 녹색스마트교통의 중요성 인식과 친환경 차량에 대한 정부 지원, 제도정비 및 규제로 인해 소비자 또한 과거 성능과 디자인 위주의 수요에서 친환경차 수요로 넘어가고 있다. 이를 잘 보여주는 것이 모터쇼의 컨셉트카 전시인데 최근 열리는 모터쇼에는 전기차와 전기모터 등을 이용한 하이브리드 컨셉트가 모델로 보여지고 있다. 이는 미래의 자동차는 전기·수소·태양을 이용하며 이에 덧붙여 자동 운전 등 첨단기술을 접목한 친환경 그린카일 것이라는 점을 예상할 수 있다.

3) 스마트 하이웨이(Smart Highway)

스마트 하이웨이란 첨단 IT기술과 자동차·도로기술을 융·복합해 빠르고 안전한 지능형 그린 고속도로로 주행 중인 자동차 안에서 도로상황 등 각종 교통정보를 실시간으로 주고받으며 소음이나 교통체증을 줄여 시속 160㎞ 이상으로 주행할 수 있는 도로기술이며 이동성, 편리성, 안전성 등을 향상시킨 차세대 고속도로이다. 국토교통부에서는 2011년 고속도로에 첨단 IT 및 자동차 기술을 접목한 스마트 하이웨이의 각종 교통정보·차량안전 관련 신기술을 체험할 수 있는 시연행사를 개최하였다. 스마트 하이웨이에서 운전하는 운전자는 적재불량으로 인한 도로 내 낙하물 정보를 자동으로 제공받을 수 있으며, 갑작스런 차로 이탈 시에도 차량 내 발생되는 경고음을 통해 보다 안전하게 운행할 수 있다. 교통사고 및 차량고장 등의 돌발 상황이 발생하면 동시에 자동으로 후방 차량들에게 정보를 제공하는 연쇄사고 예방서비스 또한 제공된다. 스마트 하이웨이의 녹색기술로는 태양광발전 및 차량풍을 이용한 풍력발전기, 이산화탄소 흡수가 가능한 방음패널 등이 있다(그림 10-27).

국토부에서는 스마트 하이웨이가 성공적으로 구현된다면 졸음운전 등 운전자 부주의로 인한 사고와 차량 연쇄추돌과 같은 2차 사고가 획기적으로 줄어들어 전체 고속도로 사고의 50%이상이 감소될 것으로 기대하고 있다. 또한 태양력·풍력 등 친환경 그린에너지를 활용한 도로기술 및 교통 혼잡 감소 효과를 통해 도로분야 이산화탄소 배출량의 약 10%를 감소할 수 있을 것으로 예상하고 있다.

그림 10-27 스마트 하이웨이의 녹색기술

풍력발전기

방음패널

출처: 스마트 하이웨이 사업단.

제 4 절 녹색교통의 미래

01 | 미래 사회상

1) 인구구조의 변화

2011년 통계청에 따르면 우리나라 인구는 2010년 총인구 4,941만명에서 2030년 5,216만명까지 성장하였다가 2060년 이후 4,396만명으로 감소할 것으로 전망하였다. 인구가 감소됨에도 65세이상 고령인구는 지속적으로 증가해 2010년(545만명)에 비해, 2030년 2.3배(1,269만명), 2060년 3배(1,762만명)이상 증가로 예상된다. 또한 2050년에 이르면 평균수명이 83.3세로 늘어날 것으로 전망되고 있다. 현재와 같이 의학 기술이 발전하면 아마 지금의 전망보다 훨씬 평균수명이 길어지지 않을까 예상된다(그림 10-28).

인구구조의 변화로 교통에 미치는 영향은 꽤 클 것이다. 국민소득의 증가, 여성

그림 10-28 인구성장 가정별 총인구(1960-2060)

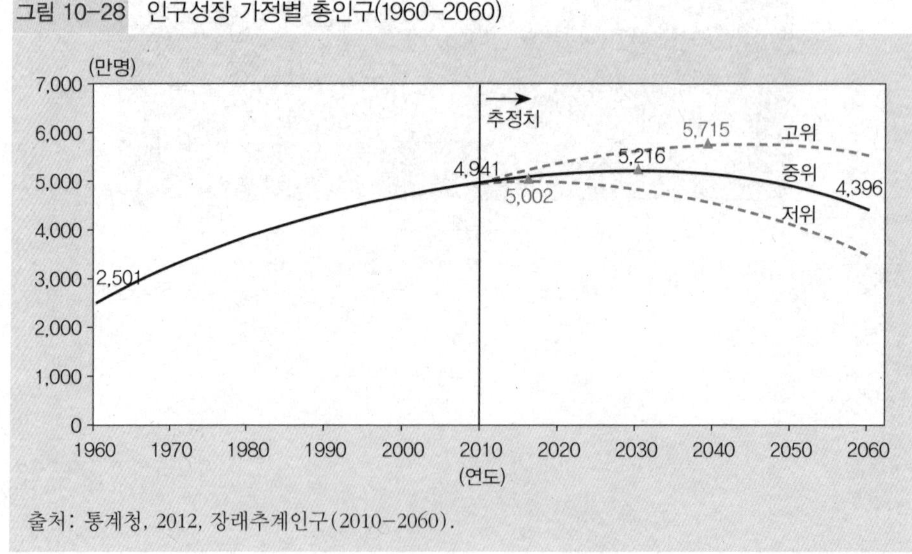

출처: 통계청, 2012, 장래추계인구(2010-2060).

노동인구의 증가 등과 함께 노년층 인구의 증가와 평균수명의 획기적인 증가는 활동성 있는 인구를 증가시켜서 전체적으로 교통체계에는 큰 부담으로 작용할 것이다. 운전 가능 연령도 길어져서 자동차에 대한 수요도 늘어나고, 대중교통에 대한 수요도 늘어나는 동시에 교통약자 인구도 늘면서 보다 안전하고 쾌적한 고급의 서비스를 요구하게 될 것이다.

2) 수직도시의 탄생

자동차에 대한 수요가 늘어나는 동시에 쾌적한 고급의 서비스를 요구하게 되지만 자동차 보급이 증가될수록 많은 도시문제가 발생할 수밖에 없다. 도시의 외형 팽창이 진행되고 도심 공동화 현상과 inner-city 문제가 생긴다. 무엇보다도 도시 외곽은 무분별한 환경파괴로 결국 총체적으로는 환경의 질이 저하될 것이다. 우리나라는 세계에서 가장 도시화 비율이 높은 국가에 속한다. 이미 2003년도에 도시화비율이 90%에 육박했다. 향후 교통수단의 발달로 인한 도시 간 교류의 확대와 글로벌라이제이션으로 인한 외국인 인구의 증가로 도시로의 인구 유입은 지속적으로 증가될 것이고 이러한 현상으로 인해 기존 도시는 가용토지 고갈이라는 현실과 대면하게 될 것이다. 따라서 기존도시의 고층, 고밀화는 피할 수 없는 현상이고 건축기술의 발전으로 50층 이상 되는 초고층 건물과 지하공간의 활용도는 상당히 높아질 것으로 전망된다(그림 10-29).

이러한 필요성으로 구체화 된 개념이 콤팩트시티(Compact City), 즉 수직도시이다. 높이 828m의 부르즈칼리파는 초고층 건축물 즉 수직도시의 시작 단계로 볼 수 있다. 부르즈칼리파에는 아파트가 900가구, 호텔·레지던스 304실, 오피스 37개층, 상업시설, 위락시설 등이 있다. 한꺼번에 3만 5000여명이 이 건물 안에 살고 있으며 이는 서울의 역삼1동에 해당되는 인구이다. 공학기술의 발전으로 2025년에는 2000m, 2050년에는 4000의 건물을 지을 수 있을 것으로 전망된다. 전문가들은 1000m이 넘는 극초고층 수직도시에 대한 구상을 이미 10년 전부터 구체적으로 세웠다. 이 구상안에 따르면 인구 10만명 이상을 수용하는 하나의 도시로 주거공간 뿐 아니라 경찰서 등 관공서가 들어서고 마트, 백화점, 놀이터, 공원 등 생활편의시설도 지어진다.

그림 10-29 영국 수직도시 "무한의 성" 설계

출처: 영국 데일리메일.

수직도시의 출현으로 그동안 수평이동 중심의 교통체계는 수평이동과 수직이동이 공존하는 체계를 변화할 전망이다. 특히 초고층 빌딩 내의 교통수단인 엘리베이터 기술은 속도나 용량 면에서 획기적인 변화가 필수적이고, 하늘을 나는 자동차와 같이 3차원을 서비스 하는 새로운 교통수단이 등장할 것으로 기대된다. 수직 도시에서는 교통에 쓰이는 에너지가 화석연료에서 전기에너지로 대체되면서 기후온난화와 같은 지구적 재앙에 보다 효과적으로 대응할 수 있게 될 것으로 전망된다.

3) 기술의 획기적 진보

미래의 교통에 영향을 주는 요인으로 스마트폰도 그 중 하나이다. 스마트폰은 최근 들어 인류의 생활에 가장 커다란 변화를 가져온 기기이다. 스마트폰은 전화, 카메라, 무선인터넷, 개인용 컴퓨터, 전자상거래, 텔레매틱스(telematics) 등의 기능이 하나의 기기 안에 모두 들어 있는 융합기술의 산물이라 할 수 있다. 자동차에도 큰 변화가 오고 있다. 자율주행자동차의 등장으로 자동차가 로봇으로 변화하고 있다. 향후 융복합 기술의 진보로 그동안 한 분야 내에서 풀어내지 못한 문제를 해결하게 되고 따라서 인류의 생활은 급속도로 진화될 것이다. 예를 들면 항공기술과 자동차 기술이 복합되면 하늘을 나는 자동차가 운행될 수 있고, 자전거 도로 기술과 기체역학 기술이 복합되면 초고속 자전거 고속도로가 탄생할 수 있으며, 자석의 원리가 철도에 응용되면 공중을 떠다니는 은하철도가 가능하게 된다. 또한, 컨테이너 기술과 엘리베이터 기술이 복합되면 대용량 엘리베이터가 탄생하고, 무선 전기를 안전하게 송전할 수 있는 기술이 확보되면 고속철도를 건설할 때 기차 위쪽으로 전선망을 별도로 설치할 필요도 없어지고 터널도 작게 만들 수 있어서 고속철도 건설 비용을 획기적으로 낮출 수 있다.

4) 교통에서의 지속가능성 요구 증대

중국과 인도와 같은 인구 대국들의 산업화가 본격적으로 진행되면서 화석연료에 의존해 온 지구경제체제에 큰 위기가 다가오고 있다. 에너지 가격이 오르는 것은 물론, 기후온난화의 영향으로 지구 전체에 이상 기후 현상이 자주 발생하고 있다. 화석연료를 줄여야 하는 것은 이제 더 이상 선택의 문제가 아니라 의무가 되었다.

우리나라에서 교통부문의 에너지 소비 비중은 15%를 상회하고, 특히 자동차는 그 중 80% 가까이 차지하고 있기 때문에 어떻게 자동차에서 쓰는 에너지를 줄이느냐 하는 것이 대단히 중요한 과세이다. 그동안 수력, 풍력, 태양열, 지열, 수소와 같은 재생가능 에너지를 통해 전기를 생산해서 자동차 동력으로 쓰는 기술이 개발되고 있지만 아직 경제성 등 여러 측면에서 가시적인 성과를 나타내고 있지는 못하고 있다. 한편, 인간의 생체에너지를 최대한 활용해서 교통 부문에 활용하는 다각적인 노력이 진행되고 있는데 보행자 전용지구, 자전거 고속도로 등이 그 예에 속한다.

5) 초연결(Hyper-connected) 사회의 출현

미래는 정보통신 기술과 센서기술의 발달로 세계가 이웃처럼 통할 수 있는 초연결 사회가 될 전망이다. 무선인터넷, 스마트폰, GPS, LBS, RFID, USN 기술이 복합되어 어디서든지 접속이 가능한 유비쿼터스 네트워크 사회로 급속하게 진전되고 있고, 무선 앱 기능은 이동 중 전자상거래, 오락, 학습 등 이전에는 상상도 할 수 없었던 새로운 세상을 열고 있다. 초연결 사회가 되면 교통은 소유에서 오는 부담을 줄일 수 있는 계기를 맞게 된다. 자동차를 소유하기보다는 필요할 때 인터넷에 접속해서 주변에 쉬고 있는 자동차를 저렴하게 공유해서 이용하면 되고, 주차장도 움직이는 곳곳마다에 널려 있는 공유주차면을 실시간 예약으로 이용하면 되기 때문이다.

02 | 미래의 녹색교통

이와 같이 미래 변화에 따라 아래에서는 첨단융복합 기술을 활용해 보다 편안한 3차원 교통시스템을 소개하고, 다음으로 지속가능한 지구를 위해 교통에너지의 획기적인 변화를 예고하는 신에너지 교통시스템을 소개한다. 마지막으로는 첨단 유비쿼터스 환경하에서 소유중심의 교통생활에 혁명적인 변화를 가져올 통합공유교통시스템을 소개한다.

1) 3차원 교통시스템의 활성화

수직도시를 보다 빠르고 편리하게 이동하기 위해서는 육지와 공중을 동시에 이동할 수 있는 하늘을 나는 자동차가 필요하다. PAV(Personal Air Vehicle)라 불리는 이 자동차는 NASA의 정의에 따르면 2~6인승, 240-320km/h 속도, 이동거리 한도 1,300km, 자동차 운전면허증 소지자 운전가능, 낮은 소음, 높은 에너지효율 등의 특징을 갖고 있다. 아직 완벽하게 NASA가 제시하는 조건을 충족하는 차량은 없지만 최근 몇몇 회사에서 상당히 유사한 모델을 생산하기 시작했다. 테라푸지아(Terrafugia) 회사에서 만든 트랜지션 파브(Transition PAV)라는 자동차인데 지상에서는 날개를 접고, 공중에서는 날개를 펴도록 디자인되어 있다(그림 10-30, 10-31).

예전부터 하늘을 나는 은하철도에 대한 이야기를 들어왔다. 도저히 현실에서는 불가능할 것 같았지만 일부 기술진에 의해 현실화 노력이 진행되고 있다. 수직도시의 높은 건물과 건물을 구조물이 없는 이러한 철도로 연결할 수 있다면 공중에 새로운 교통네트워크가 출현하는 것이 된다. 은하철도가 가능하게 하기 위한 유사기술로 자기장을 활용해 철도를 공중부양해서 이동시키는 마그레브(Maglev) 기술이 필수적인데 이미 중국 상해에서는 이 기술을 적용해 공항에서 도심까지 시속 432km

그림 10-30 다양한 PAV

Teraffugia Transition(cur) –prototypeunder construction

Taylor Aerocar(1956)

Bell X–22A(1965)

Moller SkyCar(cur) – prototypein hover trials

출처: Gress Aerospaceinc, 2008.

그림 10-31 트랜지션 파브(Transition PAV)

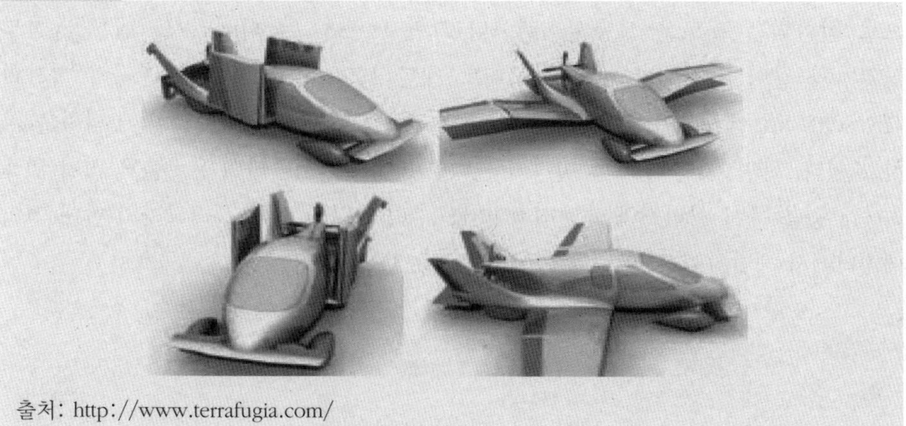

출처: http://www.terrafugia.com/

그림 10-32 중국의 마그레브열차

출처: 위키피디아.

로 달리는 철도를 운영하고 있다(그림 10-32). 일본에서도 최근 시속 600km에 달하는 마그레브를 개발 완료했고, 수년 내에 동경과 오사카 구간을 1시간에 연결할 것이다. 마그레브 기술이 지속적으로 진보하면 높은 공중을 날아다니는 은하철도가 가능한 시대가 곧 열릴 것이다.

최근 제안된 오디세이시스템(Odyssey System)은 초고층빌딩에서 한번 엘리베이터를 타면 자동적으로 환승까지 되면서 내려오고 지상에 도착하면 수평이동으로 전환되는 새로운 교통시스템이다(그림 10-33). 오디세이시스템은 자기부상열차와 같이 자기부상 개념을 토대로 제안되었으며, 현재 엘리베이터 회사인 ThyssenKrupp에서 2016년을 목표로 하여 프로토타입(Prototype)개발에 박차를 가하고 있다. 한편, 최근 초고층 빌딩이 늘어나면서 엘리베이터의 용량을 늘리기 위해 2-3개 층을 동시 서비스하는 엘리베이터도 개발되고 있으며 우리나라의 현대 엘리베이터에서 개발하여 시판 중에 있다(그림 10-34).

그림 10-33 오디세이시스템

출처: ThyssenKrupp, 2014, Maglev Elevator.

그림 10-34 2-3층을 동시 서비스 하는 엘리베이터

출처: 현대 엘리베이터, 2013, THE EL Duo.

2) 신에너지 교통체계의 등장

자동차에서 쓰는 화석연료가 지구온난화의 주요 원인이기 때문에 화석연료 기반의 엔진 대신 배터리로 에너지를 공급하는 전기자동차의 개발이 활발하게 진행되고 있다. 하지만 전기자동차가 본격적으로 활용되기 위해서는 배터리를 충전할 수 있는 시설이 곳곳에 설치되어야 하고, 충전시간이 현재보다 현격하게 줄어들어야 하며, 한번 충전하면 먼 거리를 갈 수 있어야 하는 한계를 극복해야 한다. 기술 진보의 속도가 예상보다 늦어지면서 기존 차량 장착용 대용량 배터리 대신 적은 용량의 배터리를 장착해 차량의 무게를 줄이고, 주행 중 충전할 수 있도록 하는 무선전기충전 기술이 개발되고 있다. KAIST에서 개발을 주도하고 있고 OLEV(On-line Electric Vehicle)라 불리는 이 차량은 무선충전방식으로 인한 신체 건강에 미치는 영향에 대한 검증에서 좋은 반응을 얻으면서 향후 본격적인 생산이 예상되고 있다(그림 10-35).

그림 10-35 OLEV(On-line Electric Vehicle)

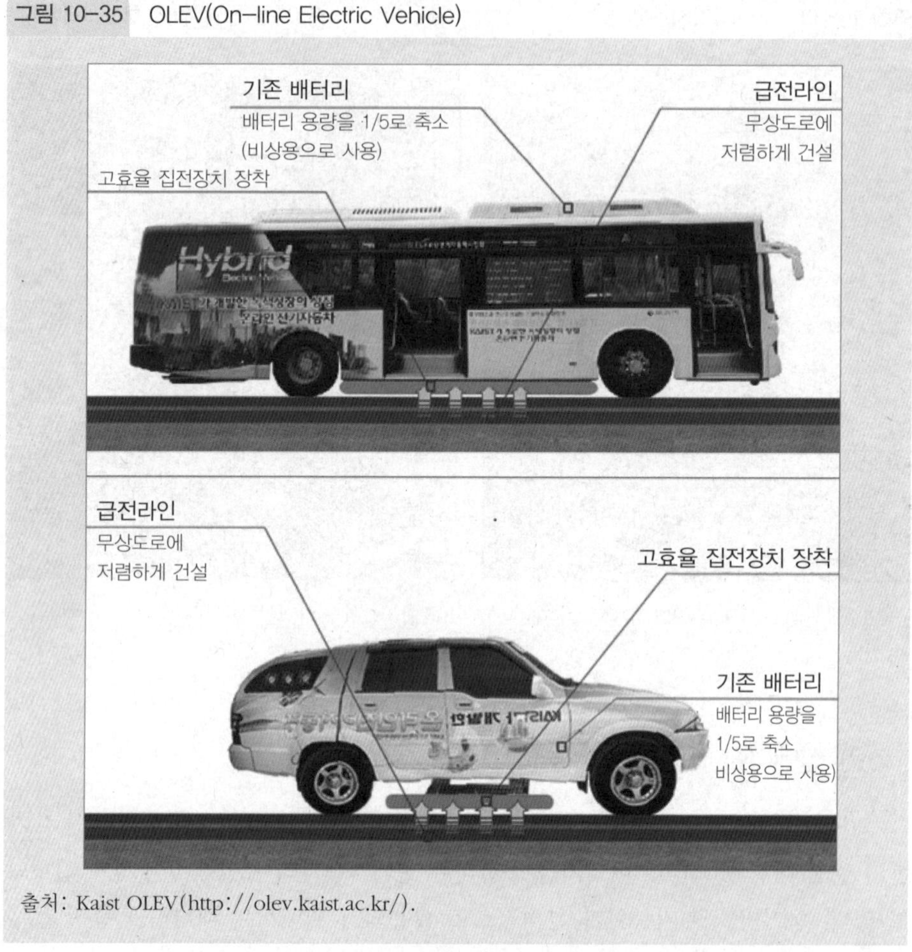

출처: Kaist OLEV(http://olev.kaist.ac.kr/).

인간의 생체에너지를 과학기술과 접목해서 속도를 극대화하는 자전거 고속도로 또한 관심을 갖고 지켜보아야 할 미래 교통 시설이다. 이 시스템의 특징은 자전거도로를 고가형 또는 일반 차선으로부터 완전 분리한 구조로 설계해서 자동차 고속도로와 같이 멈춤 없이 고속으로 자전거가 달릴 수 있을 뿐 아니라, 구조물에 튜브를 씌워서 날씨의 영향도 최소화했고, 공기역학을 응용한 뒷바람으로 자전거가 언덕을 올라갈 때보다 힘이 덜 들고 평지에서는 속도를 시속 40km 이상 낼 수 있도록 설계되어 있다. 향후 자전거 고속도로가 건설되면 자전거는 더 이상 단거리 환승

그림 10-36 자전거 급행도로 시스템

출처: KOTI 자전거교통 브리프, 2010.5.

연계수단이 아닌 장거리 통근수단으로 그 기능이 재편될 것으로 예상된다(그림 10-36).

3) 통합공유교통시스템의 활성화

정보통신기술의 발달로 인해 소유 중심의 교통생활이 공유중심으로 획기적 변화의 계기를 맞고 있다. 스마트폰에 내장되어 있는 GPS와 LBS(Location-based System)를 통해 실시간으로 자동차나 자전거, 주차장 등을 시간제로 공유해 쓸 수 있게 된 것이다. 가령 예를 들면 스마트폰으로 차량공유앱에 들어가 차량이 필요한 시간, 차종 등을 입력하면 주변에서 가장 가까운 곳에 위치한 차량으로 스마트폰을 통해 길안내를 해주고 차량은 미리 회원에 가입해서 얻은 카드로 열고 탈 수 있다. 운행 중 유류비는 시간당 이용료에 포함되어 있고 기름이 떨어지면 차량 내에 비치된 주유카드를 사용한다.

통합공유교통시스템은 클라우드 교통시스템이라고도 불리는데 개인교통수단, 대중교통수단에 이은 제3의 교통체계로 위에서 말한 스마트통신기기를 활용해 자동차, 주차장, 자전거 등을 실제 소유하지 않고도 하나의 카드만 소지하면 편리하게

그림 10-37 공유기반 교통시스템의 개념도

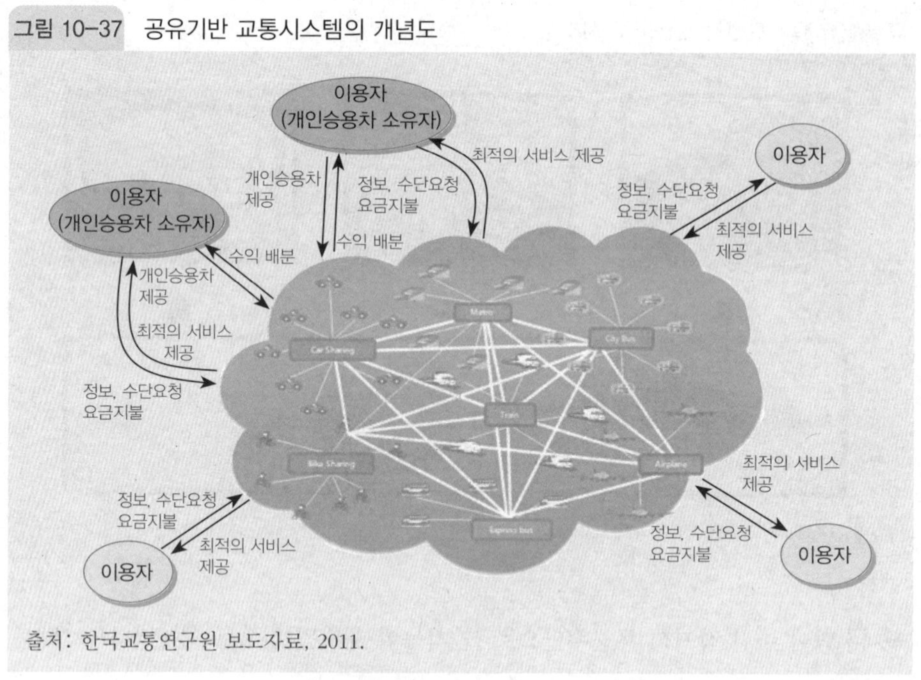

출처: 한국교통연구원 보도자료, 2011.

사용할 수 있는 미래교통시스템이다(그림 10-37). 본 통합시스템은 인터넷 앱의 플랫폼을 통해 실제 운영되는데 플랫폼의 핵심 기능은 개별 서비스 간 연계, 관련 대중교통서비스와 연계, 기업과의 연계 및 SNS와의 연계를 통해 공유교통시스템을 활성화하는 데 있다. 가령 공유자전거시스템의 회원이 되면 카셰어링 서비스를 이용할 때 할인혜택을 받을 수 있다거나, 대중교통서비스에 관한 정보를 공유서비스 참여자들에게 자동적으로 제공하게 할 수도 있고, 한편으론 SNS를 통해 실시간 카풀의 믿을 수 있는 그룹을 형성하거나 공유자전거 회원을 모집할 수도 있다.

03 | 녹색교통의 미래 전략

기후 온난화로 인한 지구적 재앙이 가속되고 있는 상황에서, 탄소에너지 소비의 20%를 차지하는 우리나라 교통부문의 경우 2020년까지 이산화탄소 감축 목표 37%를 달성하기 위해 역량을 집중해야 한다. 특히 자동차는 교통부문 탄소배출의

80% 가까이 차지하고 있기 때문에 어떻게 자동차에서 쓰는 화석 에너지를 줄이느냐 하는 것은 대단히 중요한 과제다. 그동안 수력, 풍력, 태양열, 지열, 수소와 같은 신재생 에너지를 통해 전기를 생산해서 자동차 동력으로 쓰는 기술 개발에 노력해 왔지만 아직 경제성 등 여러 측면에서 가시적인 성과를 나타내고 있지는 못하고 있기 때문이다.

우리나라에서 도시 교통정책은 지난 20년간은 자동차 이용 억제를 정책적으로 유도하는 교통수요관리 중심으로 대도시 교통에서 소외된 교통약자들의 교통권을 회복시켜 주는 데 집중되었다고 할 수 있다. 아직, 교통문제를 근원적으로 해소하는 효과를 보진 못했지만 녹색교통 중심의 신패러다임으로 발전하면서 어느 정도 그 정책이 지향하는 목표를 달성했다고 할 수 있다. 하지만 21세기가 당면하고 있는 지속가능한 지구의 위협 요소들은 교통 부문에서도 온실가스 감축과 같은 보다 확대된 스케일의 목표와 실행 방안의 설정을 요구하고 있다. 새로운 목표를 달성하기 위해서는 기존에 추진해왔던 방안들을 재검토해서 지속화할 것을 추려내고, 더 나아가 획기적인 온실가스 감축방안을 개발해야 한다.

신녹색교통 패러다임의 목표를 구현하기 위해서는 우선, 기존에 활용해온 방안 중 다음의 세 가지 방안들이 지속적으로 추진되어야 한다. 첫 번째는 화석에너지 절약을 위한 교통수요관리 정책을 포기하지 않는 것이다. 타임지에서는 '에너지 절약'을 불, 석유, 원자력, 수소 및 태양 에너지 등에 이은 제5의 에너지로 규정하고, 이를 실천하면 2020년까지 에너지 수요의 20% 이상을 줄일 수 있다고 밝혔다. 에너지 절약을 실천하기 위한 교통수요관리 방안으로 혼잡통행료, 환경주행세, 운전거리에 비례해 부과하는 보험, 대중교통지출에 대한 소득공제제도, 저탄소지역 지정(Low Emission Zone), 카풀차선에서 나홀로차량 통행료 부과제도(High Occupancy Toll lane) 등이 시행될 수 있도록 지원해야 한다. 특히, 우리나라 유류관련 세제 부담이 크다는 점을 감안할 때 혼잡통행료 제도는 소득형평성 문제 등을 보완하면 온실가스 감축 목표달성에 가장 큰 기여를 할 수 있다. 보완 대안으로 크레딧기반 통행료 제도가 있는데 이는 자동차 운행 시 지불한 혼잡통행료 금액을 교통카드에 저장토록 하고 일정 기간 내에 운전자가 대중교통을 이용할 때 그 금액의 일부를 사용할 수 있도록 하는 제도이다. 이와 같은 방식을 채택하면 자동차 교통량 감축은 물론 통행료 징수에 따른 반발을 줄일 수 있고 대중교통 이용도 획기적으로 늘릴 수 있는 일석삼조의 효과를 기대할 수 있다.

둘째로 인간의 생체에너지를 교통 활동에 활용하도록 보다 적극적으로 지원해야 한다. 보행을 활성화하기 위해서는 보행의 연속성과 보행자의 안전을 철저하게 보장하는 법적 정비가 필요하며, 이를 위해 차 대 사람 교통사고의 경우 신호 준수여부에 상관없이 보행자 권리를 우선시 하는 법 개정을 추진함이 필요하다. 자전거는 최근 전용도로 확보, 도로다이어트 등을 통해 많은 개선이 이루어지고 있지만, 이에 그치지 않고 출퇴근용 교통수단으로 발전시키기 위한 시설적 지원이 필요하다. 자전거 이용의 급속한 신장을 위해서는 자동차시대를 연 고속도로와 마찬가지로 도심에서 이동성을 확보할 수 있는 입체화된 자전거전용도로의 신설도 지원할 필요가 있다.

셋째, 화석연료의 사용을 근원적으로 줄이기 위해서는 토지이용 및 통신수단과의 연계가 대단히 중요하다. 직장과 주택이 하나의 단지 내에 결합되고, 근린상업, 농업을 포함한 모든 인간 활동이 보행권 범위 내에 입지하며, 도시 간 연계활동은 통신으로 대체되는 미래형 콤팩트시티의 건설이 가장 근본적 접근 방법이다. 이를 위해 역세권 중심의 개발과 복합적 토지이용을 활성화시키는 도시재생 사업을 적극 지원할 필요가 있다.

한편, 기술 기반 사회에 맞게 보다 진일보된 새로운 화석연료 감축 대안도 개발해서 추진해야 한다. 우선, 정보통신기술과 첨단 기술 또한 교통의 흐름을 원활히 하는데 활용되고 이용자들에게 정보를 제공함으로써 불필요한 에너지 사용을 억제 할 수 있음에 첨단정보통신 기술을 활용해 교통운영을 개선하려는 첨단지능형교통체계 ITS(Intelligent Transport System) 사업을 활성화해야 한다. 스마트교통기술을 활용해 전기차, 자율주행차량(Autonomous Vehicle) 등과 같이 에너지 효율이 높고, 교통사고, 혼잡 등을 피해갈 수 있는 새로운 자동차 개발에 투자해야 하고, 사물인터넷(Internet of Things) 사업을 통해 자동차와 소통하는 스마트 하이웨이를 만들어서 주어진 도로용량을 효율적으로 사용하는 방안도 강구되어야 한다.

또한, 무선인터넷 플랫폼 기반으로 교통생활을 소유 중심에서 공유 중심으로 획기적 전환시키는 사업을 추진해야 한다. 이 사업은 통합공유교통시스템이라 불리는데 개인교통수단, 대중교통수단에 이은 제3의 교통체계로 스마트통신기기를 활용해 자동차, 주차장, 자전거, 대중교통 등을 실제 소유하지 않고도 하나의 카드만 소지하면 편리하게 공유할 수 있는 미래형 교통관리 시스템이다.

그리고, 머지않은 미래에는 도시형태가 매우 컴팩트한 형태인 수직도시가 탄생할 것이다. 도시가 집적화되면서 사람들의 이동이 수평에서 수직이동으로 변화되고, 융합기술의 발달로 하늘을 나는 자동차, 튜브 속에서 시속 40km 달릴 수 있는 자전거 고속도로, 고층빌딩들을 연결하는 은하철도 등이 가능해 질 것이다.

인간의 특성을 경제학적으로 잘 풀어내어 최근 언론의 큰 조명을 받고 있는 미국 듀크대학의 댄 애리이리(Dan Ariely)는 그의 저서 예측가능한 비합리(Predictably Irrational)라는 책을 통해 빈번하게 발생하는 인간의 비합리적인 선택은 언제일지 모르는 불분명한 미래에 일어날 일을 선택할 때나 복잡하고 감정적이고 까다로운 결정을 할 때 나타난다고 지적했다. 기후온난화로 인해 지구적 재난이 급속하게 늘고 있고 언제일지는 모르지만 이대로 가면 지구적 종말도 예견되는 불편한 진실 속에서, 사람들은 치유책을 모르는 것이 아니라 불편함과 두려움 때문에 변화를 회피하는 비합리적 경향을 보이고 있는지도 모른다. 지난 20년을 뒤로 하고 새로운 녹색교통 패러다임이 추구하는 새로운 목표는 무엇보다도 지구적 위기를 구하기 위해 우리나라가 담당해야 할 온실가스 감축 의무를 교통 부문에서 구체적으로 실천하는 데 두어야 한다는 말로 끝을 맺는다.

주 요 개 념

간선급행버스(BRT)
거주자우선주차제
교통수요관리
그린카
기업체교통수요관리
녹색교통운동
대중교통중심개발(TOD)
반발효과(Rebound Effect)
본엘프
브래스역설
4대강 자전거도로
3차원 교통시스템
서울광장
서울시 대중교통 개혁
수직도시
스마트하이웨이
온실가스
올레길
완전도로(Complete Street)
유발수요
차고지증명제
청계천복원
초고속열차
통합공유교통시스템
혼잡통행료
ITS

참 | 고 | 문 | 헌

구자훈, 2011, 제1회 건축도시 담론 – 지속가능한 녹색도시와 건축의 접점, 녹색도시와 TOD와 어떤 관계가 있나?, 대한국토도시계획학회.

국토해양부, 2011, 제1차 지속가능국가교통 물류발전기본계획.

박진영 외, 2013, 기후변화에 대응하기 위한 교통부문의 국제지원 및 국내대응방안 연구, 한국교통연구원.

서울연구원, 2013, 일본 동경 사람중심 친환경교통정책 사례조사, 해외출장노트.

수도권광역경제발전위원회, 2011, 수도권 광역경제권의 교통부문 탄소배출저감을 위한 정책제안.

에너지경제연구원, 2013, 에너지통계연보.

오재학 · 박준식 · 김거중, 2011, 공유기반교통시스템구상, 한국교통연구원.

우승국 외, 2013, 교통물류부문 온실가스감축 정책효과분석 방법론 및 관리방안 연구, 한국교통연구원.

유정복 · 박상우 · 채찬들, 2010, 초고층 수직도시에 적합한 신교통체계 개발방향 연구, 한국교통연구원.

장진모, 2014, "엘리베이터의 최신 기술동향," 한국승강기공학회지.

통계청, 2012, 장래추계인구(2010-2060).

한국교통연구원, 2011.12, KOTI브리프.

한상진 · 조성희, 2010, "반발효과(Rebound Effect)와 온실가스 저감정책," 월간교통, 한국교통연구원.

Anthony Downs, 1992, *Stuck in Traffic: Coping with Peak-Hour Traffic Congestion*, The Brookings Institution: Wash. DC.

DailyMail, 2014.08, The city in the sky.

[홈페이지]

http://article.joins.com/news/article/article.asp?Total_ID=3919221(중앙일보)

http://blog.naver.com/shinbundang_(신분당선블로그)

http://energy.korea.com/ko/(에너지코리아)
http://expressway.tistory.com/(한국도로공사블로그)
http://inews.seoul.go.kr/(서울톡톡)
http://korean.visitkorea.or.kr/kor/inut/addOn/main/publish/index.jsp(한국관광공사)
http://news.koroad.or.kr/articleview.php?idx=237(도로교통공단 KOROAD 웹진)
http://olev.kaist.ac.kr/(Kaist OLEV)
http://smartsmpa.tistory.com/(서울경찰청 블로그)
http://tour.junggu.seoul.kr/tour/index.jsp(중구문화관광홈페이지)
http://www.greengrowth.go.kr/(녹색성장위원회)
http://www.itskorea.kr/(한국지능형교통체계협회, ITSKorea)
http://www.jejuolle.org/(제주올레홈페이지)
http://www.krri.re.kr(한국철도기술연구원)
http://www.molit.go.kr(국토교통부)
http://www.nyc.gov/bikesmart
http://www.seoul.go.kr/main/index.html(서울특별시청 홈페이지)
http://www.sisul.or.kr/index.jsp(서울시설공단 홈페이지)
http://www.smartgrowthamerica.org/complete-streets(National complete streets coalition)
http://www.smarthighway.or.kr/(스마트 하이웨이 사업단)
http://www.terrafugia.com/

저탄소 도시와 건축

제11장 저탄소 도시와 건축

개인의 자유에 대한 추구와 보장을 근간으로 하는 자유주의에 기반한 현대 인류의 문명은 과학기술의 발전에 힘입어, 끊임없이 그 잠재적인 가능성을 발현할 수 있었다. 결과적으로 개개인은 상당한 수준의 자유를 확보할 수 있었고, 인류의 문명은 그 이전 시기에는 상상할 수 없었던 규모의 성공을 이루었다. 물론 20세기 초엽인 1914년과 1939년에 발발한 두 차례의 세계대전과 그 사이인 1929년 뉴욕에서 시작된 경제대공황이라 불리우는 전 세계적인 경제적 위기가 인류에게 준엄한 경고를 보낸 듯하였으나 인류는 그 위기를 극복해냈다.

하지만 인류 역사에서 자주 관찰된 것처럼, 1960년대의 축제가 끝나갈 쯤 위기가 찾아왔다. 20세기 초의 생태사회학자들이 지적한 바와 같이 인간은 그 내재된, 원초적인 조건인 자연법칙에서 벗어날 수 없는 것이 아니냐는 위기의식이 등장하기 시작한 것이다. 그 위기는 아이러니하게도 인류 문명의 시작지인 중동에서 시작되었다. 1973년과 1978년, 두 차례의 오일쇼크가 그것이다. 이와 더불어 이전에는 찾아볼 수 없었던 무역수지 적자와 재정수지 적자가 동시에 벌어져 쌍둥이 적자라고도 불리우는 더블딥(Double Deep)을 겪으며 세계의 경제는 깊은 수렁으로 빠져들기 시작했다. 인류는 패배를 통감했고, 스스로에게 경종을 울리기 시작했다. 1970년대 이후로, 석유 고갈, 방만한 에너지 사용, 지속가능한 개발(ESSD; Environment Sound and Sustained Development)의 추구 등 각계각층에서 다양하지만 비슷한 목소리의 지적이 쏟아지기 시작한 것이다.

당연하게도 인류 문명의 집약체라고 부를 수 있는 도시에 있어서도 이러한 지적이 등장했다. 그 효시격인 연구가 1980년대를 전후로 등장한 것은 어쩌면 당연한

그림 11-1 기후변화와 온난화 현상 분석

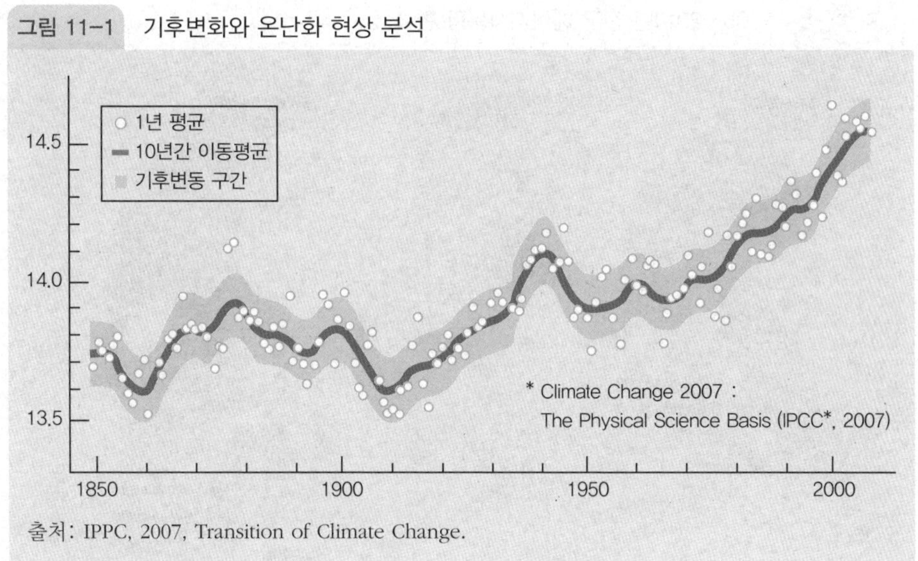

출처: IPPC, 2007, Transition of Climate Change.

것이었다. 그때까지 개인의 공간적 자유를 극대화시키는 유용한 도구였던 자동차는 악의 근원으로 여겨지기 시작했고, 이와 함께 미국식 도시계획의 방만한 개발방식을 비판하는 목소리가 주를 이루기 시작했다. 이러한 주장들이 공통적으로 지시하는 바는 이제는 기존과 같이 도시와 건축물을 계획하는 방식과는 다른, 새로운 접근방법이 모색되어야 한다는 것이었다. 이러한 고민에서 생태도시(Ecological City), 지속가능한 도시(Sustainable City), 녹색도시(Green City) 등의 개념이 등장하였다.

하지만 인류가 처한 상황은 더욱 더 나빠져만 갔고, 지구온난화(Global Warming)는 [그림 11-1]에서 보는 것과 마찬가지로 명확하게 관찰되기 시작했다. 이러한 지구온난화는 다시 기후변화(Climate Change)를 초래했고, 전 지구적으로 다양한 재해와 재난을 가지고 왔다. 이상기후 현상으로 지구 한 쪽에서는 가뭄과 사막화가 진행되는 한편, 다른 반대편에서는 엄청난 폭우로 인해서 수많은 사람들이 목숨을 잃기노 하는 일들이 더 자주 일어났다. 또한 지구의 온도가 계속해서 증가됨으로써, 해수면의 높이가 높아졌고, 남극과 북극의 환경이 바뀌기 시작했다. 이러한 전 지구적 현상의 주범으로 탄소가 지목되었고 이를 감소하기 위한 탄소저감 도시, 저탄소 도시(Low Carbon City) 등이 논의되고 있다. 이러한 탄소 배출에 대한 감소는 기존의 생태도시, 지속가능한 도시, 녹색도시 등과는 다소 새로운 목소리인 것처럼 생각되

그림 11-2 2005~2010년 전국 에너지사용량 변화

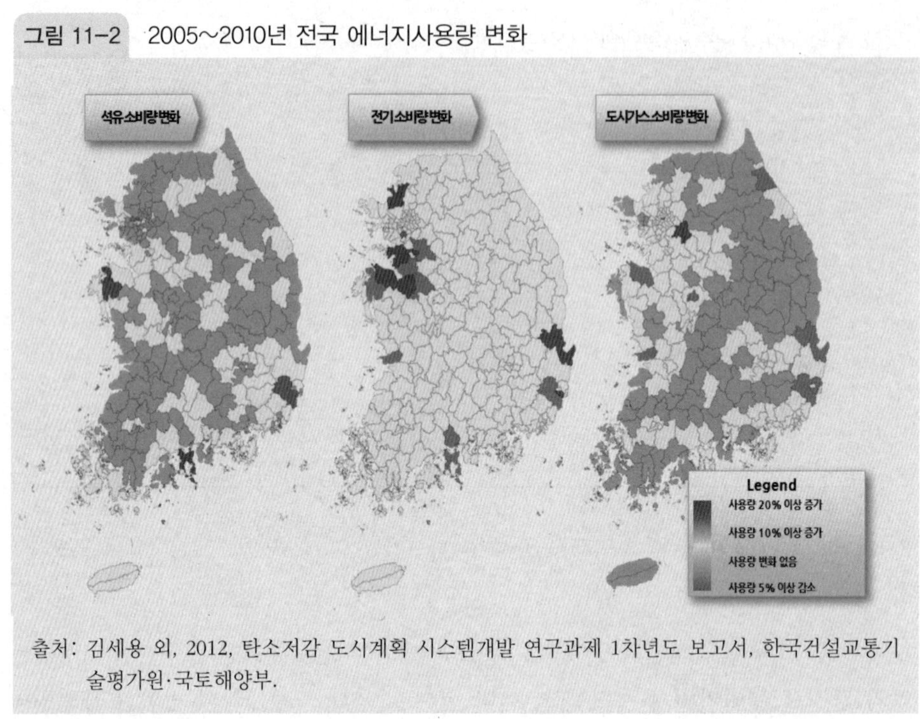

출처: 김세용 외, 2012, 탄소저감 도시계획 시스템개발 연구과제 1차년도 보고서, 한국건설교통기술평가원·국토해양부.

지만 주요 탄소배출의 근원이 인간이 사용하는 화석연료라는 점을 이해한다면, 기존에 논의되어 오던 도시의 개념과 크게 다르지 않음을 알 수 있을 것이다.

실제로 [그림 11-2]와 같이 한국의 도시들에 대한 에너지 사용량 분석결과를 통해 수도권, 경남 및 부산권의 주요도시를 중심으로 그 사용량이 점차 증가하고 있음을 알 수 있다. 에너지원별로 그 경향을 알아보자면 다음과 같다. 자동차 이용 및 공장 등의 입지와 관련이 깊은 석유소비량은 기존의 도시들에서는 감소하고 있지만 새롭게 공업화가 이루어지는 도시들에서는 증가하는 경향이 관찰된다. 전기에너지의 경우에는 전국적으로 증가가 관찰되고 있다. 특히, 새롭게 도시개발이 이루어지거나 급격한 인구증가를 경험하고 있는 도시들에서 그 양상이 두드러지게 관찰되고 있다. 도시가스의 경우에는 에너지의 공급특성상 수도권, 경남 및 부산권과 같이 기존에 도시화가 이루어진 도시들을 중심으로 그 사용량이 증가하고 있다. 특히, 도시가스는 에너지 소비를 두고 양극화가 이루어지고 있음을 설명하기 좋은 증거자료이다. 기존의 도시들은 계속해서 다른 지역들에 비해서 에너지를 더 소비하고 있는 것

이다. 이를 통해 주요 도시들을 중심으로 에너지 소비를 줄이기 위한 노력이 반드시 필요하다고 판단할 수 있다.

[그림 11-2]는 앞서 언급했던 전 지구적인 상황에서 우리 역시 멀리 떨어져있지 않다는 것을 의미하는 것이다. 도시구조 및 교통부문을 볼 때, 한국의 도시들은 상당히 자동차 의존적인 도시개발방식을 취해왔기 때문에 그 정도가 더욱 심하다고 할 수 있다. 또한 건축물 부문은 에너지 소비의 효율성보다는 지가 상승, 개발이익 확보 등에 초점이 맞추어져 대부분의 실무작업이 이루어져 왔다. 더욱이 우리의 생활수준이 높아짐과 지구온난화 및 도시열섬 등의 영향으로 가정별 냉방에너지 소비가 빠르게 증가하고 있다. 이러한 상황을 잘 보여주는 사례가 2011년 9월에 대규모 정전이 일어났던 블랙아웃(Black Out) 현상이다. 이후에도 여름철만 되면 어김없이 블랙아웃의 위기가 찾아오고 있다. 이러한 우리의 상황은 기존과 같은 에너지 소비 중심이 아닌 에너지 저감 및 탄소저감을 중심으로 한 새로운 도시계획과 건축물군 관리방식이 필요하다는 점을 시사하고 있다.

이를 위해서 전국 에너지 소비의 25%(서울시와 같은 대도시에서는 60%)를 담당하는 건축물군의 에너지 절감은 저탄소 도시를 위해 반드시 필요하다고 할 수 있다. 이를 위해 본 장에서는 이러한 저탄소 도시의 개념에 대해서 검토하고, 그 개념 속에서 개별 건축물 및 건축물군 관리의 중요성에 대해서 논의하고, 그 방법 및 원칙에 대해서 검토하고자 한다.

제 1 절 저탄소 도시·건축의 개념 및 이론 전개

저탄소 도시의 원류는 앞서 언급한대로 녹색도시, 생태도시, 지속가능한 도시 등에서 찾아볼 수 있으며, 이와 관련한 최초의 논의는 1962년 출간된 레이첼 카슨(Rachel Carson)의 『조용한 봄』(*Silent Spring*)에서부터 시작되었다. 1972년 로마클럽의 제1차 보고서인 '성장의 한계(The limits to growth)'로부터 포괄적인 의미에서의 '지속가능한 개발(Sustainable development)' 개념이 도입되기 시작하였다.

이후, 환경과 개발에 관한 세계위원회(WCED)에 의해 발표된 1986년 브룬트란트보고서 '우리의 미래(Our Common Future)'라는 보고서를 통해 처음으로 지속가능한 개발 개념이 등장하였으며, 유엔총회(1988)에서 지속가능한 개발을 유엔 및 각국 정부의 기본이념으로 삼을 것을 권고하기도 했다. 그리고 1992년 리우데자네이루에서 열린 국제연합환경개발회의에서 채택된 '의제21'에서는 이에 대한 구체적인 실천을 다룸으로써 1990년대에 '생태도시' 등 지속가능한 개발을 위한 구체적인 논의가 진행되었다.

01 | 지속가능한 발전의 개념 변천

앞서 언급한대로 전 세계의 국가정상에서부터 많은 전문가, NGO들에게 가장 많이 논의된 용어 중의 하나가 바로 지속가능한 발전이다. 지속가능한 발전은 1972년 스톡홀름의 국제연합인간환경회의(UNCHE), 1992년 리우의 환경 및 개발에 관한 국제연합회의(UNCED), 2002년 요하네스버그의 지속가능발전 정상회의(WSSD), 2013년 리우회의 20주년을 맞이해 개최된 리우 정상회의(RIO+20) 등의 세계정상회의를 통해 국제사회 전반에 걸쳐 새로운 패러다임으로 자리 잡고 있다.

지속가능한 발전이란 개념은 1992년 브라질 리우회의에서 발의된 '의제21' 서문에 가장 잘 나타나 있다. 지속가능한 발전이란 '기본적인 필요의 충족, 모두를 위한 삶의 기준 향상, 더욱 잘 보호되고 관리되는 생태계 그리고 더욱 안전하고 더욱 번영하는 미래'라고 규정되고 있다(한국지속가능발전센터, 2013). 이 개념은 앞서 언급한대로 브룬트란트보고서상에서 현재와 미래의 필요를 충족시킬 수 있는 환경용량의 한계를 핵심적으로 지적하면서 지속가능한 발전이 처음 공식화되었다. 즉, 지속가능한 발전이란 '미래세대의 필요를 충족시킬 수 있는 능력을 훼손하지 않는 범위에서 현재 세대의 필요를 충족시키는 개발'로 정의되었다. 이것은 자연자원과 생태계의 자정능력의 한계를 인정하면서 그 한계 안에서 인류의 기본적인 필요를 충족시키는 발전을 의미한 것이다.

그러나 1992년 리우회의에서는 이를 한걸음 더 구체화하였다. 지난 반세기 동안 경제발전만을 추구하던 오류에서 벗어나, 경제발전과 환경보전을 동시에 추구하기 위해 지속가능한 발전 개념을 발전시킨 것이다. 리우회의에서 "지속가능한 발전은 경제발전, 사회통합, 환경보호라는 세가지 축에 대한 균형 있고 통합적인 접근이 필요하며, 특히 지방자치단체에서 지역사회의 다양한 이해관계자들이 참여하는 협력적 거버넌스를 구축하는 것이 절대적이다"라고 규정하였다. 이러한 리우회의에서의 지속가능한 발전의 개념 변천을 계기로 전 세계의 '지방의제21' 운동을 낳게 되었다. 더불어 지속가능한 도시의 개념이 발전하게 된 계기가 되었다.

이후 많은 학자들에 의해 지속가능한 발전의 개념은 다양하게 논의되었지만 특히 2002년 남아프리카에서 개최된 지속가능발전세계정상회의(WSSD)에서 사회적 형평성 혹은 통합을 지속가능발전의 주요한 축으로 강조하면서 점차 보편화되었다.

또한 1992년 리우 정상회의 20주년을 맞이해 개최된 2012년 브라질 리우+20 정상회의는 20년 전 리우 정상회의에서 합의된 '지속가능한 발전'에 대한 국제적인 이행노력을 점검하고 향후 20년의 지속가능한 발전의 방향을 설정하였다. 리우+20 정상회의에서는 현 세대는 물론 미래세대의 삶까지 생각한 '우리가 원하는 미래(Future We Want)'라는 정상 선언문이 채택되었고 지속가능발전을 이루기 위한 주요 도구로 특별히 녹색경제를 강조하였다. 지속가능한 발전을 위해서는 전 세계가 저탄소의 자원효율적인 경제를 향한 전환이 필요하다는 것을 천명한 것이다.

02 | 지속가능한 도시(Sustainable City)

지속가능한 도시의 개념을 논함에 있어서 지속가능한 개발의 개념에 대해서 다시 생각해볼 필요가 있다. 이 개념은 경제, 사회, 환경의 조화를 지향하는 도시의 삶의 질과 연결된다. 따라서 지속가능한 도시는 주민들에게 좋은 삶의 질을 제공하고 환경 또는 생태계에 해를 미치는 일 없이 경제적으로 발전하는 것을 의미한다. 예를 들어 레흐만(Lehmann, 2010)은 '도시의 수용능력 한계 내에서 에너지, 물, 토지, 폐기물 등 생태발자국을 줄이면서 동시에 건강, 주택, 고용, 커뮤니티 등 삶의 질을 향상시키는 것'으로 지속가능한 도시를 정의하고 있다. 생태발자국과 같은 환경적 지속가능성의 개념이 개발이냐 성장이냐 하는 이분법에 의해 지역 문제 해결에 한계가 있으나, 지속가능한 도시는 환경적인 영향을 고려하면서 동시에 사회, 경제적 이슈를 함께 고려하므로 도시 문제 해결을 위한 대안을 제시해 준다고 보는 것이다. 따라서 지속가능한 도시는 환경의 수용능력 한계성을 이해하고 자연과 인간이 소통하여 현세대부터 후세대까지 같이 공유할 수 있는 환경적 관점으로 출발하여, 자원의 효율적 이용, 삶의 질의 보호 및 향상, 소통과 참여를 통한 거버넌스 등을 통하여 현세대는 물론 미래 세대에게도 건강한 도시를 추구하는 것이다. 이러한 지속가능한 도시의 개념은 최근 2012년 리우+20정상회의(Rio+20)의 '우리가 원하는 미래(The Future We Want)'에서 제시한 지속가능한 발전의 목표와 맥락을 수용해 크게

그림 11-3 지속가능하지 못한 도시(상)와 지속가능한 도시(하)

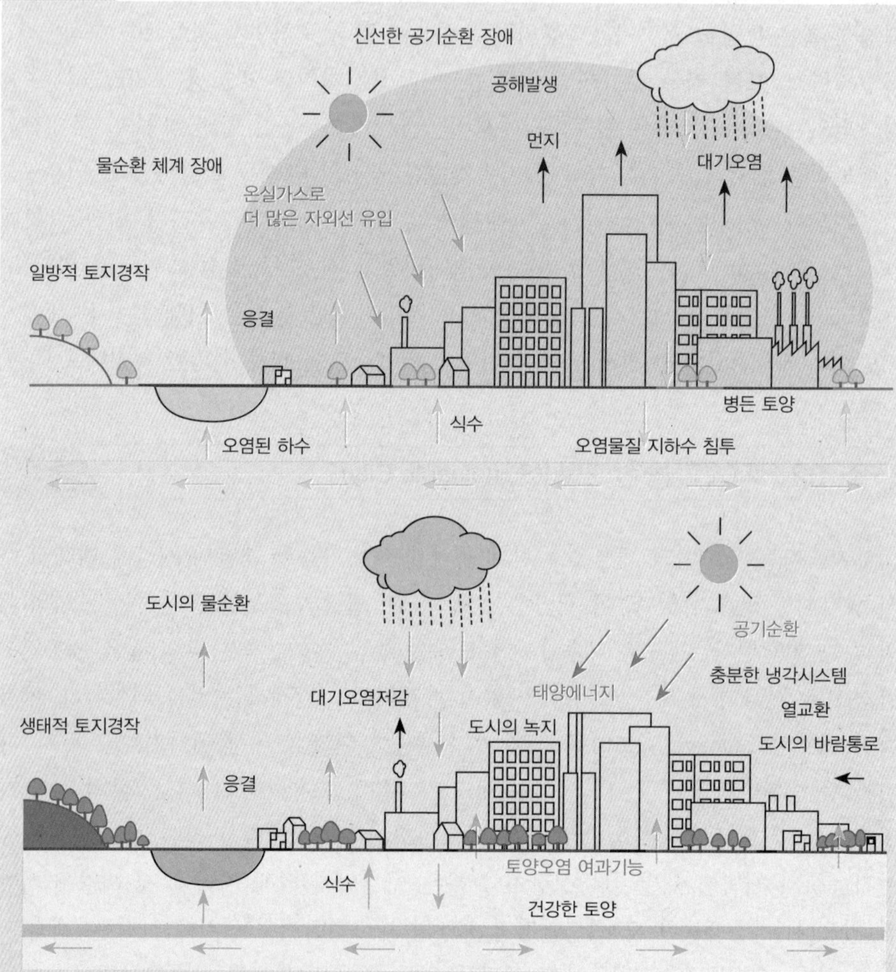

출처: 박헌석 외, 2009, 저탄소 녹색도시 모델 구상, 주택도시연구원.

다음과 같이 세 가지 조건으로 나눠 볼 수 있다.

첫째, 인간은 생태계의 한 종에 불과한 '생명적 존재'이다. 인간과 자연은 서로 공생할 수 있도록 환경적 지속성을 가지도록 '생태적 지속성'(ecological sustainability)을 존중하여야 한다. 도시개발과 보전을 위한 판단기준은 인간의 효용만이 아니라 생태계의 안정과 균형까지도 배려되어야 한다. 즉, 도시개발은 환경이 지탱할 수 있는 수용력(capacity)의 범위 내에서 이루어지거나 복원되도록 노력하여야 한다. [그림 11-3]에서 보는 바와 같이 도시 내 자연환경과 건조환경은 밀접한 연계관계 속에 있다. 이러한 점을 이해하고 그 관계가 안정과 균형이라는 선순환의 관계를 가질수 있도록 노력해야 한다.

둘째, 인간은 사회적 존재이다. 사회구성원 간의 공생에 입각한 '사회적 지속성(social sustainability)'이 추구되는 거버넌스 도시여야 한다. 따라서 지속가능한 도시는 지역, 인종, 계층 간에 공익을 위한 시설과 서비스가 공평하게 이루어져야 하며 주민자치와 분권의 다층적 거버넌스가 이루어져야 한다.

셋째, 인간은 세대(世代) 간의 공생을 추구하여야 한다. 현세대 뿐만 아니라 미래세대의 생존 기반임을 인식하여 '경제적 지속성'(economical sustainability)을 이룰 수 있는 '에너지와 자원절약형의 도시'여야 한다. 현세대의 욕망을 위해 지나치게 많은 토지와 자원을 소비하지 않도록 절제하는 녹색경제 도시 시스템을 갖추어야 한다.

03 | 저탄소 도시 · 건축개념의 등장과 스마트 녹색도시로의 발전

역사적으로 지금까지 지속가능한 도시와 유사한 개념은 많이 있어 왔다. 지구 환경문제에 대한 인식과 이에 대응하는 지속가능한 도시를 향한 노력으로 1902년 하워드(Ebenezer Howard)의 '전원도시(Garden City)'를 지목하기도 하지만 사실상 근대 도시계획의 시작 자체가 지속가능한 도시를 목표로 삼아서 출발했다고 해도 과인이 아니나. 그것은 근대도시계획이 출발한 1800년대의 상황을 살펴보면 잘 알 수 있다. 빠르게 산업화가 이루어지는 도시에 수많은 노동자 및 도시민들의 건강은 악화될 수밖에 없었다. 피터홀이 그의 저서 『내일의 도시』에서 지적하듯이 1800년대 전유럽에서는 건강문제와 기아문제, 빈곤문제가 널리 확산되고 있었다. 이러한 문제를 해결하기 위해서 근대도시계획들이 시작되었고, 이들은 당연히 건강한 도시, 형평성있는 도시를 추구했던 것이다. 이것이 비록 그 개념이 미정의되어 있음에도 현재의 지속가능한 도시에 많은 부분이 맞닿아있다고 할 수 있다. 다음의 [그림 11-4]를 보면, 인간활동과 기후변화의 관계, 그러한 기후변화의 특징이 우리 인간에게 다시 어떤 위협이 되는지 잘 나타나 있다. 사실 이 다이어그램에서 기후변화를 환경오염, 위생의 악화 등으로 바꿔도 기존의 도시계획 이론들을 설명할 수 있는 다이어그램으로 활용 가능하다는 점을 주목할 필요가 있다. 즉, 현재의 지속가능한 도시의 개념은 물론 새로운 개념이지만 실제로 기존의 도시계획에서 추구해왔던 바와 유사하다. 분명한 차이가 있다면, 후에 다시 보겠지만 도시계획 요소들과 환경요소들을 순환구조에 입각해서 살피지 않았다는 점, 자동차에 대한 시각이 변화했다는 점, 극단적인 개발보다는 보다 외부영향이 적은 개발방식을 취하려고 노력한다는 점 등에서 차이를 보일 뿐이다. 이러한 지속가능한 개념에 대해서는 보다 자세히 다루자면 아래와 같다.

이후, 아테네 헌장(1933), 마추픽추 헌장(1977), 지속가능한 개발(1987) 등의 도시계획 이념과 헌장이 대두되었으며, 1980년대 후반에는 스마트성장(Smart Growth), 뉴어바니즘(New Urbansim), 어반빌리지(Urban Village), 압축도시(Compact City) 등의 도시로서 지속가능한 도시와 유사한 개념의 환경 중심적이고, 인간 중심적인 도시의 개념으로 발전하였다.

이러한 지속가능한 도시패러다임에 '탄소'라는 개념이 추가된 것은 1990년대 말부터 2000년대 초라고 할 수 있다. 지구 온난화를 중심으로 하는 기후변화와 그에 따른 다양한 자연재해에 더해 2006년 3차 오일쇼크 발생의 우려감 상승과 함께 '탄소중립(Carbon Free)'이라는 개념이 출현하게 된 것이다. 이는 기존의 자원에 대한 보전적인 시각에서 벗어나 에너지를 자급자족하고 탄소배출을 제로로 만드는 등 보다 적극적인 시도이다. 2000년대 중반 이후에는 이에 한 발 더 나아가 탄소 저감에 경제적 원리로 대응하고자 국가 간 또는 기업들에 대한 탄소배출권 거래, 탄소세 등의 개념이 추가로 등장하기에 이르며 지금까지 다양한 찬반논쟁을 야기하기에 이르렀다.

이러한 국제적 흐름과 함께 지속가능한 도시 계획 및 설계를 위한 다양한 이론이 등장하기 시작하였다. Real Estate Research Corporation(RERC, 1974)의 연구를 해당 분야의 가장 앞선 연구 중 하나로 꼽을 수 있는데, 이 연구에서는 도시 유

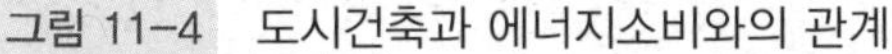

그림 11-4 도시건축과 에너지소비와의 관계

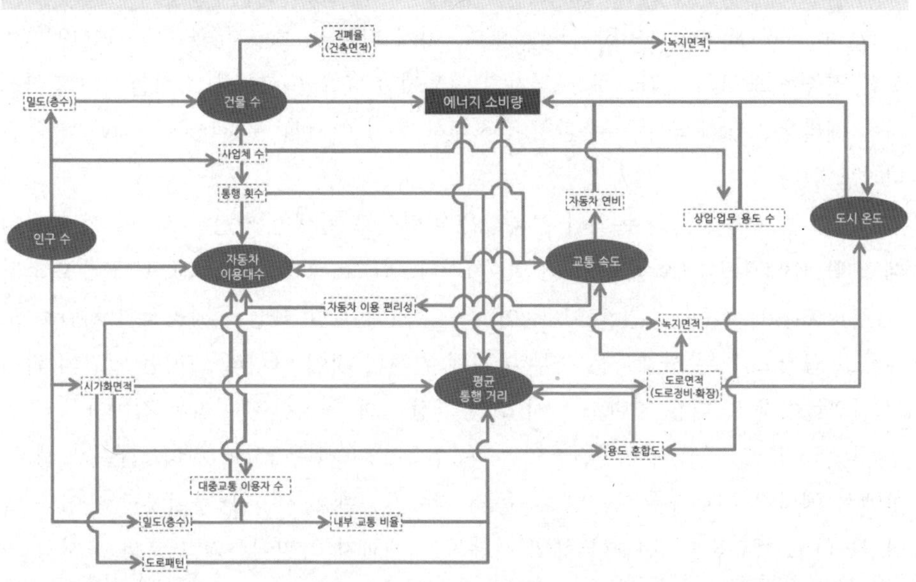

출처: 이건원, 2013, "국내 탄소배출현황과 도시차원에서의 탄소저감 모델개발," 국토환경지속성 포럼 발표 자료.

형을 5가지로 나누어 에너지 효율성을 비교함으로써 계획적 혼합과 계획적 고밀도형 도시구조가 교통 에너지와 물 소비가 적음을 밝힌 바 있다. 압축도시(Compact city) 구조를 지지하는 대표적인 연구 중의 하나인 Newman과 Kenworthy(1989)는 세계 32개 도시의 가솔린 소비량과 밀도의 관계를 분석한 결과 토지이용의 고밀화가 에너지 소비 저감에 효과적이라는 결론을 제시하고 있다. 이후로, Spillar and Rutherford(1990), Dumphy and Fisher(1996), Frank and Pivo(1994), Ewing(1995), Cevero(1996), Cevero and Kockelman(1997) 등은 도시계획 측면에서 특히 도시형태와 자동차, 에너지 소비 등에 논의를 이어왔다. 이들은 자원의 효율적 이용, 다양성, 오염감소, 도시의 집중 등을 지속가능한 도시의 주요 원리로 꼽고 있다. 이러한 연구들에 이어, 2000년대에는 탄소중립도시를 실현시키기 위한 도시의 공간구조에 대한 논의도 활발하게 이루어졌다. 복합개발을 통한 이동거리의 단축 및 교통수요를 억제하는 압축도시모델이 제안된 이래, 몇 년간 지속가능한 도시모델에 대한 심도있는 논의가 이루어졌다. 그 일환으로 Rickaby 외(1992)와 Fuerst(1999) 등은 지속가능한 도시공간구조로 분산 집중형 도시(Decentralized Concentration City)를 제안하기도 하였다. 이에 더해서, Baccini와 Oswald(1999)는 분산 집중형 도시의 일환으로 자연자원 이용에서 효율을 향상해 소비를 최소화하고 자원 재활용을 극대화하는 '순환형 신진대사 도시(Circular Metabolism City)'를 언급하기도 했다.

이러한 오랜 시간의 논의와 이론들을 바탕으로 탄생한 저탄소 도시들이 영국의 베드제드(BEDZED), 스웨덴의 하마비 허스타드(Hammarby SjÖstad), UAE의 마스다르 시티(Masdar City) 등인 것이다. 여기서 주지해야 할 사실은 성공적인 저탄소 도시들로 꼽히고 있는 사례들은 하루 아침에 완성된 것이 아니라 이러한 일련의 과정의 결과물이자 또 다른 저탄소 도시 조성 과정 속에 위치한 것이라는 점이다.

바야흐로 21세기를 컨버젼스의 시대, 융복합의 시대라고도 한다. 건축/도시 분야에서 에너지 제로타운, 녹색도시 등의 지속가능한 도시 개념들이야말로 이를 잘 반영한다고 사료된다. 전술한 해외 사례들은 에너지 차원에서의 건축과 도시의 연계는 물론, 폐기물, 상·하수도, 대기(공기)의 흐름, 토지피복, 보행, 안전 등 다양한 기타요소까지를 연계하여 하나의 에너지 제로타운의 모델을 정립하고 있기 때문이다. 이를 지칭하는 용어들도 많이 등장하였다. 기존에 잘 알려진 도시모형 중 하나

그림 11-5 도시의 패러다임의 변화

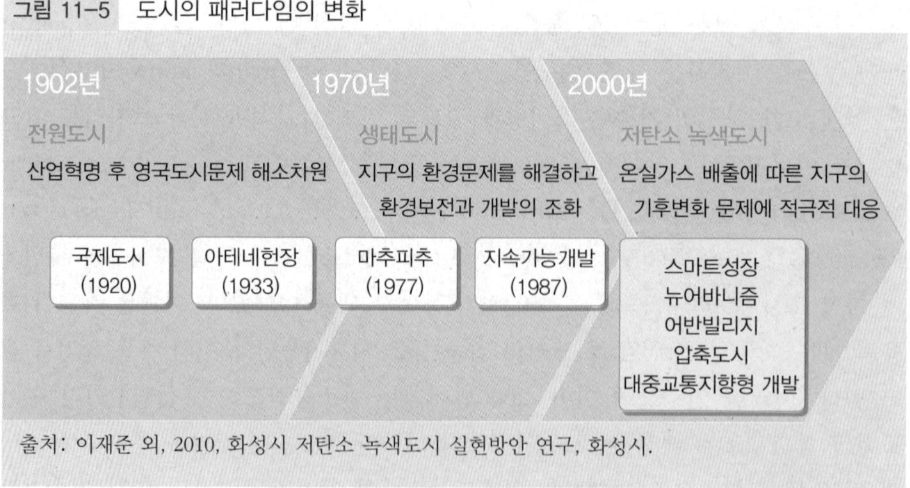

출처: 이재준 외, 2010, 화성시 저탄소 녹색도시 실현방안 연구, 화성시.

인 압축도시(Compact City)를 뛰어넘어 신진대사도시(Metabolic City), 생동력 있는 도시(Livable City), 회복력 있는 도시(Resilient City) 등의 개념들이 소개된 바 있다. 도시는 하나의 학문분야를 지칭하는 용어가 아니라 공간단위를 지칭하는 용어이기 때문에 다양한 분야의 연계 및 융복합이 필요하다는 것을 그들은 이미 알고 있는 것이다. 이러한 지속가능한 도시개념의 발전과정과 미래의 발전방향에 대해서 정리하면 [그림 11-5]와 같다.

제 2 절 저탄소 도시계획의 요소

도시는 단순한 대상이 아니라 다양한 건조환경과 다양한 인간의 활동들이 결합한 산물이다. 그런만큼 도시에서 탄소를 더 적게 배출하고 더 많이 흡수하게 하기 위해서는 다양한 계획요소들이 결합되어야 한다.

저탄소 도시계획의 요소를 도시계획의 구분과 유사하게 정리하면 ① 도시구조, ② 토지이용 및 건축물부문(기반시설 포함), ③ 교통부문, ④ 녹지부문, ⑤ 신재생 에너지부문, ⑥ 폐기물 및 자원순환부문 등으로 나눌 수 있다. 이러한 저탄소 도시계획 요소들은 별도로 존재하는 것이 아니라 다음 [그림 11-6]과 같이 서로 연관을 주고 받는 구조를 가지고 있다. 개별적으로는 한 방향성을 갖는 관계로 보이지만 특정 부문 안에서는 순환하는 구조를 취하고 있기도 하다. 그런 만큼 이러한 관계에 대한 보다 면밀한 검토와 검증이 우선적으로 이루어져야 한다. 그 이후 이들 관계 속에서 지속가능한 도시를 조성하기 위한 대안과 노력이 이루어져야 할 것이다.

그림 11-6 저탄소 도시계획요소들과 계획요소들 간의 연관관계

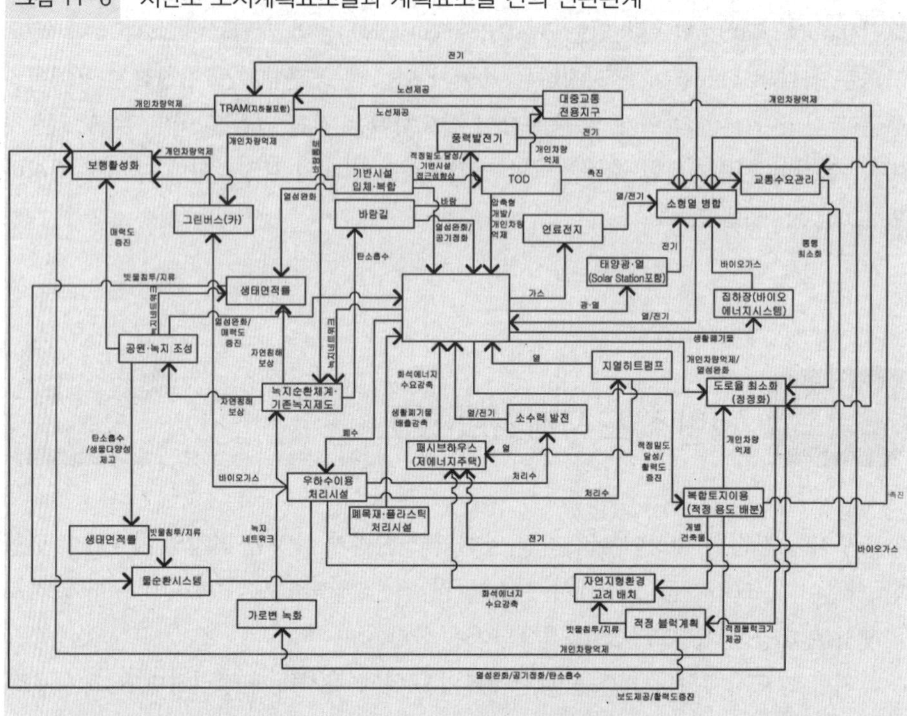

출처: 김세용 외, 2013, 탄소저감 도시계획 시스템개발 연구과제 2차년도 보고서, 한국건설교통기술평가원·국토해양부.

1) 저탄소 도시조성을 위한 부문: 도시구조

첫 번째로, 도시구조에 대해서는 압축개발을 중심으로 하되, 하나의 핵이 아닌 다핵으로 분산되어 집중된 도시구조인 '분산 집중형' 도시구조를 핵심으로 꼽고 있다. 보다 미시적으로는 바람길을 확보할 수 있는 도시구조의 건설을 꼽고 있다. 분산 집중형 구조는 통행거리를 최소화할 수 있는 도시구조라 알려져 있으며, 이는 교통부문과도 밀접하게 관련이 있다. 또한 바람길 확보를 통한 환기성능 및 통풍성능의 확보 역시 매우 중요한데, 이는 도시열섬 현상의 완화를 가져옴은 물론, 도시 내부의 오염물질을 정화시키는 효과가 있는 것으로 알려져 있다. 도시 오염물질 역시 도시 내 유입된 일사와 인공열을 도시 내에 정체하게 만들어 도시의 온도를 상승시

키는 요소로 알려져 있으며, 이 바람길 확보는 건축물 부문과 역시 밀접하게 관련이 있다. 바람길의 미확보 및 도시열섬은 보행쾌적성 등 외부활동을 저해함으로써 보행활동을 저해한다는 점에서 교통부문과도 관련이 있다고 할 수 있다.

2) 저탄소 도시조성을 위한 부문: 토지이용 및 건축물

두 번째로, 토지이용 및 건축물 부문에서의 저탄소 도시계획 요소로는 복합토지이용을 골자로 한 적정 용도 배분, 적정 규모의 블록크기 및 획지를 기반으로 한 토지이용에 관한 사항과 패시브하우스(저에너지 주택), 기반시설의 입체·복합화, 자연지형 및 자연환경을 고려한 건축물 배치, 장수명 주택(구조)의 개발 등의 건축물 부문을 꼽을 수 있다. 복합토지이용은 기존의 단일용도 중심의 지역지구제를 비판하면서 시작된 저탄소 계획요소로, 커뮤니티의 활성화와 통행거리를 줄이는 효과가 있는 것으로 알려져 있다. 적정 규모의 블록크기 및 획지 역시 적정한 용도의 입지를 가능케하고, 다양한 도로 네트워크를 통한 통행활성화를 추구한다는 점에서 교통부문과도 관련이 있다. 건축물 부문의 패시브하우스는 고단열 및 고기밀 성능을 중심으로 한 건축계획 방식으로 에너지 소비를 줄이는 데 효과적으로 알려져 있다. 이에 대해서는 추후 더 자세히 논의하기로 하겠다. 기반시설의 입체·복합화는 분산압축형 도시구조와도 관련이 있는 계획방식이라고 할 수 있다.

3) 저탄소 도시조성을 위한 부문: 교통

세 번째로, 교통부문의 저탄소 도시계획 요소로는 대중교통전용지구, 대중교통지향개발(TOD; Transit Oriented Development), 교통수요관리, TRAM 및 경전철 등의 확보, 그린버스 및 그린카 개발, 도로율의 최소화, 보행의 활성화 등을 들 수 있다. 교통부문의 저탄소 계획요소들을 살펴보면 차량의 에너지 효율 상승 및 신재생에너지원으로의 구동과 보행을 중심으로 한 녹색교통의 활성화를 통한 자동차 사용억제 등을 골자로 하고 있음을 알 수 있다. 이러한 요소들 역시 도시구조 및 토지이용 부문들과도 관련이 깊다. 특히, 도로율의 최소화는 녹지공간 확보와도 관련이 있는 계획요소이다.

4) 저탄소 도시조성을 위한 부문: 녹지

네 번째로, 탄소의 흡수를 담당하고 있는 녹지부문의 저탄소 도시계획 요소로는 공원 및 녹지의 확보, 생태면적의 확보 및 생물다양성의 확보, 녹지의 순환체계 확보, 가로변 녹화, 물순환 시스템의 구축 등을 중심으로 하고 있다. 녹지부문을 제외한 저탄소 도시계획요소들은 모두 탄소배출의 저감과 관련이 깊다. 하지만 녹지부문은 발생된 탄소의 흡수에 초점을 맞추고 있다. 실제로 탄소배출의 저감을 통해서는 탄소중립 또는 무탄소도시를 조성하는 것은 불가능하다. 인간의 활동 속에서 원천적으로 탄소가 배출되지 않을 수 없기 때문이다. 이렇게 발생된 탄소를 흡수하여 탄소발생을 중립화하는 필수 요소가 바로 녹지부문인 것이다. 물론, 이와 같은 녹지의 확보는 바람길 생성과도 관련이 있고 식물의 증발산 및 알베도 증가효과를 통해 도시의 표면온도를 낮춰준다는 점에서 도시열섬 완화와도 관련이 있다. 이는 건축물 부문 및 교통부문의 보행활성화와도 관련이 깊다고 할 수 있다.

5) 저탄소 도시조성을 위한 부문: 신재생에너지

다섯 번째, 신재생에너지 부문의 저탄소 도시계획요소는 태양광 및 태양열, 소형열병합발전, 바이오 에너지 시스템의 구축, 지열히트펌프, 소수력 발전, 연료전지, 풍력발전 등이 있다. 이들은 모두 기존의 화석 연료 중심의 에너지원을 대체하는 수단으로 일컬어지는 요소들이다. 이들 시설의 설치 및 효율성 증진을 위해서는 전력 및 열에너지 배분을 위한 압축적 도시구조가 달성되어야 하며, 이들의 효율적인 설치를 위해서는 건축물 부문과도 연계되어 계획되어야 한다. 또한 바이오 에너지 시스템, 소수력 발전 등은 폐기물 및 자원순환 부문과도 관련이 깊다고 할 수 있다.

6) 저탄소 도시조성을 위한 부문: 폐기물 및 자원순환

마지막으로 살펴볼 저탄소 도시계획요소는 폐기물 및 자원순환 부문이다. 이에 해당하는 계획요소는 우·하수처리시설의 확충, 폐목재·폐플라스틱 처리시설의 확보 등이 있다. 앞서 언급한대로 이들 요소는 신재생에너지 부문과도 밀접하게 관련이 있다고 할 수 있다. 또한 폐기물의 수집의 용이성 및 이송거리의 단축 등을 위해서는 건축물 부문 및 교통 부문과의 연계가 필요하다고 할 수 있다.

이상에서 저탄소 도시계획을 알아봄에 있어서 중요한 점을 다시 한 번 더 강조하자면, 여섯가지 부문의 계획요소들이 결코 단독으로 계획될 수 있는 것이 아니라는 점이다. 이들 다양한 저탄소 도시계획요소는 다양한 타 요소들과 거미줄과 같이 복잡한 관계를 맺고 있다. 이러한 점에서 기존의 토지이용 또는 교통계획을 선수립하고 나머지 부문은 그 계획들에 맞추는 하향식 도시계획의 방식에서 벗어나는 것 역시도 저탄소 도시계획의 중요한 요소로 꼽을 수 있다. 이를 위해서는 [그림 11-7]에서 보는 것과 마찬가지로 도시조성의 단계별로 에너지 소요량 및 탄소배출량을 예측할 수 있는 시스템 및 기준 등이 개발되어야 한다. 이러한 시스템 및 기준을 위해서는 각 도시개발 단계에 적합한 예측 알고리즘과 모델이 개발되어야 한다. 이를 통해서 매 단계별로 계획가 및 행정주체가 다양한 대안을 놓고 의사결정을 자유롭게 할 수 있어야 실질적인 저탄소 도시계획의 조성이 가능하기 때문이다.

그림 11-7 저탄소 도시조성단계별 탄소 및 에너지 소요량 예측 알고리즘의 필요성

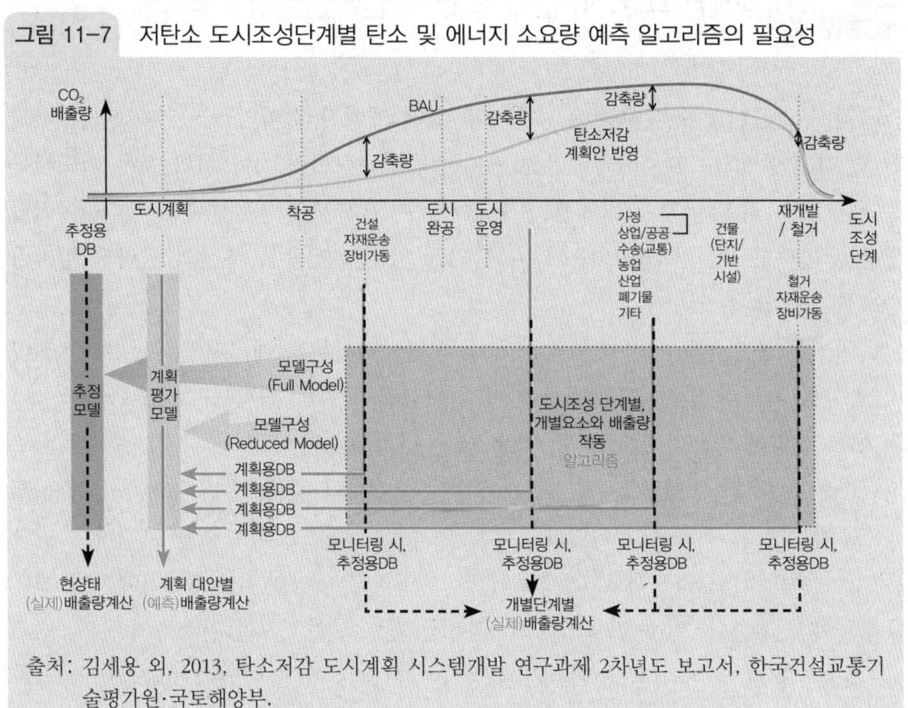

출처: 김세용 외, 2013, 탄소저감 도시계획 시스템개발 연구과제 2차년도 보고서, 한국건설교통기술평가원·국토해양부.

7) 저탄소 도시조성을 위한 부문: 실천으로서의 라이프 스타일

이외에 카셰어링, 쓰레기 분리배출의 습관화, 냉난방 부하를 줄이기 위한 실내 공간에서의 옷차림의 변화, 도시농업의 활성화 등 다양한 인간의 라이프스타일의 개선 역시도 중요한 저탄소 계획요소 중의 하나가 될 수 있을 것이다. 실제로 탄소 배출에 있어서 건조환경이 미치는 영향은 약 15~40%내외이며, 인간의 생활수준 및 생활습관이 미치는 영향이 나머지를 차지하는 것으로 알려져 있다. 이는 개개인의 라이프스타일이 사실 저탄소 도시를 달성하는 데 더 중요하다는 사실을 시사한다고 할 수 있다. 또한 이러한 활동은 저탄소 및 저에너지를 떠나서 보다 활력있고 건강한 도시 및 커뮤니티 조성과도 관련이 있다는 점 역시 중요하다고 할 수 있다.

제3절 저탄소 도시·건축 실현과 건축물군 관리의 중요성

앞서 언급한대로, 건축물은 우리나라 전체 에너지 소비의 약 25% 가량을 차지한다. 하지만 이 수치는 전국적인 차원에서의 평균값이며, 서울시와 같은 대도시들은 해당 도시의 에너지 소비에서 건축물 부문이 60%까지 차지하기도 한다. 이러한 상황을 고려할 때, 한 도시의 에너지 관리에 있어서 건축물 부문의 관리가 얼마나 중요한지를 알 수 있다.

이러한 중요성을 사전에 파악한 국외 선진국에서는 저에너지 하우스 개발에 이미 박차를 가한바 있다. 우리에게 이미 친숙해진 독일의 패시브하우스(Passivhaus)의 예를 살펴볼 필요가 있다. 이는 매우 낮은 난방수요인 15kWh/㎡ 정도를 갖는 주택이다. 건축물의 형태, 향, 색(재질) 등부터 단열재의 종류, 벽의 두께(단열재의 두께) 등에 이르는 건축물 계획단계에서부터 적용가능한 모든 요소를 고려하고 있다는 것이 특징적이다. 실제로, 건축물의 각 부위별로 다양한 친환경, 저에너지 계획요소들이 존재한다. 이 요소들이 모두 적용될 필요는 없겠지만 건축물의 용도, 노후도, 개별상황 등에 따라 적용 여부가 결정되어야 할 것이다. 이러한 요소들이 적절히 배합될 때, 패시브하우스 정도의 낮은 난방수요가 가능한 것이다.

01 | 저탄소 건축물 실현을 위한 신축 건축물 차원에서의 노력

이러한 건축물 부문의 에너지 소비 저감을 위해서 다양한 노력들이 이루어지고 있는데, 이는 신축 건축물과 기존 건축물로 나누어서 살펴볼 수 있다. 신축 건축물에 대한 관리는 기존 건축물에 비해서 상대적으로 용이하다고 할 수 있는데, 계획 및 시공단계에 대한 제도적 기준을 수립하여 이를 수용하는 건축물에 대해 인허가를 내주거나 인센티브제도를 운영하여 해당 건축물의 저에너지화를 추구할 수 있기 때문이다.

이를 위해서 시행되고 있는 중요한 정책 중 하나가 녹색 건축 인증제도(Green Building Certification)이다. 이 제도는 2002년 1월부터 건설교통부와 환경부가 공동으로 공동주택을 대상으로 친환경건축물 인증을 주기 시작한 것으로부터 시작되었다. 당시에는 이 제도와 주택성능등급표시제도가 병행되어 시행되었으나 두 제도가 유사한 점이 많다는 지적이 많아 통폐합되어 현재의 녹색건축 인증제도가 탄생하게 되었다. 이 제도는 신축 건축물을 대상으로 공동주택, 복합건축물(주거), 업무용 건축물, 학교, 판매시설 등 10가지 유형에 대해서 인증을 주고 있다. 인증심사에 통과된 건축물은 [그림 11-8]에서 보는 인증마크를 달 수 있는 자격이 부여되는 것이다.

그림 11-8 녹색건축인증제도 로고

출처: https://www.gbc.re.kr/index.do

물론 이 중에는 기존 건축물의 리모델링시에도 인증을 받을 수 있도록 하고 있기도 하다. 토지이용 및 교통, 에너지 및 환경오염, 재료 및 자원 등 모두 7가지 분야에 대해서 예비인증과 본인증을 거쳐 모두 4가지 등급의 인증을 부여하고 있다. 이 제도는 의무대상을 1,000세대에서 500세대로, 공공건축물의 경우 연면적 10,000㎡에서 5,000㎡으로 그 적용대상을 강화하고 있다.

건물에너지 효율등급 인증제도 역시 운영 중인데, 이 제도는 공동주택과 업무용시설에 대해서 해당 제도를 운영하고 있다. 의무대상은 공공에서 건설하는 공동주택과 업무시설에 대해서 각각 2등급과 1등급 이상을 취득하도록 하고 있다. 또한 민간과 공공에 상관없이 10,000㎡이상의 업무시설에 대해서는 에너지소요량 평가서를 첨부하도록 하고 있다. 1차 에너지 소요량의 합계에 따라 10개 등급으로 인증을 부여하고 이 등급에 따라 취득세 및 재산세를 감면해주는 등의 인센티브 제도를 운영 중이다. 이 제도는 신축 뿐 아니라 장기적으로 기존 건축물에 대해서 인증을 부여하는 방식으로 확대를 꾀하고 있다. 이외에 친환경주택(그린홈), 청정건강주택 평가, 에너지소비총량제 등의 다양한 제도를 운영하여 신축 건축물 부문에 대한 에너지 소비 효율을 제고하려는 노력이 운영 중이다.

02 | 저탄소 건축물 실현을 위한 기존 건축물 차원에서의 노력

다음으로 기존 건축물에 대한 관리를 위한 노력에 대해 살펴보자면 다음과 같다. 상술한 제도 중에서 신축 건물 뿐 아니라 기존 건축물에도 적용 중인 것은 건물에너지 효율등급 인증제도와 에너지소비증명제도, 에너지소비총량제 등이다. 특히, 에너지소비증명제도는 건축물을 매매하거나 임대하는 경우 에너지 소요량 등이 표시된 건축물 에너지효율등급 평가서를 거래계약서에 첨부하도록 의무화하여 건축물 거래 시 에너지 성능이 높은 건축물을 선택할 수 있도록 유도하는 것으로 현재 서울, 경기, 인천 지역에서 적용하고 있으며 2016년부터는 전국으로 확대되어 강원도 지역에서도 시행될 예정이다. 이를 위해서 [그림 11-9]와 같이 한국감정원에서 건축물 특히, 500세대 이상 규모의 아파트단지에 한해서 건축물 에너지 사용량을 고시하고 있다. 현재는 실제량을 고시하기보다는 그 등급을 고시하고 있다.

이외에 건축물 부문의 에너지 소비량을 관리하고 저에너지형으로 전환하기 위

그림 11-9 한국감정원에서 운영중인 부동산테크 사이트의 건축물에너지 사용량 정보

단지명	전용면적	세대수	건축물연간에너지사용량		매매가		전세가	
			전기에너지	열에너지	하한가	상한가	하한가	상한가
시영	29	300			50,000	51,500	5,000	5,500
시영	41	1000			61,000	63,500	6,500	7,000
시영	52	480			74,000	77,000	10,000	11,000

출처: http://www.ret.co.kr

해서는 건축물의 기본적인 데이터 및 에너지 관련 데이터를 집대성하고 분석하는 것이 매우 중요하다. 이를 위해서 최근에 각광받는 분야가 건축물 에너지 관리시스템(BEMS; Building Energy Management System)이다. 이는 건축물의 주요 실이나 층에 에너지 사용량 측정기(계량기)와 재실자의 활동을 측정하는 센서 등을 설치하여 실시간 단위로 건축물에서의 에너지 사용량을 측정·관리하는 시스템이다. 국가차원에서 이를 지원하기 위해서 2012년부터 국토교통부 녹색건축과를 중심으로 국가건물에너지 통합관리시스템을 구축하는 사업을 시행 중이다.

또한 건축물의 정보를 데이터화하여 에너지 분석을 위해 활용할 수 있도록 돕는 BIM(Building Information Model)이다. 이 BIM 자체는 에너지 관리와는 큰 상관이 없으나 건축물의 주요 형상정보를 DB화할 수 있는 수단이라는 점에서 건축물

에너지 관리 분야와 접목이 가능하다. 건축물의 형상 및 형태요소와 관련한 정보는 측정 및 DB화에 상당한 어려움이 존재한다. 이를 효과적으로 도울 수 있는 수단이 BIM인 것이다. 최근에 이러한 BIM을 발전을 계기로 Green BIM이라고 하는 새로운 분야가 각광을 받고 있다. 즉, BIM에서 추출되는 데이터를 기반으로 다양한 환경 시뮬레이션 시스템에서 이를 받아들여 다양한 환경성능에 대한 분석이 가능하게 된 것이다. 그 중 대표적인 시스템의 하나인 A사의 Ecotect의 구현모습은 [그림 11-10]과 같다.

BEMS와 BIM의 결합은 건축물 에너지 관리를 위해 매우 중요하다고 평가를 받고 있다. 장기적으로는 이러한 기술들에 Smart Grid 등의 기술이 접목되어 건축물 부문에 대한 적절한 에너지 관리가 가능하리라 생각된다.

하지만 이상의 기술의 단일 건축물의 에너지 관리에는 매우 효율적일 수 있으나 단일 건축물을 넘어서서 건축물군(群) 또는 커뮤니티 규모의 공간 차원에서 활용할 수 있는 계획지원 체계의 고도화가 필요하다. 계획지원 체계의 고도화는 관련

그림 11-10 BIM 정보와 연계한 일사 및 건축물 환경 분석

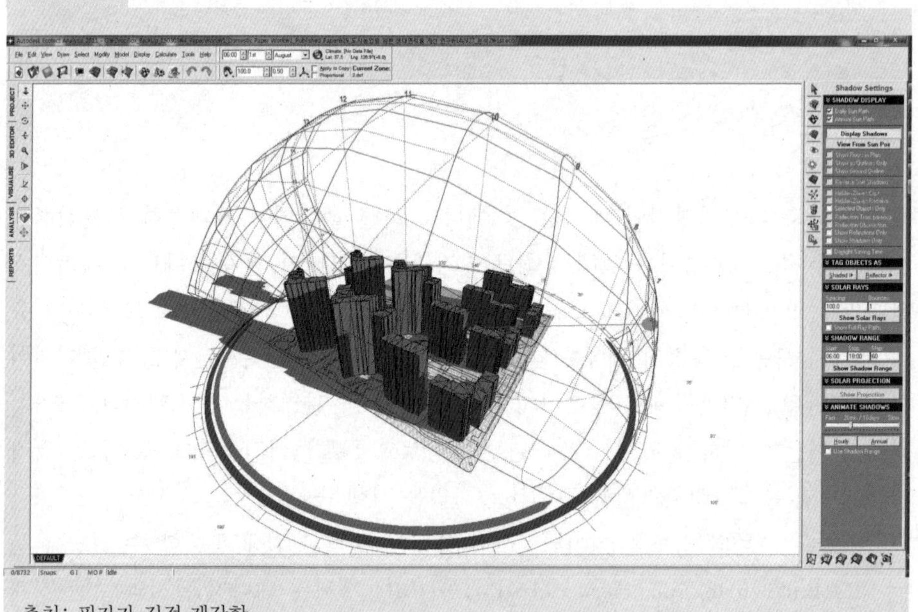

출처: 필자가 직접 제작함.

분야의 데이터 구축, 시뮬레이션 기술 고도화를 통한 계획안 평가, 계획 가이드라인(매뉴얼)의 구축 등을 포괄한다.

이 중 특히, 데이터 구축 분야에 대한 보강이 절실한데, 데이터의 구축은 관련 이론 정립과 시뮬레이션 분석의 재료로 사용될 수 있기 때문에, 에너지 절감계획의 시작이자 초석이기 때문이다. 건축환경학 분야에서의 에너지 절감 및 소비효율 증가를 위한 다양한 이론이 정립된 것은 사실이다. 하지만 이 데이터는 대부분 실험을 통해서 구축된 것이거나 외국의 연구결과들이다. 우리의 기후조건하에서 이루어진 연구결과와 이를 통한 데이터는 많지 않으며, 주요 용도의 건물에 대한 것이어서 다양한 형태와 용도의 건축물군을 다루기에는 일반화 문제가 여전히 존재하고 있다. 특히 지역성(Locality)이 강조되는 도시의 특성을 고려할 때, IPCC에서 제시하는 Tier-3 수준의 에너지 절감 및 탄소배출량 저감계획 수립을 위해서는 최소한 특정 도시 수준에서 조사·구축되는 데이터의 존재가 중요하다. 물론, 최근 몇몇 시범적인 BEMS의 적용사례와 BIM을 기반으로 한 건축물 에너지 시뮬레이션 시스템의 발전이 이루어지고 있어 초장기적으로는 이와 같은 문제가 해결될 수 있지 않을까 기대되고 있다.

하지만 이는 여전히 단일 건축물 차원의 발상이다. 개별 건축물의 수는 상당해서 이를 전수화하여 DB를 구축하는 것은 엄두도 못낼 상황이다. 최소 수천, 수십만 동의 건축물 BEMS 및 BIM데이터 확보가 가능하겠냐는 현실적 한계에 부딪힐 수밖에 없다. 이러한 한계를 넘어서기 위해서 최근 주목받는 것이 공공분야에서 개방하는 건축물 정보와 건축물 에너지 빅데이터(Big Data)를 연계·분석하는 통계적인 데이터 마이닝(Data Mining) 기법이다.

이 기법은 단위 건축물 및 건축물군의 배치, 가로의 체계 등의 커뮤니티의 형태를 구성하는 건조환경 요소들이 저탄소에서 필수적으로 꼽히는 요소들과 관련이 깊다는 이론에 기반하고 있다. 특히, 이들 도시·건축분야의 빅데이터를 이용하면 건조환경의 요소들의 데이터를 분석할 수 있고, 이것들을 다시 온도, 풍향 및 풍속, 건축물 에너지 사용량, 주요지점의 통행량 및 통행만족도 등과 연결하여 분석한다면 BEM 및 BIM을 이용하는 것보다 정확도는 결여될 수 있으나 단시간 안에 효율적인 커뮤니티 계획 및 관리가 가능하다는 강점을 가지고 있다. 실제로 위에서 언급한 부문들의 평가를 가능하게 하는 시스템이 개발되어 활용되고 있다(그림 11-11). 이를

그림 11-11 빅데이터 기반의 건축물군 및 커뮤니티 차원의 바람길 및 보행 통행성 분석

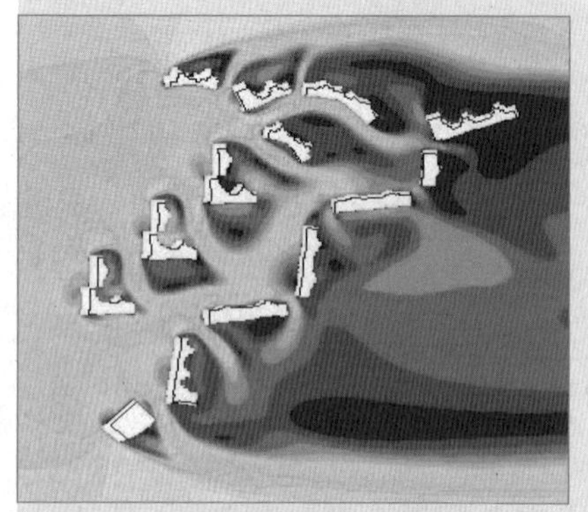

출처: 이병호·이건원, 2010, 지속가능한 주거 단지 기본설계 통합평가 시스템 SUSB-UC, 친환경건축 연구센터(내부발표자료).

출처: Gunwon Lee, et al., 2015, "The Effect of the Built Environment on Pedestrian Volume in Microscopic Space: Focusing on the comparison between OLS (Ordinary Least Square) and Poisson Regression," *Journal of Asian Architecture and Building Engineering*.

종합적으로 활용한 사례 중 하나는 뒤에 다양한 사례편에서 살펴보게 될 시카고 중심 지역 저탄소 계획(Chicago Central Area DeCarbonization Plan)에서 이러한 점을 활용한 계획안 작성 및 대안 평가를 수행하고 있기도 하다.

이 방법은 빠른 시점에서 활용할 수 있는 방법이며, 최근 국가차원에서 이루어지는 공공데이터 개방 정책과도 일맥상통한다는 점에서 의의가 있다. 특히, 건축물 부문의 빅데이터와 도시 부문의 빅데이터가 연계된다면 상당한 시너지의 창출이 가능하다. 비주거용 건축물에너지와 GIS를 연계하여 건축물군의 에너지 사용패턴을 체계화하려는 시도가 영국에서 진행된 바 있다. 특히, 이들은 버츄어 런던(Virtual London) 프로젝트를 통해 구축된 시스템과 에너지 사용량을 연계시켜 다양한 건축물 형상 정보가 건축물 에너지 사용량과 맺는 관계를 통계적으로 분석하기도 하였다. 여기에서 핵심이 된 것은 건축물의 대략적인 형상정보를 광범위하게 사용할 수 있었다는 점이다. 이러한 광범위한 형상데이터 정보를 건축물 에너지 사용량 정보와 연계시킴으로써 건축물군의 계획 및 관리를 통한 에너지 절감의 방안을 모색했다는 점에서 시사점이 있다.

하지만 여전히 문제는 남아있다. 과연 현재 공공에서 구축하고 개방하는 건축물 정보가 얼마나 구체적이고 신뢰성이 있느냐의 문제가 바로 그것이다. 즉, 에너지 사용 패턴 및 소비효율을 유추하기 위해서는 건축물의 간략한 형상, 향, 표면적, 벽면율(창과 벽의 면적비), 단열기준, 용도 등이 필요하다. 이중 현행 건축물 데이터로 대체 가능한 자료는 단열기준과 용도 뿐이다. 이는 건축물 노후도(준공연도)와 용도로 유추할 수 있기 때문이다. 그나마도 이 데이터들이 신뢰성이 있느냐에 대한 물음 역시 존재하는 것이다. 이러한 상황을 고려할 때, 우리의 정책 및 제도는 에너지 소비효율의 관점에서 데이터의 재구축이 필요하다. BIM과 BEMS의 발전을 기다릴 것이 아니라 건축물대장, 건축물 인허가대장 등의 항목에 대한 재검토가 시행되어야 하며, 필요 항목의 발굴 및 기록 확보를 위한 관련 정책 및 제도의 정비가 시급할 것이다.

제 4 절 저탄소 도시계획 사례

01 | 마스다르(Masdar)

전 세계 석유 매장량의 11%을 차지하고 있는 아랍에미리트연합(UAE)의 수도 아부다비에 세계 최초의 "탄소 무배출 도시"가 조성되고 있다. "마스다르"라는 이름은 아랍어로 자원·원천을 뜻하는 명칭으로, 아부다비에서 동쪽으로 30㎞ 지점에 6㎢ 규모로 건설 중이며, 그 개발계획 모습은 [그림 11-12]와 같다.

이 도시는 세계 최초로 탄소, 쓰레기, 자동차가 없는 청정도시로 2006년 4월부터 추진하기 시작했다. 아랍에미리트 구영 개발업체인 무바달라(Mubadala)의 주도로 대체 에너지 및 지속가능성을 위한 장기 전략을 수립하였다. 도시의 모든 동력은 태양열, 풍력 등 100% 재생에너지만을 사용하고 지구 온난화의 원인인 탄소는 배출하지 않도록 계획하고 있다. 도시 안에서는 자기부상열차, 1인승 이동 수단 세그웨이, 자전거 등 탄소를 배출하지 않는 교통수단만 사용할 수 있기 때문에 도시 내에

그림 11-12 마스다르 전경

출처: 필자가 현지답사를 통해 직접 촬영함.

서는 개인용 차량의 이용은 금지되어 있다.

이 도시에는 다양한 탄소저감 도시계획요소들이 적용되어 있다. 특히, 우리가 이 도시에 주목해야할 것은 놀라운 기술요소의 적용만에 힘쓴 것이 아니라 도시계획 및 건축계획적인 대응에도 힘썼다는 점이다. 실제로 [그림 11-13]에서 보는 바와 같이, 도시의 크기는 도시계획에서 말하는 보행이 가능한 범위에서 그 크기를 설정하고자 했다. 아래의 그림은 그것을 잘 보여준다. 사람이 10분 정도에 걸어서 접근가능한 거리를 산출하고, 그것에 맞춰서 도시의 크기를 정했다. 그러므로 도시 내 주요한 시설들은 당연히 보행이 가능한 범위 내에 입지할 수 있도록 하였다. 이를 통해 가장 기본적인 녹색교통인 보행을 활성화하겠다는 계획가의 의지가 담겨 있다.

이외에 마스다르는 [그림 11-14]에서 살펴볼 수 있는 것처럼, 도시 내 가로의 배치에 있어서도 도시계획 및 건축계획의 기본적인 이론을 차용하였다. 특히, 가로의 배치에 있어서 향을 매우 중요하게 생각했다. 왜냐하면 가로의 향이 남향이냐, 북향이냐 등에 따라서 자연스럽게 대부분의 건축물의 일사를 받을 수 있는 주향이

그림 11-13 마스다르 도시크기 결정의 근거 - 보행거리

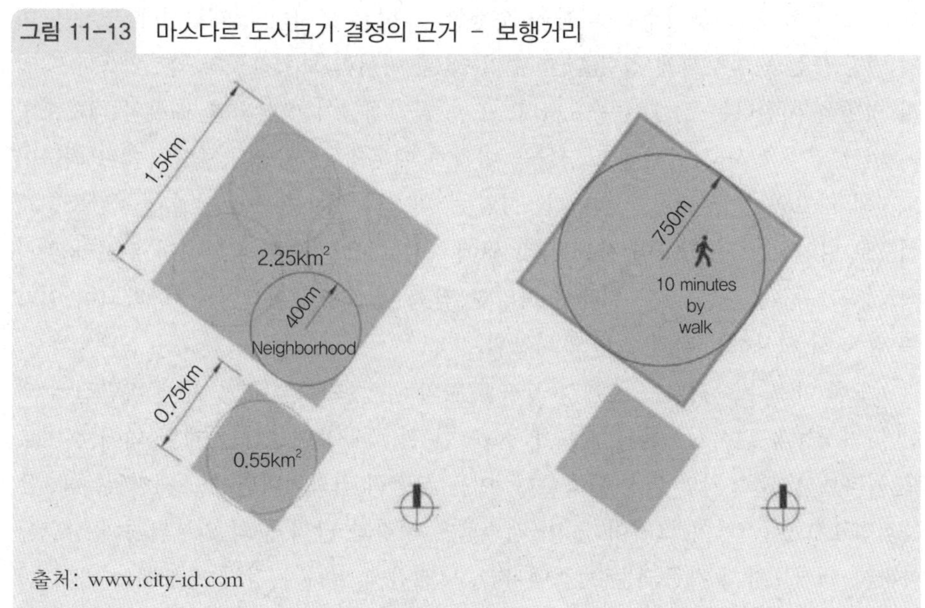

출처: www.city-id.com

결정되는가 하면, 바람길이 조성되어 자연스럽게 환기성능이 좋아지기 때문이다. 이러한 건축물의 주향은 개별 건축물의 냉방 또는 난방에너지 부하를 결정하는 중요한 요소라는 점에서 가로의 향과 건축물의 배치의 관계를 완벽하게 이해한 후 관련 계획이 수립되었음을 알 수 있는 것이다.

바람길에 의한 환기성능 역시 그러하다. 환기는 도시 내 오염물질을 제거함은

그림 11-14 마스다르 가로패턴 대안검토: 일사와 바람길 고려

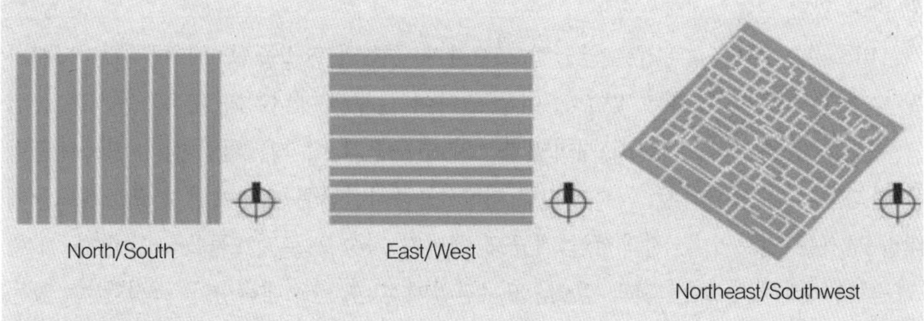

North/South

East/West

Northeast/Southwest

출처: www.city-id.com

물론, 도시의 온도를 낮추는 역할을 수행한다. 이는 도시의 열쾌적성에 영향을 미쳐 냉방 또는 난방부하에 영향을 줄 수 있을 뿐 아니라 보행자들의 외부활동에도 역시 영향을 미친다는 점에서 중요하다. 또한 환기성능이 향상되면 도시의 대기오염에 의한 열의 복사와 반사에도 영향을 미치기 때문에 이점 역시 중요하게 고려하여 도시의 가로의 향을 결정한 것이다. 이렇듯, 마스다르는 최근에 건설된 저탄소도시이므로 다양한 첨단 기술이 사용된 것 외에, 근본적으로 도시의 환경적 부하와 환경적 지속가능성을 담보하기 위해서 다양한 건축 및 도시계획 지식이 망라되어 있다는 점 역시 시사하는 바가 크다고 하겠다.

또한 마스다르 시티는 앞에서 살펴본 바와 같이, 가로의 향을 통해 바람길에 의한 환기성능과 일사성능을 패시브(Passive)한 관점에서 이용하는 계획 외에 흥미로운 액티브(Active) 기법 역시 활용했다. 이는 상당히 건축적이면서도 재미있는데, 유동적인 LAVA시스템이 그것이다. 이 시스템은 시간과 날씨 등의 외부환경의 상황에 따라서 액티브하게 작동되는 시스템이다. 낮시간에 일사가 강한 경우에는 마치 버섯과 같이 그 지붕이 펼쳐지고, 밤시간과 같이 일사가 작은 경우에는 지붕을 접는 시스템이다. 이를 통해 일사조절 뿐 아니라 온도조절이 가능하며, 다양한 미시기후를 적극적으로 활용할 수 있게 된다는 점에서 의미가 있다.

마스다르 시티는 청정기술 교육, 연구·개발, 생산의 글로벌 허브로서 성장하며, 청정기술 산업의 글로벌 리더와 혁신적인 기업들과의 파트너십을 형성하고, 재생에너지와 연관하여 아부다비 경제를 다각화하며, 환경에 대한 영향을 최소화하면서 고급의 생활환경을 구현하는 지속가능한 도시를 개발하며, 탄소중립적(Carbon neutral)이며, 재생에너지만을 사용하고, 폐기물이 발생하지 않는 도시 개발을 목표로 하고 있다.

마스다르 시티의 비전은 궁극적으로 세계 최초의 탄소중립, 폐기물제로 도시가 될 수 있는 기회를 가지는 것이다. 이를 위하여 신재생 에너지와 지속가능성을 중심으로 한 중동지역의 첫 번째 대학원과정의 연구중심 대학을 설립하고, 탄소배출량을 관리하며, 재생에너지, 지속가능성 기술, 공공시설단위 재생에너지 프로젝트들에 대한 투자를 일으키며, 전략적인 대규모 에너지 기술 프로젝트들을 개발한다. 또한 [그림 11-15]에서 보는 것과 같이, 도시건설에 따른 탄소배출량을 측정할 수 있는 시뮬레이션 시스템을 구축하여 도시에서 배출되는 탄소배출량 측정은 물론, 모니터

그림 11-15 마스다르 계획 및 관리를 위한 데이터 기반의 분석 시스템

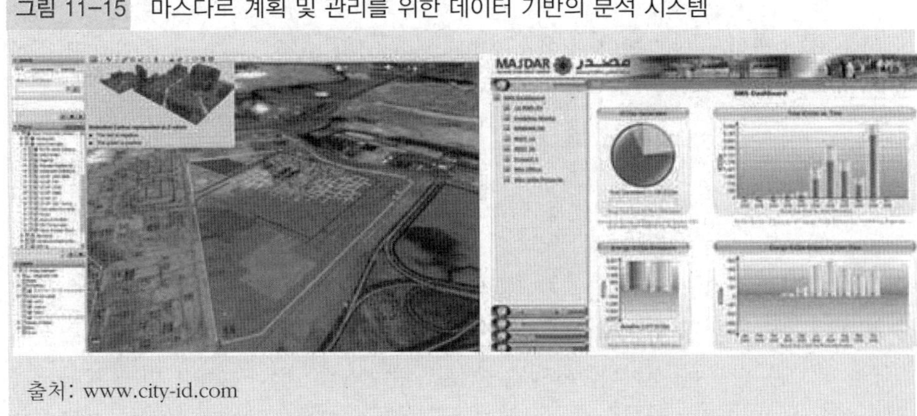

출처: www.city-id.com

링 시스템을 구축하여 운영할 예정이다.

MIT공대 등의 투자를 유치하면서 독립적이고 비영리 연구중심의 대학원 중심 대학을 설립할 계획이 진행되고 있다. 아부다비에 세계적인 에너지 선도의 신세대를 창조하고, 대체에너지와 지속가능 기술을 중심으로 한 이공계열의 석박사 프로그램을 제공할 계획이다. 2009년 가을까지 1단계가 완료되며, 학생들에 대해서는 전면적으로 재정을 지원하는 프로그램을 계획하고 있다.

이외에 CDM(Clean Development Mechanism) 사업의 일환으로 그린하우스 가스 배출량을 통화화하여 저탄소 경제로 전환하도록 전문화할 계획이다. 특히 이산화탄소를 포획하고 저장하기 위한 특수한 방법을 개발하기 위하여 노력하고 있다. 산업 부문에서는 아부다비의 주요 대체 에너지 산업을 위한 세계적인 제조시설과 합성실리콘, 광전지, 수소전지, 태양열에너지 등의 개발을 통하여, 규모의 경제에 의한 원가절감 및 청정기술을 수출하며, 주요 시장 및 기술을 공개함으로써 국제적인 파트너십을 형성하고 기업 간 합병을 추진하고 있다.

02 | 시카고 중심 지역 저탄소 계획(Chicago Central Area DeCarbonization Plan)

시카고의 중심 지역은 시카고의 발상지이자 관공서, 금융가, 문화시설 등을 중심으로 한 시카고의 최고 도심이라 할 수 있는 중심부로써 직사각형 모양의 지역으로 시카고의 명물이라 할 수 있는 고가철도가 루프모양으로 돌아나가는 노선을 가

지고 있어 'The loop'라는 이름이 붙었다. 이러한 시카고의 도심인 루프지역을 위하여 탄소저감 계획을 아드리안 스미스(Adrian Smith)와 고든 길(Gordon Gill) 건축회사가 총괄을 맡아 수립하였다. 그 계획에서 건축물의 소비에너지에 따라 건축물을 분석한 이미지는 [그림 11-16]과 같다.

대상지역인 루프지역은 시카고 전체 면적의 1%를 차지하지만 탄소배출량은 시카고 전체의 10%에 달한다. 시카고 중심부 탄소저감 계획은 탄소저감의 키워드가 되는 다양한 분야에 대해 연구하여 가이드라인을 제시하였다. 이 계획에 최종 목표는 2020년까지 현재의 탄소배출량의 80%를 저감하는 것이고, 2030년까지는 탄소배출량을 제로로 만드는 것이다. 시카고 중심부 탄소저감 계획의 전략 항목은 총 8가지로 건축물, 도시패턴, 이동성, 기반시설, 수자원, 폐기물, 커뮤니티 관리, 에너지부문 등이 그것이다.

미국에서 건축물들은 전체 탄소배출의 40%에 해당하지만 시카고의 경우 거의 70%에 육박한다. 시카고 루프에 있는 건물의 90%가 1975년 전에 지어졌으며 대부분이 장치와 시스템이 노후화되어 있고 이것은 에너지 부하를 야기하고 있다. 따라서 탄소 배출에 가장 많은 부분을 차지하는 건축물의 탄소저감 계획을 위하여 각 건

그림 11-16 시카고 중심 지역 저탄소 계획 조감도

출처: http://continuingeducation.construction.com

물들의 탄소배출량, 에너지 사용 집중도, 에너지원 종류, 천연가스 사용 여부, 노후도, 크기, 용도, 주차 여부 등의 항목으로 구분하여 분석하였다. 그리고 건물 외장, 조명 시스템, 공기조화(HVAC)시스템, 엘리베이터 시스템, 전기 부하, 옥상녹화, 에너지 자원에 따른 탄소배출량 그래프를 통해 가장 효율적이고 이상적인 시스템을 도출하였다. 또한 기존 건물을 재보수(retrofitting)하여 건물의 성능을 향상시키고 에너지를 절약할 것을 권장하였다.

루프지역은 상업공간이 토지이용의 90%를 차지하며, 탄소 배출량의 97%가 상업공간에서 발생하고 있다. 이곳은 거주공간과 학교, 공원, 식료품점과 같은 거주자 편의시설과 사회기반시설이 거의 없다는 문제점을 갖고 있었다. 즉, 상업 및 업무를 위한 임시적 공간일 뿐, 주거를 중심으로 한 야간시간을 보낼 수 있는 공간은 아니었던 것이다. 따라서 도시적 기반 전략에서는 기존 업무시설 밀집 지역에 노후화 된 업무용 건물을 주거, 학교, 생활 편의시설 등으로 개조하여 현재 10%의 주거비율을 50%로 끌어올려 주거 비율을 높인 live-work 커뮤니티를 계획하였고 이러한 점이 이 지역을 효율적이고 지속가능하게 만들게 될 것이라고 예상하였다. 이러한 판단의 근거는 통근거리가 긴 도시외곽 지역에서는 주거와 직장이 가까운 혼합적 도시보다 탄소 배출량이 월등히 높다는 점에 기인하고 있다. 이와 같이 상업용 오피스에 비해 주거시설의 비율을 증가시킴으로써, 통근자가 줄어들게 되므로 탄소 배출량을 크게 줄일 수 있을 것으로 계획하였다. 또한 학교, 공원, 생활편의시설을 갖는 2~3분

그림 11-17 기존 루프지역의 탄소사용량과 주거-상업 비율을 50:50으로 만족시켰을 때 탄소저감 효과에 관한 파라메트릭 모델도

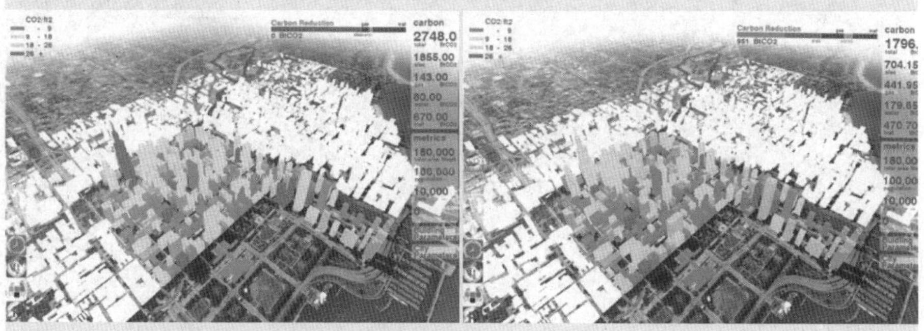

출처: http://smithgill.com/media

거리의 단위생활공간을 계획하여, 도시에 활력을 불어 넣으며 거주성 향상과 도시의 투과성을 높이는 포켓파크, 벽면녹화, 옥상녹화, 환경학교 등을 계획하여 탄소배출량 감소를 계획하고 있다.

이외에 시카고 루프지역 저탄소 계획에서 눈여겨 볼 점은 초기에 이미 구축되어있는 시카고시의 도시관련 DB를 충분히 활용하여 시카고만을 위한 도시운영 모델을 개발하고 이를 활용했다는 점이다. 즉, [그림 11-17]과 [그림 11-18]에서 보는 것과 같이, 초기 단계에서 수립된 여러 계획안을 몇 가지 가능한 시나리오에 따라 시뮬레이션할 수 있었고 이를 통해 탄소배출량 계산은 물론, 미래 도시의 활동을 예측하고 시각화 할 수 있었다는 점이다. 이러한 일련의 작업이 바탕이 되어 현재 및 미래의 탄소배출량을 정확하게 예측하고 다양한 관련 계획을 수립할 수 있었다. 또한 이를 다양한 방식으로 시각화하여 추가적인 의견수렴의 도구로 활용했다는 점 역시 이 사례가 우리에게 주는 중요한 시사점이라고 할 수 있다.

그림 11-18 10%의 주거비율을 50%로 끌어올려 주거 비율을 높인 live-work 커뮤니티 계획

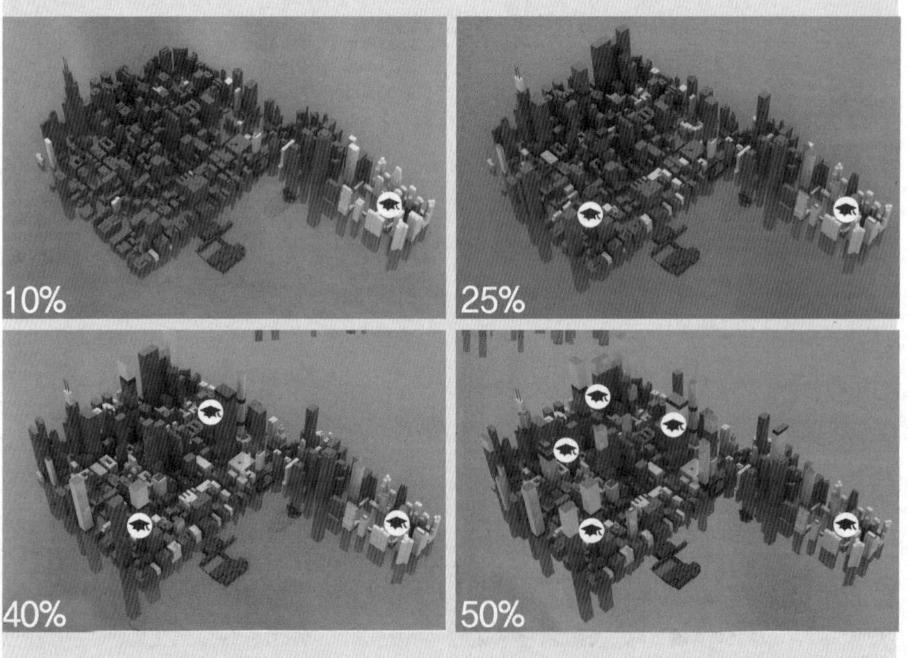

출처: http://smithgill.com/media

03 | 함마르비 셰스타드(Hammarby Sjoestad)

우리의 도시를 녹색도시로 조성하는 데 중요한 요소는 무엇일까? 필자는 단연 '자원의 순환'이라고 답하고 싶다. '자원의 순환'은 우리가 먹고 생활하는 데 반드시 필요한 에너지를 공급하는 데에 우리 스스로가 버리고 배출한 것들을 재사용하는 체계 즉, 말 그대로 자연의 추가적 훼손과 낭비를 최소화하는 지속가능한 체계이기 때문이다. 이러한 이상적인 체계는 말 그대로 현 인류의 문명이, 우리의 도시가 달성해서 후손들에게 물려주어야 할 궁극의 목표일 것이다.

함마르비는 과거 소규모 항만 시설 및 화학폐기물 매립장이었던 곳을 친환경 생태주거단지로 조성한 사례이다. 함마르비는 전력과 난방 등의 에너지 공급과 상하수도, 폐기물 처리 등의 기능을 통합적이고 친환경적으로 관리하여 세계적인 친환경도시 모델로 잘 알려져 있다. 스웨덴의 수도인 스톡홀름 중심에서 남동쪽으로 6km 지점에 위치하고 있다. 도시 면적은 약 250만㎡, 8,000세대 규모(2만 5,000명)로 조성되었다.

이 함마르비의 계획 목표는 스톡홀름으로 출퇴근하는 사람들을 위한 도시이다. 이를 위해서 시당국의 자체적인 노력에 의해서 1983년부터 계획되었다. 이후 스톡홀름 시정부와 개발자가 공동으로 1992년 본격적인 착공을 시작하여 2010년까지 1단계 공사가 완료되었으며, 현재 약 7,000세대(1만 9,000명)가 살고 있다. 2단계 공사는 2017년 완공을 목표로 추진 중이다.

함마르비가 주목받은 이유는 에너지 공급과 폐기물 처리 등을 통합적이고 친환경적으로 관리함으로서 이곳에서 나오는 폐수, 폐열, 쓰레기가 버려지지 않고 재사용되는 자원순환 도시모델을 구축했기 때문이다. 함마르비는 이러한 친환경적인 도시모델과 함께 숲과 수변공간이 어우러진 쾌적한 주거환경, 스톡홀름 도심까지 경전철을 타고 10분이면 도착하는 접근성으로 사람들에게 최고급 주거단지로 각광받고 있기도 하다.

먼저, 함마르비의 계획적 특징으로는 기존 자연요소인 호수의 활용과 중앙녹지를 중심으로 하는 도시형태계획 및 녹지체계계획을 높이 평가하고 싶다. 이 도시는 남측의 자연보존지역과 함마르비 호수라는 자연계경에 의해 명확히 구분되고 있다. 특히, 이 호수는 신도심의 'Blue eye'로 환경적으로나 주민들의 쾌적성 측면에서도 중요한 계획요소로 꼽히고 있다. 주거지역은 중심도로축에 인접하여 격자형으로 계획되었으며, 중앙녹지대를 향해 열린 형태의 중정형 배치를 통해 조망을 확보하고 있다. 전술한대로 함마르비의 친환경 계획요소 중에서 자원순환체계 구축은 단연 으뜸이다. 나오는 폐수와 폐열, 쓰레기는 자체 시설을 통해 정화되어 에너지로 재사용된다. 가정에서 나오는 각종 쓰레기와 폐기물들을 처리하면서 생긴 열로 난방을 하고, 음식물쓰레기와 오수찌꺼기는 바이오 가스(Bio gas)로 변환하여 자동차 연료로 사용한다.

각각의 주거 동에는 둥근 구멍이 있는 쓰레기통이 설치되어 있다. 쓰레기를 넣으면 지하에 묻힌 진공관을 통해 중앙수집소로 자동으로 수집된다. 이로 인해 함마르비 주거단지에서는 쓰레기로 인해 지저분한 주거환경을 볼 수 없고, 냄새도 전혀 나지 않는다. 쓰레기를 수거해야 하는 번거로움도 없고, 주민들은 언제 쓰레기 수거 차량이 오는지 걱정하지 않아도 된다. 수거 차량이 필요 없기 때문에 매연발생도 없고, 쓰레기 처리에 필요한 인력도 줄일 수 있다.

또한 함마르비는 자체적으로 하수처리시설을 가지고 있다. 이곳에서 발생되는 폐수는 자체적으로 처리되고, 처리하는 과정에서 발생하는 열에너지는 회수되며, 다른 영양분들은 새로운 기술을 통해 재활용되어 농작물에 쓰도록 하고 있다.

이 도시에서 필요한 에너지는 지역난방시스템을 통해 공급된다. 지역난방시스템은 재활용 연료를 기반으로 하고 있으며, 연소된 쓰레기는 열에너지 형태로 재활용하고 있다. 주민들은 위원회를 조직하여 자원과 재활용품에 대한 분리수거, 사용하는 에너지와 물 소비에 대한 모니터링을 함으로서 자원의 낭비를 줄이고 있다. 함마르비에서 사는 주민들은 이사 오기 전보다 난방비와 전기세를 절반 이상 줄였다고 한다. 이러한 측면 역시 높은 접근성만큼이나 주민들이 함마르비를 선호하는 이유이기도 하다.

최근 경기침체와 맞물려 부동산 시장이 얼어붙으면서 많은 아파트나 신도시들이 분양을 위해 다양한 특화전략이나 마케팅 전략을 내세우고 있는 실정이다. 하지만 우리가 염두해야 할 중요한 트렌드의 변화가 있는데, 기존의 도시 마케팅이 이미지나 경관 등 소비자의 생활과는 거리가 있었다면, 최근의 도시 마케팅은 보다 현실적이고 소비자의 가계와 관련성이 깊은 '생활밀착형' 전략을 내세우고 있다.

04 | 영국 베드제드(BedZed)

런던 남부 웰링턴에 조성된 베드제드는 영국 최초의 탄소중립형 친환경 주거단지이다. 베드제드(BedZed)는 베딩턴 제로 에너지 개발(Beddington Zero Energy Development)의 약자로 석탄, 석유 등 화석에너지를 사용하지 않는 개발을 의미한다. 가동이 중단된 16,500㎡의 오수처리시설 부지에 조성된 베드제드는 태양열과 풍력 등 친환경 에너지의 사용 탄소중립기법과 단지의 미적 아름다움이 고려되어 계획되었다. 조성사업은 2000년에 시작하여 2002년 9월에 완료되었으며 단지 내 건물은 주거, 헬스센터, 유치원, 유기농 카페, 사무소 등으로 구성된다. 현재 100여 가구의 단독·연립주택과 재택근무자를 위한 사무·커뮤니티 공간으로 조성되어 있다. 이 베드제드의 조망은 아래 [그림 11-19]와 같다.

토지이용 부문에서는 모든 가구를 남향으로 배치하여 채광과 태양에너지의 활

그림 11-19 베드제드 주거단지

출처: 필자가 현지 답사를 통해 직접 촬영함.

용을 극대화하였다. 사무실은 각 건물의 북쪽에 위치시켜 직접채광보다 간접채광을 유도해 업무의 효율을 높였다. 또한 복합용도의 고밀도계획을 통해 거주공간과 사무공간을 단지 내에 공유시켜 출퇴근에 필요한 자가 차량의 운행을 최소화하였고 줄어든 주차면적만큼은 공원으로 조성하여 녹지공간으로 활용하였다.

교통 부문에서는 시티 카 클럽을 통해 카풀제를 활성화하고 대중교통 이용을 유도하였다. 또한 일반자동차 대신 전기자동차를 보급하여 건물 남향에 설치한 태양열 집열판을 통해 생산된 전기를 자동차 충전에 이용하였다.

에너지 부문에서는 모든 건물 위에 태양열 전지판을 설치하여 청정전기를 생산하였고 단지 한쪽에 바이오 연료를 사용하는 열병합 발전기(Combined Heat and Power Plant, CHP)를 설치하여 매일 100KW의 전력을 생산하였다. 주택에서는 태양열 온수 시스템을 도입하여 약 50%의 온수를 태양열 에너지로 충당하고 있다.

건축 부문으로는 단지 내 모든 주택의 난방수요가 일반 주택의 10분의 1수준이 되도록 에너지의 효율성을 높이도록 설계하였다. 창문에 2중, 3중 유리, 온실, 차양 등을 설치하여 태양에너지를 채열하여 활용하였고 에너지 낭비를 최소화하기 위해 벽에 300mm 단열재를 넣어 두께를 약 50cm정도로 두껍게 하여 열손실을 감소시켰

그림 11-20 베드제드 계획 및 관리를 위한 데이터 기반의 SW-Carbon Mixer

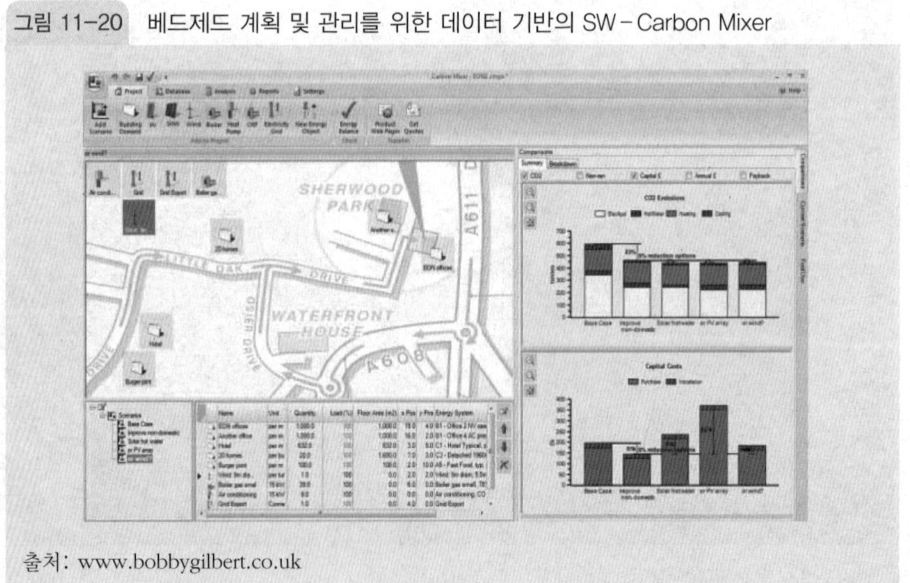

출처: www.bobbygilbert.co.uk

다. 또한 건물의 높이는 햇볕의 채광과 태양복사열의 활용을 극대화하기 위해 일반 건물의 2배 높이로 이루어졌다. 지붕 위에는 닭벼슬 모양의 바람개비 팬을 설치하여 내부의 환기 및 온도의 조절이 자연적으로 이루어지게 하였다.

자원 부문으로는 반경 56km이내에서 구할수 있는 자연소재와 재활용 가능한 건축자재들을 이용하였고 빗물과 오·하수에서 정화된 물을 화장실과 옥상정원의 관수용으로 재활용하였다. 녹지 부문으로는 단지 내 채소와 과일을 기를 수 있는 텃밭을 조성하였고 지붕표면에는 특수식물을 심어 전 세대에 옥상정원 또는 정원시설을 계획하였다.

베드제드에서 우리가 중요하게 인식해야 할 부분은 단지의 에너지 계획 및 관리를 위해서 카본 믹서(Carbon Mixer)라는 전문 소프트웨어를 사용했다는 점이다. 이 소프트웨어의 구동 모습은 [그림 11-20]과 같다. 앞에서 누차례 언급해왔듯 저탄소 도시의 조성을 위해서는 에너지 사용량 및 탄소배출량에 대한 사전단계의 예측과 검토가 필요하다. 이를 통해서 도시 및 건축계획을 수립해야 근원적인 에너지 절감형, 탄소저감형 도시를 조성할 수 있기 때문이다. 이러한 점을 베드제드의 계획가들은 잘 인식하고 있었고, 그들은 계획의 초기단계에서부터 활용할 수 있도록 카본 믹서라는 프로그램의 도움을 받았다. 이 프로그램은 추후 베드제드 건설 이후에도 활용되어 단지의 에너지 관리에 활용되고 있다.

이와 같이 건축물 단위, 지구 단위, 도시 단위에서의 통합적인 모델의 개발과 그것을 바탕으로 한 소프트웨어의 개발은 저탄소 도시 조성을 위한 첩경일 것이다. 또한 이 소프트웨어를 통해서 정확한 의사결정을 하기 위해서 어떠한 데이터가 의미가 있고 필요한지를 파악하고, 기존에 가지고 있는 데이터의 활용방안을 모색하고, 데이터 수집을 위한 가이드라인을 마련하는 것은 매우 중요하다. 이러한 선행단계가 잘 이루어질 때, 정확하고 알맞은 데이터가 수집될 수 있는 것이다. 이러한 데이터의 수집과 분석, 이를 활용한 대안의 평가라는 일련의 과정이야말로 저탄소 도시 조성의 필수과정일 것이다. 이러한 점을 아주 잘 알려진 저탄소 단지인 베드제드의 계획에서도 확인할 수 있다는 점은 우리에게 시사하는 바가 크다고 할 수 있겠다.

05 | 그리니치 밀레니엄 빌리지(Greenwich Millennium Village)

영국 그리니치 반도 남단 밀레니엄 돔 연접 지역에 있는 그리니치 밀레니엄 빌리지는 1999~2005년 도클랜드 지역의 재개발 계획의 일환인 주거단지 계획이 실현된 지역이다. 이 계획은 영국 최초의 생태주거단지를 모토로 야심차게 시작된 프로젝트로 21세기의 걸맞는 새로운 주거단지를 조성하고자 과거 가스저장 시설이 있던 그리니치 반도의 재개발을 시행하면서 일단의 주거지를 개발하였다.

잉글리쉬 파트너십(English Partnerships)이 21세기 기준에 적합한 새로운 주거지 형성을 위하여 시행한 "Millennium Communities Programme"에서 7개의 시범지구를 선정하였고 그 중 첫 번째가 그리니치 반도의 재개발 지구 밀레니엄 빌리지이다. 1997년 후반 스웨덴 건축가 랄프 어스킨(Ralph Erskine)이 설계를 담당했으며 단지는 네 구역으로 나눠서 단계별로 공사가 이루어졌다.

그리니치 밀레니엄 빌리지의 개발 목표는 21세기 새로운 주거형 개발, 개발의 지속성 유지, 에너지 소비의 50% 감축, 바이오매스를 이용한 에너지 생산, 물 소비의 감축, 쓰레기 재활용, 지속가능한 교통계획이다. 이를 실현하기 위해 어스킨은 밀레니엄 빌리지의 마스터플랜에서 18, 19세기의 런던의 가로와 광장, 그리고 세계의 성공적인 도시 주거계획영역에 얻은 교훈을 디자인에 반영하였다. 이 그리니치의 개발 전경은 [그림 11-21]과 같다.

주요계획요소는 토지 및 에너지 이용방식, 자연 자원의 이용 및 관리, 환경친화적 건축물 계획으로 분류하여 그리니치 밀레니엄 빌리지에 적용하였다. 먼저 토지 이용방식 부문을 보면 그리니치 밀레니엄 빌리지의 주거 밀도는 기존 영국의 신개발지에 비해 높은 밀도를 가지고 있다. 따라서 대다수의 주거단지는 태양열 흡수에 유리한 남향으로 배치하였다. 또한 단지 외곽을 중심으로 자전거 전용도로를 조성하여 순환이 가능하도록 했으며 단지 내부는 차량의 이동을 최대한 줄이고 보행 및 자전거 이용을 통해 다닐 수 있도록 조성하였다.

에너지 이용방식 부문은 단지 중앙에 풍력발전기와 개별 주거의 태양열 집열판, 그리고 바이오매스를 이용한 열병합 발전을 이용하여 전체 난방에너지와 전기에너지의 절반을 공급하고 있다. 건축물 계획요소로는 차양 설치 및 단열 재료 사용, 효율적인 난방과 통제 시스템 도입 및 겨울철에 건물 내로 유입되는 공기의 열

그림 11-21 그리니치 밀레니엄 빌리지 전경

출처: 필자가 현지답사를 통해 직접 촬영함.

교환을 최대로 하는 입면계획이 있다. 또한 절전형 램프와 조명을 위한 일조 조절 센서를 사용하는 그린 전기를 도입하고 있다. 이를 통해 현재의 영국건축연구원(Building Research Establishment) 가이드라인과 비교하여 에너지 요구를 50% 감소시키는 결과가 나타났다.

자연 자원의 이용 및 관리 부문은 기존의 매립지를 새로운 생태 보고로 탈바꿈시키는 것으로 생태적 환경계획에 대해 다음의 일곱 가지의 플랜을 수립하였다. 강가와 생태적 보존지 동시 개발, 사람들로부터 야생동물 보호 및 하이드 워크(Hide Walk)와 둔덕 조성, 연못과 호수 상호 연결 및 풍력을 이용한 저습지 물 공급, 그린 코리도(Green Corridor) 연결, 식재를 통한 서식지로의 소음과 오염의 전달 차단, 중정식 가든 식재, 식재를 통한 주거와 야생의 환경을 기름지게 하고 갈수기에 관개시설 의존도를 낮추는 총 7개의 플랜을 진행하였다.

마지막으로 환경친화적 건축물 계획 부문은 주거자체의 에너지절감과 물소비의 절약은 단지 전체의 목적과 부합해야 한다. 이에 각종 중수 시스템과 환경친화적인 재료, 환경 부하 에너지가 적은 재료 등을 사용하는 것은 물론, 건물 자체에 자연환기 시스템을 도입하여 에너지에 대해 시공으로부터 유지·관리비용까지 고려하여 설계하였다. 또한 거주자의 라이프스타일의 변화에 대응할 수 있도록 융통성 있는 평면을 구성하여 '정주지'라는 용어에 맞는 장기간 거주가 가능한 주택을 설계하였다.

06 | 선창가 그린(Dockside Green)

캐나다 선창가 그린 프로젝트는 캐나다 서남부 브리티시 컬럼비아주의 빅토리아 섬에서 밴쿠버 인근 빅토리아 내항에 위치한 공업단지 부지를 재개발하면서 탄소제로 복합단지로 개발하는 계획이다. 설계는 Busby Perkins+Will Architects에서 담당하였으며, 개발은 Dockside Working Group에서 개발계획을 담당하였다. LEED ND(Leadership in Energy and Environmental Design Neighborhood Development) 인증을 받았으며, 플래티넘(Platinum) 등급을 받은 사례로도 유명하다.

선창가 그린 프로젝트는 친환경 주택 26채 건설을 주요 골자로 하여 신재생에너지의 활용, 전기자동차 이용, 근린주구 개념과 뉴어바니즘의 기본 원리를 반영한 6억 달러의 예산이 투입된 프로젝트이다.

주요계획요소는 토지이용, 녹색교통, 신재생에너지, 친환경 건축물 도입, 우수활용 시스템 등 다양한 분야로 분류하여 선창가 그린에 적용하였다.

토지이용 부문의 특징은 근린주구 개념과 뉴어바니즘 기본 원리를 반영하였다는 것이며, 시가지의 평면확산을 지양하고 전반적인 밀도는 고·중밀도로 계획, 주거와 직장 그리고 커뮤니티 시설을 근접시키는 직주근접의 원리를 적용하였다.

대중교통 부문은 미니버스, 워터택시, 카누, 카약 등 대중교통시스템을 구축했으며 10대의 스마트카(Smart Car)나 전기자동차로 Car-Share Program을 운영할 예정이다. 또한 바다를 따라 건설되는 포이트 엘리스 공원의 도보길을 이용해 조깅과 산책을 즐길 수 있으며, 자전거 주차장(Bike Storage) 공간도 확보하였다.

선창가 그린 프로젝트의 핵심 중 하나인 신재생에너지 부문은 특히 1년에 단지 3000톤의 건조한 목재찌꺼기를 이용하여 바이오 가스를 생산하고 이 바이오 가스를 이용하여 물을 데우는 데 사용하는 신재생에너지 활용이 두드러진다.

앞서 언급한대로, 친환경 건축물 도입 부문의 주된 특징은 선창가 그린 프로젝트에 건설되는 건축물은 미국 그린 빌딩 위원회의 LEED ND 평가에 의해 최고 등급인 플래티넘 등급을 획득했다는 점이다. 높은 효율의 단열재와 특수유리로 열효율을 높이고 에너지 효율이 높은 전기제품과 조명 장비 및 설비 시스템을 구축하여 에너지 절감형 건축물로 계획하였다. 또한 리폼시공 기법을 도입하여 이전에는 공장이었거나 레스토랑이었던 건물을 부수지 않고 재활용하여 LEED ND의 평가기준에 맞게 다시 건물을 개조함으로서 환경과 비용 모두 이익을 볼 수 있도록 하였다. 마지막으로 LEED ND의 기준에 근거한 밀폐제, 접착제, 페인트에 휘발성 유기 화합물이 거의 없는 제품을 사용하고 나무사용을 자제하도록 하였다.

우수활용 시스템 분야는 단지 내에서 발생하는 하수는 정화하여 화장실, 농지 등에 재활용하고, 빗물로부터 얻은 물을 옥상 조경에 이용하거나 도심으로 흘려보내 개울과 연못을 구성하는 데 쓰며 이 물은 결국 항구 쪽으로 흘러 들어가도록 하였다. 즉, 재활용된 물을 이용하여 조경에 식수를 소비하지 않고 자연적인 환경을 만들고 있다.

이외에 각 가정에 전기, 냉·온수 등의 사용량을 모니터링 할 수 있도록 스마트미터링(Smart Metering)이라 불리는 계량기를 설치하여 에너지 사용 절감을 유도하고, 인터넷으로 연결되어 실시간 에너지 사용량을 각 가정에서 모니터링 할 수 있도록 계획할 예정이다. 캐나다 선창가 그린 프로젝트를 통해 빅토리아 내항에 위치한 공업단지 부지를 탄소제로 복합단지로 개발함으로써 프로젝트가 가지고 있던 환경, 사회, 경제적 책임이라는 세 가지 계획 이념이 실현될 것이다.

07 | 국내 저탄소 도시 건축 실현을 위한 노력

앞서 살펴본 선진국들의 저탄수 도시조성 노력과 마찬가시로 우리도 저탄소 도시조성을 위한 노력을 경주해왔다. 주지하고 있다시피 이와 관련하여 선구적인 정책을 펼친 것은 이명박 정부라고 할 수 있다. 2008년 8월 대통령 8.15 경축사에서 '저탄소 녹색성장'을 향후 국가전략으로 선포함으로써 저탄소 녹색성장을 정책기조로 내세운 것이다.

이어 2009년 1월에는 "녹색 New Deal 사업" 추진방안을 발표하였으며, 녹색국가 정보인프라 구축의 연계사업으로 추진하고자 하는 의지를 드러냈다. 2009년 2월에는 저탄소 녹색성장 기본법(안)이 국회에 제출하였으며, 2009년 5월에는 그린IT 국가전략 계획을 수립하기도 하였으며, 이는 후에 건물에너지 관리시스템 보급 확산 및 지원제도 개편으로 이어지게 된다. 이후, 2009년 7월에는 녹색성장 5개년 계획을 수립하였으며, 후에 국가차원의 건물에너지 모니터링시스템 구축으로 이어지게 되었다. 2010년 1월에는 녹색성장 기본법이 제정되기도 하여, 후에 온실가스 종합정보관리체계의 구축에 도움이 되었다. 이러한 맥락에서 '저탄소 녹색도시 조성을 위한 도시계획 수립 지침'과 신도시에 적용할 저탄소 녹색도시 조성 기준인 '지속가능한 신도시 계획기준'을 제정하였다.

이러한 지침과 계획기준들을 당시 계획 중이던 제2기 신도시들의 건설계획에 적용하였다. 이러한 2기 신도시들에서 추진 중인 저탄소 관련 정책 및 사업들을 정리한 것은 [표 11-1]과 같다.

이와 같은 맥락에서 진행된 대부분의 제2기 신도시에서의 탄소저감 정책 및 사업의 운영은 각 신도시의 명품화 방안, 특화방안, 특화계획의 일환 등으로 계획이 수립되었다. 그나마도 파주 운정, 김포 한강신도시 등은 탄소저감이 아닌 생태도시 계획구상 등을 수립했고, 저탄소를 기치에 든 신도시는 인천 검단, 화성 동탄, 수원 광교신도시 등에 불과하다. 하지만 각 계획안을 살펴보면 실제로 생태도시계획과 저탄소계획이 혼재되어 있는 양상을 발견할 수 있다.

이러한 점에서 미루어 볼 때, 제2기 신도시에서 추진 중인 관련 계획들은 각 신도시들의 특화전략의 일환의 성격이 강하다는 점과 생태도시와 저탄소 도시의 개념적 경계를 분명하게 구분하여 전략을 수립하지 못하고 있다는 점을 찾아낼 수 있다. 또한 각 계획안들에서는 해외 신도시들의 요소기술을 주로 분석하여 이를 활용하여 전략을 수립하고 있다는 점에서 총체적인 도시체계를 구상하거나 탄소저감을 위한 도시운영체계를 모색하고 있다기보다는 요소기술의 도입을 통한 부분적 계획안 수립에 집중하고 있다는 점을 도출할 수 있다. 이러한 국내 신도시들의 저탄소 사업 및 계획안 수립의 특징은 분명히 서구의 그것에 비해 우리가 가지고 있는 한계점이라고 할 수 있을 것이다.

표 11-1 제2기 신도시들에서 활용하고 있는 저탄소계획요소

종류 (개발기간)	친환경 토지이용 및 자원순환형 도시구조	녹색교통체계	신 · 재생에너지	자연생태 공간
김포 한강 ('02~'13)	중 · 저밀 단독주거 및 중 · 고밀 공동주택	녹색교통체계	-	생태 네트워크
성남 판교 ('03~'14)	-	대중교통중심 교통체계	-	녹지 네트워크
파주 운정 ('03~'17)	-	-	자원 · 에너지 절약형 도시	녹지 네트워크
수원 광교 ('05~'14)	- 그린플랜 수립 - 69인/ha의 적정 밀도	역세권 집중 개발	-	공원 녹지율 42%
화성 동탄 ('08~'15)	- Compact-City 조성 - 역세권과 연계된 커뮤니티 회랑 형성 - 탄소중립형 도시구조 - 대중교통 중심의 토지이용계획	녹색교통 (ITS형 임대자전거, 보행자 및 자전거 도로)	신재생에너지 시범단지	그린 및 블루 네트워크
송파 위례 ('08~'17)	환상형의 휴먼 링 조성	- 신교통(Tram) - 녹색교통 네트워크	-	녹지축
평택 고덕 ('08~'20)	중·저밀 도시지표 계획	녹색교통 (BRT노선 및 자전거도로 네트워크)	-	-
인천 검단 ('09~'15)	중·저밀도의 쾌적한 친환경 녹색도시	10분 내 대중교통 중심에 도달할 수 있는 스마트 교통 시스템	- Zero에너지타운 - 자원순환시스템 - 패시브하우스 - 태양열시스템	친수공간

출처: 필자가 직접 작성함.

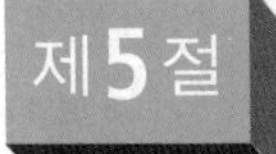

제5절 저탄소 도시·건축 실현을 위해 우리가 나아가야 할 길

본 절에서는 향후 보다 진정한 의미의 저탄소 도시계획을 위해서 선행되어야 할 몇 가지 원칙 및 작업들에 대해서 제안하는 것으로 결론을 대신하고자 한다.

첫째로, 앞서 누차례 언급한 바와 같이 저탄소, 친환경, 지속가능한 개발 등을 둘러싼 국민적 요구사항과 합의가 도출되어야 한다. 이미 2015년 1월부터 본격적인 탄소배출권 거래시장을 증권거래소를 중심으로 운영할 계획을 환경부에서 발표한 바 있다. 하지만 대부분의 재계에서는 이에 대한 부담금액을 약 25조원 가량 예측하며 여전히 반대 목소리를 내고 있다. 또한 이명박 정부에서 꾸준히 저탄소 정책을 추진해왔지만 '탄소'의 개념은 여전히 국민들에게는 생소하기만 하다. 실제로 화석 에너지 사용이 탄소배출의 대부분을 차지하므로 에너지 절약만 실천해도 상당한 수준의 탄소배출량을 저감할 수 있다는 기본적인 사실조차 모르는 사람이 대다수이다. 상황이 이러할진데 이러한 탄소저감이 왜 필요한지에 대해서 공감하지 못하는 이가 많으며, 이것을 위해 자신의 이익이 감소 또는 손해를 볼 수 있다는 사실을 인지했을 경우, 이러한 정책에 지지를 보내지 않을 가능성이 크다. 오랜 교육과 경험, 필요성의 축적에 의해서 친환경, 저탄소 등에 대한 이해와 이를 저감해야 하는 공감대가 광범위하게 형성된 선진국과 우리의 상황은 다르다. 이들 개념은 분명히 개인의 건강과 자연보호만으로 국한된 개념이 아니기 때문이다. 그러므로 지금까지처럼 정부 및 전문가 소수 그룹의 일방향적인 정책 및 사업 추진은 부작용만을 양산할 것이다. 지금이라도 이에 대한 국민적 이해와 공감을 끌어낼 수 있는 방안을 마련해야 할 것이다.

둘째로, IPCC(Intergovernmental Panel on Climate Change)에서 요구하는 MRV(Measurement, Report, Verification)원칙에 입각하여 도시계획 과정이 개편될 필요가 있다. 실제로 이 MRV원칙은 용어 그대로, 현재 상태를 근간으로 현재의 탄소배출량과 향후 목표연도의 탄소배출량을 측정 및 예측하고, 이를 보고하며, 목표 감축 또는 유지량을 발표하고, 해당 목표연도까지 주기적으로 모니터링을 하며 실제 예측치와 달성치 사이를 검증하며, 추가적인 수단을 도입하는 등의 탄소저감 행위를 통해서 해당 목표치를 달성하는 과정을 함축적으로 의미하는 것이다. 이러한 탄소배출량을 계산하여 감축·검증하는 기본적인 일련의 과정에는 기존의 도시계획의 과정과 정합성이 이미 어느 정도 확보되어 있다. 다만, 기존의 도시계획에서 중요하게 고려하던 인구 외에 탄소(에너지)라는 요소를 추가로 고려할 필요가 있는 것이다. 또한 기존의 도시계획에서 중요하게 여겨지지 않았던 모니터링 부분에 대한 보완이 필요할 것이다.

셋째로, 탄소배출량 측정 및 예측을 위한 도시계획과정의 DB와 도시활동 예측 모델이 개발되어야 한다. 실제로 탄소배출량 측정 및 예측과정은 도시에서 이루어지는 활동에 대한 예측과정이다. 이러한 도시활동에 대한 예측은 하루 아침에 이루어질 수 없고, 수많은 관련 DB와 이를 바탕으로 도시활동을 예측할 수 있는 모델체계를 갖추고 있어야 한다. 이러한 요소를 이미 오랜 시간 동안 도시활동에 대한 통계 DB를 축적하고 있고, 이를 바탕으로 각 국가에 적합한 정교한 예측 모델을 가지고 있는 선진국은 탄소배출량의 현재 배출량은 물론, 미래의 배출 예측치를 비교적 정확하게 산정할 수 있다. 이와는 달리 우리의 상황은 구체적이고 장기적으로 축적된 DB를 가지고 있지 않을 뿐 아니라, 실제로 정교한 도시활동 예측 모델을 구축하고 있지 못하다. 이러한 부분이 선행되지 않고서 진정한 의미의 저탄소 도시 조성은 요원할 수밖에 없다. 정확한 현재의 상태 및 미래의 목표치 수립 없이 그저 잘 알려진 탄소저감 계획요소를 백화점식으로 늘어놓고, 결국 그것들의 정확한 효과치조차 알 수 없는, 모호한 저탄소 도시조성과정을 답습할 뿐인 것이다.

넷째로, 장기적인 안목에 의한 행정적 지원과 법제도 수립이 필요하다. 이명박 정부의 저탄소 녹색성장 정책 추진에 대한 속도에 해외 외신은 이미 놀라움과 찬사를 금치 못했다. 실제로 우리가 짧은 시간 동안 상당한 투자와 관련 법제도를 구축한 것은 사실이다. 하지만 이러한 수준은 짧은 시간 동안 상당한 노력을 했다는 점이 놀랍다는 것이지, 이미 오랜 시간 동안 해당 분야와 인접 분야에 상당한 투자를 진행해온 선진국들에 비해서는 아직 미진한 수준인 것이다. 이미 주지한 바와 같이 도시를 조성한다는 것은 물리적으로 건설만 하는 것이 아니다. 사회적 합의와 다양한 법제도들의 정비, 수많은 과학적 데이터와 모델의 개발, 관련한 수많은 전문가의 육성 등의 종합적인 결과물이 저탄소 도시의 조성인 것이다. 이를 위해서 행정은 기다림 속에서 꾸준한 지원체계를 구축해야 한다. 가시적인 성과를 서두르기만 해서는 그저 설익은 밥만 계속 지어낼 뿐인 것이다.

이미 앞에서 알아본 바대로 국내에 친환경 저탄소 도시를 표방한 신도시 및 기존 도시는 이미 10여 곳을 넘었다. 하지만 그 도시들 어느 곳 하나 현재 시점에서의 각 도시에서 배출하는 정확한 탄소배출량을 발표할 수 있는 곳, 10여년 이후의 각 도시의 활동 모습과 탄소배출량 예측치를 정확하게 그려낼 수 있는 곳은 한 곳도 없다. 저탄소 도시를 표방하지만 실제 탄소배출량과 목표치를 정확하게 알 수 없는 상황, 이것이 저탄소 도시를 표방한 수많은 도시들의 현실이다. '저탄소 도시를 만들었다'를 표방하는 행정보다는 '저탄소 도시를 조성할 수 있는 체계를 구축했다'를 표방하는 행정의 자세가 그 어느 때보다 필요하다고 할 수 있다.

종합하면, 1970년대 이후로 꾸준히 문제제기와 논의, 사회적 합의가 이루어져 온 선진국들과 달리 우리는 정부 주도로 논의가 시작되었다는 점에서 그 시작이 극명하게 다르다. 국제적 정세에 발맞춰야하는 것은 맞지만 너무나도 빠르게 모든 것이 진행되기 시작한 것이다. 필요성을 느끼고 대안을 찾는 것이 아니라 필요성이 강제되거나 거꾸로 교육되고 있으니 그 대안을 찾는 것은 애시당초 어려운 일이었을지도 모른다. 이미 상당한 정책과 자금이 투자되어 여기저기서 동시다발적으로 다양한 사업들이 진행 중이다. 이제와서 그 사업들을 중단하자는 것이 아니라 그 사업들이 탄력을 받을 수 있게끔 필수적인 기초를 지금이라도 쌓기 시작해야 한다.

주 | 요 | 개 | 념

건축물에너지관리시스템(BEMS; Building Energy Management System)
녹색건축인증제도(Green Building Certification)
녹색도시(Green City)
뉴어바니즘(New Urbanism)
대중교통지향개발(TOD; Transit Oriented Development)
데이터 마이닝(Data Mining)
도시열섬(Urban Heat Island)
빅데이터(Big Data)
생태도시(Ecological City)
생태발자국(Ecological Footprint)
스마트성장(Smart Growth)
신진대사도시(Metabolic City)
압축도시(Compact City)
어반빌리지(Urban Villasge)
지방의제 21(Local Agenda 21)
지속가능한 개발(ESSD; Environment Sound and Sustained Development)
지속가능한 도시(Sustainable City)
탄소배출권 거래
탄소저감도시/저탄소도시(Low Carbon City)
탄소중립
회복력있는 도시(Resilient City)
BIM(Building Information Model)
CDM(Clean Development Mechanism)
IPCC(Intergovernmental Panel on Climate Change)
LEED-ND
MRV원칙(Measurement, Report, Verification)
Tier-3 수준

참 | 고 | 문 | 헌

국가건물에너지통합관리시스템구축사업단 · 국토교통부, 2012.

권용우 외, 2010, "해외 저탄소 녹색수변도시," 대한지리학회지 45(1).

김세용, 2009, 저탄소 녹색 인천광역시 실현을 위한 방안, 저탄소 녹색도시 조성을 위한 심포지엄 발표자료.

김세용, 2011, 에너지 제로 단지는 실현 가능한가, 국토환경지속성포럼.

김세용, 2012, 저탄소 도시마을 만들기: 도시농업의 연구 가능성과 효과를 중심으로, 국토환경지속성포럼.

김세용 외, 2001, 생태도시의 이해, 환경정의시민연대, 다락방.

김세용 외, 2015, 에너지절감형 검단신도시 개발 및 제로에너지타운 조성 방안, 한국토지주택공사(미발간 보고서).

김세용 외, 2012, 탄소저감 도시계획 시스템개발 연구과제 1차년도 보고서, 한국건설교통기술평가원 · 국토해양부.

김세용 외, 2013, 탄소저감 도시계획 시스템개발 연구과제 2차년도 보고서, 한국건설교통기술평가원 · 국토해양부.

김세용 외, 2014, 탄소저감 도시계획 시스템개발 연구과제 3차년도 보고서, 한국건설교통기술평가원 · 국토해양부.

김세용 · 이건원, 2013, 도시 유형별 특성분석을 통한 도시특성요소와 온실가스 배출량 · 에너지 소비량 간의 관계 분석 및 시나리오 방향검토, 국토환경지속성포럼.

김세용 · 이재준, 2012, 미래 주거의 대안: 세계의 저탄소 녹색주거를 찾아서, 살림.

김정곤 외, 2010, 저탄소 녹색도시 모델개발 및 시범도시 구상, 토지주택연구원.

양병이, 2011, 녹색도시 만들기, 서울대학교출판문화원.

이건원, 2015, "제로에너지 타운 실현을 위한 정책과 제도," 도시문제 50(555).

이건원 외, 2014, "통근통행을 위한 통행수단으로서 자동차 선택에 개인속성 및 도시특성, 도시형태가 미치는 영향," 한국산학기술학회논문지 15(5).

Banister D., 1992, *Energy use, 'transport and settlement patterns'* in *Sustainable development and urban form*. ed. Breheny MJ. London: Pion.

Breheny M., 1992, *The Contradiction of Compact City: A review*, Sustainable Development and Urban Form. London: Pion.

Breheny M., 1996, *Centrist, Decentrist and Compromisers, The Compact City: A Sustainable Urban Form?*, London: E&FN Spon.

Cevero R., 1996, "Mixed Land-uses and Commuting: Evidence from the American housing survey," *Transportation research Part A* 30.

Cevero R. and Kockelamn K., 1997, "Travel demand and the 3Ds: Density, Diversity and Design," *Transportation Research Part D* 2(3).

Ewing R., 1995, "Beyond density, mode choice and single-purpose trips," *Transportation Quarterly* 49(4).

Ewing, R. and R. Cervero, 2001, *Travel and the Built Environment: A Synthesis*, Transportation Research Record, 1780.

Ewing R et al., 2008, *Growing Cooler: the evidence on urban development and climate change*, Urban Land Institute.

Frank, L. D. and Gary Pivo., 1994, "Relationship Between Land Use and Travel Behavior in the Puget Sound Region," Olympia, WA: Washington State Department of Transportation. *WA-RD* 351(1).

Gomez-Ibanez J. A., 1991, "A global view of automobile dependence," *Journal of the American Planning Association* 55(3).

Gordon P. and Richardson H., 1989, "Gasoline Consumption and Cities: A reply," *Journal of American Planning Association* 55(3).

Gordon P. and Richardson H., 1997, "Are Compact Cities a Desirable Planning Goal?," *Journal of American Planning Association* 63(1).

Gunwon Lee, 2013, "Current Condition of Carbon Emission, and Carbon Emission Model in Urban Scale in Korea," International Seminar of Construction Technology of Carbon Dioxide Reduced City & Architecture in Responding to Climate Change.

IPPC, 2007, Transition of Climate Change.

Lehmann, T., 2013, Planning Principle for Sustainable and Green Cities in the Asia-Pacific Region: A New Platform for Engagement, Study UN ESCAP Working Document.

Lehmann, S., 2012, *Sustainable Building Design and Systems Integration: Combining Energy Efficiency with Material Efficiency*, in S. Lehmann and R. Crocker, eds.,

Designing for Zero Waste: Consumption, Technologies and the Built Environment, London, Routledge.

Lehmann, S., 2010, *The Principles of Green Urbanism: Transforming the City for Sustainability*, London, Earthscan.

Michael J. G and Marlon G. B., 2001, "Built environment as determinant of walking behavior: Analyzing nonwork pedestrian travel in Portland, Oregon," *Transportation research record* 1780.

Real Estate Research Corporation, 1974, *The Costs of Urban Sprawl, Detailed Cost Analysis*, Washington DC: US Governemtn Printing Office.

Rickaby et al., 1992, *Patterns of Land Use in English Towns: Implications for Energy Use Carbon Dioxide Emissions*, Breheny, M J., (ed) Sustainable Development and Urban Form, London: Pion.

R. T. Dunphy and K. Fisher, 1997, "Transportation, Congestion, and Density: New Insights," *Transportation Research Recorde* 1552.

Newman P. W. G. and Kenworthy J. R., 1989, "Gasoline consumption and cities: A comparison of US cities with a global survey," *American Planning Association Journal* 55.

Owens S., 1991, *Energy-conscious Planning: The Case for Action*, London: Concil for the Protection of Rural England.

Spillar, R. J. and G. S. Rutherford, 1990, "The Effects of Population Density and Income on Per Capita Transit Ridership in Western American Cities," *Journal of Public Transportation* 1(1).

Yunnam Jeong · Gunwon Lee · Seiyong Kim, 2015, "Analysis of the Relation of Local Temperature to the Natural Environment, Land Use and Land Coverage of Neighborhoods," *Journal of Asian Architecture and Building Engineering*.

[홈페이지]

http://www.gbc.re.kr/index.do

http://www.ret.co.kr

http://www.autodesk.co.kr/

http://www.bartlett.ucl.ac.uk/casa/research/past-projects

http://www.bustler.net/index.php/article

http://www.city-id.com

http://continuingeducation.construction.com

http://smithgill.com/media

http://www.tengbom.se/en-US/projects/61/hammarby-sjostad

http://www.architectureoflife.net

http://www.hammarbysjostad.se/

http://openbuildings.com/buildings

http://www.bobbygilbert.co.uk

http://www.freiburg.de/pb/site/Freiburg

http://www.fineartamerica.com

http://raic.org/raic

http://www.worldchanging.com

제 12 장

공공디자인과 도시환경

제 12 장 공공디자인과 도시환경

제 1 절 공공디자인과 도시환경

도시의 사전적 의미는 도읍, 곧 정치 또는 행정의 중심지라는 뜻과 시장, 곧 경제의 중심지라는 뜻을 내포하고 있다. 도시환경이란 이러한 도시를 구성하는 요소들을 총칭하여 말한다.

도시환경이란 도시에 사는 사람이나 동식물에게 직접적으로나 간접적으로 영향을 주는 주위의 자연, 사회적 조건이나 상황이다. 도시환경에 대해 디자인 행위를 하는 것을 공공디자인이라 한다.

공공디자인을 통해 도시환경에서 장소를 형성하고 이미지를 형성하기 위해서는 공공디자인과 도시환경 사이에 안전성이 확보되어야 하고, 시각적인 즐거움과 형태적인 기능이 이루어지도록 쾌적해야 하며 혼동감이 없이 지각하고 인식하며 주변과 동질적이거나 조화를 이루도록 일관성이 있어야 하며, 도시환경 전체가 하나의 흐름을 이루도록 연속성이 있어야 한다. 그리고 마지막으로 다른 곳과 구분될 수 있는 독자성을 가져야 한다. 여기에 최근 서비스디자인, 범죄예방디자인 등의 흐름이 반영되어 사회문제 해결과 함께 인간과 상호작용이 하나의 중요한 관점이 되고 있다.

공공디자인은 도시환경 내에서 심미적 기능, 랜드마크적인 기능을 동시에 담당한다. 심미적인 기능은 디자인의 연속성, 쾌적성, 통일성과 랜드마크적인 기능은 상징성, 독자성과 관계한다.

도시환경은 사회가 발달함에 따라 점차 발전하며 편리해지고 있다. 하지만 무분별한 개발위주의 발전이 역으로 인간을 공격하는 문제가 발생함에 따라 체계적이고 총체적으로 접근할 수 있는 공공디자인이 필요하다. 도시환경을 이루는 요소들은 디자인을 통해 생겨난다. 디자인의 본 목적은 인간의 삶을 유익하고 편리하게 만드는 것으로 적용되어 왔다. 하지만 최근, 공공의 영역에 대한 관심이 증대하고 많은 투자가 이루어지면서 발전되고 있다. 우리의 삶의 터전을 이루는 모든 도시환경 요소가 모두 공공디자인의 대상이 되기 때문이다.

제 2 절 도시환경을 위한 공공디자인의 이해

01 | 공공디자인의 정의

1) 공공의 개념

공공이라는 의미는 바라보는 시각에 따라 저마다 다르게 사용될 수 있으므로 한마디로 정의하기는 힘들다. 공공은 사전적 의미로 '국가나 사회의 구성원에게 두루 관계되는 것'으로 공공기관, 공공생활, 공공영역, 공공의 이익, 공공의 복지 등과 같은 개념을 정의할 때 사용된다. 공공의 장소는 도시민 공동의 장소로서 사회적 소통을 위한 중립적 장소이며, 도시환경 영역에 포함된다.

2) 공공디자인의 개념

공공디자인(Public Design)은 공공(Public)과 디자인(Design)의 합성어로 공공기관이 조성·제작·설치·운영 및 관리하는 공간·시설·용품·시각정보 등의 심미적·상징적·기능적 가치를 높이기 위한 디자인 계획·사업 또는 행위와 그 결과물을 지칭한다. 또한, 생활환경의 향상을 통하여 사람들이 쾌적하고 편안한 삶을 영위할 수 있도록 건축물·가로시설물·광고물 등 생활공간의 구조물에 대한 심미적·상징

적·기능적 가치를 높이기 위한 행위와 결과물을 말한다.[1)]

02 | 공공디자인의 특성

공공디자인은 사용자가 불특정 다수인 공공이므로 디자인의 목적이 공공 사용자의 편의와 요구에 맞추어져 있다. 즉 공공디자인은 개인적인 취향보다는 공중 전체의 객관성과 공공성, 지속가능성이 더 중요시 되며, 유행과 트렌드에 영향을 받지 않는 것으로 초점을 맞춘다.

1) 공공의 가치추구

공공디자인은 경제적인 수익 창출을 지향하기보다는 공공 사용자의 편의와 만족, 쾌적함과 같은 사회문화적 가치를 추구하기 때문에, 개인을 넘어서 다수의 삶의 질을 향상하고자 노력하는 디자인이다. 따라서 다수의 공동체 구성원이 직접 참여할 수 있도록 행동 유발적인 디자인, 소통의 장을 활성화 시킬 수 있는 공간을 계획하여 디자인 하는 것이 효율적이고 큰 효과를 창출해 낼 수 있다.

2) 통합하는 디자인

공공디자인은 공적 공간과 사적인 공간을 포함하여 우리의 삶의 터전 전체의 이미지를 향상시키고 강화시키는 것을 목표로 한다. 따라서 디자인 영역 뿐 아니라, 사회, 경제, 문화, 정치 등의 다양한 영역이 함께 움직여야 하며 이들의 종합적이고 총체적인 계획에 따라 이루어져야 한다.

따라서 도시가 나아가야 하는 환경적 이미지와 사회문화적 가치를 일관성 있게 부여하기 위해서는 전체 영역 간, 분야 간, 요소 간의 체계적이고 통합적인 디자인 계획이 먼저 수립되어져야 한다.

3) 사용자중심의 디자인

공공디자인은 일부의 집단이 아닌 모든 사람이 동등한 조건에서 이용할 수 있어야 하므로, 장애인, 노인 등의 사회적 약자를 배려하여 그들의 입장에서 필요로 하는 요구사항을 반영한 편리하고 안전한 공간이 되어야 하며, 사용자 중심의 디자인이 되어야 한다.

4) 미래지향적 가치

공공디자인은 현재 뿐 아니라 미래를 바라볼 수 있어야 한다. 조망경관보존, 자연성 보호, 친환경 소재 사용으로 지속해서 공존하는 그린디자인을 실천하는 것이 중요하다.

03 | 공공디자인의 기능

1) 도시환경의 정체성 확보

도시민은 공공환경 속에서 행복감과 만족감을 느끼고, 그 일부가 됨으로써 문화적 감성을 충족할 수 있다. 또한, 도시는 지역 문화와 연결되는 디자인을 통해 지역 고유의 특성화와 차별화된 이미지를 구축하여 도시환경의 아이덴티티를 확보할 수 있다.

2) 삶의 질 향상

공공디자인은 도시민들의 삶의 질을 높이고 균등한 기회와 혜택을 제공함으로써 '가치의 재분배'라는 사회적 목표에 이바지할 수 있다. 그뿐만 아니라 도시민들이 공공디자인을 누리며 자신의 거주 지역에 대한 애착과 자긍심을 심어주는 역할을 하여 지역 공동체를 결속시키는 역할을 한다.

3) 도시의 경쟁력 확보

세계 도시들은 저마다 도시의 경제와 관광 산업 등을 활성화하기 위해 방법을 모색하고, 그중에서도 도시 경쟁력을 높일 수 있는 도시만의 고유 이미지를 창출하는 도시마케팅에 주력하고 있다. 새로운 가치 창출을 위한 경쟁에서 공공디자인이 이용되고 있는 것이다. 이는 도시만의 특성화와 차별화된 이미지를 생성하고, 도시로 기업, 거주민 뿐 아니라 관광객을 끌어들여 수익을 창출하는 효과를 나타낸다.

04 | 공공디자인의 대상

도시 내의 공공영역에 속하는 모든 것이 공공디자인의 대상이 된다.

공공디자인의 대상은 공공의 목적성을 띠는 공공기관이 주체가 되어 제작·관리하는 영역이다. 또한 공공디자인의 대상은 사적영역일지라도 공공의 영역에 영향을 미치는 간판, 건물외관 등을 포함한다.

중앙정부 및 지방자치단체, 학회 등이 제시하고 있는 공공디자인 분류체계는 공공공간, 공공건축, 공공시설물, 공공매체 등으로 구성되어 있다. 분류체계는 조금씩 차이가 있지만 크게 벗어나지 않으며, 현재는 옥외광고물, 색채계획, 야간경관 등도 포함한다.

이 분류체계는 도시 내 공간을 기준으로 작성되었으며, 앞으로도 분류체계 및 관리체계 정비가 필요하다. 디자인의 대상으로 바라본 기존 분류체계에는 안전, 시간, 일상 등 공공디자인이 담아내야 할 범위를 고려하기에 어려움이 있다.

05 | 공공디자인의 영역

도시환경의 공공디자인 영역은 공공공간, 공공건축물, 공공시설물, 공공매체, 옥외광고물, 야간경관, 색채계획을 대상으로 한다. 영역별 구체적인 요소들은 [표 12-1]과 같다.

표 12-1 공공디자인의 영역

구분	세부	내용
공공공간	도로	보도, 교량(철도교 포함), 고가도로, 지하차도, 터널, 자전거도로
	광장	역전광장, 문화광장, 교차점광장
	공원	도시자연공원구역, 저수지, 근린 · 소공원, 체육공원, 묘지공원, 역사공원, 하천 · 수변공원, 어린이공원
	기타	옥외주차장, 공개공지
공공건축물	행정 및 공공	공공청사, 경찰서 · 지구대 · 치안센터, 119안전센터 · 소방서, 우체국, 전화국, 관광안내소
	문화 · 커뮤니티	예술회관 · 시민회관 · 공연장 · 미술관 · 박물관, 체육관
	교육 및 연구	국공립 초 · 중 · 고등학교, 대학교, 공공도서관
	환경 및 위생	상하수도시설 · 쓰레기소각장 · 음식물 처리시설, 공중화장실
	의료 및 복지	보건 · 의료시설, 영유아 · 아동 청소년 시설, 노인 · 장애인 복지시설, 기타 복지시설
	교통	터미널 · 철도역, 공영주차장
공공시설물	교통시설	가로등 및 보행등 / 보안등, 도로명판, 볼라드, 보호펜스 및 난간, 무단횡단 방지시설, 중앙분리대, 가드레일, 보도블럭 및 경계석 등
	편의시설	벤치, 쉘터 및 파고라, 휴지통(재활용 분리수거함), 음수대
	공급시설	분 · 배전반, 우체통, 소화전, 상수도 · 신호등 제어함
	기타	가로수 보호대, 가로화분 · 녹지대, 분수대, 맨홀 덮개, 환풍구
공공매체	정보매체	이정표, 안내표지판, 방향유도표시, 규제사인, 관광안내도 대기오염전광판, 버스노선도
	광고매체	현수막 지정 게시대, 지정벽보판(게시판)
	기타	벽화 · 슈퍼그래픽
옥외광고		가로형 간판, 건물상단 가로형 간판, 건물상단 세로형 간판, 연립형 간판, 돌출간판, 지주 이용 간판, 현수막 이용 광고물, 창문 이용 광고물
색채경관		건축물, 시설물, 옥외광고물, 시각매체
야간경관		면석경관, 선적경관, 점적경관

출처: 천안시, 2014, 천안시 공공디자인 가이드라인, p. 68.
주: 상기 자료를 기초로 수정·보완 재구성한 것임.

1) 공공공간

공공공간이란 [표 12-2]와 같이 가로·공개공지·공원·광장 등과 같은 공중이 이용하는 공간과 시설물을 말한다. 즉, 공공공간은 불특정 다수의 도시민이 이용하는 공적인 공간이자, 이동, 놀이, 집회 등의 다양한 목적에 따라 가로, 광장, 공원 등으로 구분할 수 있다.

공공공간의 공원 및 광장은 충분한 녹지공간을 도입하여 도시민의 휴식, 치유의 공간이 될 수 있도록 쾌적한 공간을 지향한다.

주변의 기반 시설과 연계하여 공공공간의 장소성을 강화하고, 공개공지, 시설물 경계부 등의 공간을 적극 활용하여 공간의 효율성을 높혀, 커뮤니티 활동 및 휴

표 12-2 공공공간

구분	내용
가로	보도, 교량(철도교 포함), 고가도로, 지하차도, 터널, 자전거도로
광장	역전광장, 문화광장, 교차점광장
공원	도시자연공원구역, 저수지, 근린 · 소공원, 체육공원, 묘지공원, 역사공원, 하천 · 수변공원, 어린이공원
기타	옥외주차장, 공개공지

출처: 천안시, 2014, 천안시 공공디자인 가이드라인, p. 73.
주: 상기 자료를 기초로 수정·보완 재구성한 것임.

그림 12-1 보도 유효폭 확대

출처: 김현선디자인연구소에서 직접 촬영함 (일본 도쿄).

그림 12-2 녹지대에 시설물 통합 배치

출처: 김현선디자인연구소에서 직접 촬영함 (일본 도쿄).

그림 12-3 수목보호대 공간을 활용한 녹화

출처: 김현선디자인연구소에서 직접 촬영함(일본 도쿄).

게 공간을 확보하는 것이 중요하다.

단순한 기능 위주가 아닌 변화하고 소통의 공간으로 지속성을 높이며, 보행의 연속성을 강화하고 장애 요소를 제한하여 안전하고 편안하며, 보행권이 확보된 보행자 우선공간으로 계획한다. [그림 12-1, 12-2, 12-3]과 같이 공공시설의 경계부, 공개공지, 자투리 땅 등을 적극 활용하여 토지 이용률을 높인다.

광장은 많은 사람이 모일 수 있게 거리에 만들어 놓은, 너른 마당을 뜻한다. 역전광장, 문화광장, 교차점광장으로 기능과 역할에 따라 나누어진다.

[그림 12-4]와 같이 광장 중앙부에 휴식 공간을 제공하기도 하고, [그림 12-5,

그림 12-4 광장 중앙부에 휴식 공간 제공

출처: 김현선디자인연구소에서 직접 촬영함(일본 도쿄).

그림 12-5 적절히 배분된 바닥 패턴 변화

출처: 김현선디자인연구소에서 직접 촬영함(일본 도쿄).

그림 12-6 주변 환경과 조화로운 패턴

출처: 김현선디자인연구소에서 직접 촬영함 (일본 도쿄).

그림 12-7 공간 확보를 위한 경계부에 시설물 설치

출처: 김현선디자인연구소에서 직접 촬영함 (일본 도쿄).

12-6]과 같이 광장의 바닥패턴은 다양하면서도 주변 환경과 조화로울 수 있도록 디자인 할 수 있다. 또한 [그림 12-7]과 같이 공간 확보를 위해서 시설물은 경계부에 설치하도록 한다.

공원은 도시민이 서로 다른 목적을 가지고 활용하는 공간으로 이용자들에게 다양한 역사 문화적 체험을 가능하게 할 뿐만 아니라 [그림 12-8]과 같은 시민의 휴양, 건강, 정서 함양이 가능할 수 있도록 제공되는 공간 또는 시설물을 의미한다.

그림 12-8 녹지공간과 연계된 휴게공간 확보

출처: 김현선디자인연구소에서 직접 촬영함(일본 도쿄).

그림 12-9 수변으로의 접근성이 용이한 디자인

출처: 천안시, 2014, 천안시 공공디자인 가이드라인, p. 114.

그림 12-10 다양한 활동이 가능한 공간구성

출처: 천안시, 2014, 천안시 공공디자인 가이드라인, p. 115.

도시의 하천변·호수변 등 수변공간을 활용하여 도시민의 여가·휴식을 목적으로 공원을 설치하는 하천·수변공원이 있다. [그림 12-9]와 같이 수변으로 접근성이 용이하도록 조성하기도 하고 [그림 12-10]과 같이 다양한 활동이 가능하도록 공간을 구성하기도 한다.

수변공간은 일반 공원과 달리 각 하천에 대한 하천기본계획을 참고하여 치수 및 이수에 대응하는 체계적이고 합리적인 관리계획이 수립되어야 한다.

2) 공공건축물

공공건축물은 공공의 사용을 목적으로 중앙정부와 지방자치단체, 공공기관 등이 발주하여 소유하고 관리하는 건축물을 의미한다. 이러한 공공건축물은 도시민의 삶에 밀접하게 영향을 미치며, 도시를 상징하는 의미로 사용되기도 한다.

공공건축물은 그 기능과 목적에 따라 행정, 문화·커뮤니티, 의료·복지, 교육·연구, 환경·위생, 교통 등으로 구분할 수 있다. 각각의 적용대상은 [표 12-3]과 같다.

공공건축은 주변의 건축물과 시설물, 자연환경과의 연관성을 고려하고 그들과의 조화성, 연속성을 강조하여 디자인한다. 조명계획 및 시설물 설치에 에너지를 절감할 수 있도록 친환경 건축물을 구축하고, 건축물 외부나 저층부에는 도시민을 위한 공간을 형성하며 건축 전면부의 진입 공간에 녹지 공간을 확대하여 공원, 광장

표 12-3 공공건축물

행정 및 공공	공공청사, 경찰서, 지구대, 치안센터, 119 안전센터, 소방서, 우체국, 전화국, 관광안내소
문화 · 커뮤니티	예술회관, 시민회관, 공연장, 미술관, 박물관, 체육관
교육 · 연구	국공립 초 · 중 · 고등학교, 대학교, 공공도서관
환경 · 위생	상하수도시설, 쓰레기 소각장, 음식물처리시설, 공중화장실
의료 · 복지	보건, 의료시설, 영유아 · 아동청소년 시설, 노인 · 장애인 복지시설
교통	터미널, 철도역, 공영주차장

출처: 천안시, 2014, 천안시 공공디자인 가이드라인, p. 142를 재구성.

등을 조성한다. 그 밖에도 보행의 장애요소가 없도록 안전성을 고려하여 접근하기 쉬운 디자인을 권장한다.

이용자에게 공공건축의 공간 및 시설물 이용을 위한 효율적 정보를 제공한다. 이는 시민의 이용 편의성으로 고려하는 것이 중요한데, 안내사인 체계를 구축하여 효율적인 정보를 제공하고 가독성과 시인성을 높이도록 한다.

행정 및 공공청사는 다양한 사용자의 접근편의성과 공공업무기능성을 고려하여 멀리서도 건축이 쉽게 인지되도록 위치하며, 사용자의 친화 공간 확보와 친근감, 도시의 상징성을 부여한다.

문화 및 커뮤니티건축물은 시민들이 쾌적한 문화생활을 즐기고, 지역문화의 보존과 발전에 기여할 수 있는 장소로서 다양한 문화를 접할 수 있도록 복합건축시설로 조성하고, 예술성과 다양성, 자유로움이 표출되도록 계획한다.

교육 및 연구 시설은 배후경관의 자연성과 주변 기반시설과의 연계성을 고려하고, 안전펜스, 속도감속 등의 시설물을 함께 배치해 안전성을 확보한다. 생동감, 창의, 배움의 이미지를 형성하기도 한다. 또한 우범지역이 발생되지 않도록 사각지대 및 폐쇄 공간이 발생하지 않도록 계획한다.

환경 및 위생 시설은 야외활동이 활발하고 교통량과 유동인구가 많은 곳에, 의료 및 복지시설은 배후경관 및 주변녹지를 활용하여 이용자의 심리적 치유가 도모될 수 있도록 계획하여 쾌적한 환경을 유지하도록 한다.

3) 공공시설물

공공시설물은 공공이 소유한 시설물로서, 도시민이 기본적인 욕구를 해소하고 활동할 수 있도록 누구나 쉽게 접근하고 이용이 가능한 시설물을 말한다. 주로 중앙정부와 지방자치단체, 공공기관 등이 도시 외부공간에 설치하고 관리한다. 각각의 적용대상은 [표 12-4]와 같다.

공공시설물은 주변 환경과 조화될 수 있도록 중저채도, 명도의 색채를 적용하고, 시설물 간의 색채와 형태 등을 통일된 디자인 요소로 하여 일관된 경관이 형성되도록 한다.

친환경 소재를 적극적으로 사용하여 지속가능하도록 구축하고, 기능을 유기적으로 통합한다. 즉, 연계 가능한 시설물을 통합하여 공간의 효율성을 높이고 기능성을 높이며, 보행 동선을 고려하여 배치, 설치한다. 설치 시에는 시설물의 유지·관리적 측면을 고려하여 부분적인 교체가 용이한 구조로 디자인 한다.

교통시설은 보행로 및 차량도로 내에서 공공의 교통편의와 안전을 위해 설치되는 시설물로서 버스승차대, 택시승차대부터 신호등, 가로등, 펜스 등과 같은 시설물을 포함한다. 연속적으로 설치되는 이미지가 상호연속성을 가질 수 있도록 통합적인 관점에서 디자인하고 설치되는 지역의 보행동선과 주변 환경을 충분히 고려하여 [그림 12-11]과 같이 이용자의 보행에 방해되지 않도록 설치하여야 한다. [그림 12-12]와 같이 형태와 구조는 간결하게 하며, 두 가지 이상의 시설물을 통합 지주를 활용하여 디자인 하도록 한다.

표 12-4 공공시설물

교통시설	가로등, 보행등, 보안등, 도로명판, 볼라드, 보호펜스 및 난간, 무단횡단방지시설, 중앙분리대, 가드레일, 보도블럭 및 경계석 등
편의시설	벤치, 쉘터, 파고라, 휴지통, 재활용분리수거함, 음수대
공급시설	배전반, 우체통, 소화선, 상수도, 신호등 제어함
판매시설	키오스크, 무인 · 유인 판매시설, 매점
기타시설	가로수 보호대, 가로화분, 녹지대, 분수대, 맨홀 덮개

출처: 천안시, 2014, 천안시 공공디자인 가이드라인, p. 212.
주: 상기 자료를 기초로 수정·보완 재구성한 것임.

그림 12-11 보도 점유율 최소화

출처: 천안시, 2014, 천안시 공공디자인 가이드라인, p. 241.

그림 12-12 간결한 형태와 구조

출처: 천안시, 2014, 천안시 공공디자인 가이드라인, p. 223.

편의시설은 시민과 휴게 및 편의를 제공하기 위해서 설치한 각종 시설 및 시설물을 의미하며, 공원이나 광장, 쉼터 등을 중심으로 설치한다. 최근에는 가로공간이나 공개공지 등으로 범위가 확대되었다.

따라서 일반 거리와 특화된 거리에 설치되는 편의시설물은 공간의 특성에 적합한 디자인을 고려하고, 보행동선과 주변 환경을 고려하여 이용자의 보행에 방해가 되지 않도록 설치한다. [그림 12-13, 12-14]와 같이 기능을 중심으로 디자인하며 [그림 12-15]에서 벤치와 화단을 통합한 것처럼 시설물을 통합하여 간결할 수 있도록 한다.

그림 12-13 기능중심의 간결한 디자인

출처: 천안시, 2014, 천안시 공공디자인 가이드라인, p. 253.

그림 12-14 간결한 구조의 디자인

출처: 김현선디자인연구소에서 직접 촬영함(일본 도쿄).

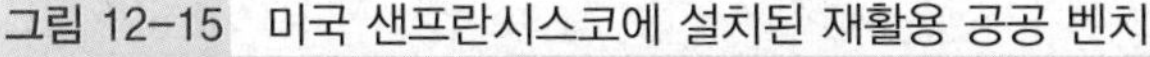
그림 12-15 미국 샌프란시스코에 설치된 재활용 공공 벤치

출처: www.cmgsite.com

공급시설은 수도 전기·가스·방송·통신시설 등의 공공서비스 공급에 관련된 모든 공공시설물을 의미한다. 가로공간의 개방성을 형성하기 위해 기능성을 충족시키는 범위 내에서 크기와 설치면적을 최소화할 수 있는 간결한 구조의 디자인으로 계획한다.

4) 공공매체 디자인

공공시각매체란 공공공간 또는 공공장소에서 공공정보를 알릴 목적으로 설치하는 시각표지물을 말한다.

공공매체는 정보전달 수단 뿐 아니라 공간의 이미지를 창출하고, 공간의 정체성을 표출하는 수단으로 활용되고 있다. 공공매체의 적용대상은 [표 12-5]와 같다.

표 12-5 공공매체

구분	내용
정보매체	이정표, 안내표지판, 방향유도표시, 규제사인, 관광안내도, 대기오염전광판, 버스노선도
광고매체	현수막 게시대, 벽보판, 게시판, 전광판
행정기능매체	행정서식, 증명서, 웹페이지
기타시설	벽화, 슈퍼그래픽, 미디어파사드 시설물

출처: 천안시, 2014, 천안시 공공디자인 가이드라인, p. 286.
주: 상기 자료를 기초로 수정·보완 재구성한 것임.

그림 12-16 주변환경과 조화되는 색채사용

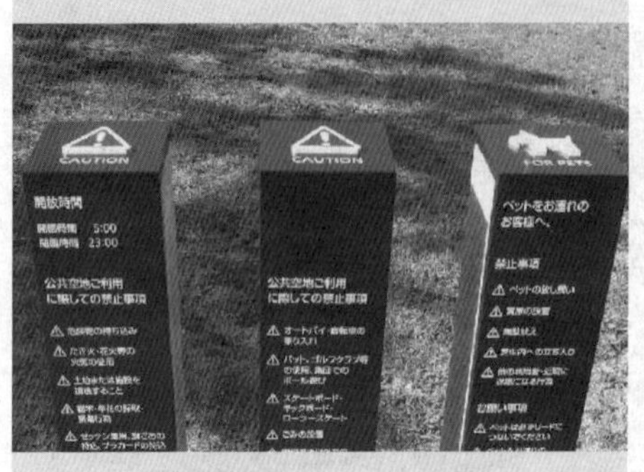

출처: 천안시, 2014, 천안시 공공디자인 가이드라인, p. 295.

그림 12-17 일관성 있는 정보시스템 구축 필요

출처: 천안시, 2014, 천안시 공공디자인 가이드라인, p. 297.

사용 목적에 따른 특성을 고려하여 체계적, 연속적이고 일관성 있는 안내체계를 구축하며, 환경요소를 고려한 색채, 형태, 재료를 사용한다. [그림 12-16]과 같이 주변의 자연색채와 같도록 그린계열의 색상을 사용하기도 하고, 석재와 같은 자연소재를 사용하거나 [그림 12-17]과 같이 일관성 있는 디자인을 계획한다. 공공시설물과 연계 가능한 매체들의 통합설치로 가로 공간을 확보하고 녹지대를 활용하여 시설물을 설치한다. 교통약자, 노약자 등 누구나가 직관적으로 인지 가능하도록 쉬운 디자인으로 계획한다. 정보전달과 무관한 장식성은 지양하고 기능과 효율성을 고려하여 디자인 한다.

광고매체는 공공공간에 설치되는 장치 및 시설물 중 공중에게 알릴 내용을 붙이거나 내걸어 두루 보게 하는 것으로 이용자가 통행하는 장소에 설치하는 가로시설물 및 시각매체를 의미한다. 차폐감을 유발하는 시설임을 감안하여 장소, 배치, 규모, 사용의 목적 등을 고려하고, 새로운 정보를 전달하기 위해 지속적으로 유지·관리가 필요한 시설이다. [그림 12-18]과 [그림 12-19]를 이용하여 장식성을 절제하고 저채도의 색채를 활용하여 주변 경관과 조화롭도록 계획한다.

그림 12-18 장식성을 절제한 현수막게시대

출처: 천안시, 2014, 천안시 공공디자인 가이드라인, p. 306

그림 12-19 저채도의 간결한 디자인

출처: 천안시, 2014, 천안시 공공디자인 가이드라인, p. 307.

5) 옥외광고물 디자인

옥외광고물은 공중에게 항상 또는 일정 기간 계속 게시되어 도시민이 자유로이 통행하며 볼 수 있는 시설로서 현수막·간판·입간판·전단·벽보 등의 인공구조물의 게시시설을 말한다.

도시경관을 이루는 요소이면서 개인 혹은 공공의 이익을 추구하며, 공중에게 정보를 알릴 목적으로 설치되므로 관련 법령의 규제를 받는다. 옥외광고물은 [표 12-6]과 같이 8개의 요소로 나뉜다.

옥외광고물은 건축물의 조형성을 우선시 하여 구조, 창문, 마감선 등을 기준으로 하여 건축조형요소와 충돌이 없도록 해야 한다.

표 12-6 옥외광고물

가로형 간판	연립형 간판
건물상단 가로형 간판	지주 이용 간판
건물상단 세로형 간판	현수막 이용 광고물
돌출간판	창문 이용 광고물

출처: 천안시, 2014, 천안시 공공디자인 가이드라인, p 318.
주: 상기 자료를 기초로 재구성한 것임.

또한, 가로의 성격, 위치적 특성을 고려하여 다양한 매력을 연출하도록 한다. 하지만, 주변 환경과 조화되는 형태와 색채의 사용, 제작방식 및 구성요소 표준화, 광고물의 규격과 수량, 위치를 제한하여 정돈된 이미지의 옥외광고물이 되도록 한다.

[그림 12-20, 12-21]과 같이 외벽의 마감과 파사드 정비와 조화롭고 통합되도록 연출한다.

옥외광고물은 조형성과 시각적 포인트를 부각시키고, 정보의 위계를 고려하여 시인성과 가독성 있는 디자인으로 계획한다.

건축물 부착간판은 건물상단에 건물명을 표기하는 간판과 판에 표시하거나 입체형으로 제작하여 건물의 벽면에 표시하는 광고물을 포함한다.

그림 12-20 외벽 마감과 조화로운 입체형간판

출처: 천안시, 2014, 천안시 공공디자인 가이드라인, p. 324.

그림 12-21 파사드 정비와 통합된 연출

출처: 천안시, 2014, 천안시 공공디자인 가이드라인, p. 324.

연립형 간판은 한 건물에 입점 업소가 많아 1개 업소당 독립형 간판 설치가 불가능한 경우 [그림 12-22, 12-23]과 같이 건물 벽면에 연립형으로 설치하는 간판이다.

돌출간판은 문자, 도형 등을 표시한 판 등을 독립적으로 혹은 연속하여 건물의 벽면에 돌출형으로 부착하는 간판이다. 돌출간판은 [그림 12-24]와 같이 간결한 구조로 간략하게 설치하며, [그림 12-25]와 같이 통일된 이미지로 디자인하여 정돈된 느낌으로 연출한다.

그림 12-22 단색의 통일감 있는 광고물 조명

출처: 김현선디자인연구소에서 직접 촬영함 (일본 도쿄).

그림 12-23 통일감 있는 형태, 색채, 문자배치

출처: 김현선디자인연구소에서 직접 촬영함 (일본 아사쿠사).

그림 12-24 간결한 구조/간략한 정보표기

출처: 천안시, 2014, 천안시 공공디자인 가이드라인, p. 331.

그림 12-25 돌출 광고물 간 통일된 이미지

출처: 천안시, 2014, 천안시 공공디자인 가이드라인, p. 331.

6) 색채 디자인

색채 디자인은 '색채계획'이라고도 하며, 공간을 미적으로 혹은 심리적 효과를 이용하여 공공건축, 공공시설물, 공공공간, 옥외광고물 등에 색채를 체계적으로 적용하는 것을 말한다.

색채 디자인은 도시의 아이덴티티를 확보하는 역할을 한다. 도시의 성격에 따라 주거권역, 상업권역, 공단권역, 역사문화권역 등 권역별 주요 이미지에 부합하는 재료와 색채의 배색방안 등을 적용할 수 있다. 색채 디자인은 무엇보다도 전체 공간의 이미지와 조화로울 수 있도록 상관관계에 따라 계획하는 것이 좋다.

도시 공간에서 색채 디자인은 사전조사 및 현황분석, 색채이미지 선정, 전체와의 색채균형 및 조화 검토, 검토 및 수정의 단계로 이루어진다.

도시공간마다 기후, 문화, 풍토, 역사 등은 각각 차이가 있고 색채 디자인은 이를 기반으로 시작되어야 한다. 대상이 되는 도시만의 색, 도시에서 산출된 자연의 색, 건축의 색, 문화의 색을 알고 조화롭게 계획하는 것이 중요하다. 또한, 도시 공간의 색채 디자인은 교육공간, 상업공간, 업무공간의 공간 특성과 목적을 이해하고 그에 맞도록 계획해야 한다. 최대한 자극의 요소는 최소화하고, 시각적 안정성을 고려하여 시각적 쾌적함을 느낄 수 있도록 한다.

7) 서울색 정립 및 체계화

서울은 전통과 현대가 공존하는 도시로서 서울시의 문화정체성을 발견하고 강화시키기 위해 서울만의 아이덴티티를 표현할 수 있는 색채를 연구 확립하고 그에 맞는 이미지 구현을 위해 색채 가이드라인을 제시하였다.

(1) 서울의 상징색 정립

서울의 자연, 인공, 인문환경의 색채를 조사하고 분석하여 서울의 대표성 있는 250색부터 서울지역색 50색, 서울대표색 10색으로 추려가는 과정을 거쳐가며 마지막 서울상징색을 개발하게 되었다. 서울상징색은 설문조사에서 서울시민의 색채 선호도가 가장 높은 단청빨간색을 선정하였다. 단청빨간색은 [표 12-26]과 같이 벽사의 색이며, 궁의 색이며, 치우천왕의 색, 한양의 색, 기원의 색이기도 하다.

그림 12-26 서울 상징색인 단청빨간색과 그 의미

① 양기의 표상과 벽사의 색으로 현대까지도 이어져 내려오고 있는 무병과 화평을 바라는 '기원(祈願)의 색
② 태초부터 사람과 함께한 건국신화의 색이자 하늘이 택한 '한양의 색'
③ 단청의 처음이자 마침의 색, 600년간 왕의 공간에 사용된 '궁(宮)의 색'
④ 배달국 14대 환웅, 불패의 신화로 다시 깨어난 '치우천왕(蚩尤天王)'의 상징색
⑤ 2002년 월드컵 당시 붉은 악마란 타이틀로 한국응원단의 상징

출처: www.khsd.co.kr

(2) 서울색 체계화

서울시의 색채 현황조사를 바탕으로 일체성 있는 도시경관을 조성하고, 역사와 문화의 고유색이 표출되어 안정감 있고 품격이 있는 도시경관 조성을 목표로 하였다.

서울색 체계화는 서울시 경관계획에 따라 자연녹지경관, 수변경관, 역사문화경관, 시가지경관으로 분류하여 가이드라인을 수립하였다.

(3) 서울색 공원

서울시는 [그림 12-27]과 같이 마포대교 남단의 교량하부에 서울색 공원을 조성하였다. 한강의 물결을 형상화한 조형물, 길러바코드, 그래픽이미지, 벤치 등에 서울대표색 10과 해치, 서울서체를 활용하여 서울시의 버려진 공간을 새롭게 재활용하고 위험지역 개선을 위한 공간기획을 진행하였다. 어둡고 낙후되었던 교량 하부 공간을 밝고 쾌적한 이미지의 시민공원으로 개선하여 시민들의 휴식 및 여가공간으로 재탄생시켰다. 오래되고 낙후된 시설을 개선한 대표적 사례 중 하나이다.

그림 12-27 서울색 공원

출처: http://blog.naver.com/smdoc9324/70067432122

(4) 해치택시, 서울시 업무용 차량

서울색을 동적인 요소에 적용하여 노출빈도를 높이고 디자인을 향상시킴으로써 시민과 방문객들에게 서울의 아이콘으로서 상징성을 높였으며, 시인성 확보를

그림 12-28 서울택시, 환경위생차량, 서울시 업무용 차량

출처: www.seoul.go.kr

통해 이용 편의성을 증대시켰다. [그림 12-28]과 같이 시인성 향상 및 관광자원으로의 활용도를 높이기 위해 꽃담황토색을 활용하여 서울택시 개선사업을 실시하고, 서울시 환경위생차량의 색채도 개선하였다. 서울시 업무용 차량에 단청빨간색, 서울하늘색을 적용하였다.

8) 야간경관

밤 생활이 도시민의 선택적인 삶으로 바뀌면서, 야간, 쇼핑 등 일상으로 인식되어 가고, 이러한 도시의 야간 환경을 만들어 내는 것이 야간경관디자인이다. 야간경관은 아름다운 빛의 도시 이미지를 부각하며 도시를 표현하는 언어로 활용된다. 또한 야간경관은 24시간 체류형 프로그램으로 관광사업 육성 등의 지역경제를 활성화시키는 장점이 있다. 안전하고 쾌적한 빛이 있는 활발한 도시공간을 연출하여 도시경쟁력과 도시 이미지 증대에 영향을 미친다.

주로 거점의 조망 대상이 되는 경관자원, 시가지 내부 주요축의 조망이 되는 경관자원, 권역의 조망이 되는 경관자원으로 상업지역, 해안 수변지역, 공업지역, 주거지역, 공원녹지 등의 용도지역과 가로유형, 활동유형 등 도시공간에 적용할 수 있다. 대상지역의 특성을 반영하기 위해 현황파악 및 국내외 사례검토, 시민의식조사, 야간경관 조사, 상위계획 및 관련 법규 검토를 통하여 야간경관 디자인의 기본방향을 설정하고 야간경관 이미지 및 테마를 설정한다.

야간경관 계획시 도시를 면적, 선적, 점적 요소로 나누어 빛의 체계를 형성한다. 면적 요소로서는 빛의 동질성에 따라 분류하여 빛의 조닝에 빛의 가이드라인을 확립한다. 선적요소로서는 도시의 골격을 구성하는 루트해석을 통해 빛의 루트 가이드라인을 확립한다. 점적 요소에는 지역을 대표하는 역사문화자원, 해양자원, 교량, 진입부, 주요교차로 등 빛의 결절점을 형성하는 빛을 구상한다.

[그림 12-29, 12-30]의 광양시 야간경관계획은 잠재력있는 야경요소를 개발하고 쾌적성, 안정성, 심미성을 확보하는 컨셉으로 신행하여 빛의 루트, 빛의 노드, 빛의 조닝, 핵심지구의 빛의 체계에 따른 가이드라인을 수립하였다.

그림 12-29 광양시 야간경관계획의 컨셉

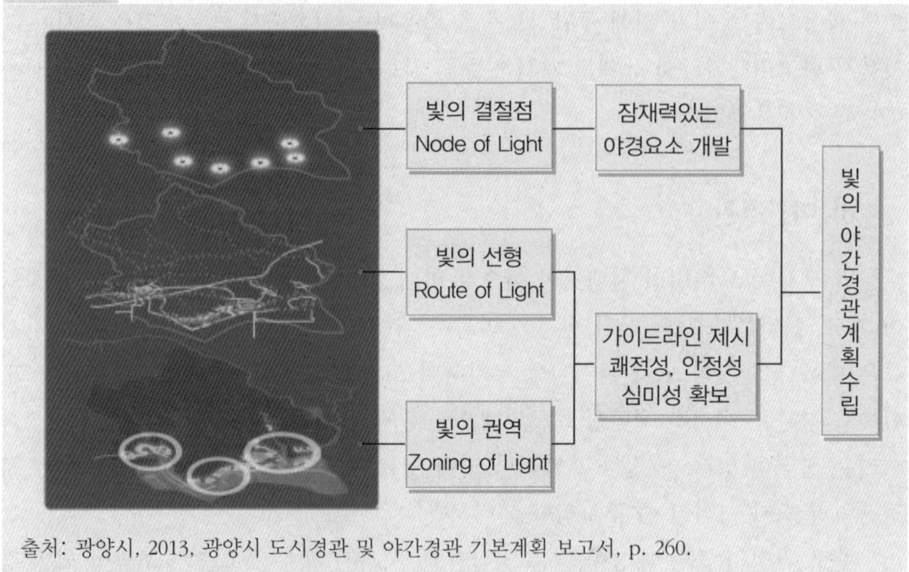

출처: 광양시, 2013, 광양시 도시경관 및 야간경관 기본계획 보고서, p. 260.

그림 12-30 광양시 야간경관계획 빛의 체계

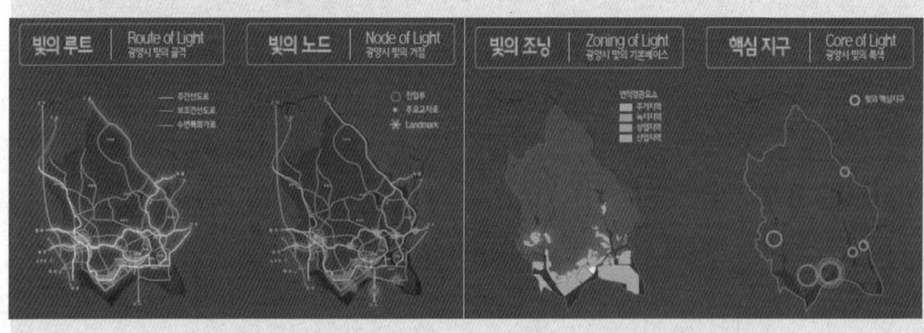

출처: 광양시, 2013, 광양시 도시경관 및 야간경관 기본계획 보고서, p. 264.

제3절 도시환경에서의 공공디자인 활용

01 | 축제를 활용한 디자인

세토우치 트리엔날레는 바다를 재생하고 복원한다는 의미를 주제로 하여 12개의 작은 섬에서 열리고 있다.

2010년에는 다카마쓰 항과 나오시마섬, 이누지마섬, 매기지마섬, 테시마섬, 오시마섬, 오기지마섬, 쇼도지마섬에서 개최되었고, 2013년에는 우노항, 샤미지마섬, 혼지마섬, 다카미지마섬, 이와지마섬, 이부키지마섬이 더해져 총 2개 항과 12개 섬에서 개최되었다. 베네세 하우스 뮤지엄, 지중미술관, 이우환 미술관, 테시마 미술관(그림 12-31), 안도 다다오 뮤지엄 등으로 섬 전체가 예술 공간을 이루고 있다.

세토우치 트리엔날레는 나오시마를 예술의 도시로 만들었고, 그로 인한 영역이

그림 12-31 테시마미술관. 레이 나이토(Rei Naito). Matrix. 건축 류에 니시자와(Ryue Nishizawa). 2010. 테시마

출처: 경향신문 2013년 8월 12일자에서 재인용(http://news.khan.co.kr/kh_news/khan_art_view.html?artid=201308091148152&code=960202)

주: 상기 자료를 기초로 수정·보완 및 재구성한 것임.

그림 12-32 에치코 츠마리

출처: http://blog.naver.com/j916827/50068685829

확장되어져 계속적으로 이어져 오고 있다. 그 배경에는 수려한 자연경관 뿐 아니라 자본, 그리고 지역주민들의 참여와 협업이 있었으며, 이는 계속해서 이루어지고 있다.

기존의 국제 미술전시회들이 추구하는 것이 주제에 대한 토의와 제안이었다면, 세토우치 트리엔날레는 지역 주민에게 친화적이고 지속적인 공공미술의 성격을 추구한다는 점에서 차이점이 있다. 이것은 기타가와 후라무의 에치코 츠마리 트리엔날레 [그림 12-32]가 운영되는 방식과 비슷하다.

02 | 장소를 활용한 디자인

'장소'의 의미는 '공간'과는 약간의 차이점이 있다.

장소는 단순한 공간의 의미가 아닌 지역적 의미와 문화·행태적 의미, 공공의 의미가 더해진 것이라고 할 수 있다.

이로서, 장소성이 없는 공간은 공간 내 유동인구가 적으며, 기본적으로 기능적인 요소만 강조된 공간이라 주로 이동하는 이용자만 있고 필수적 활동만이 이루어진다. 특징적인 공간의 요소가 없기 때문에 이슈화되지 않으며 다시 찾지 않는다.

하지만 장소성이 있는 공간은 선택적이고 사회적인 다양한 활동이 이루어지는

표 12-7 장소성 유무의 차이점

장소성이 없는 공간	장소성이 있는 공간
이동한다 - 필수적 활동	정지한다. 머무른다 - 선택적, 사회적 활동
공간 내 유동인구가 적다.	공간 내 유동인구가 많다.
공간을 다시 찾지 않는다.	공간을 다시 찾는다.
이슈화 되지 않는다.	이슈화 된다.
일관성 있는 공간 이미지가 없다.	일관성 있는 공간 이미지가 있다.
특징적인 공간의 요소가 없다.	특징적인 공간의 요소가 있다.

출처: 현우정, 2010, "도시공간 특성에 따른 장소성 형성에 관한 연구: 특화가로의 대상지 선정과 장소 프로그램을 중심으로," 서울시립대학교 디자인전문대학원 석사학위논문, pp. 49-50.
주: 상기 자료를 기초로 수정·보완 및 재구성한 것임.

공간이라고 할 수 있다. 장소성 있는 공간을 경험하고 나면, 그 공간에 대한 특징적 요소와 공간의 이미지를 각인하고, 필요에 의해서 공간을 다시 찾게 된다. 이에 공간 내 유동인구가 많고, 많은 이용자에게 알려지고 이슈화되고, 관심을 갖도록 만든다(표 12-7).

[그림 12-33]의 런던시청의 건물은 영국 템즈 강변에 있으며, 달걀모양의 특이한 형태를 하고 있다. 에너지 절약을 실천한 친환경 건물로, 기울어진 쪽으로는 자

그림 12-33 런던시청

출처: http://www.london.gov.uk/city-hall

그림 12-34 벤네슬라 도서관

출처: http://blog.naver.com/sidnc01/220098540729
주: 상기 자료를 기초로 수정·보완 및 재구성한 것임.

연적으로 그늘을 만들고, 단열판과 자연환기를 통해 에너지 유지 관리 비용을 절감하였다. 이러한 형태의 건물은 한 방향의 내부 경사로를 이용할 수 있는데, 시청 내의 회의 모습을 바라보며 올라갈 수 있다. 경사로를 통해 인간의 움직임을 고려하여 공간을 계획하고, 시선을 유도하고 연속적 체험을 제공하도록 계획되었다.

세계적으로 아름다운 도서관으로 선정된 노르웨이의 벤네슬라는 도서관은 이 도시의 랜드마크 역할을 하고 있는 도서관 겸 문화센터이다. [그림 12-34]와 같이 책장과 책을 읽을 수 있는 공간이 일체화 되어있고, 단지 학습의 공간이 아닌 사람과 사람간의 소통 공간으로 이루어져 사회적인 부분에 중점을 두고 건축물 내외부를 계획하였다. 건축물은 목재를 이용하여 리브 구조로 구성되어 있는데, 이것들로 개인의 공간과 내부의 구조가 모두 유기적으로 연결되어 조형물과 같은 형태를 나타내고 있다. 내부는 반복되는 형태 속에서도 높낮이가 다양하여 사용자의 신체적 체험을 다양화 한 구조로 계획되었다.

미국 시애틀에 위치한 올림픽 조각공원은, 버려진 공간을 시애틀의 상징적 공간으로 재탄생 시킨 곳이다.

과거 산업 지역으로 버려진 철길과 간선도로로 단절된 공장지대를 서로 연결하고, 도시 스카이라인과 Elliott Bay를 연결하였다. 대형조각물들이 야외에 전시되어 있고, 각박한 도심을 벗어나 휴식을 취하기에 적합하게 조성되어 있다.

[그림 12-35]에서 보여지는 것처럼 지그재그의 형태를 이룬 경사면들이 각각 다른 도시와 바다를 이어준다. 미술품의 전시 기능과 공원을 접목시켜 예술과 조경이 어우러진 새로운 경험환경을 제시하고 있다.

그림 12-35 시애틀 올림픽 조각공원

출처: 세계 10대 건축물 소개 블로그 HALLA에서 재인용(http://blog.naver.com/halla_apt/150190158580)
주: 상기 자료를 기초로 수정·보완 및 재구성한 것임.

03 | 스토리텔링을 활용한 공공디자인

21세기, 도시의 문화가 곧 도시의 수익과 경쟁력으로 연결되는 시대, 세계 도시들은 문화적 자산을 만들어 내고 이를 상품화하여 지역의 가치를 향상시키기 위해 다양하게 노력을 하고 있다. 그 중 최근 각광 받고 있는 마케팅 기법 중의 하나가 바로 스토리텔링이다.

1) 효과적인 전달을 위하여 담화형식으로 가공, 설득력 있게 전달하는 방식

스토리텔링(Storytelling)은, 스토리(Story)와 텔링(telling)의 합성어이다.

즉, 이야기를 전달하는 것, 이야기를 통해 상대방에게 알리고자 하는 바를 설득력 있게 전달하는 것이라고 할 수 있다. 이야기를 통해 마음을 움직이는 것을 의미한다.

2) 실화, 전설, 문학 등을 차용하여 이미지를 각인시키는 방법

상대방에게 각인시키기 위해 단순하게 이미지나 텍스트만으로 보여주는 방법은 한계가 있다. 공간, 상품에 대해 효과적으로 상대방에게 각인시키는 방법의 하나로는 그에 얽힌 에피소드, 실화, 문학, 전설 등을 전달해줌으로써 그 이미지를 형성하는 것이다. 또한, 이를 통해 공간, 상품에 대한 인지성을 높일 수 있다. 공공디자인에 스토텔링을 적용하기 위해서는 공간, 컨텐츠, 연출의 3가지 관점에서 접근할 수 있다.

공간적 스토리텔링의 유형은, 점적 공간, 선적 공간, 면적 공간으로 분류할 수 있는데, 점적 공간으로 건축물 등에서 스토리텔링을 전개하고, 선적 공간은 출발점~테마 공간 사이의 점적 요소들과 연계한 스토리텔링을 전개한다. 이러한 점적, 선적 공간을 확장하여 블록단위, 특정지역을 선정하게 되면 면적인 공간으로 스토리텔링을 전개한다.

스토리텔링을 이용한 공공디자인은 지역의 역사와 문화에 입각하여 이야기를 적용한 기존형, 영화, 드라마 등의 대중문화 콘텐츠에서 스토리를 적용시킨 활용형, 새롭게 이야기를 만들어 덧붙인 창조형으로 분류할 수 있다.

기존형은 지역의 오랜 역사와 도시민의 문화, 관습, 감성 속에서 그들의 가치와 이미지가 드러날 수 있는 이야기를 적용하였기에 역사문화유산을 전파할 수 있다.

프랑스는 루아르 강변의 앙보와즈 고성은 역사속에 얽힌 이야기를 통해 공간을 마케팅하고 있다. [그림 12-36]에서 보이는 루아르강은 프랑스에서 가장 긴 강으로

그림 12-36 르와르강의 교량과 주변의 고성

출처: 소쿠리패스: 프랑스 추천여행에서 인용(http://blog.socuri.net/765).

그림 12-37 노트르담 대성당

출처: 두산백과 '노트르담 대성당' (http://www.doopedia.co.kr)

자연경관이 수려하고 근처에 수많은 고성들이 밀집되어 있다. 프랑스의 역사 속 그들의 왕의 거처, 만남, 역사적 사건을 이용하여 사실에 근거한 스토리를 제작하고 스펙터클 공연을 구상하며 이를 활용하여 지역경제 활성화를 모색하였다.

활용형은 문학, 영화 및 영상, 애니메이션, 캐릭터 등을 활용하는 것이다.

문학을 접목한 스토리텔링은 소설을 통해 유명해진 프랑스 파리의 노트르담을 들 수 있다(그림 12-37). 빅토르 위고의『파리의 노트르담』이라는 소설은 파리를 소개한 가이드북이 되었다. 이 소설은 전 세계에서 유명해지고 이로 인해 만화, 영화, 뮤지컬 등의 다양한 컨텐츠로 제작되었다. 세계인들은 파리하면 노트르담을 떠올릴 정도도 인지가 되었고 유명해졌다. 한 문학작품에서 출발하여 연속적으로 다른 컨텐츠의 관심이 접목되어 작품 활동을 한다는 것, 그리고 그 지역의 자치단체가 이를 홍보하며 마케팅한다는 점, 이 두 가지의 전략이 합을 이룬 결과로 명소가 탄생하였다.

영화와 영상을 통해 스토리텔링을 이용한 예시로는 뉴질랜드의 '반지의 제왕'을 들 수 있다(그림 12-38).

반지의 제왕은 뉴질랜드에서 촬영되었고, 영화의 흥행으로 많은 관광수입을 올리게 되었다. 영화 촬영지 뿐 아니라 배우들이 머물렀던 식당과 쇼핑 공간 등이 명소가 되었다. 영화 속에서 나온 신화적 공간의 이미지를 그대로 마케팅에 적용하여 뉴질랜드를 현세계가 아닌 이미지로 사람들에게 각인 시켰다. 텍스트와 오디오 중심으로, 이미지와 애니메이션으로, 각종 체험의 공간으로 관광객을 적극적으로 유치

그림 12-38 뉴질랜드 반지의 제왕 촬영지

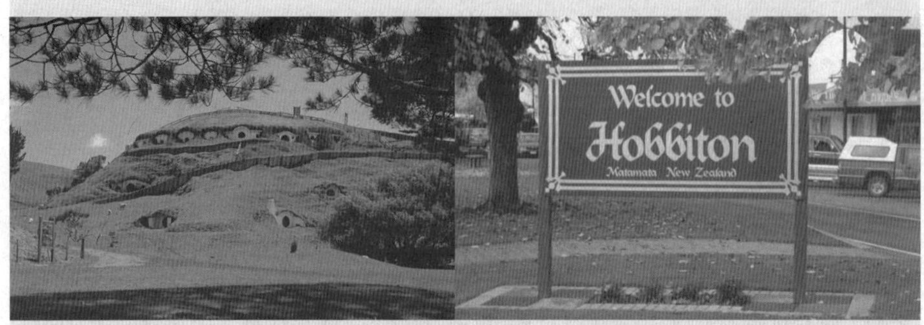

출처: 슬로우워크의 그린디자인에서 재구성함
(http://www.beautifulstore.org/Story/Bbs/List.aspx?CategorySubject=Slowalk&SerialNo=5856).

하고 있다.

애니메이션, 캐릭터를 통한 스토리텔링의 예시는 드라마 '대장금'을 통해 한국 최초의 드라마 테마파크인 '대장금 테마파크'가 있다. 대장금 드라마 속에 등장하는 다양한 장면과 주제들을 테마로 조성하여 음반, 궁중음식 컨텐츠, 역사·교육 컨텐츠 등 다양한 문화 컨텐츠를 개발하고 관광지화 하였다. 이를 통해 우리 문화의 아름다움을 알리는 문화적 메신저 역할을 하고 있다(그림 12-39).

그림 12-39 대장금 테마파크

출처: 한국관광공사 홈페이지 '대장금 테마파크'.

마지막으로 창조형은 새롭게 스토리를 만들어 적용하는 것으로, 새로 조성된 도시로 역사나 아이덴티티 요소 부재로 스토리텔링이 필요할 때, 도시의 이미지 제고의 필요성이 있을 때 기존의 이미지 쇄신을 위해 새로운 이야기를 더하는 방법이다. 도시 브랜드 마케팅 또한 창조형의 스토리텔링의 예시라고 할 수 있으며, 도시의 아이덴티티를 구축할 수 있다.

네덜란드 암스테르담은 2002년 지방자치 소속 기관들의 아이덴티티와 컬러시스템을 빨간색으로 통일하여 '빨간색'이라는 색채로 도시 컬러아이덴티티를 구축하였다.

04 | 서비스디자인을 활용한 공공디자인

서비스디자인이란 서비스를 제공함에 있어 필요한 유·무형의 것을 디자인하는 것, 인간을 중심으로, 사용자를 중심으로 하여 그들이 겪는 경험들을 직접 관찰하고, 분석하여 디자인하는 것이라고 할 수 있다. 이때 사용자의 욕구와 편리함이 기준이 되며, 더욱 편리할 수 있도록 새로운 서비스를 개발해 나가는 것을 의미한다.

이러한 서비스 디자인은 공공의 편의와 서비스 제공을 위해 공공디자인 분야에서도 활발하게 적용하고 있다.

1) 2014 서울시 범죄예방 디자인

범죄예방디자인은 CPTED(CRIME PREVENTION THROUGH ENVRIONMENTAL DEISGN)기법을 통해 범죄 심리를 위축시켜 범죄 발생 기회를 사전에 예방하는 디자인으로 최근 서울시에서 2013년부터 프로젝트를 진행하여 2014년에 도입된 공공서비스디자인 사례이다. 각각 관악구 행운동, 중랑구 면목4·7동, 용산구 용산2가동(해방촌일대)에 적용하였다. 특히 [그림 12-40]의 행운동은 여성안전에 대한 취약점 해결을, [그림 12-41]의 면목동은 정주의식의 결여로 발생하는 영역성의 모호함을 강화시키고자 하였으며, 용산2가동은 외국인, 내국인과의 소통을 유도하는 디자인 장치와 서비스를 도입하였다(그림 12-42).

그림 12-40 관악구 행운동 '행운길'

출처: 김현선디자인연구소.

그림 12-41 중랑구 면목 4 · 7동 ' 미담길'.

출처: 김현선디자인연구소.

그림 12-42 용산구 용산2가동 '소통길'

출처: 김현선디자인연구소.

2) 산업단지 내 위험물사고 저감을 위한 공공서비스 디자인

산업단지 내 위험물 저감을 위한 공공서비스 디자인은 서비스디자인 관점으로 사회문제를 해결한 공공서비스 디자인 사례이다(그림 12-43). 최근 문제가 되고 있는 산업단지의 안전 불감증으로 발생하는 안전사고에 대한 인식을 제고하는 것을 목표로 진행하여, HUMAN ERROR 예방, NUDGE DESIGN, UNIVERSAL DESIGN을 핵심 키워드로 도출하여 감성안전디자인 5SYSTEM을 개발하였다(그림 12-44).

① SAFETY FINDING SYSTEM: 단계적인 안전 확인 시스템

② INFO MODULAR SYSTEM: 안전·보건 표지의 모듈화 시스템

③ SAFETY COLOR SYSTEM: 금지, 경고, 지시, 안내를 나타내는 상징컬러 활용 시스템

④ SAFETY LINE SYSTEM: 근로자 중심의 인지성 및 영역성 확보를 위한 LINE 시스템

⑤ EMOTION GRAPHIC SYSTEM : 근로자의 휴먼에러를 해결하는 감성 그래픽 개발

공공서비스 디자인은 도시민과 공중이 모두 공유하는 공간 안에서 기존의 삶보다도 삶의 질을 높이고, 편의와 욕구를 충족시키는 모두를 위한 디자인이라고 할 수 있으며, 더불어 사회문제를 해결할 수 있는 방법으로서 그 의미가 있다고 할 수 있다.

그림 12-43 산업단지 안전사인 적용

출처: 김현선디자인연구소.

그림 12-44 가스 유출을 사전 감지하기 위한 뚜껑디자인사례

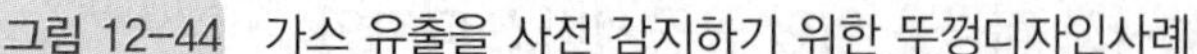

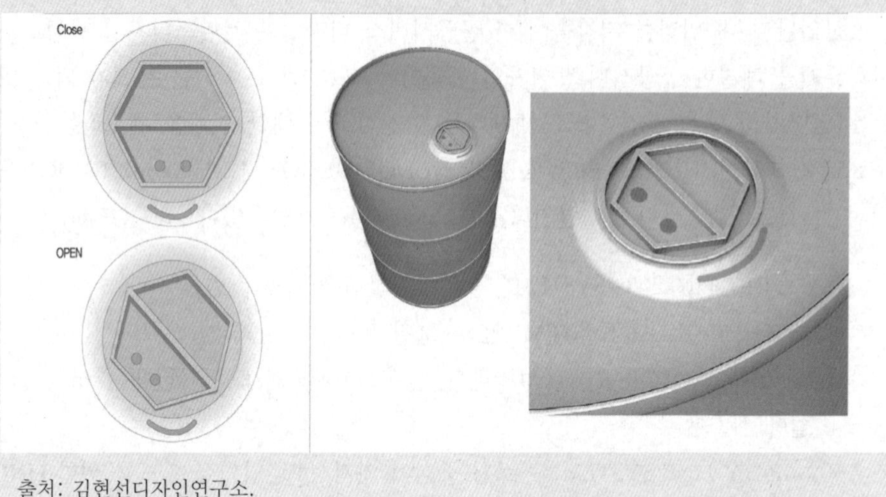

출처: 김현선디자인연구소.

제 4 절 도시환경과 공공디자인의 미래

첫째, 현재, 지자체의 공공디자인 가이드라인을 살펴보면 공공공간, 공공건축, 공공시설물, 공공매체, 옥외광고물, 색채계획, 야간경관으로 내용을 분류하여 계획되어 있다. 하지만 그 외에도 공공의 안전, 시간, 일상 등에 대한 디자인을 담아 낼 수 있어야 한다.

현대의 주거환경의 문제, 교통 문제, 안전 문제, 소외계층의 문제 등 사회문제들이 도시 문제와 많은 부분에서 연결되어 있다. 이러한 문제들은 이제 공공디자인을 통해 해소되도록 해야 한다.

둘째, 공공디자인에 대한 체계적인 개념 정립이 이루어지지 않은 상황에서 각종 정책과 사업들이 경쟁적으로 추진되고, 지역 문화와 도시구조에 부합하지 않는 선진사례의 무분별한 도입으로 인해 또 다른 사회문제가 야기되고 있는 실정이다.

도시공간 속에 설치되거나 조성되는 공공디자인 기본계획의 실현성, 중복성에

대한 문제를 해결할 수 있도록 모든 공공디자인 요소의 특징을 바탕으로 통합적인 관점에서 종합하여 설계할 수 있는 가이드라인을 개발하고 공유해야 한다. 이때는 지역의 여건에 부합하는 계획방안이 필요하며 지역의 정체성을 확립할 수 있어야 한다.

셋째, 인간을 위한 디자인을 추구하고, 자본의 가치만 쫓는 마케팅 수단의 공공디자인은 지양하고, 자연에너지와 생태 자원의 소비를 줄이는 디자인으로 나아가야 할 것이다. 친환경적인 도시란 도시에서의 인간 활동과 환경과의 관계를 유기적으로 연결하고 자연환경과 사람이 친화된 쾌적한 공간을 의미한다. 자연과 인간의 관계를 회복시키고, 자연을 재생하며, 자연과 인간의 연결이 되는 디자인을 추구해 나아가야 한다.

주 | 요 | 개 | 념

공공공간
공공디자인
공공매체
공공시설물
범죄예방디자인
색채
서비스디자인
안전
야간경관
지원성
축제
휴먼에러

미 | 주

1) 김제시, 2013, 김제시 공공디자인 기본계획 및 가이드라인 수립, (주)디자인간, p. 18을 기초로 수정 및 재구성한 것임.

참 | 고 | 문 | 헌

광양시, 2010, 광양시 경관기본계획 보고서.

김길홍, 2001, 환경색채계획론, 이화여자대학교 출판부.

김현선, 1983, "인지지도를 이용한 서울시 도심부 이미지 분석에 관한 연구," 서울대학교 환경대학원 석사학위 논문.

김현선, 2003, "도시공간과 색채, 그 코디네이션을 위하여," 문화도시문화복지 147.

서울특별시 디자인서울총괄본부, 2009, 서울상징색가이드라인보고서, 김현선디자인연구소.

서울특별시 디자인서울총괄본부, 2008, 서울색 정립 및 체계화사업 결과 보고서, 김현선디자인연구소.

성남시, 2011, 성남 색 개발 결과 보고서, 김현선디자인연구소.

유정화, 2005, "도시이미지형성에 색채가 미치는 영향에 관한 연구," 연세대학교 대학원 석사학위 논문.

천안시, 2014, 천안시 공공디자인 가이드라인, 김현선디자인연구소.

황기원, 1995, "도시의 쾌적성과 쾌적성," 지방화시대의 도시정체성회복과 조경의 과제를 위한 세미나, 한국조경학회.

E. Relph, 1976, *Place and Placelessness*, London : Pion Ltd.

J. D., Porteous, 1993, 송보영, 최형식(역), 환경과 행태, 명보문화사.

[홈페이지]

http://blog.naver.com/halla_apt/150190158580

http://blgo.naver.com/sidnc01/220098540729

http://blog.naver.com/smdoc9324/70067432122

http://www.cmgsite.com

http://www.khsd.co.kr

http://www.seoul.go.kr

제 4 부 도시환경의 부문연구

제 13 장

도시환경과 건강도시

| 제1절 | 서 언

| 제2절 | 건강과 환경

01. 건강의 개념과 역할
02. 건강증진과 환경개선의 역사
03. 도시환경과 건강요인
04. 환경 및 건강의 정책변화

| 제3절 | 건강도시 계획지표와 요소

01. 건강도시의 개념과 목적
02. 건강도시의 조건
03. 건조환경과 계획요소
04. 계획요소별 건강위험요인(환경)

| 제4절 | 도시환경개선과 건강도시계획

01. 건강도시를 위한 계획지표의 개선(삶의 질 개선)
02. 건강도시계획: 물리적 건조 환경개선
03. 건강도시 정책과 기법

| 제5절 | 건강도시사업

01. 국내·외 환경을 고려한 건강도시사업
02. 건강한 커뮤니티사업, 도시재생사업
03. U-city 환경개선사업

| 제6절 | 결 어

제 13 장 도시환경과 건강도시

제 1 절 서 언

우리의 도시환경은 재해나 기후변화 등에 의한 자연적 환경변화와 공해나 스트레스 증가 등에 의한 사회적 환경변화 등 다양한 변화를 겪고 있다. 특히 근대 약 반세기 전부터 시작한 산업화, 도시화 현상으로 주거환경이 악화되면서 점차 건강에 대한 관심이 크게 증대되기 시작하였고, 20세기에 들어서면서 더욱 더 가속화된 환경, 주택, 교통문제 등으로 도시민들의 생활환경은 건강에 결정적인 영향을 미치기 시작하였다. 이로 인해 각종 도시민의 건강을 위협하는 요인들은 경제적 비용도 크게 증가되고 있다.

2010년대에 들어와서는 전 세계 인구의 50% 이상이 도시지역에 거주하는 도시화로 인한 환경악화로, 인구밀집 지역의 건강한 생활환경을 개선하기 위한 노력과 개인의 건강증진에 대한 관심이 크게 고조되고 있다. 특히 오늘날의 도시 환경은 대기오염 및 수질오염 뿐만 아니라 다양한 질병에 노출되어 있다. 신종 바이러스 출현과 스트레스 등 각종 건강위협요인으로 인한 보건환경의 변화로 인한 육체적, 정신적 건강을 동시에 위협받고 있다. 더구나, 최근의 도시환경은 기후변화와 같은 자연적 환경변화와 개인 생활변화에 따른 사회적·경제적 환경변화를 야기시키고 있다. 이러한 변화로 이제 단순히 개인의 건강에 집착할 수 없고 공공의 건강에 초점을 두어야 하는 시점에 이르렀다. 우선, 자연적 환경변화는 기후이상과 폭설, 폭우 등의 자연재난과 미세먼지 등의 다발적인 출현을 초래하고 있으며 이는 우리의 안전과 건강을 크게 위협하고 있다. 그리고, 사회적·경제적 환경변화는 의식주의 변화와 건강증진과 노화방지, 비만예방, 토양오염에 대한 관심을 증폭시키고 있으며, 특히 음식의 질과 수질 및 공기질의 향상에 큰 관심을 나타내고 있다.

이러한 관심은 결국, 산업화와 도시화와 함께 지속되어온 각종 환경오염 뿐 아니라 최근 생태계 피해를 극복하면서, 우리의 개인적 건강 뿐 아니라 공공의 건강을 위한 밀집된 도시지역의 환경을 개선하려는 '모든 사람들을 위한 건강(Health for All)을 바탕으로 하는 도시환경, 건강한 커뮤니티'에 대한 관심이 증폭되었다. 다시 말하면, 단순한 개인의 질병치료나 건강증진 이외에도 신공중보건(new public heath)에 더 큰 관심을 갖게 되면서 건강도시운동으로 전개되어 오고 있다.

이러한 변화로 유럽을 중심으로 건강도시가 출현되었으며, 건강도시 실현을 위해 세계의 수천 개의 지방정부가 건강도시연맹에 가입하였다. 우리나라는 2004년 창원, 원주를 시작으로 2015년 현재 총 77여개의 지자체가 건강도시 남태평양 연맹에 가입하였고, 건강도시를 구축하기 위해 노력하고 있다. 본 장에서는 의료서비스나 정책에 의한 개인 건강증진보다는 공공건강을 위한 실질적인 경제적, 사회적, 물리적 환경개선을 통한 건강도시계획 기법과 건강도시 사업을 소개하고자 한다.

제2절 건강과 환경

01 | 건강의 개념과 역할

건강은 인류가 살아남기 위한 가장 기본적인 요건의 하나이다. 인류 역사보다 더 오래된 빙하시대에 대부분의 동식물이 소멸되어도 극한적인 환경에서 인류와 얼마 되지 않은 종이 살아남게 된 것은 바로 그 건강성과 면역력 때문이다. 따라서, 동서고금을 막론하고 건강은 인류의 매우 큰 관심의 대상이 되어 왔다. 특히 농경사회 이후로 정착된 주거지의 환경과 그 속에서 살아온 인간의 건강문제는 매우 밀접한 관계를 가져왔다.

이러한 건강의 개념은 협의의 기술적인 의미에서부터 도덕적이고 철학적인 의미에 이르기까지 광범위하다. 본래 원시적인 건강의 개념은 이미 히포크라테스 시대에 인체의 구성요소들이 조화를 이루는 상태를 의미하는 것으로 구체화되고 발전되었다(그 이후 생의학적 개념이 대두되기까지 건강의 개념은 완전함을 추구하는 것이었다).[1)]

과거에는 건강의 개념은 단지 신체에 질병이 없으면 건강하다는 병리학적 사고의 정적 개념이었다. 따라서 건강의 협의적인 정의로 '질병과 대립시켜 단순히 질병이 없는 상태'를 의미하며, 질병이 있으면 건강하다고 할 수 없고, 질병이 없으면 건강하다고 보았다. 그러나, 현대의 건강의 개념은 질병상태에서부터 최적상의 건강상태에 이르는 하나의 연속선으로 표현되며, 이 연속선에서 인간의 건강은 매일 다양하게 변화될 수 있다고 본다.[2)] 가장 체계적인 건강의 개념은 광의적인 정의로 '다만 허약하고 질병에 걸려 있지 않은 것만이 아니고 육체적으로나 정신적으로 또는 사회적으로 완전한 상태'를 나타낸다.[3)] 한편, WHO 집행이사회의 정의에 의하면(1998), 완전한 건강은 그러한 육체적 건강, 정신적 건강, 사회적 건강 이외에도 최근에는 영적인 건강(spiritual health)을 포함한다.[4)] 환경적 건강(environmental health), 감정적 건강(emotional health) 영혼의 완성(completion of soul) 등을 포함

그림 13-1 건강의 개념

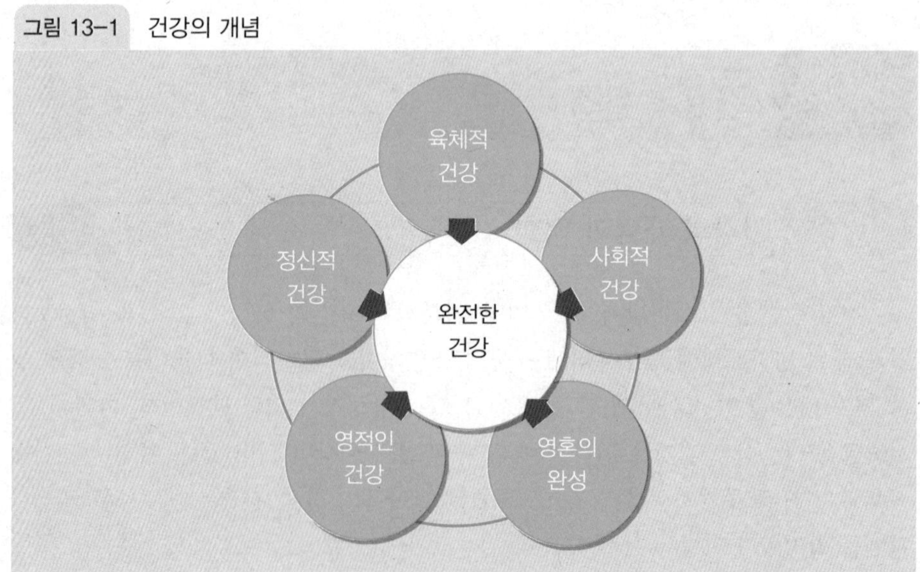

하는 경우도 있다(그림 13-1).

결국, 건강은 전체적인 인간과 인간의 완전성, 건전성, 그리고 안녕에 관계 된다.[5] 이것은 단순히 개인의 건강상태에 국한되지 않는다는 것을 의미한다. 다시 말하면, 건전한 육체와 정신, 그리고 사회적 활동을 통한 건강한 사람, 가족이나 친구, 이웃 등 '모든 이와 함께 하는 건강(health for all)'을 추구하자는 것이다.

여기서, 더욱 더 강조되는 점은 건강은 개인 스스로 누구나 지킬 수 있는 권리이기도 하지만 공공을 위한 의무이기도 하다는 점이다.[6] 따라서, 개인의 건강증진은 중요한 사적 권리이기도 하지만, 공공을 위한 건강한 환경의 조성도 매우 중요한 공익적 의무가 된다. 특히 건강과 환경과의 관계는 매우 유사내용이 다루어지기도 하지만, 그 범위와 역할에서 상당히 다른 점도 많다. 환경은 우리의 공동이익을 위한 이타주의적인 목표로 대부분 개인의 양보가 요구되지만, 건강은 개인주의적 목표에 치중되어 왔다. 특히, 최근의 기술발달과 경제성장은 차별화된 건강수요로 인한 개인주의가 심화되는 경향이 있다. 그러나, 근세기 유행병에서부터 최근의 AI, SAS 등 바이러스 공포로부터 벗어나기 위해서는 공공건강을 위한 도시환경의 개선과 효율적 관리를 위한 도시계획 및 공공행정의 역할이 크게 증가될 수밖에 없다.

02 | 건강증진과 환경개선의 역사

인류는 역사적으로 숱한 질병에 수없이 시달려 오면서 이에 맞서 생존해 왔다. 심지어 밝혀지지 않는 질병(유행병)으로부터 수많은 생명의 위협을 받으면서 생존해 왔다. 그리고, 질병을 치유하기 위한 온천이나 약초 등을 발견하거나 이용하고, 평소에 체력단련이나 휴식 등 건강관리를 위한 공간을 이용하기도 하였다(그림 13-2). 더구나, 의료기술이 거의 없는 고대에는 건강을 위한 주거 및 주변환경의 개선이 매우 중요하였다. 고대 폼페이(Pompei)의 주택처럼 건강한 환경으로 꾸민 내부정원이나 강물을 끌어 올려 꾸민 바빌의 옥상정원은 모두 건강한 환경을 위한 고대의 건강해법의 하나이기도 하다. 거리에 오물투기를 금하여 공중위생을 도모하였던 함무라비 법전은 건강한 환경을 지키려는 고대인들의 지혜를 담은 규칙이었다.

그러나, 가장 심각한 건강위협은 집단적 질병을 일으키는 유행병과 비위생적 생활환경이었다. 특히 집단 주거지(또는 삶터)에서의 건강은 더욱 더 많은 위협을 받으면서 살아왔다. 그 대표적인 질병은 중세의 페스트로 유럽 전역에 유행되면서 천문학적인 숫자의 사망자를 내었고, 특히, 유럽에서는 기존의 도시를 버리고 새로운 정착지를 찾아 나서기도 하였다.[7] 그리고, 근대에 들어와 증가한 무분별한 도시화는 역사적으로 건강에 악영향을 끼치는 요인들이 되었다. 한편, 도시화 뿐 아니라 도시의 슬럼화는 인간의 병리현상과 관련이 있다는 사실이 인정되었다. 만약, 도시 주택의 과밀로 발생하는 결과로 이용할 수 있는 공간이 협소하다면 사회적, 심리적 병리는 급격히 증가한다고 볼 수 있다.[8]

한편, 도시화와 인구밀도는 매우 높은 지역에서의 도시환경은 질병으로부터 쉽게 노출되고 그 전염도 빠르게 확산된다. 또한 위생이 매우 불량한 도시지역에서는 더욱 더 위협적이다. 그러한 위협은 중세의 페스트와 19세기 중엽 유럽의 콜레라나 미국의 말라리아로부터 이미 경험한 바 있다. 20세기에 들어와서는 급속한 산업화와 도시화로 도시환경이 악화되면서 건강의 위협이 도시문제로 크게 대두되었다.[9]

더구나, 현대의 조류 독감이나 SAS 등, 최근의 유행성 질병과 불명의 바이러스에 의해 자칫 잘못하면 인류는 큰 재앙을 겪을 수도 있다. 이에 대한 치료나 예방은 이제 개인만의 문제는 아니며, 우리 사회는 이를 해결하기 위해서는 수많은 의료 수요를 창출해 낸다.

그림 13-2 터키 파묵칼레(Pamukkale)의 질병치료 온천과 그리스 원형경기장

출처: http://www.documentarytube.com/articles/pamukkale

이렇게 인류가 이루어 온 문명의 발달과 함께 건강은 도시민에게 가장 큰 관심의 하나가 되어 왔다. 특히, 원인불명의 질병부터 방어하고, 비위생적 환경에서 벗어나려는 노력은 끊임없이 이어져 왔다. 더구나, 장수하려는 열망은 고대사회에서부터 현대까지 건강한 삶을 위해 수없이 많은 예방 및 치유, 건강관리에 관한 아이디어와 기술이 개발되어 왔다(그림 13-3, 13-4, 13-5).

그림 13-3 말라리아와 지진으로 버려진 고대도시 에페소

출처: http://www.ssqq.com/travel/greece2008x05turkey.htm

그림 13-4 고대 바빌론 옥상정원

출처: http://en.wikipedia.org/wiki/Botanical_garden

그림 13-5 고대 폼페이 주택정원

출처: http://en.wikipedia.org/wiki/Hanging_Gardens_of_Babylon

03 | 도시환경과 건강요인

1) 건강의 결정요인

건강의 결정요인은 끊임없이 변화하는 개인의 건강상태를 통하여 유전적 요인, 환경적 요인, 그리고 생활적 요인(건강행위) 등 세 가지 요인이 있다.[10)]

(1) 유전적 요인

이 요인은 태어날 때부터 선천적으로 얻게 되는 건강요인이나, 환경적 요인과 생활적(건강행위) 요인은 후천적으로 얻을 수 있는 건강요인에 해당된다. 이 요인은 개인의 노력에 의하여 조절될 수 없으며, 어떤 질병에 대해 가계력이 있는 사람의 경우, 어쩔 수 없이 이러한 유전계적인 질환에 걸릴 위험성이 높아진다. 그러나, 어떤 질환의 경우에는 본인이 위험요인을 줄이고 긍정적인 방향으로 행동을 함으로써 그 위험을 극복할 수 있다.

(2) 환경적 요인

이 요인도 역시 매우 중요한 건강의 결정인자로, 깨끗한 공기와 오염된 공기, 풍요와 빈곤, 평화와 전쟁과 같은 다양한 요인들이 이에 속한다. 생물과 공기, 물, 빛, 소리 등의 자연적 환경 때문에 어쩔 수 없이 건강의 영향을 끼칠 수 있지만, 의식주와 교통 등의 인공 환경(물리적 환경)과 문화, 경제, 교육 등의 사회적 환경의 개선의지에 따라 건강을 크게 개선시킬 수 있다.

(3) 생활적 요인(건강 행위)

이 요인은 일상생활과 관련이 있는 습관이나 운동 등으로 건강에 큰 영향을 끼치게 된다. 건강검진이나 진료행위가 될 수 있으나, 이것은 진료의 질과 가용성이 중요하다. 가족 환경도 역시 이러한 중요한 요인의 하나이며, 건강행위를 장려하느냐 혹은 억압하느냐 하는 것도 개인의 안녕에 중요한 영향을 준다.

2) 건강에 영향을 끼치는 도시환경요인

도시는 다양한 환경요인에 의해 변화하는 집합체이다. 따라서, 그러한 환경에 의해 여러 질병의 위험인자와 의료수요를 가진 개인들의 집합 그 이상이다. 한편, 도시는 사회적·경제적 환경, 물리적 환경, 그리고 의료접근성을 포함한 개인적인 차원을 넘어선 공공적인 건강 결정 요소들을 내포하고 있기 때문이다.[11]

우선, 사회적·경제적 환경은 스트레스, 성장과정, 소외계층, 실업, 복지, 중독, 음식물의 유통과정 등 사회적 불평등을 야기시키는 것으로 건강에 중요한 사회적 요소가 된다.[12] 한편, 빈곤은 어린이 성장에 큰 위협이 될 뿐 아니라 사회적, 교육적으로도 열악한 환경을 제공한다. 다시 말하면, 사회적 지지기반이 약하면 '건강한 삶'을 기대할 수 없다. 반면, 원만한 사회관계, 지지적인 가정환경, 고용안정은 건강과 삶의 만족도를 높여준다.

보다 더 구체적으로, 사회적·경제적 환경과 개인 건강에 대하여 살펴보면, 상호 매우 밀접한 관계가 있다. 열악한 사회적 및 경제적 환경은 일생을 통틀어 건강에 영향을 미치며, 사회적 지위가 그 이상으로 낮은 사람들은 최상 근처에 있는 사람들에 비해 심각한 질병과 조기 사망에 대한 위험성을 보통 적어도 두 배 가지고 있다.[13] 또한, 중산층 사무 근로자들 사이에서 조차도, 보다 낮은 순위의 직원이 보다 높은 순위의 직원보다도 더 많은 질병으로 고생하고 더 일찍 사망을 하게 된다. 따라서, 소득은 개인 건강에 큰 영향을 끼친다. 일반적으로 소득이 높으면 건강에 대한 관심과 인식이 높고, 예방과 치료를 위한 충분한 여유가 있기 때문에 그 만큼 유리하다.

그러나, 사회 전체적으로 보면 계층 간의 소득 불평등으로 인하여 사회의 건강 수준은 더욱 낮아질 수 있다.[14] 그 다음으로 물리적 도시환경과 건강은 서로 연관성이 매우 크다. 예를 들어, 대기오염이나 유해 물질을 다루는 작업환경은 폐질환은 직접적인 관계가 될 수 있고, 도시 소음은 작업생산(성과)이나 임신부의 건강에 큰 영향을 끼칠 수 있나.[15] 특히, 인구가 밀집된 도시지역은 비위생적 환경과 전염병 등으로 많은 사람들이 생명을 잃었고, 역사적으로 때때로는 전쟁으로 인해 사망하는 숫자보다도 집단적인 유행병으로 사망하는 경우가 많을 때도 있었다. 이것은 도시생활에서 공공의 건강, 또 이와 관련된 공중위생과 쾌적한 환경, 의료기술 등은 매우 중요한 필수 요건이 되게 하였다. 한편, 병·의원시설 및 휴양/요양시설과 의료복지 서비스에 대한 접근성은 건강에 필수적인 요인이기도 하지만 삶의 질을 개선시키는 데 선택적인 요인이기도 하다. 따라서, 사회 불평등에서 그러한 서비스의 현격한 차이가 나타나기도 한다.

아무튼, 상기 세 가지 건강요인(환경)은 상호 밀접한 관계가 있으면서 필연적인 요인이기도 하지만 때때로 선택적인 요인이 된다. 대부분 이러한 요인들은 건강에 대한 개인의 관심과 선택에 따라 개인건강에 큰 영향을 받게 된다. 그러나, 사회적 · 경제적 · 물리적 환경이 건강에 영향을 크게 미치는 만큼, 질병의 치료나 예방 그 자체도 중요하지만 보다 더 나은 환경과 서비스를 통하여 공공의 건강증진에 대한 열망은 커질 수밖에 없다. 그것은 과거처럼 단순히 의학적인 지식이나 기술이나 전문적인 의술에만 국한되는 것은 아니다.

따라서, 현대의 건강증진은 "건강에 도움이 되는 행위들에 대한 교육적, 조직적, 경제적, 환경적 지원의 조화"라고 정의되며, 또한 최근에는 "최적의 건강상태에 도달하기 위해서 생활양식을 변화시키려는 사람들에게 도움을 주는 과학이며 예술이다"라고 정의된다. 다시 말하면, 건강증진은 건강한 생활을 실천함으로써 질병을 예방하고, 건강의식을 고취하여 더욱 건강한 삶을 영위하는 것, 즉 몸과 마음과 정신이 모두 건강해지는 것을 의미한다.[16) 17)] 이것을 달성하는 데에는 물론, 개인이 신체적, 정서적으로 각기 다른 능력을 물려받고 태어났다는 데에서 부모의 유전적 요인도 중요하지만, 교육환경이나 주변의 물리적 거주환경과 작업환경의 변화와 생활습관, 영양섭취, 운동과 같은 다양한 행태적 요인과 생활환경의 변화를 통하여 건강증진을 도모하는 것이 매우 중요하다는 것을 의미한다. 더구나 최근 건강정책으로 보면 실업, 빈곤, 직장경험과 같은 요인들이 매우 중요한 구조적인 이슈로 등장한다.

결국 개인의 건강증진만으로 인류 전체의 건강문제가 해결되지 않으며, 공공의 보건이 매우 중요한 시점에 이르게 되었다. 다시 말하면, "모든 이들을 위한 건강(health for all)", 이것이 바로 건강도시(Health Cities, Health Community)가 등장한 최초의 계기가 된다.

04 | 환경 및 건강의 정책변화

그동안 선진국과 개발도상국의 급속한 도시화, 산업화는 생태계의 파괴와 인간 정주 환경의 위협 등에 따라 무분별한 개발에 대한 새로운 경각심을 불러 일으켰다. 여기서 도시환경의 악화로 인한 개인건강 뿐 아니라 공공건강의 위협은 단순한 물리적 환경 개선만을 요구하지 않는다. 이러한 건강위협으로부터 벗어날 수 있는 총체적인 사회적, 경제적 환경의 개선과 지속가능한 개발의 필요성이 크게 대두되었다. 특히, 환경과 개발에 관한 세계위원회가 1987년 발행한 "Our Common Future" 에서는 지속가능한 개발을 "미래 세대의 욕구를 충족시킬 수 있는 능력을 손상하지 않고 현재의 욕구를 만족시키는 개발과 보전"이라고 정의하고 지속가능한 개발은 경제적, 사회적 및 환경적 지속성의 조화가 필요하다고 하였다.

최근 건강의 근원적 원인, 건강 불공평, 그리고 빈곤과 사회적 불이익을 통해 영향을 받는 사람들의 요구도를 명확히 다루는 정책과 프로그램들의 개발이 크게 늘고 있다. 가장 부유한 국가에서도, 부자보다도 덜 부유한 사람들이 실체적으로 기대 수명이 더 짧고 질병이 더 많은데 건강에서의 이들 차이가 그 중요한 사회적 불공평(social injustice)이다.

이에 대한 연구는 유럽 세계보건기구(WHO)의 도시건강센터에서 다양한 건강 정책, 건강과 지속가능한 개발을 위한 통합계획, 도시계획, 거버넌스와 사회적 지원(지지)에 관한 분야의 기법들과 자원재의 개발에 대한 기술적 포커스를 통하여 수행해 오고 있다.[18] 그 연구에 의하면 건강의 결정 요인(요소)은 다음과 같이 다음 10가지로 확대된다.[19] 다시 말하면, 사회적 편중(social gradient), 스트레스(stress), 초기생애(early life), 사회적 배제(social exclusion), 일자리(work), 실업(unemployment), 사회적 지원(social support), 중독(addiction), 식품(food), 운송교통(transportation) 등의 건강 결정요인들이 포함된다.

이러한 환경과 트랜드 변화에 따라, 시대적인 의료보건정책은 크게 변화해 오고 있다. 먼저 19세기 이후에는 공중보건 시대(1.0), 다음 20세기의 질병치료의 시대(2.0)를 거쳐, 최근 21세기의 건강수명 연장시대(3.0)를 맞이하고 있다(표 13-1). 여기서, 21세기에 들어와서는 건강수명이 크게 연장되면서 특히 보건기술의 혁신과 목적 등의 변화가 크게 일어나면서 평상시의 건강한 삶을 위한 도시환경의 개선에 대한 많은 노력을 기울이고 있다.

우리나라에서도 1970년대 경제발전 일변도의 정책에 의해 파생된 대기, 수질 및 토양 등 다양한 환경오염 문제에 대한 관심이 고조되었고 90년대 이후 고도의 경제성장과 더불어 삶의 질과 복지에 대한 향상으로 국민들의 건강개선에 대한 욕구는 갈수록 높아지고 있다. 여기서, 건강은 개인의 노력만으로 해결할 수 있는 것이 아니라 보건, 의료, 환경, 복지, 경제, 문화, 교육 등 수많은 요소들이 상호 더욱 더 밀접한 관계를 가지게 되었다(그림 13-6).[20]

한편, 오늘날 선진국과 우리나라는 인구감소시대에 접어들었다. 특히 최근 우리나라는 심각한 저출산율과 세계에서 가장 급속한 초고령화(율)로 인하여 노인 건강문제와 성장 동력인구의 부족, 젊은 계층의 노인 부양율(부담) 증가 등으로 사회적 불균형이 심화되고 있으며, 의료 수요에서 큰 변화를 나타내고 있다. 사망률 감소와 인구의 고령화로 과거의 유행성 전염병보다는 퇴행성 만성 질병의 수요와 이에 대한 의료수요가 급증하고 있으며, 특히 예방, 치료, 재활을 포함한 포괄적·통합적 의료서비스가 크게 증가하고 있다.

더구나 삶의 질 향상에 대한 높은 관심을 보이고 있다. 이러한 현상은 건강과 웰빙에 대한 관심 증가 즉, 건강한 음식, 주거, 문화, 사회(건강한 의식주)를 통한 높

표 13-1 환경변화에 따른 의료보건정책의 변화

구분	1.0(공중보건시대)	2.0(질병치료시대)	3.0(건강수명 연장시대)
시 대	18-20C 초	20C 초 - 말	21C 이후
대표적 기술 혁신	인두접종 개발	페니실린 발견	human genome project
	예방접종, X레이 발명, 상하수도 보급	신약 및 치료법 개발	유전자조기진단 맞춤치료제개발
목적	전염병 예방과 확산 방지	질병의 치료, 치유 (기대수명 연장)	질병예방과 평상시의 건강 관리를 통한 건강한 삶의 영위
주요 지표	전염병 사망률	기대수명, 중대질병, 사망률	건강수명, 의료비 절감
공급자	국가	제약, 병원 의료기기회사	기존공급자, IT, 전자회사 등
수요자	전 국민	환자	환자 및 정상인

출처: 고유상 외, 2012, 헬스케어 3.0 건강수명 시대의 도래, 삼성경제연구소.

그림 13-6 도시계획 의사결정과정

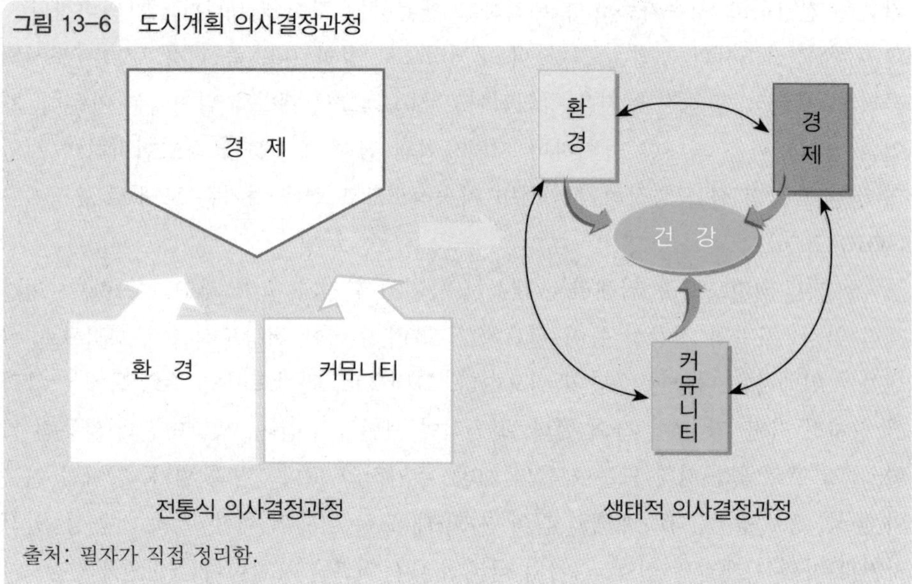

출처: 필자가 직접 정리함.

은 삶의 질을 추구하게 되었다. 다시 말하면 양적(量的)증가보다는 질적(質的)개선을 선호하고 있다.

제3절 건강도시의 계획지표와 요소

01 | 건강도시의 개념과 목적

'건강도시(Healthy Cities, Healthy Community)'란 도시환경의 조화를 통해 건강위해요소로부터 더욱 안전하고 건강한 삶을 추구하고자 하는 개념이다. 더욱이 건강도시는 개인의 건강증진을 초월하여 시민들의 협력을 통한 공공보건의 개선을 중요시한다. 당초 제안된 건강도시란 '시민들의 상호협조하에 시민들이 삶의 모든 기능들을 수행하고, 그들의 잠재력을 최대한 발휘할 수 있도록 도시(커뮤니티)의 모든 기능을 건강하고 지속가능하게 유지하고 개선하는 도시(커뮤니티)'를 의미한다.[21] 그 이후 건강도시의 개념은 보다 더 구체적으로 정의된다. 즉 건강도시는 '도시의 물리적, 사회적, 환경적 여건을 창의적이고 지속적으로 개발해 나아가는 가운데, 개인의 잠재능력을 최대한 발휘하며 지역사회의 참여 주체들이 상호협력하며 시민의 건강과 삶의 질을 향상하기 위하여 지속적으로 노력해 나가는 도시'로 규정된다(WHO, 2004).[22]

이러한 건강도시를 위해서는 쾌적한 물리적 환경과 함께 제도적 기반, 사회경제적 환경, 시민의 건강성 등이 필요하다. 특히 이러한 건강도시를 구체적으로 실현하기 위해서는 다양한 수단이 필요하다. 그러므로, 건강도시의 주요 특징은 강력한 정치적 지원, 각 분야 간의 협력, 적극적인 시민들의 참여, 생활터전의 활동적 통합, 건강 프로필과 지역 활동 계획의 개발, 주기적인 모니터링과 평가, 참여적 연구와 분석, 정보 공유, 대중매체의 참여, 사회 내 모든 집단의 취합, 지속 가능성, 인적자원과 사회의 개발의 연계, 국가와 국제적 네트워크를 포함한다(대한민국 건강도시

그림 13–7 건강도시의 개념

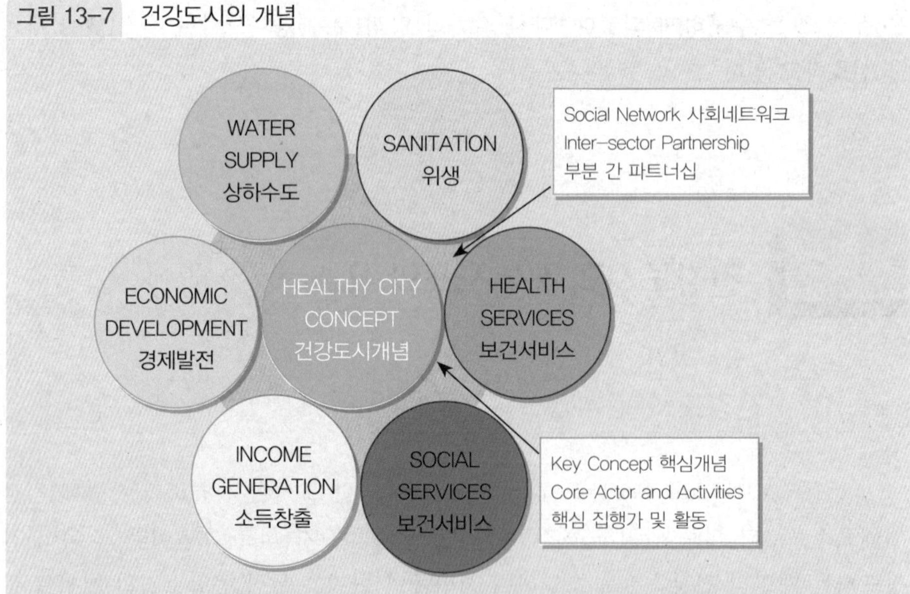

출처: K. Khosh-Chashm, Healthy City Concept, Objectives, Key Elements, Process, Structure and Partners, WHO Consultant 자료를 바탕으로 필자 재정리(김영, 2010.5.24, 한국보건학회발표원고).

협의회).

한편, 건강도시의 목적은 도시의 건강과 환경을 개선하여 도시주민의 건강을 향상시키기 위함이고, 이는 지방자치단체와 지역사회의 창의성을 발휘하여 앞서 설명한대로 "모든 인류에게 건강을(Health for All)"을 달성하려는 데 있다. 그러나, 최근에 나타나는 사회변화로 건강도시의 특성도 변화되고 있다. 특히, 도시화에 따른 시민의식의 향상 및 수명연장 등 건강에 대한 관심이 크게 증가되고 있고, 사망원인이 전염병에서 생활습관병으로 전환하고 있다.

또한, 단순한 질병치료가 아닌 건강유지와 증진, 그리고 삶의 질 향상이라는 새로운 건강개념의 접근방식이 등장하였다. 최근에는 건강도시의 조성을 위해 강력한 정치적 지원, 각 분야 간의 협력, 적극적인 시민들의 참여, 생활터전의 활동적 통합, 건강 프로필과 지역 활동 계획의 개발, 주기적인 모니터링과 평가, 참여적 연구와 분석, 정보 공유, 대중매체의 참여, 사회 내 모든 집단의 취합, 지속 가능성, 인적자원과 사회 개발의 연계, 국가와 국제적 네트워크를 강조하고 있다(그림 13-7).

02 | 건강도시의 조건

건강도시의 구현은 그 과정(process)이 매우 중요하다. 결과적으로 완벽한 도시가 존재할 수 없듯이 건강도시도 모든 사람들의 건강을 구현하는 노력과 투자 과정에서 건강한 공동체의식이 나타나며, 이를 토대로 공공건강과 개인건강을 동시에 달성하는 최선의 선택을 결정할 수 있다. 새로운 건강도시에 관한 모든 사업을 발굴하여 그 목표에 달성하는 것보다는 기존 인프라와 프로그램을 활용할 수 있는 건강도시를 계획할 수 있다. 이때에는 가급적 도시전체의 종합발전 계획이나 도시기본계획에 건강도시 개념을 최대한 수용하거나 우선사업을 발굴할 필요가 있다. 이러한 의미에서 건강도시는 다음과 같은 조건을 필요로 한다.

- 물리적인 환경이 깨끗하고 안전한 도시(주거의 질 포함)
- 현재 안정적이며 장기적으로 지속가능한 생태계를 보존하는 도시
- 상호 협력이 잘 이루어지며, 비착취적인 지역사회
- 자신들의 생활, 건강 및 안녕에 영향을 미치는 결정에 대한 시민의 참여와 통제기능이 높은 도시

- 모든 시민의 기본 욕구(음식, 물, 주거, 소득, 안전, 직장)가 충족되는 도시
- 광범위하고 다양한 만남, 상호교류, 커뮤니케이션(소통)의 기회와 함께 폭넓은 경험과 자원이용이 가능한 도시
- 다양하고 활기가 넘치고 혁신적인 경제
- 역사와 시민의 문화적·생물학적 유산, 타 집단과 개인의 연속성이 장려되는 사회
- 상기 특성들을 충족하며 이를 강화시키는 도시
- 전 시민이 접근할 수 있는 적절한 공중보건과 치료서비스 최적 수준의 도시
- 지역주민의 건강 수준이 높은 도시(높은 건강 수준과 낮은 이환율)

03 | 계획지표와 계획요소

현대적 건강지표로는 주로 비만, 심뇌혈질병, 운동(걷기 등) 등이 있다. 그것은 대부분, 비만체질량, 체질량지수, 당뇨병, 심장병과 고혈압, 당뇨병 등이다(표 13-2). 이러한 요인들은 건조환경(변수)에 의해 큰 영향을 받게 된다. 즉, 주거밀도 토지이용혼합도, 도로망 연결도, 산보로(걷기, 보행친화도), 자전거시설, 범죄밀도 뿐 아니라 도시확산 또는 압축도시, 도심재생 등 넓은 도시공간에까지 영향을 끼친다. 이러한 지표들은 결국 친환경 토지이용, 녹색교통 체계, 에너지효율화, 자연 생태와 자원관리 분야 등 다양한 분야에서 건강을 위한 계획요소를 제공한다(표 13-3). 다시 말하면, 압축적 개발, 보행중심권, 열섬 완화(친환경 토지이용), 자전거활성화, 에너지 절약형 교통, 신재생에너지 활용, 에너지 절약 건축물, 입체 녹화, 탄소 흡수원, 공원 녹지, 친수 공간, 우수 및 중수활용, 친환경 자재활용 등 다양한 계획 요소를 통하여 건강한 도시를 만들어 낸다.

04 | 계획요소별 건강위험요인(환경)

우선 건강계획의 요소로는 주택, 공공공간과 공공서비스, 교통, 홍수가 있다. 요소별 건강위험요인으로는 습하고 추운 주택, 난방과다(excess heat), 불량한 설계(poor design), 고립(격리)개발, 좌식 생활양식, 부적절한 음식에 대한 접근, 건강서

비스에 대한 부적절한 접근, 고용 및 비고용과 관련 이슈, 대기오염, 도로교통사고, 소음공해, 좌식생활양식(2차 라이프 스타일 창출), 익사(drowning), 부상(injuries), 감염성 질병(infectious diseases)이 있다(표 13-4). 이것은 결과적으로 2차적인 영향으로 심장질환, 호흡기질환, 순환기질환, 정신건강(PTSD 포함), 부상, 사망, 비만(obesity), 심장박동정지, 저체온(hypothermia), 상처감염 등을 유발한다. 또, 이러한 결과를 개선하기 위한 대책으로서는 단열 및 난방개선, 정신건강을 고려한 설계, 정신건강과 물리적 활동을 위한 녹지공간, 운동 가능공간의 제공, 걷기, 사이클링을 포함하는 운동공간의 제공, 대기오염 감소를 위한 교통(통행) 감소, 사고감소를 위한 교통간섭(intervention), 홍수저감(mitigating against flooding) 등이 있다.

표 13-2 도시의 건조환경(도시지표)이 신체활동과 건강에 미치는 영향

건강지표	건조환경변수	기타 지표/변수	결과
비만 체질량[1]	주거밀도 토지이용혼합도 도로망 연결도 걷기자전거시설 보행친화도 범죄밀도	신체활동	근린이 보행친화적이고 토지이용혼합도와 도로망 연결도가 높을수록 신체활동이 많고 체질량 지수가 낮음. 또한, 안전하고 좋은 경관일수록 신체활동이 많고 체질량 지수가 낮음. 단, 식생활과 사회경제 변수에 대한 고려가 없음
체질량지수 당뇨병비율 심장병비율[2]	도시확산 (sprawl) 압축도시	사회(성별, 인종, 교육, 연령), 흡연, 과일채소 소비	압축도시일수록 걷는 시간이 많고, 비만율이 낮으며 고혈압비율도 낮음(여가용 신체활동은 예외). 단, 어느 수준 이상일 때 효과(임계수준)
비만[2]	도시확산 (sprawl)[2]	성별, 교육, 연령, 식생활	성별, 교육, 연령, 식생활을 통제했을 때에도 스포롤이 심한 주거지 사람들의 비만도가 더 높음 고속도로 건설관리비용 예산 중 일부만 보행, 자전거 등 대체통행수단에 투자해도 큰 변화 발생
체질량지수 당뇨병비율 심장병비율[3]	도시확산 (sprawl)/ 격자도로	사회경제 생활습관(흡연) 생활(과일채소소비)	스포롤이 심한 지역에 살수록 체중이 많고, 접근성이 높은 격자형도로망 지역일수록 건강에도 긍정적임
비만[4]	건조환경 통행행태	자동차이용 신체활동	근린보행지수 증가(5%)는 개인신체활동 증가초래(32%), 비만, 자동차이용시간, 배기가스는 감소
비만, 당뇨 고혈압[5]	보행친화적환경 근린 안전성	범죄율, 커뮤니티 보행지수	안전하고 걷기 좋을수록 주민 건강상태는 양호함 신체활동과 주민의 건강증진을 위해서는 보행환경 개선과 범죄로부터의 안전성을 높이도록 제안
일반적인 건강 (신체활동)[6]	보행친화적환경 토지이용혼합 (근린디자인요소, 뉴어바니즘)	신체활동	주거와 상업의 토지이용혼합과 보행친화적인 환경 조성을 통한 신체활동의 증가를 보여줌 소득이 증가하면 여가신체활동의 증가로 중, 저소득층에 더 주요한 정책이 된다고 주장함

비만[7]	건조환경	인종 사회경제	비만은 인종, 사회경제지표에 따라 차이를 보인 반면, 도시 건조환경과는 관련이 없음
걷기[8]	건조환경	걷기에 대한 개인 태도와 선호도 (신체활동)	걷기 좋은 근린지역에 대한 선호도(자기선택, self-selection)을 제어해도 건조 환경이 자동차사용이나 걷기에 영향을 미침
비만[9]	건조환경	통행행태	걷기좋은 환경은 많은 신체활동의 유발과 자가용 이용시간을 감소시킴. 걷기 좋아하는 사람은 비만을 줄일 수 있으나, 걷고 싶은 선호도가 낮은 경우, 근린유형에 관련없이 걷기 비율이 아주 낮음

출처: 이수기 2010, "건강한 커뮤니티 조성을 위한 도시계획, 공중보건의 통합연구의 경향과 한계점 분석," 서울도시연구 11(2): 21-24.

주: 1) Salens et al.(2003)은 캘리포니아 샌디에이고에서 서로 상반된 주거환경을 가진 2곳의 근린지역을 대상으로 건조환경이 신체활동과 비만에 끼치는 영향을 분석.
2) Ewing et al.(2003)과 McCan and Ewing(2003)이 미국 83개 대도시권의 448개 카운티 대상으로 미국 질병통제예방연구센터(BRFSS)자료를 분석.
3) Kelly-Schwartz et al.(2004)의 국가건강 및 영양실험조사(NHANES)의 분석결과.
4) Frank et al.(2004)는 미국 아틀랜타 대도시권을 분석한 결과로 토지이용혼합과 보행친화적인 환경조성이 건강증진에 효과적인 정책임을 주장.
5) Doyle et al.(2006)은 근린 안전성과 보행환경과 관계를 바탕으로 건강에 미치는 영향 분석.
6) R odriguez et. al(2006)은 미국 북캐롤라이나주의 전통적 근린과 뉴어바니즘 근린주거단지의 관계 분석.
7) Soot et al.(2006)은 미국 시카고 대도시권 10개 카운티를 대상으로 키와 체중자료(자동차운전면허정보), 우편번호구역을 대상으로 건조환경과 비만과의 관계 분석.
8) Handy et. al.(2006)은 북가주 8개 근린지역을 대상으로 건조환경과 보행수준의 상관관계 분석.
9) Handy et. al.(2007)은 건조환경과 통행행태(걷기수준, 자가용이용시간 등)와 상관관계를 분석.

표 13-3 건강도시를 위한 계획 요소

분 야	계획 요소	내 용
친환경 토지이용	압축적 개발	• 압축적 개발로 인해 공원 녹지가 약 10~30% 증가하면 전체 배출량의 약 0.1~0.3% 저감 • 압축적 개발을 통해 승용차 사용률이 약 5~15% 감소하면 전체 배출량의 1~3% 저감
	보행 중심권	• 보행환경개선을 통한 승용차 이용률 5% 감축시 교통부문 탄소 배출량의 5% 저감
	열섬 완화	• 바람길을 조성하면 전체 배출량의 0.1~0.3% 저감
녹생 교통 체계	자전거 활성화	• 자전거 수단분담률 5% 증가 시 교통부문의 탄소 배출량 약5% 저감 • 자전거도로 1㎡당 약 2.18kgCO_2를 저감
	에너지 절약형 교통	• CNG 버스는 일반 경유 버스에 비해 20~30% 탄소저감 • 하이브리드 차량 점유율이 5%이상 되었을 때 연간 33,798톤 저감

에너지 효율화	신재생 에너지 활용	• 태양광 발전은 1㎡당 약 53.4㎏CO_2를 저감 • 태양열 발전은 1㎡당 약 140㎏CO_2를 저감
	에너지 절약 건축물	• 주상복합건물에 형광등 조명에서 LED조명으로 교체 시 1세대당 0.95tCO_2를 저감 • 패시스하우스의 경우 32평형 기준으로 1192.95㎏CO_2를 저감
자연 생태	입체 녹화	• 옥상녹화에 따른 녹지 면적 1㎡당 약 0.1~0.2㎏CO_2를 흡수
	탄소 흡수원	• 공원 및 녹지 면적의 증가에 따라 1㎡당 약 0.7~1㎏CO_2를 흡수
	공원 녹지	• 생태공원 면적 1㎡당 약 0.91㎏CO_2를 흡수
	친수 공간	• 실개천 조성 면적 1㎡당 약 0.25㎏CO_2를 저감
자원 관리	우수 및 중수 활용	• 중/우수재활용(1톤)시 0.32kWh 전기에너지 절약으로 약 0.14㎏CO_2의 탄소를 저감
	친환경 자재활용	• 친환경 콘크리트 사용시 기존 콘크리트 사용에 대비 콘크리트 1㎥당 79㎏ CO_2의 탄소 저감

출처: 송인주·최유진 2010; 홍유덕 외 2010; 이은식·이명구 2011; 이상문 2012 등의 자료를 정리 및 재인용으로 미국 질병통제예방연구센터(BRFSS)자료를 분석한 결과.

표 13-4 계획요소, 건강위험 및 가능한 완화(possible mitigation)방안[23)24)]

계획 요소	건강위험	건강위험 유형(결과)	잠재적 저감/완화
주택	• 습하고 추운주택* • 초과난방(excess heat) • 불량설계(poor design) • 고립(격리)개발*	• 심장질환/호흡기질환* • 정신건강 • 부상 • 증가 사망/사망률	• 단열 및 난방개선* • 정신건강을 고려한 설계
공공 공간과 공공 서비스	• 앉아 지내는 생활양식 • 부적절한 음식 접근 • 부적절한 건강서비스접근 • 고용/비고용과 관련 이슈	• 정신건강* • 순환기질환 • 비만(Obesity)	• 정신적 건강/물리적 활동을 위한 녹지공간* • 운동 가능 공간 제공
교통	• 대기오염 • 도로교통사고* • 소음공해 • 좌식 생활양식 (2차 라이프스타일 창출)	• 심장/호흡기질환* • 정신건강 • 비만 • 사망/사망률 증가	• 운동(걷기, 사이클링 포함) 공간제공* • 대기오염감소를 위한 교통(통행) 감소 • 사고감소를 위한 교통간섭(intervention)
홍수	• 익사(Drowning)* • 부상(Injuries)* • 감염성 질병(Infectious diseases)	• 호흡기질환 • 심장박동정지* • 저체온(hypothermia) • 상처감염 • 정신건강(PTSD포함)	• 홍수피해 저감(Mitigating against flooding)

출처: The Supporting Healthier Lifestyles Strategic Regeneration Framework Steering Group, 2011, Healthy Urban Planning in Practice for the Olympic Legacy Masterplan Framework, p. 27.
주: *는 특히 노인 및 취약계층에게 민감한 건강요인/주요 피해저감 대상임.

제4절 도시환경개선과 건강도시계획

01 | 건강도시를 위한 계획지표의 개선(삶의 질 개선)

질 높은 건강도시의 구현을 위해서는 삶의 지표를 크게 개선시켜야 한다. 그 지표에는 교육, 문화 등의 생활환경지표, 수질악화, 소음, 대기오염 등의 기후환경 지표 뿐 아니라 보건의료서비스 등의 공공복지 지표, 소득, 일자리 등의 경제지표, 지역협력체제 또는 조직, 자원봉사 등과 같은 커뮤니티 사회 지표 등이 있다.

1) 경제지표 개선

우리의 경제적 안정은 건강위해요인을 최소화하는 반면, 낮은 소득은 불량한 위생이나 허술한 건강관리를 유발할 수 있고, 심지어 정신적 건강에 위해가 되는 경우도 있다. 예컨대, 과도한 스트레스와 같은 정신적 원인을 유발하는 우울증에 대한 연구에 의하면, 소득수준이 낮을수록 우울증에 더 쉽게 걸리는 것으로 나타났다(Box 1 참고).[25)]

Box 1 [건강] "소득 낮으면 우울증에 더 쉽게 걸린다" 본문 인용

우울증은 과도한 스트레스 같은 정신적인 원인이 큽니다. 하지만 소득수준이 낮을수록 우울증에 더욱 쉽게 걸리는 것으로 조사됐습니다. 보건복지부에 따르면 우리나라 성인 인구 중 우울증을 앓고 있는 사람의 비율이 1.8%에서 2.5%로, 5년 전보다 크게 늘어난 것으로 나타났습니다. 본 연구는 18살부터 64살까지 전국 1만 3천여 명의 성인을 대상으로 진행되었습니다. 그 결과, 월 소득이 200만 원 미만인 계층에서 우울증 발병 위험률이 다른 소득 계층보다 특히 높게 나타났습니다. 또한 경제활동을 활발히 해야 하는 4, 50대 중년 남성과 20대 남녀 가운데 무직과 저소득, 이혼과 사별 등을 경험한 이들에게서 우울증이 크게 증가했습니다.

SBS 2008-02-01 11:42
출처: http://news.sbs.co.kr/section_news/news_read.jsp?news_id=N1000371246

2) 보건위생지표 개선

보건위생면에서 효율적인 쓰레기 처리시설이나 가로 청소 등을 통한 물리적 환경의 개선이 필요하다. 한편, 의료서비스와 시설의 개선은 현대인들이 가장 많이 요구하는 서비스의 하나이기도 하다. 최근 응급의료 및 구조 체계(emergency medical and rescue system)의 구축과 시설확충은 건강도시를 만드는 데 매우 중요한 역할을 한다. 그리고, 빈곤층, 장애자, 노약자, 어린이 등 취약계층의 보건의료서비스나 시민보건개선을 위한 보건위생지표도 매우 중요해지고 있다. 특히 최근 고령화사회에 대응한 보건위생서비스의 개선이 매우 중요한 이슈로 등장하고 있다.

3) 기후환경지표 개선

수질, 공기, 소음과 같은 기후환경은 건강도시에 직접적·간접적 영향을 끼친다. 특히 날로 악화되는 수질과 대기의 개선 문제와 날로 부족해지는 식수문제와 최근의 황사나 미세먼지에 대한 각별한 관심이 필요하다. 왜냐하면, 최근 도시생활은 그러한 질병을 유발하는 열악한 기후환경에 노출되고 있기 때문이다. 한편, 건강한 물리적 환경을 갖추기 위해서는 태양열과 빛의 활용이 중요하다. 이미 선진국에서는 특히 태양열, 지열, 풍력 등 친환경 재생에너지의 이용이 보편화되고 있다.

02 | 건강도시계획: 물리적 건조 환경개선

건강도시계획의 성패는 앞서 설명한 사회적, 문화적 생활환경을 먼저 고려한 다음, 물리적 환경을 어떻게 개선하느냐에 달려 있다. 먼저 건강, 안전, 교육 등의 사회적·문화적 생활환경도 주민생활의 구성요소로서 영향을 미치고 있으므로 물리적 생활환경 개선과 함께 중요한 부문이라 할 수 있다. 외국의 사례에서도 물리적 환경개선은 사회적·경제적 생활환경개선을 바탕으로 이루어진다. 우리나라의 경우, 사회적·경제적 환경개선에 대한 노력이 다소 미흡한 가운데, 물리적 환경개선에 치중하는 경향이 있다. 2010년 전후의 세계 건강도시 어젠다(agenda)는 취약계층이나 저소득층 중심으로 건강, 교육 등의 다양한 서비스의 개선을 목표로 한다. 한편, 다양한 물리적 건조 환경의 악화는 사회접촉기회의 부족, 운동부족 문제 등을 유발한

그림 13-8 물리적 건조환경과 건강문제

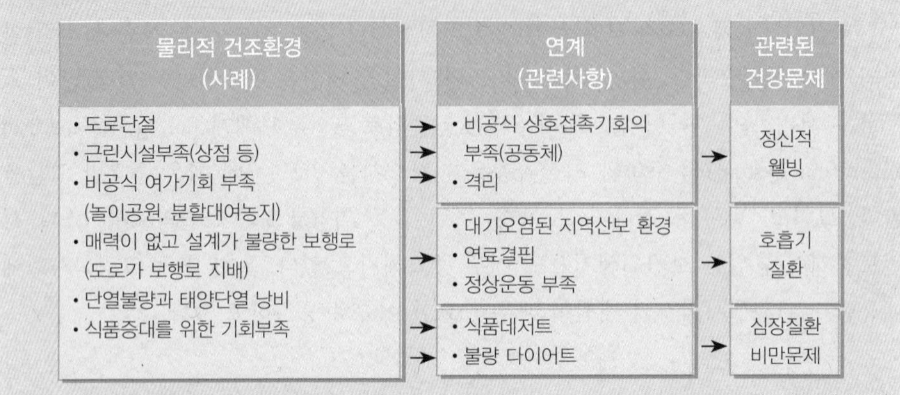

출처: The Supporting Healthier Lifestyles Strategic Regeneration Framework Steering Group, 2011, Healthy Urban Planning in Practice for the Olympic Legacy Master Plan, Framework, p. 33.

다. 특히, 도로단절, 근린시설 부족(상점 등), 비공식 여가기회의 부족(놀이공원, 분할대여농지, 매력 없고 설계가 불량한 보행로(도로교통의 보행로 지배), 단열불량과 태양단열 낭비, 식품증대를 위한 기회부족 등은 비공식 상호접촉기회의 부족(공동체), 격리, 대기가 오염된 국지 산보(散步)환경, 연료부족, 정상운동 부족, 식품 데저트 및 불량 다이어트(diet) 등 여러 가지 문제를 일으킨다. 그 결과, 정신적 웰빙, 호흡기 질환 심장질환과 비만문제 등을 일으킨다(그림 13-8).

1) 교통가로 및 산보로 계획

교통체계는 물리적 환경과 육체적 활동사이의 상관관계를 개선시킴으로써 중요한 현안으로 나타나고 있다. 특히, 보행로나 산보로, 조깅로 등은 공공건강 정책으로서 가로환경의 중요한 요소들이며, 이러한 요소들은 육체적 활동을 유도하는 최근의 주요한 지방정부의 도시정책의 핵심이 되고 있다.[26)]

한편, 많은 기관, 조직, 지역사회, 그리고 개개인 모두가 건강한 도시계획에 대한 필요성을 제기하고 있으나, 교통가로 계획을 통한 건강개선에 대한 보다 더 구체적인 대안을 마련할 필요가 있다. 즉, 주민들의 건강한 라이프 스타일을 향유하고

그림 13-9 교통제어기법과 가로계획기법(굴데삭)

교통제한(Cambridge, UK)

출처: 필자가 현지답사를 통해 직접 촬영함.

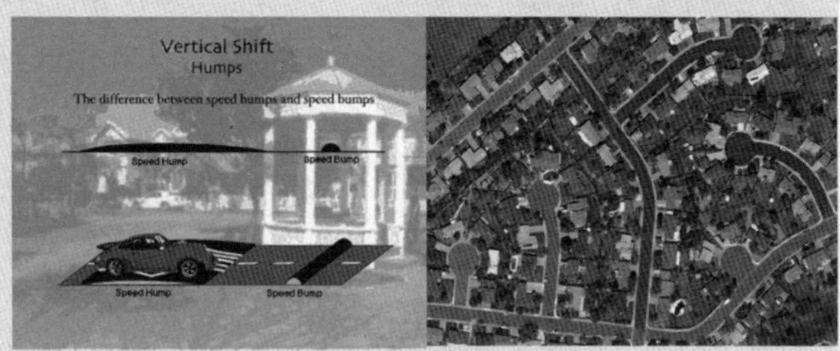

교통정온화(traffic calming)
Vertical Shift Hump/굴데삭(Cul-de-sac)

출처: https://www.reddit.com/r/CittiesSkylines/comments/303pzt/culdesacs/

자동차에 의존하던 기존의 교통체계에 변화를 주어 보행환경을 개선하거나 대중교통, 전기차 등을 이용하여 건강 뿐 아니라 시간대별로 교통을 제한하도록 가로를 재설계하거나 막다른 골목(cul-de-sac)과 대형가구(super block) 등의 기법을 이용하여 안전한 보행순환체계를 갖추기도 한다(그림 13-9).

최근 에너지 절약적인 왕래수단이라는 인식이 확산되면서 출퇴근, 여가, 운동 등을 목적으로 하는 보행자가 늘어나는 추세이다. 우선 보행(걷기)은 다양한 면에서 이로운 활동이며, 산보(걷기)는 가장 기본적인 활동적 생활의 하나이다. 더욱이 기본적으로 건강에 유익할 뿐 아니라 친환경적이다. 따라서, 산보로나 보행로는 걷기를 통한 활동적 생활(active living)을 위한 시설로서 신체건강이나 정신건강에 매우 유익한 환경을 만들어 준다. 여기서, 적당한 보행속도(분당 20~25m)로 40~50분 정도만 걸어도 전신 지구력이 높아지고 다이어트효과 또한 기대할 수 있으며, 이 때 적당한 걷기운동은 유산소 능력, 신체구성, 혈압하강, 혈청지질 하강, 골밀도 증가, 우울 및 불안 수준 감소 등의 긍정적 효과를 가져다 준다.[27]

한편, 맑은 공기와 숲속의 산보로는 더욱 더 건강에 이롭다. 우리나라는 지리산 둘레길, 제주도와 대구의 올레길, 강원도의 바우길 등 지역과 지역을 연결한 장거리의 녹색길이 조성되어 대중의 관심을 받고 있고. 도시 내 보행로나 자전거 도로 체계를 개선시켜 자전거나 보행으로 건강을 증진시키고 출퇴근시간 교통정체 구간이 감소하는 등, 친환경적인 네트워크를 형성시켜 건강한 도시로서의 기능이 강화되고 있다. 이처럼 건강한 녹색보행공간의 조성을 위해서는 도시 내 친환경적이고, 누구나 이용 가능한 자전거도로 등 녹색교통체계를 네트워크화 하여 통근, 쇼핑, 산책, 레크리에이션 등 일상생활을 영위하면서 건강증진을 할 수 있도록 효율적인 도시공간의 설계 및 활용이 필요하다.

2) 공원 및 녹지계획

도시의 공원 및 녹지는 주민들의 건강욕구를 충족시키는 중요한 자원이다. 도시의 공원은 운동의 기회를 제공하고 질병의 예방 효과를 증진시킨다. 정신적 측면에서 스트레스 해소, 심신의 회복 등 심리적 건강에 큰 영향을 미치며, 기능적인 측면에서는 산소의 공급, 대기의 정화, 소음의 방지, 기후의 완화 등의 역할을 통해 도시에너지 절약과 쾌적한 환경을 유지하는 데 큰 역할을 한다(Box 2 참고). 특히 숲 속의 피톤치드는 우울증, 고혈압, 비만, 골다공증 치료에 도움을 줄 수 있다(변우혁 외, 2010, 도시숲 이론과 실제, p.68). 최근 들어 여가문화 수요증대에 따라 도시에서 중요한 부분을 차지하는 도시공원이나 도시숲을 보다 적극적으로 활용하기 위해 다양한 프로그램 개발과 시설의 개선이 요구된다. 특히, 공원 및 녹지를 녹색 네트워크에서 소거점 역할을 부여하고, 건강한 도시생태계획과 아름다운 경관을 유지하도록 조성해야 된다(그림 13-10).

그림 13-10 유럽(독일 프라이부르그, 영국 캠브리지)의 도심공원

도심 휴식공원(Freiburg, Germany)

도심 근린공원(Cambridge, UK)

출처: 필자가 현지답사를 통해 직접 촬영함.

Box 2

- 30m의 수고를 가진 활엽수(약 20만 개의 잎을 가지고 있음)
  - ▶ 생리적 현상이 왕성한 때에는 한 계절에 약 42m³의 물을 토양으로부터 흡수하여 공기 중으로 발산
- 잘 자란 나무 3그루가 있을 경우
  - ▶ 훌륭한 그늘 제공, 10~50 % 정도의 냉방비 절감
- 숲 산책과 등산과 같은 운동
  - ▶ 심장기능을 활발하게 하고 혈압을 정상 수준으로 유지
- 나무의 능력과 효과
  - ▶ 혈중 글루코오스의 양을 감소시키며 인슐린의 효과를 증대시키며
- 당뇨의 치유와 예방에도 큰 효과
  - ▶ 12개의 방을 식힐 수 있는 에어컨과 같은 능력
- 도시와 녹지대의 온도차 ▶ 10°c

출처: Irving(원저자), 1985, 권진오 재인용, 도시숲의 가치와 이해 그리고 미래, p.113.

3) 주거환경계획

주민의 쾌적한 주거환경을 조성하기 위해 규모, 밀도, 유형을 다양화하고, 환경적으로 건강하고, 안전하며, 시민건강을 증진시키는 공간을 개발해야 한다. 생활권 공공공간은 지역주민이 일상생활에서 가장 많이 이용하는 공간으로, 주민들 간의 이동과 만남, 놀이를 통해 공동체 의식을 향상시키는 사회화 기능을 가진 공간이다. 그러나 우리의 공공공간은 관리자 중심으로 조성되어 실질적인 수요를 만족시키기에 불충분하고, 일상생활과도 밀접하게 연계되지 못하는 실정이다. 이에 주민의 쾌적한 주거환경을 개선시키기 위해 규모, 밀도, 유형을 다양화하고, 환경적으로 건상하고, 안전하며, 시민건강을 증진시키는 공간을 개발해야 한다. 그 예로, 근린형 주거는 충분한 공공녹지의 확보 및 물을 이용한 공간을 연출하여 자연공간으로 둘러싸인 그린 포켓형(green pocket) 친환경 주거단지를 형성할 수 있다.

한편, 도시특성에 따라 친환경적이고 독창적인 주택기준을 마련하여 주거지 내

그림 13-11 건강 관련 토지이용기법

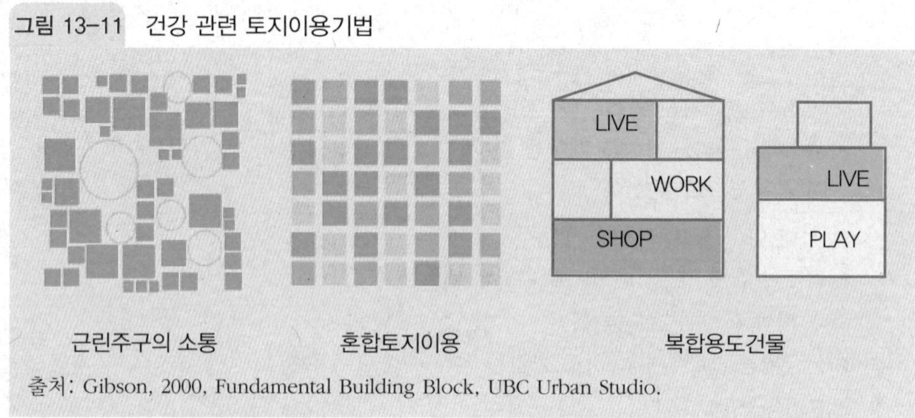

근린주구의 소통 혼합토지이용 복합용도건물

출처: Gibson, 2000, Fundamental Building Block, UBC Urban Studio.

경제, 공공, 문화, 여가활동 등을 수용할 수 있도록 복합용도의 개발, 취약계층의 접근을 용이하게 하는 유니버셜 디자인(universal design)과 무장애(barrier-free)도시의 개념을 적용한 각종 시설의 재배치를 통해 건강한 주택단지를 개발할 수 있다(그림 13-11). 또한, 지역시설이 부재한 곳에 주민들이 쉽게 접근할 수 있는 커뮤니티 시설을 개발하여 환경개선을 통한 건강증진 효과를 유도할 필요가 있다.

03 | 건강도시 정책과 기법

도시 전체의 구성 면에서 보면, 평면적 시가지 확산으로 인하여 직장과 주거지가 멀어지는 만큼 차량매연 등에 의한 대기오염으로부터 결코 안전할 수가 없다. 따라서 에너지 소모가 많고 환경악화를 유발하는 도시의 확산 개발보다는 각종 주거 및 인프라 등을 도시내부에 두는 압축도시(compact city)와 기성시가지를 재정비하고 재활성화하는 도시재생(urban regeneration, renaissance)이 건강도시의 구현에 큰 역할을 할 것이다.

특히 인구감소시대에는 건강한 환경을 위한 도시 내부의 정비가 필수적이다. 영국에서는 교통량감소를 통해 대기오염 및 소음을 감소시키기 위해 매연감소장치를 개발하고 속도통제 험프 등으로 차량속도를 줄이게 하는 교통온정화 또는 자동차 길들이기(traffic calming) 정책수립과 투자가 활발히 이루어지고 있고, 화석연료 대신 전기 또는 대체에너지를 사용하는 전철이나 전차, 전기 자동차, 수소 자동차, 무공해 항공기 등 다양한 친환경적 교통수단을 사용하거나 기술을 개발하고 있다.

건강도시를 만들기 위한 각 지표의 개선을 통한 물리적 환경의 개선은 불가피하며, 체육 및 레저행사와 건강증진 문화행사 등 다각적인 프로그램 개발과 건강증진 캠페인이 동시에 수반되어야 한다. 이러한 프로그램들은 현대인에게 꼭 필요한 정신 건강에 큰 도움을 준다. 따라서, 우리의 물리적, 정신적 환경을 개선하기 위해서는 특히 주거지와 직장, 그리고 학교 등지에서 건강한 활동을 할 수 있도록 생태적 친환경커뮤니티를 조성하고, 재해 위협이나 재해 이후의 외상후 스트레스 장애(PTSD; Post-traumatic stress disorder)와 같은 질병에 대비한 건강한 도시환경 개선이야말로 무엇보다도 중요한 도시계획의 기본이 된다.

제 5 절 건강도시사업

01 | 국내 · 외 환경을 고려한 건강도시사업

전 세계적으로 건강한 도시를 위해 계획과 시행이 진행되고 있다. 일본 "고베 건강도시 프로젝트", 인천시 "검단신도시 조성 사업", 스웨덴 "말뫼지구 개선사업", 벤쿠버 "펄스 크릭 수변환경 재생사업"을 참고할 만하다. 일본의 고베시는 '건강고베 21프로젝트', '그린 고베 21계획' 등 고베시의 풍부한 녹지를 가지고 있는 생태도시적 자원을 바탕으로 도시적, 자연적 자원의 다양한 프로젝트를 실천 중이다. 또한 인천시 검단신도시는 균형발전을 선도하는 자족도시, 자연과 사람이 공존하는 친환경도시, 지속가능성을 제고하는 에너지 절감 도시를 목표로 계획되었다. 스웨덴의 말뫼지구는 기존의 중공업과 쓰레기 매립지로 사용되던 곳으로 산업 폐허지역에서 새로운 중심지로 주거와 직장, 교육의 새로운 기회를 제공하였다. 벤쿠버 펄스크릭 수변환경 복원사업은 오염된 기존의 공장지대(폐부지) 수변환경을 재생한 후 제한적이며 집합된 개발을 통해 환경의 폐해를 최소화 하였다.

02 | 건강한 커뮤니티사업, 도시재생사업

건강한 커뮤니티를 실현하기 위해서는 크게 보건의료와 주거 및 생활환경 그리고 안전 분야의 개선이 필요하다. 이를 위해 시민 홍보 강화 등의 지역사회 건강증진 프로그램을 개발 및 추진하고 그에 따른 지표를 개발하여 지역사회 환경문제 해결의 새로운 모델을 창출해야 한다.

표 13-5 건강한 커뮤니티 구축사업

분 류	내 용
보건의료	공동체적 상생을 포함하는 건강단체 육성 커뮤니티 중심 활동공간 조성 사용자 중심의 선택적 건강 프로그램 개발 보건의료서비스 강화
환 경	지역커뮤니티 삶을 위한 주거환경 조성 다양한 지역문화와 특성이 반영된 생활환경 조성 친환경 생활터 중심의 인프라 시설개발
안 전	U-City, GIS 등을 활용한 지역 안전망 구축 물리적 환경설계를 통한 안전도시 구축

출처: 김영환, 2012, 국내외 유헬스기술 및 시장동향(http://www.jeiltrx.co.kr/board/data /data/PDS0026_U-HealthCare.pdf)

위의 [표 13-5]와 같이 각 부문에 대하여 도심, 교외 등 다양한 입지여건과 밀도에 따라서 구현될 수 있다. 계획과정에서 보면, 건강문화클러스터 사업이나 생태도시 개발사업, U-City 건강문화 사업은 이러한 커뮤니티계획을 위한 핵심중점사업이 된다. 도시재생 측면에서 보면, 시가지 쇠퇴의 근본적인 원인은 도시의 외연적 확산과 대규모 도시개발 등으로 도시기능의 유출과 상주인구의 감소로 인한 경제 활력 저하 등에서 찾을 수 있다. 따라서, 도시재생사업의 방향도 공동화를 막고 도시에 인구가 유입될 수 있는 건강하고 활기찬 정주여건을 마련해주고 경제 활성화를 위한 지원체계 구축에 초점이 맞추어져야 할 것이다.

현재 우리나라의 경우, 시가지 쇠퇴문제를 다루고 있는 주거환경 정비법 등 법·제도적 측면에서 많은 기반은 마련되어 있지만, 개발로 인한 도시공간구조와의 부조화문제, 기반시설을 계획적으로 설치하는 데 수반되는 어려움 등은 해결하는 데 있어서 많은 어려움이 있다. 이는 지역적 특성과 시민의 생활여건을 명확하게 고려하지 않고 시행되는 난개발의 결과이다.

결국 이러한 문제를 해결하기 위해서는 종합적인 가이드라인이 필요하며, 근본적인 도시 활성화와 사회·문화적 가치 향상을 통해 시민의 삶의 질을 만족시키기 위해서는 건강한 커뮤니티 환경을 구축해야 할 것이다.

03 | U-city 환경개선사업

U-City[28]의 건강분야에서의 환경개선을 통해 바람직한 건강도시를 구축할 수 있다. 의료와 IT를 접목한 유헬스(U-Health)는 앞서 언급한 U-City 건강분야에서 핵심적인 역할을 담당하는데 쉽게 말해 의사가 시간적·공간적 제약 없이 환자를 진료하는 원격진료 시스템이다. 만족할 만한 유-헬스케어 서비스를 제공하려면 언제 어디서나 이용자의 건강상태를 진단할 수 있는 생체계측기술이 필요하다.

하지만 현재 우리나라의 수준은 당뇨병, 고혈압 등 만성질환을 앓고 있는 환자들을 대상으로 휴대폰, 컴퓨터 등을 이용하여 건강 상태를 진단 받은 뒤, 전문 의료진에게 진료를 받을 수 있도록 하는 수준에 머물러 있다. 이에 반해 외국에서는 다양한 기술개발과 제도적 지원을 통해 유헬스 분야를 발전시키고 있다. 유럽의 기술개발 사례로 다음과 같은 사업들이 소개되고 있다.[29]

① AMON project(European Commission)는 맥박산소포화도(SpO_2),[30] 혈압, 심전도(ECG),[31] 심장박동, 체온을 측정할 수 있는 손목 착용형 복합 의료기기로써 GSM을 이용하여 측정된 생체정보를 Medical Mission Center에서 저장, 분석 후 결과를 사용자에게 통지하는 기능을 가지고 있다.

② MobiHealth Project는 유럽 5개국에서 14개의 파트너 기관과의 컨소시엄 구성, 병원 및 관련 연구소, 대학, 이동통신사업자, 통신네트워크 사업자 및 제조업체, 휴대 단말기 제조업체 등으로 다양하게 구성, 환자가 저중량의 모니터링 시스템을 소지하고, 개인의 건강진단요구에 맞춰 동작시키며, 위급상황 대처에 유리하고 적응치료법이 가능하게 만들어 준다.

③ 스페인의 노인 요양시설 원격진료는 스페인 국내 및 해외에 200여개의 요양원을 운영하는 Mensajeros De La Paz에서 원격진료 시스템을 구축하여 시행하고 있다.

④ 영국 VitalLink1200는 휴대용 원격의료기기로 응급현장에 생체신호를 측정하여 의료센터로 전송하는 시스템이다.

⑤ 노르웨이 선박원격의료는 휴대용 ECG 12채널, SpO_2, 체온센서 생체측정 모듈을 내장하고 있고 무선통신 GSM, PCMCIA를 이용한다.

이러한 기술의 발전과 더불어 제도적인 지원을 통해 유 헬스 분야를 발전시키고 있다. 유럽의 제도적인 지원 프로그램으로는 영국의 1999년 NHSIA(National Health Service Information Authority, NHS 정보청)을 창설을 필두로 영국 e-Health협회 설립을 통해 산업부와 복지부의 협력하에 관련 산업 육성을 추진 중에 있으며 EU(유럽연합)는 정부 주도로 4억 6천만 유로를 투자하여 원격진료 솔루션 개발 적용, E-Health 연구를 위하여 45개 프로젝트에 2억 유로를 투자하여 바이오센서 기반의 개인 건강 시스템을 개발 중에 있다.

우리나라도 그동안 유 헬스 정책과 더불어 최근에 원격의료사업을 시도하고 있다. 2010년 의료법 개정추진(국무회의) 이후, 2014년 본격적인 원격의료사업을 추진하고 있다. 그러나 아직도 제도적 제약이 유 헬스 성장에 큰 걸림돌이 되고 있다.[32] 예를 들어, 의료서비스의 접근이 취약하며 재진환자에 해당될 경우, 건강보험수가의 미해결, 책임소재 등으로 유 헬스 서비스를 제한적으로 허용하고 있다.

또한, 그러한 원격의료정책은 동네1차 의료기관의 붕괴 등 의료전달체계의 훼손, 의료서비스 안전성 등에서 그 부작용이 우려되고 있으며, 이는 제도적 개선부족으로 획기적인 건강증진정책에 걸림돌이 되고 있다. 따라서, 지속적인 제도개선을 통해 원격의료의 접근 기회를 최대한 확보하는 한편, 다양한 의료환경의 개선과 민간부문의 다양한 기술개발 장려, 취약지역에 대한 공공의료서비스의 강화와 함께 다양한 국책사업이 필요하다.

제6절 결 어

도시환경은 날로 밀집된 인구와 인프라만큼 건강에 더 큰 영향을 끼친다. 또한 자연적이든 인위적이든 간에 건강위협요인은 날로 다양해지고 있다. 기후변화로 인한 이상온도와 물 부족, 미세먼지와 이산화탄소 등으로 인한 대기오염, 생태파괴와 오염물질 방기로 인한 수질오염과 토양오염 등은 이미 본격적인 도시건강의 위협요인으로 등장하고 있다. 또한, 최근 부적절한 음식과 위생악화, 바이러스 출현으로 인한 심각한 질병과 흡연, 음주, 운동부족 등 생활습관으로 인한 건강위협요인도 크게 증가하고 있다.

이러한 위협으로부터 탈피하여 건강한 삶을 추구할 수 있는 도시생활은 도시환경에 적절한 도시계획, 경제사회 정책, 방재인프라, 공공행정이 함께 어우러질 때 가능하게 된다. 이러한 점에서, 건강한 도시환경의 조성과 도시계획, 건강도시 사업은 날로 건강에 대한 관심이 고조되고 있는 우리에게 꼭 필요한 과제가 된다.

그러나 그러한 건강도시를 위한 환경조성이나 계획 및 사업은 독립적으로 해결되지 못하는 경우가 많다. 단순히 건강도시 조성만을 위한 사업보다는 다른 도시계획 또는 도시정비사업과 연계하면 그 효과를 크게 증대시킬 수 있다. 예를 들어, 대규모 주거환경정비사업이나 도시재생사업, 신도시개발사업, 의료복합단지조성 등, 물리적 환경조성 사업은 부분적인 건강증진 정책보다 실질적인 공공보건의 측면에서 함께 고려되어야 한다. 특히, 도시재생사업과 같은 포괄적인 사업을 통하여 지역적으로는 경제 활성화 틀을 마련하면서, 더욱 더 건강하고 질을 높이는 전략이 필요하다. 여기에 건강도시사업의 기법 적용을 통해 건강한 생활기반시설의 조성을 위한 다양한 전략개발과 시민의 건강한 삶에 대한 수요를 충족시킬 수 있다.

또한, 고령화 사회에 대한 대비뿐만 아니라 생태회랑 조성, 공원과 녹지의 조성 등을 통해 국가의 녹색성상 정책과 관련된 지역 녹색 공간 창출이라는 목표와도 일맥상통하다. 가장 바람직한 형태는 지속가능한 도시발전을 추구하는 것이다. 건강과 환경, 그리고 경제발전 중에서 어느 쪽에 비중을 더 두어야 하는가에 대한 선택은 각 도시의 특성에 따라 달라지지만, 우선적으로는 시민의 삶의 질 향상을 위한 가장 기본적인 생활환경과 경제적·사회적 환경을 개선하고 건강과 안전에 큰 위협을 받고 있는 계획지표(요소)부터 검토하여 선택적인 환경위협 요인을 최소화할 수 있는 건강한 커뮤니티, 건강한 도시를 만들어 가야 할 것이다.

주 요 개 념

건강관리
건강도시 정책
건강도시계획
건강도시사업
건강수명
건강위험요인
건강의식
건강프로필(Health profile)
건강한 환경
건조환경
걷기
경제지표
계획요소
계획지표
기후환경지표
도시재생사업
보건위생지표
사회적 불평등
생활습관병
생활적 요인
세계보건기구(WHO)
신공중보건
신체활동
유전적 요인
정신건강
지속가능한 개발
환경개선사업
환경적 요인
활동적 생활(active living)

미 | 주

1) '건강'은 '완전한(전체)'이라는 whole에서 시작되어 고대영어(hale)에서부터 파생된 용어이다. 이것은 '신체상태가 완전하며 굳세다는 어원적 의미를 갖고 있다(the word 'health' shares the same language root as the words whole, hale, and holy—the Old English work hael).

2) 1959년 Harbert L. Dunn는 건강과 불건강의 연속적 개념을 제시하였다.

3) "Health is the state of complete physical, mental, social well-being, and not merely the absence of disease or infirmity. The enjoyment of the highest attainable standard of health is one of the fundamental rights of every human being without distinction of race, religion, political belief or economic and social condition" (세계보건기구 헌장, WHO Constitution, 1947/1948). 예를 들면, 신체적 건강은 걷기, 조깅, 수영, 마라톤, 스트레칭 등의 운동과 적절한 영양공급 등을 통하여 얻을 수 있으며, 정신적 건강은 안정과 불안과 스트레소 해소 등을 통하여 가능하고, 사회적 건강은 이웃과의 신뢰와 교류, 소통을 통하여 얻을 수 있다. 한편, 영적 건강은 신앙이나 가치관, 도덕성 위에 영혼을 맑게 하고 사회구성원을 위한 봉사나 희생을 통하여 실현할 수도 있다.

4) Wikipedia, the free encyclopedia(Redirected from HEALTH)

5) 김정설, 2002, 길리잡이, 도서출판 효민.

6) Lutschini, 2005, "Health is not just the physical well-being of the individual, but the social, emotional, and cultural well-being of the whole community. This is a whole-of-life view and it also includes the cyclical concept of life-death-life"(http://www.anzhealthpolicy.com/content/2/1/15)

7) 그 예로 13세기의 유행병을 피해 새로운 정착지를 찾아 살기 시작한 영국의 항구도시 리버풀(Liverpool) 등이 있다.

8) Chombart de Lauwes 부부의 실험에 의하면 도시주택의 이용공간이 1인당 8-10m^2이하인 경우 사회적, 병리적 현상이 2배로 늘어나며, 1인당 14m^2인 경우에도 급격하지는 않지만 역시 그러한 병은 증가한다(김광문 · 하종평, 2001, 보이지 않는 차원, 형제사, p. 189).

9) 미국은 19세기 중엽의 말라리아 등의 질병으로부터 도시환경이 위협을 받기 시작하였고, 20세기 초 가난한 주택, 혼잡, 장애, 질병 등의 도시 문제가 크게 대두되면서 이는 도시건강에 더 큰 위협이 되었다.

10) Ibid. 같은 쪽.

11) 더 큰 의미에서의 사회적 환경(social environment)에는 시민단체, 시장, 정치구조, 사회지지구조 등이 있으며, 물리적 환경(physical environment)에는 주로 건조환경(built environment)으로서 대기, 온도 등의 미세기후와 수질, 소음 등 근린생활환경, 대부분 인프라에 해당되는 교통시설과 건축물(계획), 공원녹지 등이 있고, 의료 접근성(accessibility to

medical services)에는 병의원시설 및 휴양·요양시설과 의료 복지서비스 등이 있다.

12) 그 외 환경은 다양한 질병(건강증진)과 노화(장수)와 관련된다. 이 중 수질과 토양은 대기오염, 수질, 토양과 비료, 다양한 음식 등과 깊은 관계가 있으며 흡연, 음주 등 생활 습관과는 매우 밀접한 관계가 있다.

13) Agis D. Tsouros, 2003, Social determinant of health, The solid fact, Centre for Urban Health, WHO Regional Office for Europe, p. 18.

14) 와일드만(J.Wildman)은 상대소득(relative income)이 개인의 건강에 직접적인 영향을 미친다. 그러나, 상대소득이 개인들의 건강에 영향을 미치는지의 여부에 관계없이 소득불평등의 증가가 평균건강을 감소시킨다고 예측하고 있으며, 상대소득이 직접적인 효과를 가진다면, 사회의 건강은 더욱 감소될 것이라고 주장한다. J. Wildman(2001), The impact of income inequality on individual and societal health: absolute income, relative income and statistical artefacts(소득불평등이 개인 및 사회적 건강에 미치는 효과: 절대소득, 상대소득, 통계적 가공), Health Economics, Vol.10, pp. 357-361.(http://onlinelibrary.wiley.com/doi/10.1002/h ec.613/ abstract)

15) Tridib Banerjee and Michael Southworth, City sense and city design, The MIT Press, p. 516.

16) Ibid. 같은 쪽.

17) 국제적으로도 수년간의 논의 끝에 1986년 오타와에서 열린 건강증진에 관한 제1차 국제회의에서 오타와 헌장을 채택하면서 '건강증진'을 사람들이 스스로의 건강을 관리하고 향상시키는 능력을 증진하는 과정으로 정의하였다. 미국에서는 1979년 연방정부에 의한 제9차 국제보건교육학회(International Conference on Health Education) 발표에서 건강증진을 처음으로 정의하였고, 우리나라의 경우, 1995년 국민의 건강증진을 목적으로 「국민건강증진법」을 제정하였다.

18) The technical focus of the work of the Centre is on developing tools and resource materials in the areas of health policy, integrated planning for health and sustainable development, urban planning, governance and social support. The Centre is responsible for the Healthy Cities and urban governance programme. 그 센터업무의 기술적 초점은 건강정책분야와 건강과 지속가능한 개발을 위한 통합계획, 도시계획과 거버넌스를 위한 사회적 지원 분야에서 도구와 자원재료 개발에 관한 것이다. 이 센터는 건강도시와 도시행정(협치) 프로그램을 책임지고, 세계보건기구(WHO) 유럽지역센터에 있는 도시건강센터의 주도권(an initiative)을 가지고 있다.

19) Agis D. Tsouros, 2014, Social determinant of health, The solid fact, Centre for Urban Health, WHO Regional Office for Europe.

20) 김영, 2014, 도시환경을 고려한 건강도시 조성, 도시문제,

21) Hancock, T. and L. Duhl, 1988, Promoting Health In the Urban Context, WHO.

22) A Healthy City is one that is continually creating and improving those physical and social environments and expanding those community resources which enable people to mutually support each other in performing all the functions of life and in developing to their

maximum potential: WHO. Health Promotion Glossary, Geneva, 1998.

23) cardiac arrest.

24) PTSD(post-traumatic stress disorder) 외상후 스트레스장애.

25) 18살부터 64살까지 전국 1만 3천여 명의 성인을 대상으로 진행된 보건복지부 연구(2008)에 따르면, 우리나라 성인인구 중 우울증을 앓고 있는 사람의 비율이 1.8%에서 2.5%로, 5년동안 크게 늘어난 것으로 나타났고, 월 소득이 200만 원 미만인 계층에서 우울증 발병 위험률이 다른 소득 계층보다 특히 높게 나타났으며, 경제활동이 활발해야 하는 4, 50대 중년 남성과 20대 남녀 가운데 무직과 저소득, 이혼과 사별 등을 경험한 이들에게서 우울증이 크게 증가했다고 조사되었다(http://news.sbs.co.kr/section_news/news_read.jsp?news_id=N1000371246).

26) Owen N, Humpel N, Leslie E, Bauman A, Sallis JF, 2004, "Understanding environmental influences on walking: review and research agenda", *American Journal of Preventive Medicine* 27(1): 67-76.

27) 고영완 외, 2000, "걷기운동 지속시간에 따른 비만노인 여성의 적정 걷기 운동속도 설정과 예측," 한국체육학회지 39(4): 353-370.

28) U-City란 첨단 청보기술(IT)의 인프라와 정보 서비스를 도시공간에 융합, 생활관경의 편의와 체계적인 도시 관리를 안전보장과 시민복지 향상, 신산업 창출 등 도시의 제반 기능을 혁신시키는 차세대 정보화 도시를 말한다.

29) 상세한 내용은 김영환, 2012, 국내외 유헬스기술 및 시장동향, Bioin스페셜 WebZine 29호 [u-Health 연구동향] 박동균, 2005, U-healthcare 최근 동향 및 스마트카드/RFID 활용전략(발표자료) 참조(http://www.jeiltrx.co.kr/board/data/data/PDS0026_U-HealthCare.pdf).

30) 맥박산소포화도(SpO_2, Saturation by pulse oximetry): 혈중(동맥혈)의 산소헤모글로빈(Oxygen Hemoglobin) 포화도(saturation)를 나타내며, 간단한 SpO_2 측정기를 통하여 미세한 혈류흐름의 측정도 가능하며, 연속적인 감시도 가능하다(출처: 위키백과 https://en.wikipedia.org/wiki/Pulse_oximetry; https://www.google.co.kr/?gws_rd=ssl#newwindow=1&q=pulse+oximetry+spo_2)

31) 심전도(ECG; Electrocardiogram): 정해진 시간에 심장의 전기적 활동을 해석한 기록으로 피부에 부착된 전극과 신체 외부의 장비에 의해 심장이 수축함에 따라 심박동과 함께 발생하는 전위차가 곡선으로 기록된다. 심장박동의 비율과 일정함을 측정하는 데 사용할 뿐만 아니라, 심장의 크기와 위치, 심장의 어떠한 손상이 있는지의 여부, 그리고 심박조율기와 같이 심장을 조절하는 장치나 약과 같은 효과를 보기 위해 사용된다(출처: 위키백과, https://ko.wikipedia.org/wiki).

32) 보건복지부, 2012, 원격의료 관련 의료법 개정안 설명자료; 보건복지부 보도자료(http:// www.rapportian.com/n_news/news/view.html?no=19357).

참 | 고 | 문 | 헌

강은정, 2015, 건강도시를 향하여(역서), 한울.

고유상 외, 2012, 헬스케어 3.0 건강수명 시대의 도래, 삼성경제연구소.

국토연구, 2013, 웰빙사회를 선도하는 건강도시 조성방안 연구.

김광문 · 하종평 역, 2001, 보이지 않는 차원, 형제사, p.189.

김영 외, 2009, "건강도시 개념적용을 통한 도시계획 방향설정에 관한 연구," 대한국토 · 도시계획학회 부울경지회 춘계학술대회.

김영, 2010, "우리나라 건강도시 조성을 위한 추진방향과 과제," 국토연구원 월간국토 7월호, pp. 43~56.

김영, 2007, "건강도시/Healthy Cities, Healthy Communities," 대한국토도시계획학회 권두언, 국토계획 42(1): 5.

김영환 외, 2012, "도시재생사업에서 저탄소 녹색 계획요소 활용 및 탄소저감 효과에 관한 연구," 한국도시설계학회지 pp.167-182.

박광하, 2014, 환경과 건강, 도사출판 동화기술.

윤병준 외, 2009, 건강증진론, 한국방송대학교출판부.

안점판, 2013, "건강클러스터 조성을 위한 도시기능 및 입지환경요인 분석 연구," 경상대학교 박사학위논문.

이경환 외, 2011, "도시재생 과정에서 활용가능한 건강도시 계획지표 개발 및 전문가 의식차이에 관한 연구," 한국도시설계학회지 pp. 137-150.

이연숙 외, 2011, 건강주택, 연세대학교 출판부.

조영태, 2014, "고령 친화도시와 건강클러스터 조성," 도시문제 pp. 22-26.

Anthony, J. A., 2007, A Good Return on Investment, Healthy Cities and Communities Short Course, Australia, Deakin University.

Barton H and Tsourou C., 2000, Healthy Urban Planning-A WHO guide to planning for people, Spon Press.

Butterworth I., 2007, Planning for health and well-being Indicators and case study.

Coburn, Tason, 2009, *Toward the Healthy City: People, Places and the Politics of Urban*

Planning, The MIT Press, London, England.

Deakin University, 2007, *Healthy Cities and Communities*, Short course.

Duhl. L. H., et al., 1999, *Healthy Cities and the City Planning Process*, WHO Regional Office for Europe.

Engelhardt, K., 2005, Healthy City Project.

Gibson, 2000, *Fundamental Building Block*, UBC Urban Studio.

Hall, P., 1992, *Urban and Regional Planning*, Oxford University Press.

Hancock. T., 2005, *Healthcare Quarterly, Healthy Cities and communities*, Short Course, Australia, Deakin University.

Golden, A, 1996, Greater Toronto, 1996.

Hall, P., 1992, *Urban and Regional Planning*, Oxford University Press.

Hancock, T. and Duhl, 1998, Promoting Health in the Context.

Heimsath, C., 1977, *Behavioral Architecture*, McGraw-Hill Inc.

Jackson, R. J., 2002, Creating A Healthy Environment.

Kim, Yeong, 2008, Indicators and Urban Planning for Healthy Cities in Korea, Ichikawa Japan.

Kim, Yeong, 2009, A Study on Effective Action Planning for Healthy Cities Projects, Fukuoka, Japan.

Kim, Yeong, 2009, "How 'the Healthy City Concept' can be applied to 'Urban Planning' in Korea?," *Healthy City Conference: Healthy Urban Planning*, Tainan, Taiwan.

Lee, U. W., 2001, Global and Local Health.

Levy. John M., 2003, *Contemporary Urban Planning*, Prentice Hall.

MacGregor, Casimir, 2010, "Urban regeneration as a public health intervention," *Journal of Social Intervention: Theory and Practice* 19(3).

Michelle, Lomberg · Donald, Wells, 2004, "Healthy Cities: Improving Urban Life," *Smart Apple Media*, USA.

Newman, O., 1973, Defensible Space.

Town of Gibsons, 2000, Fundamental Building Block, UBC Urban Studio.

U. K., Department of Health, 1998, Our Healthier Nation.

William, Johnson C., 1997, *Urban planning and politics*.

WHO, 2007, Training Manual for the Healthy City Program.

[홈페이지]

http://www.who.int/publications/en/)

http://www.who.int/ publications/en/(European Cities and Towns)

http://www.urbanstudio.sala.ubc.ca/...gibson_2000

제 14 장 사회주의 도시와 환경

제 14 장 사회주의 도시와 환경

이 장에서는 사회주의에서의 도시와 환경 문제를 검토한다. 먼저 1절에서는 자본주의 환경 문제에 대한 사회주의자들의 비판을 검토한다. 마르크스와 엥겔스를 비롯한 고전 마르크스주의 환경론과 함께 최근 생태마르크스주의(ecological Marxism)의 견해를 소개한다. 자본주의에서 물질대사의 균열, 자본주의의 2차적 모순, 자연의 상품화, 축적전략으로서 자연 등이 검토된다. 2절에서는 자본주의 도시에 대한 사회주의적 관점을 검토한다. 마르크스와 엥겔스를 비롯한 고전 마르크스주의 도시론과 함께 자본주의에서 도시와 농촌의 분리, 도시화와 과잉축적 위기의 심화 등에 관한 최근 도시마르크스주의(Metro Marxism)의 견해가 주로 검토된다. 3절에서는 구소련·동유럽을 비롯한 '역사적 사회주의'에서 환경과 도시 문제를 검토한다. 구소련·동유럽을 비롯한 '역사적 사회주의'가 도시와 환경 문제를 해결하는 데 실패했음을 지적하고, 이러한 실패가 마르크스주의적 사회주의 대안을 무효화하는 것인지 검토한다. 4절에서는 도시와 환경 문제에 대한 마르크스주의적 사회주의 대안을 도시권(right to the city)과 도시공유재(urban commons)의 회복, 생태사회주의 등을 중심으로 검토한다.

이 장은 1928년 스탈린주의 반혁명 이후 1991년 해체되기까지 구소련·동유럽을 비롯한 '역사적 사회주의'는 노동자·민중의 아래로부터 생산과정의 민주적 계획을 핵심으로 하는 마르크스주의적 사회주의, '아래로부터의 사회주의'와 아무런 공통점도 없는 자본주의의 변종, 즉 관료적 국가자본주의이며(클리프, 2011), '역사적 사회주의'의 실패가 마르크스주의적 사회주의의 파산을 뜻하는 것은 아니라는 시각에서 서술되었다.

제 1 절 자본주의와 환경 위기

01 | 마르크스의 자연관

1) 자연과 인간의 물질대사

흔히 마르크스에는 고유한 환경론이 결여되어 있다고 주장된다. 또 마르크스는 프로메테우스적 생산력주의자로서 인간과 자연 간의 불가피한 대립을 상정했다고 주장된다. 예컨대 마르크스의 자본주의 분석, 특히 노동가치론은 자연에 의한 생산 제약을 경시했다고 비판되며, 자본주의의 모순에 관한 마르크스의 논의 역시 생산의 자연적 조건을 고려하지 않았다고 지적된다. 또 마르크스는 자본주의에서 생산력 발전은 생산의 자연적 제약을 완전히 극복할 수 있게 하며, 인간의 완전한 자연 지배를 향한 자본주의의 발전에 기초하여 공산주의를 구상했다고 이야기된다. 요컨대 마르크스는 생태문제에 대한 이해가 부족했다는 것이다. 하지만 마르크스의 다음 문장은 이와 같은 주장들이 의문시됨을 보여준다:

> "인간이 자연에 의해 살아간다는 것은 다음을 말한다: 자연은 인간이 죽지 않기 위해서 끊임없는 과정 속에 있어야만 하는 인간의 신체인 것이다. 인간의 육체적 정신적 생활이 자연과 연관되어 있다는 것은 자연이 자연 자체와 연관되어 있다는 것 이외의 어떤 의미도 갖고 있지 않은데 이는 인간이 자연의 일부이기 때문이다"(마르크스, 2006: 92-3. 강조는 마르크스).

> "형태를 변경하는 노동 자체에서도 인간은 끊임없이 자연력의 작용에 의지한다. 따라서 노동은 그것에 의하여 생산되는 사용가치, 곧 물질적 부의 유일한 원천은 아니다. 윌리엄 페티가 말한 바와 같이 노동은 부의 아버지이고 토지는 그 어머니이다"(마르크스, 1989: 54).

> "우리는 단지 하나의 과학, 역사과학만을 알고 있다. 우리는 역사를 두 측면에서 고찰해서 자연의 역사와 인간의 역사로 나눌 수 있다. 하지만 두 측면은 분리될 수 없다.

자연의 역사와 인간의 역사는 인간이 존재하는 한 상호의존한다"(Marx and Engels, 1976: 28-9).

마르크스는 경제현상에 대한 분석을 자본주의적 생산관계라는 좁은 틀이 아니라 자연과 인간의 관계에서 출발했다. 마르크스는 인간은 자연의 일부이며 자연은 노동과 더불어 모든 부의 필수적 원천이라고 보았다. 즉 인간이 자연과 교류하는 과정이 노동과정이며, 이 노동은 자연, 자연력과 밀접히 결부되어 있다는 것이다. 마르크스는 토지를 물질적 부의 '어머니'임과 동시에 생활의 직접적 원천으로 간주했다. 마르크스는 인간과 자연의 관계를 분석하기 위해 물질대사(Stoffwechsel, metabolism)라는 개념을 도입했다. 마르크스는 인간의 생명은 자연과의 물질대사에 의해 보장된다는 점을 강조했다:

"노동은 무엇보다 먼저 인간과 자연 사이에서 이루어지는 하나의 과정이다. 이 과정에서 인간은 자신과 자연 사이의 물질대사를 자기 자신의 행위에 의해 매개하고 규제하고 통제한다. 인간은 자연 소재에 대하여 그 자신이 하나의 자연력으로서 대립한다. 인간은 자연 소재를 자기 자신의 생활에 적합한 어떤 형태로 획득하기 위해 그의 신체에 속하는 자연력인 팔과 다리, 머리와 손을 운동시킨다. 그는 이 운동을 통해 외부의 자연에 영향을 미치고 그것을 변화시키며, 그렇게 함으로써 동시에 자기 자신의 자연을 변화시킨다"(마르크스, 1989: 227-8).

여기에서 물질대사는 생명체 내의 생물화학적 반응뿐만 아니라 유기체와 환경 간의 에너지 및 물질교환의 총체를 지칭한다(Swyngedouw, 2006: 23). 마르크스의 물질대사 개념은 인간과 자연의 관계를 자연으로부터 부과된 조건들과 인간이 이 과정에 미치는 영향이라는 두 측면에서 파악한다. 물질대사는 자연의 측면으로부터는 다양한 물리적 과정을 지배하는 자연법칙에 의해 규제되며, 사회의 측면으로부터는 분업과 부의 분배를 지배하는 제도화된 규범들에 의해 규제된다(Foster, 1999: 381). 마르크스는 자연과 사회는 서로 독립적인 것이 아니라 변증법적으로 공진화(co-evolution)한다고 보았다. 마르크스의 역사유물론을 '역사환경유물론' 혹은 '역사생태유물론'으로 부르기도 하는 것은, 그것이 자연과 인간 사회의 공진화라는 관점에 기초해 있기 때문이다(Foster, 1999: 373).

2) 자본주의에서 자연과 인간의 물질대사의 균열

마르크스는 자본주의에서 노동은 생산조건과 자연으로부터 분리 소외되며, 이로부터 물리적·생물학적 균형이 파괴된다고 보았다. 자본주의에서 직접생산자인 임금노동자들은 생산수단을 비롯한 생산조건으로부터 분리되는데, 이는 생태 친화적이며 공동체에 유익한 방식으로 생산조건을 관리하는 것을 어렵게 한다(Burkett, 2011). 마르크스는 『정치경제학비판 요강』에서 자본주의의 무제한적 축적의 논리가 지배하면서 인간과 자연의 교류가 끊어지고 자연은 인간의 지배와 수탈의 대상으로 전락한다고 말했다:

> "자본은 부르주아 사회를 창조하고, 사회 구성원들에 의한 자연 및 사회적 연관 자체의 보편적 취득을 창조한다. ... 처음으로 자연은 순전히 인간을 위한 대상이 되고 순전히 유용성을 갖는 사물로 되며 독자적 위력을 갖는 것으로 인정되지 않게 된다. 또 자연의 자립적 법칙들에 대한 이론적 인식은 자연을 소비 대상으로서든 생산수단으로서든 인간의 욕구에 복종시키기 위한 간지(奸智)로서만 나타난다"(마르크스, 2000: II-20).

마르크스는 『자본론』에서 자본주의에서 도시화에 따른 도시와 농촌의 분리가 인간과 자연 간의 물질대사에 "치유될 수 없는 균열"을 야기한다고 말했다:

> "이윤에 대한 맹목적인 욕망의 경우에는 토지를 메마르게 했고 다른 경우에는 국민의 생명력을 뿌리채 파괴하고 말았다. ... 자본주의적 생산은 인구를 대중심지로 집결시키며 도시 인구의 비중을 끊임없이 증가시킨다. 이것은 두 가지 결과를 가져온다. 한편으로는 사회의 역사적 동력을 집중시키며, 다른 한편으로는 인간과 토지 사이의 물질대사를 교란한다. 즉 인간이 의식 수단으로서 소비한 토지의 성분들을 토지로 복귀시키지 않고, 따라서 토지의 비옥도를 유지하는 데 필요한 조건을 침해한다. 그리하여 자본주의적 생산은 도시 노동자의 육체적 건강과 농촌 노동자의 정신생활을 다 같이 파괴한다. ... 자본주의적 생산은 모든 부의 원천인 토지와 노동자를 파멸시킴으로써만 다른 한편에서 동시에 생산기술과 사회적 생산과정의 결합을 발전시킬 뿐이다"(마르크스, 1989: 304, 634-6).

> "자본주의 경제는 그 운용과 관련하여 엄청난 낭비를 자행한다. 예를 들어 런던에서는 450만 명분의 인분을, 엄청난 돈을 들여 템스 강을 오염시키는 용도 이외에는 아무런 활용할 방도를 찾지 못하고 있다 ... 대토지소유는 농업인구를 끊임없이 최소한의 수준으로 감소시키고, 이들을 대도시로 몰아냄으로써 공업인구를 지속적으로 증가시킨다. 그럼으로써 그것은 생명의 자연법칙에 의해 정해져 있는 사회적 물질대사의 구조에 치유될 수 없는 균열을 불러일으키는 조건을 만들어낸다. 그 결과 지력은 탕진되고 이런 탕진은 무역을 통해서 한 나라의 경계를 훨씬 넘어서까지 확대된다. ... 대공업과 공업적으로 경영되는 대농업은 함께 협력한다. 원래 이들 양자가 전자는 더 많은 노동력(즉 인간의 자연력)을, 후자는 더 많은 토지의 자연력을 각각 황폐화하고 유린함으로써 갈라져 있었다면, 이제 나중에는 농촌에서도 공업체계가 노동자들을 무력화하고 공업과 상업은 또한 농업에 대해서 토지를 황폐화하는 수단을 제공해줌으로써, 양자는 점차 서로 손을 잡아나간다"(마르크스, 2010: 138-9, 1083).

마르크스는 자본주의적 대공업과 대규모 농업이 인간과 자연의 물질대사를 교란시키는 점에 주목했다. 마르크스는 위 인용문에서 보듯이 대공업과 도시가 식량과 섬유라는 형태로 영양분을 토지로부터 빼내가면서 인간의 분뇨는 템즈 강에 투기해 환경을 오염시키는 한편 영양분을 토지에 반환하지 않는 것, 이로부터 토양의 영양 순환이 방해되는 사실을 당시 농화학자 리비히(Justin von Liebig)를 인용하면서 지적했다.

마르크스는 인간과 자연 간의 물질대사의 균열을 자본주의적 축적의 본질적 양상의 하나라고 보았다. 마르크스는 자본축적 과정에서 노동력과 토지의 피폐, 원주민의 생활환경 파괴, 산림 파괴, 토지소유로 인한 농지 개량의 저해, 합리적 농업의 배제, 농촌의 파괴, 도시 토지의 열악화, 즉 자본의 무제한적 축적욕구에서 비롯된 노동력과 자연의 파괴를 예리하게 고발했다. 마르크스는 이윤율 저하를 상쇄하기 위해 자본이 불변자본의 절약을 추구하는 것이 노동자의 건강과 생명을 위협하는 것에도 주목했다. 엥겔스도 『영국의 노동자계급의 상태』(1845)에서 당시 영국에서 메탄가스, 수질 오염, 산업폐기물, 비위생적 주거환경 등의 문제에 주목했다. 마르크스와 엥겔스는 자본주의가 축적을 위해 자연과 인간을 모두 무계획적으로 착취하고 파괴하는 것을 밝히고, 이는 자연재해나 사회 혁명이라는 형태로 복수를 당할 것이라고 전망했다.

자본주의에서 물질대사의 균열은 '생태제국주의'(ecological imperialism), '불평등 생태교환'(unequal ecological exchange) 같은 현상에서 보듯이 일국 수준을 넘어 글로벌 차원으로 심화되고 있다(Foster and Holleman, 2014). 이미 19세기에 영국을 비롯한 선진국의 집약적 농업은 글로벌 물질대사의 균열을 야기했다. 이는 당시 선진국이 고갈된 토지의 지력을 보충하기 위해 페루와 칠레에서 수백만 톤의 구아노(guano)를 퍼갔기 때문이다(Clark and Foster, 2010: 146).

02 | 자본주의와 환경위기

1) 경제위기와 환경위기

자본주의에서 축적은 이윤율이 유지되고 잉여가치의 생산(착취의 조건)과 잉여가치의 실현(실현의 조건)이 모두 보증되어야 정상적으로 진행될 수 있다. 하지만 현실의 자본주의에서는 무제한적 경쟁적 자본축적과 기계화·자동화·정보화에 따라 '자본의 유기적 구성'(자본집약도)이 고도화하여 이윤율이 저하되고, 잉여가치의 생산과 실현 조건이 충돌하여 과잉생산이 심화되면서 경제위기가 발발한다. 경제위기 국면에서 자본은 축적을 재개 지속하기 위해 환경에 대한 포섭을 확대하거나 재조직하는 이른바 '환경적 조정'(environmental fix)을 수행한다(Catree, 2008). 자본주의는 생태파괴의 와중에서도 공해 처리 산업 등 '녹색 산업'의 성장을 통해 이윤을 얻고 축적을 계속할 수 있다. 하지만 이처럼 '과잉축적→이윤율 저하 경제위기→환경적 조정'의 악순환이 반복되면서 지구 환경은 회복 불가능한 지점까지 파괴된다. 자본주의에는 환경 파괴, 생태위기에 대처하는 조절 메커니즘이 결여되어 있으며, 생태에는 경기순환 같은 기능을 하는 것이 존재하지 않기 때문에, 환경 파괴와 생태위기는 통제할 수 없을 정도로 심화된다(포스터, 2006).

실제로 자본축적 과정으로부터 비롯된 생태위기는 다시 경제위기를 야기하거나 격화시킬 수 있다. 예컨대 지구온난화와 산성비, 지하수의 염수화나 유해 폐기물, 토양 침식 등은 인간과 삼림, 호수와 같은 자연뿐만 아니라 자본의 이윤율도 위협한다. 또 착취적 비인간적 노사관계는 협동 능력을 약화시키고 커뮤니티와 가족생활을 파괴하고 사회 환경의 적대성을 증대시켜 생산의 인간적 조건인 노동력도 손상시킨다. 이처럼 자본축적은 자본 자신의 조건을 손상 파괴하고 이윤과 생산 및 축적 능력을 약화시킨다. 아무 규제도 받지 않고 마구잡이로 진행되는 경쟁적 자본축적은 모든 생산형태를 지탱하는 공유 자원인 노동력과 토지의 파괴를 위협한다.

역사적으로 자본주의 공업화는 수만 년 부존되어 있던 석탄, 석유와 같은 화석연료(fossil fuels)를 불과 2백여 년만에 집중적으로 꺼내 씀으로써만 가능했다(알트바터, 2007). 오늘날 석유 생산 지역이 세계 주요 국가의 정치군사적 갈등의 중심이 되고 있는 것도 이 때문이다.

오코너(James O'Connor)에 따르면 기존의 마르크스주의 공황론에서 말하는 경제위기가 '자본주의의 1차적 모순', 즉 '실현 악화', '과잉 생산'으로부터 비롯된 경제위기라면, 이처럼 생태위기가 초래한 '생산 착취 조건'의 악화, 환경위기로부터 발생하는 경제위기는 '자본주의의 2차적 모순', 즉 '생산조건'의 악화 및 '과소생산'으로부터 비롯된 경제위기이다(그림 14-1). 여기에서 1차적 모순은 '자본의 과잉생산' 모순이며 교환가치의 모순에서 비롯되는 것인 반면, 2차적 모순은 '자본의 과소생산'의 모순이며 사용가치의 제약과 관련되어 있다(O'Connor, 1998: 127). 즉 1차적 모순은 '실현의 조건'에 관한 것이며, 2차적 모순은 '착취의 조건'에 관한 것이다. 여기에서 오코너가 말하는 '생산조건'이란 "시장법칙(가치법칙)에 따라 상품으로 생

그림 14-1 위기의 유형

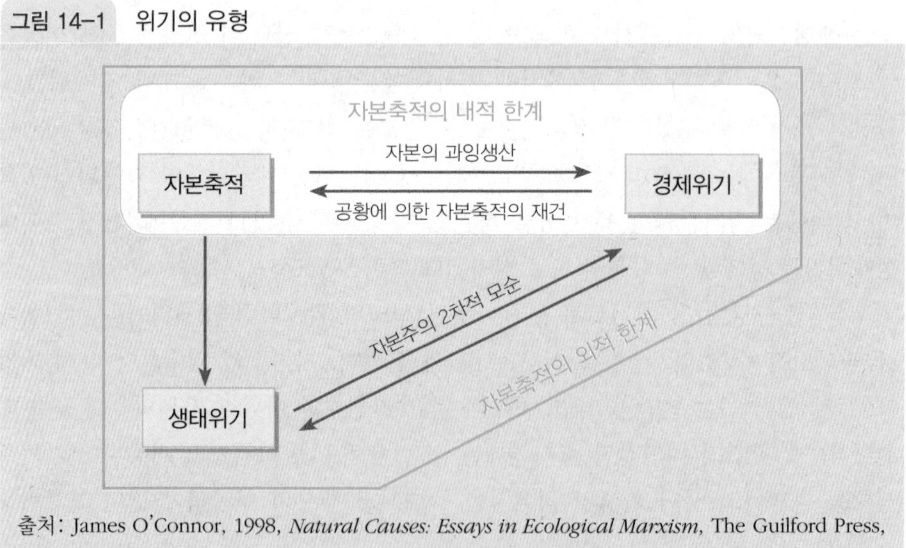

출처: James O'Connor, 1998, *Natural Causes: Essays in Ecological Marxism*, The Guilford Press, p. 184.

산되지는 않지만 상품처럼 취급되는 것들"로서, 자본축적에 필수적인 다음 세 가지 전제조건이다: (1) 토지(자연조건 혹은 외부의 물리적 조건); (2) 노동력(생산의 개인적 조건); (3) 사회적 생산의 공동적 일반적인 조건(커뮤니케이션과 운수 수단인 인프라스트럭처)(O'Connor, 1998: 144). 오코너의 두 가지 모순 이론은 생태마르크스주의의 주요한 기여이다. 하지만 오코너의 두 가지 모순 이론은 인간과 자연, 인간중심주의와 생태중심주의를 기계적으로 대립시킴으로써 기존의 전통적 조직노동운동과 환경운동과 같은 대안세계화운동을 분리하는 문제가 있다고 지적된다(Burkett, 1999).

2) 자연의 상품화, 혹은 축적전략으로서의 자연과 생태위기의 심화

자본주의 경제는 필연적으로 팽창적 성장지향적이며, 자본주의적 생산관계로의 자연의 확대된 포섭을 조건으로 한다. 환경의 심화되고 가속화된 변혁은 성공적 축적을 위해 불가피하다. 오늘날 자연은 자본의 축적 전략에서 매우 중요한 수단 또는 대상으로 간주되고 있다. 자연의 상품화, 시장화 및 금융화는 신자유주의 프로젝트의 일부이다(스미스, 2007). 생태상품 시장, 자연을 거래가능한 자본 조각들로 쪼개서 다시 혼합하는 환경 파생상품의 출현 등은 그 예이다. "자연 친화적인 것은 이윤 친화적이다"라는 말에서 보듯이 자연의 상품화, 시장화, 금융화는 자본에게 이데올로기적 승리일 뿐만 아니라 새로운 자본축적의 영역을 열어준다. [그림 14-2]에서 보듯이 자연의 상품화, 시장화, 금융화에 따라 자연은 자본의 순환에 체계적으로 편입되고 있다. 자연의 점증하는 사회적 재생산은 이제 얼마 남지 않은 외적 자연 영역까지 확대되고 있다. 실험실에서 유전자조작으로 생산되는 쥐(OncoMouseTM)에서 보듯이, 이제 '1차적 자연'이 '2차적 자연'의 일부로서 그 내부에서 생산되기 시작했다(스미스, 2007). 자본에 대한 자연의 종속은 이제 형식적 종속을 넘어 실질적 종속으로 심화되고 있다. 자본에 대한 자연의 실질적 종속은 특정한 생물학적 시스템이 공업화된 독자적 생산력으로 작동할 때 이루어진다. 자본을 통한 자연의 순환은 이제 하나의 전략적 과정이 되었다. '생산된 자연'은 상품 선물, 생태신용, 환경 파생상품 등에서 금융적으로 순환하고 있다(스미스, 2007). 하지만 자본주의에서 자본에 의한 '자연의 생산', '생산된 자연', '2차적 자연'의 생산은 무한정 확대될 수 있는 것이 아니다. '자연의 생산'은 '1차적 자연', 즉 "토양이 회복되고, 대수층(帶水層

그림 14-2 자본주의에서 상품화의 확장과 심화

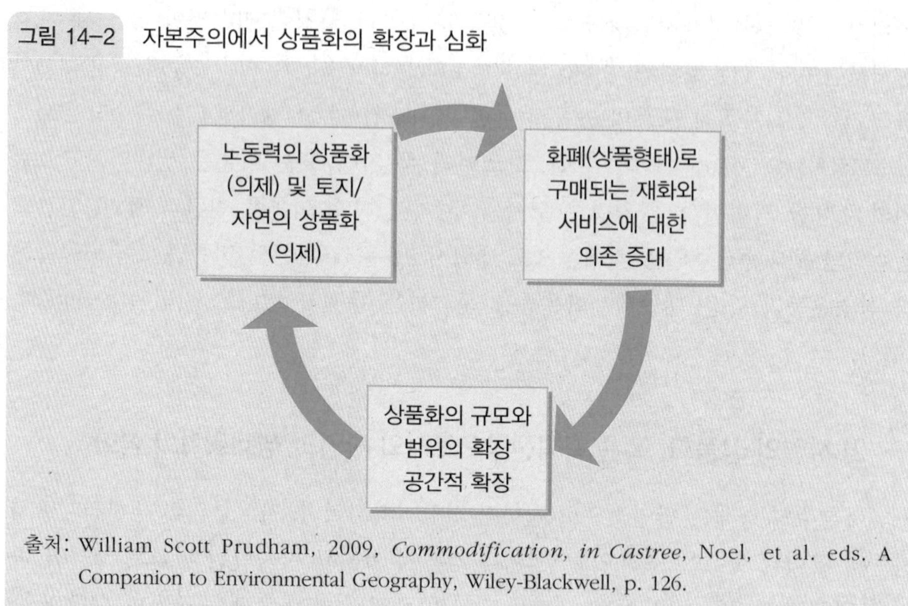

출처: William Scott Prudham, 2009, *Commodification, in Castree*, Noel, et al. eds. A Companion to Environmental Geography, Wiley-Blackwell, p. 126.

aquifers, 지하수를 함유하고 있는 지층)에 지하수가 다시 채워지고, 식물 종의 다양성이 유지되고, 곤충과 그 포식자들에 영양분이 공급되고, 언덕이 침식으로부터 보호되는 과정을 규제하는 비상품화된 심층(non-commodified substratum)"에 의해 궁극적으로 규제된다(Wallis, 1998: 31).

1970년대 이전 자연의 조방적 생산은 1980년대 이후 자연의 집약적 생산으로 전환했으며, 자본으로의 자연의 수직적 통합이 진전되고 있다. 자본은 이제 이용가능한 자연을 단지 약탈하는 것에 만족하지 않고 점차 생산과 축적의 새로운 부문의 기초로서 '사회적 자연'을 생산하고 있다(스미스, 2007). 하지만 자연의 새로운 수직적 자본화에 따라 자본주의의 운명은 자연에 더 의존하게 되었다. 전에는 경제위기 이후 불황 국면에서 과잉생산이 정리되면서 자본의 자연 약탈이 일시적으로 둔화되기도 했다. 하지만 오늘날 자연이 자본의 축적전략에 전면적으로 편입된 결과, 경제위기와 불황 국면에서 자산가격 거품의 붕괴는 생태상품과 환경 파생상품의 가치도 함께 붕괴시켜 생태 환경을 더욱 가속적으로 파괴한다. 예컨대 습지 같은 생태계를 보호한다는 명분으로 만들어진 환경 파생상품은 경제위기와 불황 국면에서 신용시스템이 붕괴하면서 그 가치가 폭락하고 이는 생태계 파괴, '1차적 자연'의 파괴를 더욱 가속하고 있다(스미스, 2007).

글로벌 자본축적에 따라 글로벌 생태위기가 심화되고 있다. 2013년 대기중 이산화탄소 농도가 지구 역사상 처음으로 400ppm을 돌파했으며, 글로벌 이산화탄소 방출량은 2011년 31.6기가톤에서 2035년 37.2기가톤으로 급증할 것으로 예상된다(Swyngedouw and Kaika, 2014: 462). 또 WWF가 발표하는 '지구생물 종다양성 지수'(LPI; Living Planet Index)에 따르면 척추동물의 종다양성은 1970~2010년 사이에 무려 52%나 감소했다(WWF, 2014). 가속화되는 기후변화와 지구온난화에 따른 전 지구적 생태재앙은 실제 상황으로 다가 오고 있다.

제 2 절 자본주의 도시화의 모순

01 | 도시화의 역사지리유물론

자본은 공간 의존적인 동시에 공간 형성적이며 계급투쟁도 공간에서 이루어진다. 비공간적 이론으로는 자본주의의 특수한 동학을 충분히 설명할 수 없다. 자본주의 사회는 이윤추구를 위한 생산, 교환 및 소비의 지리적으로 연계된 네트워크로 조직된 자본의 공간적 유통에 기초하고 있다. 자본주의에서 도시화는 과잉자본과 노동을 흡수하는 주요 수단으로서 자본축적의 모순의 '시공간적 조정'(spatio-temporal fix)이라는 특수한 기능을 한다(하비, 2014b: 230). 도시공간의 형성은 이윤을 추구하는 자본가가 끊임없이 생산하는 잉여생산물을 흡수하는 역할을 수행한다(하비, 2014a: 31). 도시화를 위한 건조환경(built environment) 투자는 대부분 노동기간, 회전기간, 내구기간이 길기 때문이다(하비, 2014a: 85). 자본축적은 자본주의 도시화라는 공간적·지리적 과정으로 표현된다. 자본 유통은 공간에서의 조직과 화폐, 상품 및 노동의 공간을 통한 운동에 기초하며, 이 과정에서 독특하고 불균등한 생산, 소비 및 교통의 지리학이 구성된다. 자본축적에 따른 도시 건조환경의 형성이나 아마존 열대우림의 남벌은 자연의 사회공간적 전유 과정 및 사회적 물질대사의 변형을 통해 작동한다. 2008년 글로벌 경제위기가 투기적인 도시 재개발 및 의제적 토지

자본과 금융시장의 특수한 결합에서 비롯된 데서 보듯이, 자본주의에서 경제위기는 항상 지리적으로 구성된다. 자본주의 도시화 과정의 모순과 환경에 대한 자본주의의 궤멸적 영향 및 계급투쟁의 공간지리학은 마르크스의 역사지리유물론(historical geographical materialism)의 시각에서 잘 이해될 수 있다(Swyngedouw, 2012: 149).

02 | 자본주의 도시화의 모순

마르크스는 자신의 생애의 대부분을 베를린, 파리, 런던과 같은 대도시에서 살았다(메리필드, 2005). "농촌 생활의 우매함"을 말하곤 했던 마르크스가 '도시형 인간'이었음은 분명하다. 마르크스는 대도시에서 새로운 사상과 문화가 싹트고 자신에 동정적인 청중도 만날 수 있을 것이라고 생각했다. 마르크스는 이단아들과 급진적 망명자들에게 도시가 관용적인 환경을 제공한다는 것을 알고 있었다. 마르크스는 도심의 클럽과 선술집, 홀에서 자신의 동료들과 함께 논쟁하고 술 마시는 분위기를 좋아했다. 마르크스는『공산당선언』에서 다음과 같이 말했다: "부르주아지는 농촌을 도시의 지배 아래 복속시켰다. 부르주아지는 거대한 도시들을 만들고, 도시 인구의 수를 농촌 인구에 비해 크게 증가시켰으며, 그리하여 인구의 현저한 부분을 농촌 생활의 우매함으로부터 떼어 내었다"(마르크스·엥겔스, 1991: 404). 또 르페브르(Henri Lefebvre), 하비(David Harvey)와 같은 도시마르크스주의자들이 강조하듯이, 자본주의 도시화 과정에서 자본주의를 넘어서는 도시공유재, 공공 공간과 공공재가 생산된다(4절 참조).

하지만 마르크스는 도시가 자본주의 생산양식의 중추신경으로 기능하고 있다는 것을 잘 알고 있었다. 도시는 생산력을 팽창시키고 사회화하며 분업의 기초가 되며 통치하는 정부가 들어서있으며 계급의 구별과 거주지역의 분단으로 특징지어진다. 자본주의는 도시화가 요구하는 잉여생산물을 영속적으로 생산한다. 자본주의는 자신이 영속적으로 생산하는 잉여생산물을 흡수하기 위해 도시화를 요청한다. 또 자본주의에서 도시 공간은 역동적인 자본순환 과정에 따라 생산되고 재생산된다(최병두, 1998: 118-9). 자본주의에서 도시 공간의 형성은 과잉자본 흡수에서 결정적 역할을 하면서 지리적 규모를 끊임없이 확대하여, '메가 시티', '글로벌 시티', '지구적 도시화'(planetary urbanization)를 낳고 있다. 하지만 이 과정에서 도시 대중에게서 일체의 도시권(right to the city)을 박탈하는 창조적 파괴 과정이 진행된다(하비, 2014a: 55).

자본주의에서 도시화의 모순은 19세기 파리의 건설 역사가 잘 보여준다. 1853년 프랑스에서 루이 보나빠르뜨의 지시하에 오스만(Georges-Eugène Haussmann)이 추진했던 새로운 파리 건설은 실은 케인스주의적 적자 재정을 통해 과잉자본을 처리하기 위한 것이었다(하비, 2005; 209-212; 하비, 2014a: 33). 이를 통해 파리는 '빛의 도시', 소비와 관광, 쾌락의 거대한 중심이 되었다. 카페, 백화점, 패션산업 등은 도시의 생활 방식을 완전히 바꾸어 소비주의를 통해 방대한 잉여를 흡수할 수 있게 했다. 오스만은 시민생활 개선, 환경 회복, 도시 재생이라는 공공이익을 실현한다는 명목으로 토지수용권을 행사하여 파리의 빈민층 거주지를 철거했다. 오스만의 새로운 파리 건설은 1848년 혁명에 대한 대응이기도 했다. 오스만은 충분한 수준의 감시와 군사적 통제가 가능한 도시 형태를 만들면 적은 군사력으로도 혁명운동을 쉽게 진압할 수 있을 것으로 믿었다. 1871년 파리 코뮌은 오스만이 파괴했던 도시 세계, 즉 '1848년 혁명의 세계'에 대한 향수와 이를 회복하려는 시도로도 해석될 수 있다(하비, 2014a: 34).

자본주의에서 도시화, 도시공간의 형성은 공공 공간, 공공재와 같은 도시공유재를 생산하는 과정인 동시에 사적 이익 집단이 이를 끊임없이 전유 파괴하는 과정이기도 하다(하비, 2014a: 57). 오늘날 도시는 점차 사적 이익집단의 수중에 들어가고 있다. 예를 들어 억만장자이면서 2002~2013년 뉴욕 시장이었던 블룸버그(Michael Bloomberg)는 개발업자와 월스트리트, 초국적자본가 계급에게 유리한 방향으로 뉴욕을 재편하고, 뉴욕을 고부가가치 산업이 들어설 최적의 입지, 최고의 관광 여행지로 포장했으며, 그 결과 오늘날 맨해튼은 부유층을 위해 높은 담장을 쌓아놓은 지역이 되어버렸다(하비, 2014a: 57).

엥겔스는『영국의 노동자계급의 상태』(1845)와『주택문제』(1872)에서 자본주의 도시 문제를 비판적으로 분석했다(Box 1 참고). 엥겔스는 도시에서 자본축적의 동학이 노동자계급에게 얼마나 처참한 결과를 낳는지, 공업화와 시장 메커니즘, 이윤 동기에 의해 도시가 어떻게 황폐화되는지를 고발했다. 엥겔스는 도시와 농촌의 분리가 도시 문제의 근원이며, 이는 자본주의의 폐지를 통해서만 해결될 수 있다고 주장했다:

"주택문제에 대한 부르주아적 해법은 도시와 농촌 간의 대립으로 인해 실패했다. 그리고 이와 함께 우리는 문제의 핵심에 도달했다. 주택문제가 해결될 수 있는 것은 사회가 충분히 변혁되어 도시와 농촌 간의 대립을 폐지하기 시작할 수 있게 되었을 때 뿐이다. ... 그런데 자본주의 사회는 이 대립을 폐지할 수 있기는커녕 더 격화시키고 있다." (Engels, 1988: 347)

다음 [표 14-1]에서 보듯이 환경오염과 물질대사의 균열은 대도시에서 특히 심각하다. 오늘날 자본주의에서 '도시 물질대사'(urban metabolism)의 심각한 균열은

표 14-1 런던 광역시의 물질대사(인구 7백만명)

투입	톤/년
연료(석유 환산)	20,000,000
산소	40,000,000
물	1,002,000,000
식품	2,400,000
목재	1,200,000
종이	2,200,000
유리	360,000
플라스틱	2,100,000
시멘트	1,940,000
벽돌, 블록, 모래, 타막	6,000,000
금속	1,200,000
쓰레기	**톤/년**
공업과 파괴	11,400,000
가정, 민간 및 상업	3,900,000
하수 슬러지	7,500,000
이산화탄소	60,000,000
아황산가스	400,000
산화질소가스	280,000

자료: Erik Swyngedouw, 2006, *Metabolic Urbanization: The Making of Cyborg Cities*, in NHeynen et al. eds, in the Nature of Cities: Urban Political Ecology and the Politics of Urban Metabolism, Routledge, p. 34.

도시화의 모순과 환경 문제가 불가분하게 결합되어 있으며, 도시 문제의 해결 없이 환경 문제 생태위기도 해결할 수 없음을 보여준다(Swyngedouw and Kaika, 2014).

Box 1 엥겔스의 『주택문제』(1872)

엥겔스는 자본주의에서 주택문제 해결의 열쇠는 사적 소유의 폐지라고 주장했다. 엥겔스는 『주택문제』에서 노동자들에게 주택소유가 "혁명적 잠재력"을 갖는다며 이를 권장했던 프루동(Pierre-Joseph Proudhon)과 삭스(Emil Sax)를 "부르주아 사회주의자들"이라고 비판했다. 엥겔스는 주택소유는 "노동자들을 반봉건적 방식으로 자신의 자본가들에게 결박시킬 것"이라고 지적했다. 엥겔스는 주택 소유는 노동자들을 해방시키기는커녕 자본주의적 도시 팽창을 위한 제도이며, 자본주의의 불평등과 부정의의 근원에는 사적 소유권이 있다고 보았다. 엥겔스는 다음과 같이 주장했다: "주택문제를 해결한다고 사회문제가 해결되는 것은 아니다. 오히려 사회문제의 해결에 의해서만 (즉 자본주의적 생산양식의 폐지에 의해서만), 주택문제의 해결이 가능하다. 근대적 대도시를 유지하기를 원하면서 주택문제를 해결하려는 것은 당치 않다. 근대적 대도시는 자본주의적 생산양식을 폐지함으로써만 폐지할 수 있다"(Engels, 1988: 347-8). 엥겔스의 『주택문제』는 축적전략, 투기적인 토지개발, 철거, 소유권 투쟁, 도시 토지와 주택에서 사용가치와 교환가치의 긴장 등의 문제 연구에서 중요한 시사를 준다. 예컨대 엥겔스가 당시 빈민굴(빈곤의 공간적 집중)을 자본가들이 불도저와 철구를 사용하여 강제 철거한 것에 대해 다음과 같이 언급한 것은 오늘날에도 여전히 타당하다. "자본주의 생산양식이 노동자를 밤마다 가둬두는 악명 높은 질병의 온상인 굴집과 벌집은 좀처럼 사라지지 않는다. 장소만 다른 곳으로 바뀔 뿐이다! 이런 공간이 동일한 경제적 필요성에서 여기저기 등장한다"(Engels, 1988: 368).

제3절 '역사적 사회주의'와 도시 및 환경 문제

01 | '역사적 사회주의'에서 도시주의와 비도시주의의 모순

1917년 혁명 직후 레닌은 '가난한 사람들의 결핍 완화를 위한 부자의 주택 몰수'를 제안했다. 이에 따르면, "어떤 집이든지간에, 방의 숫자가 그 집에서 계속 거주한 거주자의 머릿수와 같거나 초과하면 부자의 집으로 간주되었다"(기계형, 2013). 혁명 직후 소련의 도시 및 주택 정책은 "주택의 부족은 유한계급에게 속하는 호화 주택의 일부를 즉시 수취하여, 남는 부분을 강제 입주하는 방법으로 완화할 수 있다"는 엥겔스의 제안(『주택문제』)을 구체화한 것이었다. 실제로 혁명 직후 소련의 도시 주택에서는 코무날카(коммуналкакоммунальнаяквартира)라는 공동주택이 특징적이었다. 코무날카는 혁명 정부가 부르주아지의 저택을 몰수하여 아무런 혈연관계가 없는 세대원들에게 한 세대에 방을 하나씩 배정하고, 적게는 둘에서 많으면 일곱 세대가 함께 거주하며 부엌, 화장실, 욕실, 현관, 복도 등을 공동으로 사용하는 다가구주택으로, 영화『닥터 지바고』에 잘 묘사되어 있다. 1919년 소련 인민보건부는 주택면적 위생기준으로 1인당 18평방 아르쉰(9평방미터)을 정했다. 1918년부터 1924년까지 모스크바에서만 50만 명 이상의 노동자들과 그들의 가족이 그렇게 집을 받았다. 소련 전역에서 22,500개의 건물들이 노동자클럽으로 변형되었고, 543개의 궁전들과 시골 별장(дача)은 노동자들을 위한 휴식 장소로 사용되었다(기계형, 2012).

1920년대 소련 도시계획에서는 아나키스트 크로포트킨(Peter Kropotkin)으로부터 영감을 받은 하워드(Ebenezer Howard)의 '전원 도시'(garden city) 개념이 중요한 역할을 했다. 하워드는 당시 산업 자본주의 도시의 참상을 목격하면서 인간의 활동범위(human scale)를 벗어난 크기의 도시 규모를 비판하고 농촌의 삶과 공장 건축이 결합된 도시로서 '전원 도시' 건설을 제안했다. 1920년대 소련에서 인기 있었던 공상과학소설은 당시 정치가들과 도시계획 당국자들이 구상했던 도시 계획과 많은 점에서 유사했다. 작가들은 공동생활, 성차별 철폐, 도시와 농촌의 통일, 도시의 재삼

림화 등의 아이디어를 제시했다. 혁명정부는 예술가들과 디자이너들에게 혁명을 정당화하고 혁명의 가치를 대중에게 전달하기 위한 선전선동 기념물, 행진, 벽화, 연극 등의 제작을 지원했다. 이는 러시아의 민속 전통은 물론 유럽의 전위 예술로부터 영감을 받은 매우 실험적인 것이었다. 건축가들은 경쟁적으로 사회주의 이념에 기초한 기념물, 건물과 도시를 디자인했다. 이들의 제안은 새로운 기술, 공동생활, 공공보건, 녹색공간, 평등주의 사회를 지향한 것들이었다. 르꼬르뷔지에(Le Corbusier) 같은 당시 세계적으로 유명한 디자이너들이 1920년대와 1930년대 모스크바를 방문하거나 소련 도시계획 당국자들과 함께 작업했다.

1920년대 소련의 도시 계획은 도시주의(urbanism)와 탈도시주의(disurbanism) 지향을 동시에 보였다(Polis, 2009; 김흥순, 2007). 삽소비치(Leonid Sabsovich) 등이 주장한 도시주의 계획은 르꼬르뷔지에의 구상과 유사하게 녹색 공간의 바다 속에 조밀하게 세워진 고층 빌딩으로 특징지어졌다. 도시주의는 집단생활을 통해 부르주아적 개인주의와 이기주의의 근절, 인간 개조를 달성하는 것을 목표로 했다(김흥순, 2007). 도시주의에서 육아와 식사는 일관작업의 한 부분으로 왜소화되며, 가정은 침상으로 축소되고 그 자리를 집단농장 같은 공동체가 대신했다. 이는 사적 소유의 완전한 해체를 지향하는 것으로서 모든 개인은 방 하나만을 소유하며 파티션의 분할 결합에 따라 독신자, 부부, 이혼자가 자유롭게 결정되었다. 삽소비치는 소련 전역에 4~5만 명 규모의 인구를 갖는 완전히 집단화된 사회주의 도시를 건설하자고 제안했다. 모든 사람들이 거주하는 대규모 집합주택에서의 생활은 효율성을 높이기 위해 테일러리즘의 원리에 따라 분단위로 통제되었다.

반면, 오키토비치(Mikhail Okhitovich), 긴즈버그(Moisei Ginzburg) 등이 주장한 탈도시주의 계획은 농촌 지역을 가로지르는 주요 도로를 따라 띄엄띄엄 세워진 조립 주택들로 이루어진 선형도시(linear city)로 상징된다. 이들은 모스크바와 같은 대도시로부터 인구 재배치와 공원 등과 같은 녹지로의 전환을 주장했다. 모스크바 외곽에 녹색 도시(Green City) 설계 공모는 결국 실현되지는 못했지만 탈도시주의 계획의 일단을 보여준다. 혁명 이후 토지 국유화 조치는 짜르 시대 귀족의 영지에 '문화와 휴식 공원'을 건설할 수 있게 했는데, 1928년 세워진 고리키 공원(Gorky Park)은 그 대표적 예이다. 옥상의 정원과 고층 아파트를 에워싼 녹지는 당시 공상 과학 소설과 도시 계획에 공통적이었다. 건물들은 고속 교통수단으로 연결되었으며 녹지는 공업 지역을 완충하기 위한 것이었다. 기술과 공업이 당시 주된 관심사였지만, 공공 보건을 녹지로 보호한다는 구상은 1920년대 소련의 도시계획의 주요한 요소였다.

하지만 1928년 스탈린의 국가자본주의 반혁명 이후 소련에서는 사회주의 도시의 미래에 대한 모더니스트들 간의 논쟁이 강제로 중단되었고, 도시화와 공업화가 초고속으로 추진되었다. 1926~1955년 소련의 도시 인구는 2,630만 명에서 8,630만 명으로(즉 인구의 18%에서 50%로) 급증했다. 이와 같은 급격한 도시화는 도시 주거와 인프라에 대한 투자를 긴급하게 요청했다. 1930년대 스탈린주의 소련의 도시화는 계획경제의 일환으로 추진되었는데, 이는 자본주의에서 자의적이고 혼란스런 시장주의적 도시 개발보다 우수하며 도시 인구의 필요를 충족하고 나라 전체를 근대화할 수 있는 대안이라고 주장되었다. 1930년 스탈린 정부는 계획에서 '유토피아주

그림 14-3 소비에트 궁전 모형도

출처: http://www.neatorama.com/2013/01/24/Palace-of-the-Soviets/
주: 1932년 설계, 1939년 착공, 1941년 공사 중단.

의'를 금지하는 지침을 공포하고, 실용적인 '사회주의 리얼리즘'을 천명했다. 1920년대 수많은 실험적 아이디어들을 낳았던 독립적 건축가 모임들은 '소비에트 건축가 동맹'(Union of Soviet Architects)으로 통합되어 국가의 직접 통제하에 놓였다(Polis, 2010).

스탈린은 마천루 개념을 전제적 토지 사용 시스템에 적용하여 바빌론 같은 대규모의 고층 호텔, 사무실, 호화 아파트들을 크레믈린을 중심으로 원형으로 건축했으며, 이를 위해 그 사이에 있는 것들은 모조리 철거했다. 1932년 설계되어 착공되었으나 2차 대전으로 건축이 중단 취소된 소비에트 궁전(Palace of the Soviets)은 스탈린주의 건축의 대표적 예이다. 스탈린이 직접 지시하여 총 높이 415미터로 당시로는 세계에서 제일 높게 설계된 이 건물은 100미터 높이의 레닌 동상을 중심으로 건물과 계단, 광장이 둘러싼 거대한 제단의 형태를 취했다(그림 14-3). 스탈린은 이 궁전을 짓기 위해 1812년 나폴레옹 패전을 기념하기 위해 세워진 '구세주 그리스도 성당'을 파괴했다. 스탈린주의 모스크바는 피터 대제를 거꾸로 세운 것이었다(Hatherley, 2014),

서방에서의 도시 건설과 달리 스탈린주의 소련의 도시계획은 도시의 완전한 재구조화를 시도했으며 중앙통제된 개발과 단순화된 건설 방법을 채택했다. 구소련·동유럽에서 도시계획은 나라들 간에 세부적 면에서 차이가 있다 할지라도 거의 똑같은 모습의 도시를 낳았다. 스탈린주의 소련의 도시 모델은 흔히 르꼬르뷔지에의 파리 도시 계획과 같은 모더니즘 건축으로 소급되는데, 도시 건물들은 표준화되고 대량생산된, 구조화된 판넬로 단기간에 세워졌다(Wikipedia, 2015).

스탈린주의 도시계획은 인프라스트럭처의 근대화, 공동주택, 주택에 근접한 일터와 편의시설, 대중교통, 녹색 공간과 같은 1920년대 소련의 도시계획 이념을 상당 부분 차용했다(Polis, 2010). 스탈린주의 소련의 도시계획 원칙은 다음과 같았다(조성윤·정재용. 2007). 첫째, 주거환경을 보호하기 위해 공업과 주거를 철저히 분리한다. 공업은 도시 일자리의 중요한 원천이므로 교통시간 절감을 위해 인접하게 위치하나 공해 방지를 위해 완충 녹지를 설치한다. 실제로 1935년 모스크바 도시계획에서는 주택지의 30%를 녹지공간으로 확보하여 공원 도시를 건설하려 했으며 '그린벨트'를 계획했다. 둘째, 공동생활을 위한 자족적 주거단위로서 '직주근접'(職住近接, 직장과 주거가 가까운 것)을 실현한다. 셋째, '직주근접'과 공간적 형평성 원칙의 제고를 위해 서비스 시설을 균등하게 배치한다. 넷째, 도심부는 이념 학습의 장소로서 상업, 업무시설 대신 공공시설과 기념광장 등으로 구성한다. 다섯째, 교통은 자가용보다 지하철, 무궤도 전차와 같은 대중교통에 의존한다. 여섯째, 도시 토지 이용 관련 결정은 이데올로기적 관점과 기술적 고려에 의해 이루어졌다. 소련에서 도시화는 상당한 비도시적 농촌적 요소를 포함했다. 실제로 소련의 도시 경계 내에는 넓은 녹지와 숲 또는 농촌지역이 포함되어 있었으며, 도시 내에 주거 및 업무 시설이 고르게 분포되어 있었고, 개인적인 연줄을 이용해 부족한 재화나 서비스를 구하는 블라트(блат)가 발달해 있었다(남영호, 2013).

이른바 '노동자 궁전'도 스탈린주의 도시에 특징적이었는데, 이는 모스크바의 노동자 지구 혹은 니즈니노브고로드(Nizhny Novgorod)의 공장 도시에서 보듯이, 높은 천정과 풍부한 근린시설들, 학교, 클럽, 영화관 등을 갖추고 있었다. 하지만 '노동자 궁전'은 운 좋은 소수의 노동자들 – 예컨대 '스타하노프' 노동자들 – 에게 할당되었으며, 이는 도시의 과밀, 성과급, 테러, 정치적 민주주의의 부재를 은폐 혹은 보상하는 것이었다. 스탈린주의 시대 대부분의 노동자들은 비좁게 들어선 19세기 아파트 블록에서 살았으며 한 아파트에 몇 가족이 사는 경우도 많았다. 스탈린주의 도시에서 인간의 기본적 필요는 공업화와 웅대함을 위해 희생되었다.

스탈린의 초오스만주의(super-Hausmannism)는 주택문제를 극도로 심화시켰다. 그리하여 1954년 탈스탈린주의가 시작되면서 단순화된 조립 건축을 권고하는 지침과 함께 건축에서의 과도함은 끝났다. 그 후 익숙한 '역사적 사회주의 도시'의 이미지에 따른 도시 건축이 이루어졌다. 이는 바르샤바의 우르시노프(Ursynów)처럼 인구 10만 명이 넘게 거주하는 구역 전체를 똑같은 콘크리트 판넬로 건축하는 방식이었는데, 이는 바이마르 시기 독일의 기계화 조립 건축을 모방한 것이다. 흐루시초프 시대 소련의 도시는, 미크로라이온(микрорайон, mini-region)에서 보듯이, 대부분 인구 5천 명에서 1만 5천 명을 기준으로 일정 지역 안에 주거용 건물과 유치원, 식당, 의료기관, 유치원과 도서관, 사교시설, 스포츠센터 등을 망라하도록 건설되었다. 이는 일상생활에서 필요한 일들은 대부분 걸어서 갈 수 있는 거리에서 해결하도록 하려는 의도였다(남영호, 2012).

이상에서 보듯이 소련·동유럽의 '역사적 사회주의' 도시는 많은 문제점을 갖고 있었으며, 자본주의 도시화의 모순을 해결하는 데 실패했다. 하지만 '역사적 사회주의' 도시의 실패가 마르크스 사회주의 도시의 가능성을 논박하는 근거로는 될 수 없다. 서두에서 언급했듯이 마르크스의 사회주의가 '아래로부터의 사회주의', 노동자계급의 자기해방을 지향했던 것에 반해, 스탈린주의로 대표되는 '역사적 사회주의'는 '위로부터의 사회주의', 노동자계급에 대한 새로운 착취와 억압 체제로서 자본주의의 한 변종이었기 때문이다(클리프, 2011).

1917년 러시아 혁명 후 사회주의 도시를 실험한 사례로는 소련·동유럽의 '역사적 사회주의' 도시 외에 1918~1934년 오스트리아의 '붉은 비엔나'(Red Vienna), 1970년대 이탈리아의 '붉은 볼로냐'(Red Bologna), 1981~1986년 런던, 1991~2004년 브라질의 포르투 알레그레(Porto Alegre) 등이 있다. 1970년대 이탈리아 공산당이 집권한 볼로냐의 경우 지역 수준에서 사회주의 도시 건설이 시도되었다. 당시 볼로냐의 도시 개혁의 핵심은 도시의 중심 주거 및 상업 지구에서 자가용 통행을 금지한 것이다. 이는 교통혼잡 시간에 상대적으로 비용효율적인 무상 버스 서비스로의 전환과 해당 지구를 결정하기 위한 수차례의 지역 주민회의를 통해 성취되었다(Wallis, 2008: 37-8). 하지만 이와 같은 '일도시 사회주의'(socialism in one city) 시도는 한 도시 수준을 넘어 전국적으로 확산되지 못했으며 오래 지속되지 못했다.

02 | '역사적 사회주의'에서 환경 문제

1917년 사회주의 혁명 직후 소련은 다양한 형태의 생태적 환경 개혁을 선구적으로 추구했다. 레닌은 토지와 자연자원을 공적 재산으로 간주하여 이들에 대한 국유화와 국가 관리를 도입했다. 자연보존 지구(zapovedniki)를 설정하기 위해 1921년 레닌이 공포한 '자연, 정원 및 공원에 관하여'는 당시 세계에서 가장 선진적인 환경보호법이었다(Weiner, 1988: 29). 1920년대 소련에서 수행된 급진적 사회경제 개혁에서 지구 자연의 합리적 사용과 보존은 가장 중요한 요소의 하나였다. 하지만 1928년 스탈린의 국가자본주의 반혁명 이후 소련에서 환경은 생산 확대라는 단일한 목표에 종속되었다. 인간과 자연의 변증법적 통일을 지향하는 마르크스의 이념은 1930년대 스탈린주의 소련에서 '자연의 위대한 변혁'이라는 슬로건으로 대체되었다(Mirovitskaya and Soroos, 1995: 84). 1930년대 이후 스탈린주의 소련은 자본주의 세계의 적들에 둘러싸인 전시경제의 전형적 예였다. 노동, 자연자원, 생산력의 강제

징발과 강력한 군산복합체의 건설이 스탈린주의 소련의 발전과정 전체를 규정했는데, 이는 생산에 대한 민중의 아래로부터의 민주적 계획이라는 마르크스의 사회주의와는 거리가 먼 위계적 명령체계였다.

1930년대 이후 스탈린주의 소련의 급속한 공업화는 풍부한 에너지, 광물과 원료 및 거대한 노동력 풀의 활용에 기초했다. 하지만 노동과 원료 투입의 증가는 결국 둔화될 수밖에 없기에 이와 같은 외연적 조방적 공업화는 지속될 수 없었다. 게다가 스탈린주의 소련에서 투입 원료는 매우 낭비적 방식으로 사용되었다. 소련의 총산업생산 규모는 미국보다 훨씬 작았지만 소련의 산업은 미국보다 철강을 2배나 많이 생산했고 전력을 10%나 많이 소비했다. 또 소련의 농업생산 역시 미국보다 훨씬 작았음에도 불구하고 미국보다 80%나 더 많은 무기질 비료를 사용했다(포스터, 2001: 211). 1970년대 말 1980년대 초 소련에서는 농업에서 살충제 사용이 증가했다. 1980년대 고르바초프의 글라스노스트를 통해 소련의 환경 악화가 심각하며, 대기와 물이 심각하게 오염되어 있다는 점이 드러났다. 1988년 GNP당 이산화황 배출량은 미국의 2.5배였다(포스터, 2001: 114). 1987년 소련의 식물학자인 야블로코프(Alexei Yablokov)에 따르면 모든 먹거리의 약 30%가 인간 건강에 유해한 농도의 살충제를 함유했다(포스터, 2001: 113-4). 또 중앙아시아에서 면화 생산이 살충제와 제초제의 집약적 사용 및 관개에 과다하게 의존한 결과 아랄해로 유입되는 강들이 오염되고 말랐다. 미국처럼 소련에서도 농업이 농약과 화학비료에 과다하게 의존한 결과, 토양이 보호되지 못했다. 게다가 1986년 4월 체르노빌의 핵 재앙은 히로시마, 나카사키 원폭 투하 때보다 훨씬 많은 방사능 물질을 대기에 쏟아냈다(포스터, 2001: 115).

소련·동유럽은 물론 중국과 북한을 포함한 '역사적 사회주의' 나라들은 거의 예외 없이 서방 자본주의와 마찬가지로 초고속으로 재생불능 자원을 소비하고 공기와 물, 토지를 오염시켰다. 일부 환경주의자들은 이를 목격하고 환경문제는 체제 문제가 아니라 '공업화', '도시화', '기술', '테크노크라트' 등에 원인이 있다고 주장했다. 하지만 '역사적 사회주의' 나라들이 서방 자본주의로부터 기술과 생산의 기본 개념과 함께 기술과 생산 노동관리 시스템을 수입했던 만큼, '역사적 사회주의' 나라들의 환경파괴의 원인은 서방 자본주의와 유사하다(O'Connor, 1998: 257-8). '역사적 사회주의'도 경제성장을 우선시하고, 자본주의 세계시장의 일부로 편입되어 있었기 때문에, 환경파괴의 원인과 귀결은 서방 자본주의와 대체로 동일하다고 할 수 있다. 오히려 대부분의 '역사적 사회주의' 나라들은 애초 후진 지역이었기 때문에 서방 자본주의의 추격(catch-up)이 지상명령으로 되어 외연적 발전이 추구된 결과, 질적으로 다른 진보의 개념, 생활의 질, 사용가치 중시 등의 사상이 서방 자본주의 경우보다 더 억압되었고 공해 발생 산업이 더 급속하게 성장했을 수 있다(O'Connor, 1998: 258-9). 구소련 동유럽의 '역사적 사회주의' 나라들은 1970년대 이후 '공급부족 경제'를 극복하고 외연적 조방적 성장에서 내포적 집약적 성장으로 전환하려 했지만 이것은 도리어 경제적 정치적 위기와 붕괴로 이어졌다.

물론 오스트롬(Elinor Ostrom)이 지적했듯이 국유화와 중앙 계획경제는 원리적으로는 환경파괴를 감소시킬 수 있다. 시장경쟁의 강제하에서 이윤 극대화를 목표로 행동하는 서방 자본주의 기업과 달리 '역사적 사회주의' 나라들에서 기업은 중앙계획에 따라 할당된 생산목표량을 달성하려 했기 때문에 환경파괴 경향이 억제될 수도 있었다. 실제로 구소련에서 바이칼호 정화를 위한 투자가 추진되기도 했으며 일부 구소련 지도자들은 생태 기술은 합리적이고 과학적이며 경제적인 계획의 기초라고 말하기도 했다. 또 '역사적 사회주의' 나라들이 표방했던 완전고용, 취업보장, 중앙계획도 제대로 시행되었더라면 자본주의적 과잉축적을 일부 억제하고, 이에 따라 환경파괴도 제한될 수 있었다. 계획경제는 부와 생산능력의 지역적 불평등을 완화하여 환경 부정(environmental injustice)의, 환경 불평등도 개선할 수 있었다, 또 서방 자본주의와 같은 '수요부족 경제'에서는 광고, 선전, 포장, 스타일이나 모델 변경, 제품 차별화, 제품 진부화, 소비자 신용 등의 판매노력이 필연적이며, 이에 따라 폐기와 오염이 증가하지만, '역사적 사회주의' 나라들에 특징적인 '공급부족 경제'에서는 이런 문제가 크지 않을 수 있었다(O'connor, 1998: 262). 또 자본주의에서는 임금노동과 상품 형태로의 욕망충족이 지배적이지만, '역사적 사회주의' 나라들에서는 집합소비(예컨대 대중교통, 아파트와 같은 공동주택, 집단적 레크리에이션 등)의 비중이 서방 자본주의 중 북유럽 복지국가 수준으로 높았는데, 이는 자원 낭비와 공해 발생을 억제하는 요인이 되었을 수 있다. 실제로 다음 [표 14-2]에서 보듯이 1980년대 소련의 공해 수준은 미국보다 더 심각한 것은 아니었다.

하지만 소련의 계획경제는 마르크스적 의미의 사회주의 계획경제, 즉 민주적 참여계획경제가 아니라 관료적 지령경제였는데, 이는 소련 정부가 환경적으로 유해

표 14-2 미국과 소련의 공해(1980-1990) (단위: 천 톤)

		1980	1985	1990
아황산가스	소련	20,000	19,548	17,561
	미국	23,780	21,670	21,600
이산화질소	소련	3,167	3,369	4,407
	미국	23,600	19,400	19,390
일산화탄소	소련	15,610	15,258	14,938
	미국	99,970	83,520	67,740
이산화탄소	소련	907	960	1,025
	미국	1,369	1,339	1,557
탄화수소	소련	7,000	6,639	10,411
	미국	21,800	19,800	17,400
미세먼지	소련	16,210	16,565	14,675
	미국	9,060	7,850	7,400

출처: Natalia Mirovitskaya and Marvin S Soroos, 1995, "Socialism and the Tragedy of the Commons: Reflections on Environmental Practice in the Soviet Union and Russia," *Journal of Environment and Development*, p. 92.

한 광산업 건설과 원자력 개발을 강행한 데서 보듯이, 오히려 환경파괴를 격화시켰다. 체르노빌 원자력발전소의 방사능 누출 사고는 단지 그 최악의 결과일뿐이다. '역사적 사회주의'의 '당=국가' 체제는 서방 자본주의에서처럼 환경운동 조직이 성장하고 고발을 조직화하고 정부에 압력을 가하고 필요한 기초적 정보를 발견하는 것을 어렵게 했다. '당=국가' 체제는 노동자, 기술자, 경영자가 중앙계획 기구의 내부에서 권력을 갖지 못하게 했으며, 시민들의 생태적 사회적 의식의 발전을 방해했다 (O'Connor, 1998: 264-5).

제4절 환경 및 도시 문제에 대한 사회주의 대안

01 | 환경위기와 생태사회주의 대안

1) 마르크스의 생태사회주의

마르크스가 자본주의 이후 사회에서 생태 문제를 의식하지 않았다는 비판은 근거가 없다. 자연환경의 보존을 강조하는 것은 부르주아적 편향이라고 비판했던 스탈린과는 반대로, 마르크스는 자본주의 이후 사회는 자연과의 공생으로 특징지어진다고 보았다(Harris-White, 2012: 106). 마르크스의 물질대사 개념은 '자유로운 개인들의 연합'이라는 마르크스의 자본주의 이후 사회 전망에도 중심적 역할을 한다. 마르크스에 따르면 "사회화된 인간, 연합한 생산자들이 맹목적인 힘과 같이 자신들과 자연의 물질대사에 지배되는 것이 아니라 이 물질대사를 합리적인 방식으로 지배하고 자연을 자신들의 공동적 제어하에 두는" 것이 바로 사회주의이다. 즉 마르크스는 자본주의의 환경 문제는 사회주의에서 자유로운 개인들의 연합이 인간과 자연의 물질대사를 합리적으로 규제하고 도시와 농촌의 분단을 극복하고 지속가능한 인간과 자연관계를 구축함으로써 해결될 것이라고 전망했다. 마르크스는 자본주의 이후 사회주의에서는 인간이 자연의 일부이며 자연에 규정되면서도 인간이 능동성을 발휘하여 자연과의 상호관계를 유지할 것이라고 전망했다. 이와 같은 마르크스의 생태사회주의는 오늘날 일부 생태주의자들처럼 생태중심주의로 인간중심주의를 대체하려는 이원론적 접근(이는 결국 '인간의 자연 정복'을 '인간의 자연 숭배'로 대체하는 것이다)과 구별된다. 엥겔스도 『자연변증법』에서 다음과 같이 말했다:

> "우리는 자연을 결코 정복자처럼 지배하지 않는다. ... 우리는 ... 자연에 속하며 자연 속에 존재한다. ..., 우리의 자연 지배는 우리가 다른 피조물과는 달리 자연의 법칙을 학습하고 그것을 정확하게 적용한다는 데 있다. 우리가 우리의 행동의 우원한 자연적 효과를 계산하는 방법을 조금 배우는 데도 수천 년이 소요되었다. ... 개별 자본가들은 자신들의 행동의 가장 직접적 효과들에만 ... 관심을 가지며, 이조차도 뒷전에 밀려

유일한 인센티브는 ... 이윤이 된다”(Engels, 1987: 461–463).

마르크스는 생산력(사용가치)과 생산관계(교환가치)의 대립과 통일의 시각에서 자본주의를 비판적으로 분석했다. 원래 자본주의는 제한 없는 인간의 발달과 새로운 소비 필요의 가능성을 창출하지만, 자본주의 내에서는 교환가치와 축적이 사용가치를 규제하기 때문에 본래적 욕망은 소외된다. 자본주의에서는 임금에 의한 소비의 제한, 자본가의 과소비와 노동자의 ‘과소소비’(underconsumption), 노동자의 자연적 필요의 악화, 노동자의 동물화, 노동자의 자연 상태로부터의 소외가 심화된다(Burkett, 1999: 167-170). 마르크스는 사회주의로의 이행의 핵심은 교환가치가 지배하는 사회로부터 사용가치와 사회적 노동에 기초한 ‘자유로운 개인들의 연합’ 사회로의 이행이라고 보았다(정성진, 2015). 마르크스는 『경제학·철학 수고』(1844)에서 공산주의, 혹은 ‘자유로운 개인들의 연합’에서는 “합리적 방식으로, 더 이상 농노제, 지배 그리고 재산에 관한 어리석은 신화에 의해 매개되지 않는 방식으로, 토지에 대한 인간의 인정적 관계가 재건”되며 “인간의 존재와 자연의 통일”(마르크스, 2006: 79, 130)이 이루어진다고 전망했다. 사회주의에서 인간은 “자연과 하나 됨을 느낄 뿐만 아니라 알고 있다”(Engels, 1987: 461). 마르크스는 자본주의는 자연에 대한 사회의 관리 책임을 소홀히 하는 체제라고 비판하면서, 사회주의는 자연 조건에 대해 세대에 걸친 관리 책임을 갖는 사회임을 강조했다:

> “자본주의적 생산양식의 전체 정신이 직접적인 코 앞의 화폐 수익만을 목적으로 한다는 점 등은, 면면히 이어져오는 인류의 모든 세대의 지속적인 삶의 조건을 영위해 나갈 농업과 서로 배치된다. 그 대표적인 예가 산림으로서, 이것은 거의 전체의 이익에 맞추어 가꾸어지고 있으며, 사적 소유가 아닌 국가의 관리하에 놓여 있다. ... 더 높은 경제적 사회구성체의 관점에서 본다면 지구에 대한 개인의 사적 소유는 한 인간의 다른 인간에 대한 사적 소유만큼이나 전적으로 황당무계한 것으로 보인다. 한 사회 전체나 한 나라, 또는 동시대의 모든 사회를 합친다 해서 이것들이 지구의 소유주는 아니다. 이것들은 지구의 점유자이자 그것의 수익자에 지나지 않으며, 스스로 좋은 아버지로서 후손들에게 그 지구를 더 개량된 상태로 물려주어야만 한다”(마르크스, 2010: 843, 1036–1037).

마르크스는 사회주의를 연합한 생산자들이 자연과의 물질대사를 합리적으로 규제하는 것으로, 다시 말해서 생태사회주의로 정의했다:

> "이 영역에서의 자유는 오직 다음과 같은 것에서만 있을 수 있다. 즉 사회화된 인간(연합한 생산자들)이 마치 어떤 맹목적인 힘에 의해 지배당하는 것처럼 자신과 자연 간의 물질대사에 의해 지배당하는 대신에, 이 물질대사를 합리적으로 규제하고 공동의 통제하에 두는 것, 요컨대 최소한의 힘만 소비하여 인간적 본성에 가장 가치있고 가장 적합한 조건에서 이 물질대사를 수행하는 것이다"(마르크스, 2010: 1095).

마르크스의 사회주의는 생산이 사용가치에 의해 규제되고 경제적 필요를 인간적이고 사회적이고 생태적인 방식으로 정의한다. 마르크스의 사회주의는 본질적으로 생태사회주의이다. 마르크스에게 자연의 지배와 인간에 의한 인간의 지배를 극복하는 것은 동시적으로 성취되어야 할 과제였다. 마르크스의 사회주의는 해방된 생태적으로 건전한 세계로서 사용가치는 교환가치로부터 독립한 특성으로 되며 인간의 본성과 자연을 지배하는 것이 아니라, 그것들에 봉사한다. 생태사회주의의 핵심은 아래로부터의 민주적 참여계획이다(뢰비, 2007).

마르크스는 『공산당선언』에서 도시 주민과 농촌 주민의 상호 소외를 극복하고 인간의 자연으로부터의 분리를 극복하기 위해 도시와 농촌의 분리의 폐지, "농경과 공업 경영의 결합, 도시와 농촌 간의 차이의 점차적 근절"(마르크스·엥겔스, 1990: 420)을 제안했다. 엥겔스도 『반뒤링』에서 다음과 같이 말했다:

> "도시와 농촌의 대립의 지양은 단순히 가능한 것이 아니다. 그것은 공업 생산 자체의 직접적 필요 요건이 되었으며, 마찬가지로 농업 생산의, 게다가 공공 위생의 필요 요건이 되었다. 도시와 농촌을 융합함에 의해서만 오늘날의 공기, 물, 토양의 오염이 제거되며, 오직 이러한 융합에 의해서만 오늘날 도시에서의 쇠약해진 대중들의 건강 상태가 변화되어 그들의 분뇨가 질병을 낳는 대신에 식물을 키우는 비료로 사용될 수 있게 된다"(엥겔스, 1994: 325).

마르크스는 또 『자본론』 3권에서 자본주의에서는 합리적인 농업 경영이 불가능하며, 이를 위해서도 공산주의가 필요하다고 주장했다:

"역사의 교훈은 자본주의 제도가 합리적인 농업과 서로 배치되며 (혹은 합리적인 농업이 자본주의 제도와 공존할 수 없으며 (비록 자본주의 제도가 기술진보를 촉진하기는 하지만)) 자영소농이나 생산자들의 협동에 의한 통제가 필요하다는 것을 말해준다" (마르크스, 2010: 163-164).

2) 전통적 마르크스주의에서 생태마르크스주의로

마르크스는 탁월한 생태사회주의자였으며 마르크스주의 생태학의 방법론을 기초했다. 하지만 마르크스는 생태마르크스주의를 체계적으로 이론화하는 데까지 나아가지는 못했다. 마르크스는 환경 재앙이 도래하기 전에 공산주의가 실현될 것으로 낙관했다. 마르크스는 20세기 이후 새로운 기술과 합성물질의 출현, 생태 문제의 글로벌화를 알 수 없었다(Burkett, 1999: 129). 마르크스는 오늘날과 같은 전 지구적 규모에서의 환경파괴, 기후변화 같은 문제를 알 수 없었다. 마르크스는 공급조건으로서 인프라스트럭처를 체계적으로 논의하지 않았다. 마르크스가 자본축적의 '외부적 물리적 조건'을 무시한 것은 아니지만, 이는 주로 원료로 되는 물질의 부족이 '자본의 유기적 구성'을 고도화하여 이윤율을 저하시킨다는 경제위기론의 관점에서 논의된다. 토지에 대한 마르크스의 관심은 지대론에 집중되어 있었다. 앞서 보았듯이 마르크스도 자연자원의 계급 간 세대 간 배분과 낭비 문제에 주목했지만, 마르크스는 자연자원을 주로 지대론의 관점에서 다루었는데, 이는 생태적이라기보다 리카도적이라고 지적된다(Harris-White, 2012) 마르크스는 생산조건의 유지를 둘러싼 사회적 투쟁에 관해서는 거의 언급하지 않았다. 마르크스는 자본주의가 토양과 삼림의 생산성에 미치는 영향, 슬럼의 주택 사정, 도시의 오염, 이것들이 노동자의 육체와 정신에 미치는 파괴적인 영향 등에 주목했지만, 오염이나 위험하고 비위생적 노동조건 등에 대한 항의로부터 발생하는 사회적, 정치적 투쟁에 관해서는 거의 다루지 않았다. 즉 마르크스는 사용가치를 쟁점으로 한 투쟁에 대해 거의 논의하지 않았다(O'Connor, 1998: 148, 329) 마르크스는 19세기 역사적 조건에 제약되어 환경파괴를 자본축적과 사회경제적 변화에 관한 이론의 중심에 두지 못했다. 마르크스는 자연에 의한 생산의 제한, 자본축적의 자연에 대한 파괴적 영향은 인식했지만, 생산력 발전에 관한 한 낙관주의자였으며, 자본주의적 생산력 자체를 체계적으로 문제시했다고는 보기 힘들다(O'Connor, 1998: 3).

따라서 마르크스가 구상한 역사환경유물론, 역사지리유물론에 기초하면서도 이를 더 전개 발전시킬 필요가 있다. 오코너가 제안한 '자본주의의 2차적 모순' 이론은 그 하나의 시도이다. [그림 14-4]에서 보듯이 오코너는 전통적 마르크스주의 이론은 '2차적 모순', 즉 '생산조건' 그 자체의 모순에 관한 분석이 취약하다고 주장한다. 마르크스가 자본주의 농업이 토양의 질을 파괴하고, 흉작이 경제위기의 형태를 취하며, 합리적 농업이 자본주의와 양립할 수 없다는 것을 강조한 것은 사실이다. 하지만 마르크스는 농업의 생태적으로 파괴적인 방법이 자본 비용을 상승시켜 특수한 형태의 경제위기, 즉 자본의 과소생산 위기를 초래할 가능성은 이론화하지 못했다. "마르크스는 '자연의 장벽'은 자본주의적으로 생산된 장벽이며, '제2의' 자본화된 자연으로 될 수 있다고 주장하지 못했다"(O'Connor, 1998: 159-160). 마르크스는 직접적인 개인적 및 사회적 필요와 '생태적으로 합리적인 생산'에 기초한 사회를 지향했지만, 자연을 사회의 중심에 사회 자신의 목표로 자리매김하는 생태사회는 구상하지 못했다(O'Connor, 1998: 2-3). 하지만 이와 같은 한계에도 불구하고 마르크스는

그림 14-4 자본주의의 1차적 모순과 2차적 모순

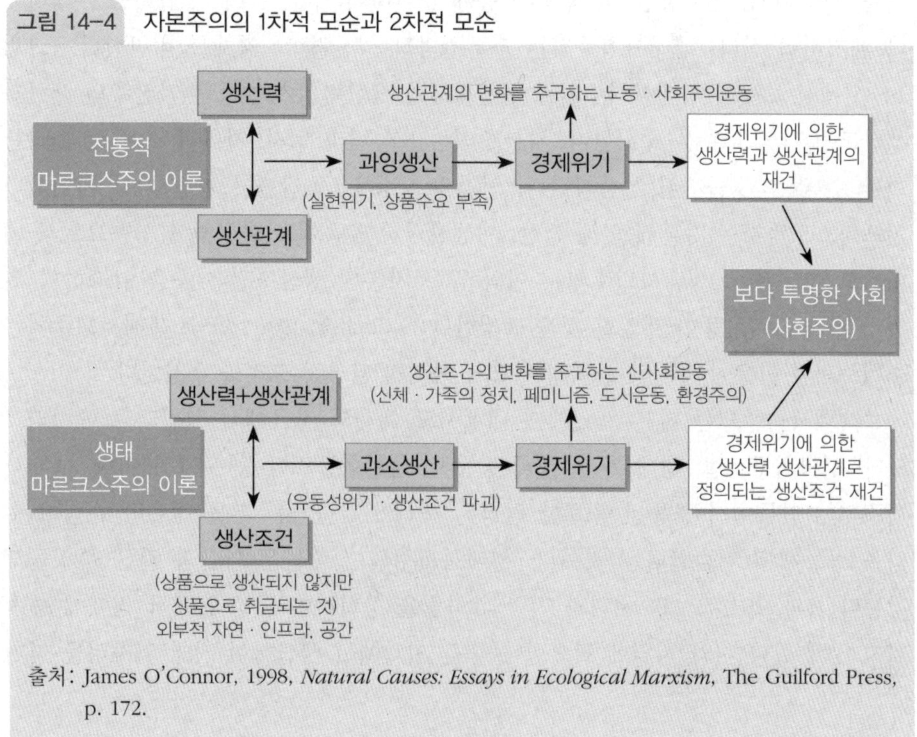

출처: James O'Connor, 1998, *Natural Causes: Essays in Ecological Marxism*, The Guilford Press, p. 172.

(1) 자연의 사회적 이용; (2) 연합한 생산자들에 의한 인간과 자연의 물질대사의 합리적 제어; (3) 현재뿐만 아니라 미래 세대의 공동적 필요의 충족으로 요약되는 '생태학의 3대 기초 원리'를 정식화했다는 점에서 생태사회주의의 원조임은 부인될 수 없다(Clark and Foster, 2010: 152).

3) 지속가능한 사회를 위한 생태사회주의 대안

환경 문제는 자본주의 체제 내에서 해결할 수 있는가? 자본주의를 넘어선 사회주의, 공산주의가 아니면 환경 문제의 근본적 해결은 불가능한가? 사회주의로 이행하지 않는다면 자본주의에 고유한 문제뿐만 아니라 환경 문제도 해결할 수 없다는 것이 생태사회주의의 관점이다. 전통적 사회주의는 자본의 생산과 재생산을 주로 문제 삼지만, 생태사회주의는 사용가치 관점에 서서 생산조건의 생산과 재생산에 주목한다. 생태사회주의는 교환가치를 사용가치에, 이윤을 위한 생산을 필요를 위한 생산에 종속시킬 것을 주장한다. 생태사회주의는 자본주의적 생산을 대신할 대안적 기술, 노동관계, 운수방법, 육아 방법 등에 근거하여 자본주의적 생산력을 수정하거나 폐기하려 한다. 생태사회주의는 자본주의적 생산력 그 자체를 비판한다. [그림 14-4]에서 보듯이 생태사회주의는 생산관계와 생산력의 모순보다 자본주의 생산과 생산조건 간의 모순을 중시한다. 자본주의는 노동력과 토지, 자연과 같은 본래 상품화할 수 없는 것들까지 상품화한다. 인간의 노동력, 공간을 포함한 외부 자연이나 인프라스트럭처는 자본에 의해 생산, 재생산되지 않음에도 불구하고 상품으로서 매매되고 이용된다. 생태사회주의는 이와 같은 자본의 생산조건 이용을 규제하기 위해 국가와 사회운동이 개입할 것을 요청한다(O'Connor, 1998: 165). 생태사회주의는 소비주의와 이윤이 아니라 사회적 필요와 사회적 환경적 고려를 우선한다.

생태사회주의는 자본주의 체제 내에서도 체제의 간극에서 실험되고 예시되고 있다. 생활협동조합, 생태 마을, 생태 공동체, 생활협동조합 등은 그 예이다. 생태사회주의 실험들에서 공통된 중요한 원칙은 자신이 창출하는 부를 점유하여 잉여 수익을 공동체에 지출한다는 것이다. 생태사회주의 실험들은 다음과 같은 특징들도 갖는다(페퍼, 2013): (1) 지역과 지방의 자립을 강화하여 중앙과 외국 경제에 종속되지 않게 한다; (2) 지역에 필요한 물품을 지역에서 생산하여 지역 일자리를 지키고 상품유통 과정에서 환경에 미치는 피해를 줄인다; (3) 생산수단을 공동체가 공동으로 소유한다; (4) 공동체 은행과 금융 지원; (5) 생산에 대한 의사결정이 시장의 힘에 덜 좌우된다. 환경적으로 합리적인 결정을 내릴 수 있으려면 단기적인 금융 개발 이익보다 미래 세대의 이익을 우선해야 한다; (6) 생활수준이 하락할 경우 이를 상쇄할 수 있는 사회적 안전망과 삶의 질; (7) 자급자족이 아닌 자립을 추구하면서도 진취적 자세로 다른 지방이나 국가와 연합하고 상호부조 관계를 맺는다. 축소된 풍요로움, 자급자족, 작은 규모의 생활, 지역화된 경제, 참여민주주의, 대안 기술 등은 생태사회주의의 핵심 요소들이다.

생태사회주의 실험, 생태사회주의 운동은 궁극적으로 자본주의 국가의 소멸, 화폐 폐지를 지향하는 탈자본주의 프로그램을 제안한다(페퍼, 2013). 생태사회주의는 원전과 같은 특정 산업 부문의 전면적 폐지와 태양열 산업과 같은 현재 미미하게 존재하는 산업에 대한 대규모 투자를 추구한다. 생태사회주의는 양적 성장이 아니라 발전의 질적 변혁을 추구한다. 이는 무용하고 유해한 제품(예컨대 무기)의 대규모 생산에 기초한 자본주의의 엄청난 자원 낭비를 종식시키는 것을 의미한다(뢰비, 2007). 생태사회주의는 진정한 필요(물, 먹거리, 의복, 주택과 같은 생필품과 보건, 교육, 교통, 문화와 같은 기본 서비스 포함)의 충족을 위한 생산을 지향한다. 생태사회주의에서는 자본주의 체제가 부추기는 진정한 필요에 부응하지 않는 무용한 상품의 과다 소비가 종식된다. 자본주의에 특유한 소비주의와 강박적인 경제성장 추구는 "자본주의의 3차 모순"이라고도 할 수 있다(파나요타키스, 2007). 생태사회주의는 생활수준의 의미를 다시 정의하여 덜 소비하면서도 실제로 더 풍요한 생활방식을 지향한다. 광고는 자본주의 시장경제에 필수적이지만, 생태사회주의에서는 설 자리가 없다. 광고 기능은 소비자 연합이 제공하는 재화와 서비스에 대한 정보로 대체될 것이기 때문이다. 생태사회주의에서는 무상 대중교통이 대폭 확대되는 반면 자가용은 급격히 감축될 것이다. 생태사회주의는 계급이 철폐되고 소외가 극복된 사회로서, '존재'가 '소유'를 지배하며, 끝없는 제품 소유 갈망이 아니라, 문화적, 스포츠적, 쾌락적, 과학적, 성적, 예술적, 정치적 활동을 위한 자유시간이 지배한다. 생태사회주의는 지구 온난화, 기후변화와 같은 전 지구적 생태적 문제들에 대처하기 위해 시장적 혹은 일국적 접근이 아니라 세계적 규모에서의 협동과 민주적 계획을 추구한다(뢰비, 2007).

마르크스의 사회주의는 생태 윤리의 관점에서 자본주의적 사적 소유나 시장보다 훨씬 우수하다. 신자유주의가 득세하면서 약탈적 자본축적에 대한 규제가 철폐되자 과잉축적과 금융투기가 극성을 부렸다. 이로 인한 피해를 억제하고 회복하는 데 잉여의 생산과 분배의 사회화, 공유재의 확산을 추구하는 마르크스의 사회주의가 기여할 수 있다(하비, 2014a: 158). 마르크스의 사회주의에서 생산자들은 생산조건과 다시 결합되는데 이는 생산조건에 대한 공동소유의 형태를 취한다. 공동소유에서 소유란 소유자가 소유를 근거로 제약 받지 않고 사용할 수 있는 권리가 아니라 사용권과 그에 수반한 책임을 의미한다. 공동소유는 인간존재의 자유로운 발전을 촉진하면서 자연으로부터 지속가능한 전유에서 미래 세대의 이익을 보호할 수 있게 하며, 이를 통해 자연적 부의 질을 유지하고 개선할 수 있다(Burkett, 2011). 인간-생태계 상호작용의 다면성을 고려하면 각 사회생태 시스템에 대해 국가 또는 시장만이 공유자원(communal pool resources) 문제를 해결할 수 있는 만병통치약이라는 국가-시장의 이분법적인 접근은 부적절하다며, 지적하고 자치(self-governance)를 포함한 '다극적'(polycentric) 거버넌스가 요청된다(오스트롬, 2010). 그런데 이와 같은 '공유자원의 자치적 공동관리'의 확대는 자본과 국가의 권력과 상충된다. 따라서 자본주의 체제에 도전하지 않고서는 오스트롬이 제안한 '공유자원의 자치적 공동관리'는 생태적으로 불건전한 자본주의 체제 가운데 고립될 것이다(Burkett, 2011). 또 오스트롬의 제안은 다른 분권적 지방자치주의 대안들과 마찬가지로 신자유주의에 포획될 위험이 있다(하비, 2014a: 152). 신자유주의 정치는 실제로 행정의 분권화와 지방자치의 극대화를 지지한다. 그런데 급진적 분권화는 더 높은 위계적 권위가 없이는 기능할 수 없다. 더 높은 위계적 권위의 가능한 형태로 국가가 아니라 북친(Murray Bookchin)이 제안한 '연방주의'(confedralism), '자치체 회의의 연합 네트워크'(confederal network of municipal assemblies)를 고려할 수 있다(하비, 2014a: 154-155).

생태 위기가 심화되자 '자본주의 시장경제 이외 대안부재론'(TINA: There is no alternative) 진영에서도 일부 개혁주의자들은 앨 고어(Al Gore) 등이 주장하는 '녹색 자본주의'(green capitalism)를 대안으로 제시한다. '녹색 자본주의'는 자본주의의 논리와 경제적 불평등은 도전 불가능한 것으로 받아들이면서도 에너지 및 연료 효율적 기술 개발, 재생에너지, 온실가스 방출권 거래 제도의 도입 등을 추구한다. 그런데 온실가스 방출권 거래 제도처럼 공해를 거래되는 상품으로 전환하는 것은 온실가스 방출과 연관되어 있던 도덕적 책임을 면제해 줄 뿐만 아니라 부유한 나라가 돈으로 온실가스 감축 의무를 회피할 수 있게 한다(Burkett, 2011). 나아가 자본주의에서 축적과 물질대사 균열의 필연성을 고려할 때 이른바 '녹색 자본주의'란 형용모순이며 실현불가능한 환상이다(Wallis, 2008: 29). 하지만 생태 위기에 대처하기 위한 개혁 투쟁들이 모두 무의미한 개혁주의인 것은 아니다. 오존층을 파괴하는 프레온가스 사용 금지, GMO 생산의 전면 중단, 온실가스 방출량의 급격한 감축, 수산업, 농공 생산에서 농약 사용에 대한 엄격한 규제, 공해 유발 차량에 대한 과세, 대중교통의 전면 확대, 트럭의 기차로의 대체 등과 같은 개혁 요구들은 대안세계화운동과 세계사회포럼(World Social Forum)의 핵심 요구이기도 했는데, 이는 생태사회주의로 나아가는 마르크스주의적 '이행기강령'(transitional programme), 즉 '비개혁주의적 개혁'(non-reformist reform) 요구가 될 수 있다.

02 | 사회주의 도시 대안: 도시권과 도시공유재의 회복

마르크스는 자본주의 도시화에 매우 비판적이었다. 마르크스는 『독일이데올로기』에서 "도시와 농촌의 모순의 지양은 공동체적 삶의 첫 번째 조건들 중의 하나"(Marx and Engels, 1976: 64)라고 말했다. 하지만 이와 같은 언급이 마르크스의 사회주의가 '농민적', '농촌적', 혹은 '반도시적'일 것임을 뜻하지 않는다. 마르크스는 매우 도시적 인간이었다(Merrifield, 2001; 메리필드, 2005). 아마도 마르크스는 중세 도시의 공기가 당시 사람들을 자유롭게 했듯이 오늘날도 "도시의 공기는 우리를 자유롭게 한다"는 하비(2014: 254)의 언급에 공감할 것이다. 도시는 자본주의가 발생 발전해 온 환경일 뿐만 아니라 자본주의를 파괴하는 맹아도 포함하고 있다. 도시는 자본주의 사회 내부에서 자본주의를 넘어서는 대안 사회를 출발시킨다(Lefebvre, 1996). 사람들의 대규모 집적 자체가 우발적 만남을 증폭시키고 의미있는 상호작용의 가능성을 증대시키기 때문이다. 이 절에서는 도시권과 도시공유재의 회복에 관한 르페브르와 하비(2014)의 논의를 중심으로 사회주의적 도시 대안을 검토한다(Box 2 참고).

Box 2 데이비드 하비의 마르크스주의 도시 환경론

하비는 1935년 영국에서 태어나 1962년 케임브리지대학에서 지리학 박사학위를 받았으며, 현재 뉴욕시립대학 대학원 인류학과 석좌교수이다. 하비는 마르크스주의 경제지리학의 대가이며, 금세기의 대표적 좌파 지식인으로 손꼽힌다. 하비는 마르크스에 공간적 사고를 통합하는 작업을 중심으로, 도시 문제와 환경 문제는 물론, 세계화, 포스트모더니즘, 제국주의, 신자유주의, 세계경제위기, 마르크스의 『자본론』 등 광범위하고 다양한 주제에 대해 독창적인 역사지리유물론적 연구를 수행하고 있다. 하비는 마르크스주의 경제지리학의 영역을 개척한 책인 『사회 정의와 도시』(1973)에서 자본주의는 자신의 재생산을 위해 공간을 절멸한다고 주장했으며, 『자본의 한계』(1982)에서는 마르크스주의 지리학적 자본주의 분석을 체계화했다. 『자연과 차이의 지리학』(1996)은 사회 정의와 환경 정의에 초점을 맞추었으며, 『희망의 공간』(2000)에서는 대안 세계가 논의되며, 『모더니티의 수도, 파리』(2003)에서는 1848~1871년 시기 파리에 대한 정교한 역사지리유물론적 분석을 수행한다. 또 2011년 월스트리트 점령운동 직후 출간한 『반란의 도시』(2012)에서는 도시공유재 확대와 도시권 투쟁에 기초한 대안 도시 건설 방안을 모색한다.

하비에 따르면 도시권이란 도시를 형성하고 개조하는 방식에 대한 권리를 의미한다(하비, 2014a: 26-28). 도시권은 도시 공간의 형성과 잉여의 생산 및 이용 사이의 내적 관계를 지배하는 자는 누구인가라는 물음을 제기한다. 오늘날 세계 모든 도시들에서는 부자들을 위한 건축 붐이 일어나고 있다. 신자유주의 시대에서 심화되는 양극화는 도시의 공간적 형태도 변모시키고 있다. 오늘날 세계 대부분의 도시는 요새화된 파편들, 게이트가 있는 커뮤니티와 항상적으로 감시되고 있는 사유화된 공공 공간으로 재구성되고 있다. 이러한 조건에서 도시의 정체성, 시민권, 귀속감, 일관된 도시 정치의 이상은 지속되기 어려워졌다. 다양한 도시 투쟁과 도시 사회운동에도 불구하고 이들은 잉여를 생산하는 조건 및 잉여 이용의 민주적 관리라는 목표로, 즉 소외당하고 약탈당하는 사람들의 이익을 위한 도시권으로 수렴되고 있지 않다(하비, 2014a: 60).

하비는 도시 사회운동을 생산과정에서 노동의 착취와 소외에 근거한 계급투쟁,

즉 반자본주의 투쟁과 구별되거나 그것에 종속된 것으로 간주하고, 도시 투쟁은 생산이 아니라 재생산에 관한 것 혹은 계급이 아니라 권리, 시민권에 관한 것으로 치부한 일부 사회주의자들에 동의하지 않는다(하비, 2014a: 209). 하비에 따르면 마르크스가 자신의 사회주의의 모델로 간주했던 1871년 파리 코뮌의 처음 두 포고령은 빵 공장의 야간노동 철폐(노동 문제)와 임대료 지불 정지 명령(도시 문제)이었다(하비, 2014a: 209). 1871년 파리 코뮌은 도시를 부르주아의 전유로부터 탈환하고 작업장에서 계급억압의 고통으로부터 해방되려는 노동자들의 열망으로 가득 찼다. 파리 코뮌은 노동자들이 모여 사는 곳에서 일어난 계급투쟁이자 시민권을 되찾기 위한 투쟁이었고, 도시를 생산한 프롤레타리아트가 자신들이 생산한 것을 소유하고 관리할 권리를 되찾기 위한 투쟁이었다(하비, 2014a: 222). 실제로 착취는 일터에만 한정해서 일어나지 않는다. '착취의 2차적 형태'는 주로 상인, 지주, 건물주, 은행, 금융업자들이 자행하는데, 이는 공장뿐만 아니라 생활공간에서도 벌어진다(하비, 2014a: 221). 예를 들어 노동자가 쟁취한 임금 인상분은 상인자본가, 지주, 건물주, 금융업자가 다시 도둑질해 갈 수 있다. 건물 소유주가 부과하는 높은 임대료, 즉 도시지대는 노동자가 생산과정에서 창출한 가치를 건물 소유주가 빼앗아 가는 것일 수 있다(하비, 2014a: 221-222). 이는 노동자 투쟁에서 지역사회와 도시를 조직하는 것이 일터를 조직하는 것만큼 중요함을 의미한다. 상당수 선진자본주의 나라들에서 전통적 일자리가 다수 사라지고 있는 상황에서 노동조건뿐만 아니라 생활의 공간과 조건을 중심으로 조직화하는 것, 그리고 양자를 연결시키는 것은 중요하다(하비, 2014a: 227).

하비는 이로부터 우리 시대의 혁명은 도시에서 일어나야 한다는 르페브르의 40년 전 주장과 오늘날 대도시는 공유재를 생산하는 하나의 공장이며 반자본주의 정치의 입구라는 하트(Michael Hardt)와 네그리(Antonio Negri)의 『공동 부』(CommonWealth, 2009)에서의 주장에 공감한다(하비, 2014a: 60, 128). 여기에서 공공 공간 및 공공재는 공유재와 구별된다. 도시화의 역사에서 공공 공간과 공공재(예컨대 하수도 시설, 공중위생, 교육 등)의 공급은 사적 수단에 의한 것이든 공적 수단에 의한 것이든 자본주의 발전에서 중요한 역할을 했다(하비, 2014a: 136). 공공 공간과 공공재는 공유재의 질을 높이는 데 기여하지만 이것들이 공유재 본래의 기능을 발휘하려면 시민과 민중의 정치활동이 필요하다. 아테네의 신타그마 광장, 카이로의 타흐리르 광장, 바르셀로나의 카탈루냐 광장 등은 공공 공간이지만, 사람들이 거기에 모여서 정치적 견해를 표명하고 요구의 목소리를 높임에 따라 도시공유재가 되었다(하비, 2014a: 137). 즉 공유재는 '공유재를 만드는'(commoning) 사회적 실천을 요구한다(하비, 2014a: 138). 공유재를 만드는 실천에서 중요한 것은 사회집단과 환경의 공유재적 측면 간의 관계는 집단적이고 비상품적인 것이어야 한다는 것, 즉 시장교환과 시장평가의 논리는 배제되어야 한다는 것이다(하비, 2014a: 138).

하비에 따르면 공유재는 과거에 존재했지만 현재는 사라진 어떤 것이 아니라 도시공유재에서 보듯이 지속적으로 생산되고 있는데, 문제는 집단적 노동이 생산하는 가치를 자본가가 상품화되고 화폐화된 형태로 종획(enclosure)하여 전유한다는 것이다(하비, 2014a: 144). 그렇다면 공유재의 사용권을 공유재를 생산한 모든 사람들이 누려야 한다면, 도시를 만들어낸 노동자들이 도시권을 요구하는 것은 당연하다(하비, 2014a: 146). 자본은 사람들이 생산한 공유재를 종획·전유하며 거기에서 지대를 착취하기 때문에, 도시권을 획득하기 위한 투쟁은 자본을 겨냥한다. 이로부터 하비는 모든 사람이 제대로 된 생활환경과 괜찮은 집에서 살아갈 권리인 도시권을 주장하는 것은 더 포괄적인 반자본주의 투쟁으로 향하는 첫걸음이 될 수 있다고 주장한다(하비, 2014a: 233). 도시권은 도시는 도시 공간의 사적 소유권자가 아니라 도시 공간에 거주하는 사람들에 속한다는 선언이며, 도시 공간을 '탈소외화'하고 사회적 관계 속에 다시 통합하는 투쟁이기 때문이다(Purcell, 2013: 149). 도시권은 이미 존재하는 권리가 아니라 도시를 사회주의적 '신체 정치'(body-politics)로 재구성, 재창조하는 권리이다(하비, 2014a: 235). 도시권이 실현된다면 영속적 자본축적과 이에 수반된 파괴적 도시 공간 형성은 더 이상 설 자리가 없을 것이다(하비, 2014a: 235).

하비는 파업에서 공장 점거에 이르는 노동자 투쟁은 주변 민중 세력이 지역사회와 공동체 차원에서 대규모로 결집해 강력하고 활기차게 지원할 때 성공할 가능성이 높다고 본다(하비, 2014a: 235-6). 오늘날 노동 개념은 공업적 형태의 노동이라는 좁은 의미에서 점점 도시화하는 일상생활의 생산과 재생산에 꼭 필요한 노동이라는 넓은 의미로 바뀌고 있기 때문이다. 생산과정에서 노동의 착취에 반대하는 운동이 반자본주의 운동의 중심이긴 하지만, 노동자의 생활공간을 파고들어 잉여가치를 수탈하는 자본의 행태에 반대하는 투쟁도 마찬가지로 중요하다는 것이다. 즉 '시민권'과 '권리'의 세계는 '신체 정치'의 맥락에서는 '계급'과 '투쟁'의 세계와 양립할 수 있으며, '시민'과 '동지'는 종종 다른 차원에서 움직인다 해도 반자본주의 투쟁에서는 공동보조를 취해야 한다는 것이다(하비, 2014a: 257). 하비는 반자본주의 투쟁으로 나아가는 도시권 투쟁에서 비정규노동자를 전통적 노동조합 노선에 따라 조직하는 것, 지역 단체의 연합체를 결성하는 것, 도시와 농촌의 관계를 정치화하는 것, 문화와 집단적 기억의 힘을 동원하는 것이 특히 중요하다고 강조한다(하비, 2014a: 253).

하지만 도시권 투쟁만으로 자본주의 도시 문제를 해결하는 데는 한계가 있다. 1872년 엥겔스가 『주택문제』에서 강조했듯이 자본주의에서 도시와 환경 문제를 근본적으로 해결하기 위해서는 자본주의 사회를 폐지하는 것이 필요하다. "사람을 정말 자유롭게 하는 것은 도시의 공기이다. 그러나 도시의 공기만으로는 부족하다. 반자본주의적 사고와 실천의 혁명도 필요하다"(하비, 2014a: 257). 또 한 도시 혹은 몇몇 도시 수준에서 도시권과 도시공유재를 확보하는 것으로는 오늘날 전국적 전 지구적 수준에서 심화되고 있는 자본주의 도시와 환경 문제를 해결하기에 역부족이다. 이와 관련하여 1918~1934년 오스트리아 사회민주당 집권하 '붉은 비엔나'와 1960~1970년대 이탈리아 공산당 집권하의 '붉은 볼로냐', 1981~1986년 영국 노동당의 리빙스톤(Kenneth Livingstone)이 주도했던 광역런던시의회(Greater London Council, GLC)의 대중교통 확대를 비롯한 도시 '민중 계획'(Box 3 참고), 1991~2004년 브라질 노동자당 집권하 포르투알레그레 시의 참여예산(participatory budgeting) 실험은 중요한 시사를 준다. 이 역사적 경험들은 도시 외부가 자본주의로 둘러싸인 조건에서도 한 도시 범위에서 공공성을 확대하고 탈자본주의 사회주의 맹아를 육성하는 것이 가능하다는 실례이다. 하지만 이는 또 자본주의 국가권력과 정면 대결하지 않고서는, 또 글로벌 자본주의의 압력과 제약을 돌파하지 않고서는, '일도시 사회주의' 혹은 '지방자치 사회주의'(municipal socialism)가 '예시적'(prefigurative) 모범 사례를 넘어 전 사회시스템으로 확장되기 어려움을 보여준다. 오늘날 도시 환경 문제는 '지구적 도시화', '글로벌 시디', '지구적 생태 재앙'이 주요 화두가 되는 데서 보듯이, 말 그대로 글로벌한 수준으로 확대 심화되고 있다. 이는 도시 환경 문제에 대한 사회주의적 대안 역시 몇몇 도시나 지역 차원이 아니라 글로벌 수준에서 모색되어야 함을 보여준다. 또 2절에서 보았듯이 오늘날 자본주의에서 도시 문제와 환경

문제가 '도시 환경 문제'로 불가분하게 결합되어 심화되고 있다는 사실은 도시 문제와 환경 문제에 대한 사회주의적 대안도 동시적·총체적으로 추구되어야 함을 시사한다. 최근 급진 도시정치생태학(Urban Political Ecology)은 그 하나의 모색이라고 할 수 있다(Swyngedouw and Kaika, 2014).

Box 3 1981~1986년 광역런던시의회(GLC)의 사회주의 도시계획

1981~1986년 영국 노동당의 리빙스톤이 주도했던 GLC는 '일도시 사회주의' 실험의 최근의 사례이다. 1981년 노동당 후보로 GLC 시장으로 선출된 리빙스톤(Kenneth Livingstone)은 먼저 '공정 요금' (Fares Fair) 정책을 통해 런던 지하철 요금을 비롯한 대중교통 요금을 32% 인하하고 이로부터 발생하는 적자를 벌충하기 위해 재산세를 인상했다. GLC는 대중교통, 주택, 의료 등의 공적 영역에서 보통 사람들의 필요(needs) 충족과 "사회적으로 유용한 생산"을 정책수립과 집행의 기준으로 삼았다(서영표, 2010). GLC는 다양한 사회운동 단체의 캠페인과 지역개발과 관련한 지역주민의 자발적 계획, 즉 '민중계획' (Popular Planning)을 지원했다. GLC는 통합적인 전략적 계획 없이는 국지적 요구와 저항은 좌초될 수밖에 없다고 생각하여 중장기적 전략수립을 참여민주주의와 결합했다. 이를 위해 GLC는 각종 정보 네트워크, 지역 정보센터 등을 재정적으로 지원했다. GLC가 내세운 "사회적으로 유용한 생산"이라는 원칙은 시장주의에 대한 비판을 내포한 것이었다. GLC는 공공정책을 수립하는 데서 제도화된 차별의 벽을 허무는 데 역점을 두었다. 노동에 대한 협소한 노동자주의적 접근을 지양하고 탁아 시설의 확대, 가사 서비스와 여성 창업과의 연결 등의 혁신적 사회정책을 도입하려 했다. GLC는 국가기구로서의 구매력을 통해 사적 경제영역에 개입하려 했다(7억 파운드 규모로 2만 개의 기업과 계약). GLC와 계약을 체결하려는 기업들은 인종적, 성적 차별금지, 건강과 안전, 장애인 고용 의무 등을 준수할 것이 요구되었다. GLC는 런던 이스트앤드의 선착장과 부두 지역에 고소득자를 위한 주택과 시설을 건설하려는 대처 정부와 부동산 개발업자들에 맞서 '로얄 독스를 위한 민중의 계획'('민중 계획')을 수립했다. GLC의 '민중 계획' 은 선착장 주변에 비어 있는 공간에 스페인 몬드라곤과 같은 협동조합 산업지구를 건설하여 지역적 일자리를 제공하고 정원이 있는 공공주택과 보육시설, 전국규모의 어린이 극장과 '어린이 왕국' 을 건설하자고 제안했다. 그러나 이와 같은 GLC의 '사회주의적' 도시 계획은 대처 정부에 의해 좌절되었다(서영표, 2010).

주 | 요 | 개 | 념

건조환경(built environment)
경제위기
기후변화
녹색자본주의
데이비드 하비(David Harvey)
도시공유재(urban commons)
도시권(right to the city)
도시마르크스주의(Metro Marxism)
도시와 농촌의 분리
도시주의(urbanism)
물질대사(metabolism)
물질대사의 균열(metabolic rift)
비도시주의(disurbanism)
생산조건
생태마르크스주의(ecological Marxism)
생태사회주의
생태위기
생태제국주의
스탈린주의
시공간적 조정(spatio-temporal fix)
앙리 르페브르(Henri Lefebvre)
일도시 사회주의(socialism in one city)
자본주의의 2차적 모순
지본축직
자연의 금융화
자연의 상품화
자연의 생산

자연의 자본으로의 실질적 포섭

자연의 자본으로의 형식적 포섭

조르주 외젠 오스만(Georges-Eugène Haussmann)

축적전략으로서의 자연

칼 마르크스(Karl Marx)

파리 코뮌

프리드리히 엥겔스(Frederick Engels)

피크오일(peak oil)

화석연료

참 고 문 헌

권용우 외, 2012, 도시의 이해, 제4판, 박영사.

권정임, 2009, "생태적 재생산이론의 전망과 과제: 마르크스의 정치경제학 비판을 중심으로," 마르크스주의 연구 6(1): 57-91.

기계형, 2013, "사회주의 도시 연구: 1917~1941년 소비에트 러시아의 주택정책과 건축실험에 대한 논의," 동북아문화연구 34: 469-488.

김민정, 2009, "자본 관계에서 고찰한 환경 불평등," 마르크스주의 연구 6(1): 92-121.

김흥순, 2007, "사회주의 도시는 어떻게 만들어졌는가? 소련 건국 초기 도시주의 대 비도시주의 논쟁을 중심으로," 국토계획 42(6).

남영호, 2012, "사적인 것, 개인적인 것, 사회적인 것: 사회주의 도시의 경험," 슬라브학보 27(3): 39-66.

남영호, 2013, "사회주의 도시의 '농촌적' 요소들: 소련 도시화의 몇가지 특징에 대하여," 슬라브학보 28(3): 67-94.

닐 스미스, 리오 패니치 · 콜린 레이스 엮음. 허남혁 외 옮김, 2007, 축적 전략으로서의 자연, 자연과 타협하기, 필맥.

데이비드 페퍼, 2013, "생태사회주의의 현주소," 창작과 비평 41(3): 74-93.

데이비드 하비, 최병두 외 옮김, 2001, 희망의 공간, 한울.

데이비드 하비, 김병화 옮김, 2005, 모더니티의 수도: 파리, 생각의 나무.

데이비드 하비, 한상연 옮김, 2014a, 반란의 도시, 에이도스.

데이비드 하비, 황성원 옮김, 2014b, 자본의 17가지 모순, 동녘.

마이클 하트 · 안토니오 네그리, 정남영 · 윤영광 옮김, 2014, 공통체, 사월의 책.

미셸 뢰비, 리오 패니치 · 콜린 레이스 엮음, 허남혁 외 옮김, 2007, "생태사회주의와 민주적 계획," 자연과 타협하기, 필맥.

서영표, 2010, "사회주의적 도시정치의 경험: 런던 광역시의회의 지역사회주의 실험," 마르크스주의 연구 7(1).

앤디 메리필드, 남청수 외 옮김, 2005, 매혹의 도시, 맑스주의를 만나다, 시울.

엘리너 오스트롬, 윤홍근 옮김, 2010, 공유의 비극을 넘어, 랜덤하우스코리아.

엘마르 알트바터, 리오 패니치 · 콜린 레이스 엮음, 허남혁 외 옮김, 2007, 화석 자본주의의 사회적 자연적 배경, 자연과 타협하기, 필맥.

정성진, 2015, "마르크스 공산주의론의 재조명," 마르크스주의 연구 12(1): 12–46.

조명래, 2005, "'모순과 해방의 공간' 자본주의 도시 읽기," 프레시안.

조성윤 · 정재용, 2007, "사회주의 사상과 자본주의 사상 내에서 자연관의 차이에 따른 도시계획의 비교에 관한 연구," 대한건축학회 학술발표대회 논문집 27(1).

존 벨라미 포스터, 김현구 옮김, 2001, 환경과 경제의 작은 역사, 현실문화연구.

존 벨라미 포스터, 제이슨 무어 외. 과천연구실 옮김, 2006, 자본주의와 생태: 모순의 성격, 역사적 자본주의 분석과 생태론, 공감.

존 벨라미 포스터, 김철규 외 3인 옮김, 2009, 생태논의의 최전선, 필맥.

존 벨라미 포스터, 이범웅 옮김, 2010, 마르크스의 생태학, 인간사랑.

최병두, 2009, "자연의 신자유주의화(1): 자연과 자본축적 간 관계," 마르크스주의 연구 6(1): 10–55.

칼 마르크스, 김수행 옮김, 1989, 자본론, 1권, 비봉출판사.

칼 마르크스, 김호균 옮김, 2000, 정치경제학비판 요강, 백의.

칼 마르크스, 강유원 옮김, 2006, 경제학 · 철학 수고, 이론과 실천.

칼 마르크스, 강신준 옮김, 2010, 자본론, 3권, 길.

칼 마르크스 · 프리드리히 엥겔스, 최인호 외 옮김, 1990, 공산주의당 선언, 칼 맑스 · 프리드리히 엥겔스 저작 선집 1: 367–433, 박종철출판사.

코스타스 파나요타키스, 리오 패니치 · 콜린 레이스 엮음. 허남혁 외 옮김, 2007, 더 많이 일하고, 팔고, 소비하기: 자본주의의 '3차모순', 자연과 타협하기, 필맥.

토니 클리프, 정성진 옮김, 2011, 소련은 과연 사회주의였는가, 책갈피.

프리드리히 엥겔스, 최인호 외 옮김, 1994, 반뒤링, 칼 맑스 · 프리드리히 엥겔스 저작선집 5: 1–358, 박종철출판사.

Burkett, Paul, 1999, *Marx and Nature*, St.Martin's Press.

Burkett, Paul, 2011, "Ecology and Marx's Vision of Communism," *Socialism and Democracy* 17(2).

Catree, Noel, 2003, "Commodifying What Nature?," *Progress in Human Geography* 27(3): 273–297.

Catree, Noel, 2008, "Neoliberalising Nature: The Logics of Deregulation and Reregulation," *Environment and Planning A*, 40.

Clark, Brett and Foster, John Bellamy, 2010, "Marx's Ecology in the 21st Century," *World Review of Political Economy* 1(1): 142–156.

Engels, Fredrick, 1987, *Dialectics of Nature*, Marx Engels Collected Works, Progress Publishers 25.

Engels, Fredrick, 1988, *The Housing Question*, Marx Engels Collected Works, Progress Publishers 23.

Foster, John Bellamy, 1999, "Marx's Theory of Metabolic Rift: Classical Foundations for Environmental Sociology," *American Journal of Sociology* 105(2): 366–405.

Foster, John Bellamy and Holleman, Hannah, 2014, "The Theory of Unequal Ecological Exchange: A Marx–Odum Dialectic," *A The Journal of Peasant Studies* 41(2): 199–233.

Harris–White, Barbara, 2012, "Ecology and the Environment," in Ben Fine and Alfredo Saad–Filho eds. *The Elgar Companion to Marxist Economics*, Edward Elgar: 102–110.

Hatherley, Owen. 2014, "Imagining the Socialist City," *Jacobin* No.15–16.

Lefebvre, Henri, 1996, *Writings on Cities*, Blackwell.

Marx, .Karl and Engels, Fredrick, 1976, *The German Ideology*, Marx Engels Collected Works, Vol. 5.

Merrifield, Andy, 2001, "Metro Marxism, or Old and Young Marx in the City," *Socialism and Democracy* 15(2).

Mirovitskaya, Natalia and Soroos, Marvin S. 1995, "Socialism and the Tragedy of the Commons: Reflections on Environmental Practice in the Soviet Union and Russia," *Journal of Environment and Development* 4(1): 92.

O'Connor, James, 1998, *Natural Causes: Essays in Ecological Marxism*, The Guilford Press.

Paden, Roger, 2014, "Marx and Engels's Critique of the Utopian Socialists and Its Implications for Urban Planning," in Shannon Brincat ed. *Communism in the 21st Century*, Praeger: 139–169.

Polis. 2009, Imagining the Socialist City.

Polis. 2010, Stalinist Urbanism.

Prudham, William Scott, 2009, *Commodification, in Castree*, Noel, et al. eds. A Companion to Environmental Geography, Wiley–Blackwell: 126.

Purcell, Mark, 2013, "Possible Worlds: Henri Lefebvre and the Right to the City," *Journal of Urban Affairs* 36(1): 141–154.

Swyngedouw, Erik, 2006, *Metabolic Urbanization: The Making of Cyborg Cities*, in N Heynen et al eds. In the Nature of Cities: Urban Political Ecology and the Politics of Urban Metabolism, Routledge.

Swyngedouw, Erik, 2012, "Geography," in Ben Fine and Alfredo Saad–Filho eds. *The Elgar Companion to Marxist Economics*, Edward Elgar: 149–154.

Swyngedouw, Erik, and Kaika, Maria, 2014, "Urban Political Ecology. Great Promises, Deadlock... and New Beginnings?", *Documents d'Anàlisi Geogràfica* 60(3): 459–481.

Wallis, Victor, 2008, "Capitalist and Socialist Responses to the Ecological Crisis," *Monthly Review* 60(6): 25–40.

Weiner, Douglas R. 1988, *Models of Nature*, Indiana University Press.

WWF, 2014, Living Planet Report 2014.

[홈페이지]

http://www.pressian.com/news/article.html?no=30919

http://www.thepolisblog.org/2009/12/imagining–socialist–city.html

http://www.thepolisblog.org/2010/01/urbanism–under–stalin.html

https://en.wikipedia.org/wiki/Urban_planning_in_communist_countries (위키피디아)

https://wwf.panda.org

도시 토양오염과 환경갈등

제15장 도시 토양오염과 환경갈등

제1절 도시 토양오염의 역사

1970년대 말부터 1980년대 초 사이에 네덜란드의 레케르케르크라는 작은 마을과 미국 나이아가라폭포 인근 마을에서 토양오염 사건이 발생한 이후, 전 세계적으로 수많은 국가에서 오염부지를 정화하기 위하여 천문학적인 금액을 쏟아 붓고 있다. 또한 토양오염이 유발한 인체 및 재산상의 손해를 둘러싸고 복잡하고 지루한 분쟁이 끊임없이 발생하고 있다.

01 미국 러브캐널(Love Canal) 사건

1890년대 초 미국의 윌리엄 러브라는 사업가가 나이아가라강을 온타리오호에 연결시키는 운하를 건설하는 프로젝트를 추진하였다.[1] 하지만 의회가 나이아가라폭포를 보존하기 위하여, 나이아가라강에서 물을 끌어다 쓰는 것을 금지하는 법률을 통과시켰고, 경제불황이 닥쳐 자본마저 떨어지게 되자 운하 건설 프로젝트는 폭 15m, 길이 1.6km, 깊이 3~12m만 판 상태에서 중단되었다.

그 후 이 미완성의 운하에는 물이 채워져 인근 지역 어린이들이 여름에는 수영을 하고, 겨울에는 스케이트를 타는 곳으로 변했다. 1920년대 들어 이 운하는 나이아가라폴스시(City of Niagara Falls)의 쓰레기매립장이 되었고, 시정부는 정기적으로 도시 생활쓰레기를 이 곳에 투기하였다. 1940년대에는 미군도 제2차 세계대전 중

원자폭탄 제조과정에서 발생한 폐기물을 포함한 각종 폐기물을 이곳에 매립하였다.

후커케미컬사(Hooker Chemical and Plastics Corporation)도 1942년부터 이 곳에 금속 또는 섬유 조각들을 투기하기 시작했고, 1947년에는 이 운하와 21미터 너비의 양쪽 둑을 사들였으며, 그 후 1953년까지 염료 제조 때 나온 알칼리, 지방산, 염소화탄화수소, 향료, 고무와 합성수지용 용매와 같은 화학물질 21,000톤을 매립하고 그 위에 흙을 덮었다. 1953년 이후 이곳에서 식물들이 자라기 시작했다.

폐기물 투기가 끝날 무렵 나이아가라폴스시에는 경제 붐이 일어 인구가 기록적인 비율로 증가하였다. 이 때문에 시교육당국은 새로운 학교를 지을 땅이 필요했다. 그리고 마침내 후커케미컬사가 소유하고 있던, 유해폐기물이 묻힌 이 운하 매립지의 구입을 시도했다.

후커케미컬사는 학교위원회 위원들을 매립지로 데려가 시추를 한 뒤 표층 아래에 독성물질이 있다는 것을 보여주는 등 안전 문제를 들먹이며 팔기를 거부했다. 하지만 학교위원회가 포기하지 않고 부지의 일부를 수용하자 후커케미컬사는 단돈 1달러에 부지 전체를 매각한다는 조건으로 1953년 4월 28일 계약서에 서명했다. 후커케미컬사는 부지에 화학물질 제조과정에서 발생한 폐기물이 매립되었음을 고지하면서 매수인이 그로 인해 발생하는 모든 위험과 책임을 진다는 취지의 17줄의 경고문을 계약서에 포함시켰고, 이로써 장래 소송이 제기되더라도 모든 법적 책임에서 면책될 수 있을 것으로 믿었다.

위와 같은 경고문에도 불구하고 이 땅 위에 1954년 학교가 지어져 1955년 400명의 어린이들이 학교를 다녔고, 1958년에는 두 번째 학교가 인근에 문을 열었다. 1957년 나이아가라폴스시는 이곳에 저소득층 주택과 단독주택을 지었다. 그리고 학교위원회는 학교 터 외의 땅을 민간 개발자에게 팔아 넘겼다.

1976년 〈Niagara Falls Gazette〉란 지역 신문의 두 기자가 이 땅에 유독성 화학물질이 있다는 사실을 알아내고, 1978년 초여름부터 가가호호 방문하여 잠재적 건강영향을 조사하기 시작했다. 그리고 주민들에게서 발, 손, 머리 등에 기형이 있는 출산이 많다는 사실을 발견했다. 이들은 지역 주민들에게 항의 집단을 만들 것을 권유했다. 1978년 8월 2일 마침내 매립지는 전례 없는 주긴급재난지역으로 선포됐다. 이 지역에 지은 두 학교는 폐쇄됐고 이어서 해체됐다.

1978년 러브캐널 사건은 전국적인 뉴스가 됐으며 언론은 이 사건을 “미국 역사상 가장 소름끼치는 비극 가운데 하나"라고 규정했다. 대통령 지미 카터는 1978년 8월 7일 국가보건긴급재난으로 선포했고 연방기금을 배정해줄 것을 요청했으며 연방재난지원국에 나이아가라폴스시를 도와 러브캐널 지역을 구제할 것을 명령했다.

자연재해지역이 아닌 곳에 연방 긴급기금을 사용한 것은 미국 역사상 처음 있는 일이었다.

처음에는 과학적 연구가 주민들의 질병이나 기형 등에 대해 매립지 화학물질이 관련돼 있다는 것을 증명하지 못했다. 발암물질로 알려졌거나 의심되는 물질이 7종이나 확인됐지만 과학자들의 의견은 갈렸다. 이 가운데 가장 널리 알려진 것은 벤젠이었다. 매우 유독한 물질인 다이옥신도 물 속에서 검출됐다. 다이옥신 오염은 1조분(trillion)의 1단위로 측정될 정도로 독성이 강하다. 러브 캐널에서는 물 표본의 다이옥신 함량이 53ppb(10억분의 1단위) 수준으로 매우 높았다.

1979년 미국 환경청(EPA)은 주민들의 혈액검사 결과를 발표했다. 백혈구 수치가 매우 높았다. 이는 백혈병과 염색체 손상의 전구 증상에 해당한다. 주민의 33%에서 염색체 손상이 진행 중이었다. 정상적인 집단에서는 인구의 1%에서만 염색체 손상이 나타난다.

마침내 정부는 이 지역 800가구 주민들을 소개시켰고 주택에 대해서는 보상했다. 그리고 의회는 1980년 흔히 '슈퍼펀드(Superfund)법'이라고 불리우는 「종합환경대응보상책임법」(CERCLA; Comprehensive Environmental Response, Compensation, and Liability Act)을 통과시켰다. 이 법은 오염원인자가 피해에 대해 보상을 하도록 책임을 규정하고 있다. 미국은 1986년 슈퍼펀드법을 강화하는 내용의 수정법을 만들어 슈퍼펀드기금을 무려 85억 달러(10조원)로 상향시켰다.

1979년 미국 연방정부와 뉴욕 주정부는 러브캐널 지역의 정화 및 안전 조치에 소요되는 비용을 옥시덴탈화학사(Occidental Chemical Corporation: Occidental Petroleum Corporation이 1968년에 후커케미컬사를 인수한 후 1982년 상호변경)로부터 상환받기 위하여 새로 제정된 연방 슈퍼펀드법 및 뉴욕주법을 근거로 한 약 7억불 상당의 청구소송을 제기했다.

소송 진행 중 옥시덴탈화학사는 나이아가라폴스시를 상대로 매매계약서에 포함된 면책약정 및 연대책임자들 간의 책임배분을 주장하면서 구상권을 행사하였다.

한편, 1983년에는 1,337명의 러브캐널 주변 주민들이 옥시덴탈화학사를 상대로 손해배상청구소송을 제기하였고 2천만 불에 합의하였다.

02 | 네덜란드 레케르케르크(Lekkerkerk) 사건

미국 러브캐널 사건에 비견되는 네덜란드 최초의 토양오염 사건으로, 1980년 로테르담 동쪽 20km 지점의 레케르케르크라는 작은 도시의 신흥 주택지 지하에서 페인트공장의 유해폐기물(화학물질과 중금속)이 대량으로 발견되었고, 그 유해폐기물이 수도관에 혼입된 사실이 밝혀지면서 네덜란드 국민들이 토양오염의 심각성을 깨닫는 계기가 되었다.

네덜란드 중앙 정부는 이 사건으로 오염된 부지를 정화하기 위해 약 91백만 유로를 지출하였다.

이 사건을 계기로 네덜란드의 주택 도시계획 및 환경성(Ministry of Housing, Physical Planning and Environment) 주도하에 1983년 「토양정화잠정법」(Soil Cleanup Interim Act)이 제정되었고, 1987년에 「토양보호법」(Soil Protection Act)이 제정되었으며, 1993년에 「토양정화잠정법」을 흡수통합하였다.

이 사건 이후 10여 년간 350여개 부지를 정화하였고 오염원인자가 그 비용을 부담하도록 하였음에도 불구하고, 네덜란드 정부는 30년이 경과한 2010년에도 아직 정화가 시급한 오염부지가 2만개 이상 있는 것으로 보고 2015년까지 893백만 유로의 예산을 들여 그 대부분을 정화한다는 계획을 세웠다.

제 2 절 우리나라의 도시 토양오염 실태

우리나라에서도 1995년에 「토양환경보전법」이 제정된 이후 많은 토양오염 사례들이 보고되었다.

환경부가 2004년부터 2011년까지 토양오염의 개연성이 높은 업종 및 대규모의 전국 25개 산업단지(면적 100만㎡, 조성연도 10년 경과)를 대상으로 1단계 토양환경조사를 실시한 결과 200개 업체의 토양·지하수 오염사실을 확인하였으며, 그 중 133개 업체가 2011년 말까지 정화를 완료하였다. 환경부는 2012년부터 2021년까지 전국 50개 중소규모 산업단지(면적 20만㎡, 조성연도 20년 경과)를 대상으로 2단계 토양환경조사를 실시하고 있다.

토양오염은 산업단지와 공장부지에서만 발생하는 것이 아니다. 환경부가 2012년에 부산광역시 부산진구와 대전광역시 서구에 소재하고 있는 주거지역 인근의 설치 후 15년 이상 경과된 주유소, 차고지 등 유류저장시설에 대해 토양환경조사를 실시한 결과, 조사대상 26곳 중 10곳(38.5%)에서 토양오염이 발견되었다. 이에 환경부는 노후 주유소에 대한 토양환경조사를 전국으로 확대하여 실시하고 있다.

군 주둔지와 사격장의 토양오염은 더욱 심각하다. 2004년 9월, 국회 환경노동위원회 회의에서 처음으로 미군기지 오염 조사 결과의 일부가 공개되었다. 당시까지 조사된 15개 기지 중 14개에서 국내 기준치를 초과한 오염이 발견됐다는 자료였다. 1990년대 초반부터 미군기지 기름 유출 사고는 잊을 만하면 한 번씩 터졌다. 녹색연합이 주민 민원과 언론 보도를 포함해 집계한 자료는 66건으로, 1년 평균 4건이 넘는다. 이 중에서 양국 정부가 공식 논의한 것은 불과 20건에 불과하다. 그 중 11건의 원인은 낡은 지하 유류탱크와 배관이었다. 춘천 캠프페이지 지하에는 '공설 운동장'만한 지하 유류탱크가, 부산 하야리아 기지에는 크고 작은 탱크가 200개 넘게 있었다. 수송·난방을 위한 땅속 저장고와 배관이 모두 낡았는데도 관리를 제대로 하지 않았다. 정부가 조사한 38개 미군기지의 토양오염 실태를 보면 8개 기지를 제외한 30개 기지의 토양오염 및 지하수오염이 국내 오염기준치의 수 백배에 달했다. 경기 의정부 금오초등학교 앞 캠프 카일은 지하수로 유입된 기름 두께가 488cm로 상상을 초월할 정도였다.

우리나라의 군기지 토양오염도 큰 사회적 이슈가 되었다. 1999년, 육군이 정비창으로 사용하던 부산 문현동 부지 32,000평을 부산시가 금융단지로 개발하고 있었다. 하지만 공사 도중 일대가 기름에 심각하게 찌들어 있는 것이 발견돼 공사가 중단됐다. 시민들의 따가운 눈총과 부산시의 강력한 요청에 육군은 자체 예산 122억원을 들여 3년 동안 정화했다. 각종 최신 공법들이 도입되고 여러 전문가들의 손을 거쳐야 했다. 문제는 여기서 그치는 게 아니다. 기름에 찌든 흙보다 더 심각한 것은 지하수다. 부산 문현동도 지하수오염이 심각했는데 시료의 80%가 지하수 수질기준을 크게 초과했다.

국내에는 1,300여개에 달하는 군부대 사격장, 15개 사격 경기장, 17개 레저용 사격장, 미군부대에서 사용하는 95개 훈련용 사격장이 존재한다. 1996년 국방부와 환경부는 공동으로 19개 군부대 사격장을 대상으로 토양오염조사를 하였는데, 모든 사격장이 납, 구리, 크롬 등의 중금속으로 오염된 것으로 나타났다. 미 공군의 폭격 연습장이었던 매향리는 국내 공장지대보다 더 심각하게 오염된 것으로 알려져 있다. 중금속오염은 기름오염처럼 색깔이나 냄새로 확연히 드러나진 않지만 암을 유발해 인체에 유해한 것으로 지적된다. 정화에도 어려움이 많다. 특히 지금처럼 불발탄이 곳곳에 널려 있는 상태에서는 오염조사와 정화를 위해 출입하는 데도 큰 위험이 따른다. 시간이 오래 걸리는 건 물론이다.

휴·폐광산지역의 토양오염도 매우 심각한 수준이다. 국내 금속광산 중 상당수의 광산들은 현재 휴·폐광된 상태로서 휴·폐광지역에는 광산 개발 당시 발생한 광산폐기물(폐석 및 광미사)과 폐갱구, 폐시설물, 폐공들이 그대로 방치되어 있으며, 특히 광미장 혹은 방치된 일부 광미 중에는 중금속 및 시안화합물이 함유되어 있어 주변 환경 및 생태계 파괴가 우려되는 실정이다.

국내 휴·폐금속광산은 전국에 약 900여개가 산재하고 있으며, 환경부에서는 광미의 유실 등으로 주변 토양오염 우려가 큰 158개 광산을 중점관리하고 있다. 환경부가 토양오염 우려가 큰 158개 광산을 대상으로 토양오염실태 정밀조사를 실시한 결과에 따르면, 토양의 경우에는 대부분이 토양오염우려기준을 초과하고 있으며, 일부 지역은 지하수, 갱내수, 하천수가 수질기준을 초과하고 있는 것으로 나타나고 있다. 정부는 이와 같은 결과를 바탕으로 하여 1995년부터 경기도 광명시 가학광산을 시작으로 폐금속광산 주변지역에 대한 토양오염 방지사업을 추진 중에 있으며, 1995년 이후 2002년 말까지 토양오염방지사업 추진실적은 24개 광산, 총사업비 3백억 원 이상이 소요되었다.

제 3 절 도시 토양오염에 따른 환경갈등 사례

앞서 본 바와 같이 우리나라에서도 수많은 토양오염 사례들이 보고되었는데, 그 중 대다수의 사건들이 당사자들 간의 합의에 의해 원만하게 해결되지 못하고 행정심판, 행정소송, 민사소송, 가처분, 헌법소송, 중재, 조정, 재정 등의 사법적 또는 준사법적 분쟁을 일으켜 왔다.

우리나라에서 토양오염을 둘러싼 분쟁은 정화비용 등 재산적 피해가 대부분이고, 다행스럽게도 아직 미국 러브캐널 사건이나 네덜란드 레케르케르크 사건에서 본 것처럼 심각한 건강상의 피해가 핵심적 쟁점으로 부각된 사례는 없었다. 그러나 전국 각지에 많은 '암마을'이 존재한다는 언론보도는 우리도 토양오염으로 인한 환경성질환으로부터 결코 자유롭지 않음을 보여준다.

토양오염은 그 원인이 다양하고, 피해 규모가 다른 환경오염피해에 비해 엄청나게 큰 데다가, 장기간에 걸쳐 서서히 진행되는 특성 때문에 원인행위와 결과발생 간에 인과관계를 입증하는 것이 어렵다. 또한 다수의 당사자들이 관련됨으로써, 공법 및 사법상의 책임을 어떻게 배분해야 하는지에 대해 매우 풀기 어려운 법률 및 정책적 난제들을 품고 있다.

특히 다음 K주유소 사건에서 보는 바와 같이, 도심지의 토양이 장기간에 걸쳐 서서히 오염된 경우에는 오염원인자를 정확하게 확인하는 것이 매우 어렵고, 오염원인자를 찾더라도 자력이 없는 경우가 많으며, 오염부지와 주변부지에 건축물이 밀집해 있어서 정화조치를 하는 것이 불가능하거나 곤란한 경우가 대부분이다. 건축물의 일부를 철거하고 정화조치를 취한 다음에 다시 철거된 부분을 건축하여야 할 경우에는 정화비용이 지나치게 증가함은 물론 건축물 사용 중단에 따른 막대한 손실마저 발생하기 때문에 토양오염을 둘러싼 이해당사자들 간의 환경갈등을 합리적으로 해결하는 일이 매우 어렵게 된다.

01 | K주유소 사건의 개요

S시 도심에 위치한 K주유소부지와 그 주변부지에서 2007년 및 2011년 두 차례에 걸쳐 유류에 의한 토양오염이 발견됨에 따라, K주유소부지와 주변부지의 과거 또는 현재의 소유자, 주변부지에서 과거 석유판매업을 영위한 자, S시 사이에서 여러 건의 민사소송, 형사소송, 행정소송이 제기되었다. 이 사건은 도심지 토양오염으로 인한 환경갈등의 대표적인 사례로서, 토양오염이 처음 발견된 2007년 이후 무려 7년이 경과한 현 시점에도 당사자들 및 지방정부 간의 환경갈등은 해소되지 않고 있다.[2)]

1) 1차 오염

甲은 자신 소유의 토지("제1토지")에 K주유소를 신축하기 위하여 2007년 3월경 터파기 공사를 하던 중 최초로 제1토지의 토양이 유류(TPH)에 의해 오염된 사실을 발견하였다(그림 15-1). 甲은 토양환경보전법이 정하는 바에 따라 관할 행정청인 S시에 신고하였고, 전문기관의 토양오염도검사를 통하여 오염도가 토양환경보전법상의 토양오염우려기준을 초과하므로 정화가 필요하다는 점을 확인하였다.

당시 제1토지의 토양오염의 원인은, 바로 옆에 붙어 있는 인접부지("제2토지")

그림 15-1 2007년 제1토지 신축공사 중 유류 오염발견

출처: 상기 사진은 필자 의뢰인으로부터 사용 동의를 받았음.

그림 15-2 각 토지의 위치도

출처: 상기 사진은 필자 의뢰인으로부터 사용 동의를 받았음.

의 토양오염이 제1토지로 직접 확산되거나 인접한 S시 소유 토지("제3토지")를 경유하여 간접적으로 확산된 것으로 추정되었다(그림 15-2). 제2토지의 오염은 1991년경부터 약 10여 년 동안 그 지상에서 乙과 丙이 순차적으로 석유판매업을 영위하는 과정에서 유류가 누출됨으로써 발생한 것이고, 오염발생 당시의 소유자 丁으로부터 2003년경 제2토지를 양수한 현재의 소유자 戊는 지하 유류탱크 일부와 오염토양을 그대로 둔 채 지상 4층 건물을 신축함으로써 토양오염이 제1토지로 확산되도록 방치한 것으로 추정되었다.

이에 S시는 오염된 부지의 양수인으로서 토양환경보전법상 오염원인자에 해당하는 戊에 대하여 제2토지는 물론 주변부지(즉, 제1토지와 제3토지)에 대한 토양정밀조사명령을 내렸다. 戊는 S시의 명령에 불복하여 행정소송을 제기하였으나 패소하였고, 결국 2009년 7~8월경 전문기관에 의뢰하여 제2토지와 제3토지에 대한 토양정밀조사를 실시한 후 S시에 보고서를 제출하였다. S시는 이를 토대로 戊에게 제2토지 및 제3토지에 대한 정화명령을 내렸다.

戊는 정화업체와 계약을 체결하고 정화를 하고자 하였다. 그러나 정화작업을 진행하던 정화업체가 제2토지의 실제 오염분포와 오염정도가 토양정밀보고서에 기재된 바와 현저하게 상이하다는 이유로 추가적인 정밀조사와 계약변경을 요구하면서 정화작업을 중단하였고, 그로 인해 실질적인 정화가 이루어지지 않았다.

한편 戊는 제1토지에서 발견된 오염을 처리하기는커녕 자신 소유의 제2토지에 대한 S시의 토양정밀조사명령에 대해서도 불복하고 행정소송을 제기하였다. 이에 甲은 주유소 신축공사의 지연을 피하기 위하여 부득이 S시의 승인을 얻어 자신의 비용으로 오염토양을 정화하고 주유소 신축을 완료하였다. 그 후 甲은, 토양환경보전법상 오염원인자로서 연대책임을 져야 할 乙, 丙 및 戊 등 3명을 상대로 정화비용 및 공사지연에 따른 영업손실을 구상하기 위한 손해배상청구소송을 제기하였다. 소송결과 甲은 乙에 대해서는 석유판매업 영위 당시 유류를 누출한 사실을 제대로 입증하지 못하여 패소하였고, 丙에 대해서는 전부 승소하였으나 무자력자여서 전혀 손해배상을 받을 수 없었으며, 다행히 戊에 대하여 일부 승소하여 정화비용 상당의 손해배상을 받을 수 있었다.

2) 2차 오염

甲은 K주유소를 준공하여 임대운영하던 중 토양환경보전법이 정하는 바에 따라 2010년 8월경 제1토지에 대한 토양오염도검사를 실시한 결과 유류오염으로 인한 부적합판정을 받았다.

S시는 甲의 임차인에게 제1토지에 대한 토양정밀조사명령을 내렸으나, 甲의 임차인이 불복하여 행정소송을 제기하였고, 제1토지의 오염원인이 K주유소 운영으로 인한 것이 아니고 제2토지의 토양오염이 확산된 것임이 밝혀졌다. 그에 따라 S시는 甲의 임차인에게 내렸던 토양정밀조사명령을 취소하는 한편, 제2토지 및 제3토지에 대한 기왕의 정화조치명령을 이행하지 않은 戊를 상대로 토양환경보전법 위반으로 형사고발하였다. 또한 S시는 2011년 10월경 새로운 정화기간내에 제2토지 및 제3토지를 정화하라는 2차 정화조치명령을 戊에게 통보하였다.

한편 甲은 자신의 비용으로 제1토지에 대한 토양정밀조사를 실시한 후 그 보고서를 S시에 제출하였으며, 이를 토대로 S시는 2011년 11월경 제1토지에 대한 정화조치명령도 戊에게 통보하였다.

그러나 戊는 제1토지, 제2토지 및 제3토지에 대한 S시의 정화조치명령을 전혀 이행하지 않았고, S시는 2012년 11월경 戊를 토양환경보전법 위반으로 다시 형사고

그림 15-3 제 1, 2, 3토지의 각 오염분포도

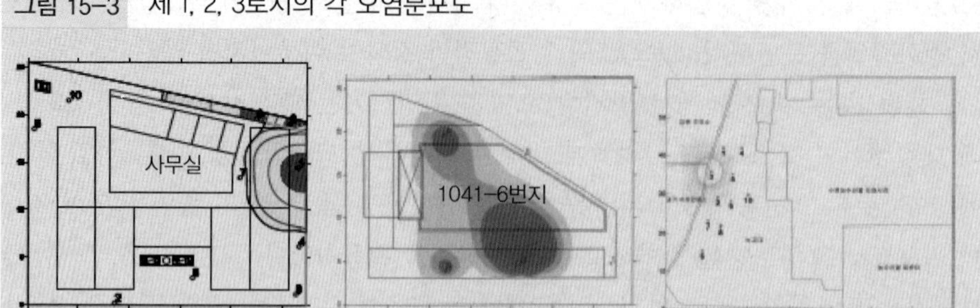

출처: 상기 그림은 필자 의뢰인으로부터 사용 동의를 받았음.

발하였다(그림 15-3).

甲은 2012년 3월경 1차 오염 당시 손해배상청구를 하였던 乙, 丙 및 戊 뿐 아니라, 제2토지에서 토양오염이 발생할 당시의 제2토지 소유자였던 丁과, 제2토지의 정화조치에 대한 지휘감독권 및 제3토지의 소유자로서 정화책임을 지는 S시에 대해서

표 15-1 부지 내 원위치 정화에 따른 비용산출

항목	예상금액 (천원)	비고
주입추출시스템 설치	60,000	10HP, PLC 패널, 수처리 등
관정(주입정, 추출정) 설치	42,000	이중상(MPE) 주입/추출정
배관 설치	23,000	배관 지중매설, Well Box 포함
전기공사	15,000	전력 승압공사 등
정화시스템 운영	73,000	초기 운영 3개월 상주 2회/주점검, 26개월 운영
약품비용	26,000	유류분해미생물, 영양염제(N.P), 산화제
정화모니터링	26,000	1회/3개월, 7공/1회, 9회 실시
시스템 철거/원상복구	55,000	장비, 관정, 배관, 설치비용의 40%
합계	336,000	

• 지중차단벽 설치 공사비 95,000,000원 제외
• 영업손실 제외

출처: 상기 내용은 필자 의뢰인으로부터 사용 동의를 받았음.

까지 제1토지의 정화비용 및 정화기간 중의 영업손실을 상환받기 위한 손해배상청구소송을 제기하였다. 甲이 청구한 손해배상액은 부지내 원위치 정화에 따른 비용과 추가 오염을 방지하기 위한 차단벽 설치비용, 그리고 정화공사기간 중의 영업손실액을 포함하여 10억 원에 달하였다(표 15-1).

02 | 각 이해당사자의 책임

이 사례에 있어서 乙, 丙, 丁, 戊 및 S시 가운데 어느 누구도 제1토지의 토양오염에 대하여 법적 책임이 없다고 하기 어렵다. 그러나 모든 당사자들이 제1토지의 토양오염에 대한 정화책임을 부인하고 회피함에 따라 당사자들 간의 갈등은 토양오염이 처음 발견된 후 7년이 넘도록 해소되지 않고 있다.

한편 2007년 1차 오염 발견 당시와 같이 제1토지가 나대지 상태인 때에는 정화비용이 수천만 원 정도에 불과하였다. 그러나 2011년 2차 오염 발견 당시에는 제1토지에 주유소 지하시설이 설치되어 있기 때문에 그 일부를 철거하지 않고는 오염토양의 정화가 기술적으로 곤란하고, 정화기간이 장기화됨에 따라 甲에게 막대한 영업손실이 발생하게 되었다. 즉, 이 사례의 당사자들이 1차 오염 발견 당시에 적절한 조치를 취했더라면 2차 오염을 예방하거나 줄일 수 있었음에도 불구하고 이를 소홀히 함으로써 문제를 키운 것이다. 보다 근본적으로는 戊가 2003년에 제2토지를 매수하여 4층 건물을 신축할 당시에 토양오염을 인지한 상태에서 그로 인하여 발생할 수 있는 미래의 환경갈등을 해소하기 위하여 필요한 조치를 취하지 않고 이를 콘크리트로 덮어 은폐한 채 지상 건물을 세움으로써 문제의 해결을 더욱 어렵게 만든 것이다.

1) 실제 오염원인자(乙과 丙)의 책임

乙은 1991년 7월경부터 1994년 4월경까지 丁으로부터 제2토지를 임차하여 석유판매업을 영위하면서 그 지하에 허가받은 용량을 훨씬 초과하는 유류탱크를 설치·운영하였다. 丙은 1994년 4월경 乙로부터 사업을 양수하여 2001년경까지 석유판매업을 영위하였으나 사업규모는 乙에 훨씬 미치지 못하였다.

제2토지 및 그 주변토지(즉, 제1토지 및 제3토지)에 대하여 실시된 토양정밀조사 보고서와 손해배상청구소송에서의 감정보고서에 의하면, 이 사건 제1토지의 토양오염은 석유판매업을 운영하였던 제2토지 내에 잔류하던 유류물질이 토양 내에 흡착되어 있었거나 지속적으로 주변 부지로 확산되어 발생한 것이라고 분석되었다. 丙이 석유판매업을 영위하던 1997년경 수원소방서로부터 불법유류탱크 설치와 유류 주입구의 불법설치로 단속되었던 점 등에 비추어 볼 때, 제2토지의 토양오염이 석유판매업을 영위하던 기간 중에 발생하였다는 사실에는 의문이 없다.

따라서, 乙과 丙은 「토양환경보전법」상의 오염원인자 가운데 "토양오염물질을 토양에 누출·유출시키거나 투기(投棄)·방치함으로써 토양오염을 유발한 자"(토양환경보전법 제10조의4 제1호)에 해당한다고 보아야 한다.

그런데 乙은 허가받은 용량을 초과하는 유류탱크를 직접 지하에 설치하고, 丙에 비해 훨씬 큰 규모로 사업을 영위하였음에도 불구하고 법령위반으로 처벌을 받은 사실이 없다는 사실을 앞세워 자신이 제2토지에서 석유판매업을 영위하던 기간 중에는 토양오염이 일절 발생하지 않았다고 주장하였다. 또한 자신은 토양환경보전법이 제정된 1995년 이전에 이미 제2토지에서 석유판매업을 종료하였으므로 토양환경보전법상의 책임을 질 수 없다고 주장하였다.

즉, 乙은 현재의 과학기술 수준으로는 제2토지의 토양오염이 1994년 이전에 발생한 것인지 그 이후에 발생한 것인지를 밝힐 수 없다는 한계를 이용하여 토양오염의 모든 책임을 丙에게 전가하려고 한 것이다.

丙은 乙과 같은 주장을 할 수도 있었다. 즉 비록 자신이 제2토지에서 석유판매업을 영위하던 기간 중에 불법 유류탱크가 적발되어 처벌을 받은 적이 있으나 그 시설은 乙이 설치한 것이며, 자신은 乙에 비해 훨씬 작은 규모로 사업을 영위하였기 때문에 제2토지의 오염의 전부 또는 대부분은 乙이 석유판매업을 영위하던 기간 중에 발생하였다는 주장이 그것이다. 만약 丙이 이와 같이 주장할 경우 甲이 乙과 丙 가운데 누가 실제 오염원인자인지를 입증하기란 거의 불가능하다. 다만 丙은 1차 오염 및 2차 오염 관련 소송에서 그와 같은 주장을 하지 않고 아무런 대응도 하지 않았는 바 甲의 丙에 대한 손해배상청구가 인용되었다. 그러나 丙은 무자력자이므로 甲에게는 실질적으로 아무런 도움이 되지 못하였다.

2) 오염 당시의 토지소유자(丁)의 책임

丁은 제2토지의 소유자로서 乙과 丙에게 순차적으로 제2토지를 임대하여 석유판매업을 영위하도록 하다가 2003년 7월경 이미 토양오염이 발생한 상태에서 제2토지를 戊에게 양도하였다.

제1토지의 토양오염은 丁이 제2토지를 戊에게 양도하기 이전에 상당히 진행되었을 것이므로, 「토양환경보전법」상의 오염원인자 가운데 "토양오염의 발생 당시 토양오염의 원인이 된 토양오염관리대상시설을 소유·점유 또는 운영하고 있는 자"(토양환경보전법 제10조의 4 제2호)에 해당한다고 보아야 한다.

「토양환경보전법」 제10조의 4 제2호는 丁과 같이 "토양오염의 발생 당시 토양오염의 원인이 된 토양오염관리대상시설을 소유·점유 또는 운영하고 있는 자"를 오염원인자로 정하여 토양오염으로 인한 피해배상 및 정화책임을 부담하도록 규정하였다. 위 규정의 취지는, 이 사례의 경우와 같이 직접적인 토양오염 유발행위를 하지 않았더라도 토양오염관리대상시설을 임대하는 등 간접적으로 점유하면서 이득을 취한 자에게도 토양오염에 대한 책임을 부담하도록 하기 위한 것이다. 이는 다른 사람에게 자기 소유의 토지 사용을 허용한 경우 폐기물이 버려지거나 매립된 토지의 소유자에게 폐기물처리책임을 지우고 있는 「폐기물관리법」의 입법례(1998년 8월 9일자로 시행된 구 폐기물관리법이 이와 같은 임대인의 방치폐기물 처리책임을 도입한 후 현행 폐기물관리법 제48조 제3호가 이를 규정하고 있다)를 따른 것이다.

특히 丁이 2003년경 戊에게 제2토지를 매도하면서 丁이 지상건물을 철거하기로 하였고, 그에 따라 戊가 소개한 철거업자들을 고용하여 지상건물을 철거한 점, 석유판매취급소 용도폐지 신고가 丁의 명의로 이루어진 점 등을 종합하여 볼 때, 丁은 그 당시 제2토지의 오염사실을 이미 알고 있었거나 충분히 알 수 있었다고 할 것인데, 이를 방치한 채 그대로 戊에게 제2토지를 매도한 잘못이 있다.

문제는 제2토지의 토양오염이 제1토지로 확산된 시점이 丁이 戊에게 제2토지를 양도한 2003년 이후인 경우에 과연 甲이 丁을 상대로 정화비용의 상환을 청구할 수 있느냐는 것이다. 토양환경보전법상 丁은 자신이 제2토지를 소유하고 있었던 기간 중에 발생한 토양오염에 대해서는 정화책임 및 손해배상책임을 지므로 제2토지의 오염에 대하여 책임을 져야 한다. 또한 丁이 이를 정화하지 않음으로써 그 이후에 오염이 제1토지로 확산되었다면 丁은 제1토지로 확산된 토양오염에 대해서도 정화책임 및 손해배상책임을 진다고 보아야 할 것이다.

3) 오염부지 양수인(戊)의 책임

戊는 2003년 7월경 丁으로부터 제2토지를 매수한 후 그 지상에 4층 건물을 축조하여 현재까지 소유하고 있다. 그런데 戊는 2003년 7월경 丁으로부터 제2토지를 매수하여 그 지상에 4층 건물을 신축하는 과정에서 제2토지에 있었던 유류저장탱크를 직접 철거하였다. 따라서 戊는 제2토지의 토양이 심하게 오염된 사실 및 이로 인하여 주변부지의 토양을 오염시킬 수 있다는 사실을 알았거나 알 수 있었다. 그러나 戊는 토양오염이 직접 또는 제3토지를 통하여 제1토지로 확산되는 것을 방지하지 않고, 토양오염을 은폐한 채 그 위에 건물을 신축함으로써 제1토지로 오염이 확산되는 것을 방치하였다. 이는 토양오염물질을 제1토지의 토양에 누출·유출시키거나 투기·방치하는 행위에 해당하며, 더욱이 2차 오염은 戊가 S시로부터 제1토지 및 제2토지 등에 대하여 토양정밀조사 및 오염토양 정화조치명령을 받고도 장기간 미이행함으로써 추가로 발생한 것이라고 볼 수 있다. 따라서 戊는 제1토지의 오염과 관련하여 토양환경보전법상의 오염원인자 가운데 "토양오염물질을 토양에 누출·유출시키거나 투기(投棄)·방치함으로써 토양오염을 유발한 자"(「토양환경보전법」 제10조의 4 제1호)에 해당한다고 볼 수 있다.

그렇지 않다 하더라도 戊가 토양환경보전법상의 오염원인자 가운데 "토양오염관리대상시설을 양수한 자"(「토양환경보전법」 제10조의 4 제3호)에 해당한다는 데는 의문의 여지가 없다. 이 경우 戊는 제2토지의 토양오염을 직접 야기하지는 않았지만 제2토지의 토양오염에 대하여 정화책임 및 손해배상책임을 지게 된다. 다만, 이 경우에 戊가 자신이 제2토지를 양수하기 이전에 제2토지의 토양오염이 주변부지로 확산된 부분에 대해서까지 정화책임 및 손해배상책임을 진다고 보기는 어렵다.

이 사례에서 戊는 제1토지의 2차 오염에 대한 정화비용 및 영업손실 등의 손해배상책임을 회피하기 위하여 2차 오염이 자신이 제2토지를 양수한 2003년 이전에 발생한 것이라고 주장하였다.

4) 관할 행정청(S시)의 책임

S시는 질서유지행정의 주체(행정청)로서 2007년경 제1토지에서 1차 오염이 발견된 이후 오염원인자를 찾아 신속하게 정화명령을 내리고 이를 이행하지 않을 때에는 대집행절차를 통해 직접 정화조치를 하는 등 토양오염으로 인한 위해를 예방하고 제거해야 할 책무를 진다. 그러나 S시 그와 같은 책무를 제대로 이행하지 않음으로써 당사자들 간의 환경갈등이 7년 동안 계속되는 결과를 초래하였다.

더욱이 제2토지의 오염이 S시 소유의 제3토지를 오염시키고, 그 오염이 제1토지로 확산되고 있으므로, 이 사건에 있어서 S시는 단지 질서유지행정의 주체로서의 지위뿐만 아니라 제1토지의 제3토지로부터 확산된 부분에 대해서는 오염원인자로서의 지위도 겸한다고 볼 수 있다. 즉, S시는 적어도 제3토지의 오염 및 제1토지에로의 확산가능성을 알게 된 2007년 이후에는 제1토지의 토양오염과 관련하여 토양환경보전법상의 오염원인자 가운데 "토양오염물질을 토양에 누출·유출시키거나 투기(投棄)·방치함으로써 토양오염을 유발한 자"(「토양환경보전법」 제10조의 4 제1호)에 해당한다고 할 것이다. 또한 현재도 지속적으로 오염물질이 제3토지를 경유하여 제1토지로 확산되고 있으므로, 「토양환경보전법」상의 오염원인자 가운데 "토양오염의 발생 당시 토양오염의 원인이 된 토양오염관리대상시설을 소유·점유 또는 운영하고 있는 자"(「토양환경보전법」 제10조의 4 제2호)에도 해당한다고 볼 수 있다.

03 | 환경갈등 해소의 어려움

1) 형사소송과 민사소송의 상반된 결론

제2토지의 현재의 소유자인 戊가 제1토지, 제2토지 및 제3토지에 대한 정화명령을 이행하지 않자 S시가 戊를 토양환경보전법 위반으로 고발하였다. 형사소송에서, 법원은 제2토지에 관한 「토양환경보전법」 위반에 대하여는 戊가 「토양환경보전법」 제10조의 4 제3호에 따른 오염원인자에 해당하므로 유죄라고 인정하였다. 그러나 제1토지 및 제3토지에 관하여는 戊가 「토양환경보전법」 제10조의4 제1호에 해당하는지와 관련하여, 법원은 "토양오염의 원인이 되는 물질을 방치함으로써 토양오염을 유발시킨 자는 이에 해당한다고 할 것이지만, 이미 오염된 토양을 정화하지 않고 방치하는 행위는 그 행위로 인하여 새로운 토양오염을 유발시키지 않는 이상 이에 해당한다고 할 수 없다"고 전제한 후, "戊가 2003년경 丁으로부터 이 사건 제2토지를 매수한 후 소유권이전등기를 마칠 당시 이 사건 제2토지에서 흘러나온 오염물질로 이 사건 제1토지 및 제3토지가 이미 오염된 사실을 인정할 수 있을 뿐, 달리 검사가 제출한 증거만으로는 피고인이 새로운 토양오염을 유발하였다고 보기 부족하고, 달리 이를 인정할 증거가 없다"는 이유로 무죄를 선고하였다.

반면 제1토지의 소유자인 甲이 戊 등을 상대로 제기한 민사소송에서는 1심법원이 戊의 제1토지의 정화비용 및 정화기간 중의 영업손실에 대한 손해배상책임을 인정하였다.

이처럼 동일한 사안에 대하여 법원이 형사소송과 민사소송에서 戊가 제1토지에 대한 「토양환경보전법」상의 오염원인자에 해당하는지 여부를 달리 판단한 것은 아래에서 보는 바와 같이 형사소송과 민사소송의 입증책임의 법리의 차이에서 생긴 결과이다. 또한 토양오염으로 인한 환경갈등에 있어서 사실관계의 입증이 얼마나 어려운지를 보여 주는 일례라고 할 수 있다.

형사소송은 실체적 진실발견과 엄격한 죄형법정주의를 근본이념으로 삼고 있고 범죄사실에 대한 입증책임은 검사에게 있다. 특히 '의심스러울 때에는 피고인에게 유리하게'라는 원칙이 적용되기 때문에 검사가 '합리적인 의심이 없을 정도'로 인과관계를 입증할 것이 요구된다. 반면에 공평의 원칙에 따라 손해배상의 문제로 귀결되는 민사소송의 경우에는 형사소송에 비하여 입증의 정도가 완화되는 경향이 있다. 이 사건과 같이 토양오염 등 환경오염으로 인한 손해배상을 청구하는 소송에서는 손해의 원인을 찾기 위하여 고도의 자연과학적 지식이 필요하다는 점, 손해발생의 원인에 대한 증거가 가해자에게 편재되어 있는 경우가 많고 이에 대한 가해자의 협조를 받기가 어렵거나 가해자가 원인을 은폐할 염려가 있는 점 등으로 인하여 피해자에게 가해행위와 손해발생 사이의 인과관계에 대한 엄격한 증명을 요구한다면 환경오염으로 인한 사법구제를 사실상 거부하는 결과를 초래할 수 있다. 따라서 법원은 이러한 특성을 고려하여 인과관계에 대한 피해자의 입증책임을 다소 완화하고 있다. 이와 같이 형사소송과 민사소송에서 요구되는 인과관계에 대한 입증의 정도가 상이하기 때문에 동일한 사실관계에 대하여 상반된 판단이 생길 수 있다.

2) 인과관계 입증 실패로 인한 부당한 결론

이 사건에 있어서 궁극적으로 법적 책임을 져야 할 사람은 실제 오염원인자일 개연성이 높은 乙과 丙이라고 할 수 있다. 丁과 戊, 그리고 S시가 「토양환경보전법」에 따른 오염원인자에 해당하여 甲에게 손해배상책임을 지게 될 경우에도 그들은 다시 실제 오염원인자인 乙과 丙을 상대로 구상권을 행사할 수 있을 것이기 때문이다.

그런데 이 사건 민사소송에서 乙은 "불법으로 유류저장시설 매립하거나, 운영 당시 기름유출된 사실이 없으며, 정상적으로 허가를 받아 유류탱크를 매설하였고, 정상적인 영업을 하다가 이를 양도하였다."고 하면서 자신은 제2토지에서 석유판매업을 영위하던 기간 중에 토양을 오염시킨 사실이 전혀 없다고 주장하였다. 법원은 원고인 甲이 이를 뒤집는 사실관계를 입증하지 못하였다는 이유로 甲의 乙에 대한 손해배상청구를 기각하였다.

甲은 ① 乙이 제2토지에서 석유판매업을 영위하는 동안에 소방법상 요구되는 설치허가를 받지 않고 불법으로 지하 유류탱크를 설치·운영하였고, 건축법에 따른 건축동의 및 석유사업법에 따른 석유판매업 신고를 하지 않았으며, 지하 유류탱크를 설치하는 경우 탱크로부터 위험물이 새는 것을 검사하기 위하여 누유검사관을 설치하여야 함에도 불구하고 乙이 누유검사관을 설치하지 않았을 뿐만 아니라 위 석유판매업을 운영하는 동안 지하저장탱크의 누유검사를 전혀 하지 않은 사실, ② 乙의 사업기간이 4년으로 丙의 사업기간 6년보다는 짧지만 석유류 취급 및 판매량은 훨씬 많았던 사실, ③ 乙이 丙에게 사업을 양도한 이후에 인근 장소에서 경쟁사업을 하면서 법령 위반행위를 저지른 사실 등을 주장·입증하였음에도 불구하고, 법원은 이러한 사실만으로는 乙이 제2토지의 토양오염을 일으켰음을 인정하기에 부족하다고 판단한 것이다.

그러나 乙과 丙이 동일한 장소에서 동일한 시설을 이용하여 순차적으로 10년 이상의 기간에 걸쳐 토양오염의 원인이 된 사업(석유판매업)을 영위하였는데, 토양오염이 어느 한 당사자의 사업기간 중에만 발생하였다고 판단하는 것은 상식 및 경험칙에 부합하시 않는다. 또한 피해자인 甲에게 이미 과거가 되어버린 乙의 행위를 엄격하게 입증하라고 요구하는 것은 지나치게 가혹하여 부당하다고 할 수 있다.

乙이 실제로 토양오염을 유발했는지 또는 토양오염을 방지하기 위해 충분한 조치를 취하였는지 여부는 乙이 가장 잘 알고 있다고 할 것이다. 따라서 피해자인 甲

에게는 乙의 사업기간 중에 토양오염이 발생할 수 있었다는 개연성 정도만 입증하면 인과관계(즉, 乙이 오염물질을 유출하였고 그로 인하여 갑에게 피해가 발생하였다는 사실)가 추정되도록 하고, 乙로 하여금 그와 같은 인과관계의 추정을 배제하기 위한 사실(즉, 자신의 사업기간 중에 오염물질이 유출되지 않았다거나, 설령 오염물질의 유출로 제2토지가 오염되었다고 하더라도 그 오염물질이 제1토지로 확산되지 않았다는 사실)을 입증하도록 하는 것이 형평에 부합한다고 할 수 있다.

3) 부실한 토양정밀조사로 인한 혼란

위에서 본 바와 같이 1차 오염 및 2차 오염이 발견된 이후 S시는 戊를 오염원인자로 보고 제2토지는 물론 그 주변부지(즉, 제1토지와 제3토지)에 대해서도 토양정밀조사명령 및 정화명령을 내렸다. 그러나 戊는 제2토지와 제3토지의 토양정밀조사를 각각 다른 전문업체에 의뢰하여 수행하였고, 제1토지에 대한 토양정밀조사는 수행하지 않았다. 이에 甲이 자신의 비용으로 제2토지의 토양정밀조사를 수행한 전무업체에 의뢰하여 토양정밀조사를 하였다. 그런데, [그림 15-3]에서 보는 바와 같이 3건의 토양정밀조사보고서는 각 토지의 오염분포와 오염도가 서로 부합할 수 없는 이상한 결과를 보여 주고 있다. 이러한 결과는 戊가 자신의 정화책임을 회피하거나 축소하기 위하여 제2토지의 토양정밀조사를 부실하게 하거나 왜곡시켰기 때문으로 의심된다.

이 사건 민사소송에서 1심법원이 甲의 신청을 받아들여 감정인을 선임하였으나 감정인 역시 제2토지에 대한 토양정밀조사를 추가로 수행하지 않고, 제1토지와 제3토지 일부에 대해서만 추가 조사를 한 채 감정보고서를 작성하여 법원에 제출하였다. 그로 인하여 제1토지의 오염이 제2토지로부터 직접 또는 제3토지를 경유하여 확산된 것인지 여부, 오염의 확산이 과거 어느 시점(예컨대, 戊가 제2토지를 매수한 2003년)에 중단되었는지 또는 지금도 계속되고 있는지, 제1토지의 오염분포와 오염도가 어떤지를 정확하게 밝히지 못하였다. 그 결과 제1토지의 토양오염을 제거하고 추가적인 토양오염을 방지하기 위해 소요되는 비용과 기간을 제시하는 데에도 실패하였다.

결국 이 사건에서 3건의 토양정밀조사와 1건의 법원감정을 위해 많은 비용이

지출되었음에도 불구하고 당사자들 간의 환경갈등을 해소하기 위해 필요한 신뢰도 높은 전문가의 의견은 아직 확보되지 않았다.

S시는 제1토지에서 2차 오염이 발견된 이후 토양정화 관련 전문가 회의를 열었다. 전문가 회의에서는 '이 사건의 경우 건물 등 지장물의 영향으로 기존 토양정밀조사로는 정확한 오염범위의 파악이 어려움을 지적하면서, 이 사건 토양오염 문제의 궁극적 해결을 위해서는 제2토지 및 주변부지(즉, 제3토지 및 제1토지)에 대한 토양정밀조사를 다시 수행함으로써 정확하게 오염현황을 파악하고 그 결과를 토대로 실시설계 등을 진행하여야 할 것이고, 어느 한 부지가 아닌 3개의 부지에 대한 정화가 동시에 이루어져야 한다'는 결론을 내렸다. 그러나 S시는 시 예산상의 이유로 대집행 등 필요한 조치를 취하지 못하였다.

4) 비용증가로 인한 환경갈등의 증폭

이 사건 민사소송에서 甲은 오염원인자들을 상대로 10억 원의 손해배상청구를 하였다. 1차 오염은 제1토지에 주유소를 신축하는 과정에서 발견되었기 때문에 오염토양을 외부로 반출하고 공사를 진행하는 것이 가능하여 수천만 원으로 분쟁이 해결될 수 있었다. 반면 2차 오염이 발견될 당시에는 제1토지에 이미 주유소가 들어서서 운영 중이었고 지하에는 저장시설을 비롯한 각종 구조물이 설치되어 있었기 때문에 [표 15-1]에서 보는 바와 같이 직접적인 정화비용을 훨씬 초과하는 부대시설 비용이 발생하고 정화기간 중에 주유소 영업을 제대로 하지 못함에 따라 엄청난 규모의 영업손실이 발생하게 된 것이다.

이처럼 손해가 확대된 근본적인 원인은 오염원인 제2토지의 소유자인 戊가 2003년에 토지를 매수하여 건물 신축공사를 할 때 토양오염 사실을 확인하고도 이를 처리하지 않고 은폐하였고, 2007년에 인접 토지인 제1토지로 오염이 확산된 사실을 알고도 제2토지를 정화하지 않음으로써 오염확산이 계속 진행되도록 방치했기 때문이다. 그러므로 戊에게 그에 상응하는 책임을 지우는 것이 마땅하겠지만, 손해배상규모가 개인이 부담하기에는 지나치게 크다는 점이 실질적으로 이 사건 분쟁해결을 어렵게 하는 가장 중요한 이유라고 볼 수 있다.

04 | 환경갈등 해소방안

이 사건과 같은 토양오염 분쟁으로 인하여 당사자들 간에 발생하는 환경갈등을 효과적으로 해소하기 위해서는 아래와 같은 방안들이 필요하다고 본다.

첫째, 입증책임의 전환이 필요하다. 「토양환경보전법」 제10조의 3 제2항은 "오염원인자가 둘 이상인 경우에 어느 오염원인자에 의하여 제1항의 피해가 발생한 것인지를 알 수 없을 때에는 각 오염원인자가 연대하여 배상하고 오염토양을 정화하여야 한다"고 규정하고 있어서 2인 이상이 순차적으로 토양오염을 유발한 경우에 연대책임을 인정하고 있다. 그러나 이 사건에서 乙과 丙이 이 조항에 따른 연대책임을 진다고 하기 위해서는 최소한 乙과 丙이 각각 오염원인자에 해당한다는 점(즉, 각자 제2토지에서 석유판매업을 영위할 당시에 오염물질을 유출한 적이 있다는 사실)을 甲이 입증하여야 한다는 난점이 있다. 현재 입법절차가 진행 중인 환경오염피해 배상책임 및 구제에 관한 법률안이 규정하고 있는 바와 같이, 환경오염피해를 유발하는 시설이 피해 발생의 원인을 제공한 것으로 볼 만한 상당한 개연성이 있는 경우에는 인과관계를 추정하도록 함으로써 입증책임을 전환할 필요가 있다.

둘째, 행정기관의 적극적 개입이 필요하다. 이 사건에 있어서 가장 중요한 환경갈등 해소방안은 제1토지, 제2토지 및 제3토지의 토양오염상황을 종합적으로 정확히 조사하여 오염을 제거하고 향후 추가적인 오염이 발생하지 않도록 하는 방안을 도출해 내는 것이다. 오염원인자에게 조사를 맡겨서는 이와 같은 목적을 달성할 수 없으므로 질서유지행정의 주체인 S시가 행정대집행절차에 따라 직접 토양정밀조사를 한 후 그 결과에 따라 정화책임자를 확정하고, S시의 대집행비용도 상환하도록 하는 방안을 취하여야 한다.

셋째, 대안적 분쟁해결수단(Alternative Dispute Resolution)의 활용이 필요하다. 토양오염으로 인한 분쟁해결은 고도의 전문성을 요구하는 분야이므로, 법원의 소송절차가 아닌 전문적 분쟁해결기구를 활용하는 것이 환경갈등 해소에 도움이 될 수 있다. 환경분쟁조정법에 따라 설치·운영중인 중앙환경분쟁조정위원회가 좋은 대안이 될 수 있다. 또한 2015년 3월 25일부터 시행되는 개정 「토양환경보전법」 제10조의9에 따라 설치될 토양정화자문위원회도 토양오염으로 인한 환경갈등을 해소하기 위해 중요한 역할을 수행할 것으로 예상된다.

넷째, 위해성평가제도의 확대시행이 필요하다. 우리나라의 현행 토양오염규제는 일정한 수치(즉, 토양오염우려기준)를 초과하는 토양오염이 발견된 때에는 반드시 그 수치 이내로 정화하도록 하는 것이다. 그러나 토양오염물질의 종류와 오염의 정도, 그리고 오염된 부지의 이용현황 등을 고려할 때, 기준치를 초과하는 토양오염이 환경 또는 인체에 미치는 위해성이 크지 않을 경우에는 정화조치를 유예하거나 다른 예방조치를 취하도록 하는 방안을 고려하는 것이 보다 합리적인 환경정책이 될 수 있다. 이 사건의 경우에도 위해성평가를 토대로 향후 제1토지, 제2토지 및 제3토지의 용도변경으로 토지 굴착공사를 할 때까지 정화조치를 유예할 수 있다면 당사자들 간의 환경갈등을 해소할 수 있는 가능성이 훨씬 높아질 것이다.

주 | 요 | 개 | 념

대안적 분쟁해결수단
손해배상
오염원인자
위해성평가제도
입증책임의 전환
정화책임
토양오염
토양오염관리대상시설
토양오염물질
토양오염우려기준
토양오염정밀조사
토양환경보전법

미 주

1) 미국 러브캐널 사건은 미국 연방법원의 판결문에 서술된 사실관계에 기초하여 필자가 재작성하였으며, http://www.epa.gov; https://infogr.am/Love-Canal-1890-2에서 사진 인용함.

2) K주유소 사건은 필자가 환경갈등의 실제 사례를 논의하기 위해 정리한 내용으로 일부 내용은 의뢰인으로부터 교재에 활용할 수 있음을 동의받았음.

참 고 문 헌

http://www.epa.gov

https://infogr.am/Love-Canal-1890-2

http://www.anp-archief.nl

색 인

ㄱ

ㄹ

ㅁ

ㅂ

ㅇ

☙ 공저자 약력 ❧

권용우

현 성신여자대학교 지리학과 명예교수
서울대학교 문리과대학 지리학과(문학사)
서울대학교 대학원 지리학과(문학석사/문학박사)
미국 Minnesota대학교, Wisconsin대학교 객원교수
국토지리학회장, 대한지리학회장, 한국도시지리학회장
국토해양부·환경부 국토환경관리정책조정위원회 위원장, 경제정의실천시민연합 도시개혁센터 운영위원장/대표

김세용

현 고려대학교 건축학과 교수
고려대학교 건축공학과(공학사)
서울대학교 환경대학원(조경학석사)
미국 Columbia대학교 대학원(건축학석사)
고려대학교 대학원 건축학과(공학박사)
현 미국 Columbia대학교 Adjunct Professor, 미국 Columbia대학교, 호주 Sydney대학교 객원교수, 미국 Harvard대학교 Fulbright Fellow
현 대통령직속 국가건축정책위원회 위원

김영

현 경상대학교 도시공학과 교수
고려대학교 건축공학과(공학사)
미국 뉴욕주립대학교(SUNY) 건축및계획대학 건축과(건축학석사)
고려대학교 대학원 건축학과(공학박사)
영국 Liverpool대학교 대학원 도시계획학과(도시계획학박사, Ph.D.)
영국 Liverpool대학교 객원교수, 호주 건강도시교육과정 이수
현 한국도시행정학회 부회장, 현 한국주거환경학회 수석부회장, 한국지역개발학회 부회장
현 국무총리실 도시재생특별위원회 위원, 현 경남지역살리기포럼 상임공동대표, 보건복지부 건강도시포럼 회원

김지희

현 법률사무소 이제 변호사
고려대학교 법과대학 법학과(법학사)

김현선

현 김현선디자인연구소 대표

서울대학교 생활과학대학(학사)

서울대학교 환경대학원(환경조경학석사)

일본 동경예술대학(미술학박사)

한국경관학회 부회장, 여성디자이너리더쉽네트워크 부회장

국토교통부 중앙건설기술심의위원회 위원, 대통령직속 국가건축정책위원회 위원, 아시아 디자인어워드 그랑프리수상, 세계학술심의회 국제그랑프리 예술부문수상

김형태

현 한국개발연구원(KDI) 연구위원

서울대학교 사회과학대학 지리학과(문학사)

서울대학교 환경대학원 환경계획학과(도시및지역계획학석사)

미국 Washington대학교 대학원 도시계획학과(도시계획학박사, Ph.D.)

세계은행(World Bank) 컨설턴트

현 미국 George Washington대학교 방문학자

박상열

현 법률사무소 이제 대표 변호사

서울대학교 법과대학(법학사)

미국 Columbia대학교 법과대학(LLM, Master of Laws)

한국지하수토양환경학회 부회장, 환경법학회 부회장, 국가지속가능발전위원회 위원

현 환경부 고문변호사, 현 중앙환경분쟁조정위원회 위원, 현 서울지방변호사회 전공별 커뮤니티 환경분과위원장, 현 한국환경한림원 정회원

박양호

현 창원시정연구원 원장

서울대학교 문리과대학 지리학과(문학사)

서울대학교 환경대학원(도시계획학석사)

미국 California대학교(Berkeley) 대학원(도시및지역계획학박사, Ph.D.)

홍익대학교 스마트도시과학경영대학원 교수

국토연구원 원장, 한국지역학회장

아태지역개발기구(EAROPH) 회장, 국민경제자문회의 위원, 지역발전위원회 위원, 국토정책위원회 위원

박정재

현 서울대학교 지리학과 부교수

서울대학교 사회과학대학 지리학과(문학사)

미국 California대학교(Berkeley) 대학원 지리학과(Ph.D.)

박지희
현 성신여자대학교 지리학과/교양교육대학 강사
성신여자대학교 사회과학대학 지리학과(문학사)
성신여자대학교 대학원 지리학과(문학석사/문학박사)

유근배
현 서울대학교 지리학과 교수
서울대학교 사회과학대학 지리학과(학사)
서울대학교 대학원 지리학과(석사)
미국 Georgia대학교 대학원 지리학과(Ph.D.)
현 국토지리학회장, 현 연안공간학회장, 한국GIS학회장
창조강원포럼 회장

유환종
현 명지전문대학 지적학과 교수
서울대학교 사회과학대학 지리학과(문학사)
서울대학교 대학원 지리학과(문학석사/문학박사)
스웨덴 Göteborg대학교 객원교수

이건원
현 목원대학교 건축학부 조교수
고려대학교 문과대학 한국사학과(문학사)
고려대학교 공과대학 건축공학과 수료(복수전공)
고려대학교 대학원 건축학과(공학석사/공학박사)
한국도시설계학회 학술위원

이상문
현 협성대학교 도시공학과 교수
서울대학교 조경학과(학사)
서울대학교 대학원(공학박사, 도시환경설계 전공)
미국 James Madison대학교 방문교수
대한국토도시계획학회, 한국도시설계학회, 한국조경학회 이사
현 국토교통부 토지이용규제평가단 위원, 환경부 중앙환경보전자문위원회 위원, 신행정수도 건설자문위원회 위원

전상인
현 서울대학교 환경대학원 교수
연세대학교 정치외교학과(정치학사)
연세대학교 대학원 정치외교학과(정치학석사)
미국 Brown대학교 대학원 사회학과(사회학석사/박사, Ph.D.)
한림대학교 사회학과 교수
미국 Washington대학교 방문교수
한국미래학회 회장

정성진

현 경상대학교 경제학과 교수

서울대학교 사회과학대학 경제학과(경제학사)

서울대학교 대학원 경제학과(경제학석사/경제학박사)

미국 Massachusetts대학교(Amherst) 객원교수

한국사회경제학회장

한화진

현 한국환경정책 · 평가연구원 선임연구위원

고려대학교 이과대학 화학과(이학사)

고려대학교 대학원 화학과(이학석사)

미국 California대학교(UCLA) 대학원(물리화학박사, Ph.D.)

영국 Cambridge대학교 Duke of Edinburgh Fellowship

한국여성과학기술단체총연합회 부회장, 환경부 지속가능발전위원회 위원, 국회 기후변화포럼 이사

현 녹색성장위원회 위원, 중앙환경정책위원회 위원, 기후변화학회 이사, 한국환경한림원 정회원

홍준형

현 서울대학교 행정대학원 교수

서울대학교 법과대학(법학사)

서울대학교 대학원 법학과(법학석사)

독일 Göttingen대학교 대학원 법학박사(Dr.iur.)

독일 Berlin자유대학교 한국학과 초빙교수/한국학연구소장

현 한국학술단체총연합회 이사장, 한국공법학회장, 한국환경법학회장

현 국토교통부 댐 사전검토협의회 위원장, 중앙환경분쟁조정위원회 위원, 환경정의 정책기획위원장

황기연

현 홍익대학교 도시공학과 교수/첨단교통연구센터 소장

연세대학교 사회과학대학 행정학과(행정학사)

미국 Oregon대학교 대학원(도시계획학 석사)

미국 Southern California대학교 대학원(도시및지역계획학박사, Ph.D.)

한국교통연구원 원장, 도시정책학회장, 대한교통학회 상임이사

현 국토정책위원회 위원, 현 서울시교통위원회 위원, 현 카셰어링포럼 공동대표

도시와 환경

초판인쇄 2015년 8월 1일
초판발행 2015년 8월 15일

지은이 권용우 외
펴낸이 안종만

편 집 김선민 · 배근하
기획/마케팅 최봉준
표지디자인 홍실비아
제 작 우인도 · 고철민

펴낸곳 (주) 박영사
서울특별시 종로구 새문안로3길 36, 1601
등록 1959. 3. 11. 제300-1959-1호(倫)
전 화 02)733-6771
f a x 02)736-4818
e-mail pys@pybook.co.kr
homepage www.pybook.co.kr
ISBN 979-11-303-0206-5 93530

정 가 30,000원